电 工 学

上册

电工技术

管 旗 蒋 中 刘国林 编著

科学出版社

北 京

内 容 简 介

本书是电工学上册，内容包括绪论、直流电路、暂态电路、正弦交流电路、三相交流电路、非正弦周期电路、变压器、电机、电气控制技术、计算机控制技术、低压配电系统、电工测量和实验等。本书采用国际电工学词汇（IEV）和图形符号，每章选用的例题和实验大部分来自工程实际，有利于激发读者的学习兴趣，了解电工学在其他学科方面的应用。本书配套的电子教案内容丰富、直观生动，有助于读者在较短时间内理解并掌握书中内容。

本书可作为高等院校非电类专业电工学（多学时）的教材，也可作为普通高等职业学校电类专业电工学（标以“△”、“＊”号除外）的教材，还可供工程技术人员及备考注册电气工程师执业资格考试的人员参考。

图书在版编目(CIP)数据

电工学.上册，电工技术/管旗，蒋中，刘国林编著. —北京：科学出版社，2010.7

ISBN 978-7-03-027989-7

Ⅰ.①电… Ⅱ.①管…②蒋…③刘… Ⅲ.①电工学-高等学校-教材 ②电工技术-高等学校-教材 Ⅳ.①TM1

中国版本图书馆 CIP 数据核字(2010)第 113795 号

责任编辑：余 江 潘继敏 / 责任校对：朱光光

责任印制：徐晓晨 / 封面设计：耕者设计工作室

科学出版社出版

北京东黄城根北街 16 号

邮政编码：100717

http://www.sciencep.com

北京京华虎彩印刷有限公司 印刷

科学出版社发行 各地新华书店经销

*

2010 年 7 月第 一 版 开本：787×1092 1/16

2015 年 2 月第二次印刷 印张：20 1/4

字数：465 000

定价：48.00 元

（如有印装质量问题，我社负责调换）

前言

本书以教育部高等学校电子信息科学与电气信息类基础课程教学指导分委员会2004年8月修订的“电工学教学基本要求”为基础，精选经典内容，适当增加现行工程中广泛采用的新技术、新工艺、新产品等方面的内容，强调电气设备和工程安全，力求使本书成为适应工程教育需要的电工学教材。本书主要特色如下：

1）精选内容

本书主要介绍电工电子技术的基本概念、基本理论、基本分析和计算方法。在阐明物理概念和基本定律、基本定理的前提下，采用工程近似方法进行计算，略去一些不必要的数学推导。例如把变压器、电动机等作为一个元件，侧重讲解它们的外特性及应用。

2）推陈出新

本书所讲述的内容，大多是近十年来国内外工程中所采用的新技术、新工艺、新材料和新设备等，力图反映20世纪90年代以来国内外工程界与学术界在电工学方面取得的最新成果，学以致用。

(1) 20世纪50年代，由于我国铜材料紧张，配电变压器绕组采用铝线，其一次侧大多采用星形连接。80年代以来，配电变压器绕组采用铜线，其一次侧大多采用三角形连接。90年代以来，新技术、新工艺、新材料不断涌现，节能降耗的新型变压器逐步问世，表现在非晶合金导磁材料的采用，变压器心柱结构的改进，使变压器的用材和空载损耗大大降低。同时推荐配电变压器连接组别采用Dyn11，以抑制3n次谐波电流的影响。在配电变压器制作过程中，可以嵌入传感器和外装智能终端，从而又可实现远距离检测其参数。

(2) 异步电动机的启动和调速，除了介绍传统的降压启动方式(如Y-△换接、自耦变压器启动等)和变极调速外，还增加了采用电子技术的变频调速(VVVF)等新技术。

(3) 随着电子技术、计算机技术和通信技术的发展，我国于20世纪90年代开始淘汰第一代产品低压电器，限制使用第二代产品，逐步采用第三代产品。第三代产品具有模块化、智能化和网络化的特点，可直接与计算机组成监控系统。

(4) 用信息技术改造传统工业，推进机电一体化，提高信息采集、传输和利用的能力，是我国加快实现工业化和现代化的必然选择。本书结合电工、电子设备和电气控制系统，介绍数据通信、计算机网络、现场总线控制系统及MODBUS协议等基础知识。

(5) 反映近代电力电子技术的发展，如绝缘栅双极型晶体管及变流电路等内容。

(6) 非电量测试在现代工业中越来越重要，本书从系统的基本组成出发，介绍信息采集、信号处理、信号输出等基本原理和单元电路。

3）强调安全

本书遵照现行的国家标准和国际电工委员会(IEC)的有关标准，在制造电工和电子设备中，要以人为本；在工程设计和施工中，应保证人身安全。

(1) 一般情况下，低配电系统采用中性点直接接地方式(即TN系统)，对低压交流电动机的控制回路，当控制回路发生接地故障时，应避免保护和控制被大地短路，造成电动机意外启动或不能停车。因此，《通用用电设备配电设计规范》GB50055规定，电动机一般在控制回路中应装隔离电器(用于安全检修)和短路保护电器。控制电压应采用220V,不宜采用380V。

(2) 在三相四线制供电系统中,中性线必须连接牢固,不允许单独串接熔断器(开关)。

4) 突出应用

本书所选的例题和实验,大部分来自工程实践,电气控制图按工程施工图常规画法,这有助于学生在学习理论的同时能熟悉一些工程施工图,设计电工电子工程方案,绘制电工电子施工图,查阅电工电子产品手册(资料),掌握按照不同材料的性能指标和施工工艺进行施工的方法,熟练使用测试仪器仪表,提高学生的实际工作能力。

5) 学习基本理论和标准相结合

标准是衡量事物的准则。本书力求把现行的国家标准规范和IEC有关标准有机地结合到相应章节之中,帮助学生在学习基本理论的同时,了解电工、电子领域的标准及应用。学会查阅这些标准,为继续学习与本专业有关的工程技术、从事与本专业有关的科学研究等打下一定的基础。

6) 以学生为中心

制作了配套的多媒体电子教案,把教师从技术基础课呆板的课堂教学中解放出来;帮助学生理解、消化理论知识,激发学生的学习积极性与创新意识。通过多媒体教学及实验,让师生有机地结合,做到教学互动,给技术基础课的教学注入新的活力。

本书适用于"电工学(电工技术)"课程32～64学时的授课。由于各专业对电工学的要求不同,为了使本书具有灵活性,将本书内容分为三类:

(1) 基本内容。为教学基本要求所规定的内容。基本教学计划为32学时。

(2) 非共同性基本内容(标以"△"号)。视学时的多少和学生的实际情况由教师选讲。

(3) 参考内容(标以"*"号)。一般指加深加宽的内容,可在教师指导下让学生通过自学掌握,不必全在课堂讲授。

书中实验共9个,每个实验3学时,教师可视实际情况选做。

本书由多年从事电工学教学的教师以及相关的科研人员、设计人员和施工人员集体讨论编写大纲,吸取了相关教材的编写经验。参加本书编写的人员有管旗、蒋中、杜宇人、陈杰、钟小芳、金烨、江庆、吴沛然、包世应、傅依等,刘国林负责统稿。参加文字录入和部分绘图的有汪瑞玲、刘祥宇、汪芮、刘国新等。东华工程科技股份有限公司(化工部第三设计院)教授级高级工程师唐海洋等提出了许多中肯的修改意见,在此表示由衷的感谢。

由于作者水平有限,书中难免存在不妥之处,殷切期望使用本书的广大读者给予批评指正。

作　者

2010年5月

目　录

绪　论

0.1　电工学课程的任务

电工学高等学校本科非电类专业的一门技术基础课程。其作用与任务是使学生通过本课程的学习，获得电工电子技术必要的基本理论、基本知识和基本技能，了解电工电子技术应用和我国电工电子事业发展的概况，为今后学习和从事与本专业有关的工作打下一定的基础。作为技术基础课程，它具有基础性、应用性和先进性的特点。

基础是指基本理论、基本知识和基本技能。所谓基础性，电工学应为后续专业课程打基础；应为学生毕业后从事有关电的工作打基础，也就是为自学、深造、拓宽和创新打基础。

非电类专业学生学习电工学重在应用，他们应具有将电工和电子技术应用于本专业和发展本专业的一定能力。为此，课程内容要理论联系实际应用，从实际出发；培养他们分析和解决实际问题的能力；重视实际技能的训练。

电工学课程的内容应反映国内外工程界与学术界在电工学方面取得的最新成果，保持与世界电工学发展同步。

0.2　电工学的作用

人类在生产活动和科学实验的过程中，不断总结和丰富着自己的知识。电工学就是在生产实践中逐步发展起来的。

在18世纪，由于生产发展的需要，电工技术发展很快。詹姆斯·瓦特(James Watt)于1769年发明了第一台蒸汽机；1782年，又发明了联动式蒸汽机，蒸汽机的发明与运用，使人类生产实现了由手工生产向机械化的飞跃，引起了一场划时代的工业革命。法拉第(M. Faraday)在总结前人科学成果的基础上，经过长达10年的反复试验，于1831年发现磁铁和铜丝圈之间做相对运动就能产生感应电流，并据此制成了世界上第一台电动机，开创了人类通向电气化的道路。正是蒸汽机、电动机的发明与运用，使科学与技术、科学技术与生产第一次有机地结合在一起。

如果说，19世纪电工技术的发展使人类实现了由机械化时代向电气化时代的飞跃，那么20世纪电子技术的发展使通信、控制和计算机相互有机结合，正在推动信息技术的变革，以Internet为代表的信息基础设施的出现，标志着人类已进入信息时代。21世纪将是不同领域的科学技术相互渗透和融合的时代，电工学与其他学科的结合或向其他学科的渗透，已经或正在促进这些学科的发展并开拓出新的学科领域。因此，21世纪的工程师，掌握和运用电工学是十分必要的。

0.3　学习电工学的方法

本课程的教学环节包括讲课、自学、解题和实验等。为了学好本课程，现就本课程的几个教学环节提出学习中应注意之点，以供参考。

1. 听课与自学相结合

课堂教学是获得知识最快和最有效的学习途径。因此，务必认真听课，要抓住物理概念、基本理论、工作原理和分析方法；要理解问题是如何提出和引申的，又是怎样解决和应用的；要了解各章节的主要内容及其内在联系。

教师讲课往往只讲重点、要点和难点，其余则要靠自学，既要学习未讲过而要求掌握或了解的内容，还要认真做习题和及时复习已讲过的内容，逐步提高自己的科学思维能力。

2. 课堂教学和实践相结合

本课程实践性很强，除了在学习时要注意理论联系实际、注意其工程应用外，还要通过实验巩固和加深所学理论，训练实际技能，并培养严谨的科学作风。实验前务必认真准备，了解实验内容和实验步骤；实验时要积极思考，多动手，学会正确使用常用的电子仪器、电工仪表、电机和电器设备以及电子元器件等。能正确连接电路，能准确读取数据，并能根据要求设计简单线路；实验后要认真分析实验现象和实验数据，编写出整洁的实验报告。

3. 特性和共性相结合

本课程涉及的知识面很广，学习时要从共性中发现它们的特性，又能从特性中总结出共性。例如，电路是由各种电路实体抽象出来的电路模型。它是研究电路分析和计算的普遍规律。在学习中，需要从共性中去发现它们的特性，要注意理论的严密和计算的精确。电子技术中的管(电子器件)、路(电子电路)、用(实际应用)三者的关系是：管、路、用结合，管为路用，以路为主。要把重点放在最基本的电路上。对于电子器件则重点在于了解它们的外部性能及如何用于电路中，对分立电路和集成电路的关系来说，则是：分立为基础，集成是重点，分立为集成服务。又如低压电器和电机等则是讨论各种不同特性的，以及由它们组成的用以完成各种不同功能的电路。叙述中较多地强调了它们的应用特性。在学习时，要注意从这些特性中去发现它们的共性，要注意工程近似的分析方法。

4. 学习基本理论和标准相结合

标准是衡量事物的准则。本教材中所引用的标准，都标注出该标准的名称。学生在学习基本理论的同时，了解一些电工、电子的标准及应用，学会查阅这些标准。

标准按其作用和有效的范围，可以划分为不同层次和级别的标准。

- 国际标准由国际标准化或标准组织制定，并公开发布的标准是国际标准。
- 区域标准由某一区域标准或标准组织制定，并公布开发布的标准，如欧洲标准。
- 国家标准由国家标准机构制定并公开发布的标准。
- 行业标准由行业标准化机构发布在某行业的范围内统一实施的标准。
- 地方标准由一个国家的地方部门制定并公开发布的标准。
- 企业标准(又称公司标准)由企事业单位自行自定，发布的标准。

我国标准的编号由标准代号、标准顺序号和年号三部分组成。强制性国家标准代号为“GB”，推荐性国家标准代号为“GB/T”。行业标准代号由国务院标准化主管部门规定。如强制性电力行业标准代号为“DL”，推荐性电力行业标准代号为“DL/T”。地方标准的标准代号为DB加上省、自治区或直辖市的代码前两位数字。企业标准代号为Q加企业代号。

电器设备应按标准设计和制造，电气工程必须按标准设计和施工，而且应优先采用国家强制性标准或规范。如低压配电必须按《低压配电设计规范》GB50054—1995设计，按《建筑电气工程施工质量验收规范》GB50303—2002施工，才能保证人身安全和设备正常运行。

国际标准主要由国际标准化组织(International Organization for Standardization,ISO)、国际电工委员会(International Electro technical Commission,IEC)和国际电信联盟(International Telecommunication Union,ITU)等制定的标准。

ISO是最大的国际标准化组织,负责除电工、电子领域之外的所有其他领域的标准化活动。IEC主要负责电工、电子领域的标准化活动。ITU是促进电信全球标准化制定的国际公众组织。

我国采用国际标准的程度分等同(identical,IDT)采用、修改(modified,MOD)采用、等效(equivalent,EQV)采用和非等同(not equivalent,NEQ)采用等。

第1章 直流电路

电路是电工技术和电子技术的基础。本章首先讨论电路的基本概念、电路的基本状态和电源及其等效变换等，然后介绍常用的电路分析方法，如基尔霍夫定律、支路电流法、节点电压法、叠加原理、电源等效定理、受控电源以及非线性电阻电路图解法等。这些内容都是分析和计算电路的基础。

本章学习要求：(1)理解电路模型及理想电路元件(电阻、电感、电容、电压源和电流源)的电压-电流关系，理解电压、电流参考方向的意义；(2)理解基尔霍夫定律，了解支路电流法、理解叠加定理和戴维南定理；(3)了解电功率和额定值的意义；(4)了解电源的两种模型及其等效变换；(5)了解非线性电阻元件的伏安特性及静态电阻，动态电阻的概念和简单非线性电阻电路的图解分析法。

1.1 电路的基本物理量

电路的基本物理量有电流和电压(电动势)，复合物理量有电功率和电能等。这些物理量只有在一定环境才存在，即在电路中才存在，因此我们先介绍电路。

1.1.1 电路模型

电流流通的路径称为电路(electric circuit)。它是为了某种需要由某些电气设备或元件按一定方式组合起来的。例如，常用的手电筒是由干电池、电珠、开关和筒体组成的，电路模型如图 1.1.1 所示。在图 1.1.1 中，电珠是电阻元件，用 R 作为电路的模型；干电池是电源元件，用 E(电压源)和电阻元件 R_{eq}(等效电阻)串联组合作为电路的模型；筒体用导线(其电阻设为零)或线段表示。

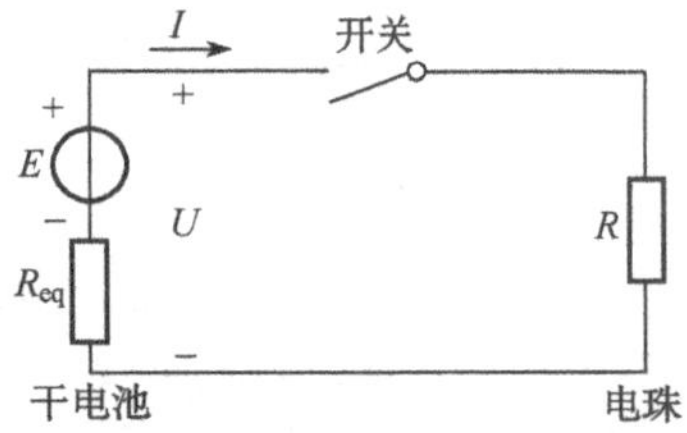

图 1.1.1 手电筒电路模型

一个完整的电路一般都是由电源(或信号源)、负载和中间环节(开关、导线等)三个基本部分组成的。电源(electric source)为电能的供电设备，例如蓄电池、发电机和信号源等。其中蓄电池将化学能转换成电能，发电机将机械能转换成电能，而信号源则将非电量转换成电信号。负载(load)是将电能转换成非电形态能量的用电设备，例如电动机、照明灯和电炉等。其中电动机将电能转换成机械能，照明灯将电能转换成光能，而电炉则将电能转换成热能。导线(conductor)起着沟通电路和输送电能的作用。

实际的电路除以上三个基本部分外，还常常根据实际工作的需要增添一些辅助装置，例如保障安全用电断路器等。

从电源来看，电源本身的电流通路称为内电路(internal circuit)，电源以外的电流通路称为外电路(external circuit)。

如果电路的某一部分只有两个端子与外部连接(图 1.1.2)，则可将这一部分电路视为一个整体，称为二端网络(two terminal network)。此外还有三端网络、四端网络等。内部不含电源的网络称为无源网络(passive network)，含有电源的网络称为有源网络(active network)。

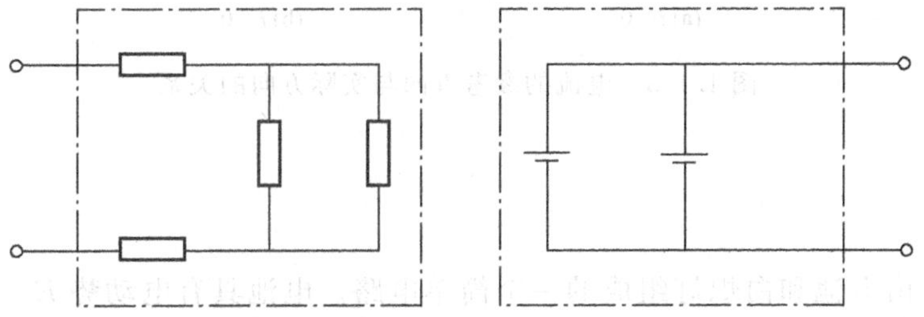

图 1.1.2 二端网络

电路有时称为系统(system)。系统是由相互制约的各个部分组成的具有一定功能的整体。一个完整的电路就是一个电系统，它可以是一个较简单的电路，也可以是一个很复杂的电路。通常不必严格区分电路、网络和系统之间的差异，三者通用。

电路的结构形式和所能完成的任务多种多样。但按其功能可以分为两大类：一是进行电能的传输、分配和转换，如电炉在电流通过时将电能转成热能；二是进行信号的传递和处理，如电视机可将接收到的信号经过处理，转换成图像和声音。

1.1.2 电流

电路中带电粒子在电源作用下有规则移动形成电流。金属导体中的带电粒子是自由电子，半导体中的带电粒子是自由电子和空穴，电解液中的带电粒子是正、负离子，因此电流既可以是负电荷，也可以是正电荷或者两者兼有的定向运动的结果。习惯上规定正电荷移动的方向为电流的实际方向。

电荷[量]对时间的变化率称为电流，即

$$i = \mathrm{d}q/\mathrm{d}t \tag{1.1.1}$$

式中，电荷 q 的单位为库[仑](C)①，时间 t 的单位为秒(s)；电流 i 的单位为安[培](A)。

如果电流的大小和方向都不随时间变化，则称为直流电流(direct current，DC)，用大写字母 I 表示。如果电流的大小和方向都随时间变化，则称为交流电流(alternating current，AC)，用小写字母 i 表示。

在分析计算电路时，为了列写与电流有关的表达式，必须预先假定电流的方向，称为电流的参考方向(也称为正方向)，如图 1.1.3 所示。根据所假定的电流参考方向列写电路方程求解后，如果电流为正值，则表示电流的实际方向和参考方向相同；如果电流为负值，则表示电流的实际方向和参考方向相反。交流电流的实际方向是随时间变化的，因此当电流的参考方向确定后，如果在某一时刻电流为正值，即表示在该时刻电流的实际方向和参考方向相同；如为负值，则相反。

---

① 方括号中的字，在不致引起混淆、误解的情况下，可以省略。圆括号中是单位的符号。

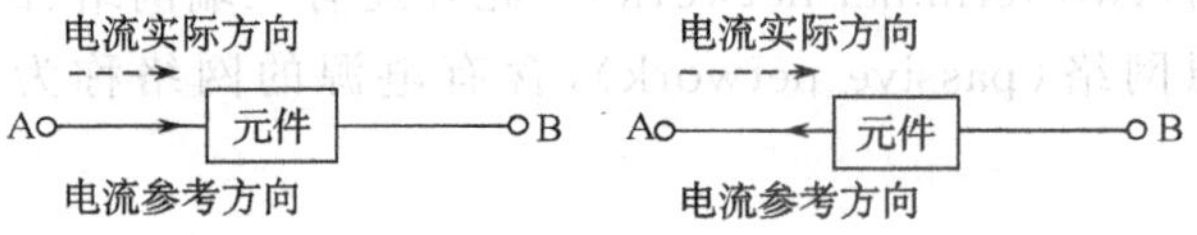

(a) $i>0$　　　　(b) $i<0$

图 1.1.3　电流的参考方向与实际方向的关系

1.1.3　电压

图 1.1.4 是由电池和白炽灯组成的一个简单电路。电池具有电动势 E。电动势是描述电源中非电场力对电荷做功的物理量，它在数值上等于非电场力在电源内部将单位正电荷从负极移至正极所做的功。单位为伏[特](V)。图 1.1.4 电路中，在电动势 E 的作用下，白炽灯两端得到电压 U_{ab}，并有电流 I 流过。

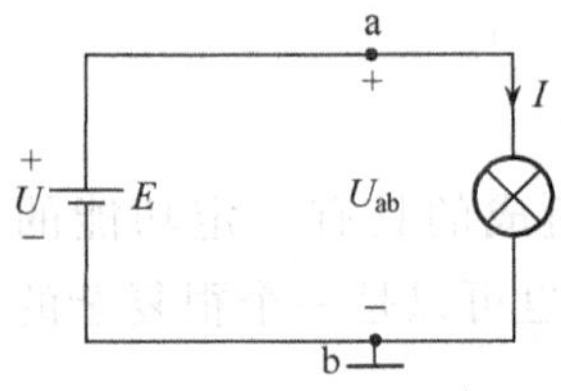

图 1.1.4　电动势、电压和电流的关系

电压是描述电场力对电荷做功的物理量。a、b 两点之间的电压 U_{ab} 就是 a、b 两点的电位差，它在数值上等于电场力驱使单位正电荷从 a 点移至 b 点所做的功。a 点(或 b 点)的电位 V_a(或 V_b)在数值上等于电场力驱使单位正电荷从 a 点(或 b 点)移至零电位点所做的功。零电位点又称参考点，可以任意设定。在电气工程中，常将电气设备的机壳与大地相连，称为保护接地，接地点用符号“⏚”表示。在电子电路中，一般都有一公共点与机壳或底板相连，用符号“⊥”表示。在图 1.1.4 中设 b 为参考点(即 $V_b=0$)，故 a 点的电位 V_a 就等于 a、b 间的电压 U_{ab}，即 $U_{ab}=V_a-V_b=V_a$。因此如要知道某一点的电位，只要计算该点到参考点的电压就可得到。电压和电位的单位都是伏[特](V)。

电压是由于两点间电位的高低差别而形成的，它的方向是从高电位指向低电位，是电位降低的方向。而电动势的方向则是从低电位指向高电位，是电位升高的方向。

在分析计算电路时，为了列写与电压有关的表达式，必须预先假定电压或电动势的参考方向(也称参考极性)。在电路中，电压的参考方向可用正(+)、负(−)极性表示其高低电位，由高电位指向低电位，如图 1.1.5 所示。有时也用箭头表示或用双下标表示，如 u_{AB} 表示电压参考方向由 A 指向 B。为了分析方便，如果电压、电动势的实际方向为已知，就常以其实际方向作为参考方向。图 1.1.4 电路中，在忽略电池的内阻和导线的电阻时，根据所标参考方向，a、b 间的电压 U_{ab} 和电池的电动势 E 相等，即 $U_{ab}=E$。无源元件内部常取电流与电压的参考方向相同，称为关联参考方向，即只给一个参考方向；对有源元件则常取电流与电压的参考方向相反，称为非关联参考方向。

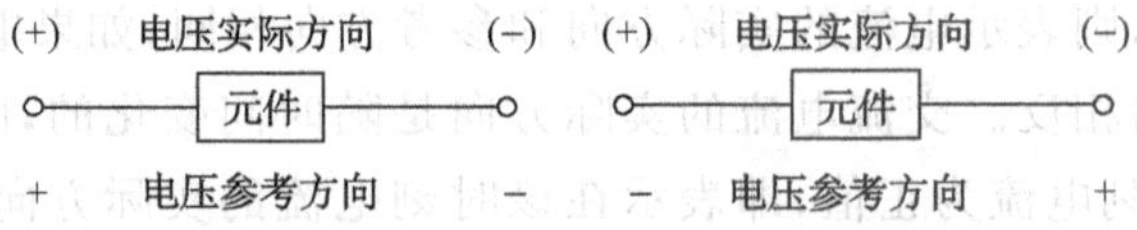

(a) $u>0$　　　　(b) $u<0$

图 1.1.5　电压的参考方向与实际方向的关系

例 1.1.1 在图 1.1.6 电路中，分别选 b 点、a 点作为参考点，试计算 a、b 两点间的电压。

解 选 b 点作为参考点，则

$$V_b = 0,\quad V_a = 60\ \text{V}$$

$$U_{ab} = V_a - V_b = 60\ \text{V} - 0\ \text{V} = 60\ \text{V}$$

又由欧姆定律

$$U_{ac} = -4 \times 20\ \text{V} = -80\ \text{V}$$

则

$$U_{ab} = U_{ac} + U_{cb} = -80\ \text{V} + 140\ \text{V} = 60\ \text{V}$$

反之，如将 a 点作为参考点，则

$$V_a = 0,\quad V_b = -60\ \text{V}$$

$$U_{ab} = V_a - V_b = 0\ \text{V} - (-60\text{V}) = 60\ \text{V}$$

由此例可看出，电位与参考点有关，参考点选得不同，相应的各点电位也不同。但 a、b 两点间的电压值或两点的电位差不变，而且与计算的路径无关。

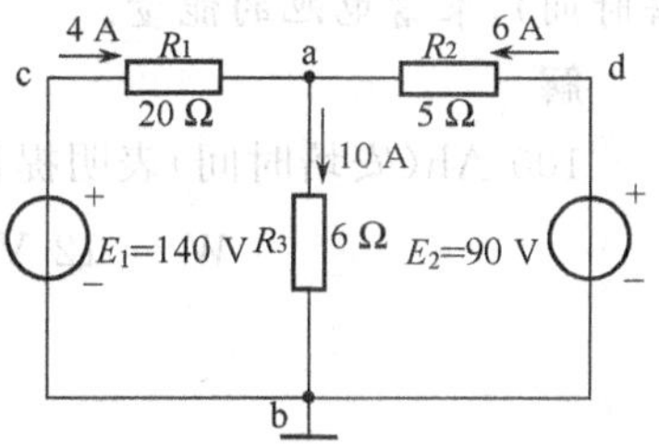

图 1.1.6 电路中参考点选择

在电子电路中一般都把电源、信号输入端和输出端的公共端接在一起作为参考点，因而电子电路中有一种习惯画法，即电源不再用符号表示，而改为标出其电位的极性和数值。图 1.1.6 可简化为图 1.1.7(a)或(b)所示电路，只标各端电源的极性和电位值。

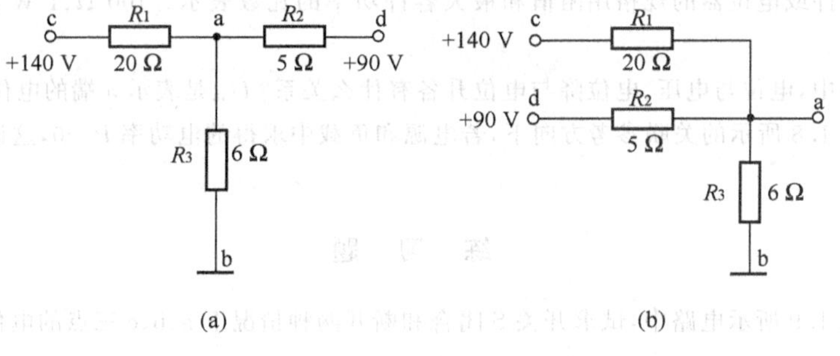

图 1.1.7 图 1.1.6 的简化电路

1.1.4 功率

如果某个元件(或某段电路)的电流和电压为 i 和 u，而且电流和电压的参考方向相关联，则功率

$$P = ui \tag{1.1.2}$$

功率的单位为瓦[特](W)。

在电压和电流参考方向关联时，根据式(1.1.2)计算的功率为正值表示该元件(或该段电路)吸收功率(即消耗电能或吸收电能)；若为负值则表示输出功率(即送出电能)。

习惯上对电源的端电压和流过电源的电流采用非关联参考方向。例如在图 1.1.4 中，按所示电流参考方向，电流从电池的“−”端流向“+”端，此时电池的端电压 $U=E$ (忽略电池的内电阻时)，乘积 UI (即 EI)表示电源(电池)向外电路(白炽灯)所提供(输出)的功率大小。

例 1.1.2 电路如图 1.1.8 所示，$u=12$ V，$i=-2$ A，计算元件的功率。

解 由电路可知，此题的电流和电压为关联参考方向，有

$$P = ui = 12 \times (-2)\ \text{W} = -24\ \text{W} < 0$$

说明元件输出功率而不是吸收功率，相当于电源。

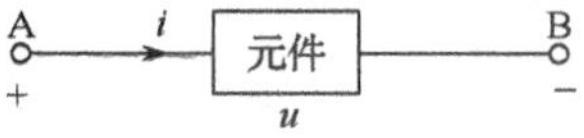

图 1.1.8 例 1.1.2 元件的功率

在时间 t_1 到 t_2 期间，元件（或电路）吸收的电能为

$$W = \int_{t_1}^{t_2} ui\,\mathrm{d}t \tag{1.1.3}$$

单位为焦[耳]（J）。若 $W \geqslant 0$，该元件为无源元件，否则为有源元件。在实际工程中，常用千瓦时（kW·h）为单位，俗称 1 度电。1 kW·h=1000 W·3600 s=3.6×10^6 J。

例 1.1.3 汽车照明用 12 V 蓄电池[①]为 60 W 车灯供电，若蓄电池的额定值为 100 Ah（安培时间），求蓄电池的能量。

解
$$I=P/U=60/12\ \text{A}=5\ \text{A}$$

100 Ah（安培时间）表明提供 5 A 可使用 20 h，因此储存能量为

$$W = 12\ \text{V} \times 100\ \text{Ah} = 1.2\ \text{kW}\cdot\text{h} = 4.32 \times 10^6\ \text{J}$$

思 考 题

1-1-1 试画出电阻器和电感器的实际电路模型。

1-1-2 电流的实际方向是怎样规定的？为什么要选择电流的参考方向？

1-1-3 电阻元件或电位器的规格用阻值和最大容许功率的瓦数表示。100 Ω、1 W 的电阻，允许流过的最大电流是多少？

1-1-4 在电路中，电位与电压、电位降与电位升各有什么关系？U_{ab}是表示 a 端的电位高于 b 端的电位？

1-1-5 在图 1.1.8 所示的关联参考方向下，若电源和负载中求得的电功率 $P>0$，这说明它们是取用还是输出电功率？

练 习 题

1-1-1 在图 1.1.9 所示电路中，试求开关 S 闭合和断开两种情况下 a、b、c 三点的电位 V_a、V_b 和 V_c。

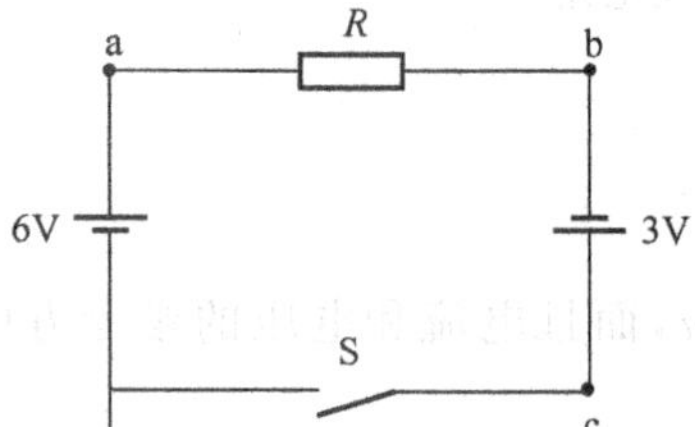

图 1.1.9 习题 1-1-1 的电路

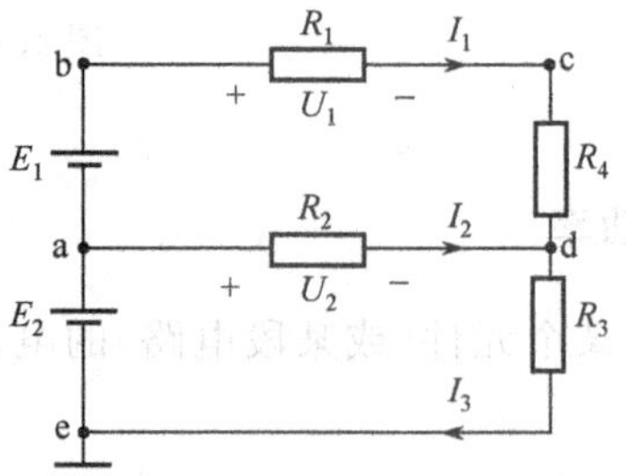

图 1.1.10 习题 1-1-2 的电路

1-1-2 图 1.1.10 所示电路中，I_1、I_2、I_3 的参考方向已标示。已知 $I_1=1.75$ A，$I_2=-0.5$ A，$I_3=1.25$ A，$R_1=2\ \Omega$，$R_2=3\ \Omega$，$E_1=12$ V，$E_2=6$ V。试求：(1)电阻 R_1 和 R_2 两端的电压 U_1 和 U_2；(2) a、b、c、d 各点的电位 V_a、V_b、V_c 和 V_d。

---

① 详细内容可见《电动助力车用密封铅酸蓄电池标准》JB/T10262—2001。

1.2 电路的基本状态

实际电路在使用过程中，可能处于有载、空载或短路三种不同的基本状态。下面以简单直流电路为例具体讨论这三种不同的基本状态，本节还将介绍电源的伏安特性以及电气设备的额定值等重要概念。

1.2.1 有载状态

简单直流电路如图 1.2.1 所示，电源为电动势 E（理想电压源）与等效内阻 R_{eq} 串联，负载为电阻 R_L。

若开关 S 闭合，则会有电流 I 通过负载电阻，电路就处于有载状态。此时，电路中的电流 I 为

$$I = E/(R_{eq} + R_L) \quad (1.2.1)$$

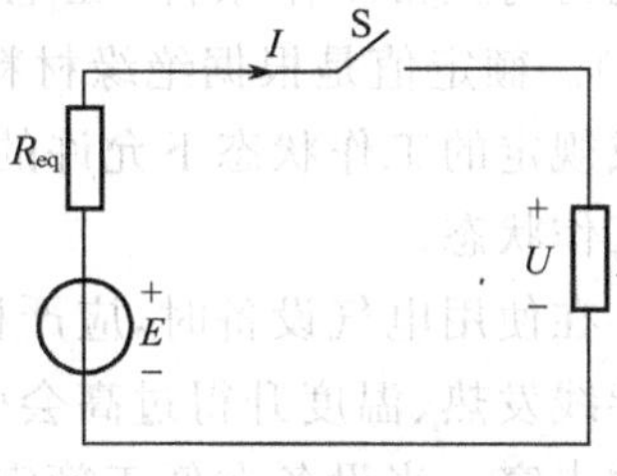

图 1.2.1 简单直流电路

电源的端电压为

$$U = E - IR_{eq} \quad (1.2.2)$$

式(1.2.2)表明了电源的端电压与其电流的关系，即电源的端电压等于电源的电动势与其内阻上电压降之差。当电流 I 增加时，电源的端电压 U 将随之有所下降。若将式(1.2.2)用曲线表示，则称此曲线为电源的伏安特性或电源的外特性曲线。在图 1.2.2 中，用纵坐标表示电源的端电压 U，横坐标表示电流 I。显然当电源的电动势 E 与等效内阻 R_{eq} 为常数时，电源的伏安特性为一向下倾斜的直线。

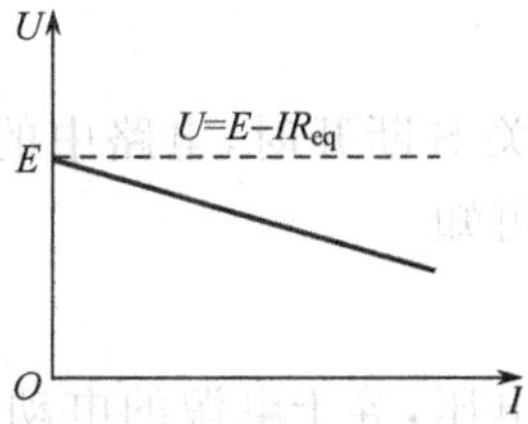

图 1.2.2 实际电压源的伏安特性

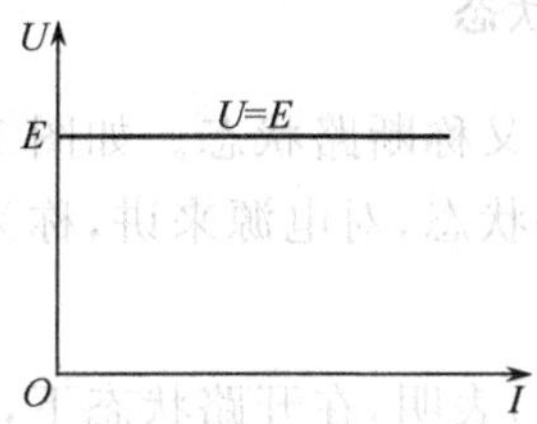

图 1.2.3 理想电压源的伏安特性

如果电压源的等效内阻 R_{eq} 为 0，则有 $U=E$，即电压源的端电压等于电源的电动势，为一恒定值，这时的电源就是理想电压源，简称电压源。电压源是一个理想电路元件，它的端电压可以保持为恒定值，也可以随时间按某一规律变化(如按正弦规律变化)。前者称为直流电压源，图 1.2.3 画出了直流电压源的伏安特性，它是一条平行于横轴的直线。此特性表明，电压源的端电压是固定的，而电流取决于与之连接的负载的大小。

由式(1.2.2)得

$$UI = EI - I^2 R_{eq}$$

即

$$P = P_E - \Delta P$$

$$P_E = P + \Delta P \quad (1.2.3)$$

式中，$P_E=EI$ 为电源产生的功率，$P=UI$ 为电源提供给负载的功率，$\Delta P=I^2R_{eq}$ 为电源内阻损

耗的功率。

式(1.2.3)称为功率平衡方程式。此式表明,电源产生的功率中一部分输送给负载,而另一部分则损耗在电源等效内阻上。

电路处于有载工作状态时,电源向负载提供功率和输出电流。对电源来讲,一般希望它尽可能多地供给负载功率和电流,那么,它提供给负载的功率和电流有无限制?另外,对于负载而言,它能承受的电压、允许通过的电流以及功率又如何确定?因此,为了表明电气设备的工作能力与正常工作条件,在电气设备铭牌上标有额定电流(I_N)、额定电压(U_N)和额定功率(P_N)。额定值是根据绝缘材料在正常寿命下的允许温度升高,且考虑电气设备在长期连续运行或规定的工作状态下允许的最大值,同时兼顾可靠性、经济效益等因素规定的电气设备的最佳工作状态。

在使用电气设备时,应严格遵守额定值的规定。如果电流超过额定值过多或时间过长,由于导线发热、温度升得过高会引起电气设备绝缘材料损坏,若电压超过额定值,绝缘材料也可能被击穿。当设备在低于额定值下工作时,不仅其工作能力没有得到充分利用,而且设备不能正常工作,甚至损坏设备。例如一白炽灯的电压为 220 V,功率为 60 W,这表示该灯泡在正常使用时应把它接在 220 V 的电源上,在额定电压下额定功率为 60 W,并能保证正常的使用寿命,而不能把它接在 380 V 的电源上(为什么)。又如某直流发电机的铭牌上标有 2.5 kW、220 V、10.9 A,这些都是额定值。发电机实际工作时的电流和其发出的功率取决于负载的需要,而不是铭牌上的标注。通常发电机等电源设备可以近似为电压源,即其端电压基本不变。负载是与电源并联的,当负载增加时(指并联负载数目的增加),负载电流就会增加;反之,当负载减小时(指并联负载数目的减小),负载电流就会减小。

1.2.2 开路状态

开路状态又称断路状态。如图 1.2.1 所示电路,当开关 S 断开时,电路中的电流为零,电路则处于开路状态,对电源来讲,称为空载。由式(1.2.2)可知

$$U = U_{OC} = E \tag{1.2.4}$$

式(1.2.4)表明,在开路状态下,电源的端电压即开路电压,等于电源的电动势。式中 U_{OC} 表示开路电压。电路处于开路状态时,电源不产生功率,负载与电源内部均不消耗功率,即

$$P_E = P = \Delta P = 0 \tag{1.2.5}$$

1.2.3 短路状态

当两根供电线在某一点由于绝缘损坏而接通时,电源就处于短路状态,如图 1.2.4 所示。此时电流不再流过负载,而直接经短路连接点流回电源,由于在整个回路中只有电源内阻和部分导线电阻,电流值较大,称为短路电流 I_{SC}。短路电流为

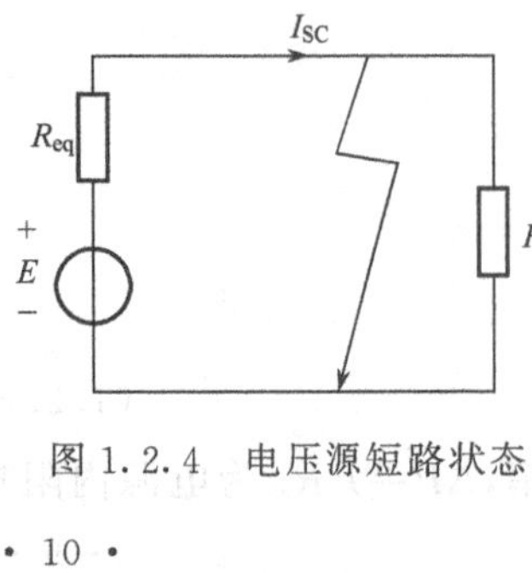

图 1.2.4 电压源短路状态

$$I_{SC} = E/R_{eq} \tag{1.2.6}$$

短路时,外电路的电阻为 0,电源的端电压也为 0,故电源输送给负载的功率

$$P = UI_{SC} = 0 \tag{1.2.7}$$

由式(1.2.3)得

$$P_E = \Delta P = I_{SC}^2 R_{eq} = E^2/R_{eq} \tag{1.2.8}$$

此式表明，电源短路时，电源产生的功率全部消耗在内阻上。

由于电源内阻很小，所以电源短路时将产生很大的短路电流，超过电源和导线的额定电流，如不及时切断，将引起剧热而使电源、导线以及仪器、仪表等设备烧坏。通常在电路中接入熔断器或断路器，防止短路所引起的事故。

必须指出，有时也为了某种需要，将电路的某一部分人为地短接，但这与电源短路是两回事。

例 1.2.1 测量一节蓄电池的电路如图 1.2.5 所示，当开关 S 位于位置 1 时，电压表读数为 12.0 V；开关 S 位于位置 2 时，电流表读数为 11.6 A。已知电阻 $R=1\ \Omega$，试求蓄电池的电动势 E 与内阻 R_S。

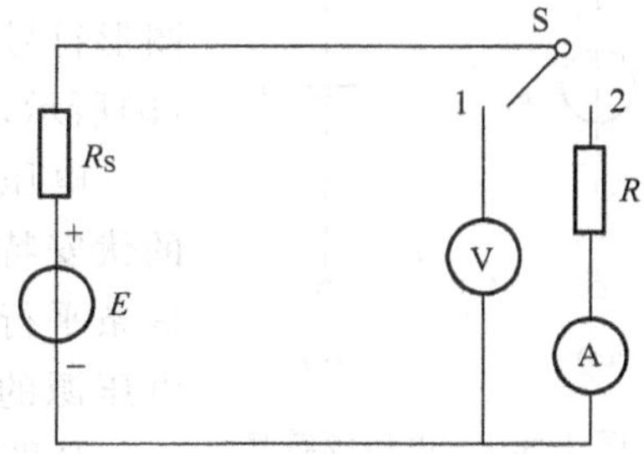

图 1.2.5 例 1.2.1 图

解 当开关 S 位于位置 1 时，电压表内阻相当大，因此 $I=0$，故

$$U_{OC}=E=12.0\ \text{V}$$

当开关 S 位于位置 2 时，由于电流表内阻 $r=0.03\ \Omega$，故

$$I=\frac{E}{R_S+R+r}$$

由此可解得

$$R_S=E/I-(R+r)=(12.0/11.6-1.03)\ \Omega\approx 0.0045\ \Omega=4.5\ \text{m}\Omega$$

通常蓄电池的内阻，一般不大于 10 mΩ。

思　考　题

1-2-1　额定值为 1 W、10 Ω 的电阻器，使用时其端电压和通过的电流不得超过多大数值？

1-2-2　某电源的电动势为 E，内电阻为 R_S，有载时的电流为 I，试问该电源有载和空载时的电压和输出的电功率是否相同？若不相同，各应等于多少？

1-2-3　怎样测量一节蓄电池的电动势和内阻？能否用一只内阻为 0.01 Ω 的电流表直接测量一节蓄电池的电流？

1-2-4　每节蓄电池的内阻不同，并联使用可能会出现什么问题？

1-2-5　根据日常观察，电灯在深夜要比黄昏时亮一些，为什么？

练　习　题

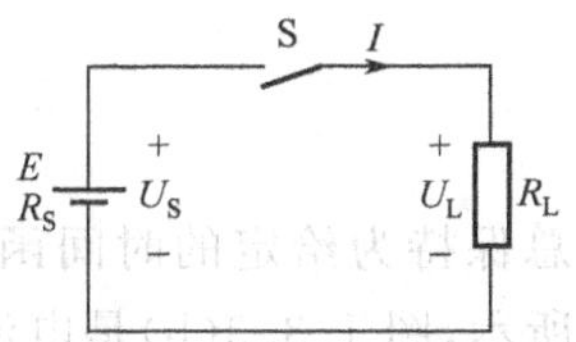

图 1.2.6　习题 1-2-1 的电路

1-2-1　在图 1.2.6 所示电路中，电源电动势 $E=120$ V，内电阻 $R_S=0.3\ \Omega$，连接导线电阻 $R_w=0.2\ \Omega$，负载电阻 $R_L=11.5\ \Omega$。求：(1)通路时的电流，负载和电源的电压，负载消耗的电功率，电源产生和输出的电功率；(2)开路时的电源电压和负载电压；(3)在负载端和电源端短路时电源的电流和电压。

1.3　电源及其等效变换

电压源和电流源是从实际电源抽象得到的电路模型，它们是二端有源元件。

1.3.1 电压源

电压源是一个理想电路元件，它的端电压 $u(t)$ 为

$$u(t) = u_S(t)$$

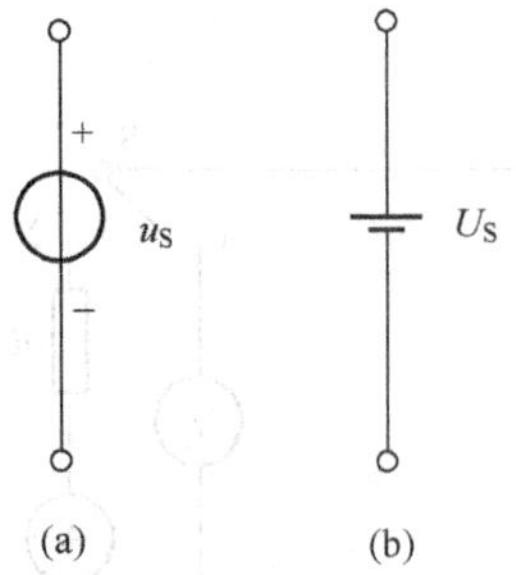

图 1.3.1 电压源符号

式中，$u_S(t)$ 为给定的时间函数，而电压 $u(t)$ 与通过元件的电流无关，总保持为给定的时间函数。电压源的电流由外电路决定。电压源的图形符号如图 1.3.1(a)所示，直流电压源有时用图形符号如图 1.3.1(b)所示，电压值为 U_S。

电压源接外电路的情况如图 1.3.2(a)所示，图 1.3.2(b)是它的伏安特性，为平行于电流轴的一条直线。当 $u_S(t)$ 随时间改变时，这条平行于电流轴的直线也随之改变其位置。图 1.3.2(c)是直流电压源的伏安特性，它不随时间改变。

从图 1.3.2(a)可见，电压源的电压和通过电压源的电流的参考方向通常取为非关联参考方向，此时，电压源发出的功率为

$$p(t) = u_S(t)i(t)$$

它也是外电路吸收的功率。

电压源不接外电路时，电流值总为 0，即前面介绍的开路状态。若令电压源的电压为 0，则此电压源的伏安特性为 i-u 平面上的电流轴，它相当于前面介绍的短路，电压源“短路”无实际意义。

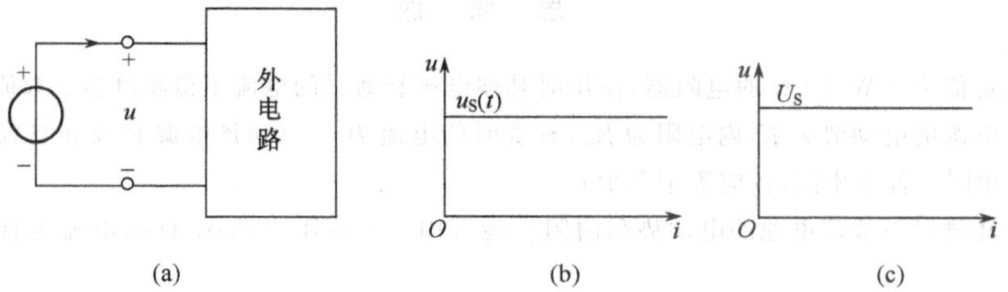

图 1.3.2 电压源及其伏安特性

1.3.2 电流源

电流源是另一种理想电源，它发出的电流

$$i(t) = i_S(t)$$

式中，$i_S(t)$ 为给定的时间函数，而电流 $i_S(t)$ 与元件的端电压无关，总保持为给定的时间函数。电流源的端电压由外电路决定。电流源的图形符号如图 1.3.3(a)所示，图 1.3.3(b)是电流源接外电路的情况，图 1.3.3(c)是它的伏安特性，为平行于电压轴的一条直线。当 $i(t)$ 随时间改变时，这条平行于电压轴的直线也随之改变其位置。图 1.3.3(d)是直流电流源的伏安特性，它不随时间改变。

从图 1.3.3(b)可见，电流源的电流和电压的参考方向是非关联的，所以，电流源发出的功率为

$$p(t) = i_S(t)u(t)$$

它也是外电路吸收的功率。

电流源两端短路时，其端电压值为0，而 $i=i_S$，电流源的电流即为短路电流。如果令电流源的电流为0，则此电流源的伏安特性为 i-u 平面上的电压轴，它相当于前面介绍的开路，电流源"开路"无实际意义。

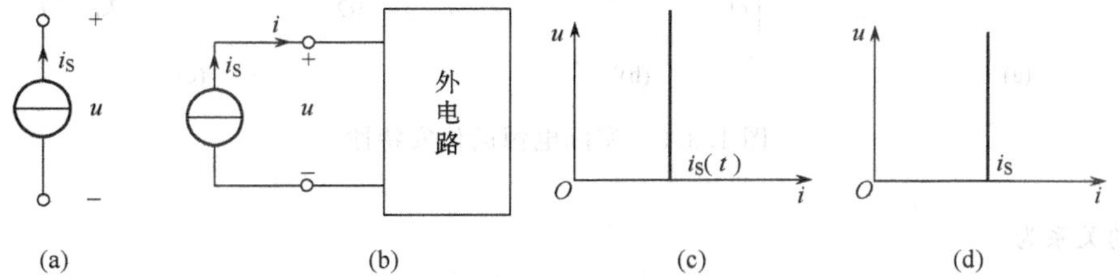

图 1.3.3　电流源及其伏安特性

常见的实际电源(如发电机、蓄电池等)的工作机理比较接近电压源，其电路模型是电压源与电阻的串联组合。像光电池一类的器件，工作时的特性比较接近电流源，其电路模型是电流源与电阻的并联组合，另外有专门设计的电子电路可以作实际电流源使用。

上述的电压源和电流源也常被称为独立电源。

例 1.3.1　在图 1.3.4 中，一个理想电压源和一个理想电流源相连，试讨论它们的工作状态。

解　在图 1.3.4 所示电路中，理想电压源的电流(大小和方向)决定于理想电流源的电流 I，理想电流源两端的电压决定于理想电压源的电压 U。

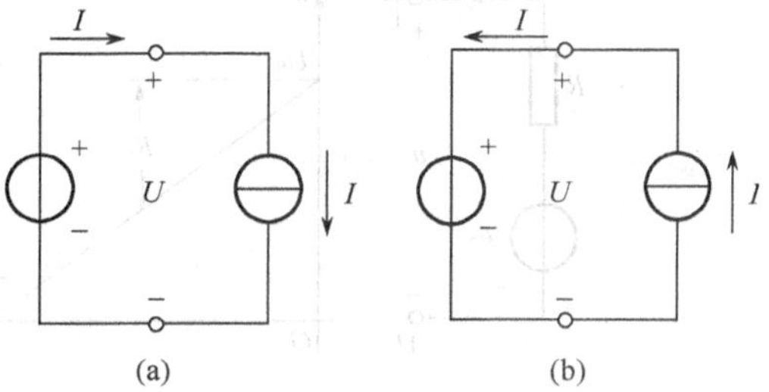

图 1.3.4　例 1.3.1 的电路

在图 1.3.4(a)中，电流从电压源的正端流出(U 和 I 的实际方向相反)，流进电流源(U 和 I 的实际方向相同)，故电压源处于电源状态，发出功率 $P=UI$，而电流源则处于负载状态，取用功率 $P=UI$。

在图 1.3.4(b)中，电流从电流源流出(U 和 I 的实际方向相反)，流进电压源的正端(U 和 I 的实际方向相同)，故电流源发出功率，处于电源状态，而电压源取用功率，处于负载状态。

△1.3.3　实际电源模型及其等效变换

图 1.3.5(a)所示为一个实际直流电源，例如一个电池；图 1.3.5 (b)是它的输出电压 u 与输出电流 i 的伏安特性。可见电压 u 随电流 i 增大而减少，而且不成线性关系。电流 i 不可超过一定的限值，否则会导致电源损坏。不过在一段范围内电压和电流的关系近似为直线。如果把这一条直线加以延长，如图 1.3.5(c)所示，可以看出，它在 u 轴和 i 轴上各有一个交点，前者相当于 $i=0$ 时的电压，即开路电压 U_{OC}；后者相当于 $u=0$ 时的电流，即短路电流 I_{SC}。根据此伏安特性，可以用电压源和电阻的串联组合或电流源和电导的并联组合作为实际电源的电路模型。

图 1.3.6 (a)所示为电压源 u_S 和电阻 R 的串联组合，在端子 1-1′处的电压与(输出)电流 i(外电路在图中

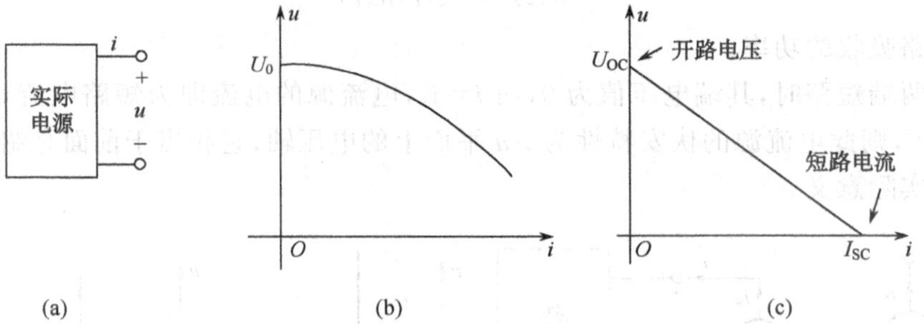

图 1.3.5 实际电源的伏安特性

没有画出)的关系为

$$u = u_S - Ri \tag{1.3.1}$$

图 1.3.6(c)所示为电流源 i_S 与电导 G 的并联组合，在端子 1-1′处的电压 u 与(输出)电流 i 的关系为

$$i = i_S - Gu \tag{1.3.2}$$

如果令

$$G = 1/R, \qquad i_S = Gu_S \tag{1.3.3}$$

式(1.3.1)和式(1.3.2)所示的两个方程将完全相同，也就是在端子 1-1′处的 u 和 i 的关系将完全相同。式(1.3.3)就是这两种组合彼此对外等效必须满足的条件(注意 u_S 和 i_S 的参考方向，i_S 的参考方向由 u_S 的负极指向正极)。

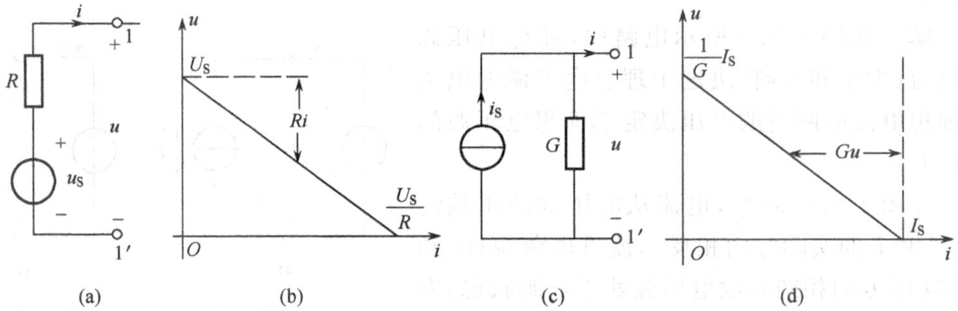

图 1.3.6 电源的两种电路模型

当 $i=0$ 时，端子 1-1′处的电压为开路电压 u_{OC}，而 $u_{OC}=u_S$。当 $u=0$ 时，i 为把端子 1-1′短路后的短路电流 i_{SC}，而 $i_{SC}=i_S$。同时有 $u_{OC}=Ri_{SC}$ 或 $i_{SC}=Gu_{OC}$。

图 1.3.6(b)和(d)分别示出当 u_S 和 i_S 为直流电压源 U_S 和直流电流源 I_S 时在 i-u 平面上的伏安特性，它们都是一条直线。当式(1.3.3)的条件满足时，它们将是同一条直线。

这种等效变换仅保证端子 1-1′外部电路的电压、电流和功率相同(即只是对外部等效)，对内部并无等效可言。例如，端子 1-1′开路时，两电路对外均不发出功率，但此时电压源发出的功率为零，电流源发出功率为 i_S^2/G。反之，短路时，电压源发出的功率为 u_S^2/R，电流源发出的功率为零。

例 1.3.2 求图 1.3.7(a)所示电路中电流 i。

解 图 1.3.7(a)电路简化过程如图(b)、(c)、(d)所示。由化简后的电路可求得电流为

$$i = \frac{9-4}{1+2+7}\ \text{A} = \frac{5}{10}\ \text{A} = 0.5\ \text{A}$$

从例 1.3.2 简化过程可知，两个电流源的并联，可以用一个等效电流源替代。由图 1.3.7(b)等效电流源

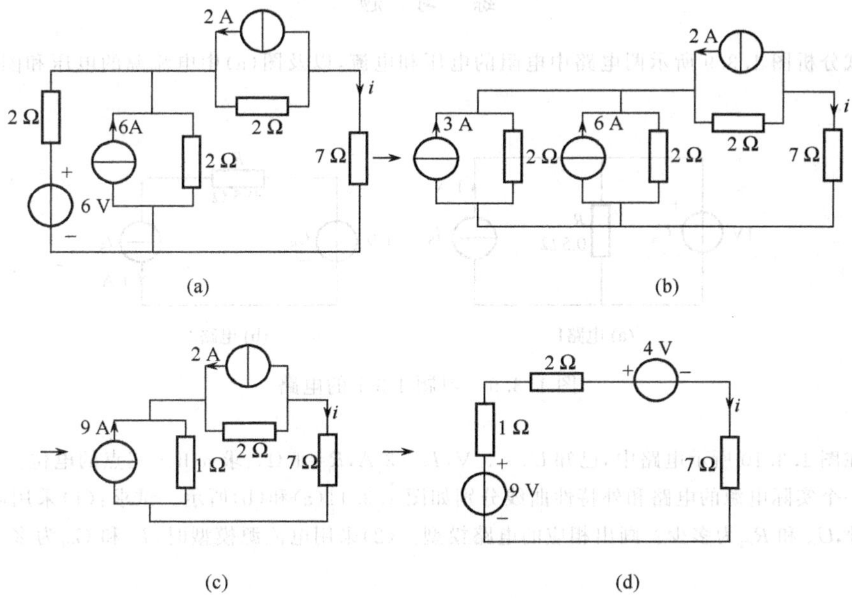

图 1.3.7　例 1.3.2 的电路

的电流为 $I_{s4}=I_{s1}+I_{s3}=3\ \text{A}+6\ \text{A}=9\ \text{A}$。两个电压源的串联，可以用一个等效电压源替代。由图 1.3.7(d)等效电压源的电压为 $E=E_1+E_2=9\ \text{V}+(-4)\ \text{V}=5\ \text{V}$。

一般地，只有电流方向一致的电流源才允许并联，电压极性一致的电压源才允许串联。

思　考　题

1-3-1　做实验需要一只 1 W、500 kΩ 的电阻元件，但实验室只有 0.5 W 的 250 kΩ 和 0.5 W 的 1 MΩ 的电阻元件若干只，试问应怎样解决？

1-3-2　有人常把电流源两端的电压认作零，其理由是：电流源内部不含电阻，根据欧姆定律，$U=RI=0\times I=0$。这种看法错在哪里？

1-3-3　凡是与电压源并联的电流源，其电压是一定的，因而后者在电路中不起作用；凡是与电流源串联的电压源，其电流是一定的，因而后者在电路中也不起作用。这种观点是否正确？

1-3-4　图 1.3.8 所示各电路中的电压 U 和电流 I 是多少？根据计算结果能得出规律性的结论吗？

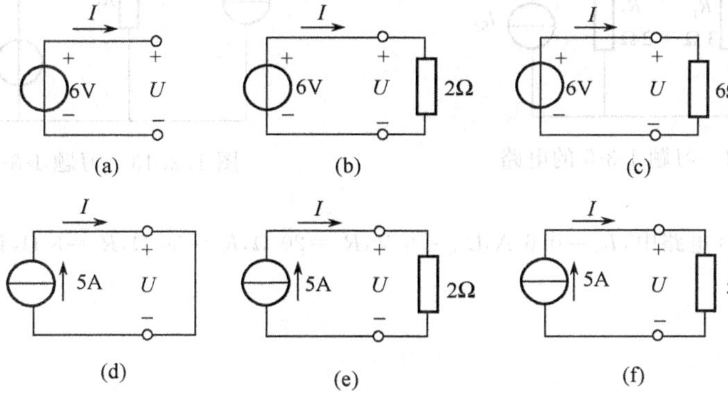

图 1.3.8　思考题 1-3-4 的电路

练 习 题

1-3-1 试分析图 1.3.9 所示两电路中电阻的电压和电流，以及图(a)中电流源的电压和图(b)中电压源的电流。

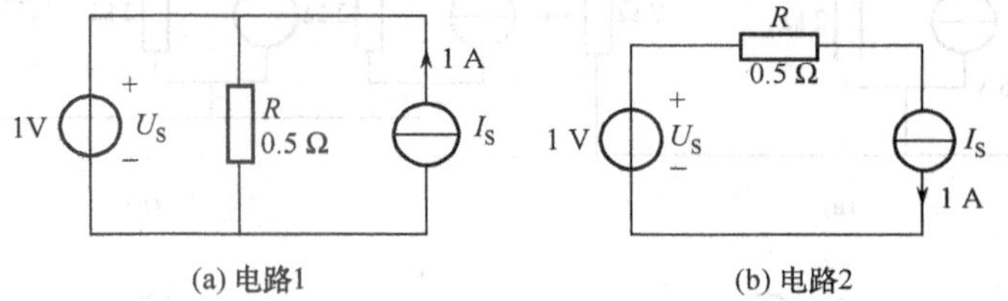

图 1.3.9 习题 1-3-1 的电路

1-3-2 在图 1.3.10 所示电路中，已知 $U_S=3$ V，$I_S=3$ A，$R=1$ Ω。求 a、b、c 三点的电位。

1-3-3 一个实际电源的电路和外特性曲线分别如图 1.3.11(a)和(b)所示。试求：(1)采用电压源模型来表示该电源时，U_S 和 R_{eq} 为多少？画出相应的电路模型。(2)采用电流源模型时，I_S 和 G_{eq} 为多少？画出电路模型。

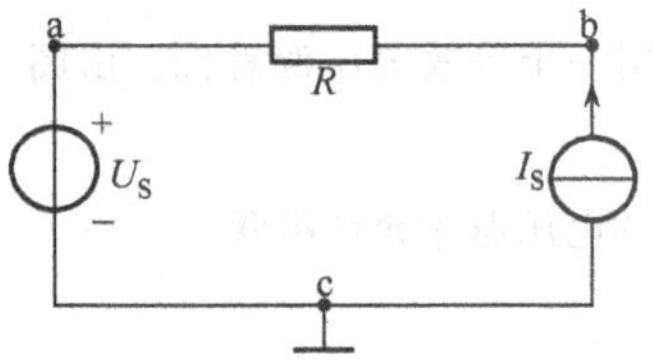

图 1.3.10 习题 1-3-2 的电路

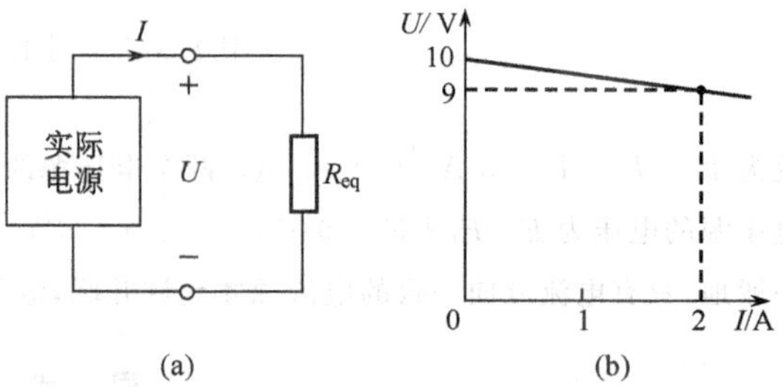

图 1.3.11 习题 1-3-3 的电路

1-3-4 在图 1.3.11(a)所示的实际电源电路中，当 R 断开(即 $R=\infty$)时 $U=6$ V，当 $R=6$ Ω 时 $I=0.96$ A，试分别用电压源模型和电流源模型求 $R=1.25$ Ω 时的 I 和 U。

1-3-5 试用电源模型等效互换的方法求图 1.3.12 电路中的电流 I_3。

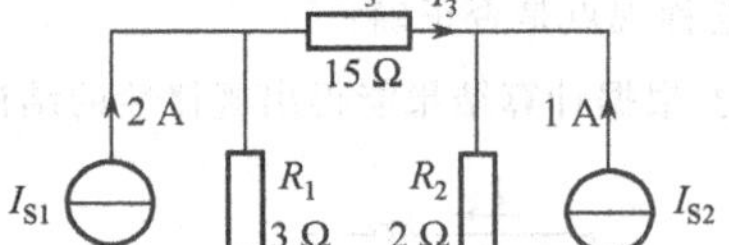

图 1.3.12 习题 1-3-5 的电路

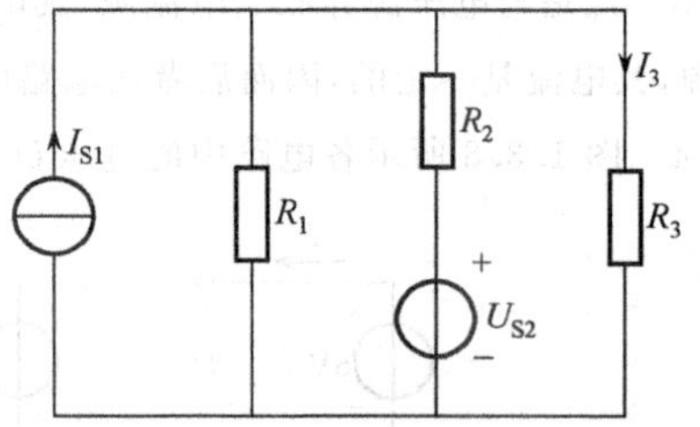

图 1.3.13 习题 1-3-6 的电路

1-3-6 在图 1.3.13 电路中，$I_{S1}=0.6$ A，$U_{S2}=6$ V，$R_1=20$ Ω，$R_2=30$ Ω，$R_3=8$ Ω，试用电源模型等效互换的方法求电流 I_3。

1.4 基尔霍夫定律

分析和计算电路的基本定律，除了欧姆定律外，还有基尔霍夫电流定律和基尔霍夫电压定律。基尔霍夫电流定律适用于节点，基尔霍夫电压定律适用于回路。

电路中的任意一条分支叫做支路，一条支路流过一个电流，称为支路电流。支路可以由单个元件构成，也可由若干个元件的串联组合而成。如图 1.4.1 所示电路，有 a-c-b（由 E_1 和 R_1 串联组合而成）、a-d-b（由 E_2 和 R_2 串联组合而成）、a-b（由单个元件 R_3 构成）三条支路。三条或三条以上支路的连接点叫节点，如图 1.4.1 所示电路中的 a 和 b 点。

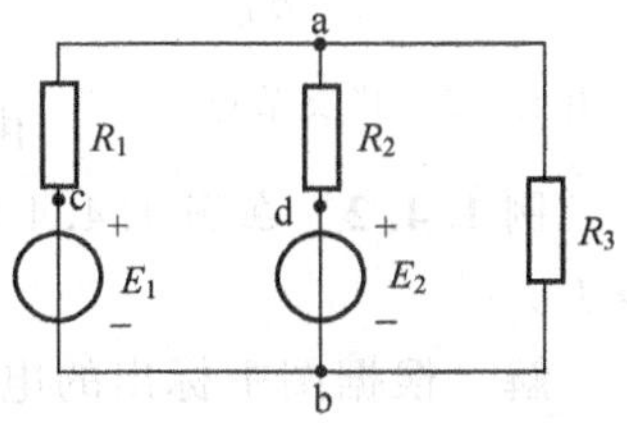

图 1.4.1 电路举例

电路中任意一个闭合路径称为回路，如图 1.4.1 所示电路中的 a-d-b-c-a、a-b-d-a、a-b-c-a。

内部不包含支路的回路称为网孔。如图 1.4.1 所示电路中的 a-d-b-c-a、a-b-d-a 是网孔，而 a-b-c-a 内部包含支路 a-d-b，不是网孔。

1.4.1 基尔霍夫电流定律

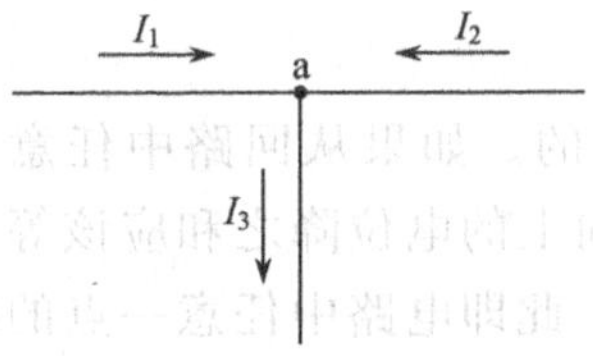

图 1.4.2 图 1.4.1 所示电路的节点

基尔霍夫电流定律（KCL）是用来确定连接在同一节点上的各支路电流间关系的。由于电流的连续性，电路中任何一点（包括节点在内）均不能堆积电荷。因此，在任一瞬时，流向某一节点的电流之和应该等于由该节点流出的电流之和。

在图 1.4.1 所示的电路中，对节点 a（图 1.4.2）可以写出

$$I_1 + I_2 = I_3 \tag{1.4.1}$$

或将式（1.4.1）改写成

$$I_1 + I_2 - I_3 = 0$$

即

$$\sum I = 0 \tag{1.4.2}$$

就是在任一瞬时，一个节点上电流的代数和恒等于零。如果规定参考方向流入节点的电流取正号，则流出节点的就取负号。

根据计算的结果，有些支路的电流可能是负值，这是由于所选定的电流的参考方向与实际方向相反所致。

例 1.4.1 在图 1.4.2 中，$I_1 = 5$ A，$I_2 = -3$ A，试求 I_3。

解 由基尔霍夫电流定律可列出

$$I_1 + I_2 - I_3 = 0$$

$$5 + (-3) - I_3 = 0$$

得

$$I_3 = 2 \text{ A}$$

由本例可见，式中有正负号，I 前的正负号是由基尔霍夫电流定律根据电流的参考方向确定的，括号内数字前的则是表示电流本身数值的正负。

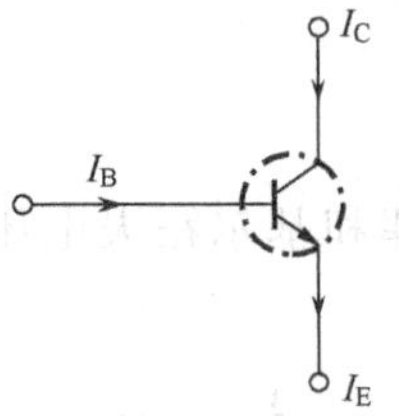

图 1.4.3　广义节点

基尔霍夫电流定律表明了电流的连续性，它是电荷守恒的体现。

基尔霍夫电流定律不仅适用于电路中任一节点，而且还可以推广应用于电路中任何一个假定的闭合面。例如在图 1.4.3 所示的三极管中，对点画线所示的闭合面来说，三个电极电流的代数和应等于零，即

$$I_C + I_B - I_E = 0$$

由于闭合面具有与节点相同的性质，因此称为广义节点。

例 1.4.2　在图 1.4.4 所示的电路中，已知 $I_1 = 3\ \text{A}, I_4 = -5\ \text{A}, I_5 = 8\ \text{A}$，试求 I_2, I_3 和 I_6。

解　根据图中标出的电流参考方向，应用基尔霍夫电流定律，分别由节点 a、b、c 求得

$$I_6 = I_4 - I_1 = -8\ \text{A}$$

$$I_2 = I_5 - I_4 = 13\ \text{A}$$

$$I_3 = I_6 - I_5 = -16\ \text{A}$$

在求得 I_2 后，I_3 也可以由广义节点求得，即

$$I_3 = -I_1 - I_2 = -16\ \text{A}$$

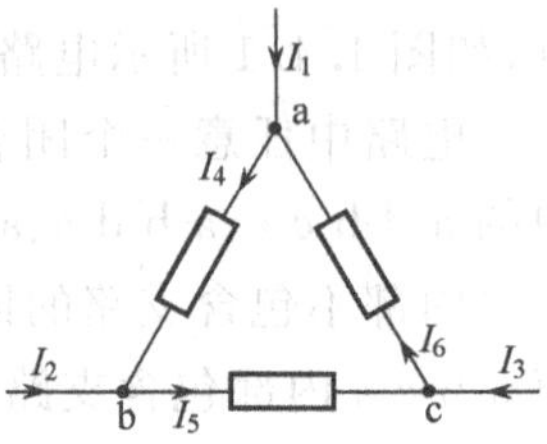

图 1.4.4　例 1.4.2 的电路

1.4.2　基尔霍夫电压定律

基尔霍夫电压定律(KVL)是用来确定回路中各段电压间关系的。如果从回路中任意一点出发，以顺时针方向或逆时针方向沿回路绕行一周，则在这个方向上的电位降之和应该等于电位升之和，回到原来的出发点时，该点的电位是不会发生变化的。此即电路中任意一点的瞬时电位具有单值性的结果。

例如图 1.4.5 为某电路中的一个回路，图中用框图表示任意的电路元件(如电压源、电阻等)，按顺时针方向为回路的绕行方向，由基尔霍夫电压定律，得

$$u_1 + u_2 - u_3 + u_4 = 0$$

即

$$\sum u = 0 \tag{1.4.3}$$

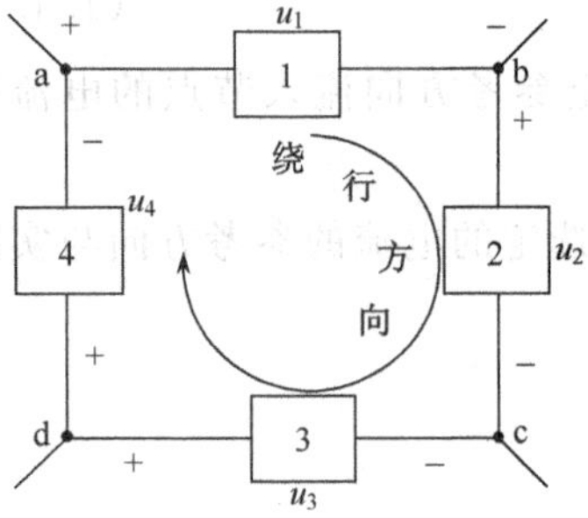

图 1.4.5　基尔霍夫电压定律

就是在任一瞬时，沿任一回路绕行方向(顺时针方向或逆时针方向)，回路中各段电压的代数和恒等于零。如果规定电位降取正号，则电位升就取负号。

在电阻电路中，应用欧姆定律还可以将基尔霍夫电压定律写成另一种形式，如图 1.4.6(a)所示的电阻电路的回路中，按顺时针绕行方向，由式(1.4.3)得

$$u_{ab} + u_{bc} + u_{cd} + u_{da} = 0 \tag{1.4.4}$$

式中，$u_{ab} = -e_1 + i_1R_1, u_{bc} = -i_3R_3, u_{cd} = i_2R_2 + e_2, u_{da} = -i_4R_4$。

将以上各式代入式(1.4.4)，整理后得

$$i_1R_1 + i_2R_2 - i_3R_3 - i_4R_4 = e_1 - e_2$$

写成一般形式，即

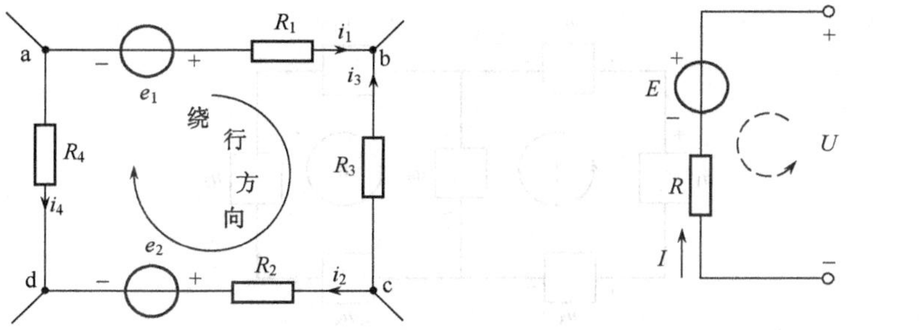

(a) 电阻电路的回路　　　(b) 广义回路(有源欧姆定律)

图 1.4.6　KVL 的推广应用

$$\sum iR = \sum e \tag{1.4.5}$$

在列方程时，不论是应用欧姆定律或基尔霍夫定律，首先要在电路图上标出电流、电压或电动势的参考方向；因为所列方程中各项前的正负号是由它们的参考方向决定的，如果参考方向选得与实际电流(电压或电动势)方向相反，则会相差一个负号。

基尔霍夫电压定律不仅适用于任一闭合回路，而且可以把它推广应用于假设的一端电路。例如对图 1.4.6(b)的电路可列出

$$E - RI - U = 0$$

或

$$U = E - RI \tag{1.4.6}$$

这也就是一段有源(有电源)电路的欧姆定律的表示式。

例 1.4.3　试分析图 1.4.7 所示的三极管电压 U_{cb}、U_{be} 和 U_{ce} 之间的关系。

解　由于电压 U_{cb}、U_{be} 和 U_{ce} 构成一个虚拟回路，因此三个电极不论在电路中如何连接，各电极间的电压必然满足基尔霍夫电压定律。

若取顺时针方向为回路的循行方向，则有

$$-U_{cb} + U_{ce} - U_{be} = 0$$

或

$$U_{ce} = U_{cb} + U_{be}$$

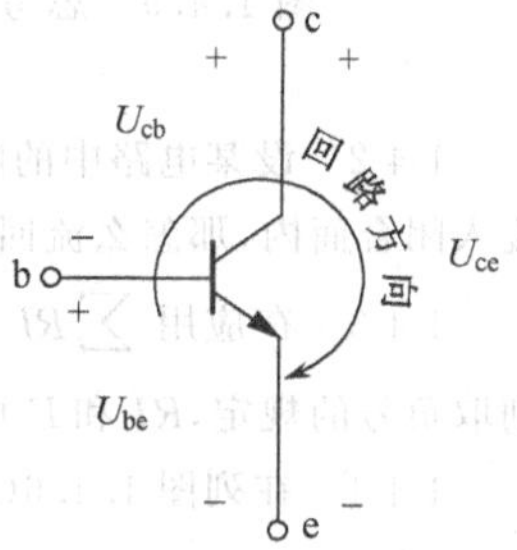

图 1.4.7　例 1.4.3 图

应该指出，基尔霍夫两个定律具有普遍性，它们适用于由各种不同元件所构成的电路，也适用于任一瞬时任何变化的电流和电压。

例 1.4.4　在图 1.4.8 所示的电路中，已知 $u_1 = u_3 = 1\ \text{V}$，$u_2 = 4\ \text{V}$，$u_4 = u_5 = 2\ \text{V}$，求电压 u_x。

解　支路电流和支路电压的参考方向及回路的绕行方向如图所示，对回路Ⅰ和Ⅱ分别列出 KVL 方程

$$-u_1 + u_2 + u_6 - u_3 = 0$$
$$-u_6 + u_4 + u_5 - u_x = 0$$

u_6 在方程中出现两次，一次取“+”号(与回路Ⅰ绕行方向相同)，一次取“−”号(与回路Ⅱ

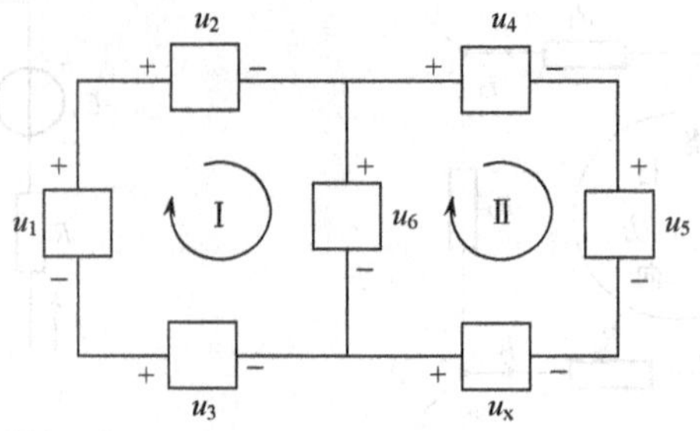

图 1.4.8　例 1.4.4 图

绕行方向相反)。将两个方程相加消去 u_6 得

$$u_x = -u_1 + u_2 - u_3 + u_4 + u_5 = 6\ \text{V}$$

思　考　题

1-4-1　在图 1.4.9 所示的电路中,若 $I_1 = 5$ A,求 I_2;若 AB 支路断开,求 I_2。

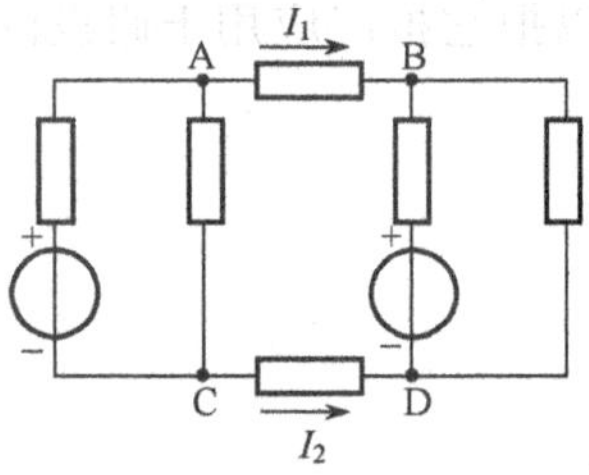

图 1.4.9　思考题 1-4-1 的电路

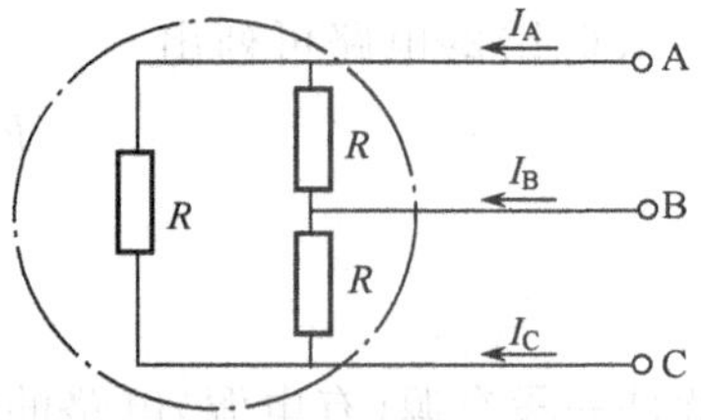

图 1.4.10　思考题 1-4-2 的电路

1-4-2　设某电路中的闭合面如图 1.4.10 所示,由基尔霍夫电流定律可得:$I_A + I_B + I_C = 0$。试问电流都流入闭合面内,那怎么流回去呢?应如何解释这个问题?

1-4-3　在应用 $\sum RI = \sum E$ 列回路方程式时,按 I 与 E 的参考方向与回路方向一致时前面取正号,否则取负号的规定,RI 和 E 可否放在等式的同一边?

1-4-4　在列图 1.4.6(a)所示电路回路方程式时,U 应放在等式 RI 一边,还是 E 一边?

练　习　题

1-4-1　在图 1.4.11 所示电路中,$U_S = 6$ V,$I_S = 2$ A,$R_1 = 1\ \Omega$。求开关 S 断开时开关两端的电压 U 和开关 S 闭合时通过开关的电流 I(不必用支路电流法)。

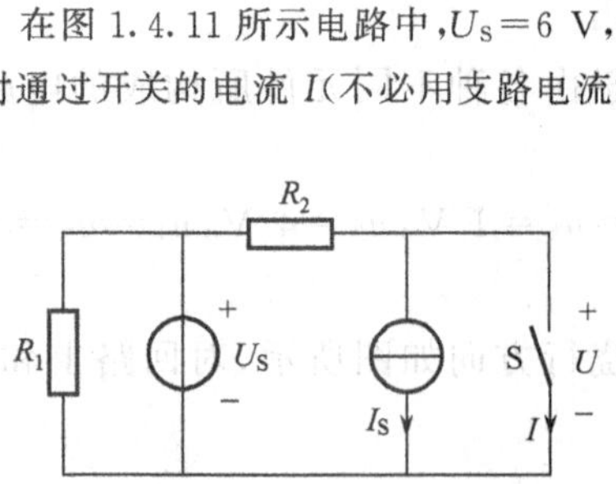

图 1.4.11　习题 1-4-1 的电路

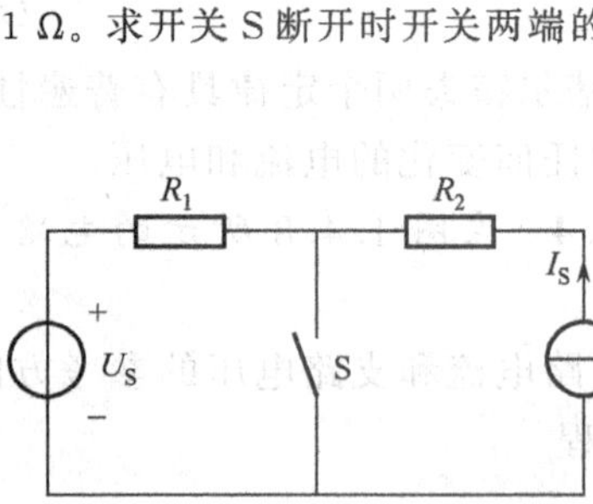

图 1.4.12　习题 1-4-2 的电路

1-4-2　在图 1.4.12 所示电路中，$U_S=6$ V，$I_S=2$ A，$R_1=R_2=4\ \Omega$。求开关 S 断开时开关两端的电压和开关 S 闭合时通过开关的电流（在图中注明所选的参考方向）。

1-4-3　求图 1.4.13 所示电路中通过电压源的电流 I_1、I_2 及其功率，并说明电压源是起电源作用还是起负载作用。

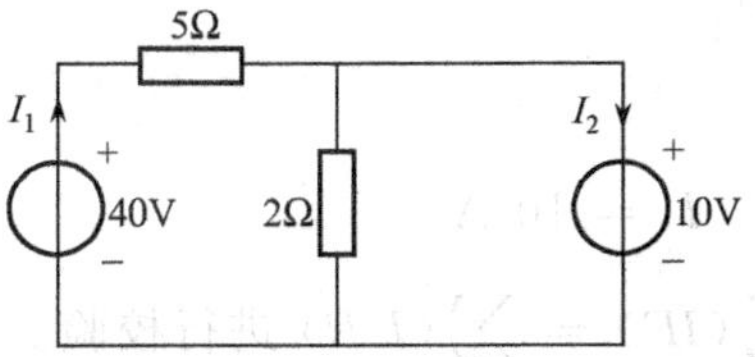

图 1.4.13　习题 1-4-3 的电路

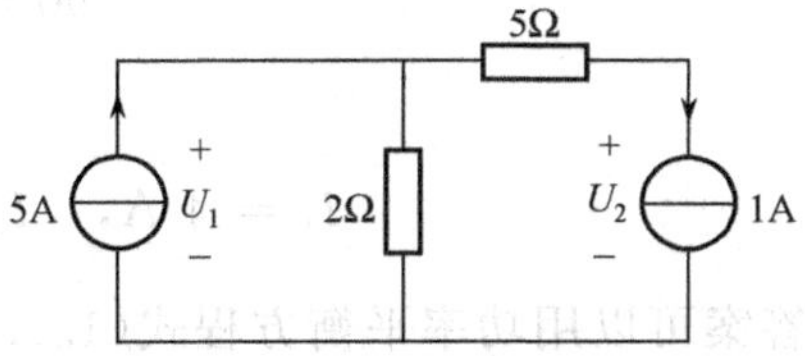

图 1.4.14　习题 1-4-4 的电路

1-4-4　求图 1.4.14 所示电路中电流源两端的电压 U_1、U_2 及其功率，并说明电流源是起电源作用还是起负载作用。

1-4-5　在图 1.3.9 所示两电路中，设 U_S 和 I_S 不变，而 R 是可以调节的，试分析：(1)图(a)中的电压源在 R 为何值时既不取用也不输出电功率？在 R 为何范围时输出电功率？在 R 为何范围时取用电功率？而电流源处于何种状态？(2)图(b)中的电流源在 R 为何值时既不取用也不输出电功率？在 R 为何范围时输出电功率？在 R 为何范围时取用电功率？而电压源处于何状态？

1.5　支路电流法

支路电流法是以支路电流为未知量，直接应用基尔霍夫电流定律（KCL）和基尔霍夫电压定律（KVL），分别对节点和回路列出所需要的方程组，从而解出各未知支路电流的方法。

在列方程时，必须先在图上设定未知支路电流的参考方向。在图 1.5.1 所示的电路中，支路数 $b=3$，节点数 $n=2$。因为支路数是 3，所以要列出 3 个独立方程。电动势和电流的正方向如图 1.5.1 所示。

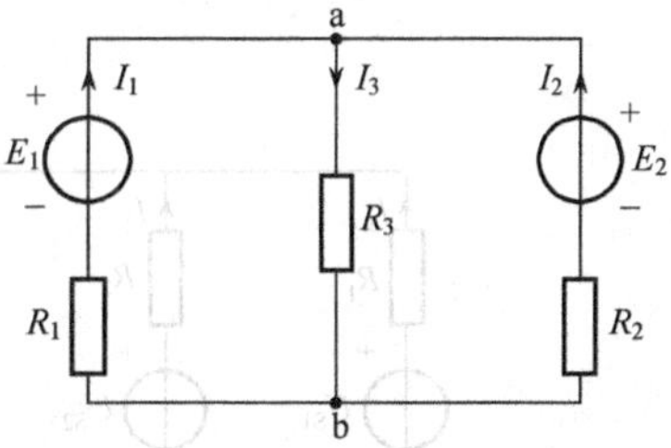

图 1.5.1　两个电源并联的电路

应用 KCL 对节点 a 列出

$$I_1+I_2-I_3=0 \tag{1.5.1}$$

对节点 b 列出

$$I_3-I_1-I_2=0 \tag{1.5.2}$$

式(1.5.1)即为式(1.5.2)，它是非独立的方程。因此，对具有两个节点的电路，应用 KCL 只能列出 2−1=1 个独立方程。一般地，对具有 n 个节点的电路应用 KCL 只能得出 $n-1$ 个独立方程。再应用 KVL 列出其余 $b-(n-1)$ 个方程，通常可取单孔回路（或称网孔）列出。在图 1.5.1 中有两个网孔。对左面的网孔可列出

$$E_1=I_1R_1+I_3R_3 \tag{1.5.3}$$

对右面的网孔可列出

$$E_2=I_2R_2+I_3R_3 \tag{1.5.4}$$

网孔的数目恰好等于 $b-(n-1)$。

应用 KCL、KVL 可列出 $(n-1)+[b-(n-1)]=b$ 个独立方程，从而解出 b 个支路电流。

例 1.5.1　在图 1.5.1 的电路中，设 $E_1=140$ V，$E_2=90$ V，$R_1=20\ \Omega$，$R_2=5\ \Omega$，$R_3=6\ \Omega$，试求各支路电流。

解　应用KCL、KVL列出式(1.5.1)、式(1.5.3)及式(1.5.4)，并将已知数据代入，即

$$I_1+I_2-I_3=0$$

$$140=20I_1+6I_3$$

$$90=5I_2+6I_3$$

解得

$$I_1=4\ \text{A},\quad I_2=6\ \text{A},\quad I_3=10\ \text{A}$$

上述答案可以用功率平衡方程式(1.2.3)，即 $\sum(IE)=\sum(I^2R)$ 进行校验。

用支路电流法解题步骤：

(1) 选定各支路电流做未知量并标明参考方向；

(2) 根据KCL对 $n-1$ 个独立节点列出电流方程；

(3) 根据KVL对 $b-(n-1)$ 个独立回路列出电压方程；

(4) 解出 b 个方程。

思　考　题

1-5-1　在列独立的回路方程式时，是否一定要选用网孔？

1-5-2　如果电路中含有电流源，电流源的电流已知，而电压是未知的，怎么办？

练　习　题

1-5-1　在图1.5.2所示电路中，$U_{S1}=12$ V，$U_{S2}=15$ V，$R_1=3$ Ω，$R_2=1.5$ Ω，$R_3=9$ Ω。试用支路电流法求各支路的电流，并说明两个电压源是起电源作用还是起负载作用。

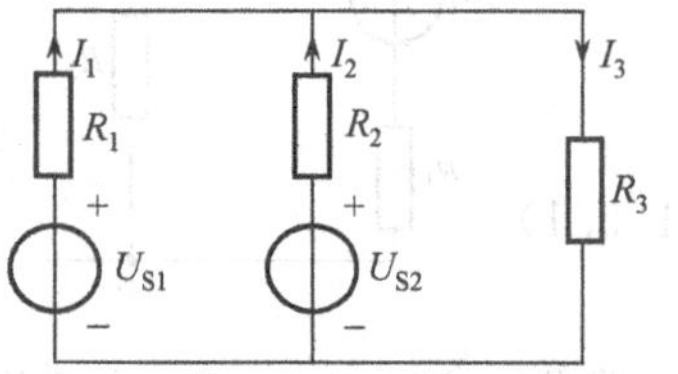

图1.5.2　习题1-5-1的电路

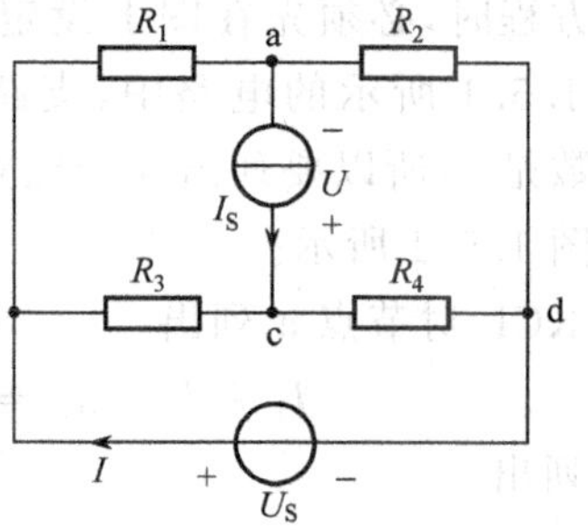

图1.5.3　习题1-5-2的电路

1-5-2　在图1.5.3所示电路中，$U_S=2$ V，$I_S=3$ A，$R_1=4$ Ω，$R_2=1$ Ω，$R_3=3$ Ω，$R_4=2$ Ω，试用支路电流法求流过电压源 U_S 的电流 I 和电流源 I_S 两端的电压 U。

△1.6　节点电压法

在电路中任意选择某一节点为参考节点，其他节点与此参考节点之间的电压称为节点电压。节点电压法以节点电压为求解变量，并对独立节点用KCL列出用节点电压表达的有关支路电流方程。由于任一支路都连接在两个节点上，根据KVL，不难断定支路电压是两个节点电压之差。例如，图1.6.1所示的电路中，如果设参考方向由a指向b，则a点的电位为 U。各支路的电流可应用基尔霍夫电压定律或欧姆定律得出

$$\left.\begin{aligned} U &= E_1 - R_1 I_1, & I_1 &= \frac{E_1 - U}{R_1} \\ U &= E_2 - R_2 I_2, & I_2 &= \frac{E_2 - U}{R_2} \\ U &= E_3 + R_3 I_3, & I_3 &= \frac{U - E_3}{R_3} \\ U &= R_4 I_4, & I_4 &= \frac{U}{R_4} \end{aligned}\right\} \tag{1.6.1}$$

由式(1.6.1)可见，在已知电动势和电阻的情况下，只要先求出节点电压U，就可计算各支路电流了。

计算节点电压的公式可应用基尔霍夫电流定律得出。在图1.6.1中，

$$I_1 + I_2 - I_3 - I_4 = 0$$

将式(1.6.1)代入上式，则得

$$\frac{E_1 - U}{R_1} + \frac{E_2 - U}{R_2} - \frac{U - E_3}{R_3} - \frac{U}{R_4} = 0$$

经整理后即得出节点电压的公式

$$U = \frac{\frac{E_1}{R_1} + \frac{E_2}{R_2} + \frac{E_3}{R_3}}{\frac{1}{R_1} + \frac{1}{R_2} + \frac{1}{R_3} + \frac{1}{R_4}} = \frac{\sum \frac{E}{R}}{\sum \frac{1}{R}} \tag{1.6.2}$$

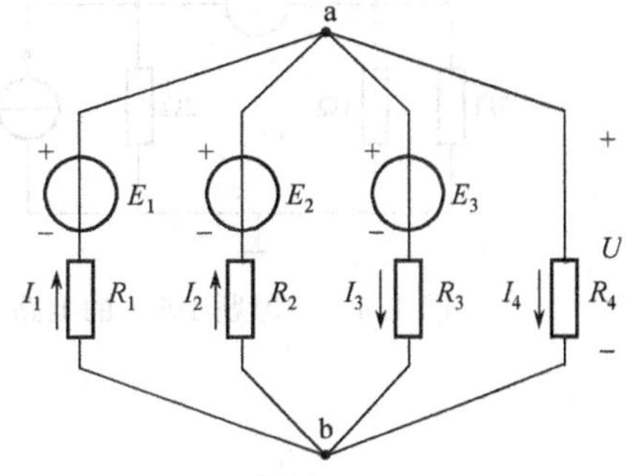

图 1.6.1 具有两个节点的复杂电路

在式(1.6.2)中，分母的各项总为正；分子的各项可以为正，也可以为负。当电动势和节点电压的参考方向相反时取正号，相同时则取负号，而与各支路电流的参考方向无关。

由式(1.6.2)求出节点电压后，即可根据式(1.6.1)计算各支路电流。这种计算方法就称为节点电压法。

例 1.6.1 用节点电压法计算图1.6.2的电压U_{ab}。

解 图1.6.2所示的电路有两个节点和四条支路，但与前者不同，其中一条支路是理想电流源I_{S1}，故节点电压的公式要改为

$$U_{ab} = \frac{I_{S1} + \frac{E_2}{R_2}}{\frac{1}{R_1} + \frac{1}{R_2} + \frac{1}{R_3}}$$

在此，I_{S1}与U_{ab}的参考方向相反，故取正号；否则，取负号。

将已知数据代入上式，则得

$$U_{ab} = \frac{7 + \frac{90}{5}}{\frac{1}{20} + \frac{1}{5} + \frac{1}{6}}\ \text{V} = 60\ \text{V}$$

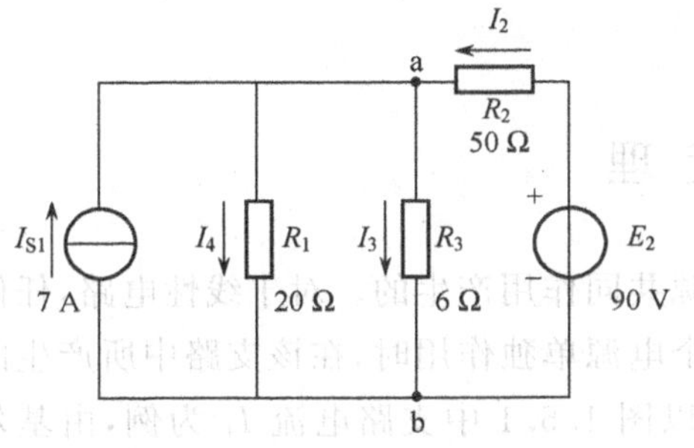

图 1.6.2 例 1.6.1 的电路

例 1.6.2 试求图1.6.3所示电路中的I_{a0}。

解 图1.6.3的电路也只有a和参考点0两个节点。U_{a0}即为节点电压或点的电位V_a。

$$U_{a0} = \frac{-\frac{4}{2} + \frac{6}{3} - \frac{8}{4}}{\frac{1}{2} + \frac{1}{3} + \frac{1}{4} + \frac{1}{4}}\ \text{V} = \frac{-2}{\frac{4}{3}}\ \text{V} = -1.5\ \text{V}$$

$$I_{a0} = \frac{-1.5}{4}\ \text{A} = -0.375\ \text{A}$$

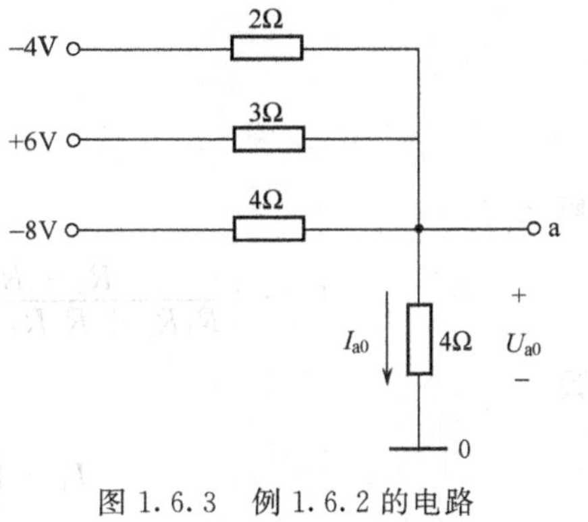

图 1.6.3 例 1.6.2 的电路

思 考 题

1-6-1　采用节点电压法计算图 1.5.1 电路中流过 R_3 的电流。

练 习 题

1-6-1　试用节点分析法求图 1.6.4 所示电路的各节点电压。

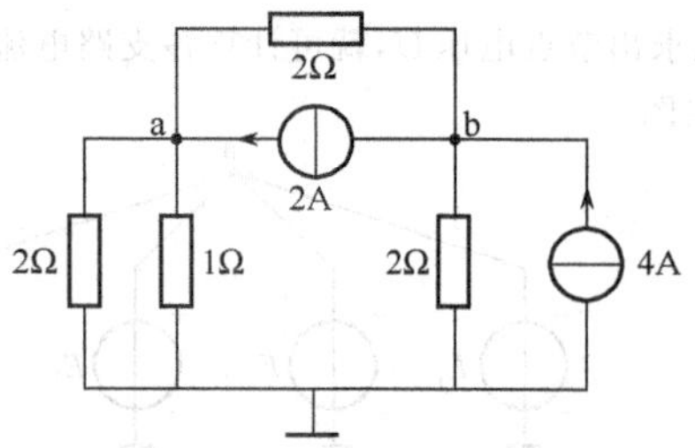

图 1.6.4　习题 1-6-1 的电路

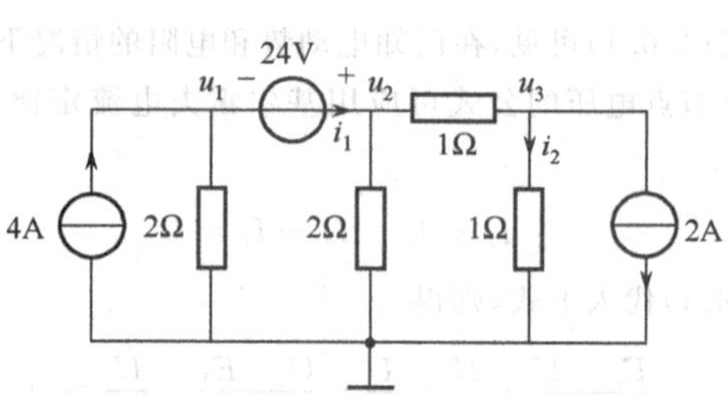

图 1.6.5　习题 1-6-2 的电路

1-6-2　试用节点分析法求图 1.6.5 所示电路的 i_1、i_2。

1-6-3　若节点方程为

$$1.6u_1 - 0.5u_2 - u_3 = 1$$
$$-0.5u_1 + 1.6u_2 - 0.1u_3 = 0$$
$$-u_1 - 0.1u_2 + 3.1u_3 = 0$$

试给出最简单的电路。

1-6-4　已知 $E_a = 25\ \text{V}, E_b = 100\ \text{V}, E_c = 25\ \text{V}; R = 50\ \Omega$。试用节点电压法求图 1.6.6 所示电路中的各支路电流。

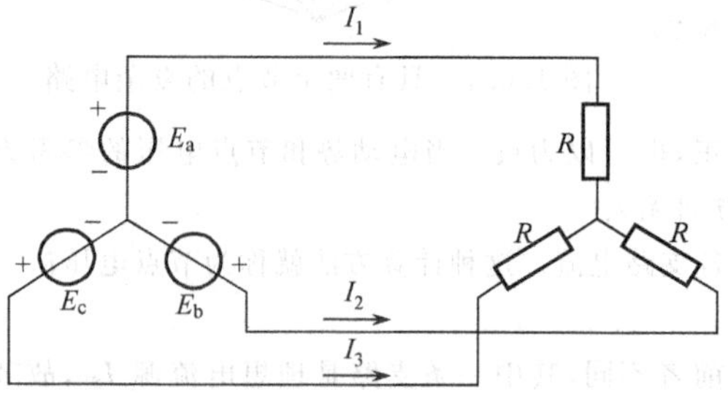

图 1.6.6　习题 1-6-4 的电路

1.7　叠加定理

图 1.5.1 所示的电路，各支路的电流是由两个电源共同作用产生的。对于线性电路，任何一条支路中的电流或电压，都可以看成是由电路中各个电源单独作用时，在该支路中所产生的电流或电压的叠加(代数和)，这就是叠加定理。下面以图 1.5.1 中支路电流 I_1 为例，由基尔霍夫定律列出方程组

$$I_1 + I_2 - I_3 = 0$$
$$E_1 = I_1R_1 + I_3R_3$$
$$E_2 = I_2R_2 + I_3R_3$$

解之得

$$I_1 = \left(\frac{R_2 + R_3}{R_1R_2 + R_2R_3 + R_3R_1}\right)E_1 - \left(\frac{R_3}{R_1R_2 + R_2R_3 + R_3R_1}\right)E_2 \tag{1.7.1}$$

设

$$I_1' = \left(\frac{R_2 + R_3}{R_1R_2 + R_2R_3 + R_3R_1}\right)E_1$$

$$I_1''=\left(\frac{R_3}{R_1R_2+R_2R_3+R_3R_1}\right)E_2 \tag{1.7.2}$$

于是

$$I_1 = I_1' - I_1'' \tag{1.7.3}$$

例 1.7.1 在图 1.5.1 的电路中，已知 $E_1=10$ V，$E_2=6$ V，$R_1=20\ \Omega$，$R_2=60\ \Omega$，$R_3=40\ \Omega$，用叠加定理计算通过 R_2 的电流。

解 根据叠加定理，图 1.5.1 可分解成图 1.7.1(a)、(b)两个电路，图 1.7.1(a)中 E_1 单独作用($E_2=0$)，电流分量 I_2' 为

$$I_2'=\frac{E_1}{R_1+\dfrac{R_2R_3}{R_2+R_3}}\times\frac{R_3}{R_2+R_3}=\frac{10}{20+\dfrac{60\times40}{60+40}}\times\frac{40}{60+40}\ \text{A}=\frac{1}{11}\ \text{A}$$

在图 1.7.1(b)中 E_2 单独作用($E_1=0$)，电流分量 I_2'' 为

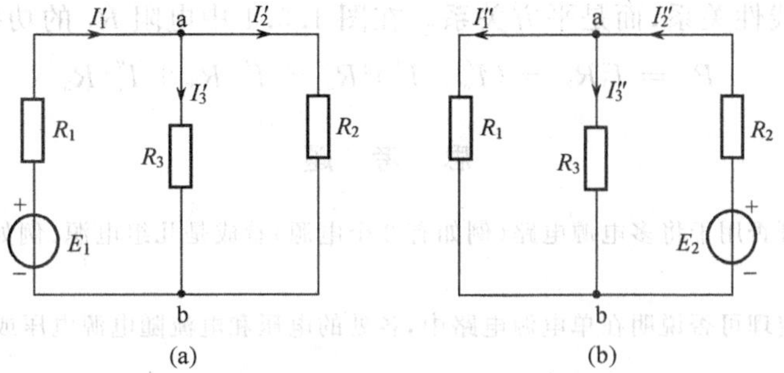

图 1.7.1 叠加定理

$$I_2''=\frac{E_2}{R_2+\dfrac{R_1R_3}{R_1+R_3}}=\frac{6}{60+\dfrac{20\times40}{20+40}}\ \text{A}=\frac{9}{110}\ \text{A}$$

由此得

$$I_2=-I_2'+I_2''=-\frac{1}{11}\ \text{A}+\frac{9}{110}\ \text{A}=-\frac{1}{110}\ \text{A}\approx-9.09\ \text{mA}$$

式中，负号是由于 E_1 单独作用在该支路产生的电流方向与参考方向相反所致。

用叠加原理计算电路，就是把一个多电源的电路化为几个单电源电路来进行计算。不难设想，如果电路中所含电压源较多，其计算的工作量仍然是繁重的，但如果在电路中增加一个新的电源(或改变某一电源的参数)，利用叠加定理就很方便。

例 1.7.2 在例 1.7.1 中，如果将 E_2 改成 14 V，重新求 I_2。

解 将 E_2 改成 14 V，相当于在例 1.7.1E_2(6 V)处再串联 8 V 的电压源，因此可以分解成图 1.7.2(a)与(b)两个电路。

对于图(a)，利用上例结果，有

$$I_2'=-1/110\ \text{A}$$

对于图(b)，有

$$I_2''=\frac{E_2'}{R_2+\dfrac{R_1R_3}{R_1+R_3}}=\frac{8}{60+\dfrac{20\times40}{20+40}}\ \text{A}=\frac{6}{55}\ \text{A}$$

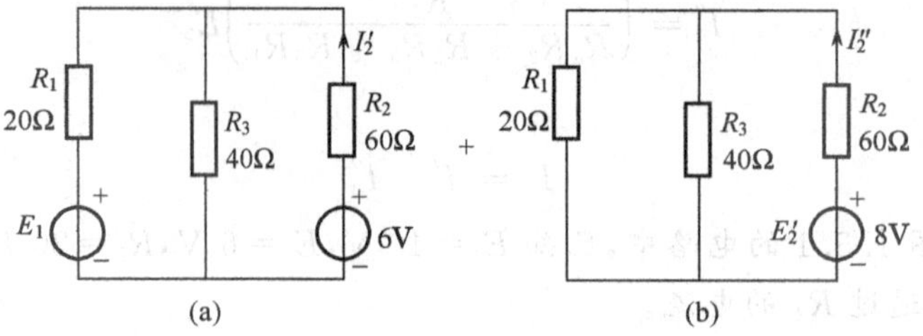

图 1.7.2　例 1.7.2 的电路图

因此

$$I_2 = I_2' + I_2'' = \left(-\frac{1}{110} + \frac{6}{55}\right)\text{A} = \frac{1}{10}\text{A} = 0.1\text{A}$$

叠加定理只能用来分析和计算线性电路的电流和电压，不能用来计算功率，这是因为电流和电压与功率不是线性关系，而是平方关系。在图 1.5.1 中电阻 R_3 的功率

$$P_3 = I_3^2 R_3 = (I_3' + I_3'')^2 R_3 \neq I_3'^2 R_3 + I_3''^2 R_3$$

思　考　题

1-7-1　叠加定理可否用于将多电源电路（例如有 3 个电源）看成是几组电源（例如两组电源）分别单独作用的叠加？

1-7-2　利用叠加定理可否说明在单电源电路中，各处的电压和电流随电源电压或电流成比例的变化？

练　习　题

1-7-1　电路如图 1.7.3(a)所示，$E=12$ V，$R_1=R_2=R_3=R_4$，$U_{ab}=10$ V。若将理想电压源除去后[图 1.7.3(b)]，试问这时 U_{ab} 等于多少？

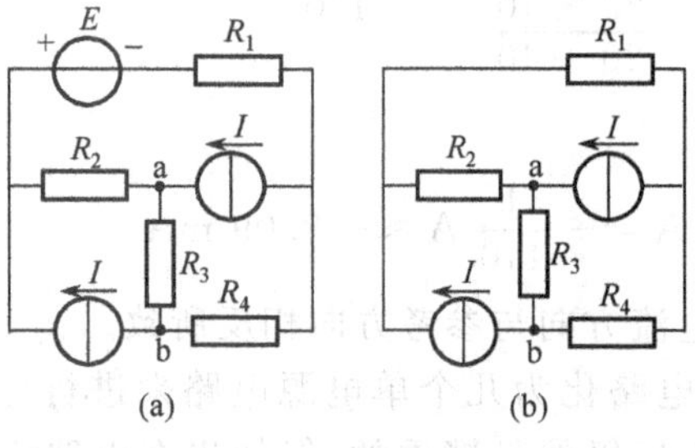

图 1.7.3　习题 1-7-1 的电路

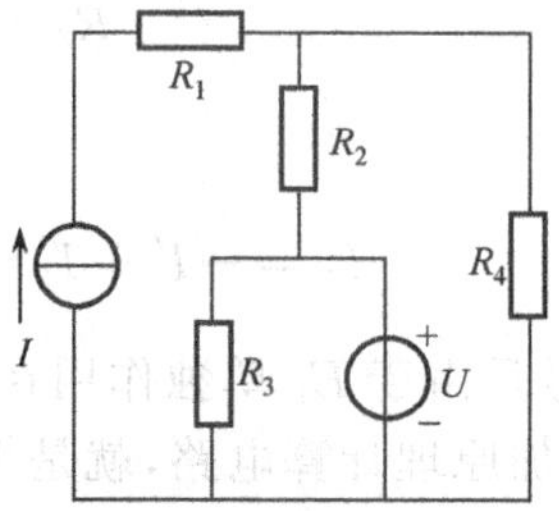

图 1.7.4　习题 1-7-2 的电路

1-7-2　在图 1.7.4 所示电路中，试用叠加定理计算各支路的电流和各元件（电源和电阻）两端的电压，并说明功率平衡关系。已知 $R_1=2\ \Omega$，$R_2=1\ \Omega$，$R_3=5\ \Omega$，$R_4=4\ \Omega$，$I=10$ A，$U=10$ V。

1-7-3　图 1.7.5 所示的是 R-$2R$ 梯形网络，用于电子技术的数模转换中，试用叠加定理求输出端的电流 I。

1-7-4　在图 1.7.6 所示电路中，N 为无源线性网络。设(1)$U_{S1}=8$ V，$I_{S2}=12$ A 时，$U_x=80$ V；(2)$U_{S1}=-8$ V，$I_{S2}=4$ A 时，$U_x=0$ V。则当 $U_{S1}=20$ V，$I_{S2}=20$ A 时，求 U_x。

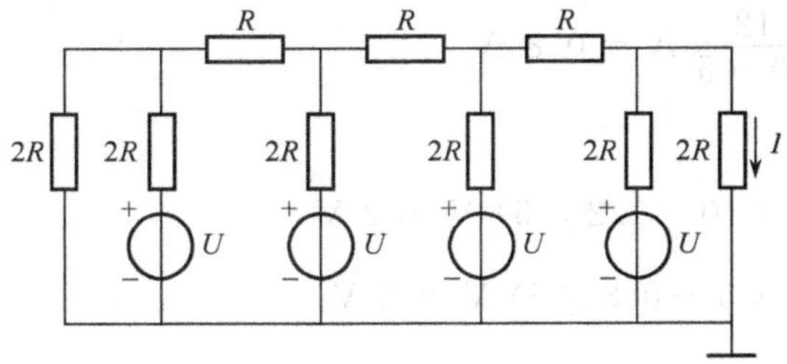

图 1.7.5　习题 1-7-3 的电路

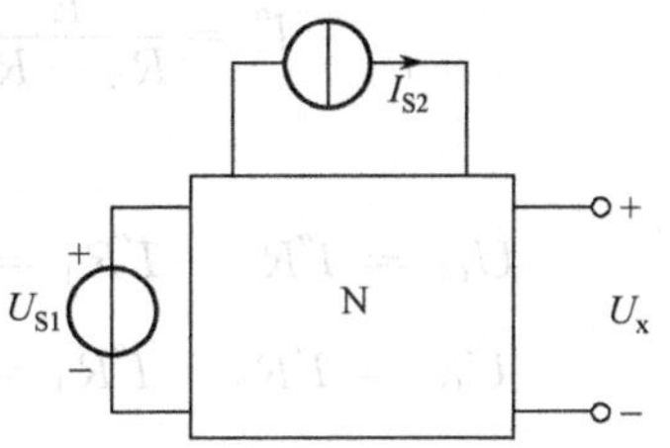

图 1.7.6　习题 1-7-4 的电路

1.8　等效电源定理

1.8.1　戴维南定理

在电路分析中，如果只需计算复杂电路中一个支路的电流时，可以将待求支路从电路中分离出来[图 1.8.1(a)中的 ab 支路，其中电阻为 R_L]，而把其余部分看作一个有源(active)二端网络[图 1.8.1 (a)中的方框部分]。所谓有源二端网络，就是具有两个出线端的部分电路，其中含有电源。不论有源二端网络的简繁程度如何，它对所要计算的这个支路而言，相当于一个电源。因此，任何一个有源二端线性网络都可用一个电动势为 E 的理想电压源和内阻 R_{eq} 串联来等效代替[如图 1.8.1(b)所示]。等效电源的电动势 E 就是有源二端网络的开路电压 U_{OC}，即将负载断开后 a，b 两端之间的电压。等效电源的内阻 R_{eq} 等于有源二端网络中所有电源均除去(将各个理想电压源短路，即其电动势为零；将各个理想电流源开路，即其电流为零)后所得到的无源网络 a，b 两端之间的等效电阻。这就是戴维南定理。

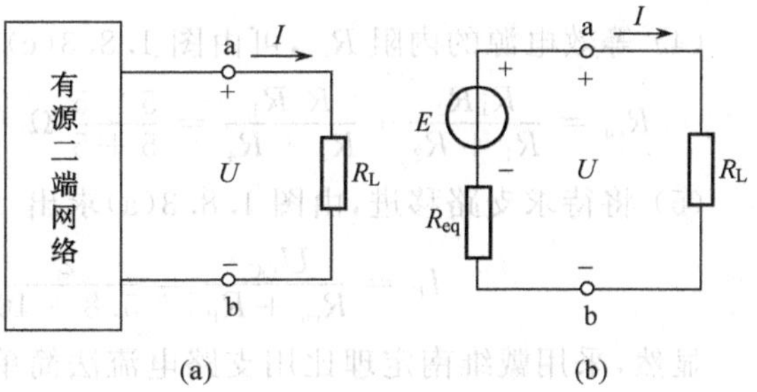

图 1.8.1　戴维南等效电源

图 1.8.1 (b)的等效电路是一个最简单的电路，其中电流可由下式计算：

$$I = \frac{E}{R_{eq} + R_L} \tag{1.8.1}$$

例 1.8.1　在图 1.8.2 所示的桥式电路中，设 $E=12$ V，$R_1=R_2=R_4=5\ \Omega$，$R_3=10\ \Omega$。中间支路检流计的电阻 $R_P=10\ \Omega$。试用戴维南定理，计算检流计的电流 I_P。

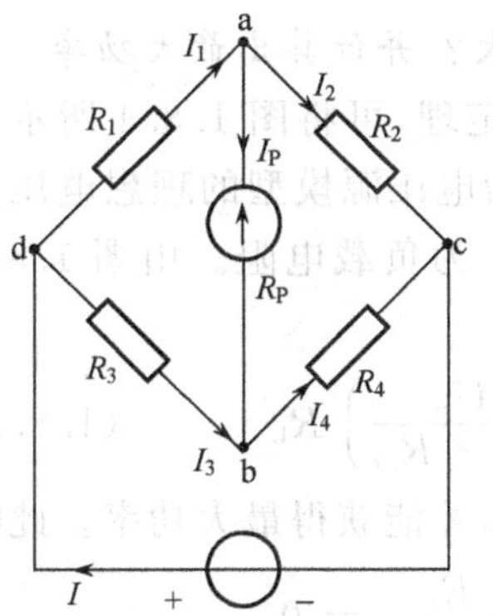

图 1.8.2　例 1.8.1 的电路

解　(1) 将图 1.8.2 中未知量所在支路移去，构成图 1.8.3 (b)所示的有源二端口网络 N_S。

(2) 画出戴维南等效电路如图 1.8.3(c)所示点画线框内，即将有源二端网络转换为实际电压源的形式。

(3) 求等效电源的电压 U_{OC}，可由图 1.8.3(b)得

$$I' = \frac{E}{R_1 + R_2} = \frac{12}{5+5}\ \text{A} = 1.2\ \text{A}$$

$$I'' = \frac{E}{R_3 + R_4} = \frac{12}{10+5}\ \text{A} = 0.8\ \text{A}$$

于是

$$U_{OC} = I''R_3 - I'R_1 = (0.8 \times 10 - 1.2 \times 5)\ \text{V} = 2\ \text{V}$$

或
$$U_{OC} = I'R_2 - I''R_4 = (1.2 \times 5 - 0.8 \times 5)\ \text{V} = 2\ \text{V}$$

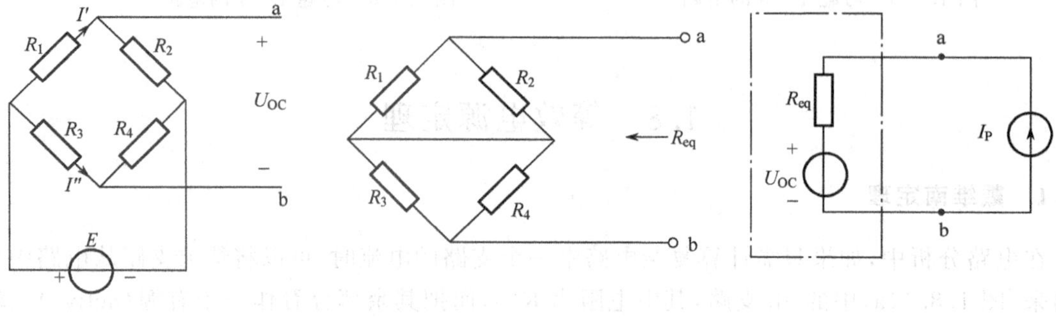

图 1.8.3　计算等效电源的步骤

(4) 等效电源的内阻 R_{eq}，可由图 1.8.3(c)求得

$$R_{eq} = \frac{R_1R_2}{R_1+R_2} + \frac{R_3R_4}{R_3+R_4} = \frac{5\times5}{5+5}\ \Omega + \frac{10\times5}{10+5}\ \Omega = 2.5\ \Omega + 3.3\ \Omega = 5.8\ \Omega$$

(5) 将待求支路移进，由图 1.8.3(a)求出

$$I_P = \frac{U_{OC}}{R_{eq}+R_P} = \frac{2}{5.8+10}\ \text{A} = \frac{2}{15.8}\ \text{A} = 0.127\ \text{A}$$

显然，采用戴维南定理比用支路电流法简单。

用戴维南定理解题步骤：

(1)在原图中将待求支路移去，保留有源二端网络；

(2)画出戴维南等效电路，即实际电压源的形式；

(3)求有源二端网络开路电压 U_{OC}；

(4)求等效电阻 R_{eq}；

(5)将待求支路移进，求出未知量。

例 1.8.2　电路如图 1.8.4 所示，R_L 为何值时，吸收的功率最大？并计算出最大功率。

解　先分析一下电路中负载获得最大功率的条件。由戴维南定理，可将图 1.8.4 所示的电路等效为图 1.8.5 所示的电路。在图 1.8.5 所示的电路中，U_S 为电压源模型的理想电压源电压，R_{eq} 为电压源模型的内阻，R_L 为负载电阻。由图 1.8.5 可得负载功率为

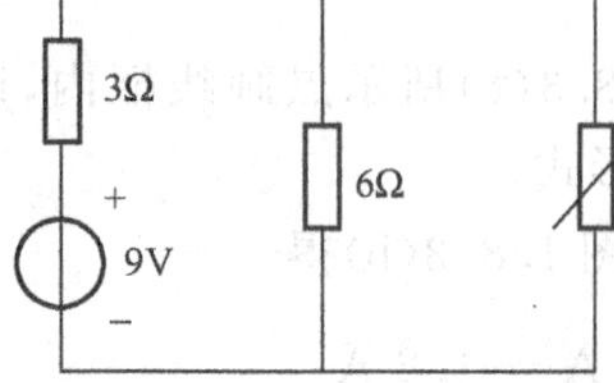

图 1.8.4　例 1.8.2 的电路

$$P_L = I^2R_L = \left(\frac{U_S}{R_L + R_{eq}}\right)^2 R_L \qquad (1.8.2)$$

只有当 R_{eq} 为 0 到∞之间某一值时，才能获得最大功率。此时

$$\frac{dP_L}{dR_L} = U_S^2\frac{R_{eq} - R_L}{(R_L + R_{eq})^3} = 0$$

则得 $$R_{eq}=R_L \tag{1.8.3}$$

即当负载电阻等于电源内阻时，负载上获得的功率最大。电路满足此条件时，我们就说负载与电源（或信号源）相匹配。此时负载获得最大功率为

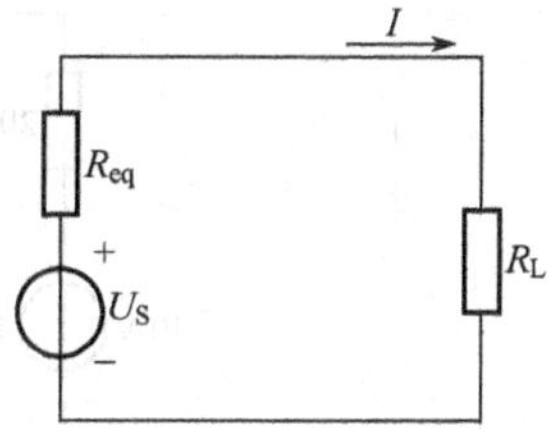

图 1.8.5　负载获得最大功率的条件

$$P_{Lmax}=\left(\frac{U_S}{R_L+R_{eq}}\right)^2 R_L=\frac{U_S^2}{4R_{eq}} \tag{1.8.4}$$

由式(1.8.4)可知，当 $R_L=R_{eq}=2\ \Omega$ 时，R_L 获得最大功率，且最大功率为

$$P_{Lmax}=\frac{U_S^2}{4R_{eq}}=\frac{6^2}{4\times 2}\text{ W}=4.5\text{ W}$$

*1.8.2　诺顿定理

一个含独立电源、线性电阻和受控源的一端口，对外电路来说，可以用一个电流源和电导的并联组合等效变换，电流源的电流等于该一端口的短路电流，电导等于把该一端口全部独立电源置零后的输入电导，由此电流源和并联电导组合的电路称为诺顿等效电路。

应用电压源和电阻的串联组合与电流源和电导的并联组合之间的等效变换，可推得诺顿定理，见图1.8.6(a)、(b)、(c)。诺顿等效电路和戴维南等效电路这两种等效电路共有 u_{OC}、R_{eq}、i_{SC} 三个参数，其关系为 $u_{OC}=R_{eq}i_{SC}$。故求出其中任意两个量就可求得另一个量。

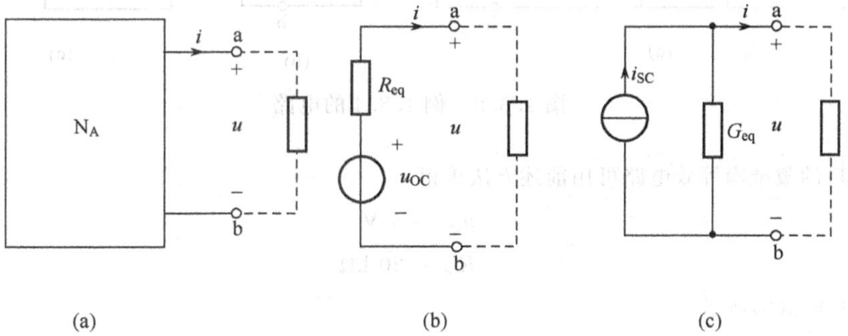

图 1.8.6　诺顿定理

例 1.8.3　求图 1.8.7(a)所示一端口电路的等效电路。

解　由图 1.8.7(a)可知，求 i_{SC} 和 R_{eq} 比较容易。当 ab 短路时，有

$$i_{SC}=\left(3-\frac{60}{20}+\frac{40}{40}-\frac{40}{20}\right)\text{ A}=-1\text{ A}$$

把一端口内部独立电源置零后，可以求得 R_{eq}，它等于 3 个电阻的并联，即有

$$R_{eq}=\frac{1}{\frac{1}{20}+\frac{1}{40}+\frac{1}{20}}\ \Omega=8\ \Omega$$

诺顿等效电路将如图 1.8.7(b)所示。

戴维南定理和诺顿定理在电路分析中应用广泛。有时对线性电阻电路中部分电路的求解没有要求，而这部分电路又构成一个含源一端口，在这种情况下就可以应用这两个定理把这部分电路仅用 2 个电路元件的简单组合置换，不影响电路其余部分的求解。特别是当仅对电路的某一元件感兴趣，例如分析电路中某一电阻获得的最大功率，或者分析测量仪表引起的测量误差等问题时，这两个定理尤为适用。

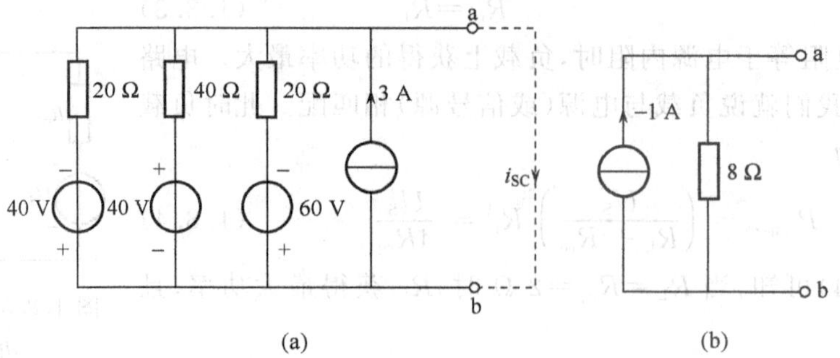

图 1.8.7　例 1.8.3 的电路

例 1.8.4　图 1.8.8(a)的含源一端口外接可调电阻 R，当 R 等于多少时，它可以从电路中获得最大功率？求此最大功率。

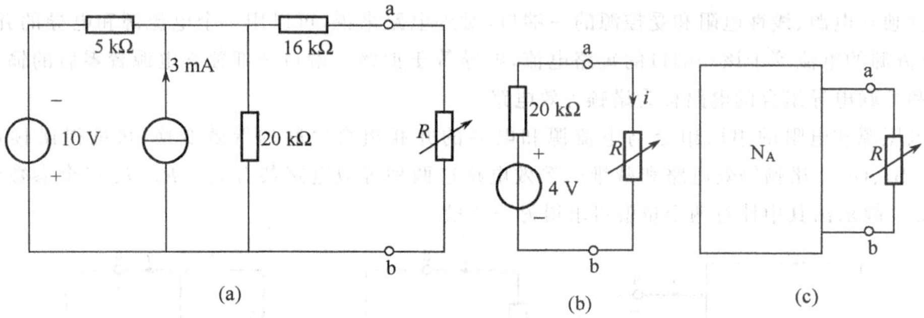

图 1.8.8　例 1.8.4 的电路

解　一端口的戴维南等效电路可用前述方法求得

$$u_{OC} = 4\ \text{V}$$

$$R_{eq} = 20\ \text{k}\Omega$$

电路简化如图 1.8.8(b)所示。

电阻 R 的改变不会影响原一端口的戴维南等效电路，由图 1.8.8 (b)可求得 R 吸收的功率为

$$p = i^2 R = \frac{u_{OC}^2 R}{(R_{eq} + R)^2}$$

R 变化时，最大功率发生在$\frac{dq}{dR}=0$ 的条件下。不难得出，这时有 $R=R_{eq}$。本题中 $R_{eq}=20\ \text{k}\Omega$，故 $R=20\ \text{k}\Omega$ 时才能获得最大功率，其值为

$$p_{max} = \frac{u_{OC}^2}{4R_{eq}} = 0.2\ \text{mW}$$

这个例子中最大功率问题的结论可以推广到更一般的情况。图 1.8.8(c)示出一个含源一端口，外接电阻值的大小可以变动。当满足 $R=R_{eq}$(R_{eq}为一端口的输入电阻)的条件时，电阻 R 将获得最大功率。此时称电阻与一端口的输入电阻匹配。

例 1.8.5　对图 1.8.9 所示电路，如果用直流电压表分别在端子 a、b 和 b、c 处测量电压，试分析电压表内电阻 R_V 引起的测量误差。

解　当用电压表测量端子 b、c 的电压时，电压的真值是图 1.8.9(a)中该处的开路电压。为了求得由于电压表内电阻 R_V 引起的误差，需要求得实际的测量值。把图(a)中 b、c 左边的电路用戴维南等效电路置换，设 U_{OC}为 b、c 端子的开路电压，R_{eq}为从 b、c 端看进去的输入电阻[见图(b)]。令 U 为实际测量所得的电压，它等于电阻 R_V 两端的电压，即

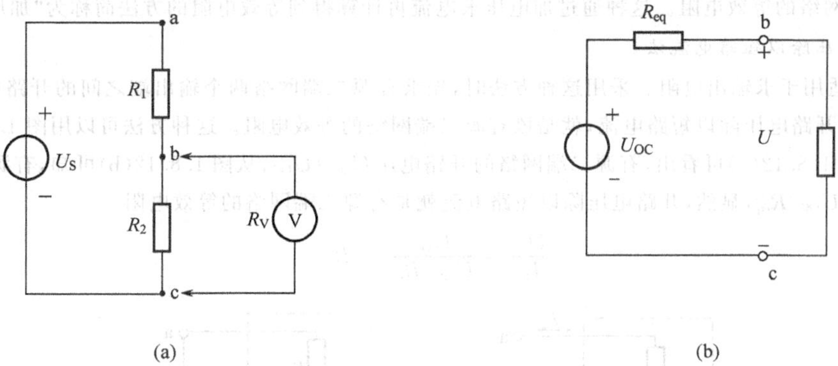

图 1.8.9　例 1.8.5 的电路

$$U=\frac{R_V}{R_V+R_{eq}}u_{OC}$$

相对测量误差

$$\delta(\%)=\frac{U-u_{OC}}{u_{OC}}=\frac{R_V}{R_V+R_{eq}}-1=-\frac{R_{eq}}{R_V+R_{eq}}\times 100\%$$

例如，当 $R_1=20\ \text{k}\Omega$，$R_2=30\ \text{k}\Omega$，$R_V=500\ \text{k}\Omega$ 时，$\delta=-2.34\%$。

不难看出，如果在 a、b 端测量电压，则由于 R_{eq} 相同，故相对测量误差不变。

△1.8.3　输入电阻和输出电阻

电路或网络的一个端口是它向外引出的一对端子。这对端子可以与外部电源或其他电路相连接。对一个端口来说，从它的一个端子流入的电流一定等于从另一个端子流出的电流。这种具有向外引出一对端子的电路或网络称为一端口(网络)或二端网络。如果一个有源二端网络的两个出线端接收外部的信号(电压或电流)，则称这两个出线端为有源二端网络的输入端，从输入端计算得到的等效电阻又称为输入电阻 R_i，如图 1.8.10(a)所示。如果一个有源二端网络的两个出线端输出信号(电压或电流)给负载或外部电路，则称这两个出线端为有源二端网络的输出端，从输出端计算得到的等效电阻又称为输出电阻 R_o，如图 1.8.10(b)所示。

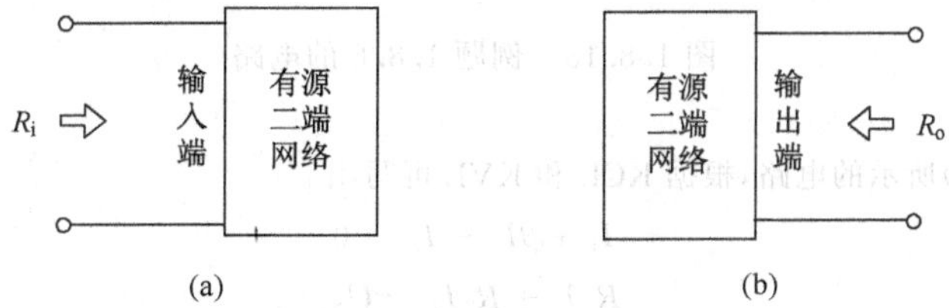

图 1.8.10　输入电阻和输出电阻的概念

求有源二端网络的等效电阻的方法就是求该有源二端网络对应的无源(passive)二端网络的等效电阻的方法。

求有源二端网络的等效电阻的方法有加压求流法和开路电压除以短路电流法两种方法。

1. 加压求流法

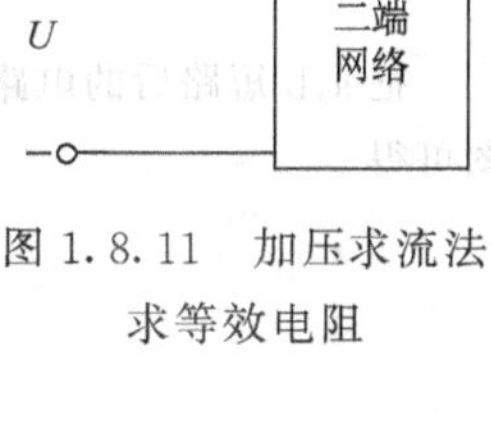

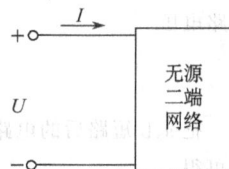

图 1.8.11　加压求流法求等效电阻

不论求输入电阻还是求输出电阻，都可以使用加压求流法。如图 1.8.11 所示，首先去除有源二端网络内部的电源，变为无源二端网络，在两个出线端(输入端或输出端)加一个电压 U，测得或计算流入网络的电流 I，则电压 U 与电流 I 的比

值 U/I 称为该网络的等效电阻。这种通过加电压求电流再计算得到等效电阻的方法简称为"加压求流法"。

2. 开路电压除以短路电流法

这种方法适用于求输出电阻。采用这种方法时，先求有源二端网络两个输出端之间的开路电压，再求短路电流，然后用开路电压除以短路电流，就是该有源二端网络的等效电阻。这种方法可以用图 1.8.12 所示电路来证明：从图 1.8.12(a)可看出，有源二端网络的开路电压 $U_{ab}=U_{OC}$；从图 1.8.12(b)可知，有源二端网络的短路电流 $I_{SC}=U_{OC}/R_{eq}$，显然，开路电压除以短路电流就是有源二端网络的等效电阻。

$$\frac{U_{ab}}{I_{SC}}=\frac{U_{OC}}{U_{OC}/R_{eq}}=R_{eq}$$

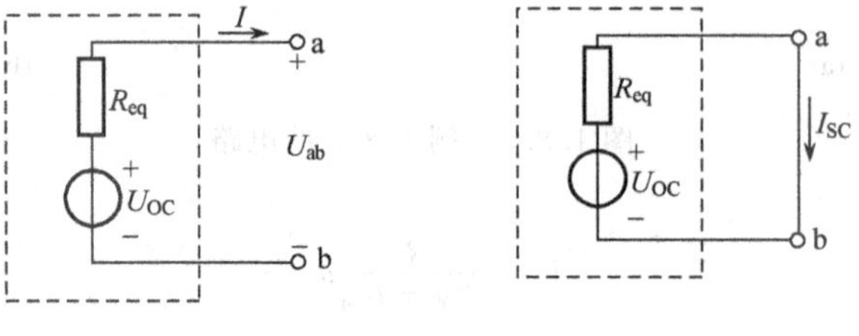

图 1.8.12 开路电压除以短路电流法求等效电阻

例 1.8.6 图 1.8.13(a)所示的有源二端网络中，含有电流控制电流源 βI_1，I_1 是流过 R_1 的电流。已知 $U_s=5.0\ \mathrm{V}$，$R_1=1.2\ \mathrm{k\Omega}$，$R_2=2.0\ \mathrm{k\Omega}$，$\beta=50$。试求此有源二端网络的等效电阻 R_{eq}，并画出戴维南等效电路和诺顿等效电路。

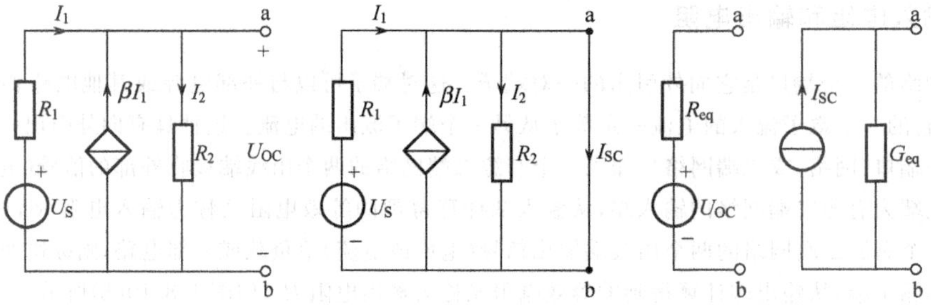

图 1.8.13 例题 1.8.6 的电路

解 对图 1.8.13(a)所示的电路，根据 KCL 和 KVL 可写出

$$I_1+\beta I_1-I_2=0$$
$$R_1I_1+R_2I_2=U_S$$

解得

$$I_2=\frac{(1+\beta)U_S}{R_1+(1+\beta)R_2}$$

开路电压

$$u_{OC}=R_2I_2=\frac{(1+\beta)R_2}{R_1+(1+\beta)R_2}U_S$$

把 a、b 短路后的电路如图 1.8.13(b)所示。此时 $U_{ab}=0$，$I_2=0$，但受控电流源的电流 βI_1 仍然存在。由图可得

$$I_1=U_S/R_1$$
$$I_{SC}=I_1+\beta I_1=(1+\beta)\frac{U_S}{R_1}$$

等效电阻

$$R_{eq}=\frac{u_{OC}}{I_{SC}}=\frac{R_1R_2}{R_1+(1+\beta)R_2}=\frac{R_2\,\dfrac{R_1}{1+\beta}}{R_2+\dfrac{R_1}{1+\beta}}=23.3\ \Omega$$

可见，R_{eq} 等于 R_2 和 $\frac{R_1}{1+\beta}$ 并联的等效电阻，而不等于 R_1 和 R_2 并联等效电阻，其值比 R_1、R_2 要小得多。

画出的戴维南等效电路和诺顿等效电路分别如图 1.8.13(c)和(d)所示。

思考题

1-8-1　有源二端网络用戴维南等效电源或诺顿等效电源代替时，为什么要对外等效，对内是否也等效？

1-8-2　戴维南等效电源与诺顿等效电源之间可以等效变换，那么电压源与电流源之间是否也可以等效变换？

1-8-3　KCL 定律、KVL 定律以及支路电流法、叠加定理、戴维南定理中有哪些只适用于线性电路而不适用于非线性电路？

练习题

1-8-1　试分别用戴维南定理和诺顿定理求图 1.5.2 所示电路中的电流 I_3。

1-8-2　电路如图 1.8.14 所示，试计算电阻 R_L 上的电流 I_L：(1)用戴维南定理；(2)用诺顿定理。

1-8-3　两个相同的有源二端网络 N 与 N′连接如图 1.8.15(a)所示，测得 $U_1=4$ V。若连接如图 1.8.15(b)所示，则测得 $I_1=12$ A。试求连接如图 1.8.15(c)时负载 R_L 的电流 I_1。

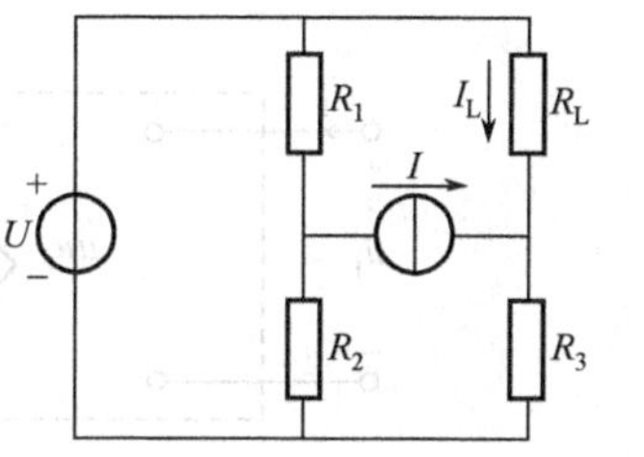

图 1.8.14　习题 1-8-2 的电路

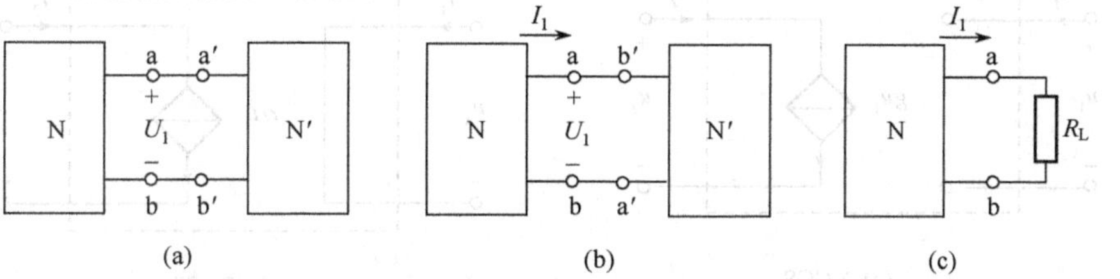

图 1.8.15　习题 1-8-3 的电路

1-8-4　图 1.8.16 是一个以 a、b 为端点的有源二端网络，试求：(1)端点 a、b 处的开路电压 u_{OC} 和等效电阻 R_{eq}，并画出戴维南等效电路；(2)若用内阻 R_V 分别为 5 kΩ、50 kΩ、200 kΩ 的三只电压表依次测量 a、b 间的电压，问电压表的读数 U_V 各为多少？

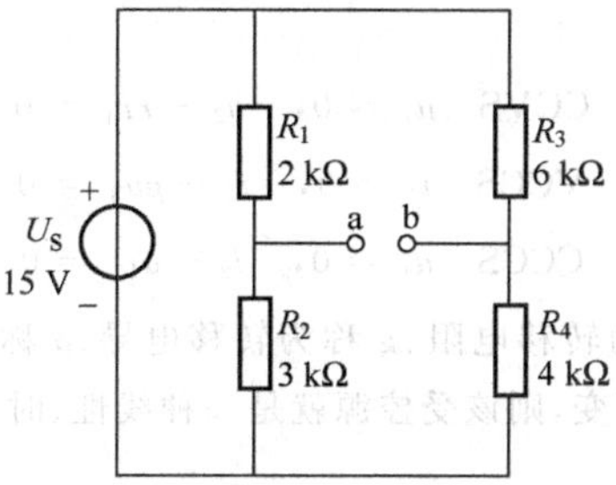

图 1.8.16　习题 1-8-4 的电路

1-8-5　在图 1.5.3 所示电路中，将 U_S 以外的电路看成一个二端网络，试用等效电源定理求流过 U_S 的电流 I。

*1.9　受控电源

前几节所讨论的电压源和电流源，都是独立电源。所谓独立电源，就是电压源的电压或电流源的电流不受外电路的控制而独立存在。在电子电路中还会遇到电压源的电压和电流源的电流，是受电路中其他部分的电流或电压控制的，这种电源称为受控电源(controlled source)。当控制的电压或电流消失或等于零时，受控电源的电压或电流也将为零。

受控源是一种双口元件，它含有两条支路，一条为控制支路，这条支路或为开路或为短路；另一条为受控支路，这条支路或用一个受控“电压源”表明该支路的电压受控制的性质，或用一个受控“电流源”表明该支路的电流受控制的性质。

受控源用菱形符号表示。根据控制支路是开路还是短路和受控支路是电压源还是电流源，受控源可分为四种，如图 1.9.1 所示。按图(a)～图(d)顺序表示：电压控制电压源(voltage-controlled voltage source, VCVS)，电流控制电压源(CCVS)，电压控，电流源(VCCS)和电流控制电流源(CCCS)。受控源元件是以其受控支路“电源”的特点来命名和分类的。

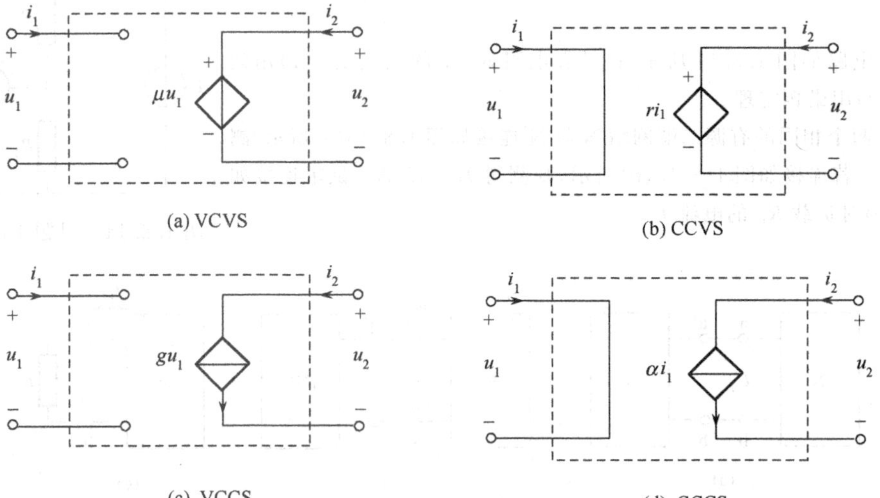

图 1.9.1　四种受控源

每一种线性受控源是由两个方程来表征的，以 VCVS 为例，它们是

$$i_1 = 0,\quad u_2 - \mu u_1 = 0 \tag{1.9.1}$$

类似地，对其他三种受控源来说

$$\text{CCVS}\quad u_1 = 0,\quad u_2 - ri_1 = 0 \tag{1.9.2}$$

$$\text{VCCS}\quad i_1 = 0,\quad i_2 - gu_1 = 0 \tag{1.9.3}$$

$$\text{CCCS}\quad u_1 = 0,\quad i_2 - \alpha i_1 = 0 \tag{1.9.4}$$

各式中 μ 称为转移电压比、r 称为转移电阻、g 称为转移电导、α 称为转移电流比，均为相应受控源的参数。若线性受控源的参数不随时间而变，则该受控源就是一种线性、时不变、双口电阻“有源”元件。显然，受控源还是单向性的。

仍以 VCVS 为例，式(1.9.1)所反映的 u_2 与 u_1 的约束关系若表示为曲线，如图 1.9.2(a)所示，它是一条通过原点、斜率为 μ 的直线。由于控制电压 u_1 和受控电压 u_2 不在同一端口，这是一种转移的约束关系，可称为转移特性。至于输出特性 u_2-i_2，它们是一族对应于不同控制电压 u_1 且并行于 i_2 轴的直线，如图 1.9.2 (b) 所示。

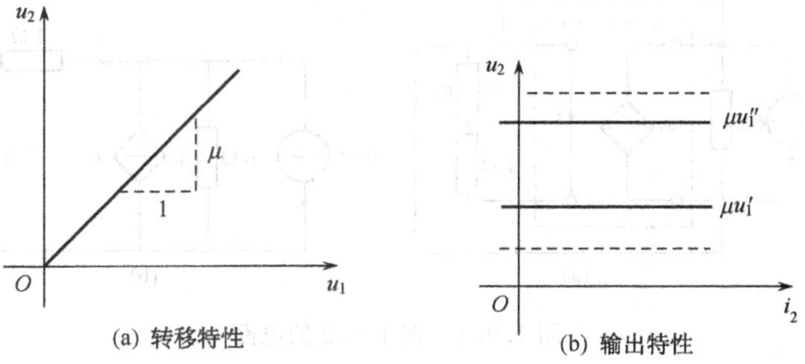

图 1.9.2　VCVS 的特性

采用关联参考方向，受控源吸收的功率为

$$p(t)=u_1(t)i_1(t)+u_2(t)i_2(t)$$

由式(1.9.1)～式(1.9.4)可知，控制支路不是开路($i_1=0$)便是短路($u_1=0$)，所以，对所有四种受控源，其功率为

$$p(t)=u_2(t)i_2(t) \tag{1.9.5}$$

即亦可由受控支路来计算受控源的功率。

例 1.9.1　信号电压源 u_S 与负载电阻 R_L 之间连接 VCVS，如图 1.9.3 所示，R_S 为信号电压源的内阻。试求负载电压(输出电压) u_o 与信号电压(输入电压) u_S 的关系，并求受控源的功率。

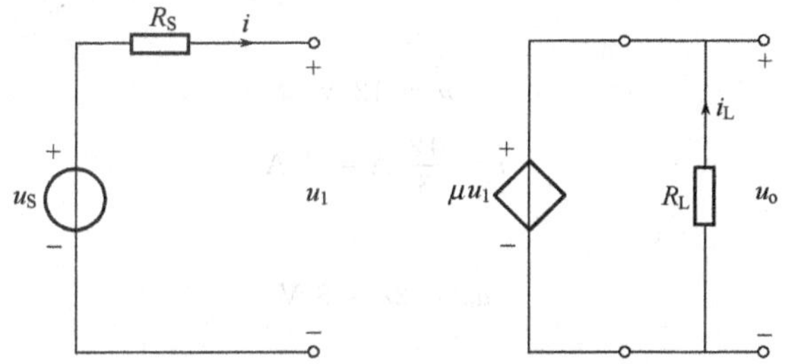

图 1.9.3　例 1.9.1 的电路

解　求解含受控源的电路时，仍需根据基尔霍夫定律和电压、电流的关系列出所需方程。为计算方便，在列写方程时可暂时先把受控源作为独立源。由基尔霍夫电压定律可得

$$\mu u_1-u_o=0$$

由于 $i_1=0$，可得

$$u_1=u_S$$

代入上式后，得

$$u_o=\mu u_S$$

此即为输出电压与输入电压的关系，两者成正比。若 $\mu>1$，则 $u_o>u_S$，此时受控源起着线性放大器的作用。

按照图中受控支路电压和电流的参考方向，由(1.9.5)式可求得受控源的功率

$$p=\mu u_1 i_L=\mu u_1(-\mu u_1/R_L)=-(\mu u_1)^2/R_L$$

其值恒为负，亦即受控源向负载 R_L 提供功率。而受控源的功率是由外加电源提供的。

例 1.9.2 含 CCCS 电路如图 1.9.4(a)所示,试求电压 u_o 和流经受控源的电流。

解 图 1.9.4 (a)所示为凸显受控源的控制和受控支路的电路图,分析时常用图 1.9.4 (b)所示简化图,注意正确标出控制量即可。

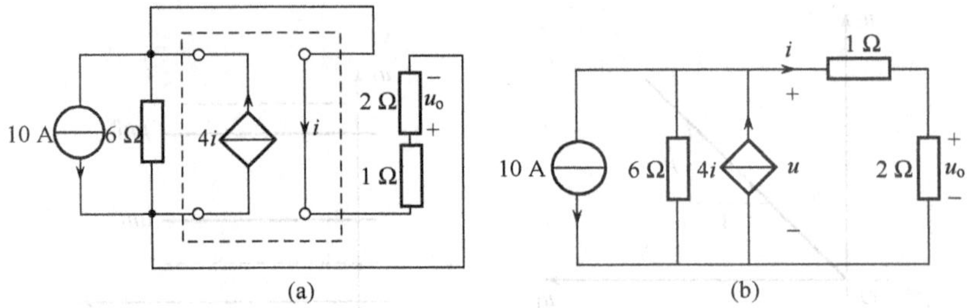

图 1.9.4 例 1.9.2 的电路

含受控源电路仍需满足基尔霍夫定律和电压、电流的关系。在列写 KVL、KCL 方程时,有两点要牢记在心:①在列写方程时要把受控源暂时看作独立源,以便顺利列出。本题为求解 u,需列写 KCL 方程,列写时把受控源看作是电流为 $4i$ 的电流源,可得

$$\frac{u}{6}+\frac{u}{1+2}-4i+10=0$$

②列出方程后,必须找出控制量(本题为 i)与求解量(本题为 u)的关系,以之代入写出的方程才能求得答案。本题所需的这一关系是

$$i=u/3$$

于是

$$\frac{u}{6}+\frac{u}{3}-4\left(\frac{u}{3}\right)+10=0$$

解得

$$u=12\ \text{V}$$

$$i=\frac{12}{3}\ \text{A}=4\ \text{A}$$

故得

$$u_o=2i=8\ \text{V}$$

流经受控源的电流为

$$4i=16\ \text{A}$$

例 1.9.3 应用叠加定理求图 1.9.5(a)所示电路中的电压 U 和电流 I_2。

解 根据叠加定理,图 1.9.5(a)电路中的电压 U 等于图 1.9.5(b)和图 1.9.5(c)两个电路中电压 U' 和 U'' 的代数和。图 1.9.5(b)的电路中,20 V 电压源单独作用;图 1.9.5(c)的电路中,10A 电流源单独作用。但在两个电路中,受控电源均应保留。

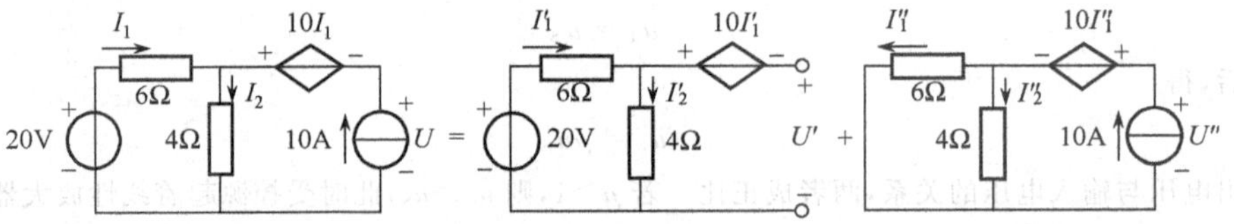

图 1.9.5 例 1.9.3 的电路

在图 1.9.5(b)中

$$I_1' = I_2' = \frac{20}{6+4}\ \text{A} = 2\ \text{A}$$

$$U' = -10I_1' + 4I_2' = -12\ \text{V}$$

在图 1.9.5(c)中

$$I_1'' = \frac{4}{6+4} \times 10\ \text{A} = 4\ \text{A}$$

$$I_2'' = \frac{6}{6+4} \times 10\ \text{A} = 6\ \text{A}$$

$$U'' = 10I_1'' + 4I_2'' = 64\ \text{V}$$

所以

$$U = U' + U'' = -12\ \text{V} + 64\ \text{V} = 52\ \text{V}$$

$$I_2 = I_2' + I_2'' = 2\ \text{A} + 6\ \text{A} = 8\ \text{A}$$

注意，在图 1.9.5(c)中，由于 I_1'' 的参考方向改变，所以受控电压源的参考方向要相应改变。此外，也可把受控电源当作独立电源处理，但当它单独作用时，应保持原来的受控量，在本例中即为 $10I_1$。不能在变换过程中把受控电源 $10I_1$ 的控制量 I_1 变换掉。

例 1.9.4 求图 1.9.6(a)所示含源一端口的戴维南等效电路和诺顿等效电路。一端口内部有电流控制电流源，$i_c = 0.75i_1$。

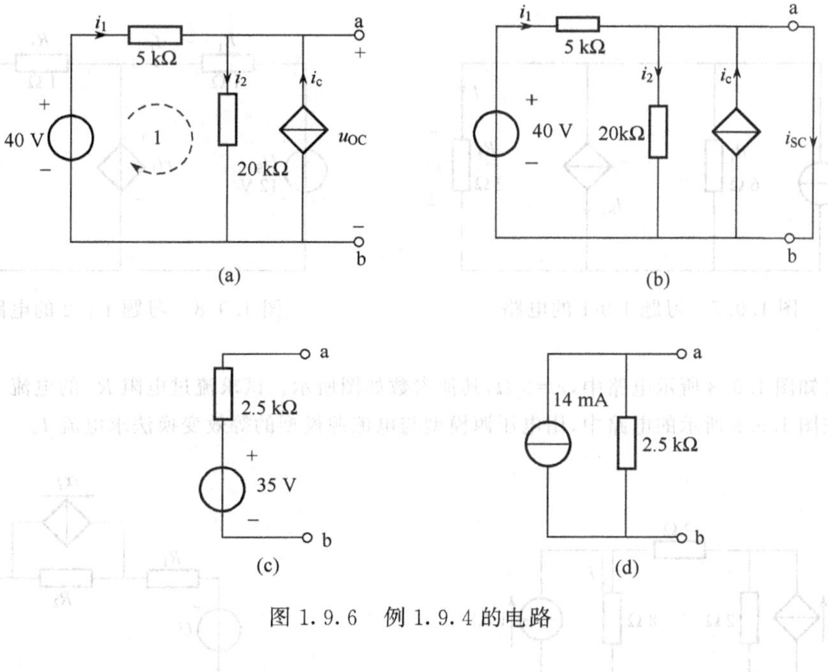

图 1.9.6 例 1.9.4 的电路

解 先求开路电压 u_{OC}。当端 a-b 开路时，有

$$i_2 = i_1 + i_c = 1.75i_1$$

对网孔 1 列 KVL 方程，得

$$5 \times 10^3 \times i_1 + 20 \times 10^3 \times i_2 = 40$$

代入 $i_2 = 1.75i_1$，可以求得 $i_1 = 1\ \text{mA}$。而开路电压

$$u_{OC} = 20 \times 10^3 \times i_2 = 35\ \text{V}$$

当 a-b 短路时，可求得短路电流 i_{SC}[见图 1.9.6(b)]。此时

$$i_1 = \frac{40}{5\times 10^3}\text{A} = 8\text{ mA}$$

$$i_{SC} = i_1 + i_c = 1.75 i_1 = 14\text{ mA}$$

故得

$$R_{eq} = u_{OC}/i_{SC} = 2.5\text{ k}\Omega$$

当含源一端口内部含受控源时，在它的内部独立电源置零后，输入电阻或戴维南等效电阻有可能为零或为无限大。当 $R_{eq}=0$ 时，等效电路成为一个电压源，这种情况下，对应的诺顿等效电路就不存在，因为 $R_{eq}=\infty$。同理，如果 $R_{eq}=\infty$ 即 $G_{eq}=0$，诺顿等效电路成为一个电流源，这种情况下，对应的戴维南等效电路就不存在。通常情况下，两种等效电路是同时存在的。R_{eq} 也有可能是一个线性负电阻。

思 考 题

1-9-1　例 1.9.2 电路中受控源是否可看成是一个二端线性电阻？应如何按照电阻元件的定义来考虑？如果电流源改为 15 A，结果又如何？

1-9-2　称受控源为一种电阻元件，是否就是因为受控支路可以看成一个二端线性电阻的缘故？

练 习 题

1-9-1　已知电压和电流的参考方向如图 1.9.7 所示，受控源为电压控制电流源，$I_{S2}=4U$（式中 U 的单位为 V 时，I_{S2} 的单位为 A），求 I 和 U。

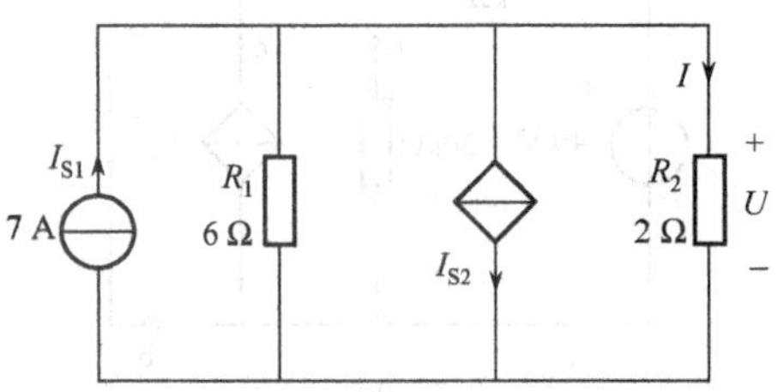

图 1.9.7　习题 1-9-1 的电路

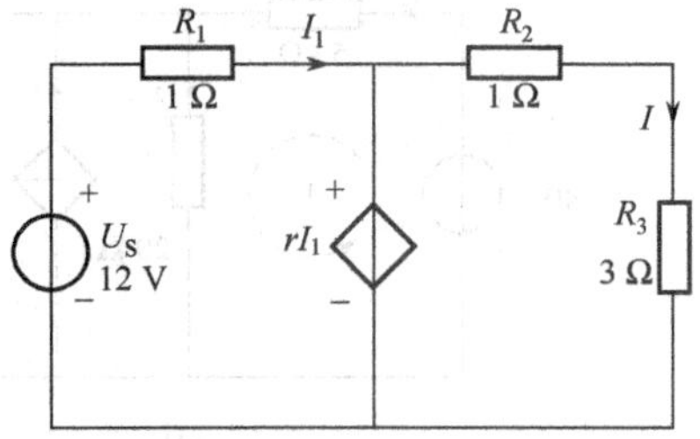

图 1.9.8　习题 1-9-2 的电路

1-9-2　已知图 1.9.8 所示电路中，$r=5\ \Omega$，其他参数如图所示。试求流过电阻 R_3 的电流 I。

1-9-3　在图 1.9.9 所示的电路中，用电压源模型与电流源模型的等效变换法求电流 I。

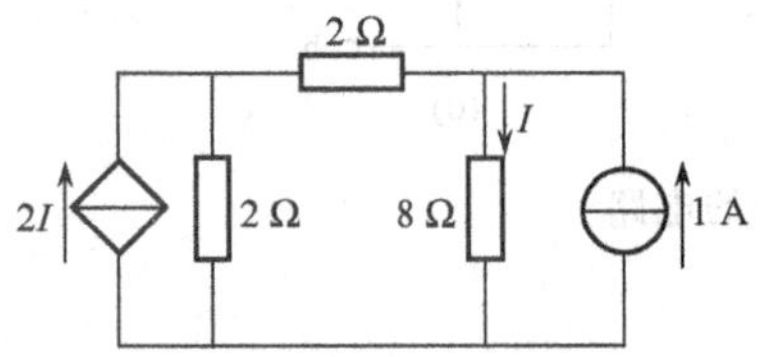

图 1.9.9　习题 1-9-3 的电路

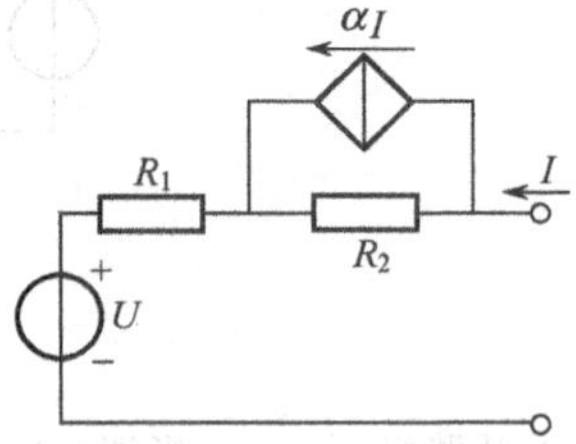

图 1.9.10　习题 1-9-4 的电路

1-9-4　试求图 1.9.10 所示电路的戴维南等效电路和诺顿等效电路。已知 $R_1=R_2=1\text{ k}\Omega$，$\alpha=0.5$，$U=10$ V。

1-9-5　图 1.9.11 所示以 a、b 为端点的二端网络中，含有电流控制电流源 $20I_2$，试求：(1) 当 $R_3=10\text{ k}\Omega$ 时的开路电压 U_{OC} 和等效电阻 R_{eq}；(2) 当 $R_3=\infty$ 时的开路电压 U_{OC} 和等效电阻 R_{eq}。

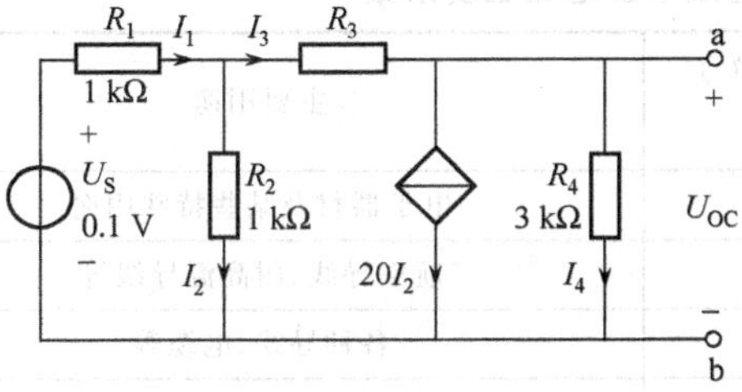

图 1.9.11　习题 1-9-5 的电路

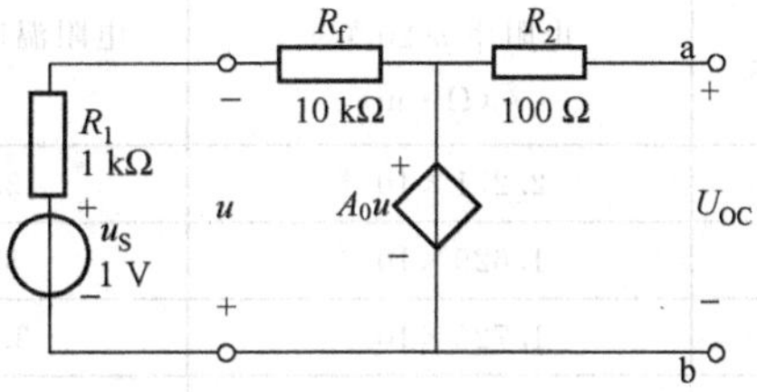

图 1.9.12　习题 1-9-6 的电路

1-9-6　图 1.9.12 所示电路，$A_0=5500$，试求：(1)a、b 两端左侧的开路电压 U_{OC} 和等效电阻 R_{eq}；(2)a、b 右侧接入电阻 $R_L=2\ \text{k}\Omega$ 时，R_L 两端的电压 U_L。

△1.10　非线性电阻电路

如果电阻两端的电压与通过的电流不随电压或电流而变动，这种电阻称为线性电阻。线性电阻两端的电压与其电流的关系遵循欧姆定律，即

$$R=U/I \tag{1.10.1}$$

实际上绝对的线性电阻是没有的，如果能基本上遵循式(1.10.1)，就可以认为是线性的。

如果电阻不是一个常数，而是随着电压或电流变动，那么，这种电阻就称为非线性电阻。非线性电阻两端的电压与其中电流的关系不遵循欧姆定律，一般不能用数学式表示，而是用电压与电流的关系曲线 $U=f(I)$ 或 $I=f(U)$ 通过实验做出的，通常称为伏安特性曲线。这些伏安特性曲线在 u-i 平面上可以通过坐标原点，也可以不通过坐标原点。例如，图 1.10.1 和图 1.10.2 所示的白炽灯和半导体二极管的伏安特性曲线，这类电阻称为非线性电阻。图 1.10.3 是非线性电阻的符号。

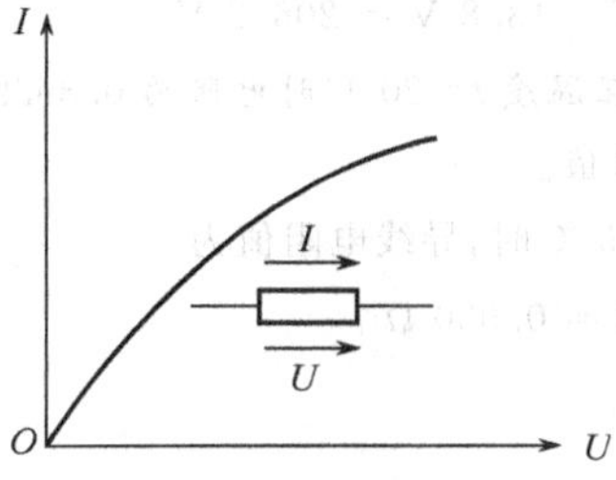

图 1.10.1　白炽灯丝的伏安特性曲线

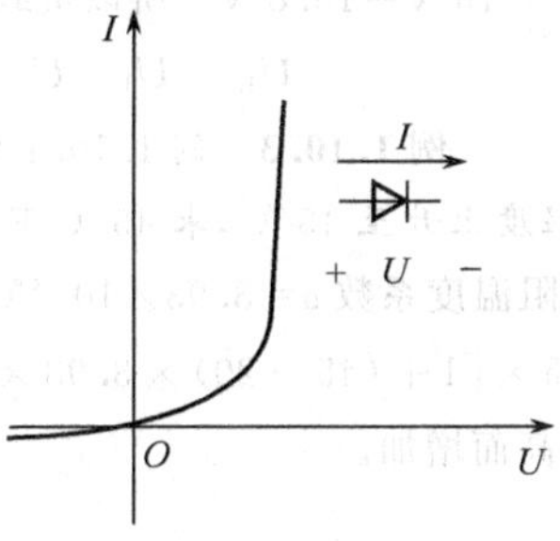

图 1.10.2　二极管的伏安特性曲线

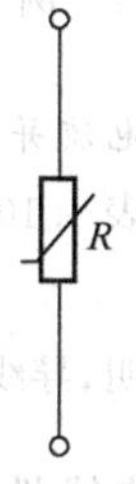

图 1.10.3　非线性电阻的符号

1.10.1　线性电阻计算

在温度一定的条件下，具有均匀横截面 $S(\text{mm}^2)$、长度为 $l(\text{m})$ 的金属导体制成的电阻器，其电阻值 R 的计算公式为

$$R=\rho\frac{l}{S}\ (\Omega) \tag{1.10.2}$$

式中，ρ 为导体的电阻率，其单位为 $\Omega\cdot\text{m}$。在 20 ℃下，一些材料的电阻率如表 1.10.1 所示。

表 1.10.1　常用导线材料的电阻率及电阻温度系数

名称	电阻率 ρ(20 ℃) / (Ω·m)	电阻温度系数 α(20 ℃) /$℃^{-1}$	主要用途
金	2.271×10^{-8}	3.4×10^{-3}	电子器材及某些特殊用途
银	1.629×10^{-8}	3.8×10^{-3}	航空导线、耐高温导线等
铜	1.725×10^{-8}	3.93×10^{-3}	各种导线、电缆等
铝	2.733×10^{-8}	4.23×10^{-3}	电线、电缆等
铁	9.980×10^{-8}	5.0×10^{-3}	输出功率不大的线路中或用于增强铝导线强度

导体的电阻率 ρ 不但与材料种类有关，还和温度有关，ρ 与温度关系如下

$$\rho_t = \rho_{20}[1+\alpha(t-20℃)] \tag{1.10.3}$$

式中，ρ_t 和 ρ_{20} 分别为温度 t 和 20 ℃时的电阻率。α 称为电阻温度系数，一些导体的电阻温度系数如表 1.10.1 中所示。

例 1.10.1　求一条长 200 m、横截面 $S=4\ \mathrm{mm}^2$ 的铜导线的电阻 R 的值。

解　查表 1.10.1 知铜的电阻率 $\rho=1.725\times10^{-8}\ \Omega\cdot\mathrm{m}$，$S=4\ \mathrm{mm}^2=4\times10^{-6}\ \mathrm{m}^2$。由公式(1.10.2)可计算出该导线电阻

$$R = 1.725\times10^{-8}\times\frac{200}{4\times10^{-6}}\ \Omega = 0.8625\ \Omega$$

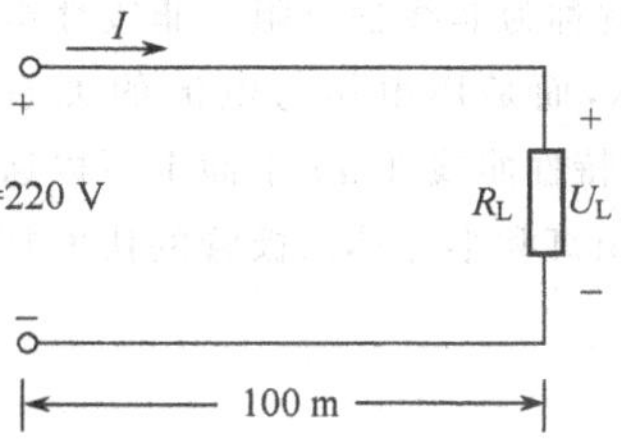

图 1.10.4　例 1.10.2 的电路

例 1.10.2　用例 1.10.1 所示导线为图 1.10.4 所示电路的负载 R_L 送电。若输电线路入口处电压 $U_I=220$ V，输电线输送的电流 $I=16$ A，求负载 R_L 两端电压 U_L。

解　输电距离 100 m，两条输电线总长共 200 m，输电线总电阻 $R_1=0.8625\ \Omega$。输送电流 $I=16$ A，输电线上的电压 $U_1=R_1\cdot I=0.8625\times16\ \mathrm{V}=13.8$ V。所以负载 R_L 处的电压

$$U_L = U_I - U_1 = 220\ \mathrm{V} - 13.8\ \mathrm{V} = 206.2\ \mathrm{V}$$

例 1.10.3　例 1.10.1 的导线，在温度 $t=20$ ℃时电阻为 0.8625 Ω。当导线接通电流并经过一定时间后温度上升至 45 ℃，求 45 ℃下导线电阻值。

解　查表 1.10.1 知铜导线的电阻温度系数 $\alpha=3.93\times10^{-3}$℃，所以 45 ℃时，导线电阻值为

$$R_{45} = 0.8625\times[1+(45-20)\times3.93\times10^{-3}]\ \Omega = 0.950\ \Omega$$

该例说明，导线的电阻随温度升高而增加。

1.10.2　非线性电阻电路分析

非线性电阻两端的电压与其中电流的关系不遵循欧姆定律，在求解含有非线性电阻的电路时，通常采用图解法。

1. 非线性电阻电路的图解分析法

在图 1.10.5(a)所示的非线性电路中，线性电阻 R_0 与非线性电阻元件 R 相串联，非线性电阻的伏安特性曲线 $I(U)$ 如图 1.10.5(b)所示，应用基尔霍夫电压定律可列出

$$U = U_S - R_0 I \tag{1.10.4}$$

或

$$I = (U_S - U)/R_0 \tag{1.10.5}$$

这是一条直线，称为负载线。要作出负载线，只需求得线上的特殊点$(0, U_S/R_0)$和$(U_S, 0)$，连接这两点就得到了负载线。两条曲线的交点 Q 所对应的坐标值(U, I)，既满足图 1.10.5(b)非线性电阻的伏安特性曲线，

又满足方程式(1.10.5),因此称为非线性电阻电路的静态工作点。

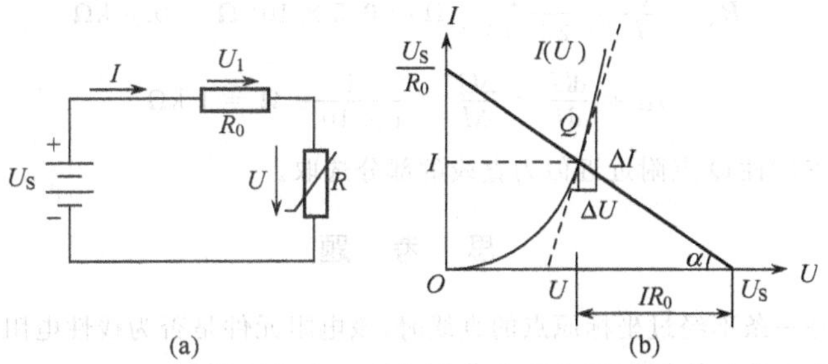

图 1.10.5　非线性电阻电路及其图解法

2. 非线性电阻电路等效参数

表示非线性电阻元件的电阻因工作状态的不同分为静态电阻和动态电阻。

静态电阻(或称直流电阻)为工作点 Q 的 U 与 I 之比,即

$$R_Q = U/I \tag{1.10.6}$$

而动态电阻(或称交流电阻)为工作点 Q 附近的电压微变量 ΔU 与电流微变量 ΔI 之比的极限。即

$$r_Q = \lim_{\Delta I \to 0} \frac{\Delta U}{\Delta I} = \frac{\mathrm{d}U}{\mathrm{d}I} \tag{1.10.7}$$

例 1.10.4　在图 1.10.6(a)所示电路中,已知 $U_S = 6$ V,$R_1 = R_2 = 2$ kΩ,R_3 的伏安特性如图 1.10.6(b)所示,求非线性电阻 R_3 的电压和电流以及在工作点处的静态电阻和动态电阻。

解　(1) 利用戴维南定理将图 1.10.6(a)电路简化成图 1.10.6(c)所示,图中

$$U_{eS} = u_{OC} = \frac{R_2}{R_1 + R_2} U_S = \frac{2 \times 10^3}{(2+2) \times 10^3} \times 6 \text{ V} = 3 \text{ V}$$

$$R_0 = \frac{R_1 R_2}{R_1 + R_2} = \frac{(2 \times 2) \times 10^6}{(2+2) \times 10^3} \ \Omega = 1 \times 10^3 \ \Omega = 1 \text{ k}\Omega$$

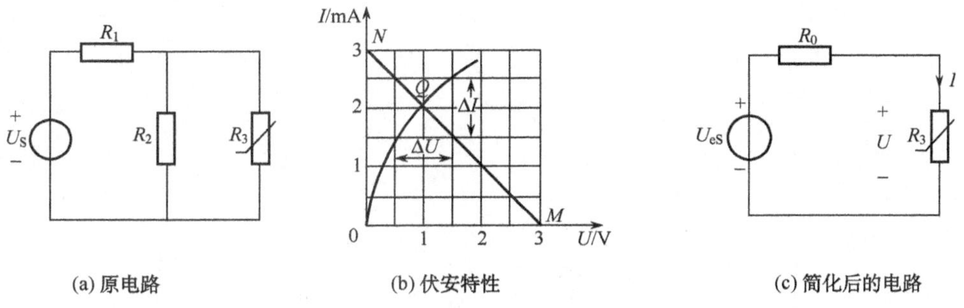

图 1.10.6　例 1.10.4 的电路

(2) 根据图 1.10.6(c)作负载线。

在图 1.10.6(c)所示的电路中,根据闭合电路的欧姆定律,非线性电阻 R_3 的电压和电流关系为

$$U = U_{eS} - IR_0 \tag{1.10.8}$$

由于 U_{eS} 和 R_0 为常量,故式(1.10.8)描述的 U-I 关系是一条不通过坐标原点的直线。令 $I=0$,则 $U=U_{eS}=3$ V,可在图 1.10.6(b)的 U 轴上得到 M 点;令 $U=0$,则 $I=3$ mA,可在 I 轴上得到 N 点。连接 MN 两点得到的直线,称为负载线。若 U_{eS} 或 R_0 改变,则 M 点或 N 点的位置也随之改变。

(3)由负载线和伏安特性的交点 Q 求得

$$U = 1 \text{ V}, \quad I = 2 \text{ mA}$$

(4)求静态电阻和动态电阻

$$R_Q = \frac{U}{I} = \frac{1}{2\times 10^{-3}}\ \Omega = 0.5\times 10^3\ \Omega = 0.5\ \text{k}\Omega$$

$$r_Q = \frac{\mathrm{d}U}{\mathrm{d}I} = \frac{\Delta U}{\Delta I} = \frac{1}{1\times 10^{-3}}\ \Omega = 1\ \text{k}\Omega$$

式中，ΔU 和 ΔI 应在伏安特性 Q 点附近近似为直线的部分选取。

思　考　题

1-10-1　伏安特性是一条不经过坐标原点的直线时，该电阻元件是否为线性电阻元件？

1-10-2　非线性电阻电路和线性电阻电路在分析计算上有何区别？

练　习　题

1-10-1　某非线性电阻的伏安特性如图 1.10.7 所示，已知该电阻两端的电压为 3 V，求通过该电阻的电流及静态电阻和动态电阻。

1-10-2　非线性电阻元件的伏安特性曲线如图 1.10.8(a)所示，试用图解法计算图 1.10.8(b)所示电路中非线性电阻元件 R 中的电流 I 及其两端电压 U。

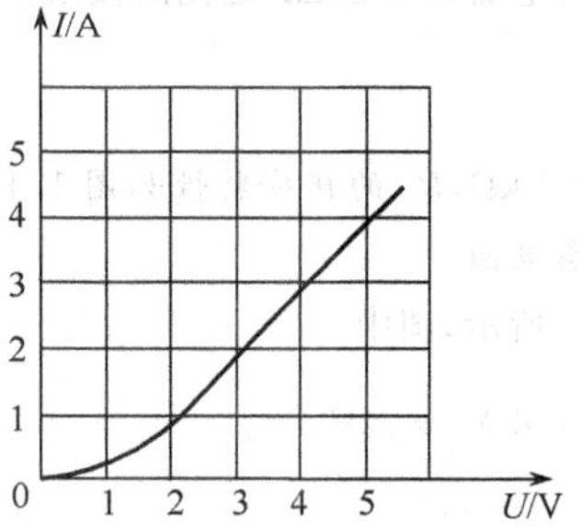

图 1.10.7　习题 1-10-1 的伏安特性

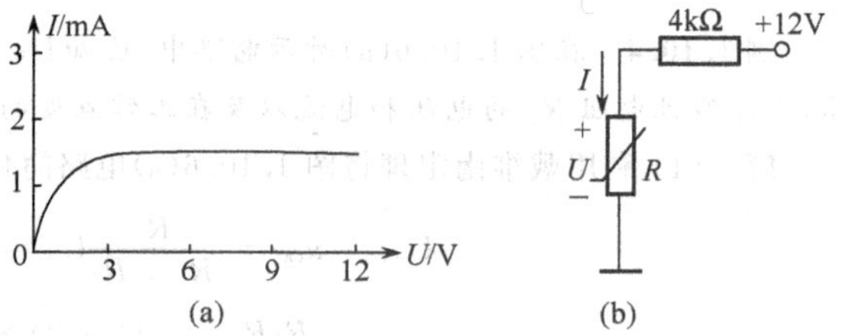

图 1.10.8　习题 1-10-2 的电路

第2章 暂态电路

第1章讨论的电阻和电容或电感构成的电路，当电源电压或电流恒定或作周期性变化时，电路中的电压和电流也都是恒定的或按周期性变化。电路的这种工作状态称为稳态。然而这种具有储能元件的电路在电源刚接通、断开，或电路参数、结构改变时，电路不能立即达到稳态，需要经过一定的时间后才能到达稳态。这是由于储能元件能量的积累和释放都需要一定的时间。分析电路从一个稳态变到另一个稳态的过程称为暂态分析或瞬暂态分析。无论是直流或交流电路，都存在瞬变过程。本章只讨论直流信号作用时的情况，正弦信号作用时的分析方法与其相似。本章先简要介绍换路定律，然后讨论暂态过程中电压和电流的变化规律以及影响暂态过程变化快慢的电路时间常数。

本章学习要求：(1)理解电路的暂态、换路定律和时间常数的基本概念；(2)掌握一阶电路暂态分析的三要素法。

2.1 电阻元件、电感元件和电容元件

电路中普遍存在着电能的消耗、磁场能[量]的储存和电场能[量]的储存这三种基本的能[量]转换过程。表征这三种物理性质的电路参数是电阻、电感和电容。只含一个电路参数的元件分别称为理想电阻元件、理想电感元件和理想电容元件，通常简称电阻元件、电感元件和电容元件。

2.1.1 电阻元件

电阻元件简称为电阻。线性电阻两端的电压 u 和流过它的电流 i 之间的关系服从欧姆定律，则当 u、i 的参考方向如图 2.1.1 所示时

$$u = Ri \tag{2.1.1}$$

式中，R 称为元件的电阻，是一个与电压、电流无关的常数，单位为欧[姆](Ω)。

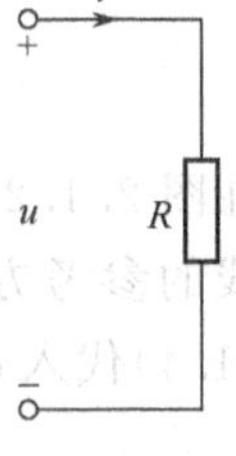

图 2.1.1 电阻元件

式(2.1.1)表明，线性电阻的电压与电流之间成线性函数关系。所谓线性函数关系是指具有比例性(亦称齐次性)和可加性。

(1) 比例性(亦称齐次性)。若电流增大(减小)k 倍，则电压亦增大(减小)k 倍。

(2) 可加性。若电流 i_1、i_2 在电阻 R 上分别产生的电压为 $u_1=Ri_1$、$u_2=Ri_2$，则电流之和 i_1+i_2 产生的电压为 $u=R(i_1+i_2)=u_1+u_2$。

将式(2.1.1)两边乘以 i，并积分之，则得

$$W = \int_{t_1}^{t_2} Ri^2 \mathrm{d}t \tag{2.1.2}$$

式(2.1.2)表明，电阻吸收的电能全部转化为热能，是不可逆的能量转换过程。因此，电阻是一个耗能元件。

2.1.2 电感元件

电感元件简称为电感。当有电流 i 流过电感元件时，其周围将产生磁场。在图 2.1.2(a) 中，设线圈的匝数为 N，电流 i 通过线圈时产生的磁通为 Φ，两者的乘积

$$\Psi = N\Phi \tag{2.1.3}$$

称为线圈的磁链(flux linkage)。它与电流的比值

$$L = \frac{\Psi}{i} \tag{2.1.4}$$

称为电感器(线圈)的电感。式中，Ψ 和 Φ 的单位为韦[伯](Wb)；i 的单位为安[培](A)；L 的单位为亨[利](H)。若 L 为常数，这种电感称为线性电感；若 L 不是常数，这种电感称为非线性电感。

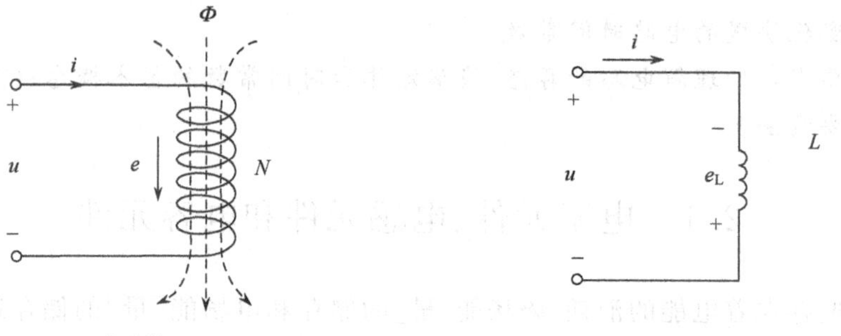

图 2.1.2 电感

如果线圈的电阻很小可以忽略不计，而且线圈的电感为线性电感时，该线圈便可用图 2.1.2(b)所示的电感元件来代替。当线圈中的电流变化时，磁通和磁链将随之变化，将会在线圈中产生感应电动势 e。在规定 e 的方向与磁感线的方向符合右手螺旋定则时 e 为正，否则为负的情况下，感应电动势 e 可以用下式计算：

$$e = -N\frac{\mathrm{d}\Phi}{\mathrm{d}t} = -\frac{\mathrm{d}\Psi}{\mathrm{d}t} \tag{2.1.5}$$

在图 2.1.2 中，关联参考方向采用下述规定：u 与 i 的参考方向一致，i 与 e 的参考方向与磁感线的参考方向符合右手螺旋定则，因而，i 与 e 的参考方向也应该一致。在此规定下，将式(2.1.4)代入式(2.1.5)中，便得到了电感中感应电动势的另一计算公式

$$e = -L\frac{\mathrm{d}i}{\mathrm{d}t} \tag{2.1.6}$$

根据基尔霍夫电压定律

$$u = -e$$

由此可知电感电压与电流的关系为

$$u = L\frac{\mathrm{d}i}{\mathrm{d}t} \tag{2.1.7}$$

式(2.1.7)表明，线性电感的两端电压 u 与 i 对时间的变化率 $\mathrm{d}i/\mathrm{d}t$ 成正比。对于恒定直流(即直流)，电感元件的两端电压为零，故在直流电路的稳态情况下，电感元件相当于短路。

将式(2.1.7)两边乘以 i,并积分之,则得

$$\int_0^t ui\,\mathrm{d}t = \int_0^i Li\,\mathrm{d}i = \frac{1}{2}Li^2 \tag{2.1.8}$$

式(2.1.8)表明,电感元件在某一时刻的储能只取决于该时刻的电流值,而与电流的过去变化过程无关。当电感元件中的电流增大时,磁场能量增大;在此过程中电能转换为磁能,即电感元件从电源取用能量。$\frac{1}{2}Li^2$ 就是电感元件中的磁场能量。当电流减小时,磁场能量减小,磁能转换为电能,即电感元件向电源放还能量。可见电感元件不是耗能元件,而是储能元件。

2.1.3 电容元件

电容元件简称为电容。当有电压 u 加在如图 2.1.3(a)所示电容元件两端时,它的两个被绝缘体隔开的金属极板上会聚集起等量而异号的电荷。电压 u 越高,聚集的电荷 q 越多,产生的电场越强,储存的电场能就越多。q 与 u 的比值,即

$$C = \frac{q}{u} \tag{2.1.9}$$

称为电容。式中,q 的单位为库[仑](C);u 的单位为伏[特](V);C 的单位为法[拉](F)。

若电容 C 为常数,这种电容称为线性电容;若电容 C 不是常数,这种电容称为非线性电容。

当电路的某一部分只具有储存电场能的性质时,这一部分电路便可用图 2.1.3(b)所示的电容元件来代替。

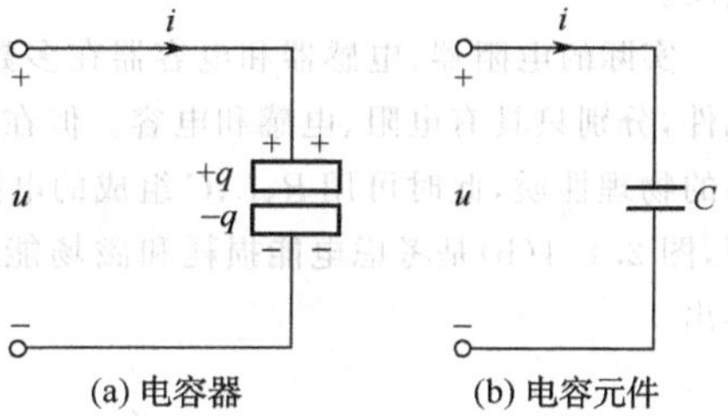

(a) 电容器　(b) 电容元件

图 2.1.3　电容

当电容两端的电压 u 随时间变化时,电容两端的电荷 q 也将随之变化,电路中便出现了电荷的移动,即有了电流。在图 2.1.3 (b)所示关联参考方向下,将式(2.1.9)代入式(1.1.1)中便可得到电容电压与电流的关系

$$i = C\frac{\mathrm{d}u}{\mathrm{d}t} \tag{2.1.10}$$

式(2.1.10)表明,线性电容的电流 i 与端电压 u 对时间的变化率 $\mathrm{d}u/\mathrm{d}t$ 成正比。对于恒定电压,电容的电流为零,故在直流电路稳态情况下,电容元件相当于开路。

将式(2.1.10)两边乘以 u,并积分之,则得

$$\int_0^t ui\,\mathrm{d}t = \int_0^u Cu\,\mathrm{d}u = \frac{1}{2}Cu^2 \tag{2.1.11}$$

式(2.1.11)表明,电容元件在某一时刻的储能只取决于该时刻的电压值,而与电压的过去变化过程无关。当电容元件上的电压增高时,电场能量增大;在此过程中电容元件从电源取用能量(充电)。$\frac{1}{2}Cu^2$ 就是电容元件中的电场能量。当电压降低时,电场能量减小,即电容元件向电源放还能量(放电)。可见电容元件也是储能元件。

△2.1.4 实际元件的主要参数及电路模型

实际的电阻元件、电感元件和电容元件即电阻器、电感器和电容器，是人们为了得到一定数值的电阻、电感和电容而制成的元件，它们在电工电子电路中应用广泛。

电阻器种类很多，如铸铁电阻器、绕线电阻器、碳膜电阻器、金属膜电阻器等。电阻器的主要参数为标称阻值（电阻器上所标的电阻值）、允许偏差（电阻器实际阻值与标称阻值之差和标称值之比的百分数）和额定功率（或额定电流）。例如某 RJ-2 型金属膜电阻器，标称阻值为 820 Ω，允许偏差为 5%，额定功率为 2 W。选用电阻器时，不仅电阻值要符合要求，而且该电阻器在使用时实际消耗的功率（或流过的电流）不允许超过额定功率（或额定电流）。各种电工电子器件或设备，其工作电压、电流和功率等都有一个定额，称为额定值。额定值是制造厂为保证器件或设备能长期安全工作在设计制造时确定的，通常标示在器件上或设备的铭牌上，也可以从产品技术文件或手册中查得。在使用各种器件或设备时，务必了解其额定值的大小，按规定的条件正确使用，以防损坏。

电感器通常是用导线绕制而成的线圈。有的电感线圈含有铁心，称为铁心线圈。线圈中放入铁心可大大增加电感的数值，但却引起了非线性，并产生铁心损耗。电感器的主要参数是电感值和额定电流。例如某 LG4 型电感器，电感量标称值为 820 μH，最大直流工作电流为 150 mA。

电容器通常由绝缘介质隔开的金属极板组成。其种类很多，如纸介电容器、云母电容器、瓷介电容器、涤纶电容器、玻璃釉电容器、钽电容器、电解电容器等。

电容器的主要参数为电容的标称容量和额定电压。例如纸介电容器（CJ10 型），标称容量为 0.15 μF、额定直流工作电压为 400 V。在使用时，电容器实际承受的电压不允许超出其额定电压，否则可能使电容器中的绝缘介质被击穿。电解电容器有正、负极性，使用时应将其正极接高电位端，负极接低电位端，不要接反。

实际的电阻器、电感器和电容器在多数情况下可以只考虑其主要物理性质，将它们近似地看成为理想元件，分别只具有电阻、电感和电容。但在有些情况下，除考虑这些元件的主要物理性质外，还要考虑其次要的物理性质，此时可用 R、L、C 组成的电路模型来表示。例如，图 2.1.4(a)是考虑电能损耗时的电容器模型，图 2.1.4(b)是考虑电能损耗和磁场能储存时的电容器模型。电阻器和电感器的模型也可以类似地得出。

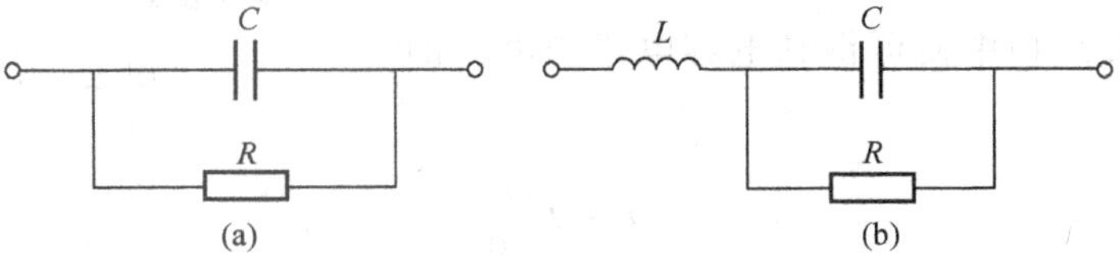

图 2.1.4 电容器模型

选用电感器时，既要选择合适的电感数值，又不能使实际工作电流超过其额定电流。单个电感线圈不能满足要求时，也可以把几个电感线圈串联或并联起来使用。

无互感存在的两电感线圈串联和并联时，其等效电感分别为

$$L = L_1 + L_2 \tag{2.1.12}$$

$$\frac{1}{L} = \frac{1}{L_1} + \frac{1}{L_2} \tag{2.1.13}$$

选用电容器时，不仅应选择合适的电容数值，而且要确定恰当的额定工作电压。单个电容器不能满足要求时，可以把几个电容器串联或并联起来使用。

电容串联时[图 2.1.5(a)]，其等效电容和各电容上电压的分配关系为

$$\frac{1}{C} = \frac{1}{C_1} + \frac{1}{C_2} \tag{2.1.14}$$

$$\left.\begin{aligned} u_1 &= \frac{C_2}{C_1 + C_2} u \\ u_2 &= \frac{C_1}{C_1 + C_2} u \end{aligned}\right\} \tag{2.1.15}$$

电容并联时[图 2.1.5(b)],其等效电容为

$$C = C_1 + C_2 \tag{2.1.16}$$

习惯上电阻器、电感器和电容器也简称为电阻、电感和电容。因此,电阻、电感和电容这三个名词有时是指电路参数,有时是指电路元件。

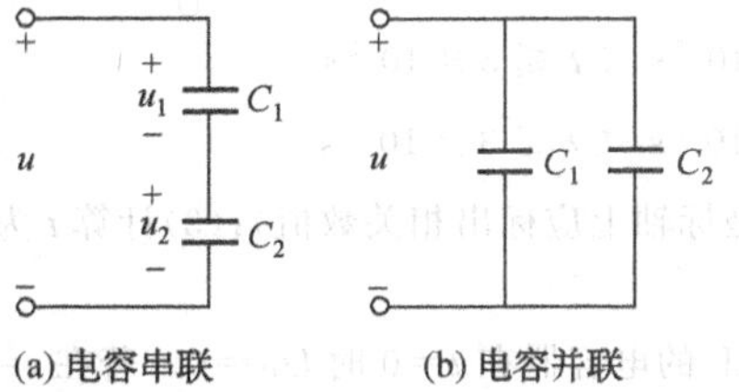

图 2.1.5 电容的串联和并联

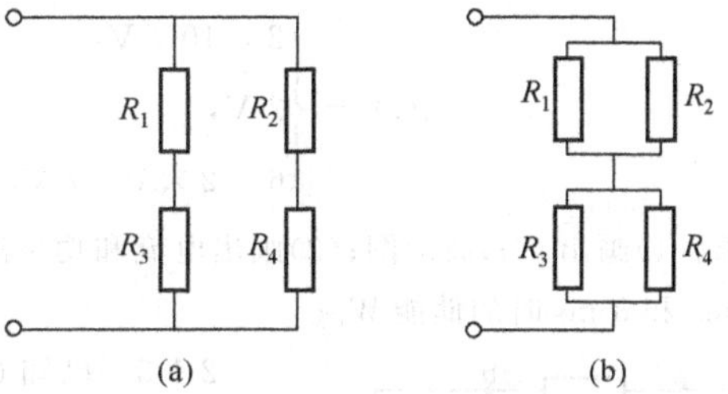

图 2.1.6 例 2.1.1 电阻连接

例 2.1.1 今需要一个电阻值为 300 Ω、功率为 1.5 W 的电阻,而现有的 300 Ω 电阻,其额定功率仅为 0.5 W,试问应取多少个电阻加以组合才能满足要求?

解 应取 4 个电阻如图 2.1.6(a)或(b)所示进行连接。因 $R_1 = R_2 = R_3 = R_4 = 300\ \Omega$,故图 2.1.6(a)的等效电阻

$$R = \frac{(R_1 + R_2)(R_3 + R_4)}{(R_1 + R_2) + (R_3 + R_4)} = 300\ \Omega$$

图 2.1.6(b)的等效电阻

$$R = \frac{R_1 R_2}{R_1 + R_2} + \frac{R_3 R_4}{R_3 + R_4} = 300\ \Omega$$

因图 2.1.6(a)或(b)中,在外加一定电压时,每个电阻 R 的电流相等,故等效电阻 R 的额定功率 P_N 是单个电阻额定功率 0.5 W 的 4 倍,即 $P_N = 4 \times 0.5\ W = 2\ W$,大于 1.5 W,可以满足要求。

思 考 题

2-1-1 调试设备需要一只 50 V、10 μF 的电容器,若手头只有两只 50 V、5 μF 和两只 20 V、20 μF 的电容器,试问应该怎样解决?

练 习 题

2-1-1 已知两个金属膜电阻的标称电阻值与额定功率分别为 360 Ω、1 W 和 120 Ω、0.5 W。试求:(1)两个电阻串联[图 2.1.7(a)]时的总电阻 R_1,可外加的最大电压值 U_1,R_A、R_B 消耗的功率 P_{A1}、P_{B1};(2)两个电阻并联[图 2.1.7(b)]时的总电阻 R_2,可外加的最大电压值 U_2 以及 P_{A2}、P_{B2}。

2-1-2 一电器的额定功率 $P_n = 1$ W,额定电压 $U_n = 100$ V。现要接到 200 V 的直流电源上,问应选下列电阻中的哪一个与之串联,才能使该电器在额定电压下工作?(1)电阻值 5 kΩ,额定功率 2 W;(2)电阻值 10 Ω,额定功率 0.5 W;(3)电阻值 20 kΩ,额定功率 0.25 W;(4)电阻值 10 kΩ,额定功率 2 W。

2-1-3 流过电感 $L = 2$ mH 的电流波形如图 2.1.8 所示。试画出电感的电压和功率波形图(坐标轴上应标出相关数值),并计算 t 为 1 ms,2 ms,2.5 ms 和 3 ms 时的储能 W_L。

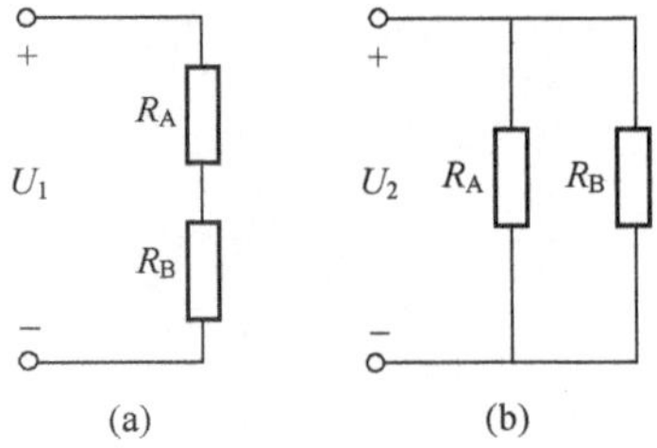

图 2.1.7　习题 2-1-1 的电路

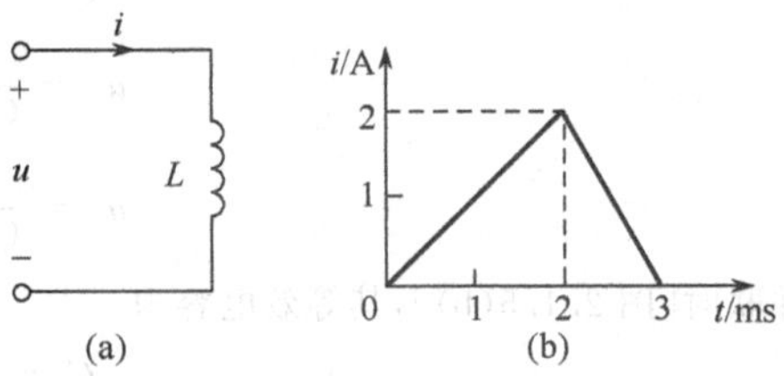

图 2.1.8　习题 2-1-3 的电路和波形

2-1-4　已知电容 $C=10\ \mu\text{F}$，电容两端电压 $u(t)$ 的表达式为

$$u(t)=\begin{cases}2\times10^{3}t\ \text{V}, & 0<t\leqslant1\times10^{-3}\ \text{s}\\ 2\ \text{V}, & 2\times10^{-3}\ \text{s}<t\leqslant3\times10^{-3}\ \text{s}\\ 6-2\times10^{-3}t\ \text{V}, & 2\times10^{-3}\ \text{s}<t\leqslant3\times10^{-3}\ \text{s}\end{cases}$$

试求：(1)画出 $u(t)$ 波形图；(2)画出电流和功率波形图(坐标轴上应标出相关数值)；(3)计算 t 为 0.5 ms，1 ms，2 ms 和 3 ms 时的储能 W_C。

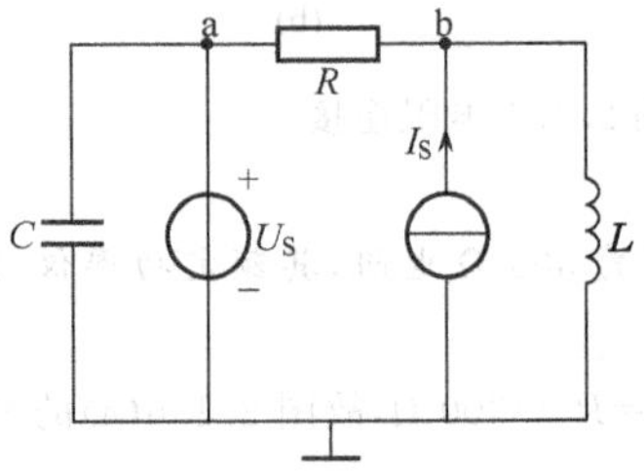

图 2.1.9　习题 2-1-7 的电路

2-1-5　已知 $C=100\ \mu\text{F}$ 的电容器在 $t=0$ 时 $U_C=0$。若在 $t=0$ 到 $t=10$ s 期间，用 $I=100\ \mu\text{A}$ 的恒定电流对它充电，问 $t=5$ s 和 $t=10$ s 时电容的电压 U_C、储能 W_C 为多少？

2-1-6　标称容量与额定电压分别为 0.22 μF/160 V 和 0.47 μF/160 V 的两个电容器串联使用，试问：(1)串联后的等效电容 C 为多少？(2)串联后可外加的最大直流电压 U 为多少？

2-1-7　在图 2.1.9 所示稳态直流电路中，已知 $U_S=9$ V，$I_S=9$ A，$R=9\ \Omega$，$C=9\ \mu\text{F}$，$L=9$ mH。求 a、b 两点的电位及通过 R、C、L 的电流。

2.2　换路的基本概念

2.2.1　暂态分析的基本概念

1. 稳态和暂态

电路的结构和元件的参数一定时，电路的工作状态一定，电压和电流是不会改变的，这时电路所处的状态称为稳定状态(steady state)，简称稳态。

当电路在接通、断开、改接以及参数和电源发生突变时，都会引起电路工作状态的变化，上述引起电路工作状态发生变化的诸因素统称为电路的换路(switching)。

换路后，旧的工作状态被破坏，新的工作状态在建立，电路将从一个稳态变化到另一个稳态，这种变化往往不是瞬间完成的，而是有一个过渡过程的。电路在过渡过程中所处的状态称为过渡状态(transient state)，简称暂态。

电路在换路后为什么会有过渡过程呢？这是因为电路元件中能量的储存和释放是需要一定的时间的。当电路中有储能元件电容或电感，而且换路的结果将引起电容中的电场能或电感中的磁场能发生变化的话，电路中就会出现过渡过程。可见，换路是引起过渡过程的外因，而电容中的电场能和电感中的磁场能的不能突变则是引起过渡过程的内因。

尽管过渡过程的时间一般很短，只有几秒钟，甚至若干微秒或纳秒，但是在某些情况下，其影响却是不可忽视的，而且在近代电工和电子技术中还常常要利用过渡过程的特性来解决某些技术问题。例如，电子式时间继电器的延时就是由电容充放电的快慢程度决定的，要计算延时的长短，首先必须掌握充放电时电压与电流的变化规律。又如在电子技术中还常常利用过渡过程来改善或变换信号的波形。另一方面，又要注意到过渡过程中可能出现的过电压和过电流，以便采取适当措施，使电路中的电器设备免遭损坏。因此，学习电路的暂态分析是有重要意义的。

2. *激励和响应*

电路从电源（包括信号源）输入的信号统称为激励（excitation）。激励有时又称为输入（input）。

电路在外部激励的作用下，或者在内部储能的作用下产生的电压和电流统称为响应（response）。响应有时又称为输出（output）。

按照激励和储能元件的状态的不同，响应又可以分为：

(1) 零输入响应（zero-input response）。电路在无外部激励的情况下，仅由内部储能元件中所储存的能量而引起的响应。

(2) 零状态响应（zero-state response）。在换路时储能元件未储存能量的情况下，由激励所引起的响应。

(3)全响应（complete response）。在储能元件已储有能量的情况下，再加上外部激励所引起的响应。

在线性电路中，根据叠加定理，全响应可以看作是零输入响应与零状态响应的代数和，即

$$全响应 = 零输入响应 + 零状态响应 \tag{2.2.1}$$

按照激励波形不同，零状态响应和全响应又可分为阶跃响应、正弦响应和脉冲响应等。阶跃响应（step response）实际上就是在直流电源作用下的响应。换路前，电路与电源断开，电路无输入电压；换路后，电路与电源接通，有输入电压。将换路的瞬间作为计时的起点，即 $t=0$，因而电路的输入电压（激励）的波形应如图 2.2.1 所示。其数学表达式为

$$u(t) = \begin{cases} 0, & 当\ t < 0_-\ 时 \\ U, & 当\ t \geqslant 0_+\ 时 \end{cases} \tag{2.2.2}$$

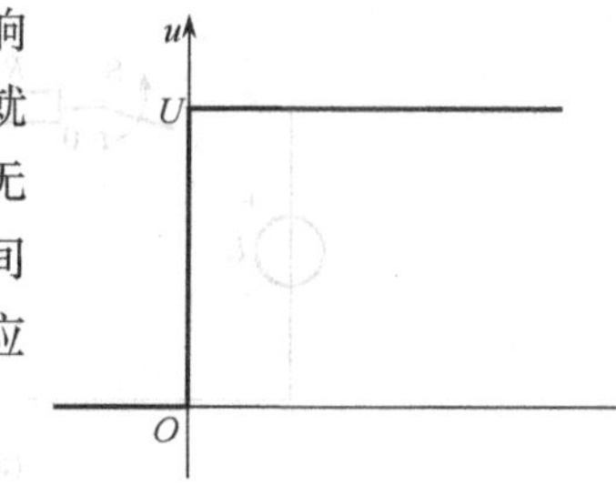

图 2.2.1　阶跃激励

这种波形的激励称为阶跃激励（step excitation）。在阶跃激励作用下的响应称为阶跃响应。

本章只讨论仅含一个储能元件（电容或电感）或经等效简化后只含一个储能元件的电路的零输入响应、阶跃激励时的零状态响应和全响应。

2.2.2　换路定律

电路与电源接通、断开，或电路的激励、结构改变，统称为换路。在电路分析时，设 $t=0$ 为换路瞬间，以 $t=0_-$ 表示换路前的瞬间，以 $t=0_+$ 表示换路后的初始瞬间，从 $t=0_-$ 到 $t=0_+$ 瞬间，电感元件的电流和电容元件的电压不能跃变，则换路定律可表述如下：

(1) 换路前后，电容的电压不能突变，即

$$u_C(0_-) = u_C(0_+) \tag{2.2.3}$$

(2) 换路前后，电感的电流不能突变，即

$$i_L(0_-) = i_L(0_+) \tag{2.2.4}$$

换路定律实质上反映了储能元件所储存的能量不能突变[①]。因为在电路中电感储存的能量为$\frac{1}{2}Li_L^2$，电容储存的能量为$\frac{1}{2}Cu_C^2$，故电感电流 i_L 和电容电压 u_C 的突变意味着所储存的能量的突变，而能量 w 的突变要求电源提供的功率 $p=\mathrm{d}w/\mathrm{d}t$ 达到无穷大。这在实际中是不可能的。因此电感中的电流 i_L 和电容中的电压 u_C 只能连续变化。

换路定律仅适用于电路换路瞬间。利用换路定律可以确定换路后瞬间的电容电压和电感电流，从而确定电路的初始状态。

例 2.2.1 确定图 2.2.2(a)所示电路中各电流和电压的初始值。设开关 S 闭合前电感元件和电容元件均未储能，$U=12$ V，$R_1=10\ \Omega$，$R_2=R_3=20\ \Omega$。

解 先由 $t=0_-$ 时的电路，即图 2.2.1(a)开关 S 未闭合时的电路，得知

$$u_C(0_-) = 0, \quad i_L(0_-) = 0$$

由换路定律可知，$u_C(0_+)=0$ 和 $i_L(0_+)=0$。

在 $t=0_+$ 时的电路图 2.2.2(b)中将电容元件短路，将电感元件开路，于是得出其他各个初始值

$$i(0_+) = i_C(0_+) = \frac{U}{R_1+R_2} = \frac{12}{10+20}\text{A} = 0.4\text{A}$$

$$u_L(0_+) = R_2 i_C(0_+) = 20\times 0.4\text{ V} = 8\text{ V}$$

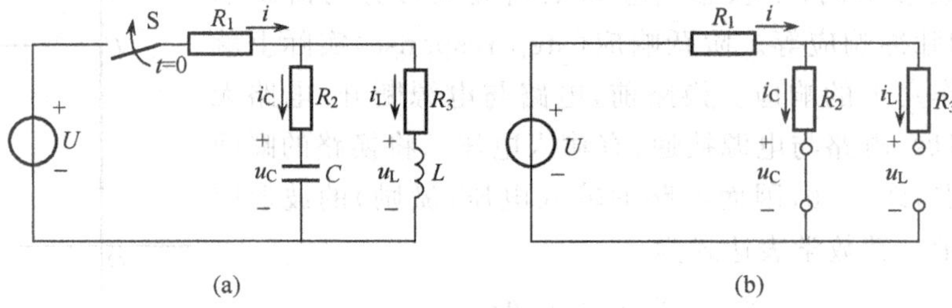

图 2.2.2　例 2.2.1 的电路

例 2.2.2 在图 2.2.3 所示电路中，换路前电路已稳定，开关 S 在 $t=0$ 时断开，求 $i(0_+)$，$u_L(0_+)$，$u_V(0_+)$。

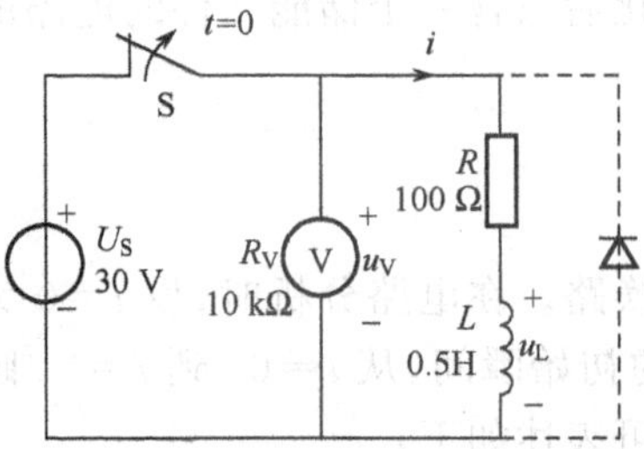

图 2.2.3　例 2.2.2 的电路

解 先求出换路前的电流

$$i(0_-) = \frac{U_S}{R} = \frac{30}{100}\text{ A} = 0.3\text{ A}$$

由换路定律得

$$i(0_+) = i(0_-) = 0.3\text{ A}$$

$$u_V(0_+) = -R_V i(0_+)$$

---

① 需要指出的是，由于电容电流 $i_C=C\mathrm{d}u_C/\mathrm{d}t$ 和电感电压 $u_L=L\mathrm{d}i_L/\mathrm{d}t$ 等，所以电容电流和电感电压是可以突变的。另外，电阻不是储能元件，所以电阻电路不存在瞬变过程。

$$= -10 \times 10^3 \times 0.3\ \text{V} = -3000\ \text{V}$$

$$u_L(0_+) = u_V(0_+) - Ri(0_+) = (-3000 - 100 \times 0.3)\ \text{V} = -3030\ \text{V}$$

由计算结果可知，当电感元件从电源切除时，会在电感元件两端产生瞬时过电压，可能损坏电气设备。为了限制过电压，通常在电感两端反向并联一个二极管，如图 2.2.3 中虚线所示。换路前，二极管 D 因承受反向电压而截止。当开关 S 断开时，电感中产生的自感电动势使二极管 D 承受正向电压而导通，$u_V(0_+) \approx -0.7$ V，$u_L(0_+) \approx (-0.7 - 100 \times 0.3)$ V $= -30.7$ V。

思 考 题

2-2-1　阶跃电压和直流电压的波形有什么区别？

2-2-2　理想电阻元件与直流电源接通时，有没有过渡过程？这时电阻中电压和电流的波形是什么样的？

2-2-3　含电容或电感的电路在换路时是否一定会产生过渡过程？

2-2-4　可否由换路前的电路求 $i_R(0)$、$i_C(0)$ 和 $u_R(0)$、$u_L(0)$？

练 习 题

2-2-1　在图 2.2.4 所示电路中，开关 S 闭合前电路已处于稳态，试确定 S 闭合后电压 u_C 和电流 i_C、i_1、i_2 的初始值和稳态值。

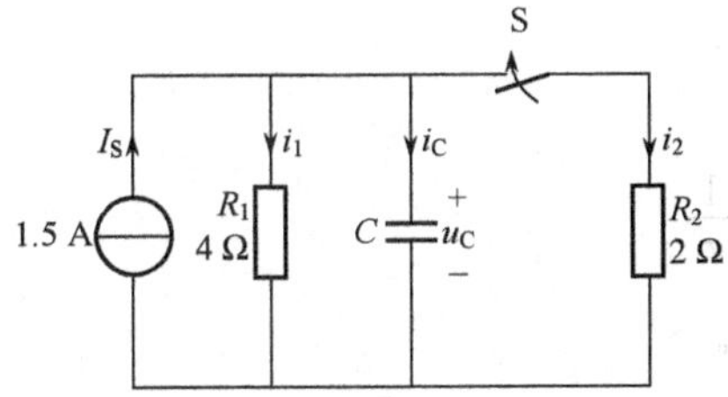

图 2.2.4　习题 2-2-1 的电路

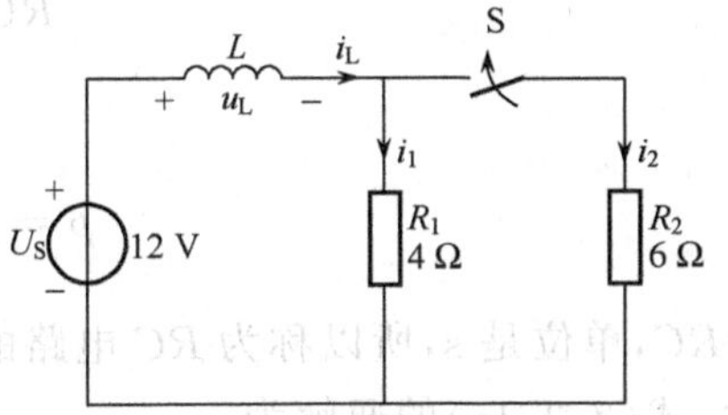

图 2.2.5　习题 2-2-2 的电路

2-2-2　在图 2.2.5 所示电路中，开关 S 闭合前电路已处于稳态，试确定 S 闭合后电压 u_L 和电流 i_L、i_1、i_2 的初始值和稳态值。

2-2-3　在图 2.2.6 所示电路中，开关 S 闭合前电路已处于稳态，C 中无储能，试确定 S 闭合后电压 u_C、u_L 和电流 i_1、i_C、i_L 的初始值和稳态值。

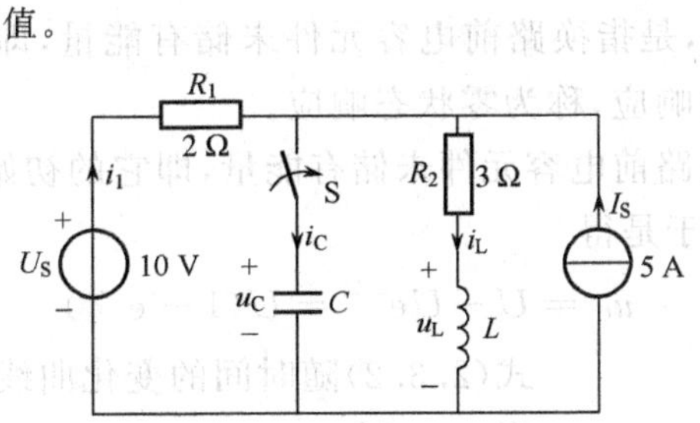

图 2.2.6　习题 2-2-3 的电路

2.3　RC 电路的暂态分析

RC 串联电路如图 2.3.1 所示。在 $t=0$ 时将开关 S 合到位置 1，电路即与一恒定电压为 U

的电压源接通，对电容元件开始充电，其上电压为 u_C。

根据基尔霍夫电压定律，列出 $t \geqslant 0$ 时电路的微分方程

$$U = Ri + u_C = RC\frac{du_C}{dt} + u_C \tag{2.3.1a}$$

解此方程就可以得到电容随时间变化的规律。由于列出的方程是一阶方程，因此常称这类电路为一阶电路。式(2.3.1a)的解由特解 u_C' 和通解 u_C'' 两部分组成。

特解 u_C' 取电路的稳态值，或称稳定分量，即

$$u_C' = u_C(t)\big|_{t\to\infty} = u_C(\infty)$$

u_C'' 为齐次微分方程

$$RC\frac{du_C}{dt} + u_C = 0$$

的通解，其形式为

$$u_C'' = Ae^{pt}$$

代入上式，得特征方程

$$RCp + 1 = 0$$

其根为

$$p = -\frac{1}{RC} = -\frac{1}{\tau}$$

式中，$\tau = RC$，单位是 s，所以称为 RC 电路的时间常数。

因此，式(2.3.1a)的通解为

$$u_C = u_C' + u_C'' = U + Ae^{-\frac{t}{\tau}} \tag{2.3.1b}$$

下面分三种响应分析图 2.3.1 所示电路的充放电规律。

2.3.1 RC 零状态响应

所谓 RC 电路的零状态，是指换路前电容元件未储有能量，即 $u_C(0_+)=0$。在此条件下，由电源激励所产生的电路的响应，称为零状态响应。

设图 2.3.1 所示电路换路前电容元件未储有能量，即它的初始状态或初始值 $u_C(0_+)=0$，由式(2.3.1b)，则 $A=-U$，于是得

$$u_C = U - Ue^{-\frac{t}{\tau}} = U(1 - e^{-\frac{t}{\tau}}) \tag{2.3.2}$$

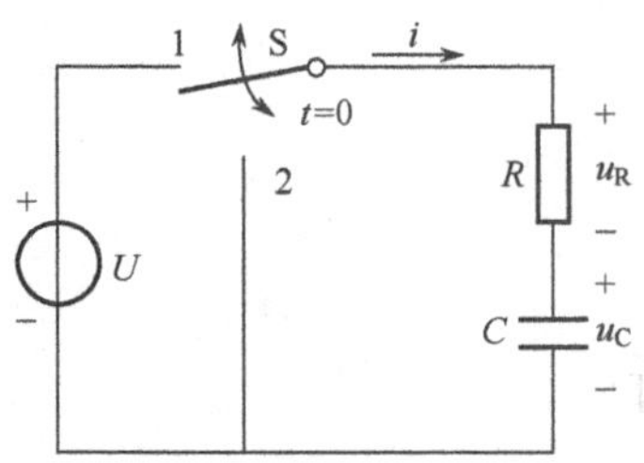

图 2.3.1　RC 电路

式(2.3.2)随时间的变化曲线如图 2.3.2 所示。

当 $t=\tau$ 时，

$$u_C = (U - Ue^{-1}) = U(1 - 0.368) = 0.632U$$

在图 2.3.2 中，从 $t=0$ 开始经过一个 τ 的时间 u_C 增长到稳态值 U 的 63.2%。

从理论上讲，电路只有经过 $t=\infty$ 的时间才能达到稳定。但是，由于指数曲线开始变化较快，而后逐渐缓慢。所以，实

际上经 $t=5\tau$ 的时间，就足可认为达到稳定状态了。τ 越小，曲线的增长或衰减就越快。

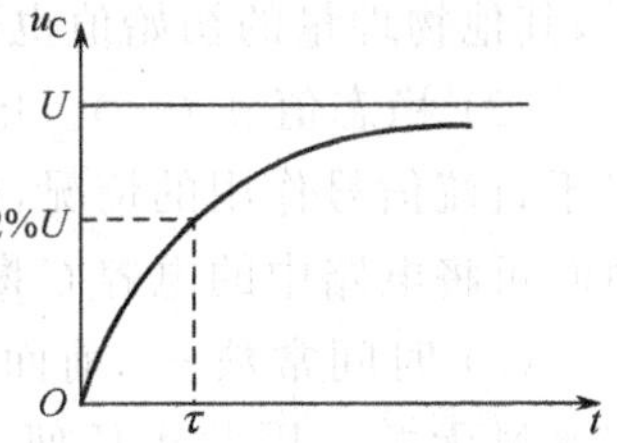

图 2.3.2　零状态响应

由式(2.3.2)可求出 $i=C\dfrac{du_C}{dt}$ 和 $u_R=Ri$，即

$$i=C\frac{du_C}{dt}=\frac{U}{R}e^{-\frac{t}{\tau}} \quad (2.3.3a)$$

$$u_R=Ri=Ue^{-\frac{t}{\tau}} \quad (2.3.3b)$$

2.3.2　RC 零输入响应

所谓 RC 电路的零输入，是指无电源激励，输入信号为零。在此条件下，由电容元件的初始状态 $u_C(0_+)$ 所产生的电路的响应，称为零输入响应。

如果在图 2.3.1 中，当电容元件充电到 U_0 时，即将开关 S 从位置 1 合到 2，脱离电源(输入为零)，电容元件开始放电，稳态值 $u_C(\infty)=0$[初始值 $u_C(0_+)=U_0$]，则经求解可得

$$u_C=U_0e^{-\frac{t}{\tau}} \quad (2.3.4)$$

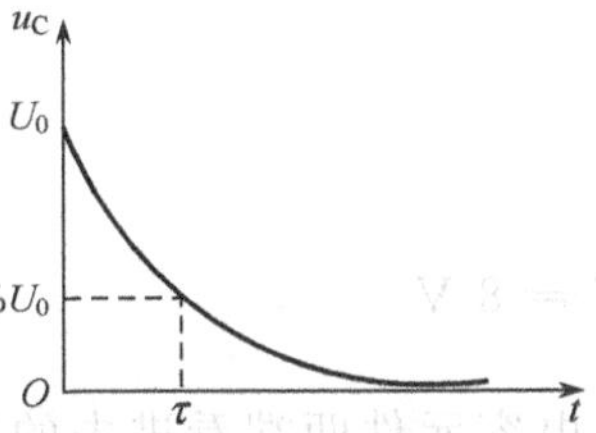

图 2.3.3　零输入响应

式(2.3.4)的 u_C 随时间的变化曲线如图 2.3.3 所示。

在图 2.3.2 中，从 $t=0$ 开始经过一个 τ 的时间 u_C 衰减到初始值 U_0 的 36.8%。τ 越小，曲线的衰减越快。

由式(2.3.4)也可求出

$$i=C\frac{du_C}{dt}=-\frac{U_0}{R}e^{-\frac{t}{\tau}} \quad (2.3.5a)$$

$$u_R=Ri=-U_0e^{-\frac{t}{\tau}} \quad (2.3.5b)$$

式(2.3.5)中的负号表示放电电流的实际方向与图 2.3.1 中所选定的参考方向相反。

2.3.3　RC 全响应

所谓 RC 电路的全响应，是指电源激励和电容元件的初始状态 $u_C(0_+)$ 均不为零时电路的响应，也就是零状态响应与零输入响应两者的叠加。

$$u_C=U(1-e^{-\frac{t}{\tau}})+U_0e^{-\frac{t}{\tau}}=U+(U_0-U)e^{-\frac{t}{\tau}} \quad (2.3.6)$$

由式(2.3.6)可写出分析一阶线性电路暂态过程中任意变量的一般公式，即

$$f(t)=f(\infty)+[f(0_+)-f(\infty)]e^{-\frac{t}{\tau}} \quad (2.3.7a)$$

只要求得初始值 $f(0_+)$、稳态值 $f(\infty)$ 和电路时间常数 τ 这三个“要素”，就能直接写出电路的响应(电压或电流)。这就是一阶线性电路暂态分析的三要素法。实际应用时，所求物理量不同，公式中 f 所代表的含义就不同。如果换路发生在 $t=t_0$ 时刻，则表达式改成

$$f(t)=f(\infty)+[f(t_{0+})-f(\infty)]e^{-\frac{t-t_0}{\tau}}(t>t_0) \quad (2.3.7b)$$

由以上分析可知，求解一阶 RC 电路问题，实际上是怎样从一阶电路中求出三个要素的问题。现分述如下：

(1) 初始值 $u_C(0_+)$。根据换路定律，电容电压的初始值 $u_C(0_+)$ 取决于换路前瞬间电容上的电压 $u_C(0_-)$。因此初始值 $u_C(0_+)$ 的确定归结为求换路前 $u_C(0_-)$ 的值。求出 $u_C(0_+)$

后，其他物理量的初始值也可以求得。

(2) 稳态值 $u_C(\infty)$。电容电压稳态值 $u_C(\infty)$可根据换路后的电路达到稳态时分析得到。对于直流信号作用的情况，由于稳态时流过电容的电流为零，电容器相当于开路，因此求稳态值时可将电路中的电容 C 断开，然后进行计算。

(3) 时间常数 τ。前面已指出，$\tau=RC$。要说明的是，时间常数是由电路的参数决定的，与激励无关。因此求任何一阶电路时间常数的方法是：利用除源等效法将换路后电路中的电源除去(即将电压源代之以短路，电流源代之以开路)。在具有多个电阻的 RC 电路中，应将电容两端的其余电路作戴维南(或诺顿)等效，其等效电阻就是计算 τ 时所用的 R(见例 2.3.1)。

例 2.3.1 在图 2.3.4 中，开关长期合在位置 1，如在 $t=0$ 时把它合到位置 2，试求电容元件的电压 u_C。已知 $R_1=2\ \text{k}\Omega$，$R_2=4\ \text{k}\Omega$，$C=6\ \mu\text{F}$，电压源 $U_1=6\ \text{V}$ 和 $U_2=12\ \text{V}$。

解 (1) 确定初始值。

在 $t=0$ 时，由于电路已稳定，电容元件相当于开路，故

$$u_C(0_+)=\frac{R_2}{R_1+R_2}U_1=\frac{4}{2+4}\times 6\ \text{V}=4\ \text{V}$$

(2) 确定稳态值。

稳态时，电容元件相当于开路，故

$$u_C(\infty)=\frac{R_2}{R_1+R_2}U_2=\frac{4}{2+4}\times 12\ \text{V}=8\ \text{V}$$

(3) 确定电路的时间常数。根据换路后的电路，先求出从电容元件两端看进去的等效电阻 R_0(将理想电压源短路，理想电流源开路)，而后求 $\tau=R_0C$。

$$\tau=(R_1//R_2)C=\frac{2\times 4\times 10^6}{(2+4)\times 10^3}\times 6\times 10^{-6}\ \text{s}=8\times 10^{-3}\text{s}$$

于是由式(2.3.5)可写出

$$u_C=[8+(4-8)\text{e}^{-\frac{1}{8\times 10^{-3}}t}]\ \text{V}=(8-4\text{e}^{-125t})\ \text{V}$$

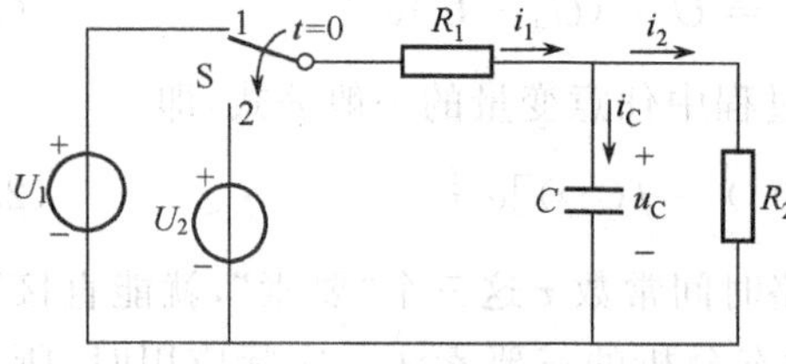

图 2.3.4 例 2.3.1 的电路

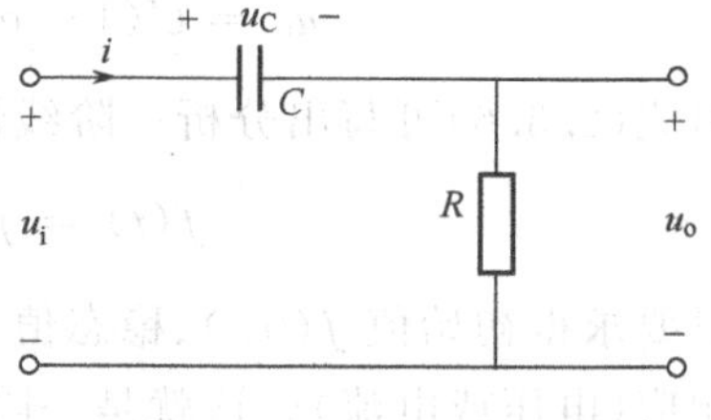

图 2.3.5 例 2.3.2 的电路

例 2.3.2 图 2.3.5 所示 RC 电路，$R=1\ \text{k}\Omega$，$C=1000\text{pF}$，输入信号 u_i 为一个矩形脉冲，脉冲幅度为 U_m，宽度 $t_w=20\mu\text{s}$，电容 C 无初始储能，求输出电压 u_o。

解 在 $0\leqslant t<t_w$ 期间 C 充电，$u_C(0_+)=u_C(0_-)=0$，$u_C(\infty)=U_m$，$\tau=RC=(1\times 10^3\times 1000\times 10^{-12})\text{s}=10^{-6}\text{s}=1\mu\text{s}$，故

$$\left.\begin{aligned} u_C &= U_m(1-e^{-\frac{t}{\tau}}) = U_m(1-e^{-t}) \\ u_o &= u_i - u_C = U_m e^{-t} \end{aligned}\right\} (0 \leqslant t < t_w, t \text{ 的单位为 } \mu s)$$

可见，当 $t=5\mu s$（即 $t=\frac{1}{4}t_w$）时，$u_C \approx U_C$，$u_o \approx 0$，C 充电结束。

在 $t \geqslant t_w$ 时，C 放电，$\tau = RC = 1\mu s$，$u_C(\infty)=0$，$u_C(t_w^+) = u_C(t_{w-}) = U_m(1-e^{-20}) \approx U_m$，故

$$\left.\begin{aligned} u_C(t-t_w) &= U_m e^{-\frac{t-t_w}{\tau}} = U_m^{-(t-20)} \\ u_o(t-t_w) &= -u_C(t-t_w) = -U_m e^{-(t-20)} \end{aligned}\right\} (t \geqslant t_w, t \text{ 的单位为 } \mu s)$$

可见，当 $t=25\mu s$ 时，$u_C \approx 0$，$u_o \approx 0$，C 放电结束。

u_i、u_C、u_o 的波形如图 2.3.6 所示。由图可见，由于 $\tau \ll t_w$，C 的充放电迅速完成，故 u_C 的波形与 u_i 很接近，而 u_o 波形为正、负尖脉冲。由于 $u_C \approx u_i$，$u_o = Ri = RC\frac{du_C}{dt} \approx RC\frac{du_i}{dt}$，输出电压 u_o 与输入电压 u_i 近似成微分关系，故这种电路称为微分电路。

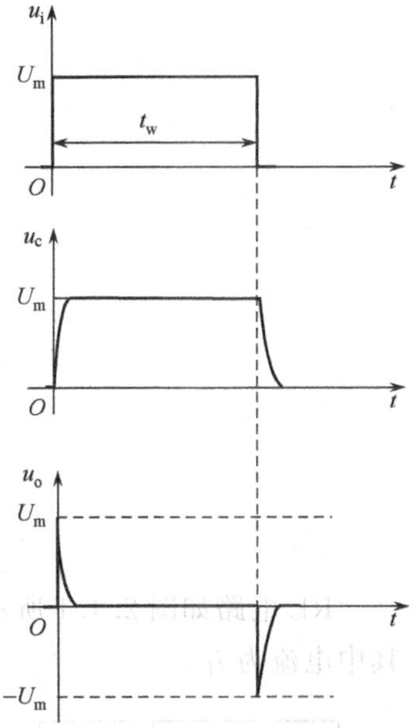

图 2.3.6　例 2.3.2 的电路图

思　考　题

2-3-1　如果换路前电容 C 处于零状态，则 $t=0$ 时，$u_C(0)=0$，而 $t \to \infty$ 时，$i_C(\infty)=0$，可否认为 $t=0$ 时，电容相当于短路，$t \to \infty$ 时，电容相当于开路？如果换路前 C 不是处于零状态，上述结论是否成立？

2-3-2　在 RC 电路中，如果串联了电流表，换路前最好将电流表短接，这是为什么？

2-3-3　常用万用表欧姆挡“R×1000”来检查电容器（电容量应较大）的质量。如在检查时发现下列现象，试予解释，并说明电容器的好坏：(1)指针满偏转；(2)指针不动；(3)指针很快偏转后又返回原刻度(∞)处；(4)指针偏转后不能返回原刻度处；(5)指针偏转后返回速度很慢。

练　习　题

2-3-1　在图 2.3.7 所示电路中，已知 $U_S=6$ V，$I_S=2$ A，$R_2=100\ \Omega$，$C=1$F 开关闭合前 $U_C=6$ V。试用三要素法求开关 S 闭合后的 u_C 和 i_C。

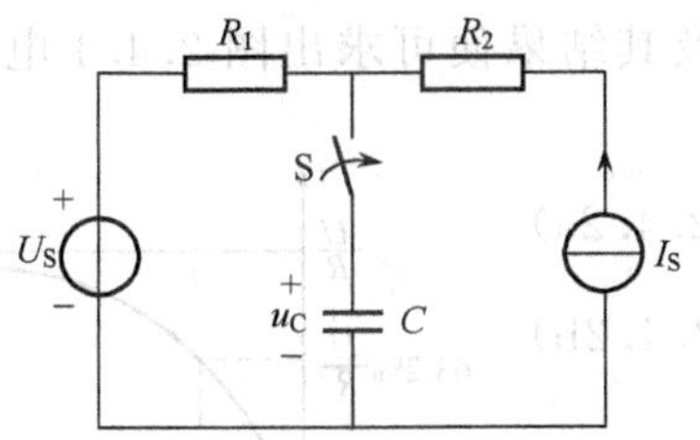

图 2.3.7　习题 2-3-1 的电路

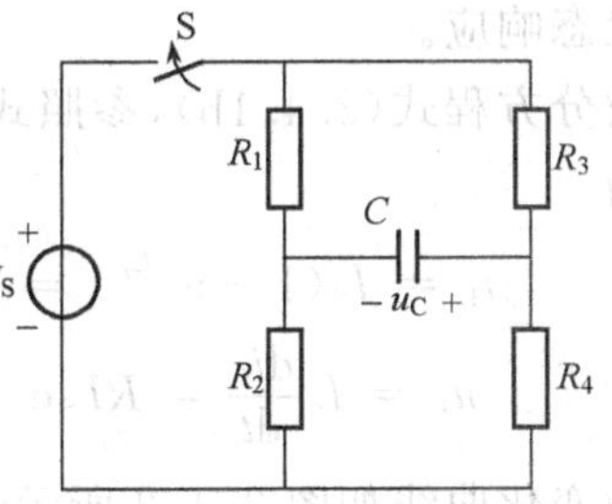

图 2.3.8　习题 2-3-2 的电路

2-3-2　图 2.3.8 所示电路已处于稳态，已知 $U_S=18$ V，$R_1=R_4=3$ kΩ，$R_2=R_3=6$ kΩ，$C=10\ \mu$F，试用三要素法求 S 闭合后的 u_C。

2-3-3　在图 2.3.9 所示电路中，已知 $U_S=24$ V，$I_S=2$ A，$R_0=2\ \Omega$，$R_S=6\ \Omega$，$C=2\ \mu$F，开关 S 在 $t=0$ 时合上，试求电容 C 两端的电压 $u_C(t)$，并画出 $u_C(t)$ 的波形。

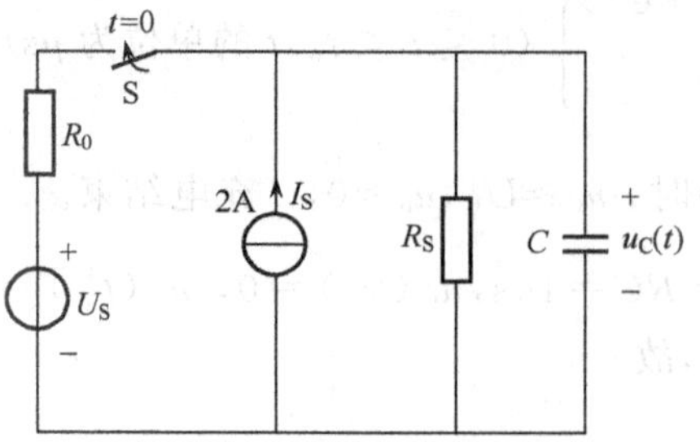

图 2.3.9　习题 2-3-3 的电路

2.4　RL 电路的暂态分析

RL 电路如图 2.4.1 所示。在 $t=0$ 时将开关 S 合到位置 1，电路即与直流电流源 I_S 接通，其中电流为 i_L。

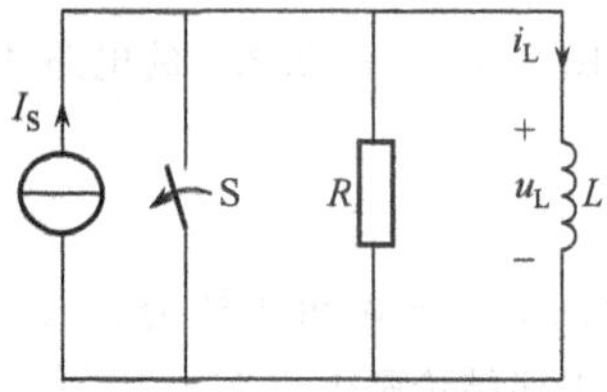

图 2.4.1　RL 电路

根据基尔霍夫电流定律，当 $t\geqslant 0$ 时，电路的微分方程为

$$\frac{u_L}{R}+i_L=I_S \tag{2.4.1a}$$

将式(2.1.7)代入得

$$\frac{L}{R}\frac{di}{dt}+i_L=I_S \tag{2.4.1b}$$

式(2.4.1)与电容充电时的微分方程式(2.3.1a)形式相同，参照式(2.3.1b)的解法及其结果可求得 i_L，并进而求得 u_L。

下面分三种响应分析图 2.4.1 所示电路的充放电规律。

2.4.1　RL 零状态响应

在图 2.4.1 所示电路中，换路前，开关 S 闭合，而且电路已稳定，由此可知 $i_L(0_+)=0$，换路后，开关 S 断开，由此可知，$i_L(\infty)=I_S$。求换路后的响应 i_L 和 u_L。由于换路时，电感中无储能，但在外部输入的电流的作用下，电感电流将从零逐渐增长到稳态值 I_S，所以该电路的响应为零状态响应。

由微分方程式(2.4.1b)，参照式(2.3.1b)的解法及其结果便可求出图 2.4.1 电路的零状态响应为

$$i_L=I_S(1-e^{-\frac{R}{L}t})=I_S(1-e^{-\frac{t}{\tau}}) \tag{2.4.2a}$$

$$u_L=L\frac{di_L}{dt}=RI_Se^{-\frac{t}{\tau}}=U_Se^{-\frac{t}{\tau}} \tag{2.4.2b}$$

它的变化曲线如图 2.4.2 所示。

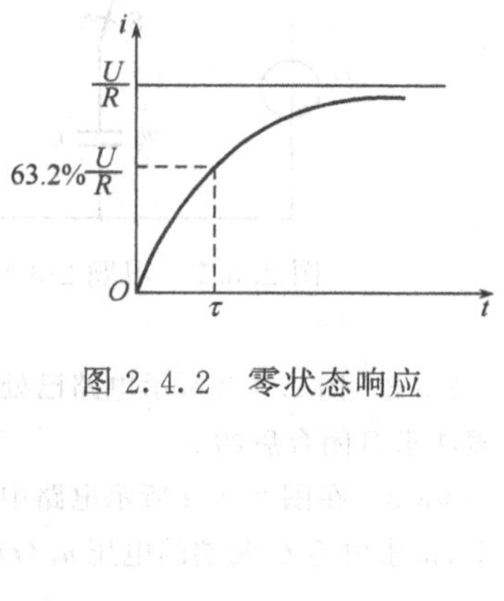

图 2.4.2　零状态响应

可见，电感电流与电容电压的增长规律相同，都是按指数规律由初始值增加到稳态值的。电感电压在换路瞬间也会发生突变，由零跳变到 I_S，然后再按指数规律逐渐衰减到零。过渡过程进行的快慢，取决于电路的时间常数 $\tau=L/R$。

2.4.2 RL 零输入响应

在图 2.4.1 电路中，换路前，开关 S 断开，由此可知，电感电流的初始值 $i_L(0_+)=I_S$。换路后，开关 S 闭合，由此可知，电感电流的稳态值 $i_L(\infty)=0$。求换路后的响应 i_L 和 u_L。由于换路后的外部激励为零，在内部储能的作用下，电感电流将从初始值 I_S 逐渐衰减到零，所以该电路的响应为零输入响应。

由微分方程式(2.4.1b)，参照式(2.3.1b)的解法及其结果便可求出图 2.4.1 电路的零输入响应为

$$i_L = I_0 e^{-\frac{R}{L}t} = I_0 e^{-\frac{t}{\tau}} \tag{2.4.3a}$$

$$u_L = L\frac{di_L}{dt} = -RI_0 e^{-\frac{t}{\tau}} = -U_0 e^{-\frac{t}{\tau}} \tag{2.4.3b}$$

它们的变化曲线如图 2.4.3 所示。

可见，电感电流的衰减规律与电容电压的衰减规律是相同的，都是由初始值随时间按指数规律逐渐衰减而趋于零的。电感电压则在 $t=0$ 时发生突变，由零跳变到 U_0 然后再按指数规律衰减。电感电流和电感电压衰减的快慢由 RL 电路的时间常数 $\tau=L/R$ 决定。τ 越大，i_L 和 u_L 衰减得越慢。理论上，只有在 $t\to\infty$ 时，它们才能衰减到零。工程上，只要 $t\geqslant 3\tau$，即可认为衰减已基本结束。

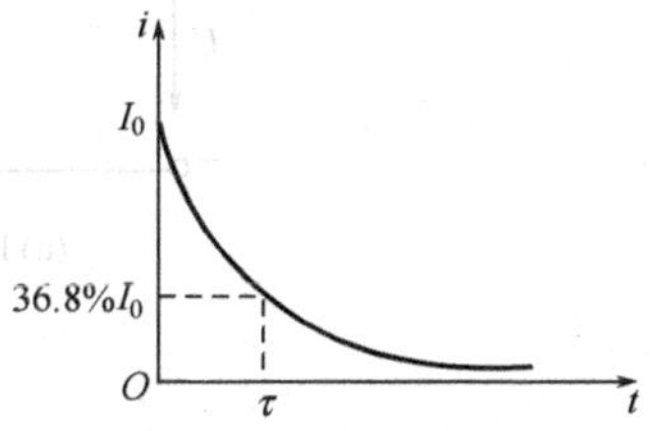

图 2.4.3 零输入响应

换路瞬间($t=0$ 时)电感电压发生突变的原因是由于电流变化而在电感中产生感应电动势所致。电感 L 大，电流的变化率 $\frac{di_L}{dt}$ 大，则换路瞬间电感电压的突变值 U_0 就大。因此，工作中若将电感器(电感线圈)从电源断开时，由于电流要在极短的时间内急剧地降至零，电流的变化率很大，致使电感两端产生很高的感应电压。这个感应高电压将使开关触点之间的空气电离，产生电弧将触点烧蚀，还可能将电感线圈的绝缘击穿，同时也可能使并联在线圈两端的测量仪表(如电压表)受到损坏。为防止此类事故的发生，可以在电感很大的线圈两端并联一个反向连接的二极管(图 2.2.3)。

2.4.3 RL 全响应

如果 RL 电路在换路后，电感电流的初始值为 I_0，而稳态值为 I_S。这说明该电路在换路时已有储能，同时又输入了一个阶跃电流，故这时的响应为阶跃全响应。由 RL 电路的零输入响应和零状态响应求得全响应为

$$i_L = I_0 e^{-\frac{R}{L}t} + I_S(1-e^{-\frac{R}{L}t}) = I_S + (I_0 - I_S)e^{-\frac{t}{\tau}} \tag{2.4.4a}$$

$$u_L = -RI_0 e^{-\frac{t}{\tau}} + RI_S e^{-\frac{t}{\tau}} = R(I_S - I_0)e^{-\frac{t}{\tau}} = (U_S - U_0)e^{-\frac{t}{\tau}} \tag{2.4.4b}$$

其变化规律与 I_0 和 I_S 的相对大小有关，以 i_L 为例，其变化曲线如图 2.4.4 所示。

例 2.4.1 在图 2.4.5(a)中，设 $U=24$ V，$R_0=8\ \Omega$、$R=4\ \Omega$，$L=200$ mH，电路已处于稳态。如果在 $t=0$ 时将 R_0 短接，试求：(1) 电流 i 的变化规律，并画出变化曲线。(2) 经过多长时间，i 才能达到 5A?

解 换路前，L 中已有稳定的电流，是非零状态问题。

(1) 采用三要素法求 i 的变化规律。

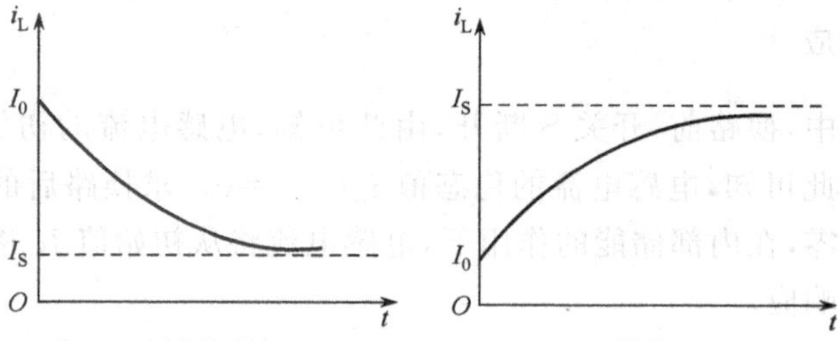

图 2.4.4　RL 电路的阶跃全响应

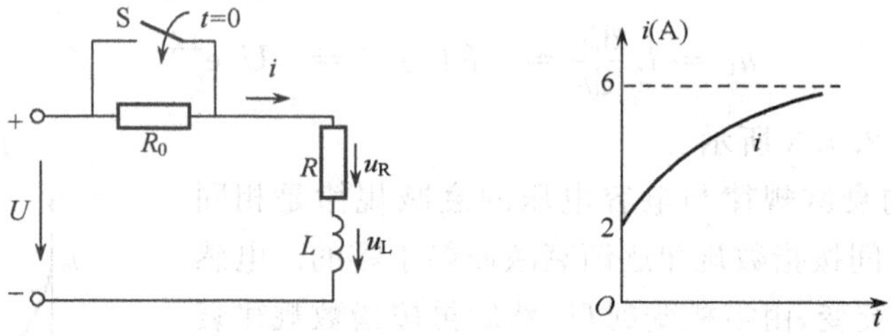

图 2.4.5　非零状态的 RL 电路

确定 i 的初始值

$$i(0_+)=\frac{U}{R_0+R}=\frac{24}{8+4}\ \text{A}=2\ \text{A}$$

确定 i 的稳态值

$$i(\infty)=U/R=24/4\ \text{A}=6\ \text{A}$$

确定电路的时间常数

$$\tau=L/R=200\times10^{-3}/4\ \text{s}=50\times10^{-3}\ \text{s}$$

于是根据式(2.3.7)可写出

$$i=i(\infty)+[i(0_+)-i(\infty)]\text{e}^{-\frac{t}{\tau}}=(6+(2-6)\text{e}^{-\frac{t}{50\times10^{-3}}})\ \text{A}=6-4\text{e}^{-20t}\ \text{A}$$

(2) 电流 i 到达 5A 所需要的时间，由题意可知

$$5=6-4\text{e}^{-20t}$$

$$4\text{e}^{-20t}=1$$

$$\text{e}^{20t}=4$$

等号两边取自然对数

$$\ln\text{e}^{20t}=\ln4$$

$$20t=1.386$$

所经过的时间为

$$t=0.0693\text{s}=69.3\ \text{ms}$$

电流 i 的变化曲线如图 2.4.5(b)所示。

本例是 RL 电路的全响应。

思 考 题

2-4-1 如果换路前电感 L 处于零状态，则 $t=0$ 时，$i_L(0)=0$，而 $t\to\infty$ 时，$u_L(\infty)=0$，因此可否认为 $t=0$ 时，电感相当于开路；$t\to\infty$ 时，电感相当于短路？

2-4-2 如果换路前电感 L 不是处于零状态，上述结论是否成立？

2-4-3 任何一阶电路的全响应是否都可以用叠加定理由它的零输入响应和零状态响应求得？请举例说明。

2-4-4 在一阶电路中，R 一定，而 L 或 C 越大，换路时的过渡过程进行得越快还是越慢？

练 习 题

2-4-1 在图 2.4.6 所示电路中，已知 $U_S=12$ V，$R=3$ kΩ，$L=6$ mH。求开关 S 闭合后的响应 i_L 和 u_L。

2-4-2 写出波形如图 2.4.7 所示响应 u_C 和 i_L 的数学表达式。时间常数都是 $\tau=0.2$s。

2-4-3 在图 2.4.8 所示电路中，已知 $U_S=10$ V，$I_S=11$ A，$R=2$ Ω，$L=1$ H。$t=0$ 时，开关 S 闭合，闭合前电路处于稳态。求 $t\geqslant0$ 时电流 $i(t)$ 的表达式，并画出其波形图。

2-4-4 图 2.4.9(a)所示电路中，已知 $R_1=3$ Ω，$R_2=6$ Ω，$L=2$ H，电感无初始储能，输入信号 $u_1(t)$ 的波形如图 2.13(b)所示。试求 $i_L(t)$ 和 $u_L(t)$ 的表达式，并画出它们的波形图。

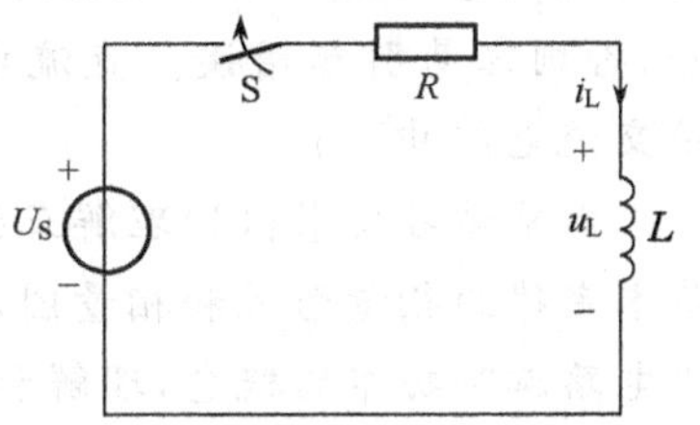

图 2.4.6 习题 2-4-1 的电路

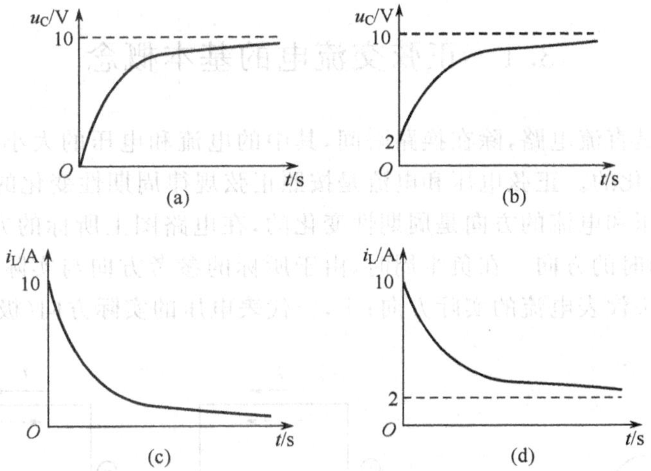

图 2.4.7 习题 2-4-2 的波形

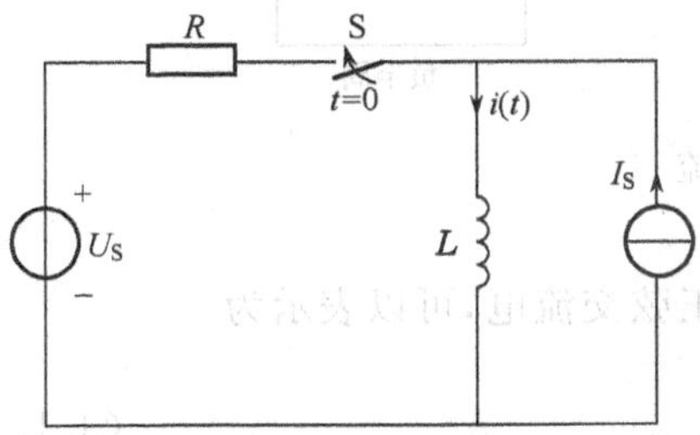

图 2.4.8 习题 2-4-3 的电路

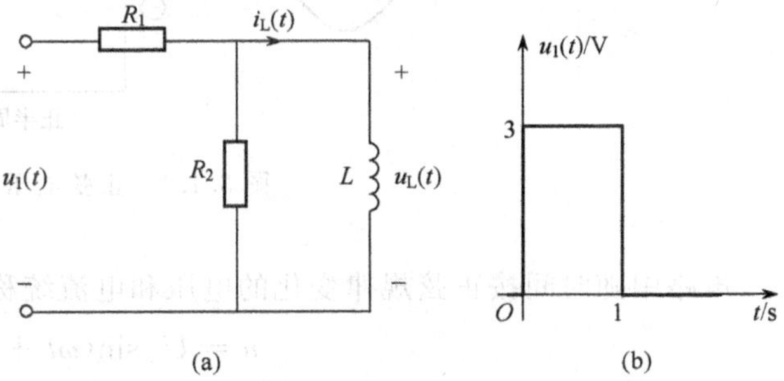

图 2.4.9 习题 2-4-4 的电路和输入波形

第3章　正弦交流电路

在我们的日常生活和生产中，所用的正弦交流电，是指含有正弦电源（激励）而且电路各部分所产生的电压和电流（响应）均随时间按正弦规律变化的电路。分析与计算正弦交流电路，主要是确定不同参数和不同结构的各种正弦交流电路中电压与电流之间的关系和功率。本章首先介绍正弦交流电的三个特征量，接下来介绍相量法，分析单一参数的正弦交流电路，RLC 串联正弦交流电路以及 RLC 的串并联和谐振现象。交流电路具有用直流电路的概念无法理解和无法分析的物理现象，因此，在学习本章的时候，必须建立交流的概念，否则容易引起错误。直流电路所提及的电路分析方法在运用相量法后，可以推广到正弦交流电路中。

本章学习要求：(1)理解正弦交流电的三要素、相位差，有效值和相量表示法；(2)理解电路基本定律的相量形式和相量图，掌握用相量法计算简单正弦交流电路的方法；(3)了解正弦交流电路瞬时功率的概念，理解和掌握有功功率、功率因数的概念和计算，了解无功功率和视在功率的概念，了解提高功率因数的方法及其经济意义；(4)了解正弦交流电路串联谐振和并联谐振的条件及特征。

3.1　正弦交流电的基本概念

前两章分析的是直流电路，除在换路瞬间，其中的电流和电压的大小与方向（或电压的极性）是不随时间而变化的。正弦电压和电流是按照正弦规律周期性变化的，其波形如图 3.1.1 所示。由于正弦电压和电流的方向是周期性变化的，在电路图上所标的方向是指它们的参考方向，即代表正半周时的方向。在负半周时，由于所标的参考方向与实际方向相反，则其值为负。图中的虚线箭头代表电流的实际方向；＋，－代表电压的实际方向（极性）。

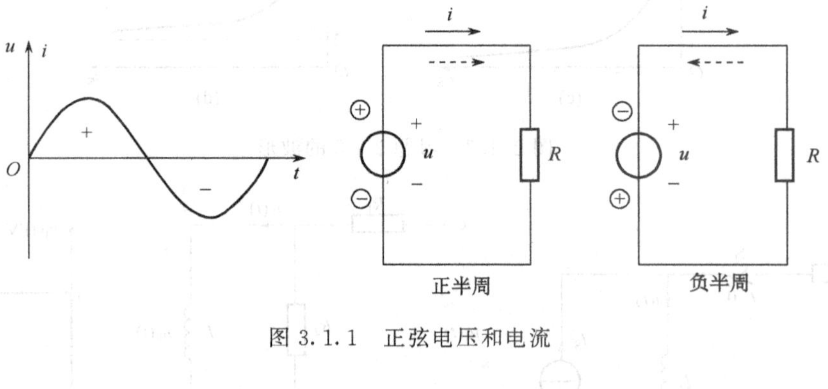

图 3.1.1　正弦电压和电流

电路中随时间按正弦规律变化的电压和电流统称为正弦交流电，可以表示为

$$\left.\begin{aligned} u &= U_m\sin(\omega t+\varphi_u) \\ i &= I_m\sin(\omega t+\varphi_i) \end{aligned}\right\} \tag{3.1.1}$$

式中，u 和 i 表示正弦量在任一时刻的量值，称为瞬时值(instantaneous value)；U_m、I_m 表示正弦量在变化过程中出现的最大瞬时值，称为最大值(maximum value)；ω 称为角频率(angular frequency)；φ_u、φ_i 称为初相位(initial phase)或初相角(initial phase angle)。角频率、有效值、初相位称为正弦量的三要素。

3.1.1 正弦交流电的角频率

正弦交流电重复变化一次所需要的时间称为周期(period)，用 T 表示，单位为秒(s)。每秒内变化的周期数称为频率(frequency)，用 f 表示，单位为赫[兹](Hz)。由上述定义可知

$$T = 1/f \tag{3.1.2}$$

由图 3.1.2 所示的正弦交流电压的波形可知，从 a 点变至同一状态的 a′点所需要的时间就是周期 T。正弦交流电在每秒钟内变化的电角度称为角频率或电角速度，单位为弧度/秒(rad/s)。因为交流电变化一个周期经历了 2π 弧度(rad)，如图 3.1.1 所示，角频率为

$$\omega = \frac{2\pi}{T} = 2\pi f \tag{3.1.3}$$

式(3.1.3)表达了 ω、T、f 三者之间的关系。这三个量都是反映正弦交流量变化快慢的，知道其中一个就可求得另外两个。这样，在绘制正弦交流电的波形时，既可以用 t 作横坐标，也可以直接用电角度 ωt 作横坐标，如图 3.1.2 所示。

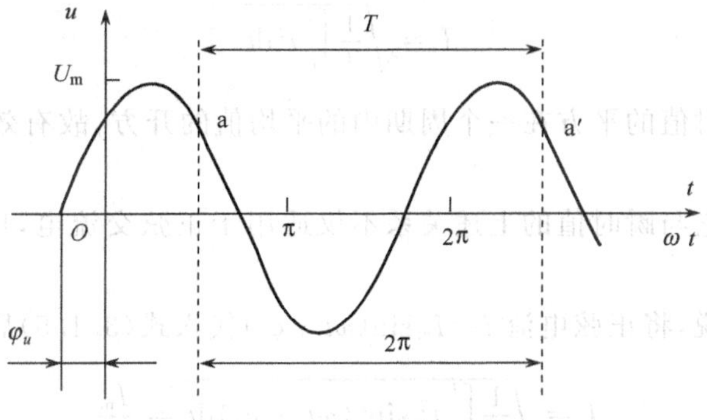

图 3.1.2 正弦交流电压的波形

我国电力系统的标准频率(俗称工频)为 50 Hz，周期 $T=1/f=1/50=0.02(\text{s})=20(\text{ms})$，角频率 $\omega=2\pi f=2\times3.14\times50\ \text{rad/s}=314\ \text{rad/s}$。有些国家(如美国、日本)电力系统的工频为 60 Hz。

3.1.2 正弦交流电的初相位

在式(3.1.1)中，$\omega t+\varphi_u$、$\omega t+\varphi_i$ 都是随时间变化的电角度，称为正弦交流电的相位。相位的单位是弧度，也可用度。在开始计时的瞬间，即 $t=0$ 时的相位称为初相位。

两个同频率正弦量的相位之差称为相位差[①](phase difference)。例如，式(3.1.1)中的正

① 两个电压、两个电流之间都有相位移角。一般说来，相位移角指正弦状态下电路中两个量(例如电压、电流、磁通链)之间的相位差。

弦电压 u 和电流 i 之间的相位差 φ 为

$$\varphi = (\omega t + \varphi_u) - (\omega t + \varphi_i) = \varphi_u - \varphi_i \tag{3.1.4}$$

式(3.1.4)表明,同频率正弦量之间的相位差与时间无关,仅取决于两者的初相位。相位差表示了两个同频率正弦量随时间变化“步调”上的先后。当 $\varphi=\varphi_u-\varphi_i=0$ 时,称电压 u 与电流 i 同相。当 $\varphi=\varphi_u-\varphi_i>0$ 时,称 u 超前于 i,或者说 i 滞后于 u。当 $\varphi=180°$,称 u 与 i 反相。若 $\varphi=90°$,则称 u 与 i 相位正交。超前、滞后是相对的。为了避免混乱,规定 $|\varphi|\leqslant 180°$。

3.1.3 正弦交流电的有效值

正弦交流电在某一瞬时的量值,称为瞬时值。正弦交流电在变化过程中出现的最大瞬时值称为最大值。瞬时值和最大值都是表征正弦量大小的,但在应用中正弦量的大小通常采用有效值来表示。

有效值(effective value)是从电流热效应的角度规定的。设交流电流 i 和直流电流 I 分别通过阻值相同的电阻 R,在一个周期 T 的时间内产生的热量相等,则这一直流电流的数值 I 就称为交流电流 i 的有效值。按这一定义,有

$$RI^2T = \int_0^T Ri^2\,dt$$

于是

$$I = \sqrt{\frac{1}{T}\int_0^T i^2\,dt} \tag{3.1.5}$$

即有效值等于瞬时值的平方在一个周期内的平均值的开方,故有效值又称均方根值(root mean square,rms)。

有效值的定义及它与瞬时值的上述关系不仅适用于正弦交流电,也适用于任何其他周期性变化的电流。

对正弦交流电来说,将正弦电流 $i=I_m\sin(\omega t+\varphi_i)$ 代入式(3.1.5)后可得

$$I = \sqrt{\frac{1}{T}\int_0^T I_m^2\sin^2(\omega t+\varphi_i)\,dt} = \frac{I_m}{\sqrt{2}} \tag{3.1.6}$$

同理,对于正弦电压,其有效值为

$$U = U_m/\sqrt{2} \tag{3.1.7}$$

$$E = E_m/\sqrt{2} \tag{3.1.8}$$

有效值都用大写的字母表示。

平时所说的交流电压和电流的大小以及一般交流测量仪表所指示的电压或电流的数值都是有效值。例如通常所说的交流电压 220 V,交流电流 10 A,都是指有效值。

例 3.1.1 已知正弦电压 $U=220$ V,$\varphi_u=30°$,正弦电流 $I=5\sqrt{2}$A,$\varphi_i=-30°$,频率均为 $f=50$ Hz,试求 u、i 的三角函数表达式及两者的相位差,并画出波形图。

解 电压表达式

$$u = \sqrt{2}U\sin(\omega t+\varphi_u) = 220\sqrt{2}\sin(2\pi\times 50t+30°)\text{V} = 311\sin(314t+30°)\text{V}$$

$$i = \sqrt{2}I\sin(\omega t + \varphi_i)$$

$$= 5\sqrt{2} \times \sqrt{2}\sin(2\pi \times 50t - 30°)\text{A}$$

$$= 10\sin(314t - 30°)\text{A}$$

相位差

$$\varphi = \varphi_u - \varphi_i = 30° - (-30°) = 60°$$

电压超前电流 60°。

u、i 的波形如图 3.1.3 所示。

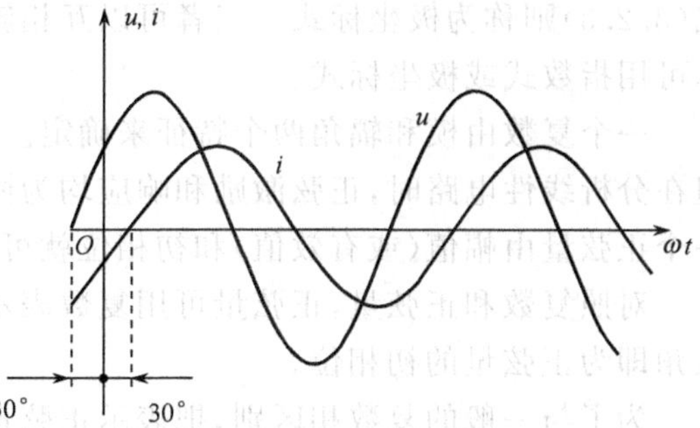

图 3.1.3 例 3.1.1 的波形图

思 考 题

3-1-1 已知 $i_1 = 5\sin 314t$ A，$i_2 = 15\sin(942t + 90°)$ A，能说 i_1 比 i_2 超前 90°吗？

3-1-2 正弦量的最大值和有效值是否随时间变化？它们的大小与频率、相位有没有关系？

3-1-3 非正弦交流电的有效值与瞬时值间的关系是否符合式(3.1.5)的均方根值关系？有效值与最大值间的关系是否符合式(3.1.6)～式(3.1.8)的$\sqrt{2}$倍关系？

3-1-4 分析和计算正弦交流电时是否也与直流电一样应从研究它们的大小和方向着手？

练 习 题

3-1-1 有一正弦电压 $u = 311\sin\left(100\pi t + \frac{\pi}{3}\right)$V，试求：(1)角频率 ω、频率 f、周期 T、有效值 U 和初相位 φ_u；(2)$t=0$ 和 $t=0.1$s 时电压的瞬时值；(3)画出电压的波形图。

3-1-2 已知某负载的电流和电压的有效值和初相位分别是 2 A、−30°；36 V、45°，频率均为 50 Hz。(1)写出它们的瞬时值表达式；(2)画出它们的波形图；(3)指出它们的幅值、角频率以及两者之间的相位差。

3.2 正弦量的相量表示法

前一节已经讲过正弦交流电有两种表示方法。一种是用三角函数式来表示，如 $u = U_m\sin(\omega t + \varphi_u)$，这是正弦量的基本表示法；另一种是用正弦波形来表示。此外，正弦量还可以用相量来表示。相量表示法的基础是复数，就是用复数来表示正弦量。

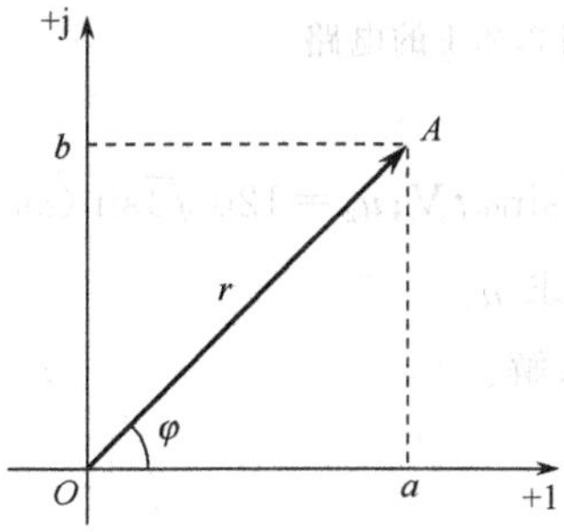

图 3.2.1 复数

设复平面中有一复数 A，其模为 r，辐角为 φ（图 3.2.1），可用下列三种形式表示：

$$A = a + \text{j}b = r\cos\varphi + \text{j}r\sin\varphi = r(\cos\varphi + \text{j}\sin\varphi) \tag{3.2.1}$$

$$A = r\text{e}^{\text{j}\varphi} \text{①} \tag{3.2.2}$$

或简写为

$$A = r\angle\varphi \tag{3.2.3}$$

式(3.2.1)称为复数的代数式；式(3.2.2)称为指数式；

① 由欧拉公式 $\cos\varphi + \text{j}\sin\varphi = \text{e}^{\text{j}\varphi}$ 推出。

式(3.2.3)则称为极坐标式。三者可以互相转换。复数的加减运算可用代数式,复数的乘除运算可用指数式或极坐标式。

一个复数由模和辐角两个特征来确定。而正弦量由幅值、初相位和频率三个要素来确定。但在分析线性电路时,正弦激励和响应均为同频率的正弦量,频率是已知的,不必考虑。因此,一个正弦量由幅值(或有效值)和初相位就可确定。

对照复数和正弦量,正弦量可用复数表示。复数的模即为正弦量的幅值或有效值,复数的辐角即为正弦量的初相位。

为了与一般的复数相区别,把表示正弦量的复数称为相量,并在大写字母上打"·"。于是表示正弦电压 $u=U_m\sin(\omega t+\varphi)$ 的相量式为

$$\dot{U}=U(\cos\varphi+\mathrm{j}\sin\varphi)=U\mathrm{e}^{\mathrm{j}\varphi}=U\angle\varphi \tag{3.2.4}$$

注意,相量只是表示正弦量,而不是等于正弦量。

上式中的 j 是复数的虚数单位,即 $\mathrm{j}=\sqrt{-1}$,并由此得 $\mathrm{j}^2=-1$,$1/\mathrm{j}=-\mathrm{j}$。按照正弦量的大小和相位关系画出的图形,称为相量图。在相量图上能形象地看出各个正弦量的大小和相互间的相位关系。

在相量表达式中,有时会碰到相量乘 j 或 −j,如 $\mathrm{j}\dot{I}$、$-\mathrm{j}\dot{I}$。由于

$$\mathrm{e}^{\pm\mathrm{j}90^\circ}=\cos90^\circ\pm\mathrm{j}\sin90^\circ=0\pm\mathrm{j}=\pm\mathrm{j}$$

因此任意一个相量乘上 +j 后,即向前(逆时针方向)旋转了 90°;乘上 −j 后,即向后(顺时针方向)旋转了 90°。图 3.2.2 给出了它们的相量图。

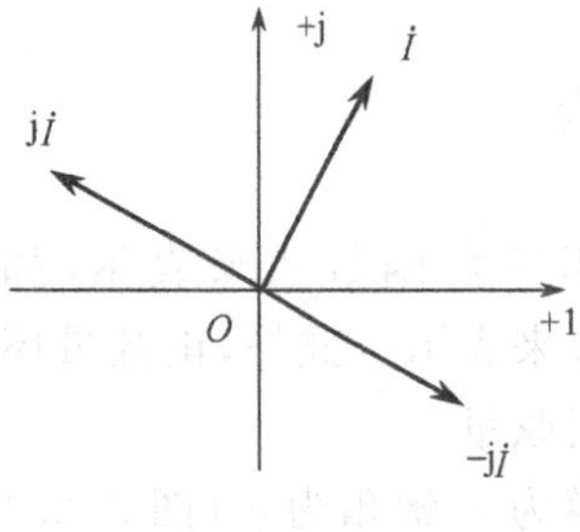

图 3.2.2　相量乘 j 的图示

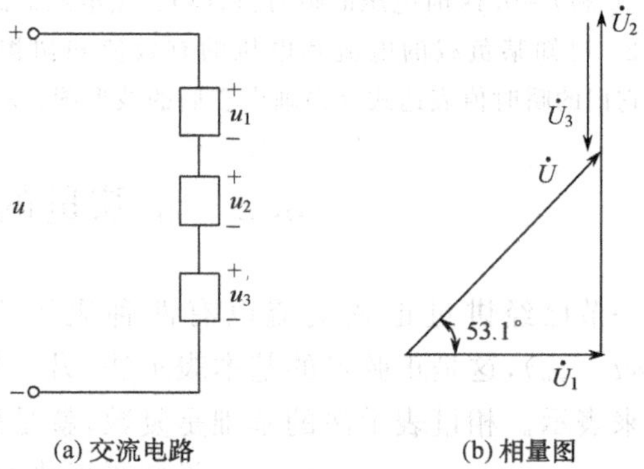

图 3.2.3　例 3.2.1 的电路

例 3.2.1　图 3.2.3 所示的正弦交流电路中,已知 $u_1=60\sqrt{2}\sin\omega t$ V;$u_2=120\sqrt{2}\sin(\omega t+90^\circ)$ V;$u_3=40\sqrt{2}\sin(\omega t-90^\circ)$ V。试用复数式(相量式)和相量图求 u。

解　解法一　用以复数代数式为工具的相量法(即复数法)求解。

由 KVL,有

$$u=u_1+u_2+u_3$$

首先,将各正弦电压用以下相量表示:

$$\dot{U}_1=60\ \mathrm{V}$$

$$\dot{U}_2=120\angle90^\circ\ \mathrm{V}=\mathrm{j}120\ \mathrm{V}$$

$$\dot{U}_3 = 40\angle -90^\circ\ \text{V} = -\text{j}40\ \text{V}$$

然后，复数相加计算以上正弦电压之和，即

$$\dot{U} = \dot{U}_1 + \dot{U}_2 + \dot{U}_3 = (60 + \text{j}120 - \text{j}40)\text{V}$$
$$= (60 + \text{j}80)\text{V} = 100\angle 53.1^\circ\ \text{V}$$

据此，写出正弦电压 u 的瞬时值三角函数表达式

$$u = 100\sqrt{2}\sin(\omega t + 53.1^\circ)\text{V}$$

解法二　用相量图法，即借助相量的几何作图求解。

首先做出代表 u_1 的相量 $\dot{U}_1$，由于该相量正好在水平位置，故称为参考相量。再按复数相加的多边形规则，以 $\dot{U}_1$ 的终点作为第二个相量 $\dot{U}_2$ 的起点做出 $\dot{U}_2$，继而再在第二个相量的终点作相量 $\dot{U}_3$，最后从第一个相量 $\dot{U}_1$ 的起点指向相量 $\dot{U}_3$ 的终点做出上述相量之和 $\dot{U}$，如图3.2.3(b)所示。

由相量图的几何关系得

$$U = \sqrt{U_1^2 + (U_2 - U_3)^2} = \sqrt{60^2 + (120 - 40)^2}\ \text{V} = 100\ \text{V}$$

$$\varphi = \arctan\frac{U_2 - U_3}{U_1} = \arctan\frac{120 - 40}{60} = 53.1^\circ$$

$$u = 100\sqrt{2}\sin(\omega t + 53.1^\circ)\text{V}$$

只有正弦周期量才能用相量表示，相量不能表示非正弦周期量。只有同频率的正弦量才能画在同一相量图上，不同频率的正弦量不能画在一个相量图上，否则无法比较和计算。

在例 3.2.1 中，与 $u = u_1 + u_2 + u_3$ 对应的相量表达式

$$\dot{U} = \dot{U}_1 + \dot{U}_2 + \dot{U}_3$$

被称为 KVL 的相量形式，其一般形式为

$$\sum \dot{U} = 0 \tag{3.2.5}$$

同样地，可得到 KCL 的相量形式

$$\sum \dot{I} = 0 \tag{3.2.6}$$

思 考 题

3-2-1　不同频率的几个正弦量能否用相量表示在同一相量图上？为什么？

3-2-2　正弦交流电压的有效值为 220 V，初相 $\varphi = 30^\circ$，试问下列各式是否正确？

(1) $u = 220\sin(\omega t + 30^\circ)\text{V}$；　(2) $U = 220\angle 30^\circ\ \text{V}$；　(3) $\dot{U} = 220e^{\text{j}30^\circ}\ \text{V}$

(4) $U = 220\sqrt{2}\sin(\omega t + 30^\circ)\text{V}$；　(5) $u = 220\angle 30^\circ\ \text{V}$；　(6) $u = 220\sqrt{2}\angle 30^\circ\ \text{V}$

3-2-3　在下面几种表示正弦交流电路基尔霍夫定律的公式中，哪些是正确的？哪些是不正确的？

(1) $\sum i = 0, \sum u = 0$；　(2) $\sum I = 0, \sum U = 0$；　(3) $\sum \dot{I} = 0, \sum \dot{U} = 0$

练 习 题

3-2-1　一正弦电压 $u = 10\sqrt{2}\sin(\omega t - 45^\circ)\text{V}$，试写出表示它的有效值相量的四种形式。

3-2-2　一正弦电压其相位角为 $\frac{\pi}{6}$ 时，其值为 10 V，该电压的有效值是多少？若此电压的周期为 10 ms，

且在 $t=0$ 时正处于由正值过渡到负值时的零值，写出电压的瞬时值表达式 u 及相量 $\dot{U}$。

3-2-3　已知 $A=8+\mathrm{j}6$，$B=8\angle-45^\circ$。求（1）$A+B$；（2）$A-B$；（3）$A\cdot B$；（4）$\dfrac{A}{B}$；（5）$\mathrm{j}A+B$；（6）$A+\dfrac{B}{\mathrm{j}}$。

3-2-4　已知两个正弦电压的三角函数表达式为 $u_1=220\sqrt{2}\sin 314t\,\mathrm{V}$，$u_2=220\sqrt{2}\sin(314t-90^\circ)\,\mathrm{V}$。试求：(1)在同一直角坐标系中画出两个电压的波形图；(2)画出两个电压的相量图，说明它们的超前和滞后关系；(3)用相量法计算 $\dot{U}_{12}=\dot{U}_1-\dot{U}_2$，在相量图上画出 $\dot{U}_{12}$，并写出 u_{12} 的三角函数表达式。

3-2-5　已知 $i_1=10\sin(314t+30^\circ)\,\mathrm{A}$，$i=i_1+i_2$，$i_1=10\sin(314t+30^\circ)\,\mathrm{A}$。试用相量法求 i，并画出三个电流的相量图。

3-2-6　电压 $u=220\sqrt{2}\sin 314t\,\mathrm{V}$，分别作用在（1）$R=100\ \Omega$；（2）$L=0.5\ \mathrm{H}$；（3）$C=10\ \mu\mathrm{F}$ 的元件上，试求 i_R、i_L、i_C，并画出相量图。

3.3　单一参数的正弦交流电路

电阻、电感和电容是电路的基本元件。本节将分析电阻、电感和电容在正弦交流电路中电流、电压与电流之间的关系（大小和相位），并讨论电路中能量的转换和功率问题。

3.3.1　电阻电路

在线性电阻元件的交流电路中，电压和电流的参考方向如图 2.1.1 所示。两者的关系由欧姆定律确定，即

$$u=Ri$$

为了分析方便起见，选择电流经过零值并将向正值增加的瞬间作为计时起点（$t=0$）。即设

$$i=I_\mathrm{m}\sin\omega t=\sqrt{2}I\sin\omega t$$

作为参考正弦量，则

$$\begin{aligned}u&=ui=RI_\mathrm{m}\sin\omega t\\&=U_\mathrm{m}\sin\omega t\end{aligned}\tag{3.3.1}$$

也是一个同频率的正弦量。

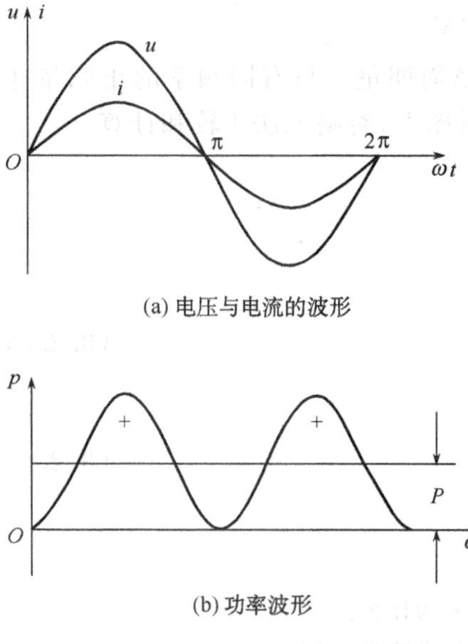

(a) 电压与电流的波形

(b) 功率波形

图 3.3.1　电流、电压以及功率波形

比较上列两式即可看出，在电阻元件的交流电路中，电流和电压是同相的（相位差 $\varphi=0$）。

在式（3.3.1）中，

$$\left.\begin{aligned}U_\mathrm{m}=RI_\mathrm{m}\ \text{或}\ U=RI\\ \varphi=\varphi_\mathrm{u}-\varphi_\mathrm{i}=0\end{aligned}\right\}\tag{3.3.2}$$

式（3.3.2）表明，对于电阻的正弦交流电路，电压的幅值（或有效值）在电阻 R 一定的条件下与电流的幅值（或有效值）成正比；电压与电流同相，它们的波形如图 3.3.1(a)所示。

如用相量表示电压与电流的关系，则为

$$\dot{U}_\mathrm{m}=R\dot{I}_\mathrm{m}\quad\text{或}\quad\dot{U}=R\dot{I}\tag{3.3.3}$$

上式称为电阻元件伏安关系的相量形式。

知道了电压与电流的变化规律和相互关系后，便可计算出电路中的功率。

在任意瞬间，电压瞬时值 u 与电流瞬时值 i 的乘积，称为瞬时功率，用小写字母 p 代表，即

$$p = ui = 2UI\sin^2\omega t = UI(1-\cos 2\omega t) \tag{3.3.4}$$

由式(3.3.4)可见，电阻的瞬时功率 p 由两部分组成：一部分是恒定部分 UI；另一部分是时间 t 的正弦函数，其角频率是 2ω。由于余弦值不大于1，所以 p 永远为正。这说明电阻在正弦交流电路中从电源取用能[量]。在这里就是电阻元件从电源取用电能而转换为热能。

因为瞬时功率是随时间变化的，故其实用价值不大，在工程计算和测量中常用到平均功率的概念。平均功率是指瞬时功率在一个周期内的平均值，一般用大写字母 P 表示。电阻的平均功率

$$P = \frac{1}{T}\int_0^T p\,\mathrm{d}t = \frac{1}{T}\int_0^T UI(1-\cos 2\omega t)\,\mathrm{d}t = UI \tag{3.3.5}$$

由于 $U=IR$，电阻的平均功率还可表示为

$$P = I^2R = U^2/R \tag{3.3.6}$$

平均功率表示实际消耗的功率，故也称有功功率，单位为瓦(W)。

顺便指出，一般情况下如无特殊声明，所言功率均指平均功率。

例 3.3.1 把一个100 Ω的电阻元件接到频率为50 Hz，电压有效值为220 V的正弦电源上，问电流是多少？如保持电压值不变，而电源频率改变为5000 Hz，这时电流将为多少？

解 因为电阻与频率无关，所以电压有效值保持不变时，电流有效值相等，即

$$I = U/R = 220/100\ \mathrm{A} = 2.2\ \mathrm{A}$$

从 t_1 到 t_2 的时间内，电阻元件吸收的能量为

$$W = \int_{t_1}^{t_2} Ri^2\,\mathrm{d}t$$

电阻吸收的电能全部转化为热能，是不可逆的能量转换过程。

3.3.2 电感电路

在线性电感元件的交流电路中，设电流 i，电动势 e_L 和电压 u 的参考方向如图 2.1.2 所示。当电感线圈中通过交流电流 i 时，其中产生自感电动势 e_L。由基尔霍夫电压定律得

$$u = -e = L\frac{\mathrm{d}i}{\mathrm{d}t}$$

为了分析方便起见，设

$$i = I_m\sin\omega t = \sqrt{2}I\sin\omega t$$

则

$$\begin{aligned} u &= L\frac{\mathrm{d}i}{\mathrm{d}t} = L\frac{\mathrm{d}}{\mathrm{d}t}(I_m\sin\omega t) = \omega LI_m\cos\omega t \\ &= \omega LI_m\sin\left(\omega t+\frac{\pi}{2}\right) = U_m\sin\left(\omega t+\frac{\pi}{2}\right) \end{aligned} \tag{3.3.7}$$

比较上列两式可知，在电感元件电路中，在相位上电流比电压滞后 $\pi/2$ (相位差 $\varphi=+\pi/2$)。电压 u 和电流 i 的正弦波形如图 3.3.2(a)所示。

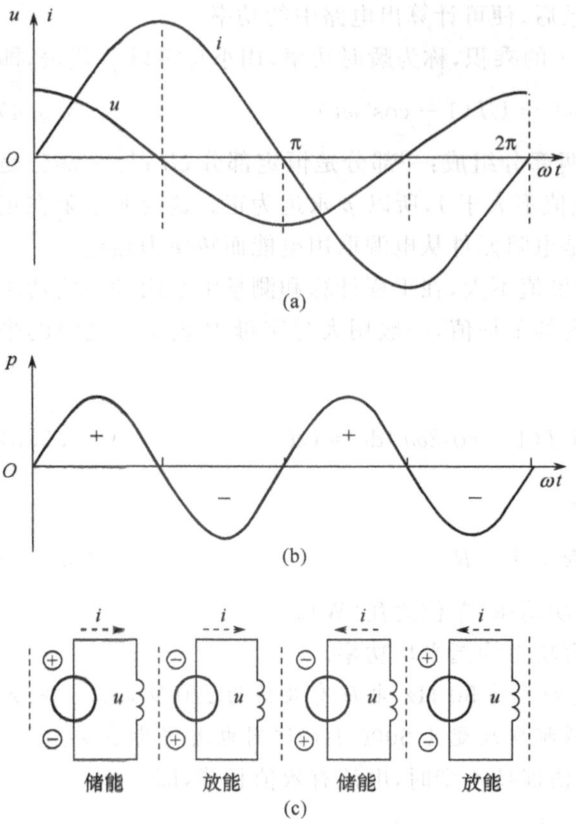

图 3.3.2 电感的正弦交流电路

在式(3.3.7)中

$$U_m = \omega L I_m$$

或

$$\frac{U_m}{I_m} = \frac{U}{I} = \omega L$$

由此可知，在电感元件电路中，电压的幅值（或有效值）与电流的幅值（或有效值）之比值为 ωL。显然，它的单位为欧[姆]。当电压 U 一定时，ωL 越大，则电流 I 越小。可见它具有对交流电流起阻碍作用的物理性质，所以称为感抗，用 X_L 代表，即

$$X_L = \omega L = 2\pi f L \qquad (3.3.8)$$

这说明电感元件在正弦交流电路中，电压与电流有效值之比不仅与电感 L 有关，而且还与频率 f 有关。感抗 X_L 与电感 L、频率 f 成正比。因此，电感线圈对高频电流的阻碍作用很大，如 $f\to\infty$，则 $X_L\to\infty$，近乎开路。而对直流 $X_L=0$（注意，不是 $L=0$，而是 $f=0$），感抗 $X_L\to 0$，则可视作短路。因此，电感元件具有高频扼流的作用。

当 U 和 L 一定时，感抗 X_L 和 I 同 U 的关系如图 3.3.3 所示。

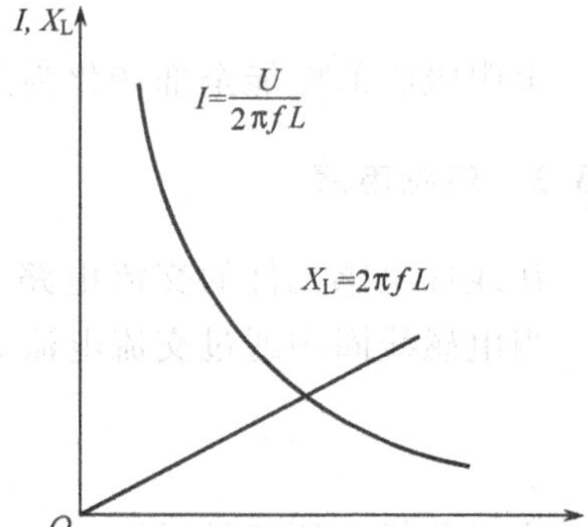

图 3.3.3 感抗 X_L 和 I 同 U 的关系

若设电压为

$$u = U_m \sin\omega t = \sqrt{2} U \sin\omega t$$

则电流应为

$$i = \frac{U_m}{X_L}\sin\left(\omega t - \frac{\pi}{2}\right) = I_m \sin\left(\omega t - \frac{\pi}{2}\right) \qquad (3.3.9)$$

因此，在分析与计算交流电路时，以电压或电流作为参考量都可以，它们之间的关系（大小和相位差）是一样的。

如用相量表示电压与电流的关系，则为

$$\dot{U} = \mathrm{j}\omega L \dot{I} = \mathrm{j} X_L \dot{I} \qquad (3.3.10)$$

式(3.3.10)亦称为电感元件伏安关系的相量形式，它也给出了电感电压与电流（有效值）的数量关系及相位关系。在相位上电压比电流超前 $\pi/2$。因电流相量 $\dot{I}$ 乘上算子 j 后，即向前（逆时针方向）旋转 $\pi/2$。

知道了电压 u 和电流 i 的变化规律和相互关系后，便可找出瞬时功率的变化规律，即

$$p = ui = 2UI\sin\left(\omega t + \frac{\pi}{2}\right)\sin\omega t = 2UI\sin\omega t\cos\omega t = UI\sin 2\omega t \qquad (3.3.11)$$

式(3.3.11)表明，电感的瞬时功率 p 的幅值为 UI，角频率为 2ω 且随时间 t 按正弦规律变化，其变化波形如图 3.3.2(b)所示。

在第一个和第三个$\frac{1}{4}$周期内，p 是正的(u 和 i 正负相同)；电能由电源供给电感元件，电感将电能转化成磁场能储存其中。在第二个和第四个$\frac{1}{4}$周期内，p 是负的(u 和 i 一正一负)，电感将所储存的磁场能量释放出来又返还电源。可见电感元件不消耗能量，是储能元件。在正弦交流电路中电感元件与电源之间不停地进行能量交换，如图 3.3.2(c)所示。

电感元件的平均功率，或称有功功率

$$P = \frac{1}{T}\int_0^T p\mathrm{d}t = \frac{1}{T}\int_0^T UI\sin 2\omega \mathrm{d}t = 0 \tag{3.3.12}$$

这说明，电感元件与电源之间只有能量交换，并不消耗能量。

为了衡量电感元件与电源之间进行能量交换的规模，将上述瞬时功率的最大值叫做无功功率，用字母 Q_L 表示，它的单位为乏(var)，以示与平均功率有别。电感元件的无功功率为

$$Q_L = UI = I^2 X_L = U^2/X_L \tag{3.3.13}$$

应当指出，电感元件和后面将要讲的电容元件都是储能元件，它们与电源间进行能量互换是工作所需。这对电源来说，也是一种负担。但对储能元件本身说，没有消耗能量，故将往返于电源与储能元件之间的功率命名为无功功率。因此，平均功率也可称为有功功率。

3.3.3 电容电路

在线性电容元件的交流电路中，交流电流 i 和电压 u 的参考方向如图 2.1.3 所示。如果在电容两端加一电压

$$u = U_m \sin\omega t = \sqrt{2}U\sin\omega t \tag{3.3.14a}$$

则

$$\begin{aligned} i &= C\frac{\mathrm{d}}{\mathrm{d}t}(U_m \sin\omega t) = \omega C U_m \cos\omega t \\ &= \omega C U_m \sin\left(\omega t + \frac{\pi}{2}\right) \\ &= \sqrt{2}\omega C U \sin\left(\omega t + \frac{\pi}{2}\right) \end{aligned} \tag{3.3.14b}$$

也是一个同频率的正弦量。

比较式(3.3.14a)和(3.3.14b)可知，在电容元件电路中，在相位上电流比电压超前 $\pi/2$($\varphi=-\pi/2$)。这里规定：当电流比电压滞后时，其相位差 φ 为正；当电流比电压超前时，其相位差 φ 为负。这样的规定是为了便于说明电路是电感性的还是电容性的。

电容元件电压和电流的正弦波形如图 3.3.4(a)所示。

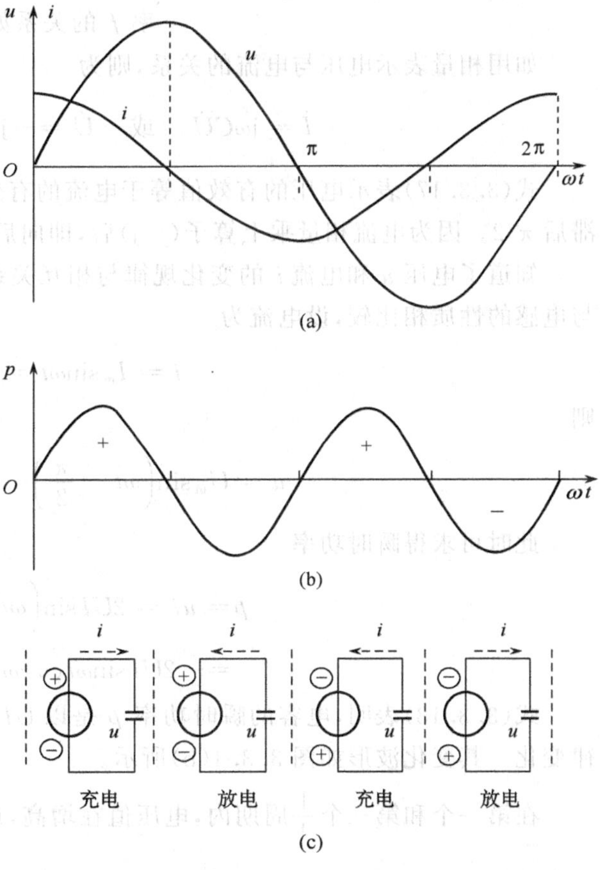

图 3.3.4 电容元件的正弦交流电路

在式(3.3.14a)、(3.3.14b)中

$$I_m = \omega C U_m$$

或

$$\frac{U_m}{I_m} = \frac{1}{\omega C} \tag{3.3.15}$$

由此可知，在电容元件电路中，电压的幅值(或有效值)与电流的幅值(或有效值)比值为 $\frac{1}{\omega C}$。显然，它的单位是欧[姆]。当电压 U 一定时，$\frac{1}{\omega C}$ 越大，则电流 I 越小。可见它具有对电流起阻碍作用的物理性质，所以称为容抗，用 X_C 代表，即

$$X_C = \frac{1}{\omega C} = \frac{1}{2\pi f C} \tag{3.3.16}$$

这说明电容元件在正弦交流电路中，电压与电流有效值之比不仅与电容 C 有关，而且还与频率 f 有关。容抗 X_C 与电容 C、频率 f 成反比。所以电容元件对高频电流所呈现的容抗很小，如 $f\to\infty$，则 $X_C\to 0$，近乎短路。而对直流($f=0$)所呈现的容抗 $X_C\to\infty$，可视作开路。因此，电容元件有隔断直流的作用。

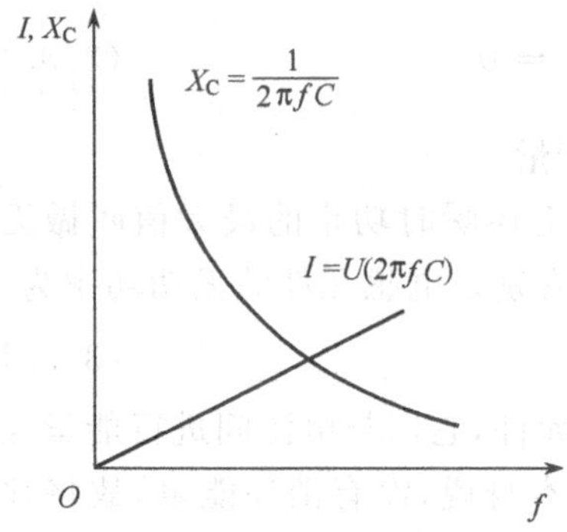

图 3.3.5 容抗 X_C 和 I 同 f 的关系

当电压 U 和电容 C 一定时，容抗 X_C 和电流 I 同频率 f 的关系如图 3.3.5 所示。

如用相量表示电压与电流的关系，则为

$$\dot{I} = \mathrm{j}\omega C\dot{U} \quad 或 \quad \dot{U} = -\mathrm{j}X_C = -\mathrm{j}\,\frac{\dot{I}}{\omega C} = \frac{\dot{I}}{\mathrm{j}\omega C} \tag{3.3.17}$$

式(3.3.17)表示电压的有效值等于电流的有效值与容抗的乘积，而在相位上电压比电流滞后 $\pi/2$。因为电流相量乘上算子(−j)后，即向后(顺时针方向)旋转 $\pi/2$。

知道了电压 u 和电流 i 的变化规律与相互关系后，便可找出瞬时功率的变化规律，即为了与电感的性质相比较，设电流为

$$i = I_m \sin\omega t = \sqrt{2} I \sin\omega t$$

则

$$u = U_m \sin\left(\omega t - \frac{\pi}{2}\right) = \sqrt{2} U \sin\left(\omega t - \frac{\pi}{2}\right)$$

此时可求得瞬时功率

$$p = ui = 2UI\sin\left(\omega t - \frac{\pi}{2}\right)\sin\omega t$$

$$= -2UI\sin\omega t\cos\omega t = -UI\sin 2\omega t \tag{3.3.18}$$

式(3.3.18)表明，电容的瞬时功率 p 是以 UI 为幅值，以 2ω 为角频率随时间 t 按正弦规律变化。其变化波形如图 3.3.4(b)所示。

在第一个和第三个 $\frac{1}{4}$ 周期内，电压值在增高，就是电容元件在充电。这时，电容元件从电源取用电能而储存在它的电场中，所以 p 是正的。在第二个和第四个 $\frac{1}{4}$ 周期内，电压值在降

低，就是电容元件在放电。这时，电容元件放出在充电时所储存的能量，把它归还给电源，所以 p 是负的。可见电容元件也是储能元件，在正弦交流电路中电容与电源之间不停地进行能量交换，如图 3.3.4(c)所示。

在电容元件电路中，平均功率

$$P=\frac{1}{T}\int_0^T p\,\mathrm{d}t=\frac{1}{T}\int_0^T UI\sin\omega t\,\mathrm{d}t=0 \tag{3.3.19}$$

这说明电容元件是不消耗能[量]的，在电源与电容元件之间只发生能[量]的互换。为了衡量电容与电源之间进行能量交换的规模，并体现电容与电感不同的性质，将电容的瞬时功率的幅值 p_C 定义为电容的无功功率，并用 Q_C 表示，单位也是乏(var)。即

$$Q_C=-UI=-I^2X_C=-\frac{U^2}{X_C} \tag{3.3.20}$$

即电容性无功功率取负值，而电感性无功功率取正值，以示区别。

以上介绍了电阻、电感和电容元件的正弦交流电路，表征这些元件特性的惟一参数是电阻 R、电感 L 和电容 C。但一般实际电路中往往同时具有这三种参数，这时可以将其视为上述元件的组合加以分析。

例 3.3.2 图 3.3.6(a)中，已知 $R=10\Omega$，$L=31.8\text{mH}$，$C=318\mu\text{F}$，$u=220\sqrt{2}\sin314t\text{V}$，试求流过 R，L 和 C 的电流 i_R、i_L、i_C 以及线路电流 i，作出电压与电流的相量图。

解 由已知条件得，$\dot{U}=220\angle 0°$ V；电感元件的感抗

$$X_L=\omega L=314\times31.8\times10^{-3}\ \Omega\approx10\ \Omega$$

电容元件的容抗

$$X_C=\frac{1}{\omega C}=\frac{1}{314\times318\times10^{-6}}\ \Omega\approx10\ \Omega$$

由各种元件伏安关系的相量形式，求得

$$\dot{I}_R=\frac{\dot{U}}{R}=\frac{220\angle 0°}{10}\ \text{A}=22\angle 0°\ \text{A}$$

$$\dot{I}_L=\frac{\dot{U}}{\mathrm{j}X_L}=\frac{220\angle 0°}{\mathrm{j}10}\ \text{A}=-\mathrm{j}22\ \text{A}=22\angle -90°\ \text{A}$$

$$\dot{I}_C=\mathrm{j}\omega C\dot{U}=\frac{\dot{U}}{-\mathrm{j}X_C}=\frac{220\angle 0°}{-\mathrm{j}10}\ \text{A}=\mathrm{j}22\text{A}=22\angle 90°\ \text{A}$$

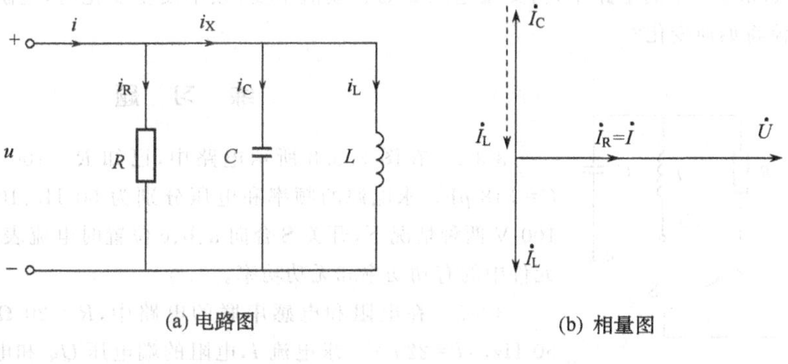

(a) 电路图　　(b) 相量图

图 3.3.6　例 3.3.2 的电路图与相量图

由 KCL 的相量形式，求得线路电流

$$\dot{I} = \dot{I}_R + \dot{I}_L + \dot{I}_C = (22 - j22 + j22)\text{A} = 22\text{ A}$$

因此，各电流的瞬时值表达式为

$$i_R = 22\sqrt{2}\sin 314t\text{ A}$$

$$i_L = 22\sqrt{2}\sin(314t - 90°)\text{ A}$$

$$i_C = 22\sqrt{2}\sin(314t + 90°)\text{ A}$$

$$i = 22\sqrt{2}\sin 314t\text{ A}$$

电压和电流相量图如图 3.3.6(b)所示。

思 考 题

3-3-1 如果一个电感元件两端的电压为零，其储能是否也一定等于零？如果一个电容元件中的电流为零，其储能是否也一定等于零？

3-3-2 电感元件中通过恒定电流时可视作短路，此时电感 L 是否为零？电容元件两端加恒定电压时可视作开路，此时电容 C 是否为无穷大？

3-3-3 图 3.3.7 所示各理想电路元件的伏安关系式中，哪些是正确的？哪些是错误的？

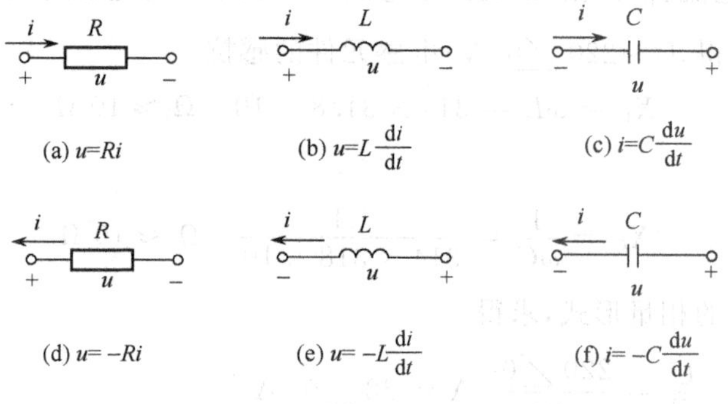

图 3.3.7 思考题 3-3-3 的电路

3-3-4 判断下列各式的正、误。

(1) $R=u/i$； (2) $X_L=u/\omega L$； (3) $jX_C=\dot{U}_C/\dot{I}$； (4) $-jX_C=\dot{U}_C/\dot{I}$

(5) $X_L=U_L/I$； (6) $I=\dot{U}_L/jX_L$； (7) $\dot{I}=\dot{U}_L/-jX_L$； (8) $\dot{I}=\dot{U}_C/j\dot{I}$

3-3-5 在图 3.3.6 所示的电路中，当交流电压 u 的有效值不变，频率发生变化时，电阻元件、电感元件、电容元件上的电流将如何变化？

练 习 题

3-3-1 在图 3.3.8 所示电路中，已知 $R=100\ \Omega$，$L=31.8$ mH，$C=318\ \mu$F。求电源的频率和电压分别为 50 Hz、100 V 和 1000 Hz、100 V 两种情况下，开关 S 合向 a、b、c 位置时电流表的读数，并计算各元件中的有功功率和无功功率。

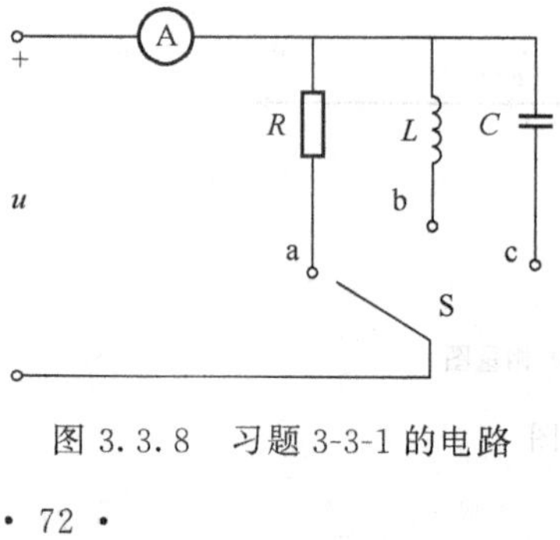

图 3.3.8 习题 3-3-1 的电路

3-3-2 在电阻和电感串联的电路中，$R=20\ \Omega$，$L=0.1$ H，$f=50$ Hz，$U=220$ V。求电流 I，电阻的端电压 U_R 和电感的端电压 U_L，并画出相量图。

3-3-3　一个电感线圈接在 $U=120$ V 的直流电源上，电流为 20 A；若接在 $f=50$ Hz，$U=220$ V 的交流电源上，则电流为 28.2 A。求该线圈的电阻和电感。

3.4　电阻、电容、电感的交流电路

上一节中分析了电阻、电感和电容的正弦交流电路，本节将以上述分析为基础，分析 RLC 串联、RLC 并联的交流电路中电压和电流之间的关系。

3.4.1　电阻、电容、电感串联的交流电路

在图 3.4.1(a)所示的 RLC 串联电路中，在外加电压 u 的作用下，电路中的电流为 i，R、L、C 元件上的电压分别为 u_R、u_L、u_C。根据 KVL 可得

$$u = u_R + u_L + u_C \tag{3.4.1}$$

其相量形式为

$$\dot{U} = \dot{U}_R + \dot{U}_L + \dot{U}_C \tag{3.4.2}$$

把式(3.3.3)、式(3.3.10)和式(3.3.19)代入式(3.4.2)，得

$$\begin{aligned}\dot{U} &= R\dot{I} + \mathrm{j}X_L\dot{I} - \mathrm{j}X_C\dot{I} \\ &= [R + \mathrm{j}(X_L - X_C)]\dot{I} = (R + \mathrm{j}X)\dot{I} = Z\dot{I}\end{aligned} \tag{3.4.3}$$

式中

$$Z = R + \mathrm{j}X = R + \mathrm{j}(X_L - X_C) \tag{3.4.4}$$

式(3.4.3)的形式和欧姆定律类似，有时称为欧姆定律的相量形式。式(3.4.4)的 Z 称为阻抗(复[数]阻抗)，X 称为电抗。阻抗的单位是欧[姆](Ω)。它是一个复数，但不表示正弦量，故在 Z 上不加小点。阻抗的模 $|Z|$ 称为阻抗模，辐角 φ 称为阻抗角，它们分别为

$$|Z| = \sqrt{R^2 + X^2} = \sqrt{R^2 + (X_L - X_C)^2} \tag{3.4.5}$$

$$\varphi = \arctan\left(\frac{X}{R}\right) = \arctan\left(\frac{X_L - X_C}{R}\right) \tag{3.4.6}$$

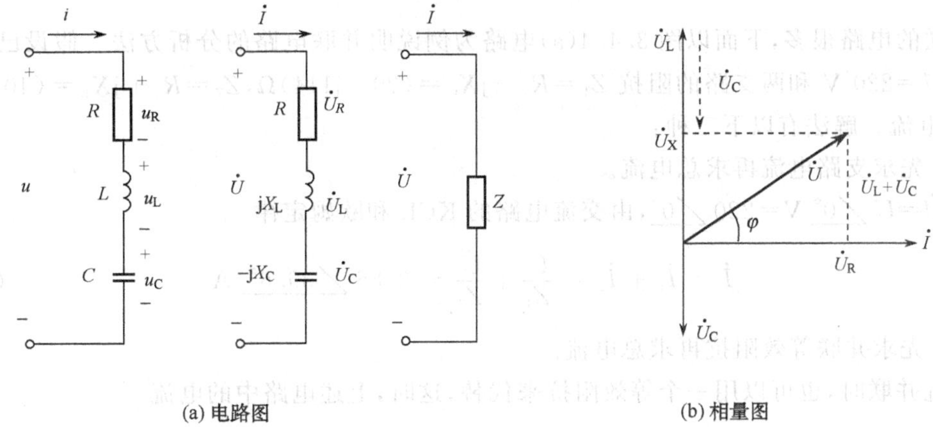

图 3.4.1　RLC 串联交流电路

若设 $\dot{U}=U\angle\varphi_u$ 和 $\dot{I}=I\angle\varphi_i$，代入式(3.4.3)并移项，得

$$Z=\frac{\dot{U}}{\dot{I}}=\frac{U\angle\varphi_u}{I\angle\varphi_i}=\frac{U}{I}\angle\varphi_u-\varphi_i=|Z|\angle\varphi \tag{3.4.7}$$

可见电压与电流的有效值之比等于阻抗模，电压与电流之间的相位差等于阻抗角。为了便于记忆，用一直角三角形表示以上各量之间的关系，该直角三角形称为阻抗三角形，如图 3.4.2 所示。

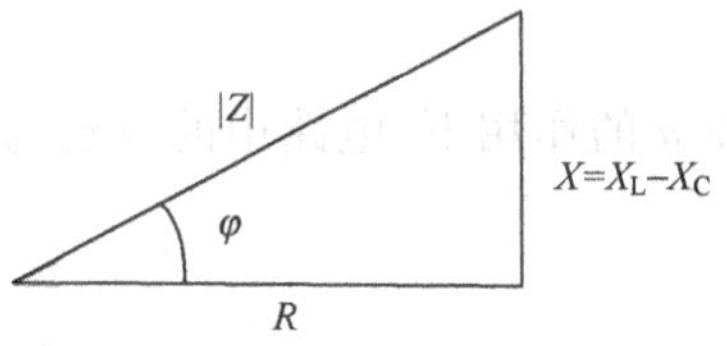

图 3.4.2　阻抗三角形

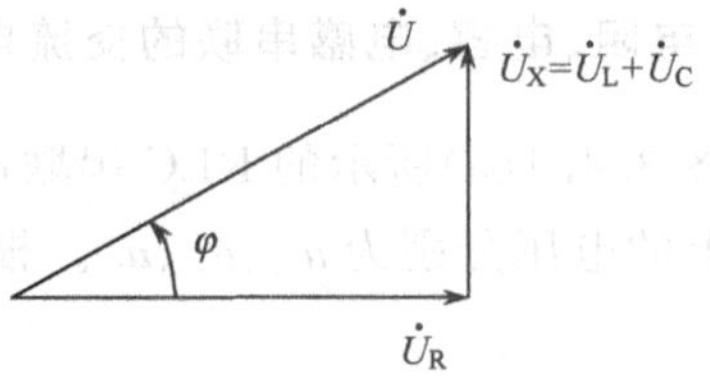

图 3.4.3　电压三角形

图 3.4.1(b)画出了电压、电流的相量图。由于在串联电路中流过 R、L、C 的电流相同，通常画相量图时先画 $\dot{I}$ 相量(因其初相位 φ_i 没有给定，故可设 $\varphi_i=0$)，然后依次画出 $\dot{U}_R$(和 $\dot{I}$ 同相)、$\dot{U}_L$(超前 $\dot{I}$ 90°)、$\dot{U}_C$(滞后 $\dot{I}$ 90°)，最后根据 $\dot{U}=\dot{U}_R+\dot{U}_L+\dot{U}_C$ 的关系，将 $\dot{U}_R$、$\dot{U}_L$、$\dot{U}_C$ 三个相量依次头尾相接，画出 $\dot{U}$。为了便于记忆，将上述相量图中由各部分电压组成的直角三角形分离出来，如图 3.4.3 所示，并称其为电压三角形；显然，电压三角形与阻抗三角形是相似的。

在图 3.4.1(b)中，设 $\dot{U}_L>\dot{U}_C$ 即 $X_L>X_C$，因此电压 $\dot{U}$ 超前于电流 $\dot{I}$，电路为电感性。反之，若 $\dot{U}_L<\dot{U}_C$ 即 $X_L<X_C$，$\dot{U}$ 将滞后于 $\dot{I}$，电路为电容性。若 $\dot{U}_L=\dot{U}_C$，即 $X_L=X_C$，$\dot{U}$ 和 $\dot{I}$ 同相，电路为电阻性，形成串联谐振。

在正弦交流电路中应用相量法之后，直流电路的分析方法几乎都可采用。直流电路的计算公式中，只要把电压和电流以相量表示，电阻、电感和电容及其组成的电路以阻抗来表示，就成为正弦交流电路的计算公式。下面举例说明。

3.4.2　电阻、电容、电感并联的交流电路

并联的电路很多，下面以图 3.4.4(a)电路为例说明并联电路的分析方法。假设已知电路的电压 $U=220$ V 和两支路的阻抗 $Z_1=R_1-jX_C=(20-j114)\Omega$，$Z_2=R_2+jX_L=(40+j157)\Omega$，求总电流。解法有以下三种：

(1) 先求支路电流再求总电流。

设 $\dot{U}=U\angle0^\circ$ V$=220\angle0^\circ$，由交流电路的 KCL 和欧姆定律

$$\dot{I}=\dot{I}_1+\dot{I}_2=\frac{\dot{U}}{Z_1}+\frac{\dot{U}}{Z_2}=0.86\angle39.6^\circ\text{ A} \tag{3.4.8}$$

(2) 先求并联等效阻抗再求总电流。

阻抗并联时，也可以用一个等效阻抗来代替，这时，上述电路中的电流

$$\dot{I}=\frac{\dot{U}}{Z}=0.86\angle39.6^\circ\text{ A}$$

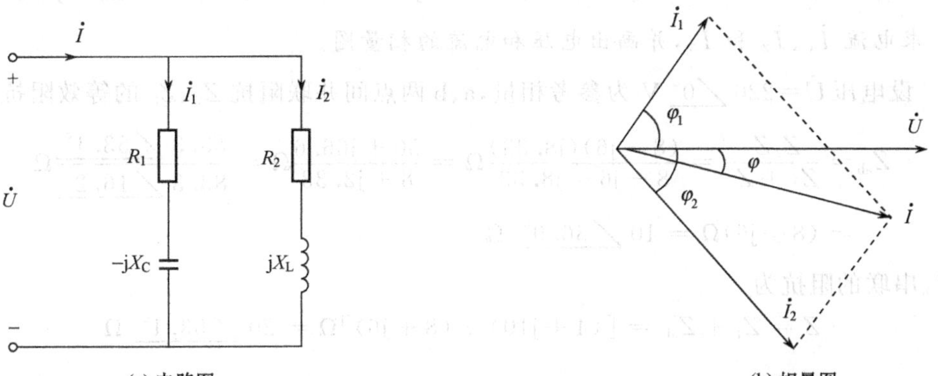

(a) 电路图　　(b) 相量图

图 3.4.4　RLC 并联交流电路

与式(3.4.8)比较，即可得到两个阻抗并联时等效阻抗的计算公式为

$$\frac{1}{Z}=\frac{1}{Z_1}+\frac{1}{Z_2} \tag{3.4.9}$$

或

$$Z=\frac{Z_1Z_2}{Z_1+Z_2}=225\angle{-39.6^\circ}\ \Omega \tag{3.4.10}$$

多个阻抗并联时，等效阻抗为

$$\frac{1}{Z}=\sum\frac{1}{Z_i} \tag{3.4.11}$$

在计算并联等效阻抗时也要注意：在一般情况下

$$\frac{1}{|Z|}\neq\frac{1}{|Z_1|}+\frac{1}{|Z_2|}$$

(3) 画出相量图，由几何关系求总电流。

作出相量图如图 3.4.4(b)所示。作图时考虑到两并联支路的电压是同一电压，故选电压作为参考相量。先求出支路电流的大小

$$I_1=\frac{U}{|Z_1|}$$

$$I_2=\frac{U}{|Z_2|}$$

再由几何关系求得

$$I\cos\varphi=I_1\cos\varphi_1+I_2\cos\varphi_2=0.66\ \text{A}$$

$$I\sin\varphi=I_1\sin\varphi_1+I_2\sin\varphi_2=0.55\ \text{A}$$

最后求得

$$I=\sqrt{(I\cos\varphi)^2+(I\sin\varphi)^2}=0.86\ \text{A}$$

$$\varphi=\arctan\frac{I\sin\varphi}{I\cos\varphi}=39.6^\circ$$

在角度特殊时，利用相量图求解并联交流电路更为方便。

例 3.4.1 在图 3.4.5(a)电路中，$Z_1=(4+\mathrm{j}10)\,\Omega$，$Z_2=(8-\mathrm{j}6)\,\Omega$，$Z_3=\mathrm{j}8.33\ \Omega$，$U=220$ V。求电流 $\dot{I}_1$、$\dot{I}_2$ 和 $\dot{I}_3$，并画出电压和电流的相量图。

解 设电压 $\dot{U}=220\angle 0^\circ$ V 为参考相量，a、b 两点间并联阻抗 Z_2、Z_3 的等效阻抗

$$Z_{ab}=\frac{Z_2Z_3}{Z_2+Z_3}=\frac{(8-\mathrm{j}6)(\mathrm{j}8.33)}{8-\mathrm{j}6+\mathrm{j}8.33}\Omega=\frac{50+\mathrm{j}66.6}{8+\mathrm{j}2.33}\Omega=\frac{83.3\angle 53.1^\circ}{83.3\angle 16.2^\circ}\Omega$$

$$=(8+\mathrm{j}6)\Omega=10\angle 36.9^\circ\ \Omega$$

Z_1 和 Z_{ab} 串联的阻抗为

$$Z=Z_1+Z_{ab}=[(4+\mathrm{j}10)+(8+\mathrm{j}6)]\Omega=20\angle 53.1^\circ\ \Omega$$

故

$$I_1=\frac{\dot{U}}{Z}=\frac{220\angle 0^\circ}{20\angle 53.1^\circ}\mathrm{A}=11\angle -53.1^\circ\ \mathrm{A}$$

$$I_2=\frac{Z_{ab}\dot{I}_1}{Z_2}=\frac{10\angle 36.9^\circ\times 11\angle -53.1^\circ}{8-\mathrm{j}6}\mathrm{A}=11\angle 20.7^\circ\ \mathrm{A}$$

$$I_3=\frac{Z_{ab}\dot{I}_1}{Z_3}=\frac{10\angle 36.9^\circ\times 11\angle -53.1^\circ}{\mathrm{j}8.33}\mathrm{A}=13.2\angle -106.2^\circ\ \mathrm{A}$$

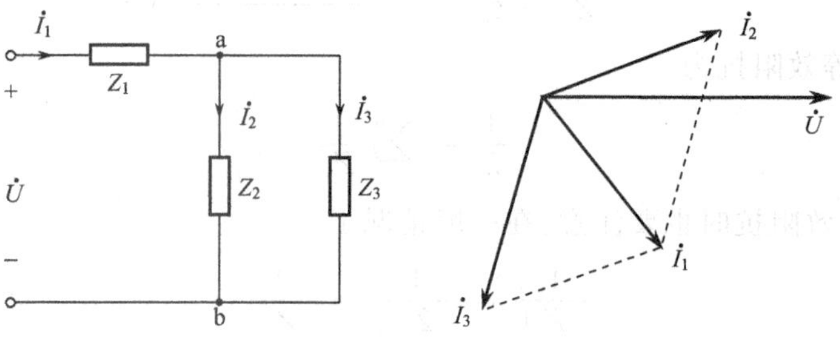

图 3.4.5 例 3.4.1 的电路

电压和电流相量图见图 3.4.5(b)。$\dot{I}_2$、$\dot{I}_3$ 也可以采用 Z_2、Z_3 支路对 $\dot{I}_1$ 的分流关系求得。

例 3.4.2 在图 3.4.6 所示的电路中，已知 $\dot{U}_2=230\angle 0^\circ$ V，$\dot{U}_2=227\angle 0^\circ$ V，$Z_1=(0.1+\mathrm{j}0.5)\Omega$，$Z_2=(0.1+\mathrm{j}0.5)\Omega$，$Z_3=(5+\mathrm{j}5)\Omega$。试用支路电流法求电流 $\dot{I}_3$。

解法一 应用基尔霍夫定律列出下列相量表示式方程：

$$\begin{cases}\dot{I}_1+\dot{I}_2-\dot{I}_3=0\\ Z_1\dot{I}_1+Z_3\dot{I}_3=\dot{U}_1\\ Z_2\dot{I}_2+Z_3\dot{I}_3=\dot{U}_2\end{cases}$$

将已知数据代入

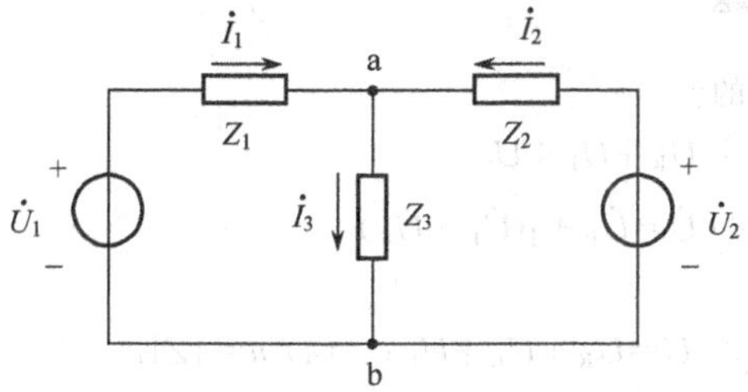

图 3.4.6　例 3.4.2 的电路

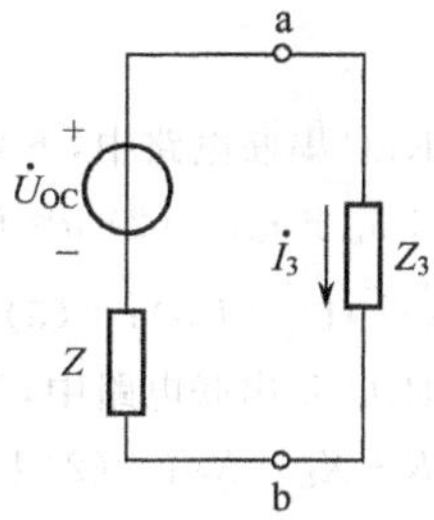

图 3.4.7　图 3.4.6 所示电路的等效电路

$$\begin{cases} \dot{I}_1 + \dot{I}_2 - \dot{I}_3 = 0 \\ (0.1 + j0.5)\dot{I}_1 + (5 + j5)\dot{I}_3 = 230 \angle 0^\circ \\ (0.1 + j0.5)\dot{I}_2 + (5 + j5)\dot{I}_3 = 227 \angle 0^\circ \end{cases}$$

解之，得

$$\dot{I}_3 = 31.3 \angle -46.1^\circ \text{ A}$$

解法二　应用戴维南定理计算电流 $\dot{I}_3$。

图 3.4.6 的电路可化为图 3.4.7 所示的等效电路。等效电源的电压 $\dot{U}_{OC}$ 可由图 3.4.8(a)求得

$$\dot{U}_{OC} = \frac{\dot{U}_1 - \dot{U}_2}{Z_1 + Z_2} \times Z_2 + \dot{U}_2 = \left[\frac{230 \angle 0^\circ - 227 \angle 0^\circ}{2(0.1 + j0.5)} \times (0.1 + j0.5) + 227 \angle 0^\circ\right] \text{V}$$
$$= 228.85 \angle 0^\circ \text{ V}$$

等效电源的内阻抗 Z_{eq} 可由图 3.4.8(b)求得

$$Z_{eq} = \frac{Z_1 Z_2}{Z_1 + Z_2} = \frac{Z_1}{2} = \frac{0.1 + j0.5}{2}\Omega = (0.05 + j0.25)\Omega$$

而后由图 3.4.7 得

$$\dot{I}_3 = \frac{\dot{U}_{OC}}{(0.5 + j0.25) + (5 + j5)} = 31.3 \angle -46.1^\circ \text{ A}$$

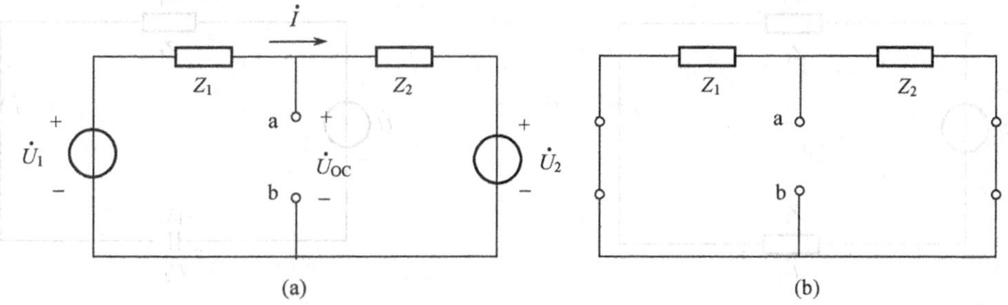

图 3.4.8　计算等效电源的 $\dot{U}_{OC}$ 和 Z_{eq} 的电路

思 考 题

3-4-1 在 RLC 串联电路中，下列公式有哪几个是正确的？

(1) $u=u_R+u_L+u_C$；(2) $u=Ri+X_Li+X_Ci$；(3) $U=U_R+U_L+U_C$

(4) $U=U_R+j(U_L-U_C)$；(5) $\dot{U}=\dot{U}_R+\dot{U}_L+\dot{U}_C$；(6) $\dot{U}=\dot{U}_R+j(\dot{U}_L-\dot{U}_C)$

3-4-2 在 R、C、L 串联电路中，下列各式是否正确？

(1) $|Z|=R+X_L-X_C$；(2) $U=RI+X_LI-X_CI$；(3) $U=U_R+U_L+U_C$；(4) $u=|Z|i$

3-4-3 两阻抗串联时，在什么情况下，$|Z|=|Z_1|+|Z_2|$成立？两个阻抗并联时，在什么情况下，$\frac{1}{|Z|}=\frac{1}{|Z_1|}+\frac{1}{|Z_2|}$成立？

3-4-4 在并联交流电路中，支路电流是否有可能大于总电流？

3-4-5 在 RLC 并联的交流电路中，下列各式或说法是否正确？

(1) 并联等效阻抗 $Z=R+j(\omega L-\frac{1}{\omega C})$；

(2) 并联等效阻抗的阻抗模 $|Z|=\sqrt{R^2+\left(\omega L-\frac{1}{\omega C}\right)^2}$；

(3) $X_C>X_L$ 时，电路呈电容性；$X_C<X_L$ 时，电路呈电感性。

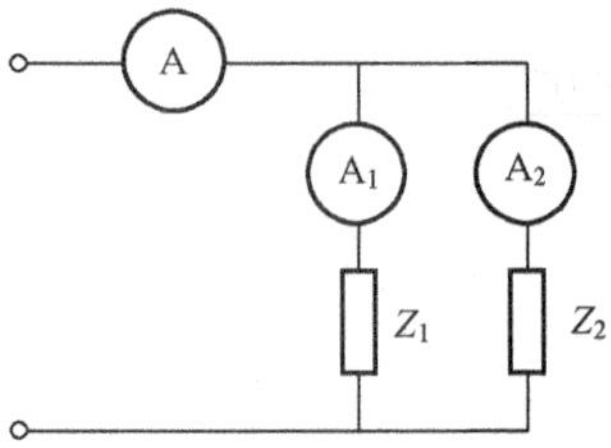

图 3.4.9 思考题 3-4-6 的电路

3-4-6 电路如图 3.4.9 所示，如果电流表 A_1 和 A_2 的读数分别为 6A 和 8A，试判断下列情况 Z_1 和 Z_2 各为何种参数？

(1) 电流表 A 的读数为 10 A；

(2) 电流表 A 的读数为 14 A；

(3) 电流表 A 的读数为 2 A。

练 习 题

3-4-1 在一串联交流电路中，求下列三种情况下电路中的 R 和 X 各为多少？并指出电路的性质和电压对电流的相位差。

(1) $Z=(6+j8)\Omega$；(2) $\dot{U}=50\angle 30^\circ$ V，$\dot{I}=2\angle 30^\circ$ A；(3) $\dot{U}=100\angle -30^\circ$ V，$\dot{I}=4\angle 40^\circ$ A

3-4-2 将 $R=4\ \Omega$，$C=353.86\ \mu F$，$L=19.11$ mH 三者串联后分别接于 220 V、50 Hz 和 220 V、100 Hz 的交流电源上，求上述两种情况下电路的电流 $\dot{I}$，并分析该电路是电感性还是电容性的。

3-4-3 在图 3.4.10 所示电路中，$Z_1=(6+j8)\Omega$，$Z_2=-j10\Omega$，$\dot{U}_S=15\angle 0^\circ$ V。求：(1) $\dot{I}$ 和 $\dot{U}_1$、$\dot{U}_2$；(2) Z_2 为何值时电路中的电流最大？这时的电流是多少？

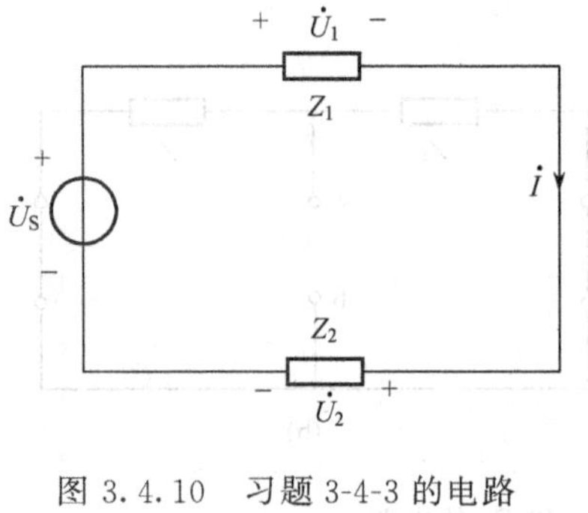

图 3.4.10 习题 3-4-3 的电路

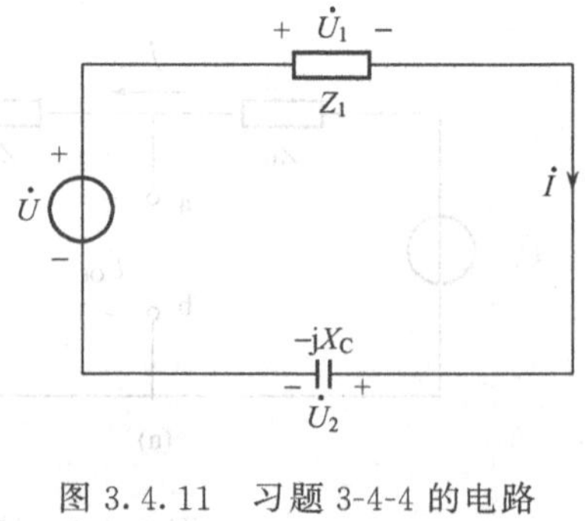

图 3.4.11 习题 3-4-4 的电路

3-4-4　在图 3.4.11 所示电路中，$U=200\ \mathrm{V}$，$\dot{U}_1$ 超前于 $\dot{U}$ 90°，超前于 $\dot{I}$ 30°，求 U_1 和 U_2。

3-4-5　并联电路及电压电流相量图如图 3.4.12 所示，阻抗 Z_1、Z_2 和整个电路的性质分别对应为(　　)。

(a) 容性、感性、容性；(b) 感性、容性、感性；(c) 容性、感性、感性；(d) 感性、感性、容性

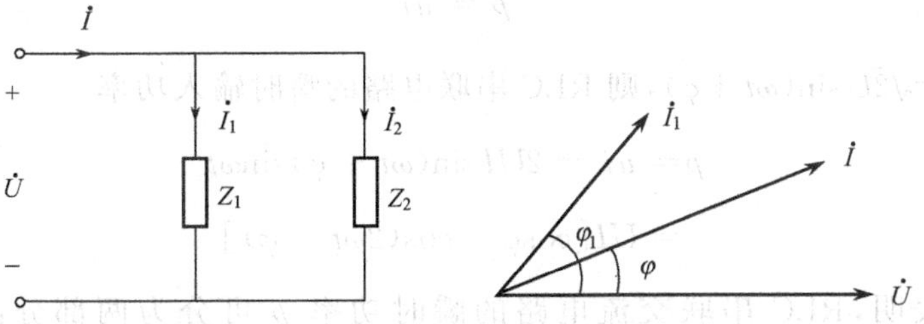

图 3.4.12　习题 3-4-5 电路及相量图

3-4-6　在图 3.4.13 所示电路中，$Z_1=(2+\mathrm{j}2)\Omega$，$Z_2=(3+\mathrm{j}3)\Omega$，$\dot{I}_S=5\angle 0^\circ$ A。求支路电流 $\dot{I}_1$、$\dot{I}_2$ 和电流源的端电压 $\dot{U}$。

3-4-7　在图 3.4.14 所示电路中，$R=1\ \Omega$，$L=5\ \mathrm{mH}$，$u=10\sqrt{2}\sin1000t$ V，C 为何值时使得开关 S 断开和接通时电流表的读数不变？

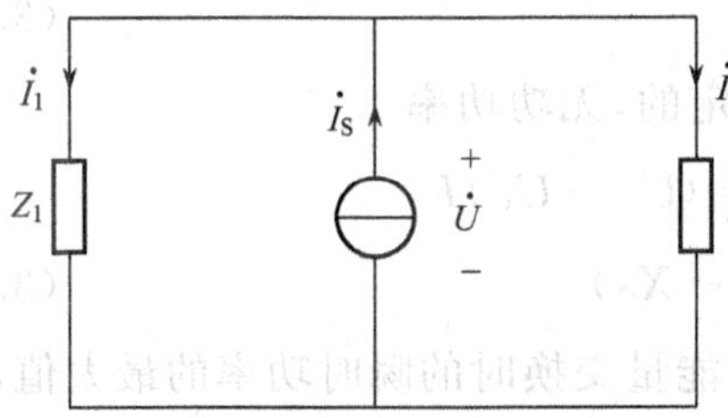

图 3.4.13　习题 3-4-6 的电路

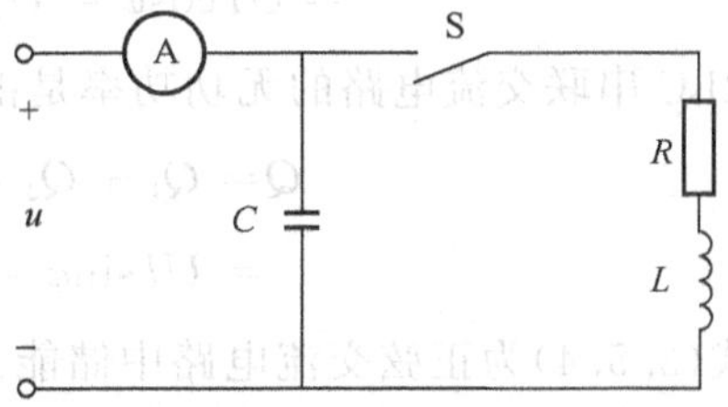

图 3.4.14　习题 3-4-7 的电路

3-4-8　在图 3.4.15 所示电路中，$R=2\ \Omega$，$Z_1=-\mathrm{j}10\ \Omega$，$Z_2=(40+\mathrm{j}30)\Omega$，$\dot{I}=5\angle 30^\circ$。求 $\dot{I}_1$、$\dot{I}_2$ 和 $\dot{U}$。

3-4-9　在图 3.4.16 所示电路中，$R=X_C$，$U=220$ V，总电压 $\dot{U}$ 与总电流 $\dot{I}$ 相同。求 $\dot{U}_L$ 和 $\dot{U}_C$。

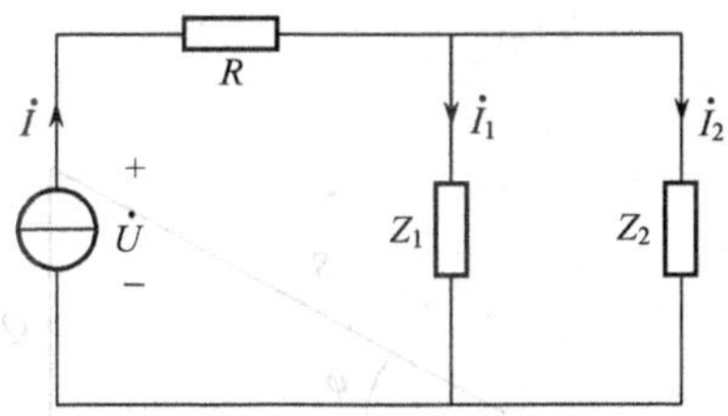

图 3.4.15　习题 3-4-8 的电路

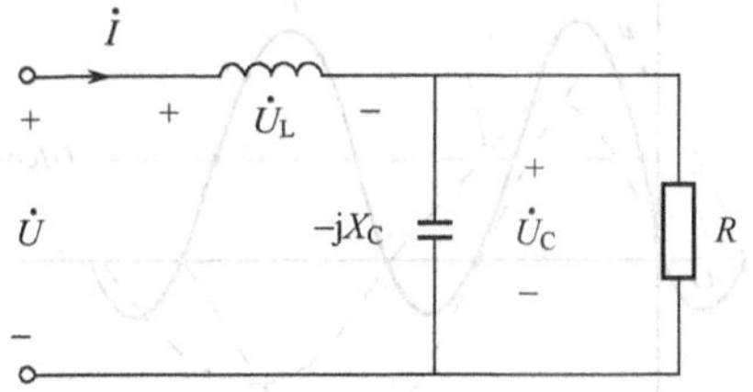

图 3.4.16　习题 3-4-9 的电路

3.5　交流电路的功率

交流电路的电压和电流都是时间的函数，瞬时功率也是随时间变化的，因此计算交流电路的功率比直流电路要复杂一些。下面以 RLC 电路为例来讨论正弦电路功率的意义及其计算方法。

3.5.1 交流电路的瞬时功率

交流电路在某一瞬间吸收的功率，称为瞬时功率，即

$$p = ui \tag{3.5.1}$$

设 $i=\sqrt{2}\sin\omega t$，$u=\sqrt{2}U\sin(\omega t+\varphi)$，则 RLC 串联电路的瞬时输入功率

$$\begin{aligned} p &= ui = 2UI\sin(\omega t+\varphi)\sin\omega t \\ &= UI[\cos\varphi - \cos(2\omega t+\varphi)] \end{aligned} \tag{3.5.2}$$

式(3.5.2)表明，RLC 串联交流电路的瞬时功率 p 可分为两部分：其一是恒定部分 $UI\cos\varphi$，它是耗能元件电阻所消耗的功率；其二是按 2ω 的角频率依正弦规律的变化部分，它则反映了储能元件与电源之间进行能量互换的情况。瞬时功率随时间变化的曲线如图 3.5.1 所示。

RLC 串联交流电路的平均功率

$$\begin{aligned} p &= \frac{1}{T}\int_0^T ui\,\mathrm{d}t = \frac{1}{T}\int_0^T UI[\cos\varphi - \cos(2\omega t+\varphi)]\mathrm{d}t \\ &= UI\cos\varphi = U_R I = I^2 R \end{aligned} \tag{3.5.3}$$

RLC 串联交流电路的无功功率是由电感与电容决定的，无功功率

$$\begin{aligned} Q &= Q_1 + Q_2 = U_L I - U_C I = (U_L - U_C)I \\ &= UI\sin\varphi = I^2 X = I^2(X_L - X_C) \end{aligned} \tag{3.5.4}$$

式(3.5.4)为正弦交流电路中储能元件与电源进行能量交换时的瞬时功率的最大值，单位为乏(var)。对于感性元件，电压超前电流，相位差为 φ，而容性元件的电压滞后电流，相位差为 $-\varphi$，因此感性无功功率与容性无功功率可以相互补偿，故有

$$Q = Q_L - Q_C \tag{3.5.5}$$

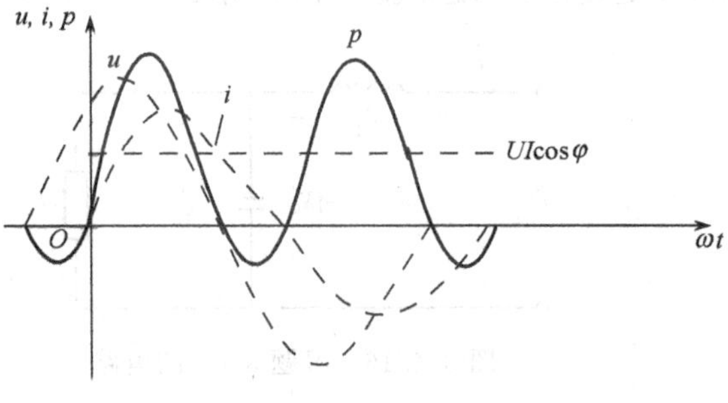

图 3.5.1 RLC 串联交流电路的瞬时功率

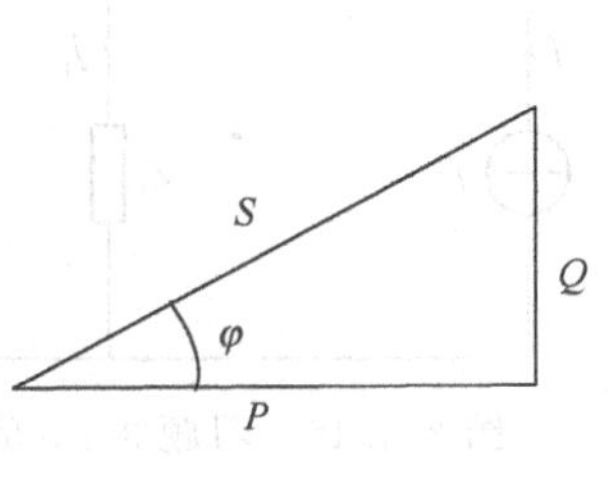

图 3.5.2 功率三角形

电路的电压有效值与电流有效值的乘积，称为电路的视在功率，用 S 表示，即

$$S = UI = I^2|Z| \tag{3.5.6}$$

单位为伏安(V·A)。视在功率通常用来表示电源设备的容量。如变压器的容量就是用视在功率表示的。

由于平均功率 P、无功功率 Q 和视在功率 S 三者所代表的意义不同，为了区别起见，各自

采用不同的单位。

这三个功率之间有一定的关系，即

$$S = \sqrt{P^2 + Q^2}$$

显然，它们可以用一个直角三角形来表示，并称为功率三角形，如图 3.5.2 所示。它与阻抗三角形、电压三角形也是相似的。但应注意：功率和阻抗都不是正弦量，所以不能用相量表示。

例 3.5.1 *求图 3.4.4(a)电路的总有功功率、无功功率和视在功率。*

解法一 由总电压、总电流求总功率

$$P = UI\cos\varphi = 220 \times 0.86 \times \cos(0° - 39.6°)\text{W} = 146\text{W}$$

$$Q = UI\sin\varphi = 220 \times 0.86 \times \sin(0° - 39.6°)\text{var} = -121\text{var}$$

$$S = UI = 220 \times 0.86\text{V} \cdot \text{A} = 190\ \text{V} \cdot \text{A}$$

解法二 由支路功率求总功率

$$\begin{aligned} P &= P_1 + P_2 = UI_1\cos\varphi_1 + UI_2\cos\varphi_2 \\ &= \{220 \times 1.9 \times \cos(0° - 80°) + 220 \times 1.36 \times \cos[0° - (-75.7°)]\}\text{W} \\ &= (72 + 74)\text{W} = 146\text{W} \end{aligned}$$

$$\begin{aligned} Q &= Q_1 + Q_2 = UI_1\sin\varphi_1 + UI_2\sin\varphi_2 \\ &= \{220 \times 1.9 \times \sin(0° - 80°) + 220 \times 1.36 \times \sin[0° - (-75.7°)]\}\text{var} \\ &= (-411 + 290)\text{var} = -121\text{var} \end{aligned}$$

$$S = \sqrt{P^2 + Q^2} = \sqrt{146^2 + (-121)^2}\text{V} \cdot \text{A} = 190\ \text{V} \cdot \text{A}$$

解法三 由元件功率求总功率

$$P = R_1 I_1^2 + R_2 I_2^2 = (20 \times 1.9^2 + 40 \times 1.36^2)\text{W} = 146\ \text{W}$$

$$Q = -X_C I_1^2 + X_L I_2^2 = (-114 \times 1.9^2 + 157 \times 1.36^2)\text{var} = -121\ \text{var}$$

$$S = \sqrt{P^2 + Q^2} = \sqrt{146^2 + (-121)^2}\text{V} \cdot \text{A} = 190\ \text{V} \cdot \text{A}$$

△3.5.2 交流最大功率传输

图 3.5.3(a)所示电路为含源一端口 N_A 向终端负载 Z 传输功率，当传输的功率较小(如通信系统，电子电路中)，而不必计较传输效率时，常常要研究使负载获得最大功率(有功)的条件。根据戴维南定理，该问题可以简化为图 3.5.3(b)所示等效电路进行研究。

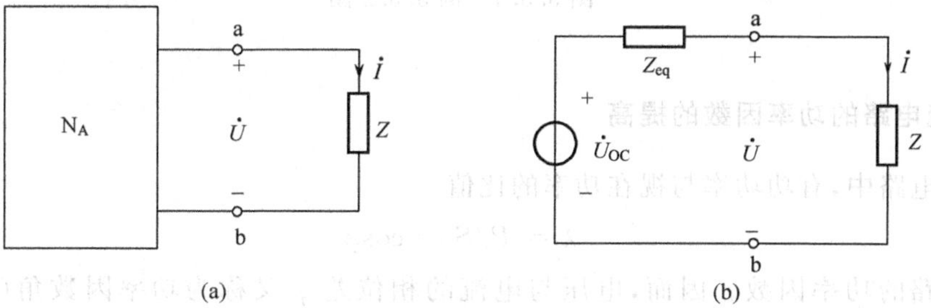

图 3.5.3 最大功率传输

设 $I_{eq}=R_{eq}+X_{eq}$，$Z=R+jX$，则负载吸收的有功功率为

$$P=\frac{U_{OC}^2}{(R+R_{eq})^2+(X_{eq}+X)^2}$$

如果 R 和 X 可以任意变动，而其他参数不变时，则获得最大功率的条件为

$$X+X_1=0$$

$$\frac{d}{dR}\left[\frac{(R+R_{eq})^2}{R}\right]=0$$

解得

$$X=-X_{eq}$$
$$R=R_{eq}$$

即有

$$Z=R_{eq}-jX_{eq}=Z_{eq}^*$$

此时获得的最大功率为

$$P_{max}=\frac{U_{OC}^2}{4R_{eq}}$$

其他可变情况不一一列举。当用诺顿等效电路时，获最大功率的条件可表示为

$$Y=Y_{eq}^*$$

上述获最大功率的条件称为最佳匹配。

例 3.5.2 电路如图 3.5.4(a)所示，$\dot{I}_S=2\angle 0°$ A。求最佳匹配时获得的最大功率。

解 先求得一端口的诺顿等效电路，如图(b)所示，其中

$$\dot{I}_{SC}=\frac{1}{2}\dot{I}_S=1\angle 0°\ \text{A},\quad Y_{eq}=(0.25-j0.25)\ \text{S}$$

最佳匹配时有 $Y=Y_{eq}^*=(0.25+j0.25)$S。此时获得的最大功率为

$$P_{max}=\frac{(0.5)^2}{0.25}\text{W}=1\ \text{W}$$

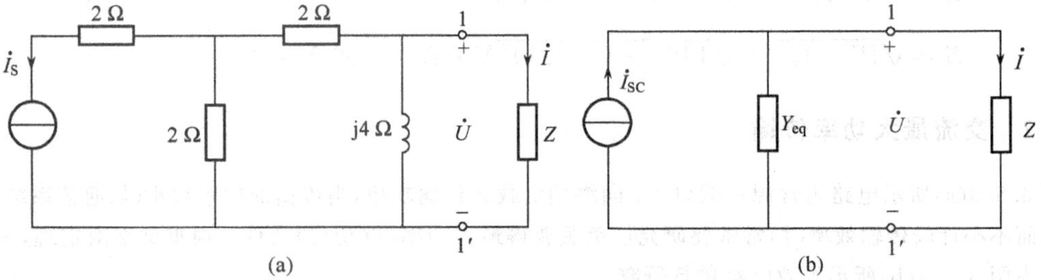

图 3.5.4 例 3.5.2 图

3.5.3 交流电路的功率因数的提高

在交流电路中，有功功率与视在功率的比值

$$\lambda=P/S=\cos\varphi \tag{3.5.7}$$

称为交流电路的功率因数。因而，电压与电流的相位差 φ 又称为功率因数角(power factor angle)，它是由电路的参数决定的。

在纯电阻电路中，$Q=0$，$P=S$，$\lambda=1$，功率因数最高；在纯电容和纯电感电路中，$P=0$，$Q=S$，$\lambda=0$，功率因数最低。功率因数太低，会引起下述两方面的问题：

(1) 降低了供电设备的利用率。

交流电源设备的电能力是由其额定电压 U_N 与额定电流 I_N 决定的。但其输出并提供给负载的平均功率(或有功功率)与负载的功率因数有关。设负载的功率因数为 $\cos\varphi$,则

$$P = U_N I_N \cos\varphi \tag{3.5.8}$$

假设一台变压器,其额定容量(即视在功率 $S_N = U_N I_N$)为 2000 kV · A,如果负载功率因数 $\cos\varphi = 1$,该变压器可向负载输出 2000 kW 的功率。如果 $\cos\varphi = 0.5$,就只能向负载提供的功率仅为 1000 kW。显然,负载功率因数低,变压器未能充分发挥作用。

(2) 增加了供电设备和输电线路的功率损耗。

当负载的有功功率 P 和电压 U 一定时,功率因数 $\lambda = \cos\varphi$ 越小,输电线路中的 $I = \dfrac{P}{U\cos\varphi}$ 就越大,消耗在输电线路电阻 R_L 上的功率 $\Delta P = R_L I^2$ 也就越大。由于工业上大量的设备均为感性负载,因此常采用并联电容器的方法来提高功率因数。

例 3.5.3 一台单相异步电动机的功率为 800 W,功率因数 $\cos\varphi_1 = 0.6$,接到 50 Hz,220 V 的供电线路上。求:(1)将电路的功率因数提高至 $\cos\varphi_2 = 0.9$,应并联多大的电容器?(2)并联电容器前后的电流值。

解 (1) 在未接入电容时,P、Q 之间的关系为

$$Q_L = UI\sin\varphi_1 = UI\cos\varphi_1 \frac{\sin\varphi_1}{\cos\varphi_1} = P\tan\varphi_1 \tag{3.5.9}$$

接入电容后,略去电容损耗,即接入电容后有功功率不变,无功功率为 $Q = Q_L - Q_C$,此时 P、Q 间的关系为

$$Q = P\tan\varphi_2$$

电容 C 补偿的无功功率为

$$Q_C = Q_L - Q = P(\tan\varphi_1 - \tan\varphi_2) \tag{3.5.10}$$

因为

$$Q_C = UI_C = U^2/X_C = \omega CU^2 = 2\pi fCU^2$$

所以并联的电容量为

$$C = \frac{Q_C}{2\pi fU^2} = \frac{P}{2\pi fU^2}(\tan\varphi_1 - \tan\varphi_2) \tag{3.5.11}$$

将已知条件代入式(3.5.11),可求得

$$C = 44.7 \times 10^{-6}\,\mathrm{F} = 44.7\,\mu\mathrm{F}$$

所以应选用容量 47 μF、耐压 500 V 的电容器。

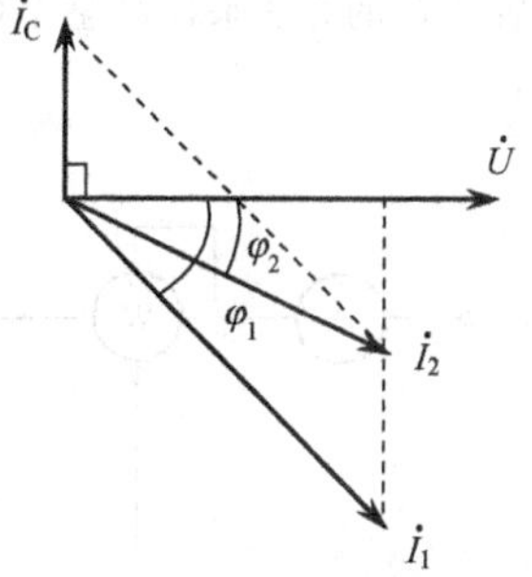

图 3.5.5 例 3.5.3 的相量图

(2) 并联电容器前后的电流值。

为了进行比较,现计算补偿前后的电流,补偿前

$$I_2 = I_1 = \frac{P}{U\cos\varphi_1} = \frac{800}{220 \times 0.6}\mathrm{A} = 6.06\mathrm{A}$$

补偿后

$$I_2 = \frac{P}{U\cos\varphi_2} = \frac{800}{220 \times 0.9}\mathrm{A} = 4.04\mathrm{A}$$

电压及各电流的相量图如图 3.5.5 所示。可见随着功率因数的提高,供电线路电流从 6.06 A

减小到 4.04 A，从而降低了输电线路上的电压损失和功率损耗，提高了电源利用率。

思 考 题

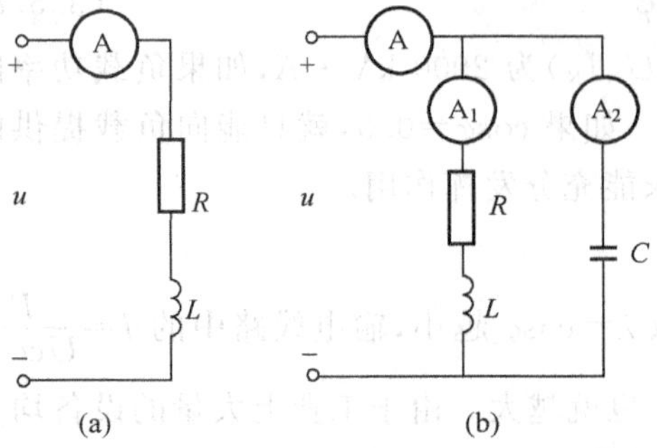

图 3.5.6 思考题 3-5-4 的电路

3-5-1 如果电阻的电压与电流的参考方向不一致，这时求得的 P 是正还是负？

3-5-2 在什么情况下 $S=S_1+S_2$ 才能成立？

3-5-3 电感性负载串联电容能否提高电路的功率因数？为什么？

3-5-4 电感性负载并联电阻能否提高电路的功率因数？这种方法有什么缺点？

3-5-5 有一感性负载，其功率因数 $\cos\varphi=0.866$，电流表 A 的读数为 5A，如图 3.5.6(a)，并联一只电容器之后如图 3.5.6(b)，总电流表 A 及两个支路的电流表 A_1、A_2 的读数均为 5 A，问补偿电容器的电容量是过大还是过小？

练 习 题

3-5-1 一台发电机铭牌上标出额定有功功率 800 kW，额定功率因数 0.8，求额定无功功率和视在功率。

3-5-2 在图 3.5.7 所示交流电路中，$U=220$ V，S 闭合时，$U_R=80$ V，$P=320$ W；S 断开时，$P=405$ W，电路为电感性，求 R、X_L 和 X_C。

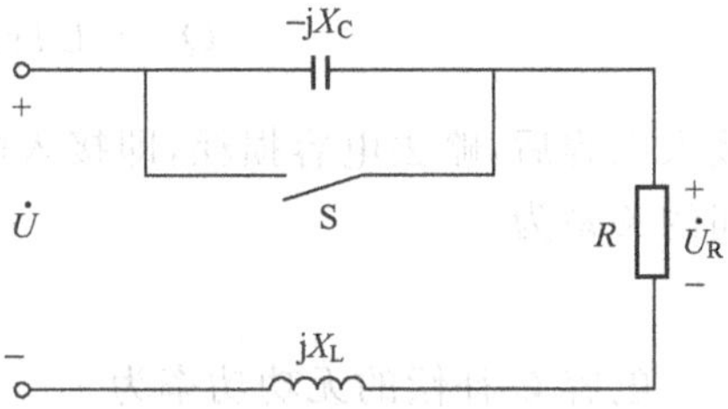

图 3.5.7 习题 3-5-2 的电路

3-5-3 有一并联交流电路，$R=60\ \Omega$，$X_C=80\ \Omega$，$X_C=40\ \Omega$，接于 220 V 的交流电源上。求电路的总有功功率、无功功率和视在功率。

3-5-4 一用电设备（电感性负载）接于 220 V 的交流电源上，如图 3.5.8 所示。电源频率 $f=50$ Hz，电流表和功率表测得的电流 $I=0.41$A，功率 $P=40$ W。试求：(1)该电气设备的功率因数；(2)因该电气设备是电感性负载，故可用并联电容器 C 的方法来提高整个电路的功率因数。若 $C=5.0\ \mu$F，电流表的读数和整个电路的功率因数为多少？

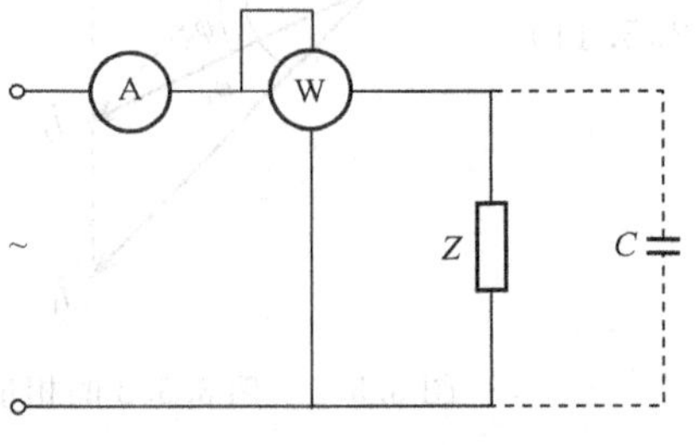

图 3.5.8 习题 3-5-4 的电路

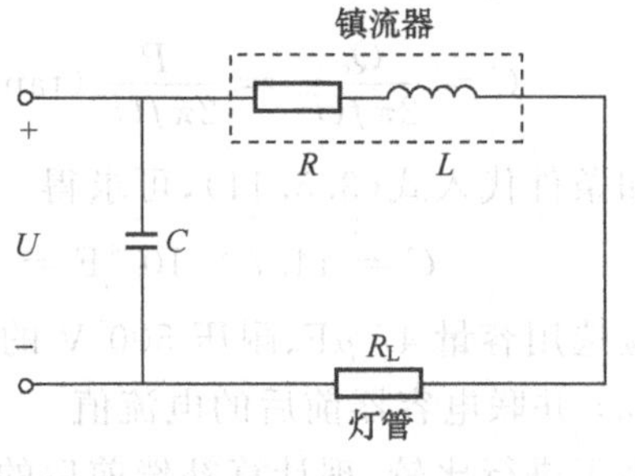

图 3.5.9 习题 3-5-5 的电路

3-5-5 图 3.5.9 所示日光灯电路，接于 220 V、50 Hz 交流电源上工作，测得灯管电压为 100 V，电流为 0.4 A，镇流器的功率为 7 W。求：(1)灯管的电阻 R_L 及镇流器的电阻 R 和电感 L；(2)灯管消耗的有功功率、电路消耗的总有功功率以及电路的功率因数；(3)欲使电路的功率因数提高到 0.9，需并联多大的电容？

3-5-6 在图 3.5.10 所示电路中，为保持负载的 $U_L=110$ V，$P_L=264$ W，$\lambda_L=0.6$，欲将负载接在 220 V，50 Hz 的交流电源上，求开关 S 分别合到 a、b、c 位置时，应分别串联多大的 R、L 和 C？

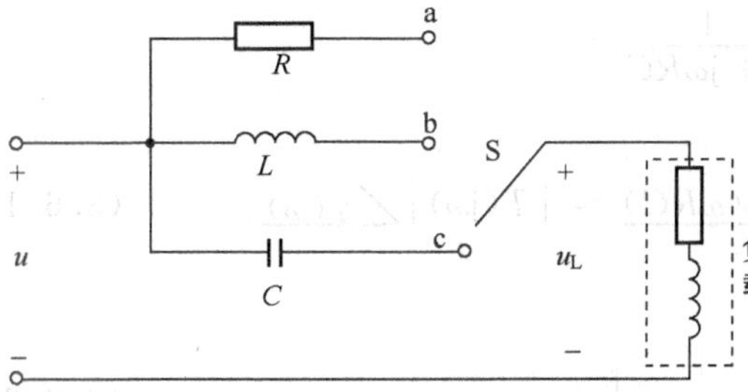

图 3.5.10　习题 3-5-6 的电路

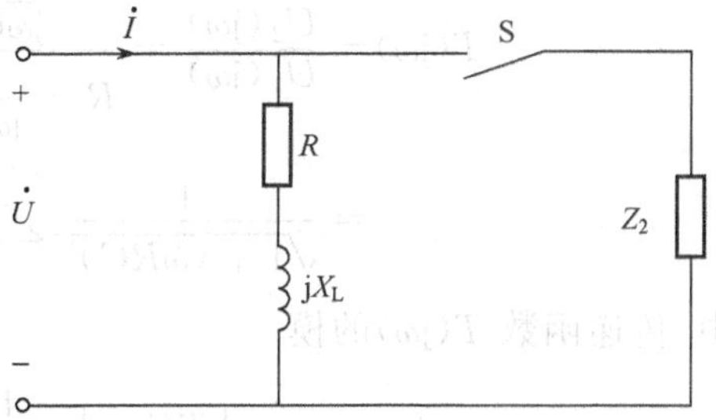

图 3.5.11　习题 3-5-7 的电路

3-5-7　在图 3.5.11 所示电路中。$U=220$ V,R 和 X_L 串联支路的 $P_1=726$ W,$\lambda_1=0.6$。当开关 S 闭合后,电路的总有功功率增加了 74 W,无功功率减少了 168 var,试求总电流 I 及 Z_2 的大小和性质。

3-5-8　在图 3.5.12 所示电路中,$R_1=1$ kΩ,$C_1=10^3$ μF,$L_1=0.4$ mH,$R_2=2$ Ω,$\dot{U}_S=10\angle -45°$ V,$\omega=10^3$ rad/s。求 Z_L(可任意变动)能获得的最大功率。

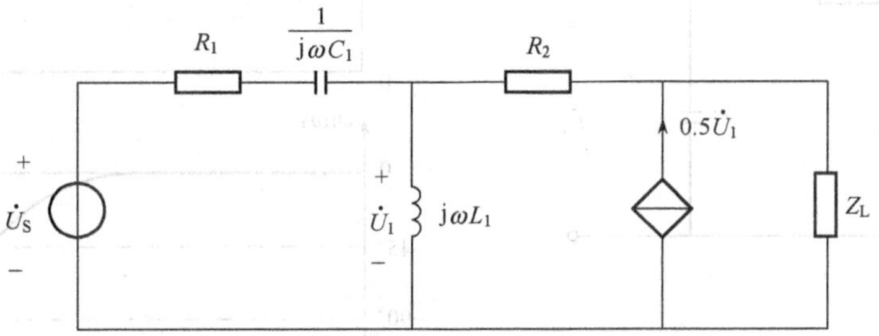

图 3.5.12　习题 3-5-8 的电路

3.6　电路的频率特性

本章前几节所讨论的电压和电流都是时间函数,在时间领域内对电路进行分析,所以常称为时域分析。本节是在频率领域内对电路进行分析,称为频域分析。

3.6.1　滤波电路

电路中使用的信号源通常不是单一频率的正弦信号,而是由多个不同频率正弦信号分量组合而成。由于电路中通常有电感和电容元件,而感抗和容抗是频率的函数。因此,一个具有电感、电容元件的电路,若作用多个幅值相同但频率不同的正弦信号时,不同频率信号分量引起的响应的幅值和相位将会各不相同。电路的频率特性就是研究电路输入的正弦信号频率连续变化时,响应随频率变化的情况。

1. 低通滤波电路

图 3.6.1(a)是 RC 电路,输入信号电压为 $U_1(j\omega)$,输出信号电压为 $U_2(j\omega)$,它们都是频率的函数。输出电压与输入电压的比值称为电路的传递函数或转移函数,用 $T(j\omega)$ 表示,它是一个复数。由图 3.6.1 可得

$$T(\mathrm{j}\omega)=\frac{U_2(\mathrm{j}\omega)}{U_1(\mathrm{j}\omega)}=\frac{-\dfrac{1}{\mathrm{j}\omega C}}{R+\dfrac{1}{\mathrm{j}\omega C}}=\frac{1}{1+\mathrm{j}\omega RC}$$

$$=\frac{1}{\sqrt{1+(\omega RC)^2}}\angle-\arctan(\omega RC)=|T(\mathrm{j}\omega)|\angle\varphi(\omega) \tag{3.6.1}$$

式中，传递函数 $T(\mathrm{j}\omega)$的模

$$|T(\mathrm{j}\omega)|=\frac{U_2(\omega)}{U_1(\omega)}=\frac{1}{\sqrt{1+(\omega RC)^2}} \tag{3.6.2}$$

是角频率 ω 的函数。

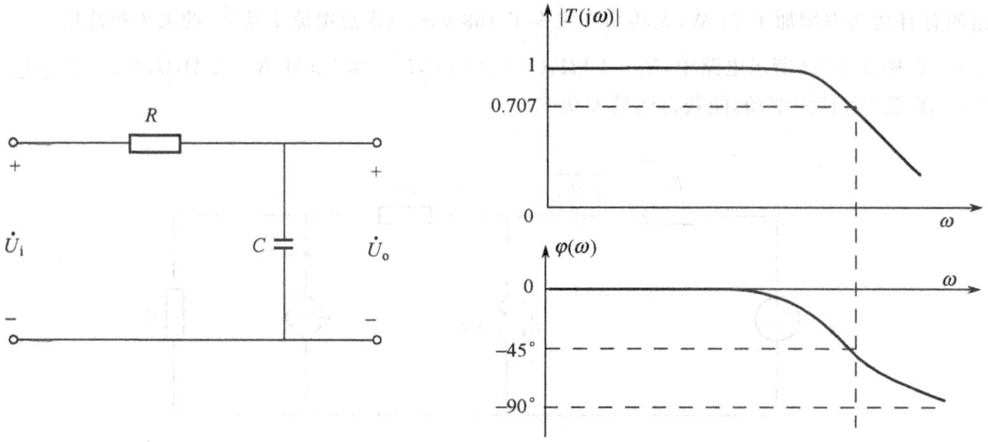

(a) 电路　　(b) 频率响应

图 3.6.1　低通滤波电路及其频率响应

传递函数 $T(\mathrm{j}\omega)$的辐角

$$\varphi(\omega)=-\arctan(\omega RC) \tag{3.6.3}$$

也是角频率 ω 的函数。

若

$$\omega_0=\frac{1}{RC}$$

则

$$T(\mathrm{j}\omega)=\frac{1}{1+\mathrm{j}\dfrac{\omega}{\omega_0}}=\frac{1}{\sqrt{1+\left(\dfrac{\omega}{\omega_0}\right)^2}}\angle-\arctan\frac{\omega}{\omega_0}$$

表示$|T(\mathrm{j}\omega)|$随 ω 变化的特性称为幅频特性，表示 $\varphi(\omega)$随 ω 变化的特性称为相频特性，两者统称频率特性。

由上列式子可见，当 $\omega=0$ 时，

$$|T(\mathrm{j}\omega)|=1,\qquad \varphi(\omega)=0$$

当 $\omega=\infty$时，

$$|T(j\omega)| = 0, \quad \varphi(\omega) = -\frac{\pi}{2}$$

又当 $\omega=\omega_0=\frac{1}{RC}$时，

$$|T(j\omega)| = \frac{1}{\sqrt{2}} = 0.707, \quad \varphi(\omega) = -\frac{\pi}{4}$$

频率特性如表 3.6.1 所列，并如图 3.6.1(b)所示。

表 3.6.1　频率特性

ω	0	ω_0	∞
$\|T(j\omega)\|$	1	0.707	0
$\varphi(\omega)$	0	$-\frac{\pi}{4}$	$-\frac{\pi}{2}$

在实际应用上，输出电压不能下降过多。通常规定：当输出电压下降到输入电压的 70.7%，即$|T(j\omega)|$下降到 0.707 时为最低限。此时，$\omega=\omega_0$，将频率范围 $0<\omega\leqslant\omega_0$ 称为通频带。ω_0 称为截止频率，它又称为半功率点频率①或 3dB 频率②。

当 $\omega<\omega_0$ 时，$|T(j\omega)|$变化不大，接近等于 1；当 $\omega>\omega_0$ 时，$|T(j\omega)|$明显下降。这表明上述 RC 电路具有使低频信号较易通过而抑制较高频率信号的作用，故常称为低通滤波电路。

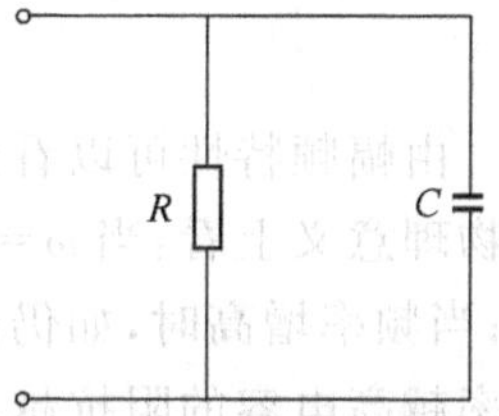

图 3.6.2　RC 并联电路

例 3.6.1　求图 3.6.2 所示 RC 并联电路的输入阻抗，并绘出它的幅频特性和相频特性曲线。

解　作出相量模型后可得输入阻抗

$$Z(j\omega) = \frac{R\cdot\frac{1}{j\omega C}}{R+\frac{1}{j\omega C}} = \frac{R}{1+j\omega RC}$$

$$= \frac{R}{\sqrt{1+(\omega RC)^2}}\angle -\arctan(\omega RC) = |Z|\angle\varphi$$

故得幅频关系为

$$|Z| = \frac{R}{\sqrt{1+(\omega RC)^2}}$$

由此可知，当 $\omega=0$ 时，$|Z|=R$；$\omega\to\infty$时，$|Z|\to 0$；当 $\omega=\frac{1}{RC}$时，$|Z|=\frac{1}{\sqrt{2}}R=0.707R$。绘得幅频特性曲线如图 3.6.3(a)所示。相频关系为

$$\varphi = -\arctan(\omega RC)^2$$

---

① 如果电路输出端接电阻负载，当$|T(j\omega)|$下降到 0.707(即 $1/\sqrt{2}$)时，因为功率正比于电压平方，这时输出功率只是输入功率的一半，故有此名。

② 传递函数$|T(j\omega)|$可用对数形式表示，其表示单位为分贝(dB)。当$|T(j\omega)|=0.707$ 时，$|T(j\omega)|=20\lg 0.707=20\times(-0.151)\text{dB}=-3\text{dB}$。

由此可知：当 $\omega=0$ 时，$\varphi=0$；$\omega\to\infty$时，$\varphi\to-\frac{\pi}{2}$；当 $\omega=\frac{1}{RC}=\frac{1}{\tau}$时，$\varphi=-\frac{\pi}{4}$。绘得相频特性曲线如图 3.6.3(b)所示。

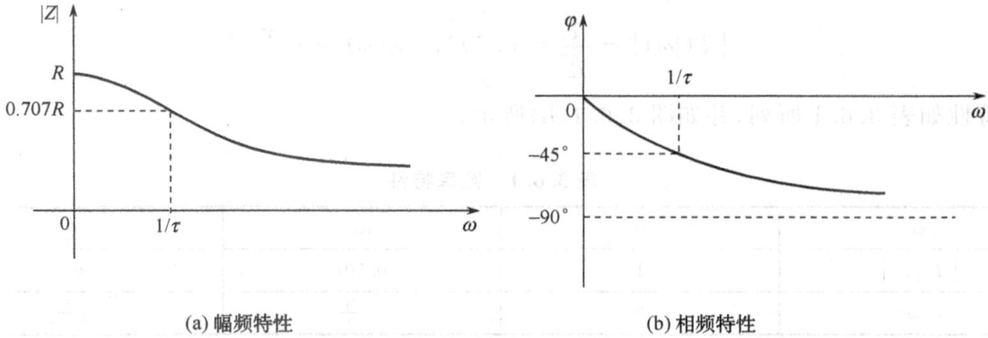

(a) 幅频特性　　(b) 相频特性

图 3.6.3　RC 并联电路的频率响应

由幅频特性可以看到：频率越高，阻抗模值越小，因而电流通过它所产生的电压也越小。从物理意义上看：当 $\omega=0$ 时，亦即当输入电流为直流时，电容相当于开路，电流将全部流过电阻；当频率增高时，如仍保持输入电流大小不变，则由于电容能分走一部分电流(旁路作用)，且频率越高电容的阻抗越小，由电容分走的电流也越大，故电阻的电流就越小，电阻 R 的电压(亦即输出电压)也越小，形成如图 3.6.4(a)所示的幅频特性。因此，当不同频率的信号电流作用于这电路时，输出电压中将只含低频成分，而高频成分被滤掉；当含有直流成分和交流成分的信号电流作用上这电路时，输出电压基本上只含直流成分，而交流成分被滤掉。这里的电容被称为旁路电容。电阻器与电容器的并联电路常用于晶体管电路中，起着上述滤去输入电流中的高频成分或交流成分的作用。

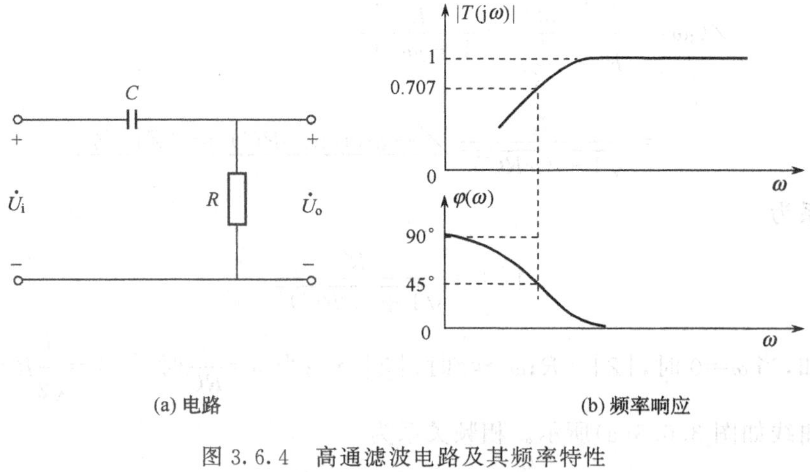

(a) 电路　　(b) 频率响应

图 3.6.4　高通滤波电路及其频率特性

2. 高通滤波电路

图 3.6.4(a)所示的电路与图 3.6.1 的电路所不同者，是从电阻的两端输出。电路的传递函数为

$$T(\mathrm{j}\omega)=\frac{U_2(\mathrm{j}\omega)}{U_1(\mathrm{j}\omega)}=\frac{R}{R+\frac{1}{\mathrm{j}\omega C}}=\frac{\mathrm{j}\omega RC}{1+\mathrm{j}\omega RC}=\frac{1}{1-\mathrm{j}\frac{1}{\omega RC}}$$

$$=\frac{1}{\sqrt{1+\left(\frac{1}{\omega RC}\right)^2}}\angle \arctan\frac{1}{\omega RC}=|T(\mathrm{j}\omega)|\angle\varphi(\omega) \tag{3.6.4}$$

式中

$$|T(\mathrm{j}\omega)|=\frac{U_2(\omega)}{U_1(\omega)}=\frac{1}{\sqrt{1+\left(\frac{1}{\omega RC}\right)^2}} \tag{3.6.5}$$

$$\varphi(\omega)=\arctan\frac{1}{\omega RC} \tag{3.6.6}$$

设

$$\omega_0=\frac{1}{RC}$$

则

$$T(\mathrm{j}\omega)=\frac{1}{1-\mathrm{j}\frac{\omega_0}{\omega}}=\frac{1}{\sqrt{1+\left(\frac{\omega_0}{\omega}\right)^2}}\angle \arctan\frac{\omega_0}{\omega}$$

频率特性列在表 3.6.2 中，并如图 3.6.4(b)所示。由图可见，上述 RC 电路具有使高频信号较易通过而抑制较低频率信号的作用，故常称为高通滤波电路。

表 3.6.2　频率特性

ω	0	ω_0	∞
$\lvert T(\mathrm{j}\omega)\rvert$	0	0.707	1
$\varphi(\omega)$	$\frac{\pi}{2}$	$\frac{\pi}{4}$	0

△3.6.2　电路谐振

在含有电感和电容元件的电路中，电路两端的电压与其中的电流一般是不同的。如果调节电路的参数或电源的频率而使电路总电压与总电流的相位差为零，这时电路的现象称为谐振。按发生谐振的电路的不同，谐振现象可分为串联谐振和并联谐振。下面分别讨论这两种谐振的条件和特征。

1. 串联谐振

在图 3.6.5(a)的 RLC 串联电路中，由式(3.4.4)可知，当感抗和容抗相等时，即 $X_L=X_C$，电路中电流 I 和电压 U 同相，整个电路呈电阻性，这时电路的工作状态称为串联谐振，相量图如图 3.6.5(b)所示。

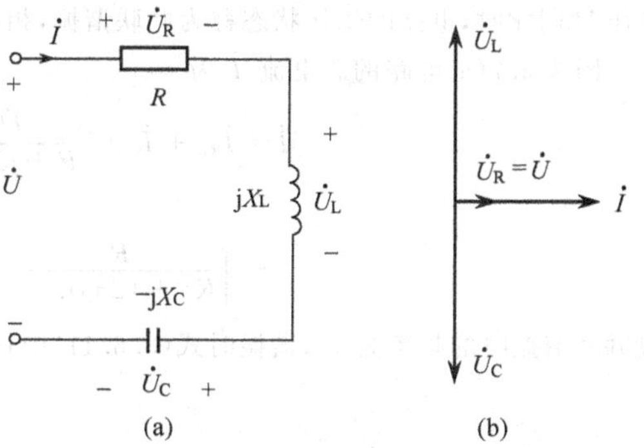

图 3.6.5　串联谐振电路和相量图

设串联谐振时的频率为 f_0，由 $2\pi f_0 L=\frac{1}{2\pi f_0 C}$ 可求

得 f_0 为

$$f_0 = \frac{1}{2\pi\sqrt{LC}} \tag{3.6.7}$$

这说明谐振频率只与电路的参数 L、C 和电源的频率 f 有关，调整 L、C 或 f 中的任何一个量，都能使电路产生谐振。

串联谐振时的感抗或容抗称为谐振电路的特性阻抗，用 ρ 表示，即

$$\rho = \omega_0 L = \frac{1}{\omega_0 C} = \frac{\sqrt{LC}}{C} = \sqrt{\frac{L}{C}} \tag{3.6.8}$$

串联电路谐振时具有下列特征：

(1) 阻抗 $Z=R+\mathrm{j}(X_L-X_C)=R$，具有最小值。在电压一定时，电流有效值最大，为 $I_0=U/R$。I_0 称为串联谐振电流。

(2) $\dot{U}_L=-\dot{U}_C$，即 $\dot{U}_L$ 与 $\dot{U}_C$ 的有效值相等，相位相反，相互抵消，所以串联谐振又称为电压谐振。若 $X_L=X_C\gg R$，则 $U_L=U_C\gg U$。如果电压过高，可能击穿线圈和电容器的绝缘层。因此，在电力工程中一般应避免发生串联谐振。而在无线电工程中恰好相反，由于其工作信号比较微弱，往往利用串联谐振来获得较高的电压，选出所要选择的频率。

通常把串联谐振时 U_L 或 U_C 与 U 之比称为串联谐振电路的品质因数(quality factor)，也称为 Q_f① 值，即

$$Q_f = \frac{U_L}{U} = \frac{U_C}{U} = \frac{2\pi f_0 L}{R} = \frac{1}{2\pi f_0 CR} = \frac{\rho}{R} = \frac{1}{R}\sqrt{\frac{L}{C}} \tag{3.6.9}$$

通常谐振电路的 Q_f 值可从几十到几百。

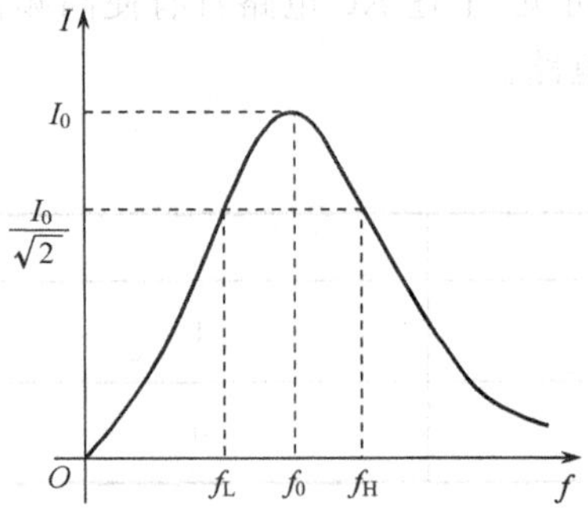

图 3.6.6　电流谐振曲线

当电源电压有效值不变而频率改变时，电路中的电流、各元件的电压、阻抗模以及阻抗角等各量都将随频率而改变。通常将电流随频率变化的曲线称为电流谐振曲线(如图 3.6.6 所示)。在谐振点，电路的电流最大，$I=I_0$；离开谐振点，不论 f 升高还是降低，$I<I_0$。当电路的电流为谐振时电流的 $1/\sqrt{2}$，即 $I=I_0/\sqrt{2}$时，在谐振曲线上两个对应点的频率 f_L 和 f_H 之间的范围，称为电路的通频带 f_{BW}。可以证明，通频带与品质因数的关系为

$$f_{BW} = f_H - f_L = f_0/Q_f \tag{3.6.10}$$

因此通频带的大小与品质因数 Q_f 有关。Q_f 越大，通频带宽度越小，谐振曲线越尖锐，电路对频率的选择性越好。

2. 并联谐振

图 3.6.7(a)是线圈和电容器并联的电路，L 是线圈的电感，R 是线圈的电阻。当电路中的总电流 $\dot{I}$ 与端电压 $\dot{U}$ 同相时，电路的工作状态称为并联谐振，相量图如图 3.6.7(b)所示。

图 3.6.7(a)电路的总电流 $\dot{I}$ 为

$$\begin{aligned}\dot{I} &= \dot{I}_{RL} + \dot{I}_C = \frac{\dot{U}}{R+\mathrm{j}2\pi fL} + \frac{\dot{U}}{-\mathrm{j}\,\dfrac{1}{2\pi fC}} \\ &= \left[\frac{R}{R^2+(2\pi fL)^2} - \mathrm{j}\left(\frac{2\pi fL}{R^2+(2\pi fL)^2} - 2\pi fC\right)\right]\dot{U}\end{aligned} \tag{3.6.11}$$

设并联谐振时的频率为 f_0，谐振时式(3.6.11)中括号内的虚部为零，即

---

① 品质因数一般用 Q 表示，本书加下标 f 以避免与无功功率的符号混淆。

$$\frac{2\pi f_0 L}{R^2 + (2\pi f_0 L)^2} = 2\pi f_0 C \qquad (3.6.12a)$$

$$f_0 = \frac{1}{2\pi\sqrt{LC}}\sqrt{1 - \frac{C}{L}R^2} \qquad (3.6.12b)$$

通常线圈电阻 R 很小,所以一般在谐振时,$2\pi f_0 L \gg R$,式(3.6.12b)可近似表达为

$$f_0 = \frac{1}{2\pi\sqrt{LC}} \qquad (3.6.13)$$

并联电路谐振时具有下列特征:

(1) 并联谐振电路的等效阻抗较大且具有纯电阻性质,其等效阻抗

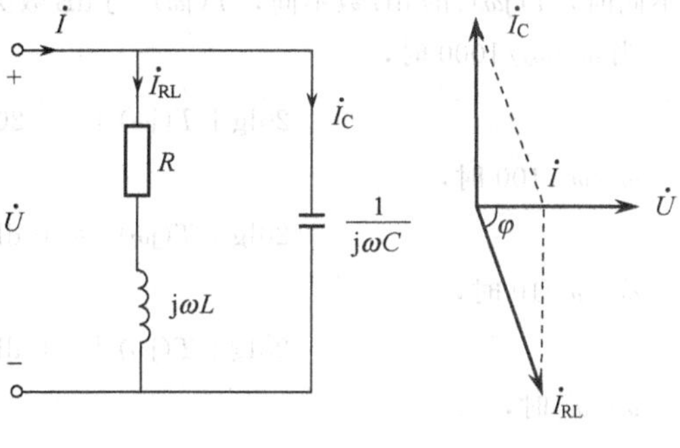

(a) 电路　　(b) 向量

图 3.6.7　并联谐振电路和相量图

$$Z_0 = R_0 = \frac{R^2 + (2\pi f_0 L)^2}{R} = \frac{L}{RC} \qquad (3.6.14)$$

(2) 电路中的总电流很小。由于谐振时电感支路的电流分量 $I_{RL}\sin\varphi$ 和电容支路的电流有效值 I_C 相等,相位相反,故并联谐振也称为电流谐振。电路的总电流 $I = I_{RL}\cos\varphi$,由图 3.6.7(b)的相量图可知,若 φ 接近 90°,则电感中和电容中的电流都要比总电流大很多。

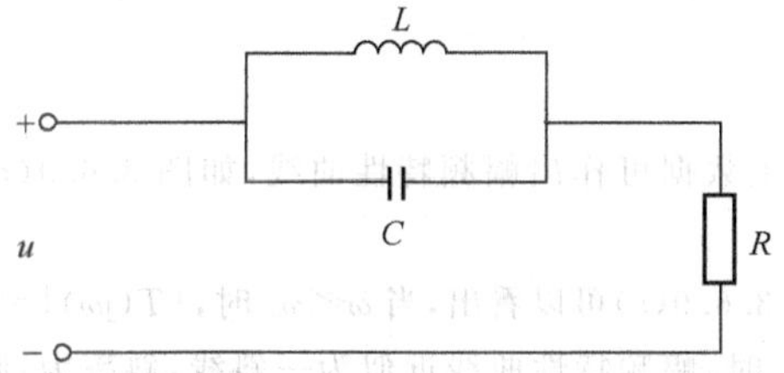

图 3.6.8　例 3.6.1 的电路

例 3.6.2　在图 3.6.8 所示电路中,外加电压含有 800 Hz 和 2000 Hz 两种频率的信号,若要滤掉 2000 Hz 的信号,使电阻 R 上只有 800 Hz 的信号,其中 $L = 12$ mH,则 C 值应是多少?

解　只要使 2000 Hz 的信号在 LC 并联电路中产生并联谐振,$Z_{LC} \to \infty$,该信号便无法通过,从而使 R 上只有 800 Hz 的信号,由谐振频率的公式求得

$$C = \frac{1}{4\pi^2 f_n^2 L} = \frac{1}{4 \times 3.14^2 \times 2000^2 \times 12 \times 10^{-3}}\text{F}$$
$$= 0.53 \times 10^{-6}\text{F} = 0.53\mu\text{F}$$

*3.6.3　波特图

在研究电路的频率响应时,如果频率变化范围较大,为了能在同一坐标系中表示如此宽的变化范围,在画频率特性曲线时常采用对数坐标,称为波特图①。波特图由对数幅频特性和对数相频特性两部分组成,它们的横轴采用对数刻度 $\lg f$,幅频特性的纵轴采用 $20\lg|T(j\omega)|$ 表示,单位是分贝(dB);相频特性的纵轴仍用 φ 表示。这样不但开阔了视野,而且将放大倍数的乘除运算转换成加减运算。

当幅频特性曲线的横轴用对数坐标,纵轴用 dB 做单位(相频特性曲线横轴用对数坐标,纵轴为度或弧度),并用一条折线近似地描绘出幅频特性曲线(或相频特性曲线)时,这条近似的折线就称为幅频特性(或相频特性)的波特图。

下面以图 3.6.1 所示的低通电路为例说明波特图的绘制方法。

由式(3.6.1)的模 $|T(j\omega)|$ 用 dB 为单位,得

$$20\lg|T(j\omega)| = 20\lg\frac{1}{\sqrt{1+\left(\frac{\omega}{\omega_0}\right)^2}} = 20\lg 1 - 20\lg\left[1+\left(\frac{\omega}{\omega_0}\right)^2\right]^{\frac{1}{2}}$$

① 由 H. W. Bode 提出。

ω 不同时，$|T(j\omega)|$ 的 dB 数不同，$|T(j\omega)|$ 与 dB 数关系如下：

当 $\omega=\omega_0/1000$ 时，

$$20\lg|T(j\omega)|=-20\lg[1+(1/1000)^2]^{\frac{1}{2}}\approx 0\text{ dB}$$

$\omega=\omega_0/100$ 时，

$$20\lg|T(j\omega)|\approx 0\text{ dB}$$

$\omega=\omega_0/10$ 时，

$$20\lg|T(j\omega)|\approx 0\text{ dB}$$

$\omega=\omega_0$ 时，

$$20\lg|T(j\omega)|=-20\lg\sqrt{2}=-3\text{ dB}$$

$\omega=10\omega_0$ 时，

$$20\lg|T(j\omega)|=-20\lg(1+10^2)^{\frac{1}{2}}\approx-20\text{ dB}$$

$\omega=100\omega_0$ 时，

$$20\lg|T(j\omega)|=-40\text{ dB}$$

$\omega=1000\omega_0$ 时，

$$20\lg|T(j\omega)|=-60\text{ dB}$$

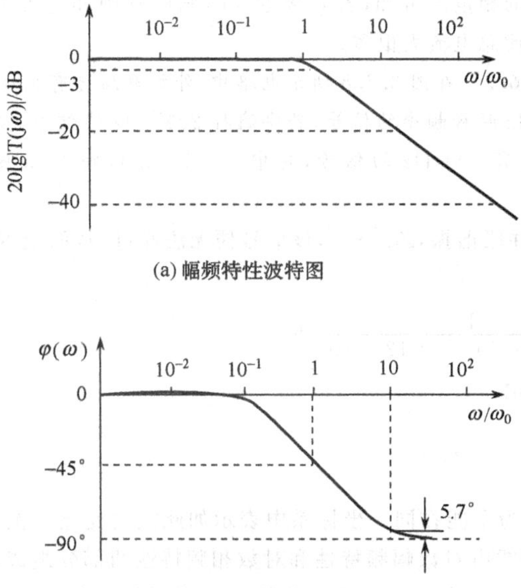

(a) 幅频特性波特图

(b) 相频特性波特图

图 3.6.9　一阶低通电路幅频特性和相频特性波特图

由以上数据可作出幅频特性曲线，如图 3.6.9(a)所示。

由图 3.6.9(a)可以看出，当 $\omega\ll\omega_0$ 时，$|T(j\omega)|=0$ dB；$\omega\gg\omega_0$ 时，幅频特性曲线近似为一斜线，斜率为：频率每增加 10 倍，$|T(j\omega)|$ 减少 20 dB。通常称为斜率是 -20 dB/十倍频程。

$$\omega=\omega_0\text{ 时，}|T(j\omega)|=-3\text{dB}$$

为了简化幅频特性曲线，采用以 0 dB 的直线和从 $\omega=\omega_0$ 处画出的 -20 dB/十倍频程的直线作为幅频特性曲线的渐近线。当用这两条直线组成的折线[如图 3.6.9(a)所示]作为幅频特性曲线的近似曲线时，最大误差出现在 $\omega=\omega_0$ 处，误差值为 3 dB。这个折线称为幅频波特图，$\omega=\omega_0$ 这点称为 3 分贝点。

图 3.6.1 所示低通电路的相频特性曲线可根据式(3.6.3)作出，如图 3.3.9(b)所示。为了简化相频特性曲线的绘制，由 $\varphi(j\omega)=-\arctan(\omega/\omega_0)$ 式可知

$$\omega<\omega_0/10\text{ 时，}\varphi(j\omega)\approx 0^\circ$$

$$\omega>\omega_0/10\text{ 时，}\varphi(j\omega)\approx-90^\circ$$

$$\omega=\omega_0/10\text{ 时，}\varphi(j\omega)\approx-45^\circ$$

因此，可以作出这样三个直线段，即是 0°线、−90°线和在 $\omega_0/10<\omega<10\omega_0$ 之间作的一条 45°/十倍频程斜率的线段，由这样三段直线组成的折线称为一阶低通电路的相频波特图，如图 3.6.9(b)中所示。这个折线与实际的相频特性曲线之间的最大误差为 5.7°，最大误差产生在 $\omega=\omega_0/10$ 及 $\omega=10\omega_0$ 频率处。

思　考　题

3-6-1　在图 3.6.1(a)所示串联电路中，若 $R=X_C=X_L$，$U=10$ V，则 U_R、U_C、U_L 和 U_X 各是多少？若 U 不变而改变 f，I 是增加还是减小？

3-6-2 电路如图 3.6.10 所示，如将处于谐振状态的 RLC 串联电路中 A、B 两点短接，试问电路中的电流是否改变？电感和电容上的电压是否改变？

3-6-3 在图 3.3.5(a)所示的电路中，若 $R=X_C=X_L$，$I=10$ A，则 I_R、I_C、I_L 和 I_X 各是多少？若 I 不变而改变 f，则 U 是增加还是减小？

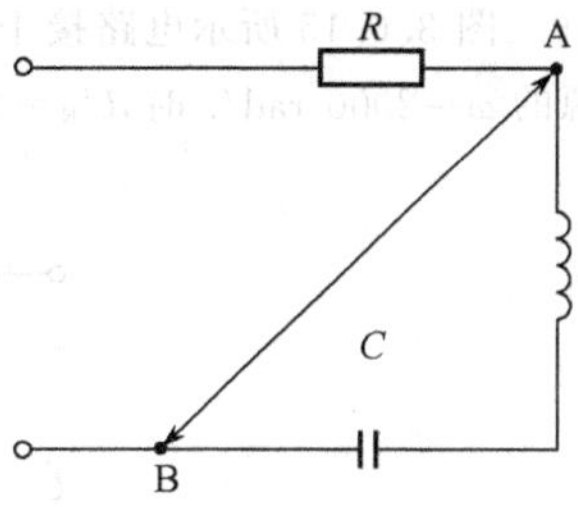

图 3.6.10 思考题 3-6-2 的电路

练 习 题

3-6-1 有一 RLC 串联电路，接于 220 V、50 Hz 的交流电源上。$R=4\ \Omega$，$X_L=6\ \Omega$，C 可以调节。试求：(1)当电路的电流为 44A 时，电容是多少？(2)C 调节至何值时电路的电流最大？这时的电流是多少？

3-6-2 在图 3.6.11 所示电路中，$R=80\ \Omega$，$C=106\ \mu$F，$L=63.7$ mH，$\dot{U}=220\angle 0^\circ$ V。求：(1) $f=50$ Hz 时的 $\dot{I}$；(2) f 为何值时 I 最小？这时的 $\dot{I}$ 是多少？

3-6-3 在图 3.6.12 所示电路中，$u=u_1+u_3=(U_{1m}\sin 314t+U_{3m}628t)$ V，$C_2=0.125\ \mu$F。欲使 $u_L=u_1$，试问 L_1 和 C_1 应为何值？

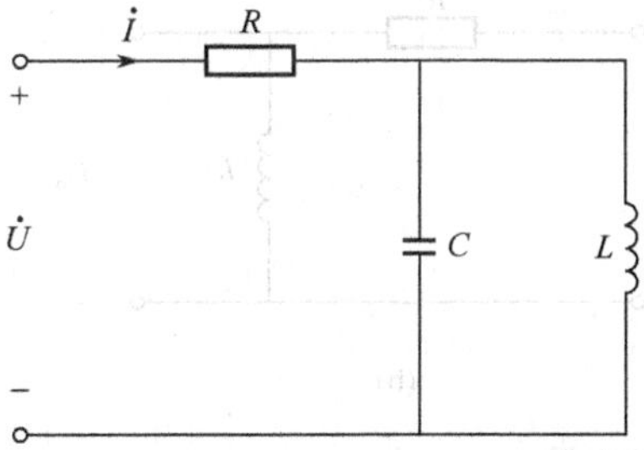

图 3.6.11 习题 3-6-2 的电路

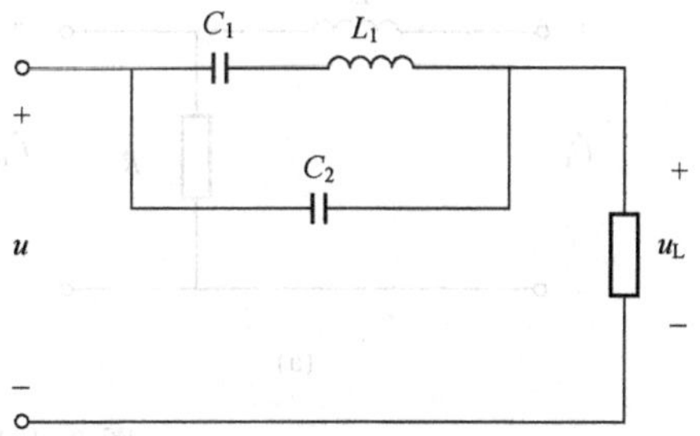

图 3.6.12 习题 3-6-3 的电路

3-6-4 在图 3.6.13 所示 RC 串并联选频电路中，当 $f_0=\dfrac{1}{2\pi RC}$时，试证明$\dfrac{\dot{U}_o}{\dot{U}_i}=\dfrac{1}{3}\angle 0^\circ$。

3-6-5 图 3.6.14 所示是无线接收器的输入电路。无线电信号由天线接收经磁耦合送至 R、L_2、C 电路，调节 C 使电路对所要接收的信号发生串联谐振，再经耦合线圈 L_3 把信号送入无线接收电路，从而实现选频。已知 $L_2=87.3\ \mu$H，$R=4\ \Omega$，若要接收 1000 kHz 的信号，问 C 应调为多少？

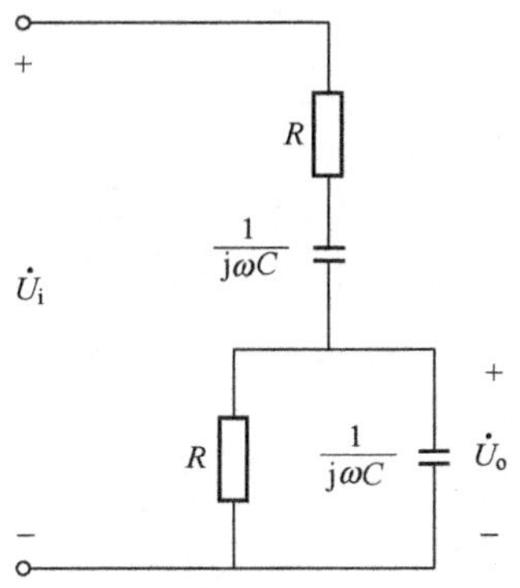

图 3.6.13 习题 3-6-4 的电路

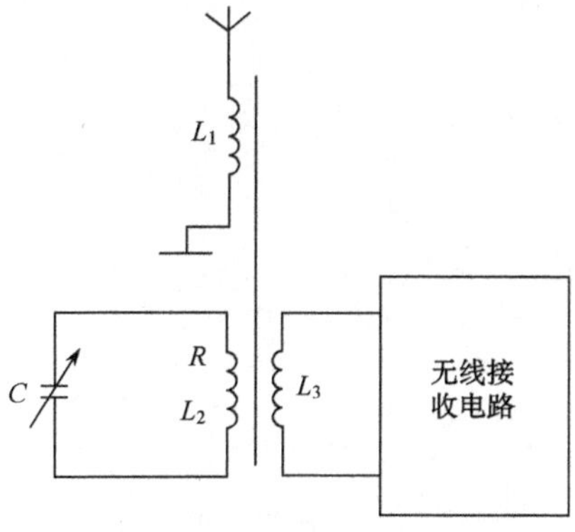

图 3.6.14 习题 3-6-5 的电路

3-6-6　图 3.6.15 所示电路接于 $U=12$ V 的信号源上，$C=10\mu F$。当信号源的 $\omega=1000$ rad/s 时，$U_R=0$，当信号源的 $\omega=2000$ rad/s 时，$U_R=12$ V。求 L_1 和 L_2。

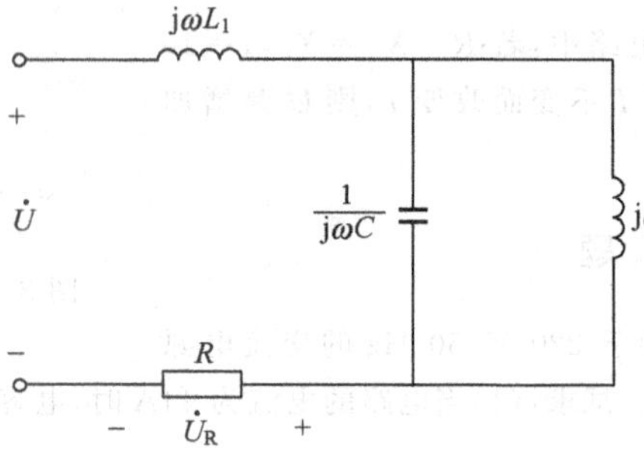

图 3.6.15　习题 3-6-6 的电路

3-6-7　在图 3.6.16 所示电路中，求传递函数 $T(j\omega)$ 和截止频率 ω_C，并画出幅频特性和相频特性的波特图，判断是什么类型的滤波器？

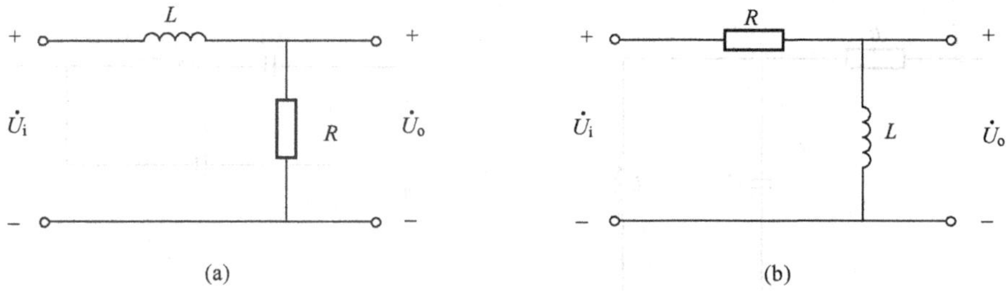

图 3.6.16　习题 3-6-7 的电路

第4章　三相交流电路

第3章所讲的正弦交流电，可以认为是单相正弦交流电路。所谓三相交流电，就是由三个幅值相等、频率相同、相位互差120°的单相正弦交流电源构成的三相交流电路。三相制供电比单相制供电优越。例如，三相交流发电机比同样尺寸的单相交流发电机输出功率大；在同样条件下输送同样大的功率，三相输电线比单相输电线省材料。因此电力系统广泛采用三相制供电。

本章学习要求：(1)掌握三相四线制电路中电源及三相负载的正确连接；(2)了解中线的作用；(3)掌握对称三相交流电路电压、电流和功率的计算。

4.1　三相交流电源

4.1.1　三相交流电源的产生

为了说明三相交流发电机的原理，先介绍单相交流发电机的工作原理。单相交流发电机工作原理如图4.1.1所示，在两磁极之间放置一个线圈，当线圈以 ω 的角速度按逆时针方向旋转时，线圈切割磁力线，线圈中就产生一个交变的感应电动势 u_A（感应电动势的方向用右手定则判断），u_A 的参考方向选定为 $U_A \to U_X$ 设磁通按正弦规律分布，则 u_A 可写为

$$u_A = \sqrt{2}U\sin\omega t$$

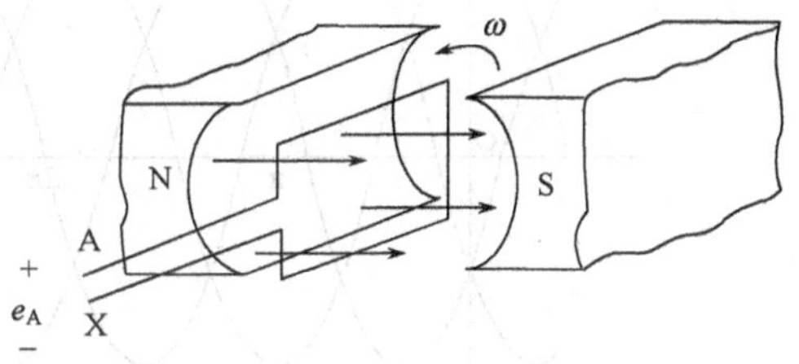

图4.1.1　单相交流发电机原理

其中，U 是感应电动势的有效值。

如果线圈固定不动而磁极按顺时针方向旋转，线圈中同样会产生感应电动势。三相交流发电机就是采取线圈固定而磁极旋转的方式。

三相交流发电机的工作原理如图4.1.2所示，它的主要组成部分是电枢和磁极。

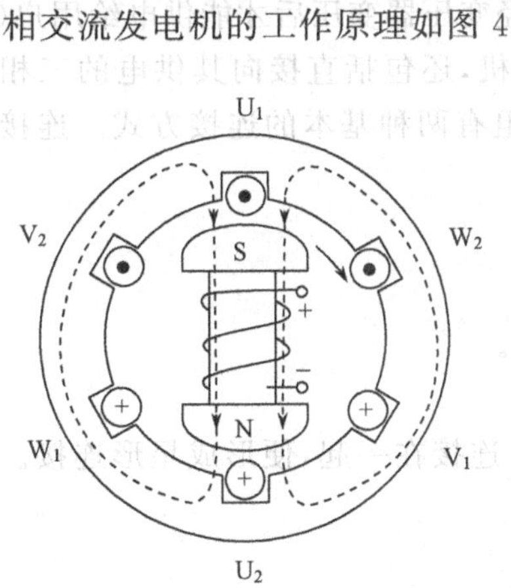

图4.1.2　三相交流发电机的原理图

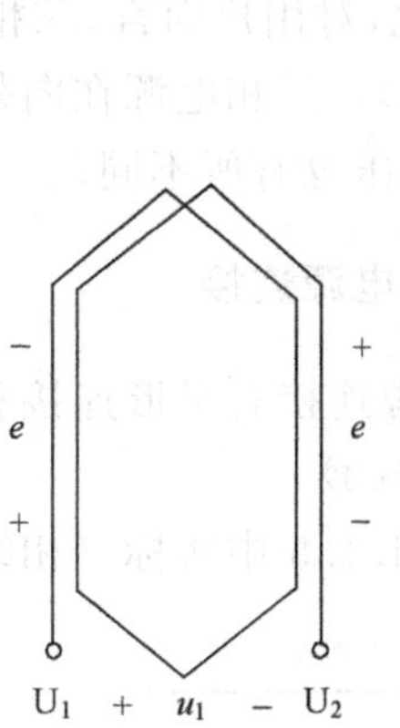

图4.1.3　每相电枢绕组

电枢是固定的，亦称定子。定子铁心由硅钢片叠成，内壁圆周表面冲有槽，槽内嵌放着形状、尺寸和匝数都相同的电枢绕组，如图 4.1.3 所示。绕组的始端之间或末端之间都彼此相隔 120°。它们的始端（头）标以 U_1，V_1，W_1，末端（尾）标以 U_2，V_2，W_2。

磁极是转动的，亦称转子。转子铁心上绕有励磁绕组，用直流励磁。选择合适的极面形状和励磁绕组的布置情况，可使空气隙中的磁感应强度按正弦规律分布。

当转子由原动机带动，并以匀速按顺时针方向转动时，则每相绕组依次切割磁通，产生电动势；因而在 U_1U_2，V_1V_2，W_1W_2 三相绕组上得出频率相同、幅值相等、相位互差 120°的三相对称正弦电压，它们分别为 u_1，u_2，u_3，并以 u_1 为参考正弦量，则三相电源相电压的瞬时值①表达式为

$$\left.\begin{aligned} u_A &= \sqrt{2}U_P\sin\omega t \\ u_B &= \sqrt{2}U_P\sin(\omega t-120°) \\ u_C &= \sqrt{2}U_P\sin(\omega t-240°) \end{aligned}\right\} \qquad (4.1.1)$$

其波形和相位如图 4.1.4 所示。三相电源每相电压出现最大值（或最小值）的先后次序称为相序。图 4.1.4 出现最大值的次序是 A、B 和 C 相，因此电压的相序为 A→B→C。

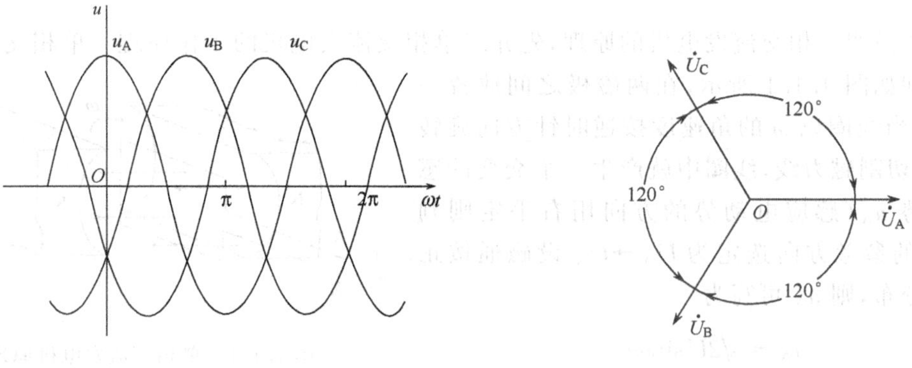

(a) 三相电源波形　　(b) 三相电源相量

图 4.1.4　三相电源相电压的波形图和相量图

一般来说，三相发电机产生的三相电动势还必须经变压器变压后才能供电给用户（详见第 10 章）。因此，对用户而言，三相电源不仅指三相发电机，还包括直接向其供电的三相变压器（详见 5.6 节）。三相电源在向外供电时，它的三个绕组有两种基本的连接方式。连接方式不同，提供的电压也有所不同。

4.1.2　三相电源连接

三相电源连接有星形连接和三角形连接两种方式。

1. 星形连接

若将图 4.1.5 中所标三相绕组的末端 U_2、V_2、W_2 连接在一起，便形成星形连接。三相绕

① 在国家标准或图集中，交流系统设备端第一相、第二相、第三相分别用 U、V、W 表示，而我国电工类教科书用 A、B、C 表示。为了便于读者阅读和参考同类教材，本书采用 A、B、C 表示。

组的连接点称为中性点或零点。从中性点引出的导线，称为中性线或零线，中性线用字母 N 表示。三相绕组的三个始端 U_1、V_1、W_1 引出的线称为相线或端线，又称为火线，分别用字母 L_1、L_2、L_3 表示。引出中性线的电源称为三相四线制电源，其供电方式称为三相四线制。

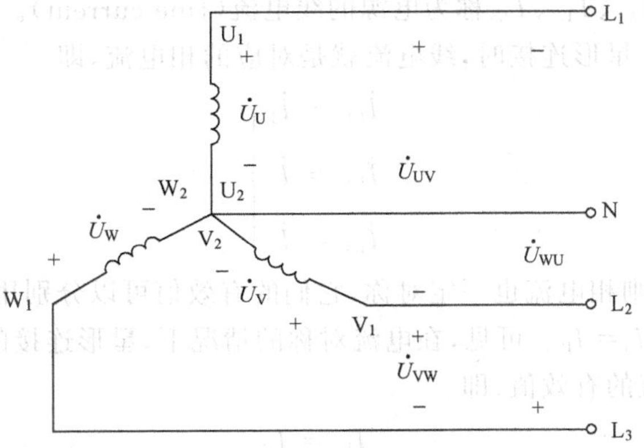

图 4.1.5　三相四线制电源

以 A(U)相电压 u_A 作为参考正弦量，式(4.1.1)对应的相量表达式为

$$\left.\begin{aligned}\dot{U}_A &= U_P\angle 0^\circ \\ \dot{U}_B &= U_P\angle -120^\circ \\ \dot{U}_C &= U_P\angle -240^\circ\end{aligned}\right\} \tag{4.1.2}$$

式(4.1.1)和式(4.1.2)中的 U_P 为相电压有效值。相线之间的电压 $\dot{U}_{AB}$、$\dot{U}_{BC}$、$\dot{U}_{CA}$ 称为线电压，有效值用 U_L 表示。根据 KVL，线电压和相电压之间的关系为

$$\left.\begin{aligned}\dot{U}_{AB} &= \dot{U}_A - \dot{U}_B \\ \dot{U}_{BC} &= \dot{U}_B - \dot{U}_C \\ \dot{U}_{CA} &= \dot{U}_C - \dot{U}_A\end{aligned}\right\} \tag{4.1.3}$$

由式(4.1.3)可画出它们的相量图，如图 4.1.6 所示。由图 4.1.6 可见，三相电源的线电压也是对称的。线电压与相电压的大小关系，可由图中底角为 30°的等腰三角形求出，即

$$\frac{1}{2}U_{AB} = U_A\cos 30^\circ = \frac{\sqrt{3}}{2}U_A$$

$$U_{AB} = \sqrt{3}U_A$$

因为相电压和线电压都是对称的，即

$$U_A = U_B = U_C = U_P$$

所以

$$U_L = \sqrt{3}U_P \tag{4.1.4}$$

一般在低压配电系统中，三相电源采用星形连

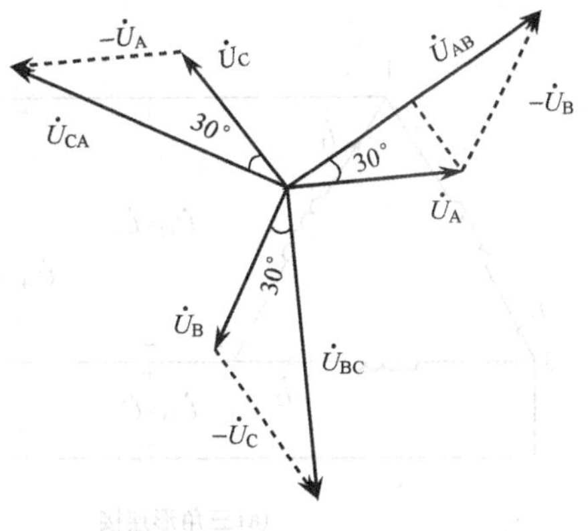

图 4.1.6　相电压与线电压的相量图

接，引出中性线，这种接法称为三相四线制。三相四线制电源的线电压为 380 V，相电压为 220 V，频率为 50 Hz(常称工频)。

三相电源工作时，每相绕组中的电流 $\dot{I}_1$、$\dot{I}_2$ 和 $\dot{I}_3$ 称为电源的相电流(phase current)，由端点输送出去的电流 $\dot{I}_{L1}$、$\dot{I}_{L2}$、$\dot{I}_{L3}$ 称为电源的线电流(line current)。相电流和线电流的大小和相位均与负载相关。星形连接时，线电流就是对应的相电流，即

$$\left.\begin{aligned}\dot{I}_{L1} &= \dot{I}_1\\ \dot{I}_{L2} &= \dot{I}_2\\ \dot{I}_{L3} &= \dot{I}_3\end{aligned}\right\} \tag{4.1.5}$$

如果线电流对称，则相电流也一定对称，它们的有效值可以分别用 I_L 和 I_P 表示，即 $I_{L1}=I_{L2}=I_{L3}=I_L$，$I_1=I_2=I_3=I_P$。可见，在电流对称的情况下，星形连接的对称三相电源中，线电流的有效值等于相电流的有效值，即

$$I_L = I_P \tag{4.1.6}$$

在相位上，线电流与对应的相电流相位相同。

2. 三相电源的三角形连接

将三相电源中每相绕组的首端依次与另一相绕组的末端连接在一起，形成闭合回路，然后从三个连接点引出三根供电线[图 4.1.4(a)]，这种连接方法称为三相电源的三角形连接(delta connection)或△形连接。显然，这种供电方式只能是三相三线制。

三角形连接时，线电压就是对应的相电压，即

$$\left.\begin{aligned}\dot{U}_{12} &= \dot{U}_1\\ \dot{U}_{23} &= \dot{U}_2\\ \dot{U}_{31} &= \dot{U}_3\end{aligned}\right\} \tag{4.1.7}$$

而且可以认为它们是对称的。因而，在三角形连接的对称三相电源中，线电压的有效值等于相电压的有效值，即

$$U_L = U_P \tag{4.1.8}$$

在相位上，线电压与对应的相电压相位相同。

在图 4.1.7(a)所示参考方向下，根据 KCL，线电流与相电流的关系为

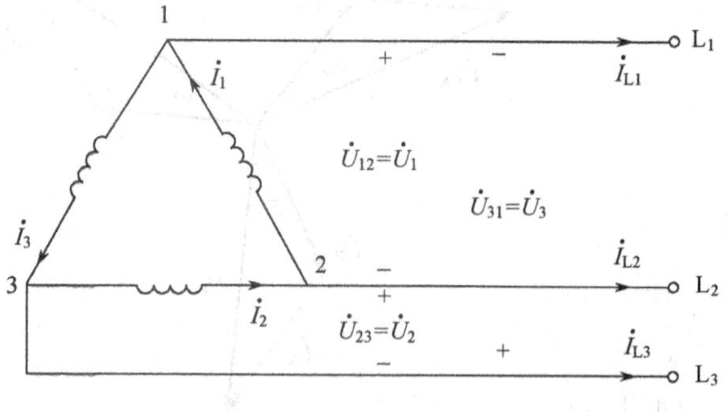

(a) 三角形连接

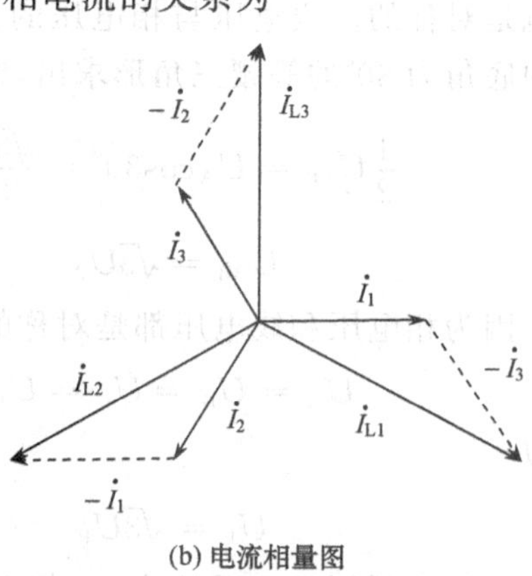

(b) 电流相量图

图 4.1.7 三相电源的三角形连接

$$\left.\begin{aligned}\dot{I}_{L1} &= \dot{I}_1 - \dot{I}_3 \\ \dot{I}_{L2} &= \dot{I}_2 - \dot{I}_1 \\ \dot{I}_{L3} &= \dot{I}_3 - \dot{I}_2\end{aligned}\right\} \tag{4.1.9}$$

当它们对称时,其相量图如图 4.1.7(b)所示。用几何方法由相量图可以求得线电流的有效值等于相电流有效值的$\sqrt{3}$倍,即

$$I_L = \sqrt{3} I_P \tag{4.1.10}$$

在相位上,线电流滞后于与之相关的滞后相相电流 30°,滞后于超前相相电流 150°的。例如与 $\dot{I}_{L1}$相关的相电流为 $\dot{I}_1$ 和 $\dot{I}_3$,$\dot{I}_1$ 是滞后于 $\dot{I}_3$ 的,而 $\dot{I}_{L1}$滞后于 $\dot{I}_1$ 30°,滞后于 $\dot{I}_3$ 150°。

思 考 题

4-1-1 对称三相电源星形连接。若相电压 $u_A = 220\sqrt{2}\sin\omega t$ V,则 $\dot{U}_B$ 和 $\dot{U}_{AB}$是多少?

4-1-2 对称三相电源三角形连接,空载运行时,会不会在三相绕组所构成的闭合回路中产生电流?

练 习 题

4-1-1 为防止停电,某计算机机房安装一台三相发电机,其绕组采用星形连接,每相额定电压 220 V。三相发电机与计算机机房配电柜接好线后试机,用电压表量得相电压 $U_A = U_B = U_C = 220$ V,而线电压则为$U_{AB} = U_{CA} = 220$ V,$U_{BC} = 380$ V,试问这种现象是如何造成的?

4-1-2 已知星形连接的三相电源 $u_{BC} = 380\sqrt{2}\sin(\omega t - 90°)$V,相序为 A→B→C。试写出 u_{AB}、u_{CA}、u_A、u_B、u_C 的表达式。

4-1-3 图 4.1.8 所示为相序指示器,三端可接对称三相 Y 形电源,试分析如何通过两个相同的白炽灯的明、暗来判断三相电源的相序。

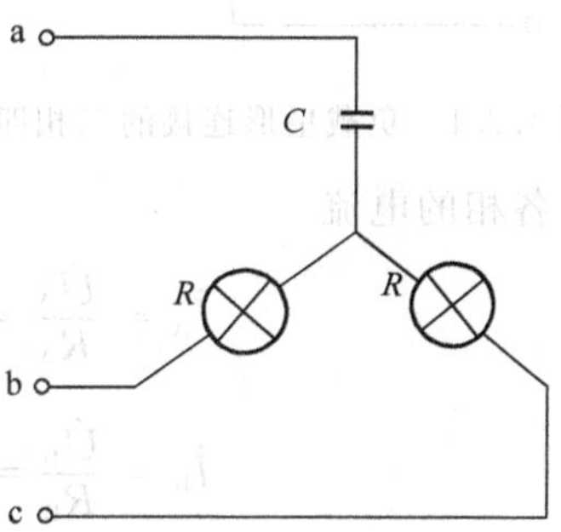

图 4.1.8 习题 4-1-3 的电路

4.2 三 相 负 载

三相电路中,电源是对称的,而各相的负载阻抗可以相同,也可以不同。前者称为对称三相负载,后者称为不对称三相负载。三相负载有两种连接方式:当各相负载的额定电压等于电源的相电压时,作星形连接(也称 Y 形接法);而各相负载的额定电压与电源的线电压相同时,作三角形连接(也称△形接法)。下面分别讨论星形连接和三角形连接的三相电路计算。

4.2.1 三相负载的星形连接

1. 不对称三相负载

图 4.2.1 表示三相负载的星形连接,点 N′叫做负载的中点,因有中性线 NN′,所以是三相四线制电路。图中通过火线的电流叫做线电流,通过每相负载的电流叫做相电流。显然,在星形连接时,某相负载的相电流就是对应的火线电流,即相电流等于线电流。

因为有中性线,对称的电源电压 u_A、u_B 和 u_C 直接加在三相负载 Z_A、Z_B 和 Z_C 上,所以三相负载的相电压也是对称的。各相负载的电流为

$$I_A = \frac{U_A}{|Z_A|}, \quad I_B = \frac{U_B}{|Z_B|}, \quad I_C = \frac{U_C}{|Z_C|} \tag{4.2.1}$$

各相负载的相电压与相电流的相位差为

$$\varphi_A = \arctan\frac{X_A}{R_A}, \quad \varphi_B = \arctan\frac{X_B}{R_B}, \quad \varphi_C = \arctan\frac{X_C}{R_C} \tag{4.2.2}$$

式中，R_A、R_B 和 R_C 为各相负载的等效电阻，X_A、X_B 和 X_C 为各相负载的等效电抗（等效感抗与等效容抗之差）。

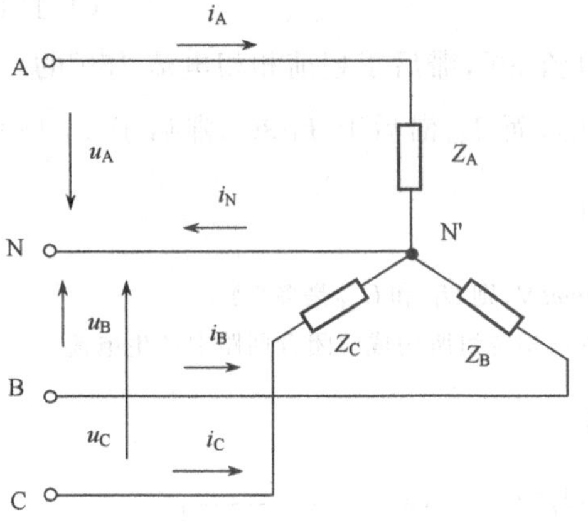

图 4.2.1　负载星形连接的三相四线制电路

中性线的电流，按图 4.2.1 所选定的参考方向，用相量表示为

$$\dot{I}_N = \dot{I}_A + \dot{I}_B + \dot{I}_C \tag{4.2.3}$$

例 4.2.1　在图 4.2.2 中，电源电压对称，每相电压 $U_P=220$ V；负载为电灯组，在额定电压下其电阻分别为 $R_A=7\ \Omega$，$R_B=8\ \Omega$，$R_C=30\ \Omega$。试求负载相电压、负载电流及中性线电流。电灯的额定电压为 220 V。

解　在负载不对称而有中性线（其上电压降可忽略不计）的情况下，负载相电压和电源相电压相等，也是对称的，其有效值为 220 V。

各相的电流

$$\dot{I}_A = \frac{\dot{U}_A}{R_A} = \frac{220\angle 0^\circ}{7}\ \text{A} = 31.4\angle 0^\circ\ \text{A}$$

$$\dot{I}_B = \frac{\dot{U}_B}{R_B} = \frac{220\angle -120^\circ}{8}\ \text{A} = 27.5\angle -120^\circ\ \text{A}$$

$$\dot{I}_C = \frac{\dot{U}_C}{R_C} = \frac{220\angle 120^\circ}{30}\ \text{A} = 7.3\angle 120^\circ\ \text{A}$$

根据图中电流的参考方向，中性线电流

$$\begin{aligned}\dot{I}_N &= \dot{I}_A + \dot{I}_B + \dot{I}_C = (31.4\angle 0^\circ + 27.5\angle -120^\circ + 7.3\angle 120^\circ)\ \text{A} \\ &= [31.4 + (-13.75 - \text{j}23.82) + (-3.65 + \text{j}6.32)]\ \text{A} \\ &= (14.0 - \text{j}17.5)\ \text{A} = 22.4\angle -51.34^\circ\ \text{A}\end{aligned}$$

电灯是单相负载，通常应比较均匀地分配在各相中。尽管如此，由于使用的分散性，三相照明负载仍难于对称。因而三相照明线路应采用三相四线制。为了保证负载的相电压对称，中性线必须牢固，而且严禁在三相四线回路的中性线单独串接熔断器或装开关。

2. 对称三相负载

工业生产使用的三相负载大都是对称负载。所谓对称负载，是指复阻抗相等，或者

$$R_A = R_B = R_C = R, \quad X_A = X_B = X_C = X$$

由式(4.2.1)、式(4.2.2)可见，因为对称负载相电压是对称的，所以对称负载的相电流也是对称的，即

$$I_A = I_B = I_C = I_P = \frac{U_P}{|Z|} \tag{4.2.4}$$

式中

$$|Z| = \sqrt{R^2 + X^2}$$

$$\varphi_A = \varphi_B = \varphi_C = \varphi = \arctan\frac{X}{R} \tag{4.2.5}$$

由相量图(见图 4.2.3)可知,这时中性线电流等于零,即

$$\dot{I}_N = \dot{I}_A + \dot{I}_B + \dot{I}_C = 0$$

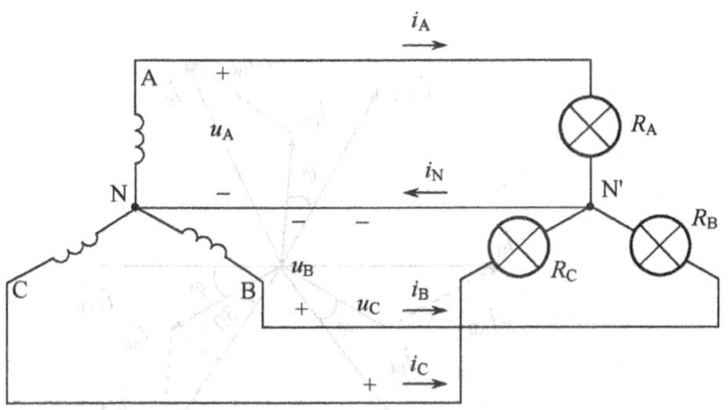

图 4.2.2 例 4.2.1 的电路

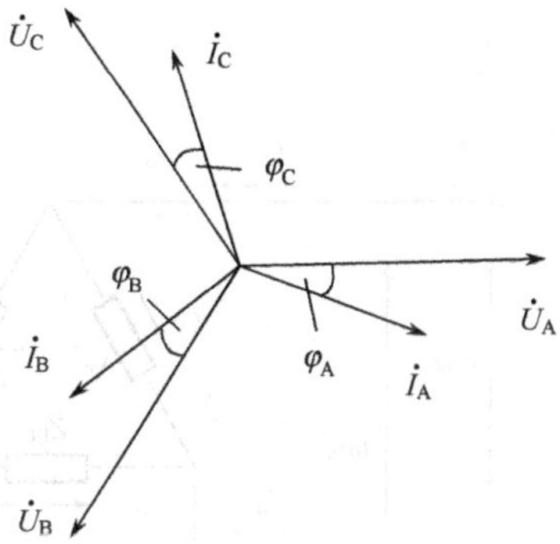

图 4.2.3 负载星形连接时的相电压与相电流的关系

中性线既然没有电流通过,那就不需设置中性线了,因而生产上广泛使用的是三相三线制。计算负载对称的三相电路,只需计算一相即可,因为对称负载的电压和电流都是对称的,它们的大小相等,相位差为 120°。

计算对称负载星形连接的电路时,常用以下关系:

$$\begin{cases} I_l = I_P \\ U_l = \sqrt{3}U_P \end{cases} \tag{4.2.6}$$

△4.2.2 三相负载的三角形连接

图 4.2.4 表示三相负载的三角形连接,每一相负载都直接接在相应的两根火线之间,这时负载的相电压就等于电源的线电压。不论负载是否对称,它们的相电压总是对称的,即

$$U_{AB} = U_{BC} = U_{CA} = U_l = U_P \tag{4.2.7}$$

负载三角形连接时,相电流和线电流是不一样的。各相负载的相电流为

$$I_{AB} = \frac{U_{AB}}{|Z_{AB}|},\quad I_{BC} = \frac{U_{BC}}{|Z_{BC}|},\quad I_{CA} = \frac{U_{CA}}{|Z_{CA}|} \tag{4.2.8}$$

各相负载的相电压与相电流之间的相位差为

$$\varphi_{AB} = \arctan\frac{X_{AB}}{R_{AB}},\quad \varphi_{BC} = \arctan\frac{X_{BC}}{R_{BC}},\quad \varphi_{CA} = \arctan\frac{X_{CA}}{R_{CA}} \tag{4.2.9}$$

负载的线电流,可以写为

$$\left.\begin{aligned} \dot{I}_A &= \dot{I}_{AB} - \dot{I}_{CA} \\ \dot{I}_B &= \dot{I}_{BC} - \dot{I}_{AB} \\ \dot{I}_C &= \dot{I}_{CA} - \dot{I}_{BC} \end{aligned}\right\} \tag{4.2.10}$$

如果负载对称，即

$$R_{AB}=R_{BC}=R_{CA}=R,\quad X_{AB}=X_{BC}=X_{CA}=X$$

由式(4.2.8)、式(4.2.9)可知，各相负载的相电流也是对称的，即

$$I_{AB}=I_{BC}=I_{CA}=I_P=\frac{U_P}{|Z|} \tag{4.2.11}$$

式中

$$|Z|=\sqrt{R^2+X^2}$$

$$\varphi_{AB}=\varphi_{BC}=\varphi_{CA}=\varphi=\arctan\frac{X}{R}$$

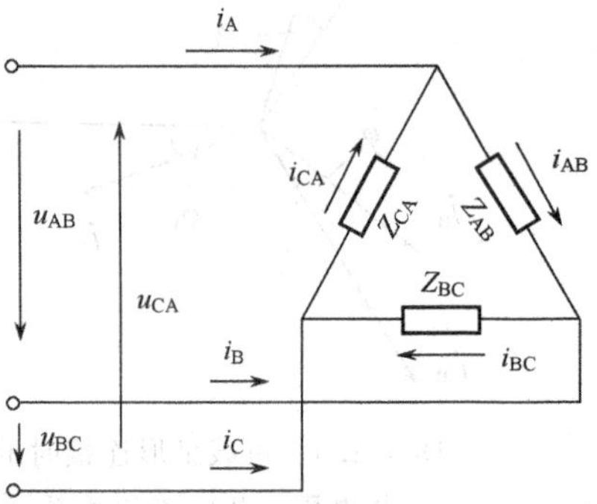

图 4.2.4　负载三角形连接的三相电路

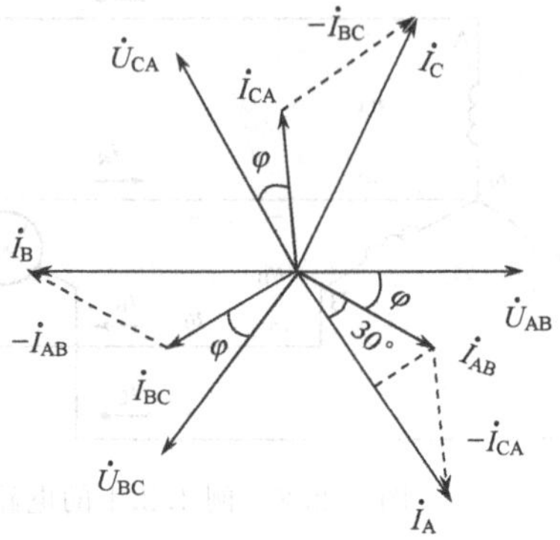

图 4.2.5　对称负载三角形连接时电压与电流的相量图

此时可由式(4.2.10)作出的相量图(见图 4.2.5)看出，三个线电流也是对称的。它们与相电流的相互关系是：

$$\frac{1}{2}I_A=I_{AB}\cos30^\circ=\frac{\sqrt{3}}{2}I_{AB}$$

$$I_A=\sqrt{3}I_{AB}$$

即

$$I_l=\sqrt{3}I_P$$

计算对称负载三角形连接的电路时，常用的关系式为

$$\begin{cases}U_l=U_P\\ I_l=\sqrt{3}I_P\end{cases} \tag{4.2.12}$$

三相负载接成星形，还是接成三角形，取决于电源电压和负载的额定相电压。

例如，电源的线电压为 380 V，而某三相异步电动机的额定相电压也为 380 V，电动机的三相绕组就应接成三角形，此时每相绕组的电压就是 380 V。如果这台电动机的额定相电压为 220 V，电动机的三相绕组就应接成星形了，此时每相绕组的电压就是 220 V；否则，若误接成三角形，每相绕组的电压为 380 V，是额定值的 $\sqrt{3}$ 倍，电动机将被烧毁。

思　考　题

4-2-1　三相四线制供电系统的中性线为什么不准接熔断器和断路器？

4-2-2　照明灯断路器是接在相线还是接在工作中性线？为什么？

4-2-3　三相负载对称是指下述三种情况下的哪一种？

(1) $|Z_1|=|Z_2|=|Z_3|$；(2) $\varphi_1=\varphi_2=\varphi_3$；(3) $Z_1=Z_2=Z_3$

4-2-4 在对称三相电路中，下述两式是否正确？

(1) $I_L=U_P/|Z|$；(2) $I_L=U_L/|Z|$

练习题

4-2-1 有一电源和负载都是星形连接的对称三相电路，已知电源相电压力 220 V，负载每相阻抗模 $|Z|=10\ \Omega$，试求负载的相电流和线电流，电源的相电流和线电流。

4-2-2 有一电源和负载都是三角形连接的对称三相电路，已知电源相电压为 220 V，负载每相阻抗模 $|Z|=10\ \Omega$，试求负载的相电流和线电流，电源的相电流和线电流。

4-2-3 图 4.2.6 所示三相四线制电路，已知电源相电压 $\dot{U}_U=220\angle 0°$ V，$\dot{U}_V=220\angle -120°$ V，$\dot{U}_W=220\angle -240°$ V，供给两组对称的三相负载和一组单相负载。第一组三相负载为星形连接，每相阻抗 $Z_1=22\ \Omega$，经过阻抗 $Z_0=5\ \Omega$ 接到中性线。第二组三相负载为三角形连接，每相阻抗为 $Z_2=-\mathrm{j}76\ \Omega$。单相负载 $R=10\ \Omega$，接在 U 相和中性线之间。求各线电流 $\dot{I}_U$、$\dot{I}_V$、$\dot{I}_W$ 和中性线电流 $\dot{I}_N$。

4-2-4 对称三相电路如图 4.2.7 所示。电源电压是 380 V，频率 $f=50$ Hz，负载 $Z=(32+\mathrm{j}24)\Omega$，求：(1)S 闭合时两电流表 A_1、A_2 的读数，且画出包括全部电压、电流的相量图(设 $\dot{U}_{UV}=380\angle 0°$ V)。写出 U 相线电流 i_U 的瞬时值表达式。(2)S 断开时两电流表的示数，写出此时 i_U 的瞬时值表达式。

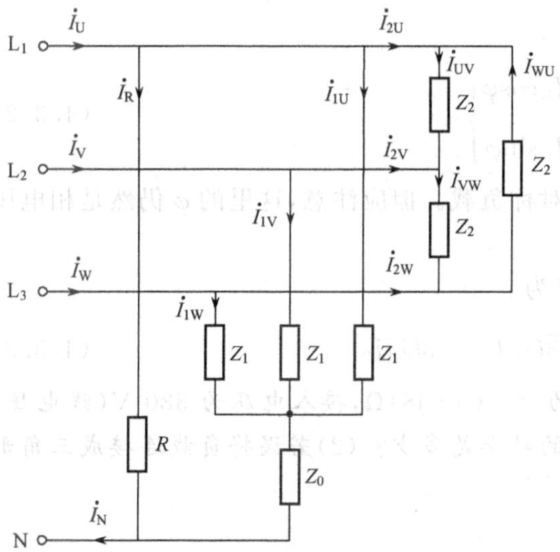

图 4.2.6 习题 4-2-3 的电路

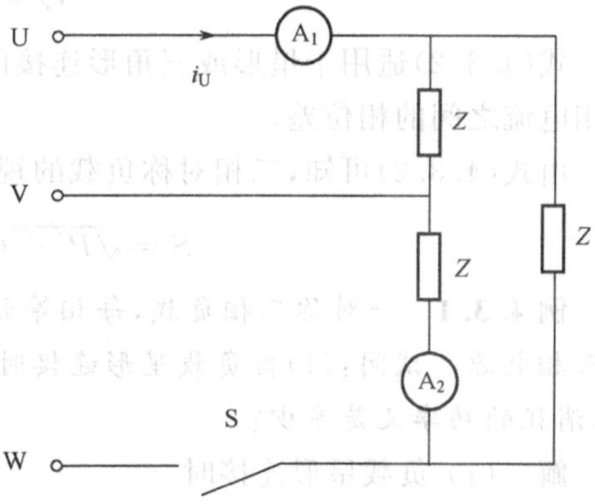

图 4.2.7 习题 4-2-4 的电路

4.3 三相功率

在第 3 章中已讨论过，一个负载两端加上正弦交流电压 u，通过电流 i，则该负载的有功功率和无功功率分别为

$$P=UI\cos\varphi,\quad Q=UI\sin\varphi \tag{4.3.1}$$

式中，U 和 I 分别为电压和电流的有效值，φ 为电压和电流之间的相位差。

在三相电路中，负载的有功功率和无功功率分别为

$$P = U_A I_A \cos\varphi_A + U_B I_B \cos\varphi_B + U_C I_C \cos\varphi_C$$

$$Q = U_A I_A \sin\varphi_A + U_B I_B \sin\varphi_B + U_C I_C \sin\varphi_C$$

式中,U_A、U_B、U_C 和 I_A、I_B、I_C 分别为三相负载的相电压和相电流,φ_A、φ_B、φ_C 分别为各相负载的相电压和相电流之间的相位差。

如果三相负载对称,即

$$U_A = U_B = U_C = U_P, \quad I_A = I_B = I_C = I_P, \quad \varphi_A = \varphi_B = \varphi_C = \varphi$$

则三相负载的有功功率和无功功率分别为

$$P = 3U_P I_P \cos\varphi, \quad Q = 3U_P I_P \sin\varphi$$

在实际工程中,测量三相负载的线电压 U_L 和线电流 I_L 比较容易。所以三相功率一般用线电压 U_L 和线电流 I_L 表示。通常所说的三相电压和三相电流都是指线电压值和线电流值。

当对称负载是星形接法时

$$U_P = U_L/\sqrt{3}, \quad I_P = I_L$$

当对称负载是三角形接法时

$$U_P = U_L, \quad I_P = I_L/\sqrt{3}$$

代入 P 与 Q 关系式,便可得到

$$\left.\begin{aligned} P &= \sqrt{3}U_L I_L \cos\varphi \\ Q &= \sqrt{3}U_L I_L \sin\varphi \end{aligned}\right\} \qquad (4.3.2)$$

式(4.3.2)适用于星形或三角形连接的三个对称负载。但应注意,这里的 φ 仍然是相电压和相电流之间的相位差。

由式(4.3.2)可知,三相对称负载的视在功率为

$$S = \sqrt{P^2 + Q^2} = \sqrt{3}U_L I_L = 3U_P I_P \qquad (4.3.3)$$

例 4.3.1 一对称三相负载,每相等效阻抗为 $Z=(6+\mathrm{j}8)\Omega$,接入电压为 380 V(线电压)的三相电源。试问:(1)当负载星形连接时,消耗的功率是多少?(2)若误将负载连接成三角形时,消耗的功率又是多少?

解 (1) 负载星形连接时

$$P = \sqrt{3}U_L I_L \cos\varphi$$

式中

$$U_L = 380 \text{ V}$$

$$I_L = I_P = \frac{U_P}{|Z|} = \frac{U_L/\sqrt{3}}{|Z|} = \frac{380/\sqrt{3}}{\sqrt{6^2+8^2}} \text{ A} = 22 \text{ A}$$

$$\cos\varphi = R/|Z| = 6/\sqrt{6^2+8^2} = 0.6$$

所以

$$P = \sqrt{3} \times 380 \times \frac{380/\sqrt{3}}{\sqrt{6^2+8^2}} \times 0.6 \text{ W} = \frac{380^2}{10} \times 0.6 \text{ W} = 8.664 \text{ kW}$$

(2) 负载误接成三角形时

$$P=\sqrt{3}U_{\rm L}I_{\rm L}\cos\varphi$$

式中

$$U_{\rm L}=380\ \rm V$$

$$I_{\rm L}=\sqrt{3}I_{\rm P}=\sqrt{3}\,\frac{U_{\rm P}}{|Z|}=\sqrt{3}\,\frac{U_{\rm L}}{|Z|}=\sqrt{3}\times\frac{380}{\sqrt{6^2+8^2}}{\rm A}=65.8\ \rm A$$

$$\cos\varphi=\frac{R}{|Z|}=\frac{6}{\sqrt{6^2+8^2}}=0.6$$

所以

$$P=\sqrt{3}\times380\times\sqrt{3}\times\frac{380}{\sqrt{6^2+8^2}}\times0.6\ {\rm W}=3\times\frac{380^2}{10}\times0.6\ \rm W$$
$$=3\times8.664\ {\rm kW}=25.992\ \rm kW$$

以上计算结果表明,若误将负载连接成三角形,负载消耗的功率是星形连接时的3倍,负载将被烧毁。此时,每相负载的电压是星形连接时的$\sqrt{3}$倍,因而每相负载的电流也是星形连接时的$\sqrt{3}$倍。

通常,在不对称三相电路中,只是负载是不对称的,而电源则仍是对称的。不对称三相电路可用 KCL、KVL 和节点法来分析。下面通过一例说明分析方法以及不对称三相电路的中点位移。

例 4.3.2 三相负载 $Z_1=10\angle 30^\circ\ \Omega$,$Z_2=15\angle -45^\circ\ \Omega$,$Z_3=20\angle 60^\circ\ \Omega$,连接如图 4.3.1 所示,由负相序三相四线制供电,线电压有效值为 380 V。(1) 求线电流和中性线电流;(2) 如果中性线断了,求线电流以及负载中点 N′ 与电源中点 N 之间的电压 $U_{\rm N'N}$。

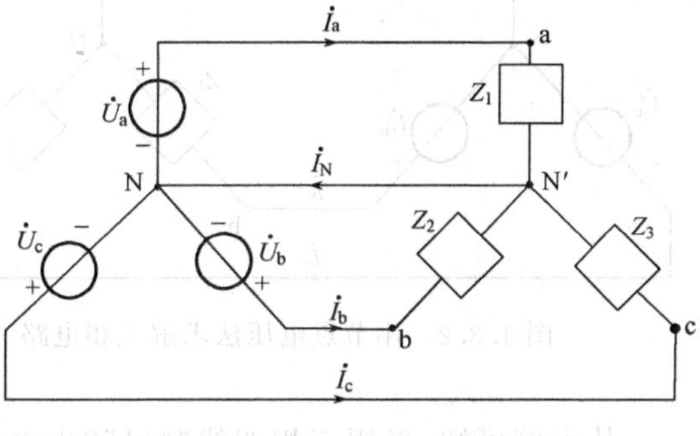

图 4.3.1 例 4.3.2 的电路

解 (1) 相电压为 $380/\sqrt{3}\,{\rm V}=220\ \rm V$ 以阻抗 Z_1 的相电压 $\dot U_{\rm a}$ 为参考相量。则

$$\dot U_{\rm a}=220\angle 0^\circ\ \rm V$$

$$\dot U_{\rm b}=220\angle -120^\circ\ \rm V$$

$$\dot U_{\rm c}=220\angle 120^\circ\ \rm V$$

中性线阻抗忽略不计,各线电流为

$$\dot I_{\rm a}=\dot U_{\rm a}/Z_1=22.00\angle -30^\circ\ \rm A$$

$$\dot I_{\rm b}=\dot U_{\rm b}/Z_2=14.67\angle -75^\circ\ \rm A$$

$$\dot I_{\rm c}=\dot U_{\rm c}/Z_3=11.00\angle 60^\circ\ \rm A$$

中性线电流

$$\dot I_{\rm N}=\dot I_{\rm a}+\dot I_{\rm b}+\dot I_{\rm c}=32.38\angle -28.88^\circ\ \rm A$$

解题过程基本与例 4.2.1 相同。

本例负载虽不对称，但中性线使每相电源仍负担相应的一相负载，各相电流（即线电流）仍可逐相分别计算。如果中性线断了可用节点法求解。

（2）中性线断了，电路如图 4.3.2 所示。由节点电压法

$$\dot{U}_{N'N}=\frac{\dfrac{\dot{U}_a}{Z_1}+\dfrac{\dot{U}_b}{Z_2}+\dfrac{\dot{U}_c}{Z_3}}{\dfrac{1}{Z_1}+\dfrac{1}{Z_2}+\dfrac{1}{Z_3}}=197.40\angle -43.24^\circ\ \text{V}$$

有中性线时 $\dot{U}_{N'N}$ 为零，中性线断开后，$\dot{U}_{N'N}$ 即升高至 197.4 V。

图 4.3.3 为图 4.3.2 所示电路的相量图，负载中点的位置已由有中性线时与电源中点 N 重合的位置移到了 N′点，这种负载中点 N′与电源中点 N 在相量图上不重合的现象称为负载中点的位移，这现象意味着三相负载电压 $\dot{U}_{aN'}$、$\dot{U}_{bN'}$、$\dot{U}_{cN'}$ 的不对称，不对称的程度与位移的程度，亦即 $\dot{U}_{N'N}$ 的大小有关。本例中 a 相负载电压。$\dot{U}_{aN'}$ 过低，从上面的计算可知仅为 52 V，而 b 相、c 相电压均过高，可分别算得约为 380 V 和 338 V。负载电压过低，则负载不能正常工作，电压过高，则负载将因过热而被烧毁。

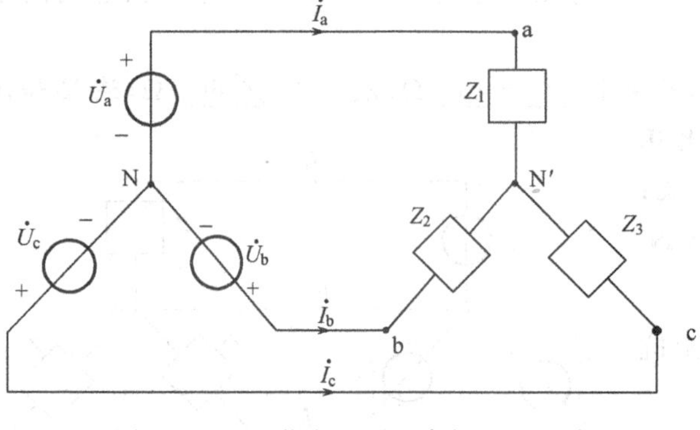

图 4.3.2 用节点电压法求解三相电路

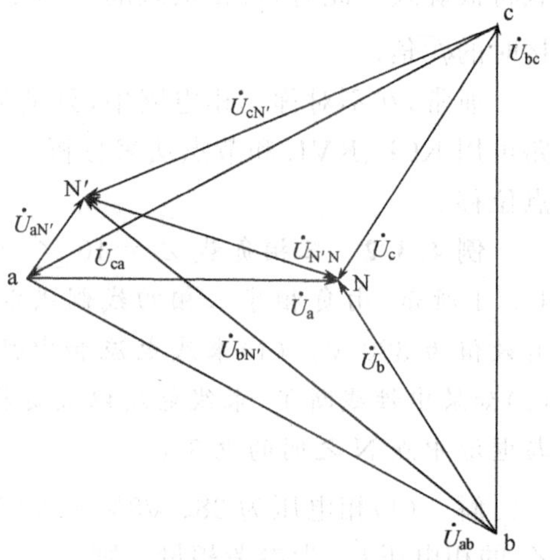

图 4.3.3 相量图——负载中点的位移

从本例可知，采用三相四线制可防止由于三相负载不对称而引起的三相负载电压不对称。为防止运行时中性线中断，中性线上不允许安装开关或保险丝，有时还需用机械强度较高的导线作为中性线。另外，中性线的阻抗值应尽量减小，否则 $\dot{U}_{N'N}$ 将不可忽略，仍能造成负载中点位移。

采用三相三线制，接有 Y 形连接负载时，应使三相负载接近对称，使能正常工作。

思 考 题

4-3-1 在什么情况下 $S=S_1+S_2+S_3$ 成立？

4-3-2 同一三相负载采用三角形连接，接于线电压为 220 V 的三相电源，以及采用星形连接，接在线电压为 380 V 的三相电源，试求这两种情况下三相负载的相电流、线电流和有功功率的比值。

4-3-3 同一三相负载，采用三角形连接和星形连接接于线电压相同的三相电源，试求这两种情况下负载的相电流、线电流和有功功率的比值。

4-3-4　在三相电路中，下列四种结论中，正确的是(　　)。

(1) 当负载作星形连接时，必定有中性线。

(2) 凡负载作三角形连接时，其线电流必定是相电流的$\sqrt{3}$倍。

(3) 三相四线制星形连接下，电源线电压必定是负载相电压的$\sqrt{3}$倍。

(4) 三相对称电路的总功率为 $P=\sqrt{3}U_P I_P \cos\varphi_P$。

练　习　题

4-3-1　有三个相同的电感性单相负载，额定电压为 380 V，功率因数为 0.8，在此电压下单相负载消耗的有功功率为 1.5 kW。把它接到线电压为 380 V 的对称三相电源上，试问应采用什么连接方法？负载的 R 和 X_L 是多少？

4-3-2　某三相负载，额定相电压为 220 V，每相负载的电阻为 4 Ω，感抗为 3 Ω，接于线电压为 380 V 的对称三相电源上，试问该负载应采用什么连接方法？负载的有功功率、无功功率和视在功率是多少？

4-3-3　三相四线制 380 V 电源供电给某工厂的三个工作间。每一个工作间的照明分别由三相电源的一相供电，三相电源的线电压为 380 V，供电方式为三相四线制。每个工作间装有 220 V、100 W 的白炽灯 10 盏。试求：(1)绘出白炽灯接入三相电源的线路图；(2)在全部满载时中性线电流和线电流的有效值各为多少？(3)若第一个工作间白炽灯全部关闭，第二个工作间白炽灯全部开亮，第三个工作间开了一盏白炽灯，而电源中性线因故断掉。这时第二、第三工作间的白炽灯两端电压的有效值各为多少？白炽灯工作情况如何？

4-3-4　三相四线制 380 V 电源供电给三层大楼，每一层作为一相负载，装有数目相同的 220 V 的日光灯和白炽灯，每层总功率 2000 W，总功率因数皆为 0.91。试求：(1)负载如何接入电源？并画出线路图；(2)求全部满载时的线电流及中性线电流；(3)如第一层仅用 1/2 的照明灯具，第二层仅用 3/4 的照明灯具，第三层满载，各层的功率因数不变。问各线电流和中性线电流为多少？

4-3-5　图 4.3.4 所示为一星形连接的电感性对称负载，额定值为 $U_N=380$ V，频率 $f=50$ Hz，负载的功率 $P=10$ kW，功率因数 $\cos\varphi_1=0.6$。为了将线路功率因数提高到 $\cos\varphi=0.9$，试问在两图中每相并联的补偿电容器的电容值各为多少？采用哪种连接(三角形或星形)方式较好？[提示：每相电容 $C=\dfrac{P(\tan\varphi_1-\tan\varphi)}{3\omega U^2}$，式中 P 为三相功率(W)，U 为每相电容上所加电压]。

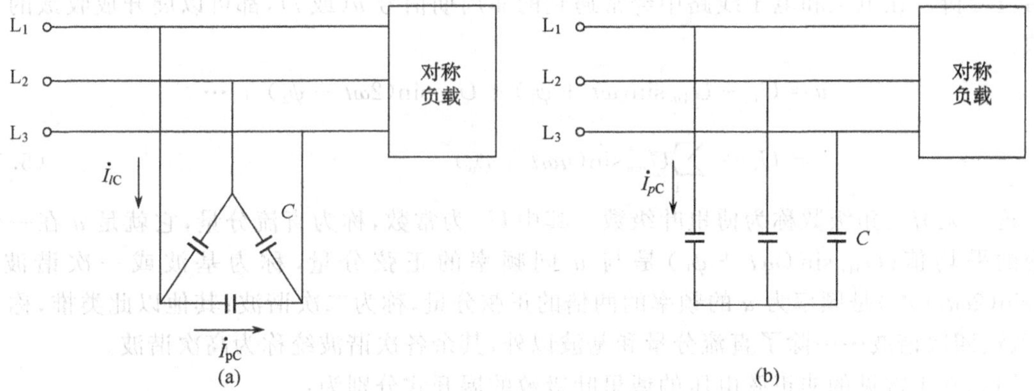

图 4.3.4　习题 4-3-5 的电路

4-3-6　如果电压相等，输送功率相等，距离相等，线路功率损耗相等，则三相输电线(设负载对称)的用铜量为单相输电线的用铜量的 3/4。试证明之。

第 5 章　非正弦周期电路

在电工和电子电路中常会遇到非正弦周期电流和电压。例如整流电路中的全波整流波形、数字电路中的方波、扫描电路中的锯齿波等都是常见的非正弦周期波形，如图 5.0.1 所示。对于非正弦线性电路，通常是将非正弦周期信号进行分解，然后利用叠加定理进行分析计算。

通过本章学习，要了解非正弦周期信号线性电路的基本概念。

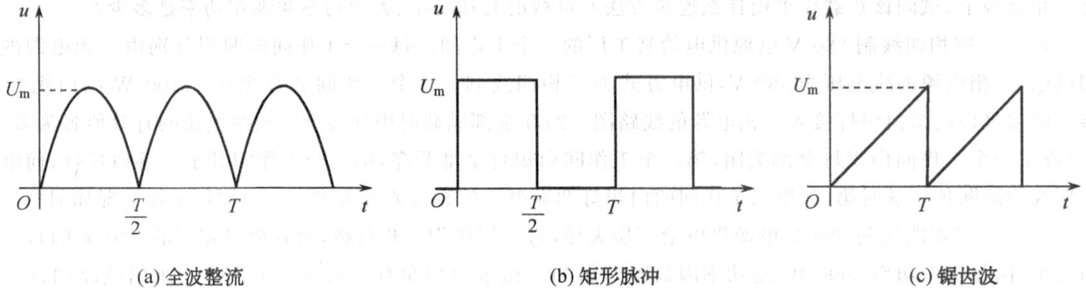

图 5.0.1　常见的非正弦电压的波形

5.1　傅里叶级数

非正弦周期信号可以用傅里叶级数将它们分解成许多不同频率的正弦分量，这种方法称为谐波分析。在电工和电子线路中经常遇到的非周期信号 u（或 i），都可以展开成收敛的三角级数：

$$\begin{aligned} u &= U_0 + U_{1m}\sin(\omega t + \psi_1) + U_{2m}\sin(2\omega t + \psi_2) + \cdots \\ &= U_0 + \sum_{n=1}^{\infty} U_{nm}\sin(n\omega t + \psi_n) \end{aligned} \tag{5.1.1}$$

这一无穷三角级数称为傅里叶级数。其中 U_0 为常数，称为直流分量，它就是 u 在一个周期内的平均值；$U_{1m}\sin(\omega t + \psi_1)$ 是与 u 同频率的正弦分量，称为基波或一次谐波；而 $U_{2m}\sin(2\omega t + \psi_2)$ 是频率为 u 的频率的两倍的正弦分量，称为二次谐波；其他以此类推，称为三次谐波、四次谐波……除了直流分量和基波以外，其余各次谐波统称为高次谐波。

图 5.0.1 常见的非正弦电压的傅里叶级数的展开式分别为：

全波整流电压

$$u(t) = \frac{2U_m}{\pi} - \frac{4U_m}{\pi}\left(\frac{\cos 2\omega t}{1\times 3} + \frac{\cos 4\omega t}{3\times 5} + \frac{\cos 6\omega t}{5\times 7} + \cdots\right) \tag{5.1.2}$$

矩形脉冲电压

$$u(t) = \frac{U_m}{2} + \frac{2U_m}{\pi}\left(\sin\omega t + \frac{1}{3}\sin 3\omega t + \frac{1}{5}\sin 5\omega t + \cdots\right) \tag{5.1.3}$$

锯齿波电压

$$u(t)=\frac{U_m}{2}-\frac{U_m}{\pi}\left(\sin\omega t+\frac{1}{2}\sin2\omega t+\frac{1}{3}\sin3\omega t+\cdots\right) \tag{5.1.4}$$

从式(5.1.2)、式(5.1.3)、式(5.1.4)可以看出,各次谐波的幅值是不等的,频率愈高,则幅值愈小。这说明傅里叶级数具有收敛性。直流分量(如果有的话)、基波及接近基波的高次谐波是非正弦周期量的主要部分,次数很高的谐波可以忽略(具体计算见例 5.4.2)。

思　考　题

5-1-1　举出非正弦周期电压或电流的实际例子。

5-1-2　设 $u_{BE}=(0.6+0.02\sin\omega t)$V,$u_{CE}=[6+3\sin(\omega t-\pi)]$V,试分别用波形图表示,并说明其中两个交流分量的大小和相位关系。

练　习　题

5-1-1　计算图 5.1.1 所示半波整流电压的平均值和有效值。

5-1-2　如图 5.1.2 所示波形是正弦电压 $u=U_m\sin\omega t$ V 经全波可控整流后的电压波形,$\omega=100\pi$ rad/s,控制角 $0\leqslant\alpha\leqslant\pi$。求该波形的平均值 U_{1AV} 和有效值 U_1。

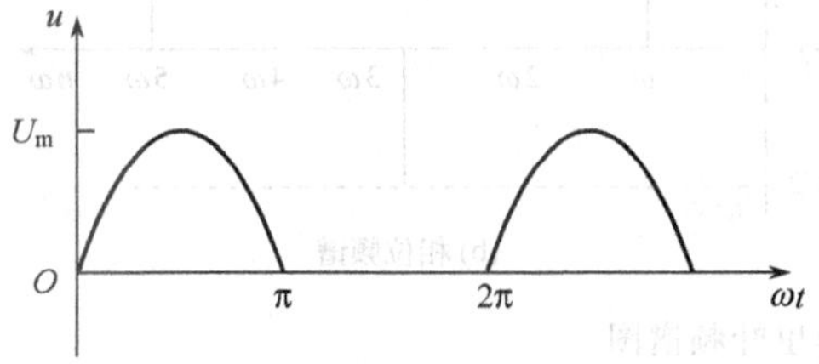

图 5.1.1　习题 5-1-1 的半波整流电压波形

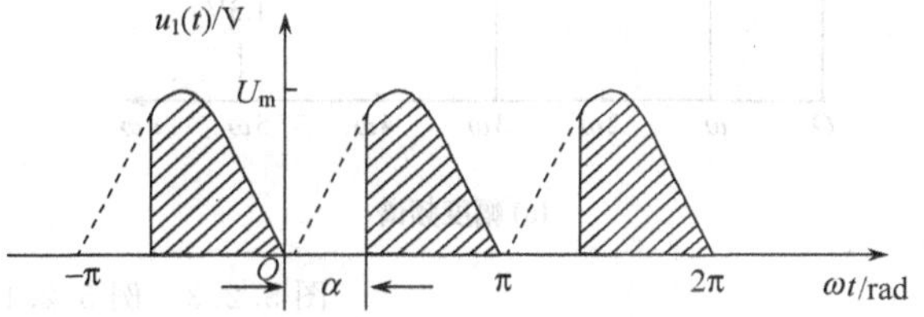

图 5.1.2　习题 5-1-2 的波形

*5.2　傅里叶频谱

由 5.1 节可知,一个周期性非正弦波形 $f(t)$可以用傅里叶级数表示为

$$f(t)=A_0+\sum_{n=1}^{\infty}A_0\sin(n\omega t+\varphi_n)$$

将 A_0 与 $n\omega$ 的函数关系画成如图 5.2.1(a)所示的图形,称为 $f(t)$的幅度频谱。将 φ_n 与 $n\omega$ 的函数关系

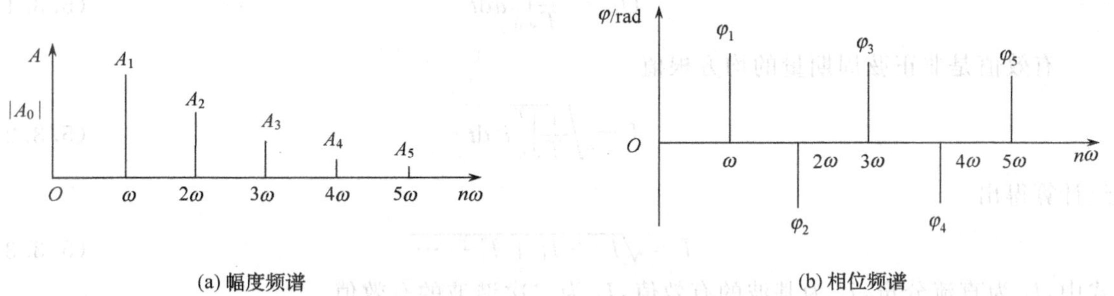

(a) 幅度频谱　　(b) 相位频谱

图 5.2.1　傅里叶频谱图

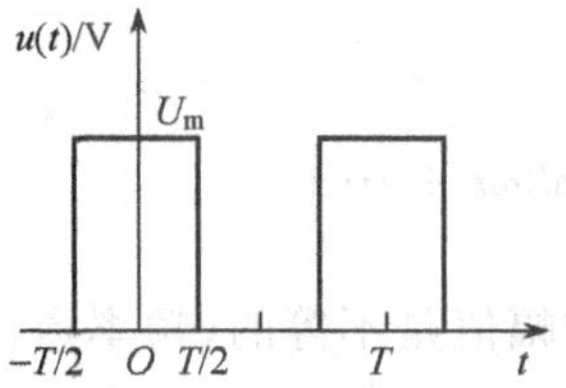

图 5.2.2　例 5.2.1 的周期性脉冲波形

画成如图 5.2.1(b)所示的图形，称为 $f(t)$ 的相位频谱。幅度频谱和相位频谱统称为 $f(t)$ 的傅里叶频谱，傅里叶频谱能够直观地看出一个周期性非正弦信号分解后各次谐波的幅度和初相位随频率的变化情况。

例 5.2.1　画出图 5.2.2 所示周期性脉冲波形的频谱图。

解　图 5.2.2 所示波形的傅里叶级数为

$$u(t)=\frac{U_{\mathrm{m}}}{2}+\frac{2U_{\mathrm{m}}}{\pi}\left(\cos\omega t-\frac{1}{3}\cos3\omega t+\frac{1}{5}\cos5\omega t-\cdots\right)$$

将 $U_{\mathrm{m}}=10\ \mathrm{V}$ 代入上式，得

$$u(t)=\frac{10}{2}+\frac{2\times10}{\pi}\left(\cos\omega t-\frac{1}{3}\cos3\omega t+\frac{1}{5}\cos5\omega t-\cdots\right)$$

$$=5+6.4\sin\left(\omega t+\frac{\pi}{2}\right)+2.1\sin\left(3\omega t-\frac{\pi}{2}\right)+1.3\sin\left(5\omega t+\frac{\pi}{2}\right)-\cdots\quad \mathrm{V}$$

由上式可以画出 $u(t)$ 的幅度频谱和相位频谱，分别如图 5.2.3(a)和(b)所示。

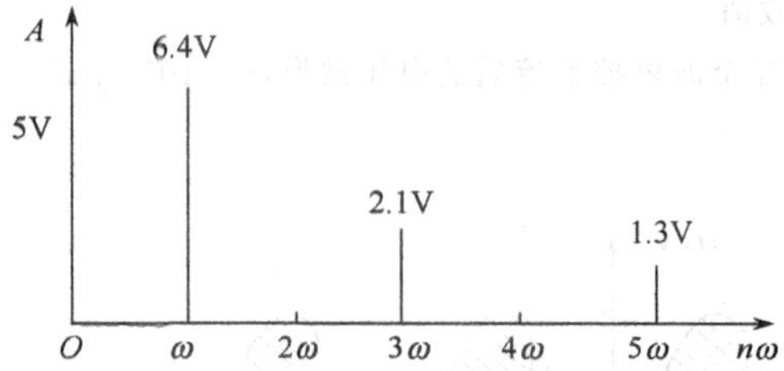

(a) 幅度频谱

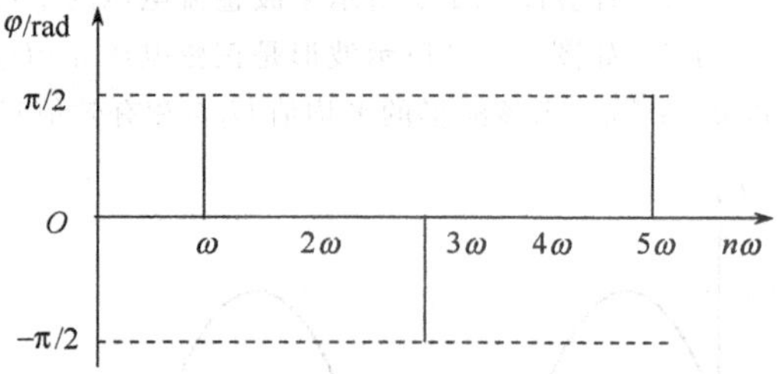

(b) 相位频谱

图 5.2.3　例 5.2.1 的傅里叶频谱图

5.3　非正弦周期量的最大值、平均值和有效值

在工程实践中，除了要了解非正弦周期量的基波和谐波分量外，还需要知道它的最大值、平均值和有效值。

最大值是非正弦波在一个周期内的最大瞬时绝对值，又称峰值。选择电器绝缘材料时，要考虑电压的最大值。平均值是非正弦周期量的直流分量。考虑整流电路输出直流电压的大小时，就需要计算它的平均值

$$U_0=\frac{1}{T}\int_0^T u\,\mathrm{d}t \tag{5.3.1}$$

有效值是非正弦周期量的均方根值

$$I=\sqrt{\frac{1}{T}\int_0^T i^2\,\mathrm{d}t} \tag{5.3.2}$$

经计算得出

$$I=\sqrt{I_0^2+I_1^2+I_2^2+\cdots} \tag{5.3.3}$$

式中，I_0 为直流分量，I_1 为基波的有效值，I_2 为二次谐波的有效值。

$$I_1=I_{1\mathrm{m}}/\sqrt{2},\quad I_2=I_{2\mathrm{m}}/\sqrt{2},\quad\cdots$$

同理，非正弦周期电压的有效值

$$U=\sqrt{U_0^2+U_1^2+U_2^2+\cdots} \tag{5.3.4}$$

式中，U_0 为直流分量，U_1 为基波的有效值，U_2 为二次谐波的有效值。

由式(5.3.2)、式(5.3.3)和式(5.3.4)可知，非正弦周期信号各次谐波都是正弦量，它们的最大值应为有效值的$\sqrt{2}$倍。非正弦周期信号的有效值等于其直流分量和各次谐波有效值的平方之和的平方根，而与谐波的相位 φ_k 无关。

例 5.3.1 图 5.3.1 是一半波可控整流电压的波形，在$\frac{\pi}{3}$～π之间是正弦波，求其平均值和有效值。

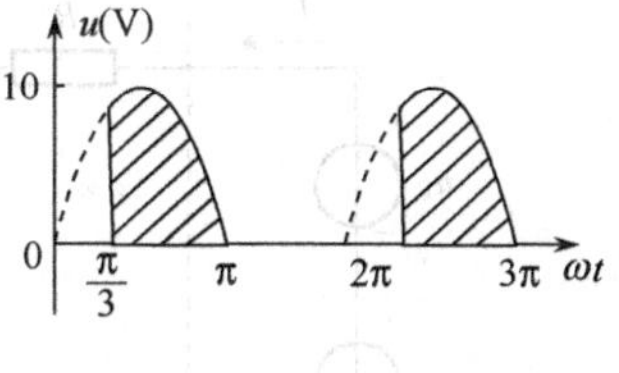

图 5.3.1　例 5.3.1 的波形

解　平均值为

$$U_0=\frac{1}{2\pi}\int_{\frac{\pi}{3}}^{\pi}u\mathrm{d}(\omega t)=\frac{1}{2\pi}\int_{\frac{\pi}{3}}^{\pi}10\sin\omega t\,\mathrm{d}(\omega t)=2.39\ \mathrm{V}$$

有效值为

$$U=\sqrt{\frac{1}{2\pi}\int_{\frac{\pi}{3}}^{\pi}u^2\mathrm{d}(\omega t)}=\sqrt{\frac{1}{2\pi}\int_{\frac{\pi}{3}}^{\pi}10^2\sin^2\omega t\,\mathrm{d}(\omega t)}=5.5\ \mathrm{V}$$

非正弦周期信号的最大值(即幅值)，并不一定等于有效值的$\sqrt{2}$倍，最大值、平均值和有效值之间的关系随波形的不同而不同。

非正弦周期量波形中的脉动程度，往往用它的基波最大值 $A_{1\mathrm{m}}$ 与非正弦周期量的平均值 A_0 之比来表示。此比值称为脉动系数，即

$$S=A_{1\mathrm{m}}/A_0 \tag{5.3.5}$$

波形越尖锐，脉动系数越大；波形越平滑，脉动系数越小。

例 5.3.2 铁心线圈是一种非线性元件，因此加上正弦电压

$$u=311\sin 314t\ \mathrm{V}$$

后，其中电流为

$$i=0.8\sin(314t-85^\circ)+0.25\sin(942t-105^\circ)\ \mathrm{A}$$

试求等效正弦电流。

解　等效正弦电流的有效值等于非正弦周期电流的有效值，即

$$I=\sqrt{\left(\frac{0.8}{\sqrt{2}}\right)^2+\left(\frac{0.25}{\sqrt{2}}\right)^2}\ \mathrm{A}=0.593\ \mathrm{A}$$

平均功率为

$$P=U_1I_1\cos\varphi_1=\frac{311}{\sqrt{2}}\times\frac{0.8}{\sqrt{2}}\times\cos 85^\circ\ \mathrm{W}=10.8\ \mathrm{W}$$

等效正弦电流与正弦电压之间的相位差为

$$\varphi=\arccos\frac{P}{UI}=\arccos\left(\frac{10.8}{\frac{311}{\sqrt{2}}\times 0.593}\right)=85.2^\circ$$

所以等效正弦电流为

$$i=\sqrt{2}\times 0.593\sin(314t-85.2°)\ \text{A}$$

练　习　题

5-3-1　在图 5.3.2 所示电路，已知 $u_1=10\sin t\text{V}$，$u_2=4\sin 2t\text{V}$。当 u_1 单独作用时测得 $i=i_1=10\sin t\text{A}$，当 u_2 单独作用时测得 $i=i_2=2.22\sin(2t-56.31°)\text{A}$。求该电路的等效串联 R、L、C 之值。

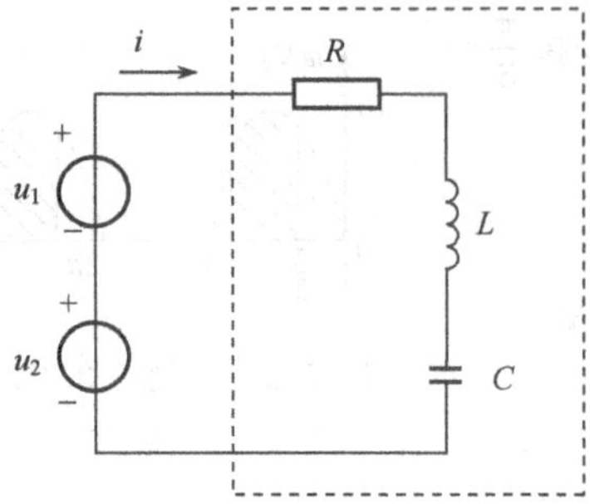

图 5.3.2　习题 5-3-1 的电路

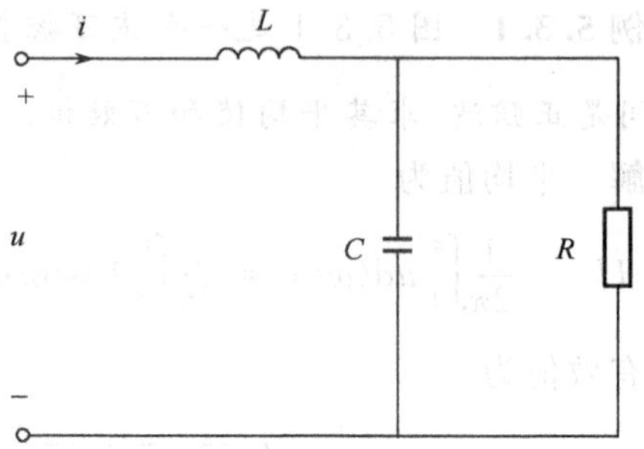

图 5.3.3　习题 5-3-2 的电路

5-3-2　在图 5.3.3 所示电路，$u=(10+10\sin 1000t+10\sin 2000t)\text{mV}$，$R=20\ \Omega$。$C=50\ \mu\text{F}$，$L=10\ \text{mH}$。求电流 i 及其有效值。

5.4　非正弦周期信号线性电路计算

非正弦线性电路应用叠加定理计算的具体步骤如下：

(1) 将给定的非正弦电压或电流分解为直流分量和一系列频率不同的正弦分量。

(2) 让直流分量和各正弦分量单独作用，求出相应的电流或电压。由于感抗和容抗是与频率有关的，即

$$X_{Lk}=k\omega L,\quad X_{Ck}=\frac{1}{k\omega C}\tag{5.4.1}$$

因此不同频率的谐波，其感抗、容抗是不同的。频率越高的谐波，感抗越大，容抗越小。当某一谐波单独作用时，可用相量法进行计算。

(3) 将各个电流或电压分量的瞬时值表达式叠加起来即得所求结果。由于各次谐波的频率不同，因此不能把各次谐波的电流或电压相量相加，而应该采用三角函数式来表达。

例 5.4.1　在图 5.4.1(a) 中，已知 $I_S=20\ \text{A}$，$u_S=20\sqrt{2}(\sin 1000t+\sin 2000t)\ \text{V}$，$L=10\ \text{mH}$，$C=200\ \mu\text{F}$，$R_1=R_2=R_3=5\ \Omega$。求 R_3 的电流 i_3、有效值及其消耗的有功功率。

解　(1) 直流理想电流源单独作用时，交流理想电压源应短路，这时 L 相当于短路，C 相当于开路，由此得到直流通路如图 5.4.1(b) 所示。由于 $R_2=R_3$，故通过 R_3 的直流电流分量

$$I_0=\frac{1}{2}I_S=\frac{1}{2}\times 20\ \text{A}=10\ \text{A}$$

(2) 交流理想电压源单独作用时，直流理想电流源应开路。由此得到交流通路如图 5.4.1(c) 所示。

① 基波分量单独作用

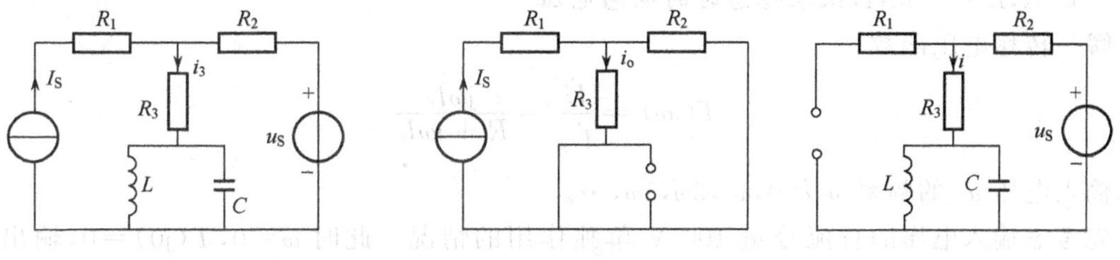

(a) 电路　　(b) 直流通路　　(c) 交流通路

图 5.4.1　例 5.4.1 的电路

$$X_{L1}=\omega L=1000\times 10\times 10^{-3}\,\Omega=10\ \Omega$$

$$X_{C1}=\frac{1}{\omega C}=\frac{1}{1000\times 200\times 10^{-6}}\Omega=5\ \Omega$$

$$Z_1=R_2+R_3+\frac{\mathrm{j}X_{L1}\cdot(-\mathrm{j}X_{C1})}{\mathrm{j}X_{L1}+(-\mathrm{j}X_{C1})}=\left[5+5+\frac{\mathrm{j}10\times(-\mathrm{j}5)}{\mathrm{j}10-\mathrm{j}5}\right]\Omega$$

$$=(10+50/\mathrm{j}5)\Omega=(10-\mathrm{j}10)\Omega=10\sqrt{2}\angle-45^\circ\ \Omega$$

$$\dot{I}_1=\frac{\dot{U}_{S1}}{Z_1}=\frac{20\angle 0^\circ}{10\sqrt{2}\angle-45^\circ}\mathrm{A}=\sqrt{2}\angle 45^\circ\ \mathrm{A}$$

② 二次谐波单独作用时

$$X_{L2}=2\omega L=2000\times 10\times 10^{-3}\,\Omega=20\ \Omega$$

$$X_{C2}=\frac{1}{2\omega C}=\frac{1}{2000\times 200\times 10^{-6}}\Omega=2.5\ \Omega$$

$$Z_2=R_2+R_3+\frac{\mathrm{j}X_{L2}\cdot(-\mathrm{j}X_{C2})}{\mathrm{j}X_{L2}+(-\mathrm{j}X_{C2})}=\left[5+5+\frac{\mathrm{j}20\times(-\mathrm{j}2.5)}{\mathrm{j}20-\mathrm{j}2.5}\right]\Omega$$

$$=[(10+50/(\mathrm{j}17.5)]\Omega=(10-\mathrm{j}2.86)\Omega=10.4\angle-16^\circ\ \Omega$$

$$\dot{I}_2=\frac{\dot{U}_{S2}}{Z_2}=\frac{20\angle 0^\circ}{10.4\angle-16^\circ}\mathrm{A}=1.92\angle 16^\circ\ \mathrm{A}$$

③ 最后求得通过 R_3 的电流

$$i_3=I_0+i_1+i_2=\{10+[2\sin(1000t+45^\circ)+2.72\sin(2000t+16^\circ)]\}\mathrm{A}$$

$$I_3=\sqrt{I_0^2+I_1^2+I_2^2}=\sqrt{10^2+(\sqrt{2})^2+1.92^2}\,\mathrm{A}=10.28\mathrm{A}$$

通过 R_3 的有功功率

$$P_3=(I_0^2+I_1^2+I_2^2)R_3=[10^2+(\sqrt{2})^2+1.92^2)]\times 5\ \mathrm{W}=528.4\ \mathrm{W}$$

例 5.4.2　图 5.4.2 (a)所示幅度为 200 V、周期为 1 ms 的方波，作用于图 5.4.2 (b)所示 RL 电路。已知方波的傅里叶级数为

$$u_S=\left\{100+\frac{400}{\pi}\left[\cos\omega t-\frac{1}{3}\cos 3\omega t+\frac{1}{5}\cos 5\omega t-\cdots\right]\right\}$$

式中

$$\omega t=\frac{2\pi}{T}=2\pi\times 10^3\ \mathrm{rad/s}$$

又 $R=50\ \Omega, L=25\ \text{mH}$，试求稳态时的电感电压。

解 转移电压函数

$$T(\mathrm{j}\omega)=\frac{\dot{U}}{\dot{U}_{\mathrm{S}}}=\frac{\mathrm{j}\omega L}{R+\mathrm{j}\omega L}$$

本题输入电压 u_{S} 的频率 ω 为 $0, \omega, 3\omega, 5\omega, \cdots$。

先考虑输入电压的直流分量 100 V 单独作用的情况。此时 $\omega=0$，$T(\mathrm{j}0)=0$，输出电压为零。

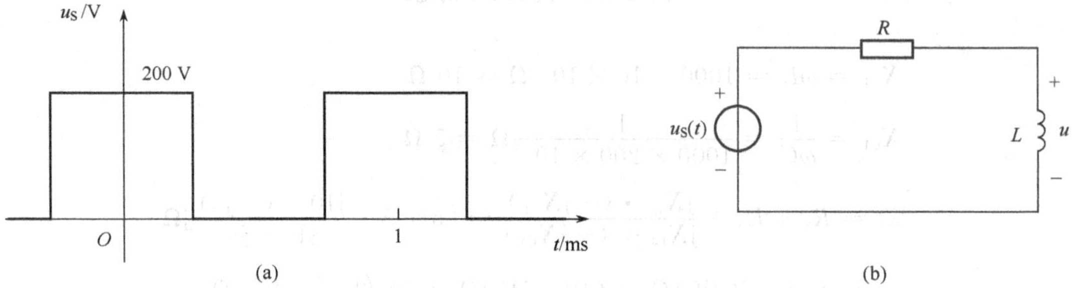

图 5.4.2 例 5.4.2 的电路

在下面的计算中，各相量均指振幅相量，为简便计均略去下标 m。

再考虑输入电压的基波 $\frac{400}{\pi}\cos\omega t$ V 单独作用的情况。以 $\dot{U}_{\mathrm{S1}}$ 表示其相量，$\dot{U}_1$ 表示输出电压的相量。此时 $\omega=2\pi\times10^3$ rad/s，故

$$T(\mathrm{j}\omega)=\frac{\mathrm{j}\omega L}{R+\mathrm{j}\omega L}=\frac{\mathrm{j}2\pi\times10^3\times25\times10^{-3}}{50+\mathrm{j}2\pi\times10^3\times25\times10^{-3}}=0.955\underline{/17.66^\circ}$$

又

$$\dot{U}_{\mathrm{S1}}=\frac{400}{\pi}=\underline{/0^\circ}\ \mathrm{V}=127\underline{/0^\circ}\ \mathrm{V}$$

故得

$$\dot{U}_1=\dot{U}_{\mathrm{S1}}T(\mathrm{j}\omega)=127\underline{/0^\circ}\times0.955\underline{/17.66^\circ}\ \mathrm{V}=121.28\underline{/17.66^\circ}\ \mathrm{V}$$

因而输出电压的基波

$$u_1(t)=121.28\cos(\omega t+17.66^\circ)\mathrm{V}$$

输入电压的三次谐波 $-\frac{400}{3\pi}\cos3\omega t$ V 单独作用时，$3\omega=3\times2\pi\times10^3$ rad/s，故

$$T(\mathrm{j}3\omega)=\frac{\mathrm{j}3\omega L}{R+\mathrm{j}3\omega L}=0.993\underline{/6.05^\circ}$$

以 $\dot{U}_{\mathrm{S3}}$ 表示三次谐波的相量，$\dot{U}_3$ 表示输出电压相量，则

$$\dot{U}_{\mathrm{S3}}=\frac{400}{3\pi}=\underline{/0^\circ}\ \mathrm{V}=42.4\underline{/-180^\circ}\ \mathrm{V}$$

$$\dot{U}_3=\dot{U}_{\mathrm{S3}}T(\mathrm{j}3\omega)=42.4\underline{/-180^\circ}\times0.993\underline{/6.05^\circ}\ \mathrm{V}=42.10\underline{/-173.95^\circ}\ \mathrm{V}$$

故得输出电压的三次谐波为

$$u_3(t)=42.10\cos(3\omega_1 t-173.95^\circ)\mathrm{V}$$

其他各次谐波单独作用时，计算方法相似。各次谐波计算结果如表 5.4.1 所示，表中所列数据已算至 9 次谐波。由输出谐波相量栏可得输出电压，即电感电压

$$
\begin{aligned}
u(t)=[&121.28\cos(\omega t+17.66°)-42.10\cos(3\omega t+6.05°)\\
&+25.35\cos(5\omega t+3.66°)-18.06\cos(7\omega t+2.60°)\\
&+14.10\cos(9\omega t+2.00°)+\cdots]\ \mathrm{V}
\end{aligned}
$$

波形如图 5.4.3 所示。

表 5.4.1

谐波次数	输入谐波相量/V	$T_u(j\omega)$	输出谐波相量/V
0	100	0	0
1	$127\angle 0°$	$0.955\angle 17.66°$	$121.28\angle 17.66°$
3	$42.4\angle -180°$	$0.993\angle 6.05°$	$42.10\angle -173.95°$
5	$25.4\angle 0°$	$0.998\angle 3.66°$	$25.35\angle 3.66°$
7	$18.1\angle -180°$	$0.998\angle 2.60°$	$18.06\angle -177.40°$
9	$14.1\angle 0°$	$0.999\angle 2.00°$	$14.10\angle 2.00°$

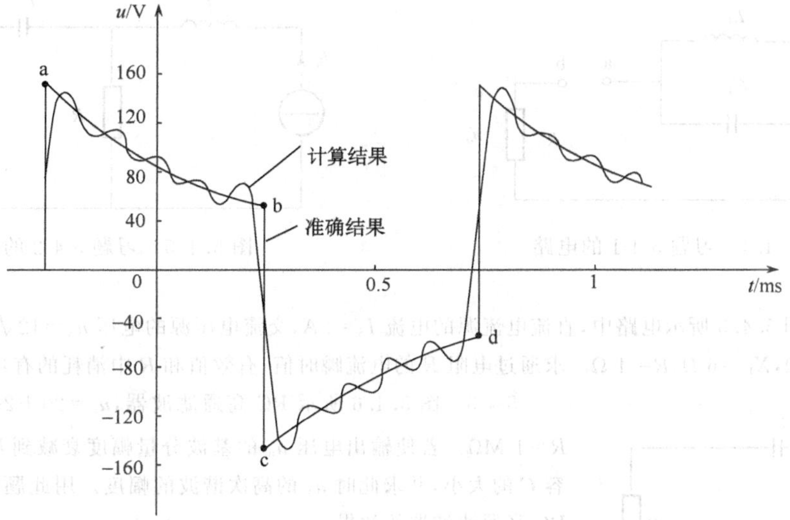

图 5.4.3　例 5.4.2 输出电压波形

傅里叶级数是一个无穷级数，在实际应用时只能取有限项来计算，必然会有误差。图 5.4.3 中标有准确结果的波形是由时域方法算得的。该方法虽准确，但使用场合毕竟有限。

当正弦电压信号通过非线性电路(例如晶体管放大器)后波形发生畸变，称为信号失真。这种失真信号仍是周期形信号，但不再是单一频率的正弦波，而是含有多种谐波成分的波形，这种失真就称为谐波失真。信号失真的程度称为失真度。关于信号失真，将在本书第 16 章讨论。

思 考 题

5-4-1　在例 5.4.1 中最后求得的电流可否写成 $\dot{I}_3=\dot{I}_0+\dot{I}_1+\dot{I}_2$？

5-4-2　在例 5.4.2 中最后求得的电压可否写成 $\dot{U}=\dot{U}_0+\dot{U}_1+\dot{U}_2$？

5-4-3　设 $i_1(t)=10\cos(\omega t)+5\cos(3\omega t+30°)-3\cos(5\omega t+60°)$ A，$i_2(t)=20\cos(\omega t-30°)+10\cos(5\omega t+45°)$ A，如果要求出 $i(t)=i_1(t)+i_2(t)$，下列的做法对不对？为什么？

先求出 $i_1(t)$、$i_2(t)$的相量分别为

$$\dot{I}_{1m}=(10\angle 0°+5\angle -30°-3\angle 60°)\text{A}$$

$$\dot{I}_{2m}=(20\angle -30°+10\angle 45°)\text{A}$$

再求出这两相量之和

$$\dot{I}_{1m}+\dot{I}_{2m}=I_m$$

由此可得相量 I_m 所对应的电流 $i(t)$。

练 习 题

5-4-1　利用串联谐振或并联谐振原理滤波的电路称为谐振滤波器。图 5.4.4 所示谐振滤波电路，已知 $u_i=\sin100t+5\sin200t$ V，$L_1=0.5$H。要求 $u_o=5\sin200t$V。求：(1) C_1；(2) 在 a、b 之间应该接入一个电容还是一个电感？求其值。

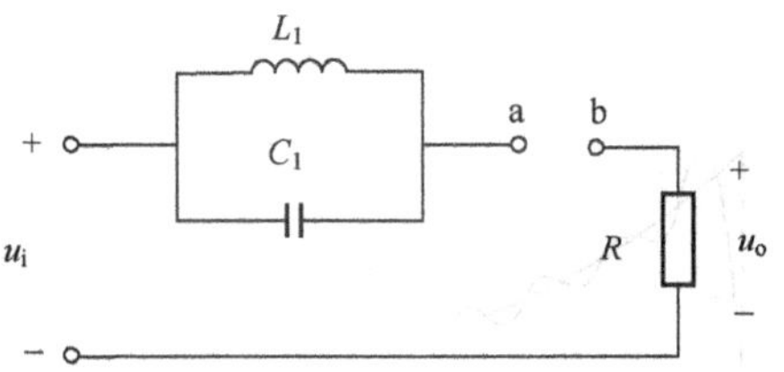

图 5.4.4　习题 5-4-1 的电路

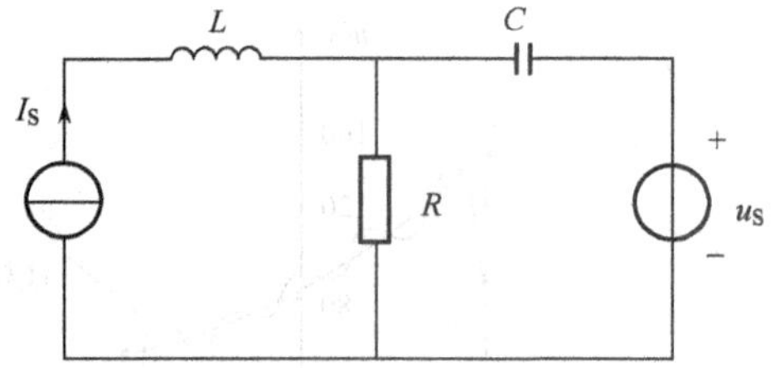

图 5.4.5　习题 5-4-2 的电路

5-4-2　在图 5.4.5 所示电路中，直流电流源的电流 $I_S=2$A，交流电压源的电压 $u_S=12\sqrt{2}\sin314t$ V，此频率时的 $X_C=3\ \Omega$，$X_L=6\ \Omega$，$R=4\ \Omega$。求通过电阻 R 的电流瞬时值、有效值和 R 中消耗的有功功率。

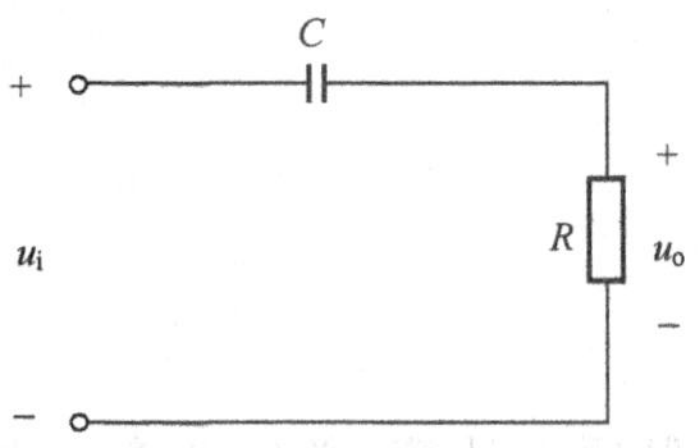

图 5.4.6　习题 5-4-3 的电路

5-4-3　图 5.4.6 所示 RC 高通滤波器，$u_i=20+2\sin t+2\sin10t$ V，$R=1$ MΩ。若使输出电压 u_o 的基波分量幅度衰减到 $U_{o1m}=\sqrt{2}$V，求电容 C 的大小，并求此时 u_o 的高次谐波的幅度。用此题的计算结果说明 RC 高通滤波器的效果。

5-4-4　图 5.4.7 所示 LC 低通滤波器，$u_i=10+10\sin1000t+10\sin200t$ V，$R=100\ \Omega$，$L=0.2$ H，$C=10\ \mu$F。求输出电压 u_o 及其有效值 U_o。用此题的计算结果说明 LC 低通滤波器的效果。

5-4-5　图 5.4.8 是一个电感滤波电路，滤波电感 $L=1$ H，负载电阻 $R=50\ \Omega$。输入电压 u_i 是全波整流电压，按傅里叶级数分解，u_i 可表达为

$$u_i=100+66.7\sin(2\omega t-90°)+13.3\sin(4\omega t-90°)\ \text{V}$$

式中，$\omega=314$ rad/s，六次及更高次谐波略去不计。试求负载电压 u_o 并把 u_o 中各次谐波的最大值和 u_i 中相应谐波的最大值作一比较，说明滤波效果。

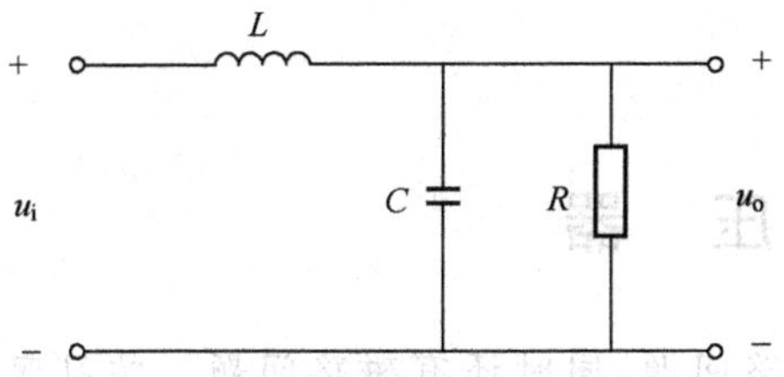

图 5.4.7　习题 5-4-4 的电路

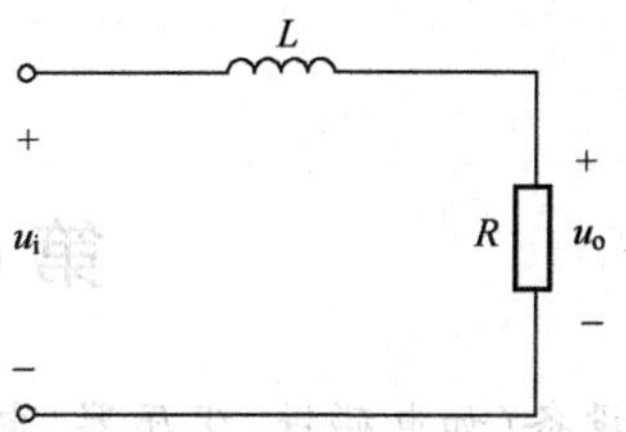

图 5.4.8　习题 5-4-5 的电路

第6章 变 压 器

电工设备(如电磁铁、变压器、电机等)不仅有电路问题,同时还有磁路问题。学习变压器不仅要掌握电路的基本理论,还要具备磁路的基本知识。因此,本章先介绍磁路和电磁铁。通过对电磁铁的分析,既可以有助于对磁路的理解,而且它也是今后学习自动控制电器的基础。最后再讨论变压器。

本章学习要求:(1)了解磁路的基本概念;(2)了解变压器的基本结构、工作原理、额定值的意义、外特性及绕组的同极性端;(3)了解三相电压的变换。

6.1 磁路及其分析

为了分析和计算磁场,下面简要介绍一下有关磁路的基础知识。

6.1.1 磁路的基本物理量

1. 电磁场的产生

永久磁铁在其周围产生磁场,通常通过画磁力线的方式来形象地描绘磁场的分布。磁力线的方向是从N极指向S极。磁力线越密,表明磁场越强。条形磁铁产生的磁场如图6.1.1(a)所示。通电导体产生的磁场称为电磁场。图6.1.1(b)所示是通电直导线的磁场,它的磁力线是环绕导线的同心圆,其方向按安培(右手螺旋)定则来判断。图6.1.1(c)所示是通电螺线管的磁场,它的磁力线分布于管内和管外的空间中,关于螺线管中心线对称,其方向也按安培(右手螺旋)定则来判断。图6.1.1(d)所示为通电的有铁心线圈的磁场,它的磁力线绝大部分集中于铁心内,在铁心内闭合。

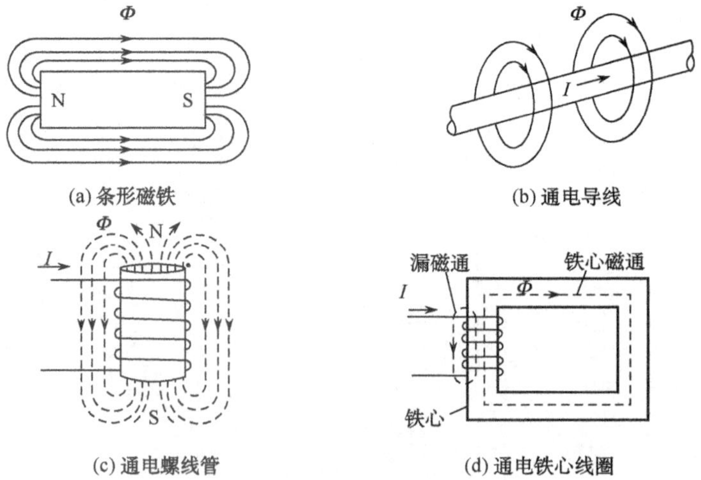

图6.1.1 电磁场

磁力线是连续的互相不交叉的闭合曲线。

如果磁场内各处的磁力线的方向一致、密度均匀，则称为均匀磁场。

直流电流产生的磁场是恒定的。交变电流产生的磁场是交变的。

2. 磁通

在磁场中，把垂直穿过某一截面积 S 的磁力线的数量叫做通过该面积的磁通 Φ，它的单位是韦伯（简称韦），用 Wb 表示。

由于磁力线是闭合的回线，磁通是闭合的磁力线数，因而磁通只表示磁场的强弱，不能表示磁场的方向。

3. 磁感应强度

由于磁通与磁力线通过的面积大小有关，且不能表示磁场的方向。为此，我们引入磁通密度这一物理量。

磁通密度(flux density)定义为通过与磁场方向垂直的单位面积的磁通量，又称磁感应强度 B。磁感应强度 B 是一个矢量，其方向为该处磁场的方向。它与电流（电流产生磁场）之间的方向关系可用右螺旋定则来确定。

如果磁场内各点的磁感应强度(magnetic induction intensity)的大小相等，方向相同，这样的磁场则称为均匀磁场。

根据磁通和磁场强度的定义，在均匀磁场（即磁力线疏密均匀且相互平行的磁场）中，磁感应强度 B 与磁通 Φ 的关系为

$$\Phi = BS \tag{6.1.1}$$

式中，Φ 为穿过截面 S 的磁通（如图 6.1.2 所示），单位是 Wb；S 的单位是 m^2；B 的单位是特斯拉(Tesla，T)，$1T = 1\ Wb/m^2$。

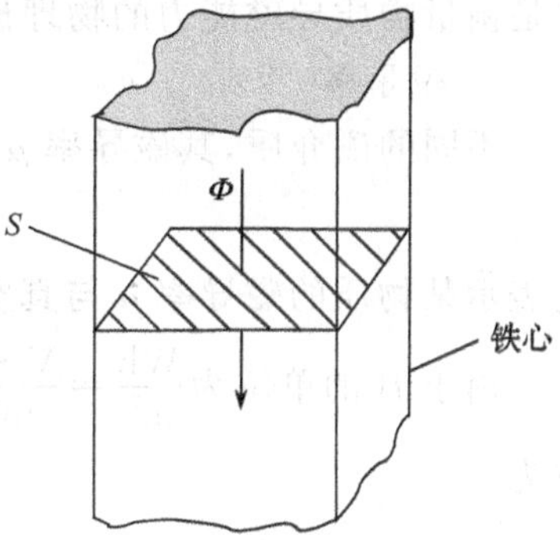

图 6.1.2　磁通与磁感应强度

根据电磁感应定律的公式

$$e = -N\frac{d\Phi}{dt} \tag{6.1.2}$$

可知，磁通[量](magnetic flux)的单位为伏·秒(V·s)。

对于非均匀磁场，式(6.1.1)应该写成面积分的形式，即

$$\Phi = \oint_S B \cdot dS \tag{6.1.3}$$

由于磁力线是闭合的，因此，对于任何封闭面，穿入该封闭面的磁通应该等于穿出该封闭面的磁通，如图 6.1.3 所示，或者说穿入封闭面的磁通的代数和等于零，这称为磁通连续性原理。磁通连续性原理表示为

$$\Phi = \oint_S B \cdot dS = 0 \tag{6.1.4}$$

或者

$$\sum \Phi = 0 \tag{6.1.5}$$

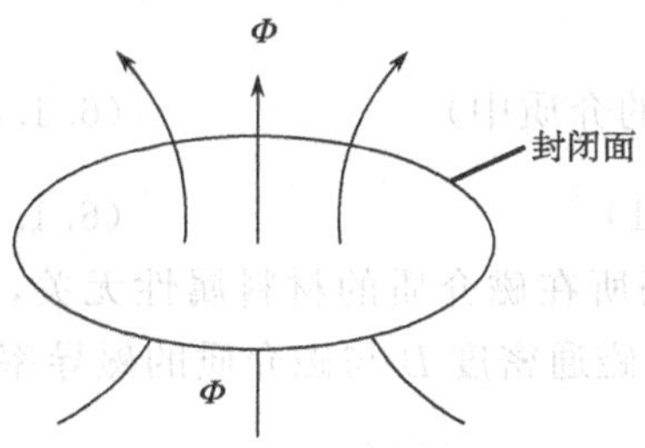

图 6.1.3　磁通连续性原理

例 6.1.1　如图 6.1.4 所示铁心，横边框处截面面积为 $S_1 = 3\times10^{-2}\ m^2$，磁感应强度为 $B_1 = 0.8T$。竖边框处截面面积为 $S_2 = 2\times10^{-2}\ m^2$，求竖边框处的磁感应强度 B_2。

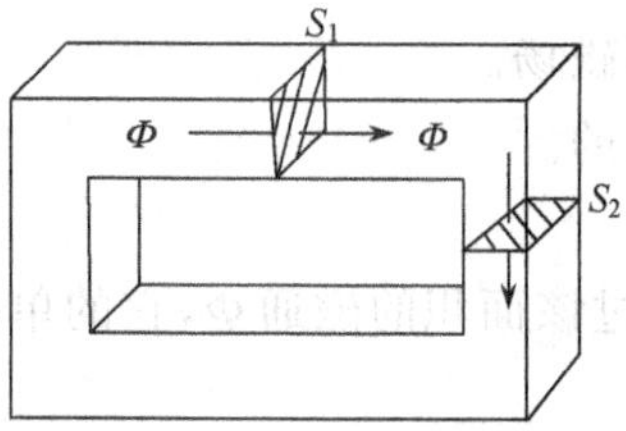

图 6.1.4　例 6.1.1 的磁路

解　$\Phi=B_1S_1=0.8\times3\times10^{-2}\,\text{Wb}=2.4\times10^{-2}\,\text{Wb}$

假设所有磁通都被限制在磁芯内，根据磁通连续性原理，在横边框 S_1 截面上和竖边框 S_2 截面上的磁通都相等。因此

$$B_2=\frac{\Phi}{S_2}=\frac{2.4\times10^{-2}}{2\times10^{-2}}\text{T}=1.2\text{T}$$

4. *磁场强度*

一个单位正磁荷(即 +1 Wb)在磁场中所受的磁力定义为该点磁场强度 H 的大小，将该单位正磁荷的受力方向定义为该点的磁场方向。H 的单位为安每米(A/m)。其数值 H 并非介质中某点磁场强弱的实际值，H 与 B 不相等。这可通过电流在无限大均匀介质中所产生的磁场为例来说明它们的区别。在该磁场中，除电流产生的磁场外，介质被磁化后还会产生附加的磁场。H 与 B 的主要区别是：H 代表电流本身所产生的磁场强弱，它反映了电流的励磁能力，其大小只与产生该磁场的电流大小成正比，与介质的性质无关；B 代表电流所产生的以及介质被磁化后所产生的总磁场的强弱，其大小不仅与电流的大小有关，而且还与介质的性质有关。介质不同，B 值各异。H 相当于激励，B 相当于响应。

磁感应强度 B 与磁场强度 H 的比值称为磁导率(permeability)，用 μ 表示，即

$$\mu=B/H \tag{6.1.6}$$

它是衡量物质导磁能力的物理量。单位是亨每米(H/m)。

5. *磁导率*

不同的磁介质，其磁导率 μ 的值不同。为便于比较，引入相对磁导率 μ_r。μ_r 定义为

$$\mu_r=\mu/\mu_0 \tag{6.1.7}$$

它表示某物质的磁导率 μ 与真空中的 μ_0 的比值，即相对于真空来说，磁通通过的难易程度。

由于 B 的单位为 $\frac{\text{Wb}}{\text{m}^2}=\frac{\text{V}\cdot\text{s}}{\text{m}^2}$，$H$ 的单位为 $\frac{\text{A}}{\text{m}}$，由式(6.1.6)可知，磁导率 $\mu\left(=\frac{B}{H}\right)$ 的单位为

$$\frac{\dfrac{\text{V}\cdot\text{s}}{\text{m}^2}}{\dfrac{\text{A}}{\text{s}}}=\frac{\Omega\cdot\text{s}}{\text{m}}=\text{H/m}$$

真空(及非铁磁物质)的磁导率 $\mu_0=4\pi\times10^{-7}\,\text{H/m}$。

式(6.1.7)可写为

$$H=\frac{B}{\mu}=\frac{B}{\mu_0\mu_r}\quad(\text{相对磁导率为 }\mu_r\text{ 的介质中}) \tag{6.1.8}$$

$$H=B/\mu_0\quad(\text{在真空或空气中，}\mu_r=1) \tag{6.1.9}$$

磁场强度 H 是磁场中任意一点的磁力线密度，它与磁场所在磁介质的材料属性无关，即磁场强度与磁场中的介质无关，从而避开了磁介质的影响；而磁通密度 B 与磁介质的磁导率 μ 的大小有关，介质不同，其 μ 值不同，B 值各异。

*6.1.2　物质的磁性能

分析磁路，首先要了解物质的磁性能。

自然界的物质按照磁导率的不同，大体上可分为非磁性物质(non-magnetic material)和磁性物质(magnetic material)两大类。

非磁性物质亦称非铁磁物质，例如铝、铜、银、锰、铂及木材、水等，它们的磁导率 μ 与真空的磁导率 μ_0（$\mu_0=4\pi\times10^{-7}$ H/m）相差很小，对磁场的影响甚微。它又分为顺磁物质和反磁物质两种。顺磁物质（如变压器油和空气）的 μ 稍大于 μ_0，反磁物质（如铜和铋）的 μ 稍小于 μ_0。非铁磁质的磁导率 μ 是常数。

磁性物质又称铁磁物质。这类物质包括铁、镍、钴以及这些金属的合金，还有铁氧体材料等。它们的磁导率 μ 比真空的磁导率 μ_0 大得多（即 $\mu_r=\mu/\mu_0\gg1$），因而它们对磁场的影响很大。例如，热轧硅钢 $\mu_r=450\sim8000$，冷轧硅钢 $\mu_r=600\sim1000$，78％坡莫合金 $\mu_r=8000\sim100000$，而且它们的磁导率不是常数，会随磁路的饱和程度而减小。

1. 磁畴

为什么铁磁性物质能大大地增强磁场呢？下面我们用磁畴概念加以说明。

从物质的原子结构观点来看，铁磁性物质内电子间因自旋引起的相互作用是非常强烈的，在这种作用下，铁磁性物质内部形成了一些微小的自发磁化区域，叫做磁畴。每一个磁畴中，各个电子的自旋磁矩排列得很整齐，因此它具有很强的磁性。磁畴的体积约为$(10^{-12}\sim10^{-9})\text{m}^3$，内含 $10^{17}\sim10^{20}$ 个原子。在没有外磁场时，铁磁性物质内各个磁畴的排列方向是无序的，所以铁磁性物质对外不显磁性[图 6.1.5(a)]。当铁磁性物质处于外磁场中时，各个磁畴的磁矩在外磁场的作用下都趋向于沿外磁场方向排列[图 6.1.5(b)]，使整个磁畴趋向外磁场方向。所以铁磁性物质在外磁场中的磁化程度非常大，它所建立的附加磁感强度 B' 比外磁场的磁感强度 B_0 在数值上一般要大几十倍到数千倍，甚至达数百万倍。

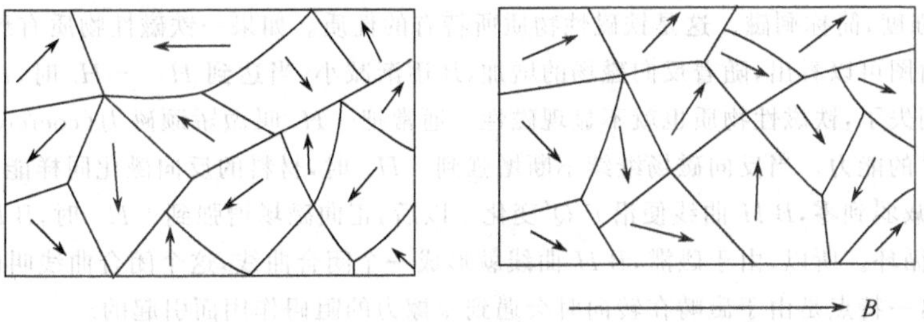

(a) 无外磁场　　(b) 有外磁场

图 6.1.5　磁畴

从实验中还知道，铁磁性物质的磁化与温度有关。随着温度的升高，它的磁化能力逐渐减小，当温度升高到某一温度时，铁磁性就完全消失，铁磁性物质退化成顺磁性物质。这个温度称为居里温度或叫居里点。这是因为铁磁性物质中自发磁化区域因剧烈的分子热运动而遭破坏，磁畴也就瓦解了，铁磁性物质的铁磁性消失，过渡到顺磁质。从实验知道，铁的居里温度是 1043K，78％坡莫合金的居里温度是 873K，45％坡莫合金的居里温度是 673K。

2. 磁化曲线

顺磁质的 B 与 H 的关系是线性关系（图 6.1.6）。但铁磁性物质却不是这样，不仅它的磁导率比顺磁质的磁导率大得多，而且，当外磁场改变时，它的磁导率 μ 还随磁场强度 H 的改变而变化。图 6.1.7 中的 ONP 线段是从实验得出的某一铁磁性物质开始磁化时的 B-H 曲线，也叫初始磁化曲线。从曲线中可以看出 B 与 H 之间是非线性关系。当 H 从零（即点 0）逐渐增大时，B 急剧地增加，这是因为磁畴在磁场作用下迅速沿外磁场方向排列的缘故；到达 N 点以后，再增大 H 时，B 增加得就比较慢了；当达到点 P 以后，再增加外磁场强度 H 时，B 的增加就十分缓慢，呈现出磁化已达饱和的程度。点 P 所对应的 B 值一般叫做饱和磁感强度 B_m，这时，在铁磁性物质中，几乎所有磁畴都已沿着外磁场方向排列了。这时的磁场强度用 $+H_m$ 表示。

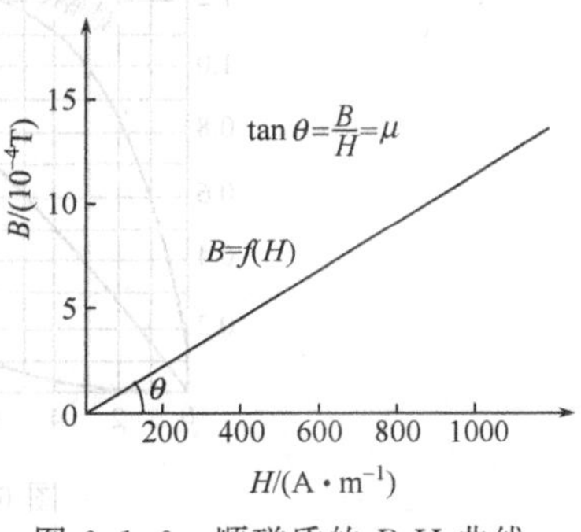

图 6.1.6　顺磁质的 B-H 曲线

当磁场强度达到$+H_m$后就开始减小，那么，在H减小的过程中，B-H曲线是否仍按原来的起始磁化曲线退回来呢？实验表明，当外磁场由$+H_m$逐渐减小时，磁感强度B并不沿起始曲线ONP减小，而是沿图6.1.7中另一条曲线PQ比较缓慢地减小。这种B的变化落后于H的变化的现象称为磁滞(hysteresis)现象，简称磁滞。

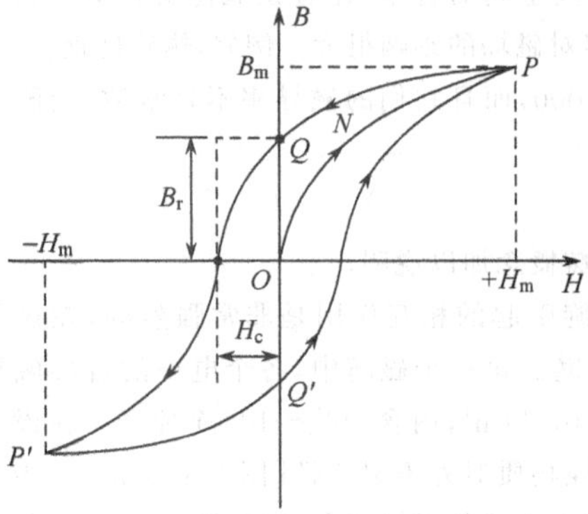

图 6.1.7　磁滞回线

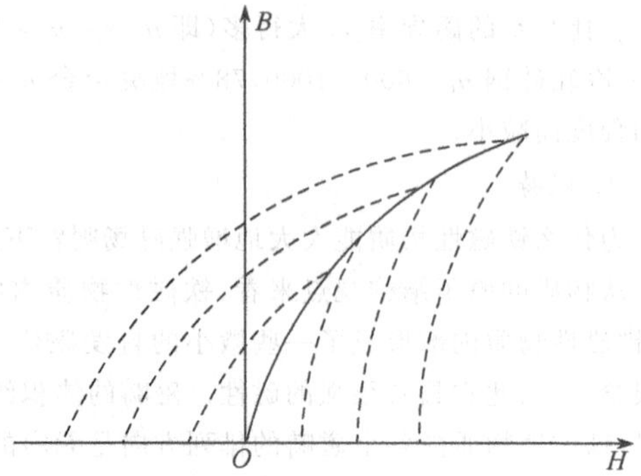

图 6.1.8　基本磁化曲线

由于磁滞的缘故，当磁场强度减小到零(即$H=0$)时，磁感强度B并不等于零，而是仍有一定的数值B_r，B_r叫做剩余磁感强度，简称剩磁。这是铁磁性物质所特有的性质。如果一铁磁性物质有剩磁存在，这就表明它已被磁化过。由图可以看出，随着反向磁场的增加，B逐渐减小，当达到$H=-H_c$时，B等于零，这时铁磁性物质的剩磁就消失了，铁磁性物质也就不显现磁性。通常把$-H_c$叫做矫顽磁力(coercive force)，它表示铁磁性物质抵抗去磁的能力。当反向磁场继续不断增强到$-H_m$时，材料的反向磁化同样能达到饱和点P'。此后，反向磁场逐渐减弱到零，B-H曲线便沿$P'Q'$变化。以后，正向磁场增强到$+H_m$时，B-H曲线就沿$Q'P$变化，从而完成一个循环。所以，由于磁滞，B-H曲线就形成一个闭合曲线，这个闭合曲线叫做磁滞回线。

磁性物质的这一特点是由于磁畴在转向时会遇到摩擦力的阻碍作用而引起的。

对同一铁磁物质，选取不同值的一系列H_m多次交变磁化，可得到一系列磁滞回线，如图6.1.8中的虚线所示，由这些磁滞回线的正顶点与原点连成的曲线称为基本磁化曲线(fundamental magnetization curve)或标准磁化曲线(normal magnetization curve)。

它通常可表征物质的磁化特性，是分析计算磁路的依据。图6.1.9给出了几种常用磁性材料的基本磁化曲线。

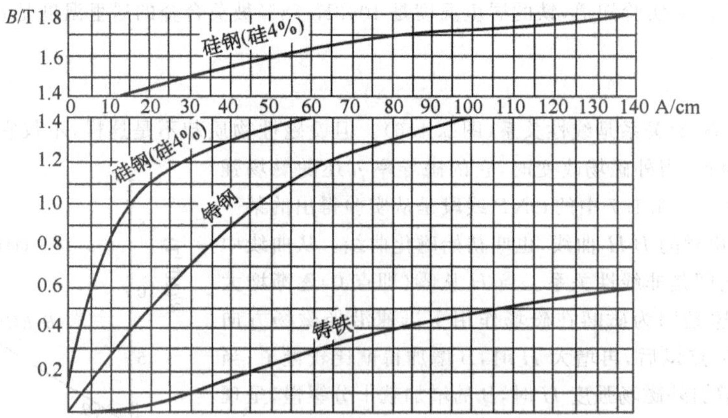

图 6.1.9　常用磁性材料的基本磁化曲线

3. 铁磁性材料

铁磁性物质属强磁性材料，按它们的化学成分和性能的不同，可以分为金属磁性材料和非金属磁性材料（铁氧体）两大类。

1）金属磁性材料

金属磁性材料是指由金属合金或化合物制成的磁性材料，绝大部分是以铁、镍或钴为基础，再加入其他元素经过高温熔炼、机械加工和热处理而制成。这种磁性材料在高温、低频、大功率等条件下，有广泛的应用。但在高频范围，它的应用则受到限制。金属磁性材料还可分为硬磁、软磁和压磁材料等。实验表明，不同铁磁性物质的磁滞回线形状有很大差异。图 6.1.10 给出三种不同铁磁材料的磁滞回线。软磁材料的特点是相对磁导率 μ_r 和饱和磁感强度 B_m 一般都比较大，但矫顽力 H_c 比硬磁质小得多。磁滞回线所包围的面积很小，磁滞特性不显著[图 6.1.10(a)]。软磁材料在磁场中很容易被磁化，而由于它的矫顽力很小，所以也容易去磁。因此，软磁材料是很适宜于制造电磁铁、变压器、电机等电器中的铁心的。常用的几种软磁材料的性能如表 6.1.1 所示。

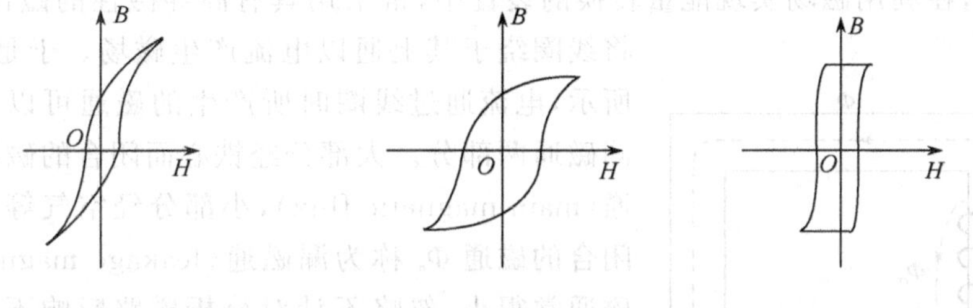

(a) 软磁材料　　(b) 硬磁材料　　(c) 矩磁铁氧体材料

图 6.1.10　铁磁性材料的磁滞回线

表 6.1.1　几种软磁材料的性能

软磁材料	μ_r 最大值	B_m/T	$H_c/(A/m)$	居里点/K
工程纯铁(含 0.2%杂质)	9×10^3	2.16	48～103	1043
78%坡莫合金	100×10^3	1.08	3.9	873
硅钢(热轧)	7×10^3	1.95	19.8	1003

硬磁材料又称永磁材料，它的特点是剩磁 B_r 和矫顽力 H_c 都比较大，磁滞回线所包围的面积也就大，磁滞特性非常显著[图 6.1.10(b)]。所以把硬磁材料放在外磁场中充磁后，仍能保留较强的磁性，并且这种剩余磁性不易被消除，因此硬磁材料适宜于制造永磁体。在各种电表及其他一些电器设备中，常用永磁铁来获得稳定的磁场。常用的几种硬磁材料的性能如表 6.1.2 所示。用稀土材料钕铁硼 Nd-Fe-B 研制的环状永磁体，环中心的磁感强度达到 1.37T。

表 6.1.2　几种硬磁材料的性能

硬磁材料	B_r/T	$H_c/(A/m)$
钡铁氧体	0.38	1.34×10^3
碳钢(含 1%)	0.9	0.41×10^3
钕铁硼合金	1.07	8.8×10^3

压磁材料具有较强的磁致伸缩性能。所谓磁致伸缩是指铁磁性物体的形状和体积在磁场变化时也会发生变化，特别是改变物体在磁场方向上的长度。当交变磁场作用在这种铁磁性物体上时，它随着磁场的增

强，可以伸长，或者缩短，如钴钢是伸长，而镍则缩短。不过长度的变化是十分微小的，约为其原长的1/100000。磁致伸缩在技术上有重要的应用，如作为机电换能器用于钻孔、清洗，也可作为声电换能器用于探测海洋深度、鱼群等。

2）非金属磁性材料——铁氧体

铁氧体由三氧化二铁（Fe_2O_3）和其他二价的金属氧化物（如 NiO，ZnO，MnO 等）的粉末混合烧结而成。由于它的制造工艺过程类似陶瓷，所以常叫做磁性瓷。

铁氧体的特点是不仅具有高磁导率，而且有很高的电阻率。它的电阻率约在（$10^4 \sim 10^{11}$）Ω·m之间，有的则高达 10^{14} Ω·m，比金属磁性材料的电阻率（约为 10^{-7} Ω·m）要大得多。所以铁氧体的涡流损失小，常用于高频技术中。图 6.1.10(c)是铁氧体的磁滞回线，从图中可以看出回线近似矩形。利用正向和反向两个稳定状态可代表"0"与"1"，故可作为二进制记忆元件，也可以利用铁氧体作为天线和电感中的磁芯。

6.1.3 磁路分析

如前所述，在利用磁场实现能量转换的装置中，常采用具有高导磁性的磁性物质做成心，将线圈绕于其上通以电流产生磁场。于是，如图 6.1.11 所示，电流通过线圈时所产生的磁通可以分为主磁通和漏磁通两部分。大部分经铁心而闭合的磁通 Φ 称为主磁通（main magnetic flux），小部分经空气等非磁性物质而闭合的磁通 Φ_σ 称为漏磁通（leakage magnetic flux）。漏磁通常很小，忽略不计对分析磁路影响不大。大量磁通集中通过的路径，即主磁通通过的路径称为磁路（magnetic circuit）。在这种情况下，研究电流与它所产生的磁场的问题便可简化为磁路的分析和计算了。

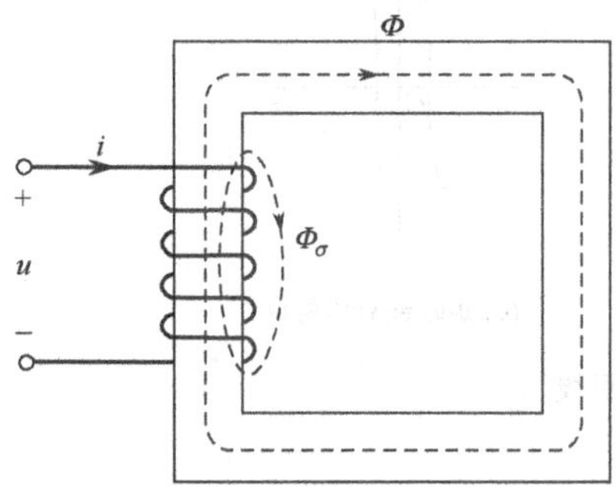

图 6.1.11　磁路

磁路的分析和计算同电路的分析和计算一样，可以通过一些基本定律来进行。

1. 安培环路定律

磁场强度 H 与产生磁场的电流之间的关系由安培环路定律，又称全电流定律确定。安培环路定律表明：沿磁路的任一闭合回路的关系为

$$\oint_l H \cdot dl = \sum IN \tag{6.1.10}$$

当闭合回路上磁场强度 H 处处相同时，安培环路定律又可表示为

$$H \cdot l = \sum IN \tag{6.1.11}$$

若闭合路径上各段的 H 值不同时，式(6.1.11)又可写成为

$$H_1 l_1 + H_2 l_2 + \cdots + H_n l_n = \sum IN$$

或

$$\sum Hl = \sum IN \tag{6.1.12}$$

在运用式(6.1.10)、式(6.1.12)解题时，先选定回路 l 的绕行方向和各段中磁场强度的参考方向，当磁场强度的参考方向与绕行方向一致时，式中的 Hl 项前为"+"号，相反为"−"号；而电流与线圈匝数的乘积项 IN 中的电流参考方向与 l 的绕行方向符合安培（右手螺旋）定则时，该项为"+"号，否则为"−"号。

在式(6.1.10)～式(6.1.12)中,IN 的单位是安匝或安(A),l 的单位是米(m),则磁场强度 H 的单位是 A/m。

例如,图 6.1.12 所示环形螺线管,中心线长 $l=2\pi R$,绕行方向与图中 Φ 的正方向一致,磁路上绕有三个线圈(N_1、N_2、N_3),各线圈电流参考方向如图 6.1.12 所示。由安培环路定律,应用式(6.1.11)有

$$2\pi R \cdot H = I_1N_1 + I_2N_2 - I_3N_3$$

环路内磁场强度为

$$H = \frac{I_1N_1 + I_2N_2 - I_3N_3}{2\pi R}$$

由上式计算结果可看出:磁场内某点的磁场强度 H 的数值只与该回路内的总安匝数及回路形状(长度 l)有关,而与回路内介质无关。

由于磁场强度 H 与磁感应强度 B 之间有式(6.1.8)所示关系,因此,当磁场强度 H 相同,但回路内介质 μ 值不同时,磁感应强度 B 的大小也不同。

2. 磁路欧姆定律

将式(6.1.8)中的 H 用 B 表示,式(6.1.11)又可写成为

$$\frac{B}{\mu} \cdot l = \sum IN$$

因

$$B = \frac{\Phi}{S}$$

所以有

$$\frac{l}{\mu S}\Phi = \sum IN$$

或

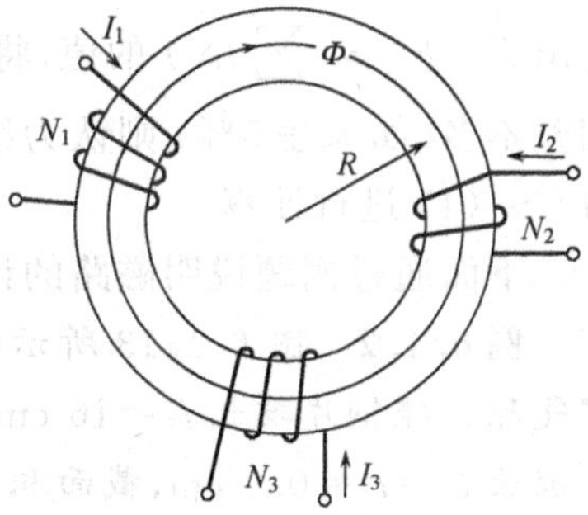

图 6.1.12　安培环路定律

$$\Phi = \frac{\sum IN}{\frac{l}{\mu S}} \tag{6.1.13}$$

式(6.1.13)中的分子 $\sum IN$ 项是产生磁通的源(相当于电路中的激励),因此,称电流 I 和线圈 N 为励磁电流和励磁线圈,并将 IN 乘积项称为磁通势,用字母 F_m 表示,单位为 A。

式(6.1.13)中的分母用 R_m 表示,即

$$R_m = \frac{l}{\mu S} \tag{6.1.14}$$

R_m 称为磁路的磁阻,单位为 1/H 或 At/Wb。

将 F_m 和 R_m 代入式(6.1.13),得

$$\Phi = \frac{F_m}{R_m} \tag{6.1.15}$$

式(6.1.15)称为磁路欧姆定律。通过式(6.1.15)可看出,在磁阻 R_m 一定时,磁通势 F_m 增加,磁通增大。在磁通势一定时,磁通路径长度 l 增加时磁阻 R_m 加大,磁通减小;磁通路径截面尺寸加大后,磁阻 R_m 减小,磁通增加。而选用磁导率 μ 值高的材料可使磁阻减小,磁通增加。

3. 磁路计算

磁路分析通常有两种情况：其一是根据给出的磁路及所需的磁通量，计算出线圈的电流与圈(匝)数；其二是根据给出的磁路和线圈的圈(匝)数与电流，计算出磁通。

由于铁磁材料的磁导率 μ 不是常数值，因此，不管哪种情况下用磁路欧姆定律，即式(6.1.15)只能用于定性分析，不能用于定量计算。通常是通过磁通连续性原理和安培环路定律进行分析。

磁路计算的一般步骤如下：

(1) 首先对磁路进行分段，即材料相同且截面积相同的路径部分视为一段，空气隙作为单独的一段。

(2) 根据磁通连续性原理，计算出各段的磁感应强度 B。

(3) 对铁磁材料段可通过材料的 B-H 曲线，由 B 值找出对应的 H 值。对于空气隙部分的磁场强度 H_0 可应用公式 $H_0=\dfrac{B_0}{\mu_0}$ 计算($\mu_0=4\pi\times10^{-7}\ \mathrm{H/m}$)。

(4) 由安培环路定律 $\sum Hl=\sum IN$，求出所需磁通势 F_m。

(5) 对于给定磁通势 $F_m=\sum IN$，求磁通 Φ 时，应先假定 Φ 值，然后依步骤(1)～(4)计算出 $F_m(F_m=\sum IN)$ 的值，将计算出的 F_m 值与给定的磁通势 $\sum IN$ 值进行比较，如果两值相差不多(如 $<\pm5\%$)则认为结果合理，计算完毕；如果相差较多，应修正 Φ 值再重新按步骤(1)～(4)进行计算。

下面通过例题说明磁路的计算过程。

例 6.1.2 图 6.1.13 所示磁路共有四段，一段由硅钢片 D42 叠成，一段为铸钢，另两段为空气隙。硅钢片段长 $l_1=16\ \mathrm{cm}$、截面积 $S_1=4\ \mathrm{cm^2}$，铸钢段长 $l_2=5\ \mathrm{cm}$、截面积 $S_2=6\ \mathrm{cm^2}$，空气隙长 $l_3=l_4=0.1\ \mathrm{cm}$，截面积可视为与硅钢片段相同，即 $S_3=S_4=4\ \mathrm{cm^2}$。磁路上缠有 $N=600$ 匝的线圈。今欲在气隙内产生 $\Phi_0=4.8\times10^{-4}\ \mathrm{Wb}$ 的磁通，求线圈电流 I 为何值?

解 (1) 由于气隙磁通 $\Phi_0=4.8\times10^{-4}\ \mathrm{Wb}$，根据磁通连续性可知，各段内的磁通量 Φ 应与 Φ_0 相等。

(2) 各段内的磁感应强度(即磁密)的数值 B 分别如下：

l_1 段
$$B_1=\frac{\Phi}{S_1}=\frac{4.8\times10^{-4}}{4}\mathrm{T}=\frac{4.8\times10^{-4}}{4\times10^{-4}}\mathrm{T}=1.2\ \mathrm{T}$$

l_2 段
$$B_2=\frac{\Phi}{S_2}=\frac{4.8\times10^{-4}}{6}\mathrm{T}=\frac{4.8\times10^{-4}}{6\times10^{-4}}\mathrm{T}=0.8\ \mathrm{T}$$

空气隙 l_3，l_4 段
$$B_0=\frac{\Phi}{S_3}=\frac{4.8\times10^{-4}}{4\times10^{-4}}\mathrm{T}=1.2\mathrm{T}$$

(3) 各段磁场强度 H 值。

对硅钢片(D42)查图 6.1.9 示 B-H 曲线得
$$B_1=1.2\mathrm{T}\ \text{时},\quad H_1=300\ \mathrm{A/m}=3\ \mathrm{A/cm}$$

对铸钢查图 6.1.9 示 B-H 曲线得
$$B_2=0.8T\ \text{时},\quad H_2=650\ \mathrm{A/m}=6.5\ \mathrm{A/cm}$$

空气隙的磁场强度为

$$H_0=\frac{B_0}{\mu_0}=\frac{1.2}{4\pi\times10^{-7}}\text{A/m}=0.96\times10^6\text{A/m}=0.96\times10^4\text{A/cm}$$

(4) 应用$\sum Hl=\sum IN$ 求电流,即

$$\begin{aligned}I&=\frac{H_1l_1+H_2l_2+2H_0l_0}{N}\\&=\frac{3\times16+6.5\times6+2\times0.1\times0.96\times10^4}{600}\text{A}\\&\approx3.43\text{ A}\end{aligned}$$

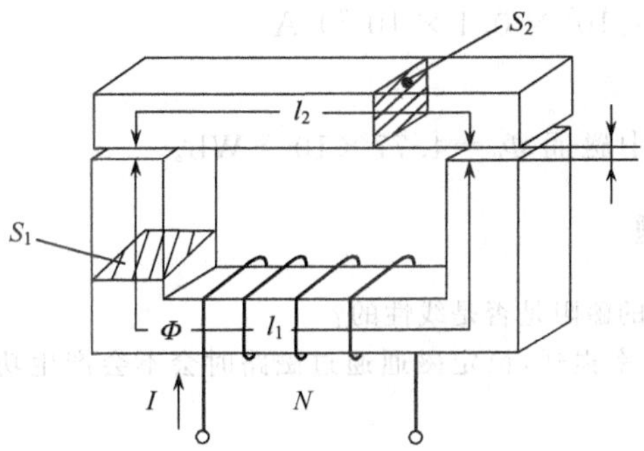

图 6.1.13　例 6.1.2 的图

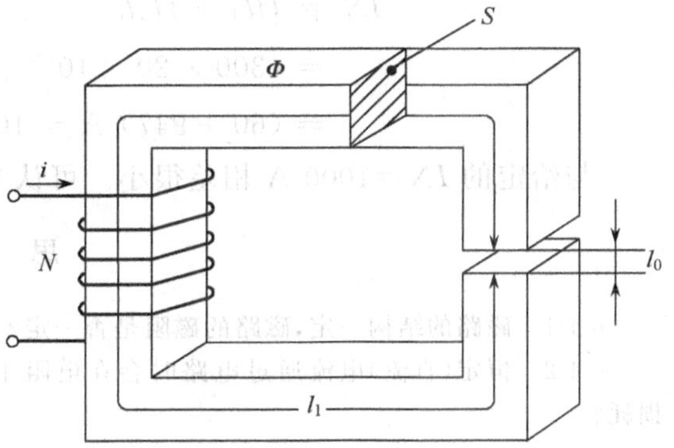

图 6.1.14　例 6.1.3 的图

例 6.1.3　图 6.1.14 所示由硅钢片(D42)叠成的磁路,硅钢片段 $l_1=20$ cm,气隙 $l_0=0.1$ cm,截面积 $S=4\ \text{m}^2$,线圈 $N=200$ 匝,电流 $I=5$ A,求气隙磁通 Φ_0。

解　已知磁通势(又称励磁安匝) $F_m=IN=200\times5\ \text{A}=1000\ \text{A}$,求气隙磁通 Φ_0。这个问题需用试探法求解,即先假定一个 Φ_0' 值,根据这个 Φ_0' 值按例 6.1.2 所示步骤计算出所需磁通势 F_m 值,然后再与给出的磁通势(励磁安匝) IN 进行比较,比较结果相差不多(如$<\pm5\%$)认为计算合理,如果相差较多应修正 Φ_0' 值,重新计算。

起始时 Φ_0' 的选择可根据磁路情况而定,由例 6.1.2 可以看出,气隙的 H_0l_0 占总$\sum Hl$ 的 90% 以上,因此,开始计算时,可认为 $H_0l_0=0.95IN$,根据这一假定,有

$$\frac{B_0}{\mu_0}l_0=0.95IN$$

或

$$\frac{\Phi_0}{\mu_0S}l_0=0.95IN$$

由磁通连续性,气隙磁通 Φ_0 与铁心中磁通 Φ 相同,因此

$$\Phi_0=\frac{0.95IN}{\dfrac{l_0}{\mu_0S}}=\frac{0.95\times200\times5}{\dfrac{0.1\times10^{-2}}{4\pi\times10^{-7}\times4\times10^{-4}}}\text{Wb}=\frac{950}{\dfrac{10^{-3}}{16\pi\times10^{-11}}}\text{Wb}$$

$$=16\pi\times950\times10^{-8}\text{ Wb}\approx4.77\times10^{-4}\text{ Wb}$$

气隙磁密 B_0 为

$$B_0=\frac{\Phi_0}{S}=\frac{4.77\times10^{-4}}{4\times10^{-4}}\text{T}\approx1.19\text{ T}$$

铁心中磁密 B 为

$$B=\frac{\Phi}{S}=\frac{4.77\times10^{-4}}{4\times10^{-4}}\mathrm{T}\approx1.19\ \mathrm{T}$$

气隙磁场强度 H_0 为

$$H_0=\frac{\Phi_0}{S}=\frac{4.77\times10^{-4}}{4\times10^{-4}}\mathrm{T}\approx1.19\mathrm{T}$$

铁心中磁场强度查 B-H 曲线，得 $H=300\ \mathrm{A/m}$。

应用 $\sum Hl=\sum IN$，计算磁通为 Φ_0' 时所需安匝数值，得

$$\begin{aligned}IN'&=Hl_1+H_0l_0\\&=(300\times20\times10^{-2}+9.47\times10^5\times0.1\times10^{-2})\ \mathrm{A}\\&=(60+947)\ \mathrm{A}=1007\ \mathrm{A}\end{aligned}$$

与给定的 $IN=1000$ A 相差很小。可认为气隙中磁通 $\Phi_0=4.77\times10^{-2}$ Wb。

思 考 题

6-1-1 磁路的结构一定，磁路的磁阻是否一定？即磁路的磁阻是否是线性的？

6-1-2 恒定（直流）电流通过电路时会在电阻中产生功率损耗，恒定磁通通过磁路时会不会产生功率损耗？

练 习 题

6-1-1 在图 6.1.11 所示的磁路中，铁心的平均长度 $l_c=100$ cm，铁心各处的截面积均为 $A_c=10\ \mathrm{cm}^2$。空气隙长度 $l_0=1$ cm，空气隙部分的磁路面积 $A_0=10\ \mathrm{cm}^2$。当磁路中的磁通为 0.0012 Wb 时，铁心中磁场强度 $H_c=6$ A/cm。试求铁心和空气隙部分的磁阻和线圈的磁通势。

6-1-2 一线圈的匝数为 1000，绕在由铸钢制成的闭合铁心上，铁心的截面积 $S_{\mathrm{Fe}}=20\ \mathrm{cm}^2$，铁心的平均长度 $l_{\mathrm{Fe}}=50$ cm。如要在铁心中产生磁通 $\Phi=0.002$ Wb，试问线圈中应通入多大直流电流？如将线圈中的电流调到 2.5 A。试求铁心中的磁通。

6-1-3 如果上题的铁心中含有一长度为 $l_0=0.2$ cm 的空气隙（与铁心柱垂直），由于空气隙较短，磁通的边缘扩散可忽略不计．试问线圈中的电流必须多大才可使铁心中的磁感应强度保持上题中的数值？

6-1-4 一铁心柱中交变磁通的频率为 50 Hz，若在该铁心柱上绕一个匝数为 10 的线圈，用电压表测得线圈两端的电压为 3 V，试求铁心中磁通的最大值 Φ_m。

6-1-5 一铁心线圈，试分析铁心中的磁感应强度、线圈中的电流和铜损 RI^2 在下列几种情况下将如何变化：

(1) 直流励磁——铁心截面积加倍，线圈的电阻和匝数以及电源电压保持不变；

(2) 交流励磁——铁心截面积加倍，线圈的电阻和匝数以及电源电压保持不变；

(3) 直流励磁——线圈匝数加倍，线圈的电阻及电源电压保持不变；

(4) 交流励磁——线圈匝数加倍，线圈的电阻及电源电压保持不变；

(5) 交流励磁——电流频率减半，电源电压的大小保持不变；

(6) 交流励磁——频率和电源电压的大小减半。

假设在上述各种情况下工作点在磁化曲线的直线段。在交流励磁的情况下，设电源电压与感应电动势在数值上近于相等，且忽略磁滞和涡流。铁心是闭合的，截面均匀。

6.2 电 磁 铁

电磁铁(electromagnet)是利用通电的铁心线圈吸引衔铁或保持某种机械零件，工件于固

定位置的一种电器，衔铁的动作可使其他机械装置发生联动。当电源断开时，电磁铁的磁性随着消失，衔铁或其他零件即被释放。

电磁铁主要由线圈、铁心及衔铁组成。它的结构形式通常有图 6.2.1 所示的几种。工作时，线圈中通入电流以产生磁场，因而线圈称为励磁线圈，通入的电流称为励磁电流。铁心通常固定不动，而衔铁则是活动的。线圈通电以后，衔铁即被吸向铁心，从而可以带动某一机构产生相应的动作，执行一定的任务。人们既可以用它来提放钢铁材料、夹持工件或进行抱闸制动，而且还可以把它做成各种自动控制电器，例如电磁阀、继电器和接触器等。

电磁铁按励磁电流种类的不同，可分为直流电磁铁和交流电磁铁。下面分别来讨论它们。

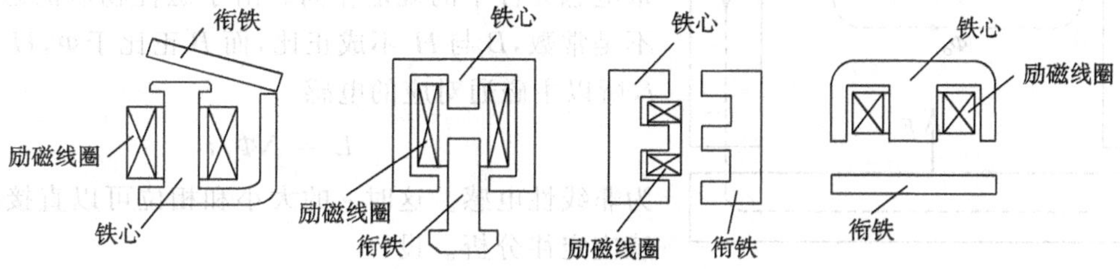

图 6.2.1　电磁铁的结构

6.2.1　直流电磁铁

1. 直流铁心线圈电路

直流电磁铁的电路如图 6.2.2 所示。励磁线圈加上直流电压，直流电流通过励磁线圈产生不随时间变化的恒定磁通，不会在线圈中产生感应电动势。换句话说，线圈的电感在直流电路中相当于短路，线圈的电流 I 只与线圈电压 U 和电阻 R 有关，即

$$P = U/R \tag{6.2.1}$$

电路消耗的功率也只有线圈电阻消耗的功率，即

$$P = UI = RI^2 = U^2/R \tag{6.2.2}$$

直流电磁铁的铁心一般都用整块的铸钢、软钢或工程纯铁等制成。为加工方便，套有线圈部分的铁心常做成圆柱形，线圈绕成圆筒形。

2. 电磁吸力

励磁线圈通电后，产生主磁通 Φ。铁心和衔铁被磁化，在它们的两端形成 N 极和 S 极，从而产生电磁吸力 F。Φ 越大，则 B 越大，电磁吸力也越大。

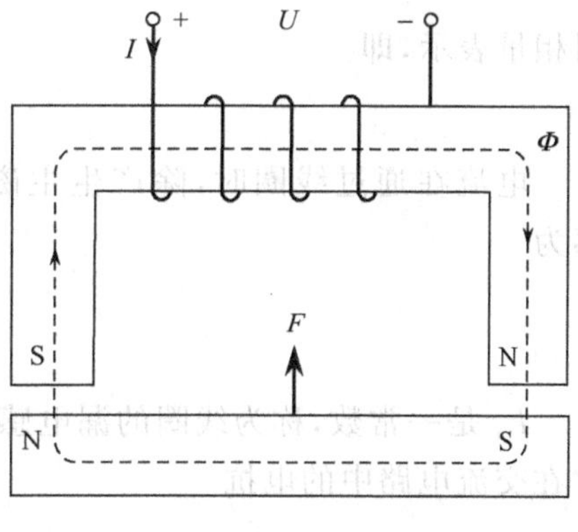

图 6.2.2　直流电磁铁

直流电磁铁在衔铁吸合前与吸合后，电磁吸力的大小是不同的。若不考虑衔铁吸合瞬间的过渡过程，则由式(6.2.1)可知：衔铁吸合前后电流不会变化，因而磁路的磁通势也不会变化。但是，衔铁在吸合前，有空气隙存在，磁路的磁阻大；吸合后，空气隙消失，磁路的磁阻小。由磁路欧姆定律可知，衔铁吸合后磁路中的磁通要比吸合前大得多，因而吸合后的电磁吸力也比吸合前大得多。

6.2.2 交流电磁铁

1. 交流铁心线圈电路

交流电磁铁的原理如图 6.2.3 所示。交流电磁铁的电路是一个交流铁心线圈电路。当铁心线圈两端加上交流电压 u 时，线圈中通过交流电流 i，它将产生交变的磁通，其中绝大部分是主磁通 Φ，很小部分是漏磁通中 Φ_σ。交变的主磁通会在线圈中产生感应电动势 e。图中 u、i、e 的参考方向的规定与第 2 章电感元件中的规定相同。由于磁性物质的磁导率 μ 不是常数，B 与 H 不成正比，而 B 正比于 Φ，H 正比于 i，所以主磁通对应的电感

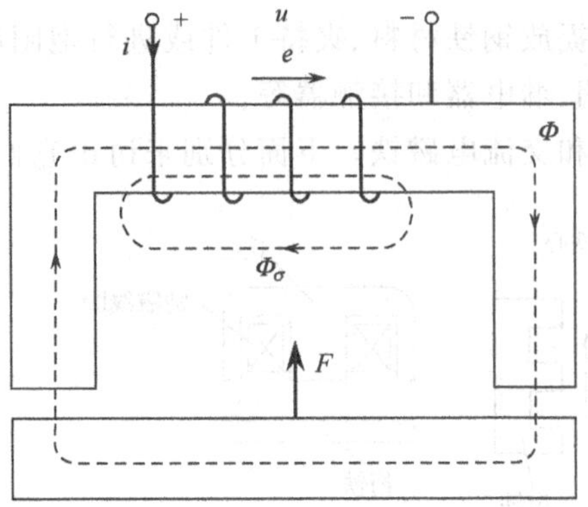

图 6.2.3 交流电磁铁

$$L = N\Phi / i$$

为非线性电感。这时 e 的大小和相位可以直接由电磁感应定律分析。设

$$\Phi = \Phi_m \sin\omega t$$

则

$$e = -N\frac{d\Phi}{dt} = -N\frac{d}{dt}(\Phi_m \sin\omega t) = -\omega N\Phi_m \cos\omega t$$

$$= 2\pi f N\Phi_m \sin(\omega t - 90^\circ) = E_m \sin(\omega t - 90^\circ)$$

可见在相位上，e 滞后于 $\Phi 90^\circ$；在数值上，它的有效值为

$$E = \frac{E_m}{\sqrt{2}} = \frac{2\pi N f\Phi_m}{\sqrt{2}} = \sqrt{2}\pi N f\Phi_m = 4.44 N f\Phi_m \tag{6.2.3}$$

用相量表示，即

$$\dot{E} = -j4.44 N f\dot{\Phi}_m \tag{6.2.4}$$

电流在通过线圈时，除产生主磁通外，还会产生少量的漏磁通 Φ_σ，漏磁通 Φ_σ 对应的电感为

$$L_\sigma = \frac{N\Phi_\sigma}{i} \tag{6.2.5}$$

L_σ 是一常数，称为线圈的漏电感(leakage inductance)，可用一个理想电感元件来代替它。它在交流电路中的电抗

$$X = \omega L_\sigma = 2\pi f L_\sigma \tag{6.2.6}$$

称为漏电抗(leakage reactance)，简称漏抗。

此外，线圈中还有电阻 R。因此，由基尔霍夫电压定律，求得铁心线圈中电压与电流的关系为

$$\dot{U} = -\dot{E} + (R + jX)\dot{I} = -\dot{E} + Z\dot{I} \tag{6.2.7}$$

式中

$$Z = R + jX \tag{6.2.8}$$

称为线圈的漏阻抗(leakage impedance)。

通常由于线圈的电阻 R 和感抗（或漏磁通 Φ_σ）都较小，因而在它们上边的电压降也较小，与主磁电动势比较起来可以忽略不计，于是 $\dot{U}=-\dot{E}$，由式(6.2.3)可知

$$\Phi_{\mathrm{m}} = \frac{U}{4.44Nf} \tag{6.2.9}$$

可见，在 U 和 f 一定时，在交流铁心线圈电路中 Φ_{m} 也基本不变。

2. *电磁吸力*

在交流电磁铁中，由于磁通是交变的，因此电磁吸力的大小是随时间变化的。

设

$$B_0 = B_{\mathrm{m}}\sin\omega t$$

则吸力为

$$\begin{aligned} f &= \frac{10^7}{8\pi}B_{\mathrm{m}}^2 S_0 \sin^2\omega t = \frac{10^7}{8\pi}B_{\mathrm{m}}^2 S_0\left(\frac{1-\cos2\omega t}{2}\right) \\ &= F_{\mathrm{m}}\left(\frac{1-\cos2\omega t}{2}\right) = \frac{1}{2}F_{\mathrm{m}} - \frac{1}{2}F_{\mathrm{m}}\cos2\omega t \end{aligned} \tag{6.2.10}$$

式中，S_0 为气隙的截面积，B_0 为气隙中磁感应强度，$F_{\mathrm{m}}=\frac{10^7}{8\pi}B_{\mathrm{m}}^2 S_0$ 为吸力的最大值。

在计算时只考虑吸力的平均值，则

$$F = \frac{1}{T}\int_0^T f\mathrm{d}t = \frac{1}{2}F_{\mathrm{m}} = \frac{10^7}{16\pi}B_{\mathrm{m}}^2 S_0 \text{(N)} \tag{6.2.11}$$

由式(6.2.2)可知，吸力在零与最大值 F_{m} 之间脉动（图 6.2.4）。因而衔铁以两倍电源频率在颤动，引起噪声，同时触点容易损坏。为了消除这种现象，可在磁极的部分端面上套一个闭合的铜环，称为分磁环（或称短路环）（图 6.2.5）。于是在分磁环（或称短路环）中便产生感应电流，以阻碍磁通的变化，使在磁极两部分中的磁通 Φ_1 与 Φ_2 之间产生一相位差，因而磁极各部分的吸力也就不会同时降为零，这就消除了衔铁的颤动，当然也就除去了噪声。

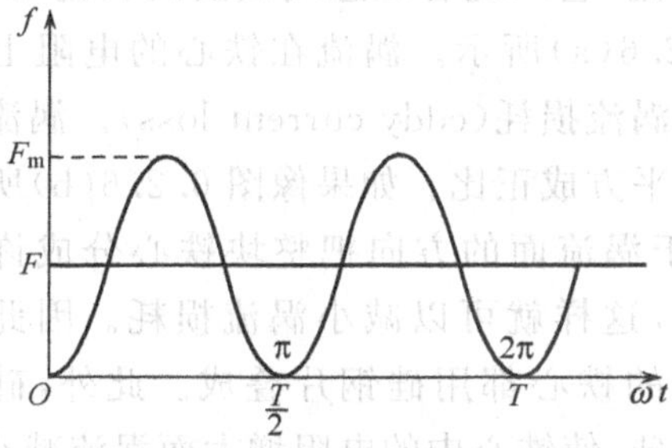

图 6.2.4　交流电磁铁的吸力

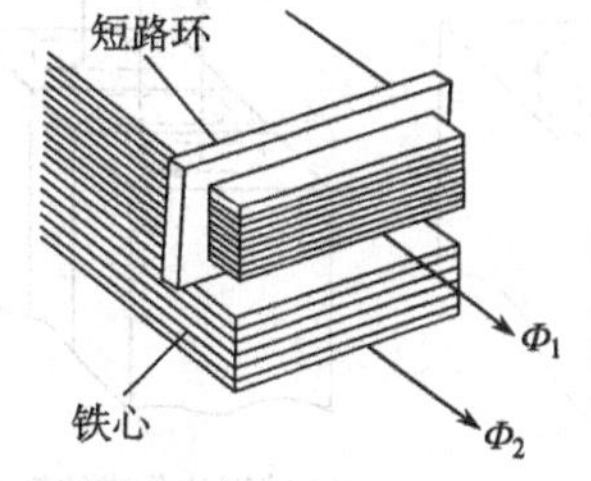

图 6.2.5　分磁环

在交流电磁铁中，为了减少铁损耗，交流电磁铁的铁心和衔铁都是由 0.5 mm、0.35 mm、0.27 mm 或 0.22 mm 等硅钢片叠成的。而在直流电磁铁中，铁心是用整块软钢制成的。

交直流电磁铁除有上述的不同外，在使用时还应知道，它们在吸合过程中电流和吸力的变化情况也是不一样的。

在直流电磁铁中，励磁电流仅与线圈电阻有关，不因气隙的大小而变。但在交流电磁铁的吸合过程中，线圈中电流（有效值）变化很大，因为其中电流不仅与线圈电阻有关，而主要的还

与线圈感抗有关。在吸合过程中，随着气隙的减小，磁阻减小，线圈的电感和感抗增大，因而电流逐渐减小。因此，如果由于某种机械障碍，衔铁或机械可动部分被卡住，通电后衔铁吸合不上，线圈中就流过较大电流而使线圈过热而损坏。因此交流电磁铁以及由它组成的继电器、接触器等每小时容许的操作次数有明确的规定，选用时应查阅产品目录。

6.2.3 功率损耗

交流铁心线圈电路的视在功率、无功功率、有功率和电压、电流的关系与一般交流电路相同，即

$$S = UI$$

$$Q = UI\sin\varphi$$

$$P = UI\cos\varphi$$

其中有功功率 P 包括两部分，一部分是线圈电阻上的功率损耗，称为铜损耗(copper loss)，简称铜损 P_{Cu}，其值为

$$P_{Cu} = RI^2 \tag{6.2.12}$$

另一部分是交变的磁通在铁心中产生的功率损耗，称为铁心损耗(core loss)，简称铁损 P_{Fe}。它又包括磁滞损耗 P_h 和涡流损耗 P_e 两部分。即

$$P = P_{Cu} + P_{Fe} \tag{6.2.13}$$

1. *磁滞损耗* P_h

磁滞现象使铁磁材料在交变磁化的过程中产生磁滞损耗(hysteresis loss)。它是铁磁性物质内分子反复取向所产生的功率损耗。铁磁材料交变磁化一周时所消耗的能量与磁滞回线的面积成正比。因此软磁材料的磁滞损耗较小，常用在交变磁化的场合。

2. *涡流损耗* P_e

当整块铁心中的磁通发生交变时，铁心中会产生感应电动势，因而在垂直于磁感线的平面上产生感应电流，它围绕着磁感线成漩涡状流动，故称涡流，如图 6.2.6(a)所示。涡流在铁心的电阻上引起功率损耗称为涡流损耗(eddy current loss)。涡流损耗与铁心厚度的平方成正比。如果像图 6.2.6(b)所示那样，沿着垂直于涡流面的方向把整块铁心分成许多薄片并彼此绝缘，这样就可以减小涡流损耗。因此交流电机和变压器的铁心都用硅钢片叠成。此外，硅钢中因含有少量的硅，使铁心中的电阻增大而涡流减小。

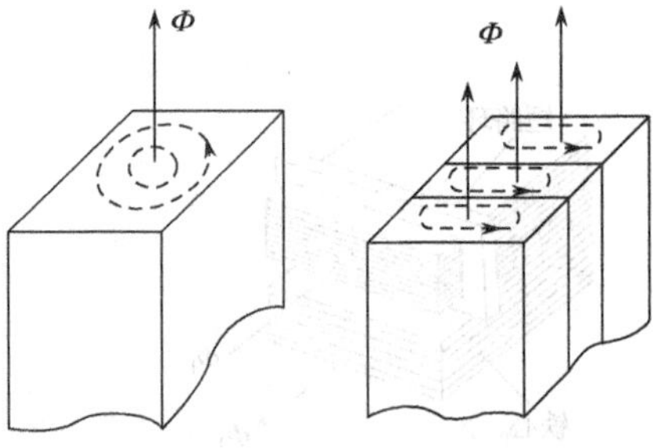

(a) 涡流　　(b) 硅钢片叠成的铁心

图 6.2.6　涡流损耗

铜损耗会使线圈发热，铁损耗也会使铁心发热。这两种损耗会使变压器，电机等功率损耗增加，温升增加，效率降低。但在某些场合可以加以利用，例如利用涡流效应来冶炼金属，利用涡流和磁场相互作用而产生电磁力的原理来制造感应式仪器等。

在交变磁通的作用下，铁心内的铁损差不多与铁心内磁感应强度的最大值 B_m 的平方成正比，故 B_m 不宜选得过大，一般取 0.8～1.7 T。

从上述讨论可知，铁心线圈交流电路的有功功率为

$$P = UI\cos\varphi = P_{Cu} + P_{Fe} = RI^2 + P_{Fe} \tag{6.2.14}$$

例 6.2.1 在一铁心线圈加上 220 V 交流电压时，电流为 2 A，消耗的功率为 132 W；而加上 12 V 直流电压时，电流为 1 A。求前一情况下线圈的铜损耗、铁损耗和功率因数。

解 由直流电压和电流求得线圈的电阻为

$$R = U/I = 12/1\ \Omega = 12\ \Omega$$

由交流电流求得铜损耗为

$$P_{Cu} = RI^2 = 12 \times 2^2 W = 48W$$

由有功功率和铜损耗求得铁损耗为

$$P_{Fe} = P - P_{Cu} = (132 - 48)W = 84\ W$$

功率因数为

$$\lambda = \cos\varphi = \frac{P}{UI} = \frac{132}{220 \times 2} = 0.3$$

思 考 题

6-2-1 交流电磁铁加上直流电压会引起什么后果？

6-2-2 绕在闭合铁心上的交流铁心线圈，电压的有效值不变，而将铁心的平均长度增加一倍，试问铁心中的主磁通最大值是否变化（分析时可忽略漏阻抗）？如果是直流铁心线圈，铁心中的主磁通 Φ_m 的大小是否变化？

6-2-3 两个匝数相同（$N_1 = N_2$）的铁心线圈，分别接到电压值相等（$U_1 = U_2$）而频率不同（$f_1 > f_2$）的两个交流电源上时，试分析两个线圈中的主磁通 Φ_{1m} 和 Φ_{2m} 的相对大小（分析时可忽略线圈的漏阻抗）。

6-2-4 交流电磁铁通电后，若衔铁长期被卡住而不能吸合，会引起什么后果？

练 习 题

6-2-1 在图 6.2.2 所示直流电磁铁中，铁心和衔铁均用铸钢制成，且截面积相同，$A_c = 2\ cm^2$，铁心加衔铁的总平均长度 $l_c = 100$ cm。气隙截面积 $A_0 = 2\ cm^2$，气隙总长度 $l_0 = 0.2$ cm。线圈匝数 $N = 2000$，线圈电压 $U = 24$ V。衔铁吸合前磁路中产生的磁通 $\Phi = 0.00016$ Wb。试问线圈电流应为多少？线圈电路消耗的功率是多少？线圈的电阻是多少？

6-2-2 一交流铁心线圈电路，已知励磁线圈的电压 $U = 220$ V，电流 $I = 1$ A，频率 $f = 50$ Hz，匝数 $N = 600$，电阻 $R = 4\ \Omega$，漏抗 $X = 3\ \Omega$，电路的功率因数 $\lambda = 0.4$。求：(1)铁心中主磁通的最大值；(2)铜损耗和铁损耗。

6-2-3 为了求出铁心线圈的铁损，先将它接在直流电源上，从而测得线圈的电阻为 1.75 Ω；然后接在交流电源上，测得电压 $U = 220$ V，功率 $P = 100$ W，电流 $I = 2$ A，试求铁损和线圈的功率因数。

6-2-4 一交流铁心线圈，接在 $f = 50$ Hz 的正弦电源上，在铁心中得到磁通的最大值为 $\Phi_m = 2.25 \times 10^{-3}$ Wb。若在该铁心上再绕一个线圈，其匝数为 72，当此线圈开路时，求其两端电压。

6-2-5 一铁心线圈接于电压 $U = 220$ V，频率 $f = 50$ Hz 的正弦电源上，其电流 $I_1 = 5$ A，$\cos\varphi_1 = 0.85$。若将此线圈中的铁心抽出，再接于上述电源上，则线圈中电流 $I_2 = 10$ A，$\cos\varphi_2 = 0.05$。试求此线圈在具有铁心时的铜损和铁损。

6-2-6 一交流接触器的线圈电压为 380 V，匝数为 2750 匝，导线直径为 0.09 mm，若接到 220 V 的电源上，应怎样改装？即计算线圈匝数和换用直径为多少毫米的导线？［提示：(1)改装前后吸力不变，磁通最大值 Φ_m 应该保持不变；(2)Φ_m 保持不变，改装前后磁通势应该相等；(3)电流与导线截面积成正比］

6.3 变 压 器

变压器（transformer）是根据电磁感应原理制成的能量变换装置，具有变换电压、变换电流和变换阻抗的作用，在各个领域中有着广泛的应用。

变压器的种类很多，不同的变压器，设计和制造工艺有所差异，但其工作原理是相同的。本节主要以单相双绕组变压器为例来介绍变压器的基本结构和工作原理。

6.3.1 变压器的基本结构

变压器主要由铁心和绕组两部分组成。根据铁心与绕组的结构，变压器可分为心式和壳式两种，心式的线圈包围铁心，壳式的铁心包围线圈，单相变压器(single-phase transformer)的结构如图 6.3.1 所示。

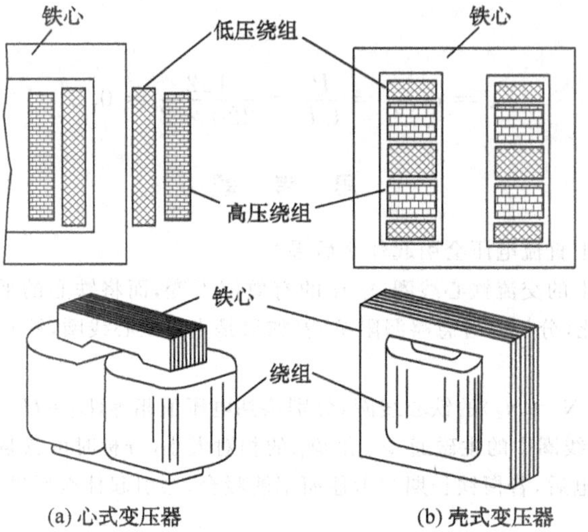

图 6.3.1 单相变压器的结构

1. 铁心

变压器铁心的作用是构成磁路。为减少涡流损耗和磁滞损耗，铁心用 0.35～0.5mm 厚的硅钢片交错叠装而成。硅钢片的表层涂有绝缘漆，形成绝缘层，限制涡流。

2. 绕组

绕组(winding)就是线圈。绕组又分一次绕组(或称初级绕组、原绕组)和二次绕组(或称次级绕组、副绕组)。一、二次绕组的线圈匝数分别为 N_1 和 N_2。

一次绕组和二次绕组均可以由一个或几个线圈组成，使用时可根据需要把它们连接成不同的组态。

6.3.2 变压器的工作原理

1. 变压器的电压变换

变压器的一次绕组加上额定电压，二次绕组开路，这种情况称为空载运行。图 6.3.2 为变压器空载运行的示意图。图 6.3.2 中，当一次绕组加上正弦交流电压 u_1 时就有电流 i_0 通过，并由此而产生磁通。i_0 称为励磁电流，也称空载电流。主磁通 Φ 与一次、二次绕组相交链并分别产生感应电动势 e_1、e_2。漏磁通 Φ' 在一次绕组中产生感应电动势 e_1'(图 6.3.2 中未画出)。图中规定 Φ、Φ' 的参考方向和 i_0 的参考方向符合安培(右手螺旋)定则，e_1、e_2 的参考方向和 Φ 的参考方向也符合安培(右手螺旋)定则。设一次绕组的电阻为 R_1，二次绕组空载时的端电压为 u_{20}，根据基尔霍夫定律，可写出这两个绕组电路的电压方程式分别为

$$u_1 = -e_1 - e_1' + R_1 i_0 \quad (6.3.1)$$

$$u_{20} = e_2 \quad (6.3.2)$$

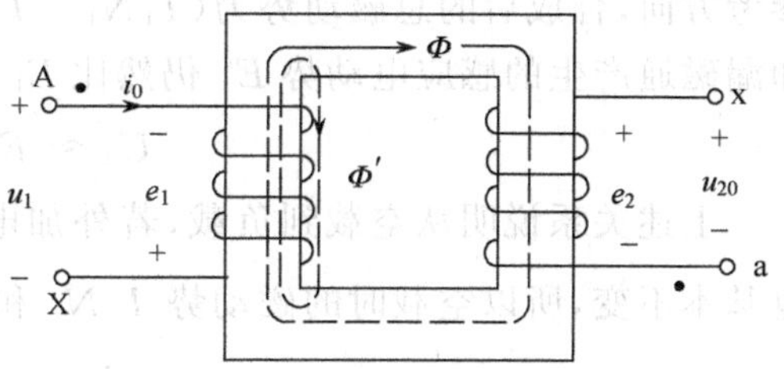

图 6.3.2　变压器空载运行示意图

为了分析方便，不考虑由于磁饱和性与磁滞性而产生的电流、电动势波形畸变的影响，将式(6.3.1)、式(6.3.2)中的电压、电动势均认为是正弦量，于是可以表达为相量形式

$$\dot{U}_1 = -\dot{E}_1 - \dot{E}_1' + R_1 \dot{I}_0 \quad (6.3.3)$$

$$\dot{U}_{20} = \dot{E}_2 \quad (6.3.4)$$

由于 $\dot{E}_1'$ 和 $R_1 \dot{I}_0$ 通常比较小，因此式(6.3.3)可近似表示为

$$\dot{U}_1 \approx -\dot{E}_1 \quad (6.3.5)$$

设一次、二次绕组的匝数分别为 N_1、N_2，由式(6.2.3)可知两个绕组的电压有效值为

$$U_1 \approx E_1 = 4.44 f N_1 \Phi_m \quad (6.3.6)$$

$$U_{20} \approx E_2 = 4.44 f N_2 \Phi_m \quad (6.3.7)$$

于是

$$U_1/U_{20} \approx E_1/E_2 = N_1/N_2 = k \quad (6.3.8)$$

式中，k 称为变压比，简称为变比。

式(6.3.8)说明，一次、二次绕组的变压比等于它们的匝数比，当 N_1、N_2 不同时，变压器可以把某一数值的交流电压变换成同频率的另一个数值的交流电压，这就是变压器的电压变换作用。

如 $N_1 > N_2$，则 $U_1 > U_{20}$，$k > 1$，变压器起降压作用，称为降压变压器。反之，若 $N_1 < N_2$，则 $U_1 < U_{20}$，$k < 1$，变压器起升压作用，称为升压变压器。

在电路上，变压器的两个绕组之间没有连接。一次绕组外加交流电压后，依靠两个绕组之间的磁耦合和电磁感应作用，使二次绕组产生交流电压。也就是说，在电路上一次、二次绕组是相互隔离的。

按照图 6.3.2 中绕组在铁心柱上的绕向，若在某一瞬时一次绕组中的感应电动势 e_1 为正值，则二次绕组中的感应电动势 e_2 也为正值。在此瞬时，绕组端点 X 与 x 的电位分别高于 A 与 a，或者说端点 X 与 x、A 与 a 的电位瞬时极性相同。把具有相同瞬时极性的端点称为同极性端，也称为同名(极)端[①]，通常用“·”作标记(如图 6.3.2 中所示)。

2. 变压器的电流变换

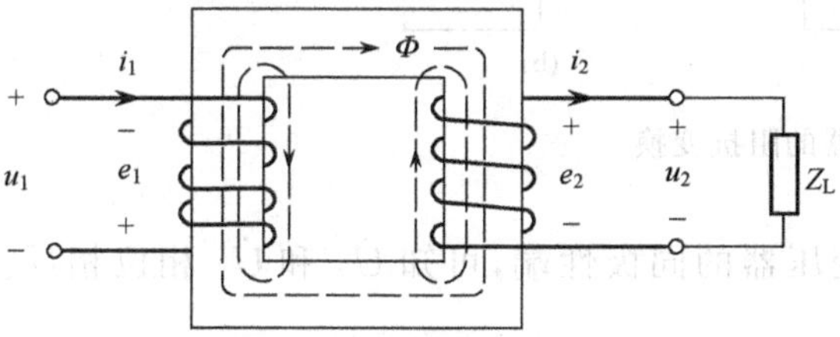

图 6.3.3　变压器负载运行

在变压器的一次绕组上施加额定电压，二次绕组接上负载后，电路中就会产生电流。图 6.3.3 为变压器负载运行原理图。i_2 为二次电流，它是在二次绕组感应电动势 e_2 的作用下流过负载 Z_L 的电流。

二次绕组接上负载后，铁心中的主磁通将由磁动势 $\dot{I}_1 N_1$ 和 $\dot{I}_2 N_2$ 共同产生。根据图示

① 变压器绕组的极性，是指不同绕组在同一变化磁通的作用下，在同一瞬间绕组感应电动势具有相同极性的端头，叫同极端。同极性绕组感应电动势方向相同。

参考方向，合成后的总磁动势为（$\dot{I}_1N_1+\dot{I}_2N_2$）。在负载运行时一次绕组的电阻电压降 R_1I_1 和漏磁通产生的感应电动势 E'_1 仍然比 E_1 小很多，因此可近似认为

$$U_1 \approx E_1 = 4.44fN_1\Phi_m$$

上述关系说明从空载到负载，若外加电压 U_1 及其频率 f 保持不变，主磁通的最大值 Φ_m 也基本不变，所以空载时的磁动势 $\dot{I}_0N_1$ 和负载时的合成磁动势（$\dot{I}_1N_1+\dot{I}_2N_2$）应相等，即

$$\dot{I}_1N_1+\dot{I}_2N_2=\dot{I}_0N_1 \tag{6.3.9}$$

故一次绕组电流为

$$\dot{I}_1=\dot{I}_0-\frac{N_2}{N_1}\dot{I}_2 \tag{6.3.10}$$

式(6.3.9)称为变压器的磁通势平衡方程式。

因空载电流 $\dot{I}_0$ 很小，仅占额定电流的百分之几，故在额定负载时可近似认为

$$\dot{I}_1 \approx -\frac{N_2}{N_1}\dot{I}_2 \tag{6.3.11}$$

$$I_1 \approx \frac{N_2}{N_1}I_2=\frac{1}{k}I_2 \tag{6.3.12}$$

式(6.3.12)说明，在额定情况下，一、二次绕组的电流有效值近似地与其匝数成反比。也就是说变压器具有电流变换作用。式(6.3.11)中的负号表示，对于图 6.3.3 所示的电流参考方向而言，电流 i_1 和 i_2 在相位上几乎相差 180°。因此，磁动势 $\dot{I}_1N_1$ 和 $\dot{I}_2N_2$ 的实际方向几乎是相反的。

3. 变压器的阻抗变换

在图 6.3.4(a)中，当变压器负载阻抗 Z_L 变化时，$\dot{I}_2$ 发生变化，$\dot{I}_1$ 也随之而变。当 $\dot{U}_1$、$\dot{I}_1$ 保持不变，Z_L 对 $\dot{I}_1$ 的影响，可以用接于 $\dot{U}_1$ 的阻抗 Z'_L 来等效，如图 6.3.4(b)所示。为了分析方便，不考虑一、二次绕组漏磁通感应电动势和空载电流的影响，并忽略各种损耗，这样的变压器称为理想变压器。

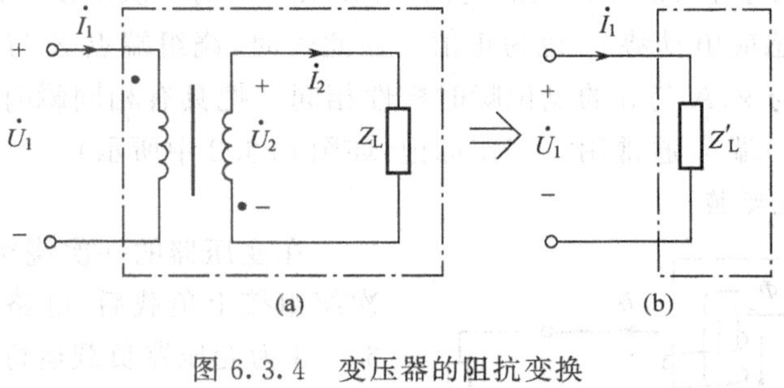

图 6.3.4　变压器的阻抗变换

在图 6.3.4 中，根据所标电压参考方向和变压器的同极性端，可知 $\dot{U}_2$ 和 $\dot{U}_1$ 相位相反。对于理想变压器，$\dot{U}_1=-k\dot{U}_2$，于是可得

$$Z'_L=\frac{\dot{U}_1}{\dot{I}_1}=\frac{-k\dot{U}_2}{-\frac{1}{k}\dot{I}_2}=\frac{k\dot{U}_2}{\frac{1}{k}\frac{\dot{U}_2}{Z_L}}=k^2Z_L=\left(\frac{N_1}{N_2}\right)^2Z_L \tag{6.3.13}$$

式(6.3.13)说明，接在二次绕组的负载阻抗 Z_L 对一次侧的影响，可以用一个接于一次绕组的等效阻抗 Z_L' 来代替，等效阻抗 Z_L' 等于 Z_L 的 k^2 倍。由此可见，变压器具有阻抗变换作用。在电子技术中，通常采用不同的变压比，把负载阻抗变换为所需要的、比较合适的数值。这种做法称为阻抗匹配。

例 6.3.1 有一台扬声器电阻为 8 Ω，接在变压器的二次绕组，变压器的一次绕组接在电动势 $E_S=12$ V，内阻 $R_S=200$ Ω 的信号源。设变压器为理想变压器，其一、二次侧的匝数为 500/100(如图 6.3.5 所示)。试求：(1)扬声器直接接信号源所获得的功率；(2)扬声器的等效电阻 R' 和获得的功率。

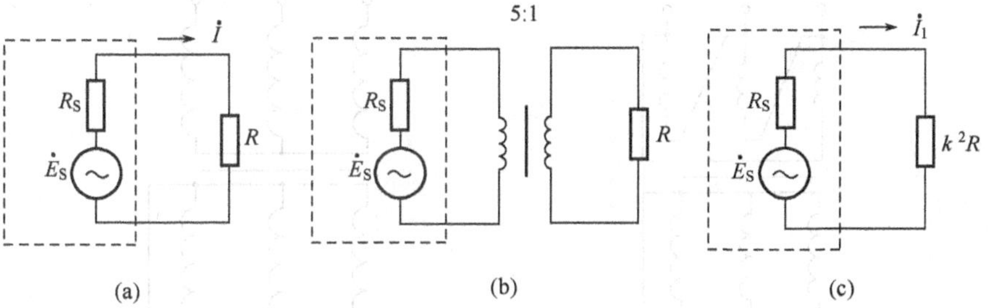

图 6.3.5　例 6.3.1 的电路

解　(1)若 8Ω 扬声器直接接信号源[如图 6.3.5 (a)]，所获得的功率为

$$P = RI^2 = 8 \times \left(\frac{12}{200+8}\right)^2 \text{ mW} = 26.6 \text{ mW}$$

(2) 8 Ω 电阻接变压器等效电阻 R' 为

$$R' = k^2R = (N_1/N_2)^2R = (500/100)^2 \times 8\ \Omega = 200\ \Omega$$

获得的功率为[如图 6.3.5 (c)]

$$P = I_1^2R' = \left(\frac{U_S}{R_S + R'}\right)^2 \times R' = 200 \times \left(\frac{12}{200+200}\right)^2 \text{ W} = 180 \text{ mW}$$

6.3.3　三相变压器

变换三相电压可采用三相变压器。三相变压器的结构如图 6.3.6 所示。它有三个相同截面的铁心柱，每个芯柱上各套着一相的一次侧、二次侧绕组，芯柱和上下磁轭构成三相闭合铁心。变压器运行时，三相的一次侧绕组所加电压是对称的，因此三个相的芯柱中的磁通 Φ_U、Φ_V、Φ_W 也是对称的。由于每个相的一次侧、二次侧绕组绕在同一芯柱上，由同一磁通联系起来，其工作情况和单相变压器相同。

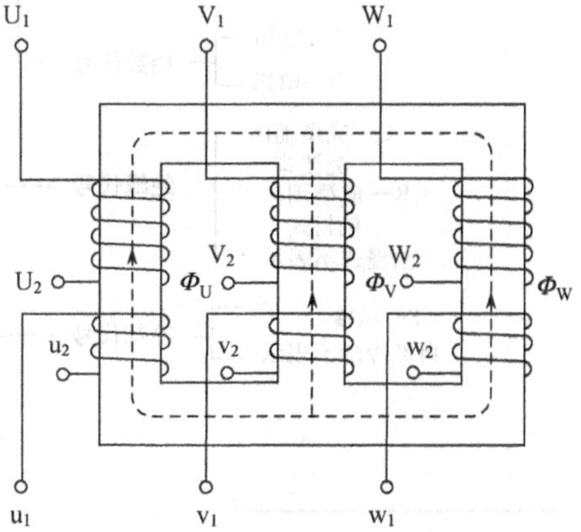

图 6.3.6　三相变压器结构

为了便于识别绕组的接线端，一次(高压)绕组的首、末端分别用大写字母 U_1、V_1、W_1 和 U_2、V_2、W_2 表示，二次(低压)绕组的首、末端分别用小写字母 u_1、v_1、w_1 和 u_2、v_2、w_2 表示。

三相变压器的一次（高压）绕组电压和二次（低压）绕组电压的比值，不仅与一次高、低压绕组的每相匝数有关，而且与绕组的接法有关。三相绕组有星形、三角形和曲折形等多种连接法。对高压绕组，分别用字母 Y，D 和 Z 表示，中压绕组或低压绕组分别用字母 y，d 和 z 表示。若有中性线引出，则用 YN，ZN 和 yn，zn 表示。如 Dyn11 连接组别表示变压器的高压绕组为三角形、低压绕组为星形 Y，有中性点引出，标号为“11”。

变压器连接常采用 Dyn11 或 Yyn0 连接组别，接线方式如图 6.3.7 所示，输入端 U_1、V_1、W_1 接高压输电线，输出端 u_1、v_1、w_1、N 接低压配电柜。

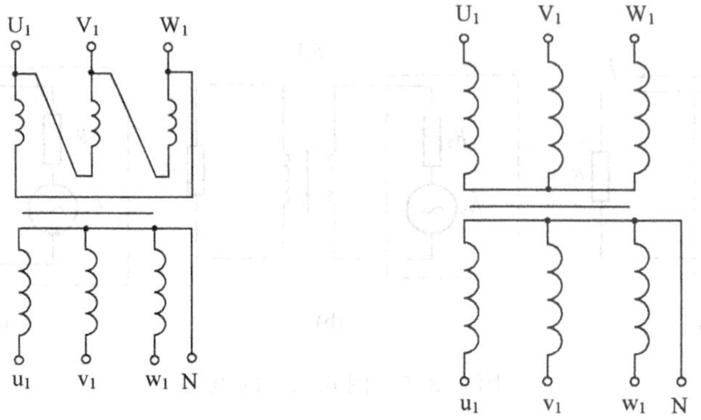

(a) Dynll连接　　(b) Yyn0连接

图 6.3.7　三相变压器绕组接线方式

变压器可分为电力变压器和特殊变压器。电力变压器①又有油浸式和干式之分。油浸式变压器可用作升压变压器、降压变压器，联络变压器和配电变压器。而干式变压器仅用作配电变压器，其铁心和绕组均不浸于绝缘液体中。由于油浸式变压器比同容量的干式变压器便宜，所以在工程中除了非得用干式变压器外，一般均选用油浸式变压器。

干式变压器依靠空气对流进行冷却，而油浸式变压器依靠油作冷却介质，如油浸自冷，油浸风冷，油浸水冷及强迫油循环等。

电力变压器全型号的表示和含义如下：

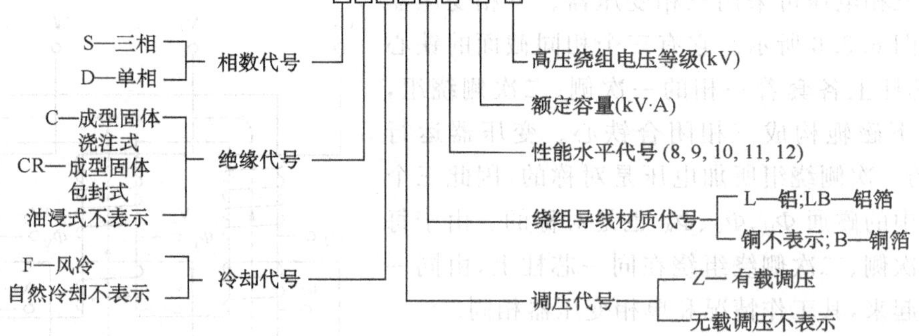

① 我国制定的变压器标准有《三相油浸式电力变压器技术参和要求》GB/T6451—2008 和《电力变压器》GB1094.11—2007 第 11 部分：干式变压器。

例如 S9-800/10，表示为三相铜绕组油浸式电力变压器，性能水平代号为 9，额定容量为 800 kV·A，高压绕组电压等级为 10 kV。

变压器嵌装传感器和加装变压器终端单元①(transformer terminal unit，TTU)，可实现远距离检测其参数。

6.3.4 变压器特性

1. 变压器的外特性

变压器一次电压 U_1 为额定值时，二次侧的电压 $U_2=f(I_2)$ 的关系曲线称为变压器的外特性，如图 6.3.8 所示。图中 U_{20} 是空载时二次侧的电压，称为空载电压，其大小等于主磁通在二次绕组中产生的感应电动势 E_2；φ_2 为 $\dot{U}_2$ 和 $\dot{I}_2$ 的相位差。分析表明，当负载为电阻或电感性时，二次电压 U_2 将随电流 I_2 的增加而降低，这是因为随着 I_2 的增大，二次绕组的电阻电压降和漏磁通感应电动势增大而造成的。

由于二次绕组电阻压降和漏磁通感应电动势较小，U_2 的变化一般不大。电力变压器的电压变化率为

$$\Delta U=\frac{U_{20}-U_2}{U_{20}}\times 100\% \qquad (6.3.14)$$

式中，U_{20} 和 U_2 分别为空载和额定负载时的二次电压。一般变压器的漏阻抗很小，故电压变化率为 3%～6%。

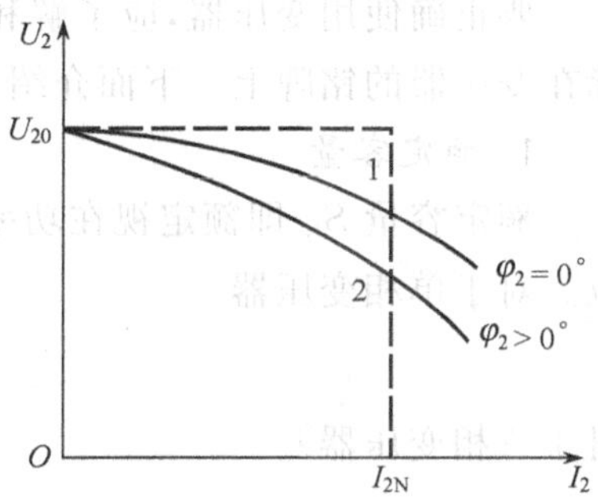

图 6.3.8 变压器的外特性曲线

2. 变压器的效率

变压器运行时，输出功率为

$$P_2=U_2I_2\cos\varphi_2 \qquad (6.3.15a)$$

输入的功率为

$$P_1=U_1I_1\cos\varphi_1=P_2+P_{Fe}+P_{Cu} \qquad (6.3.15b)$$

式中，铁损耗 P_{Fe} 是由交变磁通在铁心中产生的，包括磁滞损耗(ΔP_h)和涡流损耗(ΔP_e)。当外加电压 U_1 和频率 f 一定时，主磁通 Φ_m 基本不变，铁损耗也基本不变，故铁损耗又称为固定损耗。铜损耗

$$P_{Cu}=R_1I_1^2+R_2I_2^2 \qquad (6.3.15c)$$

随负载电流而变化，故称为可变损耗。由于变压器运行时铜损耗很小，空载时从电源输入的功率(称为空载损耗)基本上损耗在铁心上，故可认为空载损耗等于铁损耗。

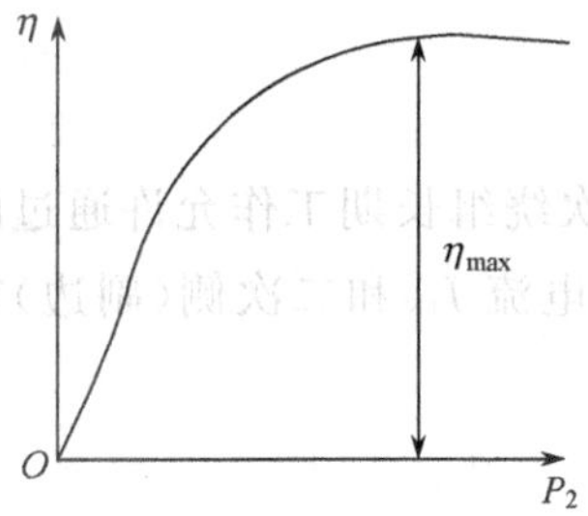

图 6.3.9 变压器效率曲线

变压器的输出功率 P_2 和输入功率 P_1 之比称为变压器的效率，通常用百分数表示

$$\eta=\frac{P_2}{P_1}\times 100\%=\frac{P_2}{P_2+P_{Fe}+P_{Cu}}\times 100\% \qquad (6.3.15d)$$

由于 P_{Fe}、P_{Cu} 与输出功率相比，所占比例甚微，所以变压器的

① 配电变压器终端单元主要用于柱上变压器、箱式变电站等远方监控和就地无功补偿，还可选配抄表集中器实现分散用户自动抄表，传输通道可采用电力线载波、光纤以及电话线等。

效率较高，可达96%～99%。由图6.3.9的变压器效率曲线$\eta=f(P_2)$可见，效率随输出功率而变，通常最大效率出现在50%～60%额定负载。

采用高导磁的优质冷轧晶粒取向硅钢片制造而成的变压器效率会更高。

例6.3.2 一台变压器容量为30 kV·A，空载(铁)损耗为300 W，负载(铜)损耗为400 W，求该变压器在满载情况下向功率因数为0.8的负载供电时输入和输出的有功功率及效率。

解 忽略电压变换率，则

$$P_2 = S \times \cos\varphi = 30 \times 10^3 \times 0.8\ \text{W} = 24\ \text{kW}$$

$$P = P_{Fe} + P_{Cu} = 0.7\ \text{kW}$$

$$\eta = \frac{P_2}{P_1} \times 100\% = \frac{P_2}{P + P_2} 100\% = 97\%$$

6.3.5 变压器技术参数

要正确使用变压器，应了解和掌握变压器的一些技术参数。常用技术参数通常由制造厂标在变压器的铭牌上。下面介绍变压器的主要技术参数。

1. 额定容量

额定容量S_N即额定视在功率，表示变压器输出电功率的能力。以V·A或kV·A为单位。对于单相变压器

$$S = U_{2N} \times I_{2N} \tag{6.3.16}$$

对于三相变压器[①]

$$S_N = \sqrt{3}\, U_{2N} \times I_{2N} \tag{6.3.17}$$

式中，U_{2N}和I_{2N}为线电压和线电流。

2. 额定电压

额定电压是根据变压器的绝缘强度和容许温升规定的电压值，以V或kV为单位。额定电压U_{1N}是指变压器一次侧(输入端)应加的电压，U_{2N}是指输入端加上额定电压时二次侧的空载电压。在三相变压器中额定电压都是指线电压。在供电系统中，变压器二次侧的空载电压要略高于负载的额定电压。通常额定电压为380 V的负载，变压器的二次侧空载电压为400 V左右。我国规定变压器一次侧额定电压(高压)档次为6kV、6.3kV、10kV、10.5kV、11kV等。

3. 额定电流

变压器额定电流是指在额定电压和额定环境温度下，使一、二次绕组长期工作允许通过的线电流，单位为A或kA。变压器的额定电流有一次侧(原边)额定电流I_{1N}和二次侧(副边)额定电流I_{2N}。在三相变压器中I_{1N}和I_{2N}都是指其线电流。

---

① 电力变压器按容量系列分，有R8容量系列和R10容量系列两大类。R8容量系列是指容量等级是按$R8=\sqrt[8]{10}\approx 1.33$倍数递增的。我国老的变压器容量等级采用此系列，例如容量100 kV·A、135 kV·A、180 kV·A、240 kV·A、320 kV·A、420 kV·A、560 kV·A、750 kV·A、1000 kV·A等。R10容量系列是指容量等级是按$R10=\sqrt[10]{10}\approx 1.26$倍数递增的。我国新的变压器容量等级采用这种系列。这也是IEC推荐的变压器容量系列。这种容量系列的容量等级较密，便于合理选用，例如容量100 kV·A、125 kV·A、160 kV·A、200 kV·A、250 kV·A、315 kV·A、400 kV·A、500 kV·A、630 kV·A、800 kV·A、1000 kV·A等。

4. 空载电流

当变压器二次绕组开路，一次绕组施加额定电压时，流通一次绕组的电流称为空载电流$I_o\%$。通常以空载电流与额定电流 I_{1N} 的百分数表示

$$I_o(\%) = (I_o/I_{1N}) \times 100\%$$

空载电流大小决定于变压器的容量、磁路结构和硅钢片质量等。高压大容量变压器一般在1%以下，一般配电变压器的空载电流为一次额定电流的3‰～8‰。

5. 空载损耗

空载损耗 P_o 是变压器二次绕组开路，一次绕组施加额定电压时变压器消耗的功率。它近似等于变压器的额定铁损。在额定电压下，二次绕组空载时变压器铁心所产生的损耗包括激磁损耗和涡流损耗。它与变压器铁矽钢片的性质、制造工艺和施加的电压有关。变压器空载损耗约占额定功率的1.5‰～2‰。

6. 负载损耗

变压器中，当一、二次绕组流过额定电流时所产生的损耗为负载损耗 P_F，P_F 等于最大一对绕组的电阻损耗加入附加损耗（导线组涡流损耗、并绕导线的环流损耗、结构损耗和引线损耗）。

7. 阻抗电压

调节变压器一次侧电压，使一次侧绕组中的电流 I_1，在二次绕组短路状态时的数值等于一次侧的额定电流时，所测量出的一次绕组中的端电压，称为短路电压 U_Z。变压器铭牌上的阻抗电压，就是变压器一次侧短路电压 U_{kr} 与一次额定电压 U_{1N} 比值的百分数表示，即

$$U_{kr}(\%) = (U_{kr}/U_{1N}) \times 100\%$$

变压器短路电压又称短路阻抗或阻抗电压百分比。这是因为变压器在二次绕组短路、一次绕组中流过额定电流 I_{1N} 时，在变压器一次侧绕组两端的电压降为 $U_{kr}=I_{1N}Z_1$。所以，短路电压除以额定电流，可以得出变压器一次绕组的阻抗值。

阻抗电压大小与变压器的制造工艺和供电质量等有关。

阻抗电压是变压器的一项重要参数。两台变压器能否并列运行，并列条件之一就是要求阻抗电压相等。短路电压值的大小还是计算短路电流选择继电保护特性的依据。如果阻抗电压太大，会使变压器本身的电压损失增大，且造价也增高；阻抗电压太小，则变压器出口短路电流过大，要求变压器及一次回路设备承受短路电流的能力也加大。因此，选用变压器时，要考虑短路电压的数值。

8. 短路损耗 P_K

变压器一二次侧绕组流过额定电流时，变压器中所消耗的功率（指变压器运行温度75℃时）。短路损耗近似等于变压器的额定铜损。

9. 温升

变压器在额定值下运行时，变压器内部温度容许超出规定的环境温度（+40℃）的数值，它与绝缘材料的性能有关，耐热等级一般有6级，如表6.3.1所示。

表 6.3.1 绝缘材料耐热等级

绝缘材料耐热等级	A	E	B	F	H	C
耐热温度/℃	105	120	130	155	180	220

变压器温升限值与海拔有关。在海拔高度超过 1000 m 的地区，选型时应参考产品手册。

10. 连接组标号

变压器的连接组标号是指三相变压器一、二次绕组间电压的相位关系。以一次的相电动势为基准，其他绕组的相电动势与一次的相电动势的相位差表示其连接组标号。通常以“时钟序”法来表示：将高压绕组相电压作长针定在 12(0)上，低压绕组相对应的相电压作短指针，按其旋转的角度决定其位置。如落在 11 上称为 11 接线，如落在 12(0)上称为 12(0)接线，分别书写在中压或低压绕组代号之后，如 Dyn11，Dyn12 等。

6～10 kV 配电变压器(二次侧电压为 220/380 V)有 Yyn0 和 Dyn11 两种常见的连接组。

变压器 Yyn0 连接组示意图如图 6.3.10 所示。其一次线电压与对应的二次线电压之间的相位关系，如同时钟在零点(12 点)时分针与时针的相互关系一样(图中一、二次绕组标“·”的端子为对应的“同名端”，即同极性端)。

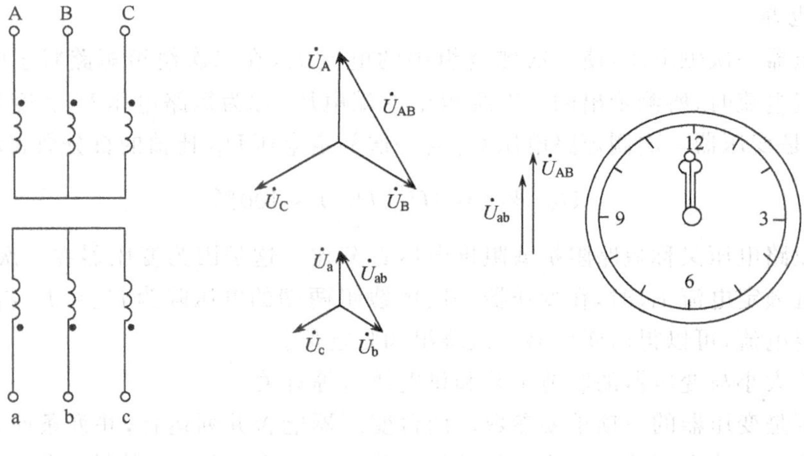

图 6.3.10 变压器 Yyn0 连接组

变压器 Dyn11 连接组示意图如图 6.3.11 所示。其一次线电压与对应的二次线电压之间的相位关系，如同时钟在 11 点时分针与时针的相互关系一样。

配电变压器采用 Dyn11 连接较之采用 Yyn0 连接有下列优点：①抑制高次谐波电流；②零序阻抗较小；③单相不平衡负载能力强。但是 Yyn0 连接配电变压器制造成本比 Dyn11 连接较低。

在 TN 及 TT 系统接地形式的低压电网中，推荐采用 D，yn11 接线组别的配电变压器。例如全密封变压器 SZ10-M-1000/10，其中 S—三相，Z—有载调压，10—设计序号(较低损耗系列)，M—全密封，1000—容量 1000 kVA，10—高压侧电压 10 kV。其他技术参数还有低压侧电压 0.4 kV，空载损耗 1300 W、负载损耗 9600 W、空载电流 0.7%、阻抗电压 4.5%，连接组别 Dyn11 或 Yyn0。又如 SGB11(10)-RL 系列干式变压器采用三维立体 D 形卷铁心，三相磁

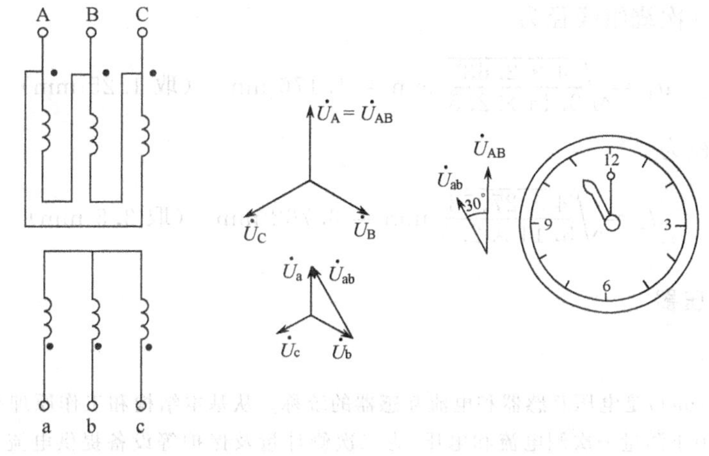

(a)一、二次绕组接线　(b)一、二次电压向量　(c)时钟表示

图 6.3.11　变压器 Dyn11 连接组

路短、磁阻涡流损耗小,空载损耗和空载电流分别低于国家标准 40%和 80%以上,噪声低 10 dB 以上。

例 6.3.3　有一台照明变压器,因绕组烧毁,需要拆去重绕。容量 1 kV·A,输入电压 $U_1=380$ V,输出电压 $U_2=36$ V,铁心截面积为 22 mm×41 mm(图 6.3.12)。铁心材料是 0.35 mm 厚的硅钢片。试计算一、二次绕组匝数及导线线径。

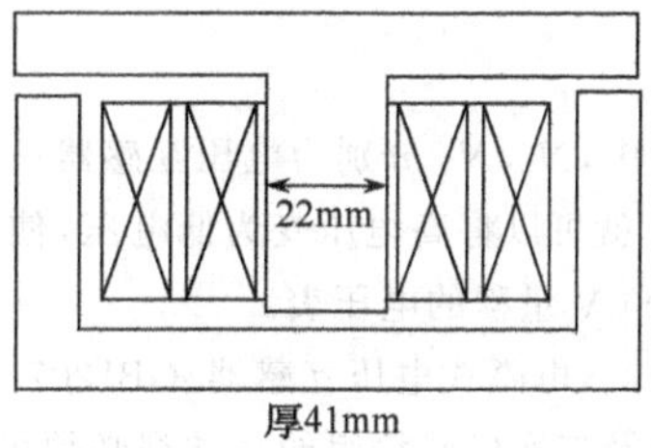

图 6.3.12　例 6.3.2 的电路

解　铁心的有效截面积为

$$S=22\times41\times0.9\text{mm}^2=811.8\ \text{mm}^2$$

式中,0.9 是铁心叠片间隙系数。

对 0.35 mm 的硅钢片,可取 $B_m=1.1$ T。

一次绕组匝数为

$$N_1=\frac{U_1}{4.44fB_mS}=\frac{380}{4.44\times50\times1.1\times811.8\times10^{-6}}=1920$$

二次绕组匝数为(设 $U_{20}=1.05U_2$)

$$N_2=N_1\frac{U_{20}}{U_1}=N_1\frac{1.05U_2}{U_1}=1920\times\frac{1.05\times36}{380}=190$$

二次绕组电流为

$$I_2=S_N/U_2=1000/36\ \text{A}=27.78\ \text{A}$$

一次绕组电流为

$$I_1=1000/380\ \text{A}=2.63\ \text{A}$$

导线直径 d 可按下式计算:

$$I=J\left(\frac{\pi d^2}{4}\right),\quad d=\sqrt{\frac{4I}{\pi J}}$$

式中,J 是电流密度,一般取 $J=2.5\ \text{A/mm}^2$。

于是可计算一次绕组线径为

$$d_1 = \sqrt{\frac{4 \times 2.63}{3.14 \times 2.5}}\ \text{mm} = 1.176\ \text{mm} \quad (\text{取 } 1.25\ \text{mm})$$

二次绕组线径为

$$d_2 = \sqrt{\frac{4 \times 27.78}{3.14 \times 2.5}}\ \text{mm} = 3.762\ \text{mm} \quad (\text{取 } 3.5\ \text{mm})$$

△6.3.6 特殊变压器

1. 互感器

互感器(transformer)是电压互感器和电流互感器的统称。从基本结构和工作原理来说,互感器①就是一种特殊变压器。它用于测量一次侧电流和电压,为二次侧计量及保护等设备提供电流及电压信号。互感器的功能主要①用来使仪表、继电器等二次设备与主电路(一次电路)绝缘。②用来扩大仪表、继电器等二次设备的应用范围。

1) 电压互感器

电压互感器(potential transformer,PT)是一种变换电压(将高电压变换为低电压)的互感器,其外形和接线如图 6.3.13 所示。一次绕组匝数很多,与被测电路并联;二次绕组匝数很少,接电压表等负载。

由于电压表等负载阻抗非常大,电压互感器相当于工作在空载状态,因而

$$U_1 = \frac{N_1}{N_2}U_2 = k_u U_2 \tag{6.3.18}$$

式中,N_1、N_2 分别为电压互感器一次绕组和二次绕组的匝数,k_u 称为电压互感器的变压比,只要选择合适的 k_u 就可以将高电压变为低电压,使之便于测量。通常二次绕组的额定电压大多为统一的标准值 100 V,配 100 V 量程的电压表。

《电磁式电压互感器》GB1207—2006 规定,为安全起见,使用电压互感器时,电压互感器的铁心、金属外壳及二次(副)绕组的一端都必须可靠接地,以防绕组间绝缘损坏时,在二次绕组出现高压。此外,电压互感器二次绕组严禁短路,否则将产生比额定电流大几百倍,甚至几千倍的短路电流,烧坏互感器。电压互感器的一次绕组、二次绕组一般都装有熔断器作短路保护。此外电压互感器不宜接过多仪表,以免影响测量的准确性。

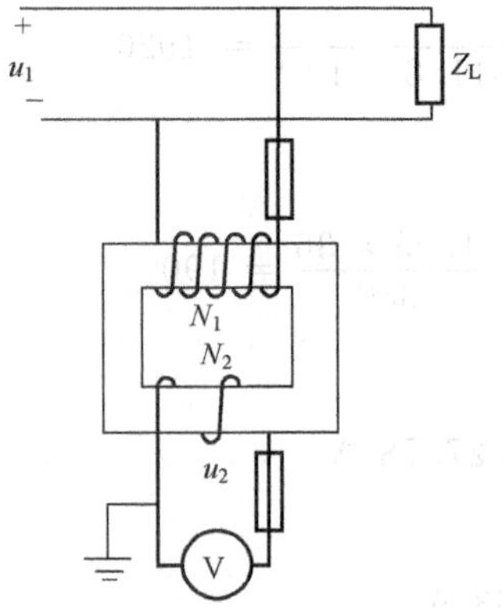

图 6.3.13 电压互感器

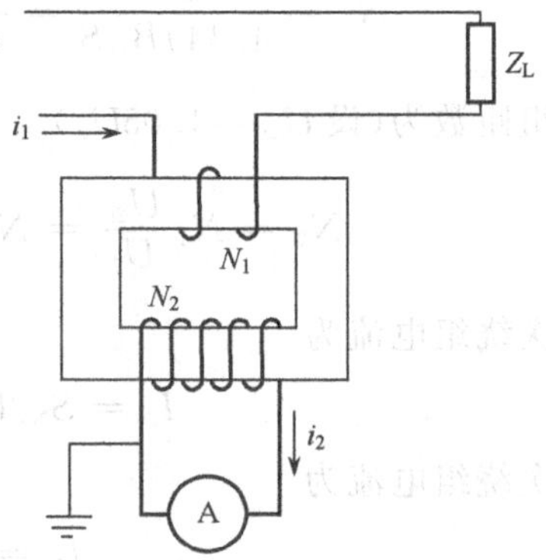

图 6.3.14 电流互感器

① 我国制定的互感器标准有《电磁式电压互感器》GB1207—2006、《电流互感器》GB1208—2006 和《电子式电压互感器》GB/T20840.7—2007、《电子式电流互感器》GB/T20840.8—2007 等。GB/T 20840 适用于模拟量输出的电子式互感器,它具有模拟量电压输出或数字量输出,供频率为 15～100 Hz 的电气测量仪器和继电保护装置使用。

2）电流互感器

电流互感器（current transformer，CT）是一种变换电流（将大电流变换为小电流）的互感器，其外形和接线如图 6.3.14 所示。一次绕组与被测电路串联，二次绕组接电流表等负载。

由于电流表等负载阻抗非常小，电流互感器相当于工作在短路状态，因而一次绕组电压很低，产生的主磁通很小。空载电流很小，故 $N_1\dot{I}_1+N_1\dot{I}_1=0$。因而

$$I_1=\frac{N_1}{N_2}I_2=k_iI_2 \tag{6.3.19}$$

式中，k_i 称为电流互感器的变流比。只要选择合适的 k_i，就可以将大电流变为小电流，使之便于测量。通常二次绕组的额定电流大多为统一标准值 5A，配 5A 量程的电流表。

《电流互感器》GB1208—2006 规定，电流互感器在使用时，二次绕组不准开路，否则由于 $N_2I_2=0$，剩下的 I_1N_1 会使 Φ_m 增加，有可能产生很大的电动势，损坏互感器的绝缘层并危及工作人员的安全。为安全起见，使用电流互感器时，电流互感器的绕组、铁心和外壳应接地。此外，电流互感器不宜接过多仪表，以免影响测量的准确性。

钳形电流表是电流互感器和电流表组成的测量仪表，用它来测量电流时不必断开被测电路，使用十分方便。图 6.3.15 是一种钳形电流表的外形及结构原理图。测量时先按下压块使可动的钳形铁心张开，把通有被测电流的导线套进铁心内，然后放开压块使铁心闭合，这样，被套进的截流导体就成为电流互感器的一次绕组（即 $N_1=1$），而绕在铁心上的绕组与电流表构成闭合回路，从电流表上可直接读出被测电流的大小。

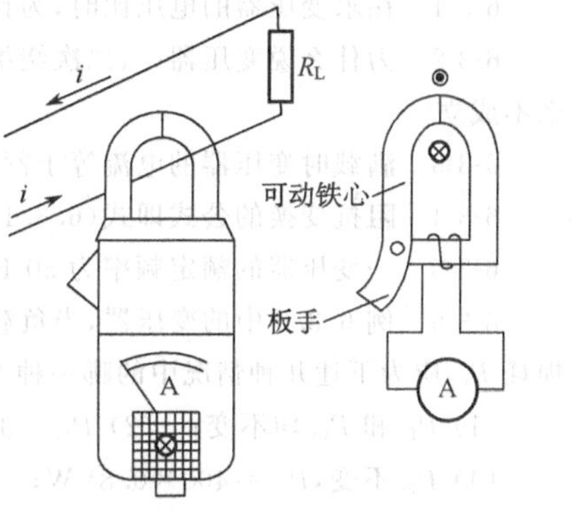

(a)外形　(b)原理图

图 6.3.15　钳形电流表

3）光电式互感器

光电互感器的理论基础是法拉第磁光效应，其基本概念是：当光波通过置于被测电流产生的磁场内的磁光材料时，其偏振面在磁场作用下将发生旋转，通过测量旋转的角度即可测定被测电流的大小。光电互感器的结构原理框图如图 6.3.16 所示。检测电路输出信号经数字模块转换后，可与计算机网络联网。

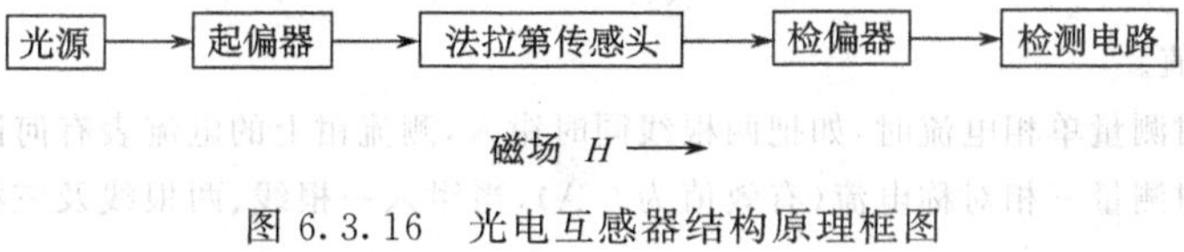

图 6.3.16　光电互感器结构原理框图

2．自耦变压器

普通变压器的一次绕组和二次绕组只有磁路上的耦合，没有电路上的直接联系，而自耦变压器（auto-transformer）的二次绕组取的是一次绕组的一部分，其原理图如图 6.3.17(a)所示。设一次绕组匝数为 N_1，二

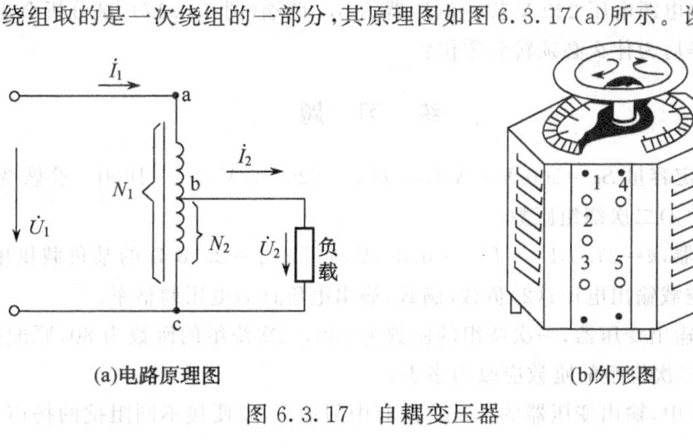

(a)电路原理图　(b)外形图

图 6.3.17　自耦变压器

次绕组匝数为 N_2，则一次绕组、二次绕组的电压和电流关系在额定值运行时依旧满足如下关系

$$\frac{U_1}{U_2}=\frac{I_2}{I_1}=\frac{N_1}{N_2}=k \tag{6.3.20}$$

自耦变压器二次绕组可通过手柄改变滑动触点的位置[见图 6.3.17(b)]，以改变二次绕组的匝数，从而调节输出电压 U_2。自耦调压器的电刷在线圈裸露表面移动放电，形成黑色氧化层，自耦调压器输出电压与调压手柄之间的灵敏度下降，可采用白色橡皮擦抹调压痕迹或轻轻拨动电刷弹簧片，使得其灵敏度恢复、无迟钝之感。

思考题

6-3-1 在求变压器的电压比时，为什么一般都用空载时一、二次绕组电压之比来计算？

6-3-2 为什么说变压器一、二次绕组电流与匝数成反比，只有在满载和接近满载时才成立？空载时为什么不成立？

6-3-3 满载时变压器的电流等于额定电流，这时的二次电压是否也等于额定电压？

6-3-4 阻抗变换的公式即式(6.3.13)是在忽略什么因素的情况下得到的？

6-3-5 一变压器的额定频率为 50 Hz，用于 25 Hz 的交流电路中，能否正常工作？

6-3-6 例 6.3.2 中的变压器，当负载变化使得变压器的电流为额定电流的 0.8 倍时，其铁损耗 P_{Fe} 和铜损耗 P_{Cu} 应为下述几种情况中的哪一种？

(1) P_{Fe} 和 P_{Cu} 均不变；(2) $P_{Fe}=300\times0.8$ W，$P_{Cu}=400\times0.8$ W；(3) $P_{Fe}=300\times0.8$ W，P_{Cu} 不变

(4) P_{Fe} 不变，$P_{Cu}=400\times0.8^2$ W；(5) P_{Fe} 不变，$P_{Cu}=400\times0.8$ W

6-3-7 一变压器一次侧两个线圈匝数相同。为了判这台变压器一次侧两个线圈的极性，可以将这两个线圈的任意两端串联后，在二次侧加上一个不超过其额定值的电压，如果测得一次侧两串联线圈的总电压为两个线圈电压之和，则说明现在是异极性端串联；如果测得的总电压为两个线圈电压之差，则说明是同极性端串联。试说明这种方法的原理。

6-3-8 变压器铭牌上的额定值有什么意义？为什么变压器额定容量 S_N 的单位是千伏安(或伏安)，而不是千瓦(或瓦)？

6-3-9 三相变压器一、二次绕组的匝数比为 $\frac{N_1}{N_2}=100$。分别求该变压器在 Yyn0 和 Dyn11 连接时一、二次绕组的线电压的比值。

6-3-10 用测流钳测量单相电流时，如把两根线同时钳入，测流钳上的电流表有何读数？

6-3-11 用测流钳测量三相对称电流(有效值为 5 A)，当钳入一根线、两根线及三根线时，试问电流表的读数分别为多少？

6-3-12 自耦变压器的优点之一是公共绕组和串联绕组可以用不同截面积的导线绕制，从而节省了材料。试说明为什么？

6-3-13 如错误地把电源电压 220 V 接到调压器的 b，c 两端(图 6.3.17)，试分析会出现什么问题？

6-3-14 调压器用毕后为什么必须转到零位？

练习题

6-3-1 一变压器额定容量 $S_N=500$ V·A，$U_{1N}/U_{2N}=220/36$ V，$N_1=1600$。求该变压器的：(1)电压比 k；(2)额定电流 I_{1N}，I_{2N}；(3)二次绕组匝数。

6-3-2 一单相变压器，$k=27.5$，$U_1=U_{1N}=6.3$ kV，向 $|Z_L|=2.58\ \Omega$ 的某负载供电时，$I_1=I_{1N}=3.03$ A。求该变压器的：(1)空载输出电压；(2)负载(满载)输出电压；(3)电压调整率。

6-3-3 一收音机的输出变压器，一次绕组的匝数为 230，二次绕组的匝数为 80，原配接 8 Ω 的扬声器，现改用 4 Ω 的扬声器。问二次绕组的匝数应改为多少？

6-3-4 在图 6.3.18 中，输出变压器的二次绕组有中间抽头，以便接不同阻抗的扬声器，两者都能达到阻

抗匹配。试求二次绕组两部分匝数之比$\frac{N_2}{N_3}$。

6-3-5　一电阻值为 8 Ω 的扬声器，通过变压器接到定压源电压有效值 $U_2=120$ V，$R_S=40$ Ω 的信号源上。设变压器一次绕组的匝数为 500，二次绕组的匝数为 100。求：(1)变压器一次侧的等效阻抗模 $|Z|$；(2)扬声器消耗的功率。

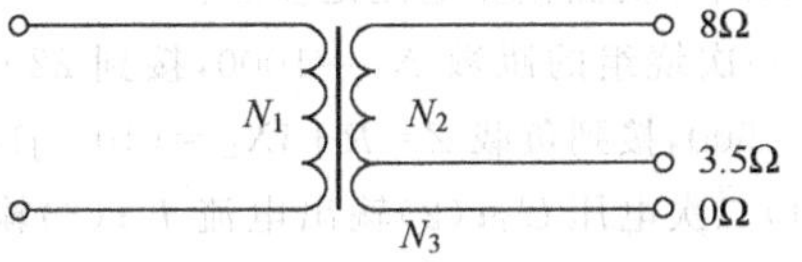

图 6.3.18　习题 6.3.4 的电路

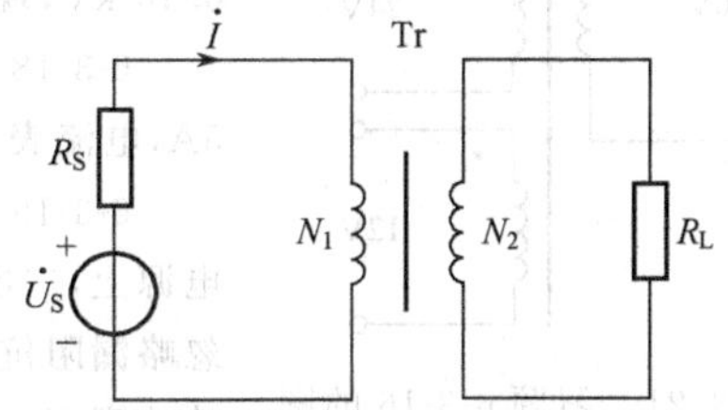

图 6.3.19　习题 6-3-6 电路

6-3-6　在图 6.3.19 中，$R_L=8$ Ω 为一扬声器，接在输出变压器 Tr 的二次侧。已知 $N_1=300$，$N_2=100$，信号源电压有效值 $U_S=120$ V，内阻 $R_S=10$ Ω，试求信号源输出功率。

6-3-7　一台单相变压器容量为 50 kV·A，额定电压 6.3 kV/0.23 kV，在满载情况下向功率因数为 $\lambda_2=0.85$ 的电感性负载供电，测得二次输出电压 $U_2=220$ V，一次输入功率 $P_1=44$ kW。求该变压器输出的有功功率、无功功率、视在功率以及变压器的效率和功率因数。

6-3-8　一台变压器容量为 100 kV·A，空载(铁)损耗为 0.29 kW，负载(铜)损耗为 1.58 kW。电压调整率忽略不计，求下列两种情况下变压器的效率：(1)在 $S_2=S_N$ 的情况下，向 $\lambda_2=0.9$ 的电感性负载供电；(2)在 $S_2=0.75S_N$ 的情况下，向 $\lambda_2=0.8$ 的电感性负载供电。

6-3-9　一台单相变压器容量为 15 kV·A，额定电压为 6.3 kV/0.23 kV，电压调整率忽略不计。如果向 220 V、60 W 的白炽灯(功率因数为 1)供电，白炽灯能装多少只？如果向 220 V、40 W、功率因数为 0.8 的日光灯供电，日光灯能装多少只？

6-3-10　一台三相变压器的一次绕组每相匝数 $N_1=2080$，二次绕组每相匝数 $N_2=130$，接于 6.3 kV 电网上。试求在“Yyn0”和“Dyn11”两种接法时，一次绕组、二次绕组端的线电压和相电压。

6-3-11　一台三相变压器的容量为 150 kV·A，以 400 V 的线电压供电给三相对称负载。设每相负载 $Z=R+jX_L=(1+j1.5)\Omega$，星形连接。问此变压器能否负担上述负载？

6-3-12　一台三相变压器的铭牌数据如下：$S_N=200$ kV·A，$U_{2N}=400$ V，$f=50$ Hz，“Yyn0”连接。已知每匝线圈感应电动势为 5.133 V，铁心截面积为 160 cm^2 试求：(1)一、二次绕组每相匝数；(2)变压比；(3)一、二次绕组的额定电流；(4)铁心中磁感应强度 B_m。

6-3-13　一台三相变压器容量 $S_N=200$ kV·A，额定电压 6.3/0.4 kV，负载的功率因数为 0.8(电感性)，电压调整率为 4.5%，求满载时的输出功率。

6-3-14　图 6.3.20 所示的变压器有两个相同的一次绕组，每个绕组的额定电压为 110 V。二次绕组的电压为 12 V。

(1) 试问当电源电压在 220 V 和 110 V 两种情况下，一次绕组的四个接线端应如何正确连接？在这两种情况下，二次绕组两端电压及其中电流有无改变？每个一次绕组中的电流有无改变？(设负载一定)

(2) 在图中，如果把接线端 2 和 4 相连，而把 1 和 3 接在 220 V 的电源上，试分析这时将发生什么情况？

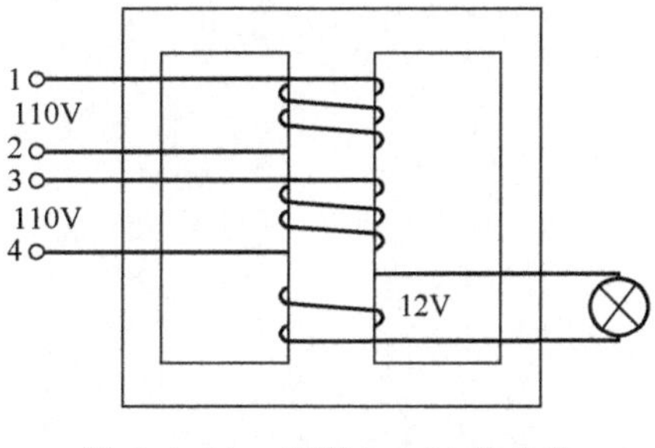

图 6.3.20　习题 6-3-14 的电路

6-3-15　一单相变压器一次绕组 $N_1=460$，接于 220 V 的电源上，空载电流略去不计。二次侧需要三个电压：$U_{21}=36$ V，$U_{22}=24$ V，$U_{23}=12$ V；电流分别为 $I_{21}=0.5$ A，

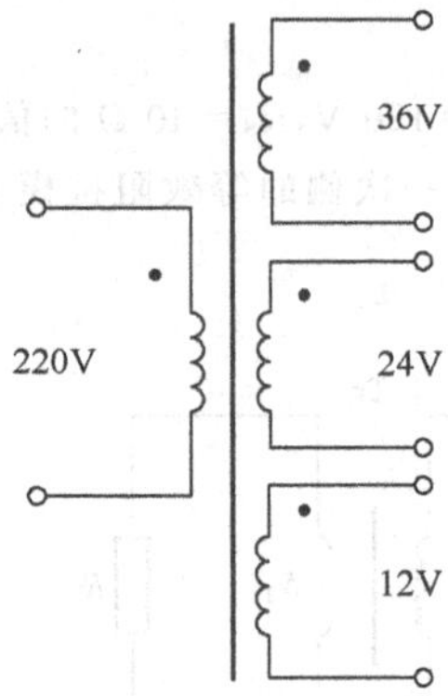

图 6.3.21　习题 6-3-16 的图

$I_{22}=0.6$ A，$I_{23}=1$ A，负载均为电阻性；试求：(1)二次绕组匝数 N_{21}、N_{22}、N_{23}；(2)变压器容量 S 和一次电流 I_1。

6-3-16　图 6.3.21 是一个有三个二次绕组的电源变压器，试问能得出多少种输出电压？

6-3-17　在图 6.3.13 所示电路中，电压互感器的额定电压为 6.3 kV/0.10 kV，现由电压表测得二次电压为 96 V，试问一次侧被测电压是多少？

6-3-18　在图 6.3.14 所示电路中，电流互感器的额定电流为 100 A/5A，电流表二次电流为 3.5 A，问一次侧被测电流是多少？

6-3-19　一自耦变压器，一次绕组的匝数 $N_1=1000$，接到 220 V 交流电源上，二次绕组的匝数 $N_2=500$，接到负载 $Z=R+jX_L=(10+j10)\Omega$ 上。忽略漏阻抗的电压降。求：(1)二次电压 U_2；(2)输出电流 I_2；(3)输出的有功功率 P_2。

第7章　电　　机

利用电磁场进行机械能与电能互换的装置称为电机。把机械能转换成电能的电机，称为发电机。反之，把电能转换成机械能的电机称为电动机。电动机按照它所耗用的电能种类不同，可分为交流电动机和直流电动机。交流电动机还可分为异步电动机和同步电动机。本章讨论三相异步电动机、同步电动机、单相异步电动机、步进电机、直流电机、伺服电动机、测速发电机以及电动机的选择等。

本章学习要求：(1)了解三相异步电动机的基本结构、转动原理、转矩特性和机械特性；(2)了解三相异步电动机铭牌数据的意义；(3)了解单相异步电动机的工作原理和启动方法；(4)了解直流电动机的基本结构、转动原理、启动和调速；(5)了解步进电动机的基本结构和工作原理；(6)了解伺服电动机的基本结构和工作原理。

7.1　三相异步电动机

异步电动机分为三相异步电动机和单相异步电动机等。本节讨论三相异步电动机。

7.1.1　三相异步电动机的工作原理

1. 三相异步电动机的结构

异步电动机由定子(固定部分)和转子(旋转部分)两个基本部分组成。

异步电动机的定子主要由机座、定子铁心和定子绕组构成。机座用铸钢或铸铁制成，定子铁心用涂有绝缘漆的硅钢片叠成，并固定在机座中。在定子铁心的内圆周上有均匀分布的槽用来放置定子绕组，如图7.1.1所示。定子绕组由绝缘导线绕制而成。三相异步电动机具有三相对称的定子绕组，称为三相绕组。

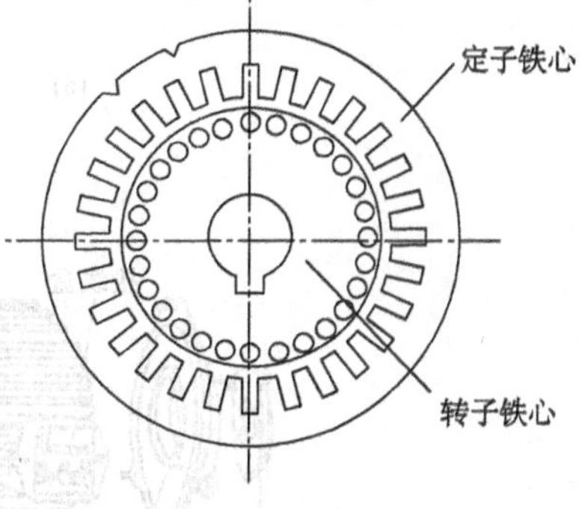

图7.1.1　异步电动机铁心

三相定子绕组引出 U_1、U_2，V_1、V_2，W_1、W_2 六个出线端，其中 U_1、V_1、W_1 为首端，U_2、V_2、W_2 为末端，如图7.1.2(a)所示。使用时可以连接成星形或三角形两种方式。如果电源的线电压等于电动机每相绕组的额定电压，那么三相定子绕组应采用三角形连接方式，如图7.1.2(b)所示。如果电源线电压等于电动机每相绕组额定电压的 $\sqrt{3}$ 倍，那么三相定子绕组应采用星形连接，如图7.1.2(c)所示。

异步电动机的转子主要由转轴、转子铁心和转子绕组构成。转子铁心用涂有绝缘漆的硅钢片叠成圆柱形，并固定在转轴上。铁心外圆周上有均匀分布的槽，如图7.1.1所示。这些槽放置转子绕组。

异步电动机转子绕组按结构不同可分为鼠笼转子和绕线转子两种。前者称为鼠笼型三相异步电动机，后者称为绕线型三相异步电动机。

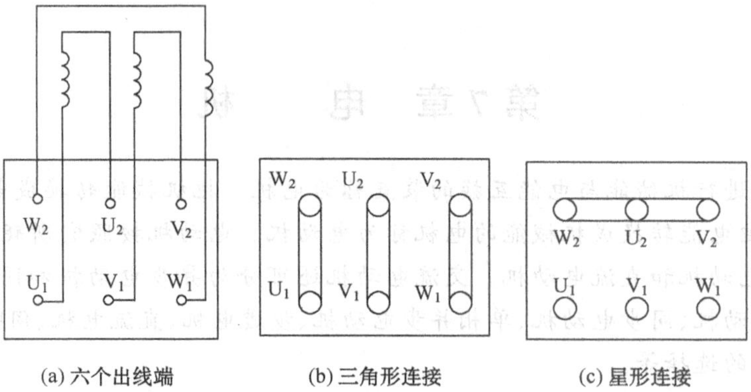

图 7.1.2　三相异步电动机定子绕组及连接法

鼠笼型电动机的转子绕组是由嵌放在转子铁心槽内的导电条组成的。在转子铁心的两端各有一个导电端环，把所有的导电条连接起来。因此，如果去掉转子铁心，剩下的转子绕组很像一个鼠笼子，如图 7.1.3(a)所示。中小型(100 kW 以下)鼠笼型电动机的鼠笼型转子绕组普遍采用铸铝制成，并在端环上铸出多片风叶作为冷却用的风扇，如图 7.1.3(b)所示。图 7.1.4 所示是一台鼠笼型电动机拆散后的形状。

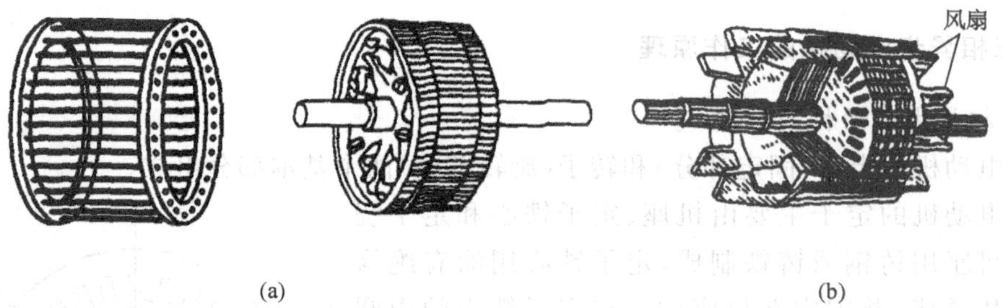

图 7.1.3　鼠笼型转子

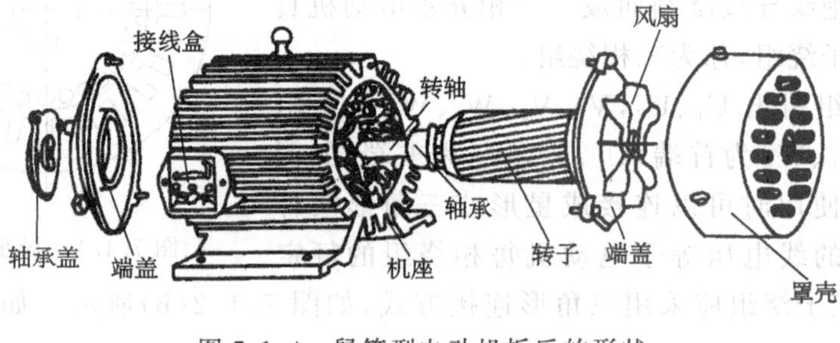

图 7.1.4　鼠笼型电动机拆后的形状

绕线型电动机的转子绕组为三相绕组，各相绕组的一端连在一起(星形连接)，另一端接到三个彼此绝缘的滑环上。滑环固定在电动机转轴上和转子一起旋转，并与安装在端盖上的电刷滑动接触来和外部的可变电阻相连，如图 7.1.5 所示。这种电动机在使用时可通过调节外接的可变电阻 R_P 来改变转子电路的电阻，从而改善电动机的某些性能。

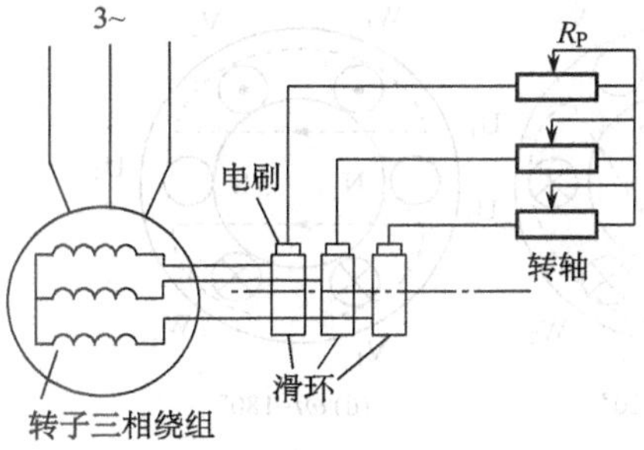

图 7.1.5　绕线型电动机示意图

2. *旋转磁场*

为了理解三相异步电动机的工作原理，先讨论三相异步电动机的定子绕组接至三相电源后，在电动机中产生磁场的情况。

图 7.1.6 为三相异步电动机定子绕组的简单模型。三相绕组 U_1、U_2，V_1、V_2，W_1、W_2 在空间互成 120°，每相绕组一匝，连接成星形。电流参考方向如图 7.1.6 所示，图中⊙表示导线中电流从里面流出来，⊗表示电流向里流进去。

当三相定子绕组接至三相对称电源时，绕组中就有三相对称电流 i_A、i_B、i_C 通过。图 7.1.7 为三相对称电流的波形图。下面分析三相交流电流在定子内共同产生的磁场在一个周期内的变化情况。

当 $\omega t=0°$ 时，$i_A=0$，$i_B=-\frac{\sqrt{3}}{2}I_m<0$，$i_C=\frac{\sqrt{3}}{2}I_m>0$。此时 U 相绕组电流为零；V 相绕组电流为负值，i_B 的实际方向与参考方向相反；W 相绕组电流为正值，i_C 的实际方向与参考方向相同。按右手螺旋定则可得到各个导体中电流所产生的合成磁场如图 7.1.8(a)所示，是一个具有两个磁极的磁场。电机磁场的磁极数常用磁极对数 p 来表示，例如上述两个磁极称为一对磁极，用 $p=1$ 表示。

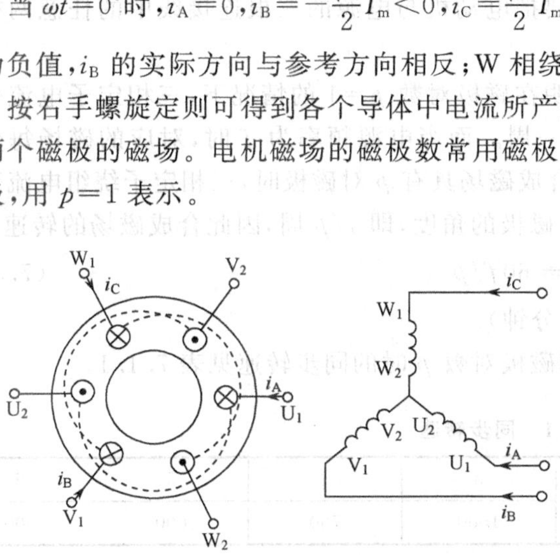

图 7.1.6　两极电动机三相定子绕组的简单模型和接线图

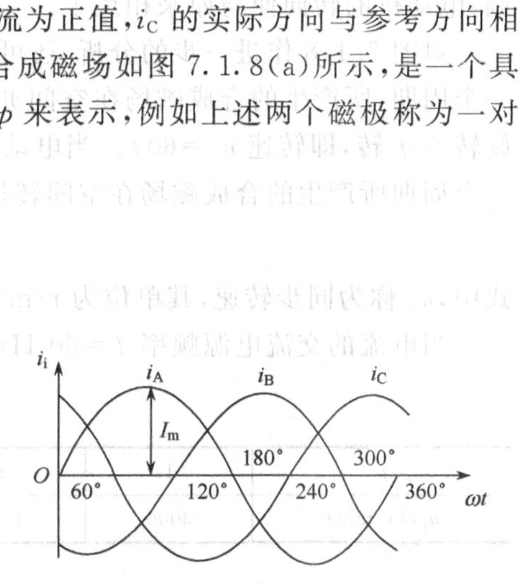

图 7.1.7　三相对称电流波形图

当 $\omega t=60°$ 时，$i_A=\frac{\sqrt{3}}{2}I_m>0$，$i_B=-\frac{\sqrt{3}}{2}I_m<0$，$i_C=0$，此时的合成磁场如图 7.1.8(b)所示，也是一个两极磁场。但这个两极磁场的空间位置和 $\omega t=0°$ 时相比，已按顺时针方向转了 60°。图 7.1.8(c)和(d)中，还画出了当 $\omega t=120°$ 和 $\omega t=180°$ 时合成磁场的空间位置。可以看出，其位置已分别按顺时针方向转了 120°和 180°。

按上面的分析，可以证明：当三相电流不断地随时间变化时，所建立的合成磁场也不断地在空间旋转。

由此可以得出结论：三相正弦交流电流通过电机的三相对称绕组，在电机中所建立的合成磁场是一个旋转磁场。

从图 7.1.8 的分析中可以看出，旋转磁场的旋转方向是 $U_1 \to V_1 \to W_1$（顺时针方向），即与通入三相绕组的三相电流相序 $i_A \to i_B \to i_C$ 是一致的。

如果把三相绕组接至电源的三根引线中的任意两根对调，例如把 i_A 通入 V 相绕组，i_B 通

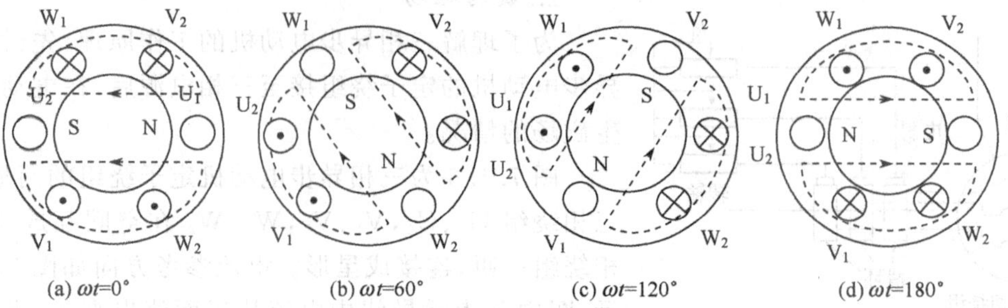

图 7.1.8 两极旋转磁场

入 U 相绕组，i_C 仍然通入 W 相绕组。利用与图 7.1.8 同样的分析方法，可以得到此时旋转磁场的旋转方向将会是 $V_1 \to U_1 \to W_1$，旋转磁场按逆时针方向旋转。

由此可以得出结论：旋转磁场的旋转方向与三相电流的相序一致。要改变电动机的旋转方向只需改变三相电流的相序。实际上，只要把电动机与电源的三根连接线中的任意两根对调，电动机的转向便与原来相反了。

对图 7.1.8 作进一步的分析，还可以证明在磁极对数 $p=1$ 的情况下，三相定子电流变化一个周期，所产生的合成磁场在空间亦旋转一周。而当电源频率为 f 时，对应的磁场每分钟旋转 $60f$ 转，即转速 $n_1=60f$。当电动机的合成磁场具有 p 对磁极时，三相定子绕组电流变化一个周期所产生的合成磁场在空间转过一对磁极的角度，即 $1/p$ 周，因此合成磁场的转速为

$$n_1 = 60f/p \tag{7.1.1}$$

式中，n_1 称为同步转速，其单位为 r/min（转/分钟）。

当电流的交流电源频率 $f=50$ Hz，不同磁极对数 p 时的同步转速见表 7.1.1。

表 7.1.1 同步转速

p	1	2	3	4	5	6
n_1/(r/min)	3000	1500	1000	750	600	500

3. 三相异步电动机的工作原理

三相异步电动机工作原理如图 7.1.9 所示。当三相定子绕组接至三相电源后，三相绕组内将流过三相电流并在电机内建立旋转磁场。当 $p=1$ 时，图中用一对旋转的磁铁来模拟该旋转磁场，并以恒定转速 n_1 顺时针方向旋转。

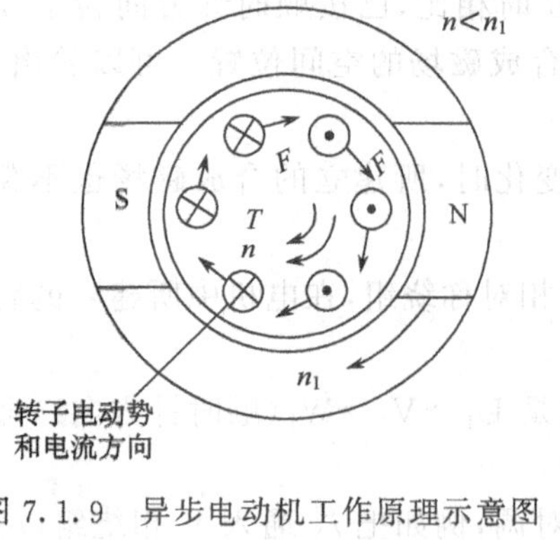

图 7.1.9 异步电动机工作原理示意图

在该旋转磁场的作用下，转子导体逆时针方向切割磁通产生感应电动势。根据右手定则可知在 N 极下的转子导体的感应电动势的方向是向外的，而在 S 极下的转子导体的感应电动势方向是向内的。因为转子绕组是短接的，所以在感应电动势的作用下，产生感应电流，即转子电流。也就是说，异步电动机的转子电流是由电磁感应而产生的。因此这种电动机又称为感应电动机。

根据安培定律，载流导体与磁场会相互作用而产生电磁力 F，其方向按左手定则确定。各个载流导体在旋转

磁场作用下受到的电磁力对于转子转轴所形成的转矩称为电磁转矩 T,在其作用下,电动机转子转动起来。从图 7.1.9可见,转子导体所受电磁力形成的电磁转矩与旋转磁场的转向一致,故转子旋转的方向与旋转磁场的方向相同。

但是,电动机转子的转速 n 必定低于旋转磁场转速 n_1。如果转子转速达到 n_1,那么转子与旋转磁场之间就没有相对运动,转子导体将不切割磁通,于是转子导体中不会产生感应电动势和转子电流,也不可能产生电磁转矩,所以电动机转子不可能维持在转速 n_1 状态下运行。可见异步电动机只有在转子转速 n 低于同步转速 n_1 的情况下,才能产生电磁转矩来驱动负载,维持稳定运行。因此这种电动机称为异步电动机。

异步电动机的转子转速 n 与旋转磁场的同步转速 n_1 之差是保证异步电动机工作的必要因素。这两个转速之差称为转差。转差与同步转速之比称为转差率

$$s=\frac{n_1-n}{n_1} \tag{7.1.2}$$

由于异步电动机的转速 $n<n_1$,且 $n>0$,故转差率在 0 到 1 的范围内,即 $0<s<1$。对于常用的异步电动机,在额定负载时的额定转速 n_N 很接近同步转速,所以其额定转差率 s_N 很小,为 0.01～0.07,s 有时也用百分数表示。

例 7.1.1 一台异步电动机的额定转速 $n_N=712.5$ r/min,电源频率为 50 Hz,求其磁极对数 p、额定转差率 s_N 和电流频率 f_2。

解 因为异步电动机的额定转速 n_N 略低于同步转速 n_1,而 $f=50$ Hz 时,$n_1=60\times 50/p$,略高于 $n_N=712.5$ r/min 的 n_1 只能是 750 r/min,故磁极对数

$$p=4$$

该电动机的额定转差率为

$$s_N=\frac{n_1-n_N}{n_1}\times 100\%=\frac{750-712.5}{750}\times 100\%=5\%$$

$$f_2=\frac{p(n_0-n)}{60}=\frac{n_0-n}{n_0}\times\frac{pn_0}{60}=sf=0.05\times 50\text{Hz}=2.5\text{Hz}$$

可见,转子电流的频率 f_2 与转差率 s 成正比,即与转子转速有关。

7.1.2 三相异步电动机的特性

为了分析电动机的运行性能,下面讨论三相异步电动机的转矩特性、机械特性和工作特性。

1. 三相异步电动机的转矩特性

异步电动机的转矩是由旋转磁场的每极磁通 Φ 与转子电流 I_2 相互作用而产生的。但因转子电路是电感性的,转子电流 $\dot{I}_2$ 比转子电动势 $\dot{E}_2$ 滞后 φ_2 角,又因电磁转矩与电磁功率 P_φ 成正比,和讨论有功功率一样,也引入 $\cos\varphi_2$。于是得到

$$T=C_T\Phi I_2\cos\varphi_2 \tag{7.1.3}$$

式中,C_T 是决定于电动机结构的常数,电磁转矩 T 的单位为牛[顿]·米(N·m)。当电动机定子的外加电源电压和频率一定时,Φ 也基本保持不变。但 I_2 和 $\cos\varphi_2$ 的大小与电动机的转速 n 即电动机的转差率 s 有关。因为当转速 n 变化时,转子导体和旋转磁场的相对运动速度发生变化,使转子绕组中感应电动势的大小和频率随之变化,转子绕组的感抗也变化,因此 I_2

和 $\cos\varphi_2$ 会随着转差率 s 的变化而变化。电磁转矩 T 与转差率 s 的关系，可用图 7.1.10 所示的转矩特性(torque characteristic)曲线表示。从图 7.1.10 中可以看出，当 $s=0$ 即 $n=n_0$ 时，电动机转子绕组中无感应电动势，也不产生电磁转矩，即 $T=0$。这种情况是电动机在无负载且本身无机械损耗的理想空载状态下的运行情况。从曲线的变化中可以看到，当 $s=s_{cr}$ 时，电磁转矩 T_m 为最大转矩。通常把 s_{cr} 称为临界转差率。当 $s>s_{cr}$，电磁转矩将随转差率的增大而减小。通过分析，可以得到

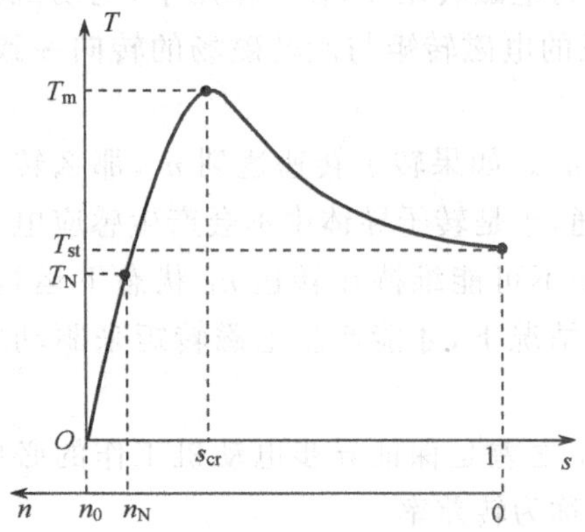

图 7.1.10 异步电动机的转矩特性曲线

$$s_{cr}=R_2/X_{20},\quad T_m=K'_T U_1^2/(2X_{20})\quad(7.1.4)$$

式中，K'_T 是决定于电动机结构的常数，R_2 为电动机转子电路每相绕组的电阻，X_{20} 为电动机刚接通电源而转子尚未转动时转子中每相绕组的感抗。

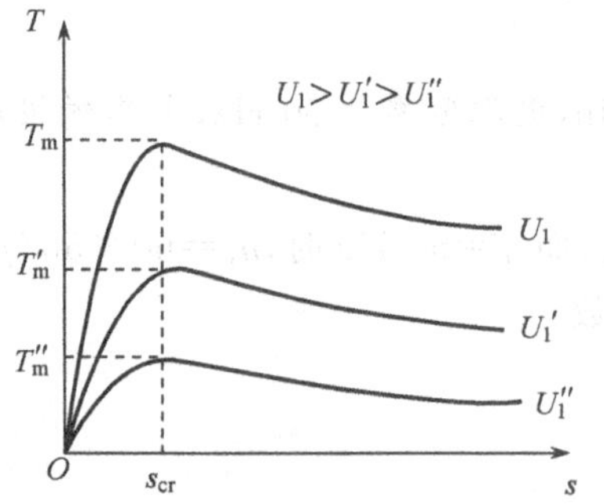

图 7.1.11 异步电动机电源电压变化对转矩曲线的影响

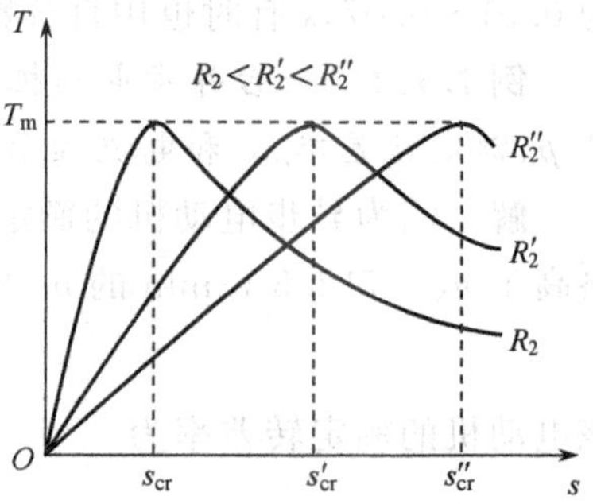

图 7.1.12 异步电动机转子电路电阻对转矩曲线的影响

当电动机的电源电压 U_1 或转子电阻 R_2 发生变化时，转矩特性曲线会发生变化。外加电压降低时和转子电阻增加时的转矩特性曲线如图 7.1.11 和图 7.1.12 所示。从图 7.1.11 中可以看出，当电源电压 U_1 下降时，最大转矩 T_m 明显下降(T_m 和 U_1^2 成比例)，但临界转差率 s_{cr} 不变。当转子电阻 R_2 增加时，T_m 不变，但 s_{cr} 增大。

2. 三相异步电动机的机械特性

三相异步电动机的机械特性(mechanical characteristic)曲线如图 7.1.13 所示。其形状与转矩特性曲线类似，只不过是将转矩特性曲线沿顺时针方向旋转了 90°，并将其纵坐标由 T 改成 n，横坐标由 s 改成 T。

通常异步电动机稳定运行在特性曲线 ab 段上。从这段曲线可以看出，当负载转矩有较大变化时，异步电动机的转速变化并不大，因此异步电动机具有硬的机械特性。图 7.1.13 中 T_N 是异步电动机在额定状态工作时的电磁转矩，称为额定转矩(rated torque)。额定转矩可从电动机铭牌上的额定功率(输出机械功率)和额定转速应用式(7.1.8)

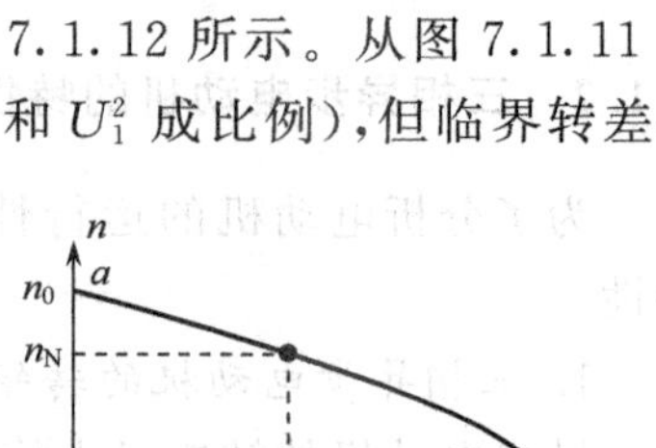

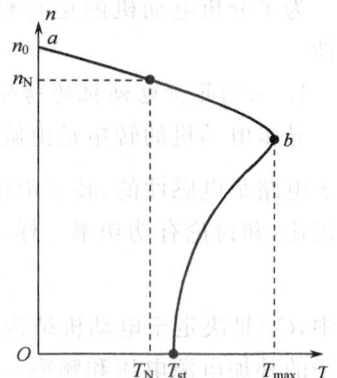

图 7.1.13 异步电动机机械特性曲线

求得。

电动机所带负载超过最大转矩，这种工作状态称为过载。电动机的电流会立即升高六至七倍，电动机严重过载，以致烧坏。如果过载时间短，电动机不会立即过热，是容许的。所以最大转矩 T_m 反映了异步电动机短时的过载能力，通常将它与额定转矩 T_N 的比值称为电动机的转矩过载系数或过载能力，用 λ_m 来表示，即

$$\lambda_m = T_m / T_N \tag{7.1.5}$$

一般异步电动机的 λ_m 在 1.8～2.2 之间，特殊用途电动机的 λ_m 可达 3 或更大。启动转矩 T_{st} 是异步电动机在启动瞬时具有的转矩。为了保证电动机的正常启动，电动机的启动转矩必须大于负载转矩 T_L。通常用启动转矩 T_{st} 和额定转矩 T_N 的比值 $\lambda_s = T_{st}/T_N$ 来衡量电动机的启动能力。对一般的异步电动机，λ_s 值为 1.7～2.2。

3. 三相异步电动机的工作特性

三相异步电动机的工作特性是指当外加电源电压 U_1 和频率 f_1 一定时，电动机的转速 n、输出转矩 T_2、定子电流 I_1、定子电路功率因数 $\cos\varphi_1$ 和效率 η 对电动机输出的机械功率 P_2 的关系如图 7.1.14 所示。

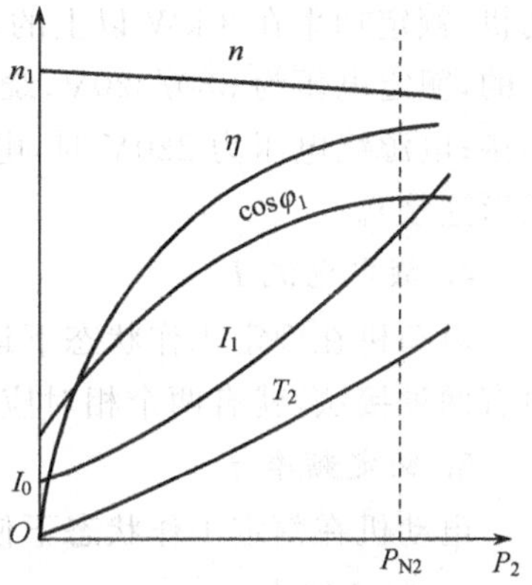

图 7.1.14　异步电动机的工作特性

从图 7.1.14 所示的异步电动机工作特性可以看出，电动机输出机械功率 P_2 的大小是由它所拖动的机械负载决定的。在机械负载一定的情况下，电动机的电磁转矩和负载的转矩相互平衡，以某一转速稳定运行。当机械负载发生变化时，电动机的输出功率也相应变化，电磁转矩、转速、定子电流、功率因数和效率等均随之变化。异步电动机在轻载或接近空载时，其功率因数和效率都比较低，因此在选用电动机时，应选择恰当的额定功率，使电动机处在满载或接近满载的情况下工作。

7.1.3　三相异步电动机的技术参数

电动机的功率等级、安装尺寸、电气性能均应符合《旋转电机定额和性能》GB755—2008 的要求。为了正确选择、使用电机，应了解和掌握铭牌的参数。每台电机的机座上都有一块铭牌，在铭牌上面标注电机的一些技术参数。下面结合表 7.1.2 来介绍电动机一些主要技术参数的意义。

表 7.1.2　异步电动机的铭牌

三相异步电动机					
型　号	Y180M-4	功　率	18.5 kW	电　压	380V
电　流	35.9A	频　率	50 Hz	转　速	1470 r/min
接　法	△	工作制	连续	防护等级	IP44
产品编号	××××××	重　量	180kg	绝缘等级	B级
	××电机厂			×年×月	

1. 型号

它一般用来表示电动机的种类和几何尺寸等。如 Y 表示异步电动机，180 为机座中心高

度(单位 mm),M 为机座类别:S 为短机座,M 为中机座,L 为长机座,4 表示磁极数。

2. 额定功率 P_N

电动机在额定工作状态下,即额定电压、额定负载和规定冷却条件下运行时,电动机轴上输出的机械功率,单位为 W 或 kW。额定功率 P_N 与输入的电功率之比

$$\eta = P_N/P_1 = P_N/(\sqrt{3}U_1 I_1 \cos\varphi)$$

称为电动机的效率。异步电动机 η 一般为 75%~95%。

三相异步电动机中的损耗有定子绕组和转子绕组的铜损、定子铁心的铁损(转子铁心的铁损常忽略不计,因为转子电流的频率 f_2 是很低的)及机械损耗等。

3. 额定电压 U_N

电动机正常运行时的电源线电压,单位为伏(V)或千伏(kV)。我国生产的 Y 系列异步电动机,额定功率在 3 kW 以上的,额定电压为 380V,绕组为三角形连接;额定功率在 3 kW 及以下的,额定电压为 380/220V,绕组为 Y-△连接(即电源线电压为 380V 时,电动机绕组为星形连接;电源线电压为 220V 时,电动机绕组为三角形连接;电源线电压为 660V,电动机绕组为星形连接)。

4. 额定电流 I_N

电动机在额定工作状态下运行时定子电路输入的线电流,单位为安(A)。如三相定子绕组有两种接法,就有两个相对应的额定电流值。

5. 额定频率 f_N

电动机在额定工作状态下使用的交流电源的频率。

6. 额定转速 n_N

电动机在额定工作状态下运行时的转速,单位为 r/min。在忽略电动机的机械损耗时,额定转速 n_N、额定功率 P_N 和额定转矩 T_N 之间的关系为

$$T_N = \frac{60}{2\pi}\frac{P_N}{n_N} = 9550\frac{P_N}{n_N} \tag{7.1.6}$$

式中,P_N 的单位为 kW,n_N 的单位为 r/min,T_N 的单位为 N·m。

7. 工作制

按《旋转电机定额和性能》GB755—2008 的规定,电动机分十类工作制,分别用字母 S1-S10 表示。例如:

连续工作制(S1),保持在恒定负载下运行至热稳定状态;

短时工作制(S2),分 10 min,30 min,60 min,90 min 四种;

断续周期性工作制(S3),其周期由一个额定负载时间和一个停止时间组成,额定负载时间与整个周期之比称为负载持续率。标准持续率有 15%、25%、40%、60%四种,每个周期为 10min。

关于电动机的工作方式详细讨论,可参阅(李发海等 2005)。

8. 电机的外壳防护形式

电动机的外壳形式不同,防止异物、水进入电动机内部的情况也不同。电动机的外壳防护等级应符合《外壳防护等级(IP 代码)》GB 4208 的规定。防护标志由字母“IP”(Inter Protection,内部防护)及两个阿拉伯数字组成。第一位数字表示第一种防护(防止接近危险部件和防止固体异物)等级(分 0~6 级),第二位数字表示第二种防护(防水)等级(分 0~8 级)。数字

越大,表示防护能力越强。

标志方法举例如下:

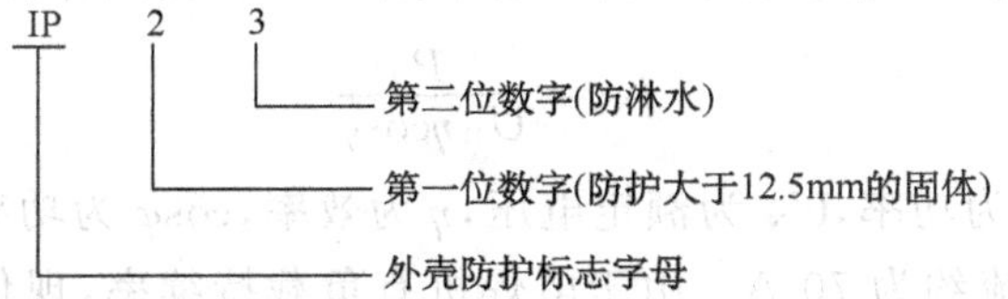

这样的标志方法,表明电机能防止不小于 12.5 mm 的固体异物进入内部,并能防止垂直面 60°范围内淋水。

9. 绝缘等级

绝缘等级与电动机绝缘材料所能承受的温度有关。A 级绝缘为 105℃,E 级绝缘为 120℃,B 级绝缘为 130℃,F 级绝缘为 155℃,H 级绝缘为 180℃。

例 7.1.2 某三相异步电动机,额定功率 $P_N=45$ kW,额定转速 $n_N=2970$ r/min,$\lambda_m=2.2$,$\lambda_s=2.0$。若负载转矩 $T_L=200$ N·m,试问能否带此负载:(1) 长期运行;(2) 短时运行;(3) 直接启动。

解 (1) 电动机的额定转矩,由式(7.1.8)

$$T_N=\frac{60}{2\pi}\frac{P_N}{n_N}=\frac{60}{2\times3.14}\times\frac{45\times10^3}{2970}\text{N}\cdot\text{m}=145\ \text{N}\cdot\text{m}$$

由于 $T_N<T_L$,故不能带此负载长期运行。

(2) 电动机的最大转矩

$$T_m=\lambda_m T_N=2.2\times145\ \text{N}\cdot\text{m}=319\ \text{N}\cdot\text{m}$$

由于 $T_m>T_L$,故可以带此负载短时运行。

(3) 电动机的启动转矩

$$T_{st}=\lambda_s T_N=2.0\times145\ \text{N}\cdot\text{m}=290\ \text{N}\cdot\text{m}$$

由于 $T_{st}>T_L$,故可以带此负载直接启动。

例 7.1.3 Y180M-2 型三相异步电动机,$P_N=22$ kW,$U_N=380$ V,三角形连接,$I_N=42.2$ A,$\lambda_N=0.89$,$f_N=50$ Hz,$n_N=2940$ r/min。求额定状态下运行时的:(1) 转差率;(2) 定子绕组的相电流;(3) 输入有功功率;(4) 效率。

解 (1) 由型号知该电动机的磁极数 $2p=2$,$p=1$,从而可由式(7.1.1)求出 n_0,也可以从 n_N 直接得知 $n_0=3000$ r/min。故

$$s_N=\frac{n_0-n_N}{n_0}=\frac{3000-2940}{3000}=0.02$$

(2) 由于定子三相绕组为三角形连接,故定子相电流

$$I_{1P}=I_0/\sqrt{3}=42.2/\sqrt{3}\ \text{A}=24.4\ \text{A}$$

(3) 输入有功功率

$$P_{1N}=\sqrt{3}U_N I_N\lambda_N=\sqrt{3}\times380\times42.2\times0.89\text{W}=24.7\times10^3\text{W}=24.7\ \text{kW}$$

(4) 效率

$$\eta=\frac{P_N}{P_{1N}}\times100\%=\frac{22}{24.7}\times100\%=89\%$$

例 7.1.4 一台 13.5 kW 的交流电焊机，额定电压为 380 V。请问额定电流怎样计算？如果接上电源，要用多大的铜导线？

解 根据电焊机功率，一般取效率 85%，功率因数 0.6，代入计算公式

$$I_N = \frac{P}{U_N \eta \cos\varphi}$$

式中，I_N 为额定电流，P 为功率，U_N 为额定电压，η 为效率，$\cos\varphi$ 为功率因数。

可得额定一次侧电流约为 70 A。由于电焊机有负载持续率，现估计为 60%，所以电源线截面选用 16 mm^2 即可。

思 考 题

7-1-1 怎样根据三相异步电动机的结构判断出它是鼠笼型还是绕线型？

7-1-2 三相异步电动机的转子绕组如果是断开的，是否还能产生电磁转矩？

7-1-3 什么是三相电源的相序？就三相异步电动机本身而言，有无相序？

7-1-4 频率 $f=60$ Hz 的三相异步电动机，在 $p=1$ 和 $p=2$ 时同步转速是多少？

7-1-5 频率 $f_1=50$ Hz 的三相异步电动机，转子转速 $n=1440$ r/min 时，转子电流的频率 f_2 是多少？

7-1-6 T_O、T_L 和 T_2 的作用方向相同还是相反？

7-1-7 三相异步电动机在正常运行时，若电源电压下降，电动机的定子电流 I_1 和 n 有何变化？

7-1-8 三相异步电动机在空载和满载启动时，启动电流和启动转矩是否相同？

7-1-9 电动机在短时过载运行时，过载越多，允许的过载时间越短，为什么？

7-1-10 在保持 T_L 不变的情况下，试利用人为特性分析定子电压降低或转子电阻增加时，电动机的转速是增加还是减小？

7-1-11 有人在检修三相异步电动机时，将转子抽掉，而在定子绕组上加三相额定电压，这会产生什么后果？

7-1-12 三相异步电动机在正常运行时，如果转子突然被卡住而不能转动，试问这时电动机的电流有何改变？对电动机有何影响？

7-1-13 在电源电压不变的情况下，如果电动机的三角形连接误接成星形连接，或者星形连接误接成三角形连接，其后果如何？

7-1-14 额定电压为 380/660 V、△-Y 连接的三相异步电动机，试问当电源电压分别为 380V 和 660V 时各应采用什么连接方法？两者的额定相电流是否相同？若不同，差多少倍？

7-1-15 $n_N=2980$ r/min 的三相异步电动机，同步转速 n_1 是多少？磁极对数 p 是多少？

练 习 题

7-1-1 一台三相异步电动机，定子电压的频率 $f_1=50$ Hz，极对数 $P=1$，转差率 $s=0.015$。求同步转速 n_0、转子转速 n 和转子电流频率 f_2。

7-1-2 一台三相异步电动机，$P=1$，$f_1=50$ Hz，$s=0.02$，$P_2=30$ kW，$T_0=0.51$ N·m。求：(1)同步转速；(2)转子转速；(3)输出转矩；(4)电磁转矩。

7-1-3 一台 4 个磁极的三相异步电动机，定子电压 380 V，频率 50 Hz，三角形连接。在负载转矩 $T_L=133$ N·m 时，定子线电流为 47.5A，总损耗为 5 kW，转速为 1 440 r/min。求：(1)同步转速；(2)转差率；(3)功率因数；(4)效率。

7-1-4 一台三相异步电动机，定子电压 380 V，三角形连接。当负载转矩为 51.6 N·m 时，转子转速为 740 r/min，效率为 80%，功率因数为 0.8。求：(1)输出功率；(2)输入功率；(3)定子线电流和相电流。

7-1-5 一台三相异步电动机，$U_N=380$V，$I_N=9.9$A，$\eta=84\%$，$\lambda_N=0.73$，$n_N=720$ r/min。求：(1) s_N；(2) P_N。

7-1-6　一台三相异步电动机，$P_N=30$ kW，$n_N=980$ r/min，$K_M=2.2$。求：(1) $U_{1L}=U_N$ 时的 T_M 和 T_S；(2) $U_{1L}=0.8U_N$ 时的 T_M 和 T_S。

7-1-7　一台三相异步电动机（Y225M-4 型），其额定数据如下表所示，试求：(1)额定电流 I_N；(2)额定转差率 s_N；(3)额定转矩 T_N、最大转矩 T_{max}、启动转矩 T_S。

功率	转速	电压	效率	功率因数	I_s/I_N	T_s/T_N	T_{max}/T_N
45 kW	1480 r/min	380 V	92.3%	0.85	7.0	1.9	2.2

7-1-8　一台三相异步电动机在运行时测得如下数据：(1)当输出功率 $P_2=4.2$ kW 时，输入功率 $P_1=4.8$ kW，定子线电压 $U_1=380$ V，线电流 $I_1=8.9$ A；(2)当 $P_2=1.2$ kW 时，$P_1=1.6$ kW，$U_1=380$ V，$I_1=4.8$ A。试求两种情况下电动机的效率 η 和功率因数 $\cos\varphi_1$。

7-1-9　一台三相异步电动机，$P_N=11$ kW，$U_N=380$ V，$n_N=2900$ r/min，$\lambda_N=0.88$，$\eta=85.5\%$。试问：(1) $T_L=40$ N·m 时，电动机是否过载？(2) $I_{1L}=10$ 时，电动机是否过载？

7-1-10　一台三相异步电动机（Y160M2-2 型），$P_N=15$ kW，$U_N=380$ V，三角形连接，$n_N=2930$ r/min，$\eta=88.2\%$，$\lambda_N=0.88$。$K_C=7$，$K_M=2.2$，启动电流不允许超过 150A。若 $T_L=60$ N·m，试问能否带此负载？(1)长期运行；(2)短时运行；(3)直接启动。

7-1-11 一台三相异步电动机（Y200L-4 型），$P_N=30$ kW，$U_N=380$ V，$I_N=56.8$ A，$s_N=0.02$。额定运行时的铜损耗 $P_{Cu}=1.2$ kW，铁损耗 $P_{Fe}=1.0$ kW，机械损耗 $P_{Me}=0.3$ kW。求额定转速 n_N，额定输出转矩 T_{2N}，额定功率因数 λ_N 和额定效率 η。

*7.2　同步电动机

同步电动机的定子和三相异步电动机的一样，而它的转子是磁极，在磁极的根掌上装有和笼型绕组相似的启动绕组，由直流励磁，直流经电刷和滑环流入励磁绕组。

7.2.1　同步电动机的工作原理

三相同步电动机的原理图如图 7.2.1 所示。工作时，与三相异步电动机一样，定子绕组连接成星形或三角形后，接到三相电源上。三相电流通过三相绕组产生旋转磁场。转子励磁绕组通以直流励磁电流，使转子形成磁极。只要其极对数与旋转磁场的极对数相同，旋转磁场必定能牵引着转子以相同的转速一起转动，故转子的转速等于同步转速，即

$$n=n_0=\frac{f_1}{p} \qquad (7.2.1)$$

只要负载转矩不超过电动机的最大转矩，转子的转速总是等于同步转速，故三相同步电动机的机械特性如图 7.2.2 所示，为绝对硬特性。

7.2.2　同步电动机的特性

三相同步电动机可以通过改变转子励磁电流的大小，调节电动机的功率因数。因为在定子电压和负载转矩不变的情况下，改变励磁电流的大小，会引起转子磁通和定子绕组中感应电动势的变化，从而引起定子电流和功率因数等一系列的相应变化。当励磁电流为某一值时，定子相电流与相电压相位相同，电动机呈电阻性，功率因数等于 1，这时的励磁状态称为正常励磁。当励磁电流小于正常励磁电流时，相电流滞后于相电压，电动机呈电感性，这种励磁状态称为欠励磁。励磁电流越小，相电流滞后于相电压的角度越大，功率因数（电感性）越小。当励磁电流大于正常励磁电流时，相电流超前于相电压，电动机呈电容性，这种励磁状态称为过励磁。励磁电流越大，相电流超前于相电压的角度越大，功率因数（电容性）越小。正是由于三相同步电

动机具有这种借改变励磁电流来调整功率因数的特性，所以一般都让它在过励磁状态下运行，用以改善接有电感性负载的供电系统的功率因数。有种专供改善电力网功率因数用的同步补偿机，就是在过励磁状态下空载运行的三相同步电动机。

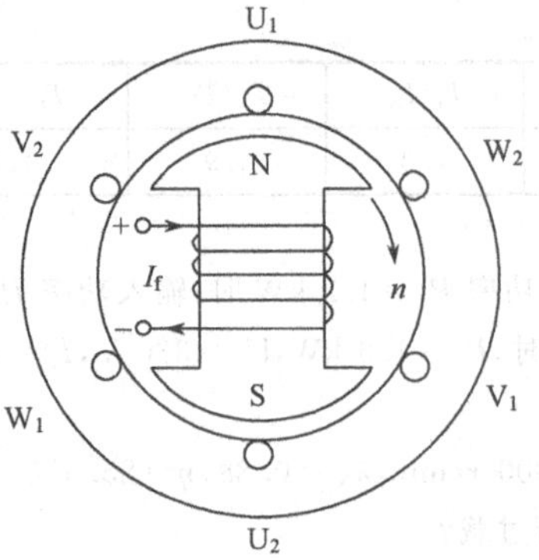

图 7.2.1　三相同步电动机的原理

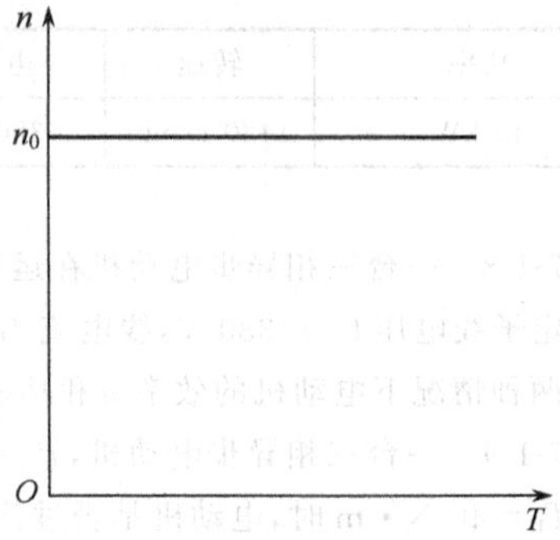

图 7.2.2　三相同步电动机的机械特性

同步电动机常用于长期连续工作及保持转速不变的场所。如用来驱动水泵、通风机、压缩机等。

例 7.2.1　某车间原有功率 60 kW，平均功率因数为 0.6。现增添一台设备，需用 80 kW 的电动机，将全车间的功率因数提高到 0.96，试问选用同步电动机运行状态是电容性还是电感性？无功功率多大？

解　因将车间的功率因数提高，所以该同步电动机运行状态应为电容性。车间原有无功功率

$$Q=\sqrt{3}UI\sin\varphi=\frac{P}{\cos\varphi}\sin\varphi=\frac{60}{0.6}\times\sqrt{1-0.6^2}\ \text{kvar}=80\ \text{kvar}$$

同步电动机投入运行后，车间的无功功率

$$Q'=\sqrt{3}UI'\sin\varphi'=\frac{P'}{\cos\varphi}\sin\varphi'=\frac{60+40}{0.96}\times\sqrt{1-0.96^2}\ \text{kvar}=40.8\ \text{kvar}$$

同步电动机提供的无功功率

$$Q''=Q-Q'=(80-40.8)\text{kvar}=39.2\ \text{kvar}$$

思 考 题

7-2-1　同步电动机采用什么方式启动？

练 习 题

7-2-1　一工厂负载为 850 kW，功率因数为 0.6（电感性），由 1600 kV·A 变压器供电。现需要另加 400 kW 功率，如果多加的负载是由同步电动机拖动，功率因数为 0.8（超前），问是否需要加大变压器容量？这时工厂的新功率因数是多少？

7-2-2　一台 2 极三相同步电动机，频率 $f=50$ Hz，$U_N=380$ V，$P_2=100$ kW，$\lambda=0.8$，$\eta=0.85$。求：(1)转子转速；(2)定子线电流；(3)输出转矩。

△7.3　单相异步电动机

采用单相交流电源的异步电动机称为单相异步电动机。单相异步电动机的效率、功率因数和过载能力都较低，因此容量一般在 1 kW 以下。这种电动机广泛应用于电动工具、家用电器、医用机械和自动化控制系统中。常用的单相异步电动机都采用鼠笼型转子，但定子有所不同。下面分别介绍电容式和罩极式这两种单相异步电动机。

7.3.1 电容式电动机

单相异步电动机的转子为鼠笼型绕组，定子绕组为单相绕组。当单相定子绕组中接入单相交流电时，在定子内会产生一个大小随时间按正弦规律变化而空间位置不动的脉动磁场。分析表明，这时的转子受到的转矩为零，电动机不能自行启动。为使单相异步电动机能自行启动，必须使转子在启动时能产生一定的启动转矩。电容电动机是采用分相法来产生启动转矩的。

电容电动机的转子为鼠笼型绕组，定子上装有两个轴线在空间位置上相差90°两个绕组。W_1W_2 称为工作绕组 W，S_1S_2 称为启动绕组 S。启动绕组串接电容器 C 后与工作绕组并联接入电源，如图 7.3.1 所示。在同一单相电源作用下，选择适当的电容器容量，使工作绕组的电流和启动绕组的电流相位差近乎90°。当具有90°相位差的两个电流通过空间位置相差90°的两相绕组时，产生的合成磁场为旋转磁场。鼠笼型转子在这个旋转磁场的作用下就产生电磁转矩而旋转。

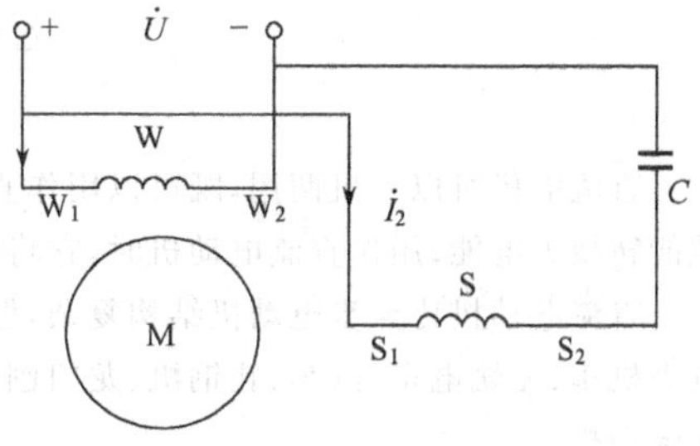

图 7.3.1 电容式电动机

电动机的转动方向由旋转磁场的旋转方向决定。将启动绕组或工作绕组接到电源的两个端子对调，即可改变两相电流的顺序，旋转磁场的转向便会改变，从而可以要改变转子的转向。

如果在启动绕组电路中串入一个离心开关，当电动机启动旋转后，依靠离心力的作用使开关断开，启动绕组断电，但电动机仍能继续运转。这种电动机称为电容启动电动机。如果不串入离心开关，启动后启动绕组仍通电运行，则称为电容运转电动机。

例 7.3.1 试分析图 7.3.2 所示电扇调速电路的工作原理。

解 该电扇采用电容电动机拖动，电路中串入具有抽头的电抗器，当转换开关 S 处于不同位置时，电抗器的电压降不同，使电动机端电压改变而实现有级调速。

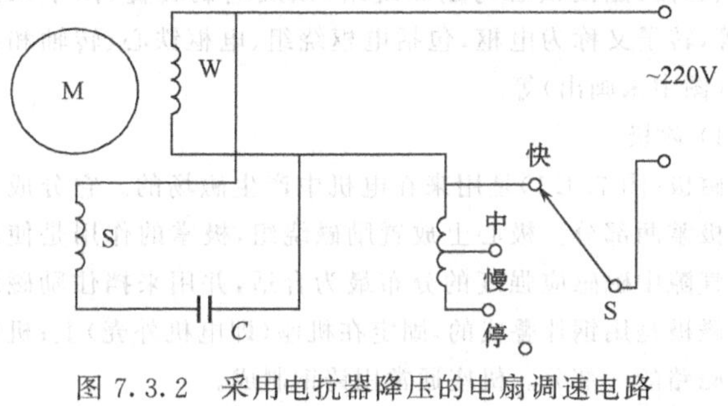

图 7.3.2 采用电抗器降压的电扇调速电路

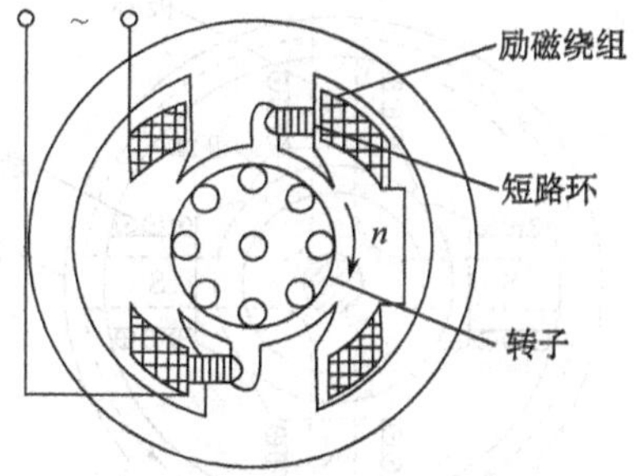

图 7.3.3 罩极式电动机的结构

7.3.2 罩极式电动机

单相罩极式电动机的定子做成凸极形式，上面绕有励磁绕组，并在每个磁极表面开有一个凹槽，将磁极分成大小两部分，在较小的一部分套着一个短路铜环，如图 7.3.3 所示。当定子绕组通入交流电流而产生脉动磁场时，由于短路环中感应电流的作用，使通过磁极的磁通分成两个部分，这两部分磁通数量上不相等，在相位上也不同，通过短路环的这一部分磁通滞后于另一部分磁通。这两个磁通在空间上亦相差一个角度，相互合成以后也会产生一个旋转磁场。鼠笼型转子在这个旋转磁场的作用下就产生电磁转矩而旋转。这种电动机的旋转方向是由磁极未加短路环部分向套有短路环部分的方向旋转。

思考题

7-3-1 为什么三相异步电动机断了一根电源线即成为单相状态而不是两相状态？

7-3-2　罩极式电动机的转子转向能否改变？能否用于洗衣机带动波轮来回转动？

练　习　题

7-3-1　一台三相异步电动机，在接通三相电源（即直接启动）时，有一相电源没有接通（这种情况称为缺相，相当于单相异步电动机）。试问这时电动机能否启动？如果三相异步电动机在运转时，有一相电源断开，试问此时电动机能否继续转动？

△7.4　直 流 电 机

直流电机可以一机两用，既可以用作直流发电机，也可以用作直流电动机。用作直流发电机时，它将机械能转换为电能；用作直流电动机时，它将电能转换为机械能。

直流电动机比异步电动机结构复杂，但其调速性能好，启动转矩大，所以应用广泛。例如，工业生产中的电力机车、无轨电车、汽车、轧钢机、龙门刨床等，还有家庭用的电动自行车、电动剃须刀、电动玩具等也是直流电动机。

直流电机的分类如下：

直流电机
- 电励磁式（他励式、并励式、串励式、复励式）
- 永磁式（传统永磁电机、转子无铁心式永磁电机）
- 电子换向式（无刷电机、步进电机）

7.4.1　直流电动机的工作原理

1. 直流电机的结构

直流电机主要是由定子、转子和其他零部件组成的。图 7.4.1 是两极直流电机的结构示意图，定子包括机座、磁极（磁极铁心与励磁绕组）以及电刷装置（图中未画出）等，转子又称为电枢，包括电枢绕组、电枢铁心、转轴和换向器（图中未画出）等。

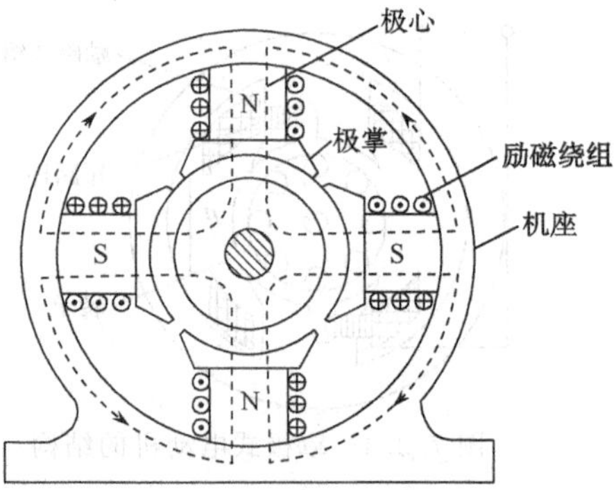

图 7.4.1　直流电机的磁极及磁路

1）磁极

磁极（图 7.4.1）是用来在电机中产生磁场的。它分成极心和极掌两部分。极心上放置励磁绕组，极掌的作用是使电机空气隙中磁感应强度的分布最为合适，并用来挡住励磁绕组。磁极是用钢片叠成的，固定在机座（即电机外壳）上；机座也是磁路的一部分。机座通常用铸钢制成。

在小型直流电机中，也有用永久磁铁作为磁极的。

2）电枢

电枢是电机中产生感应电动势的部分。直流电机的电枢是旋转的。电枢铁心呈圆柱状，由硅钢片叠成，表面冲有槽，槽中放电枢绕组（图 7.4.2）。

3）换向器（整流子）

换向器是直流电机中的一种特殊装置，图 7.4.3 是换向器的剖面图。它是由楔形铜片组成，铜片间用云母垫片（或某种塑料垫片）绝缘。换向铜片放置在套筒上，用压圈固定；压圈本身又用螺帽固紧；换向器装在转轴上。电枢绕组的导线按一定规则与换向片相连接。换向器的凸出部分是焊接电枢绕组的。

在换向器的表面用弹簧压着固定的电刷，使转动的电枢绕组得以同外电路连接起来。

2. 直流电动机的工作原理

两极直流电动机工作原理示意如图 7.4.4 所示。图中用一对固定磁极表示由直流电流励磁产生的定子磁极。当电刷 A、B 分别与直流电源的正、负极接通后，电枢绕组中处于 N 磁极下的导体 aa′的电流从 a 流向

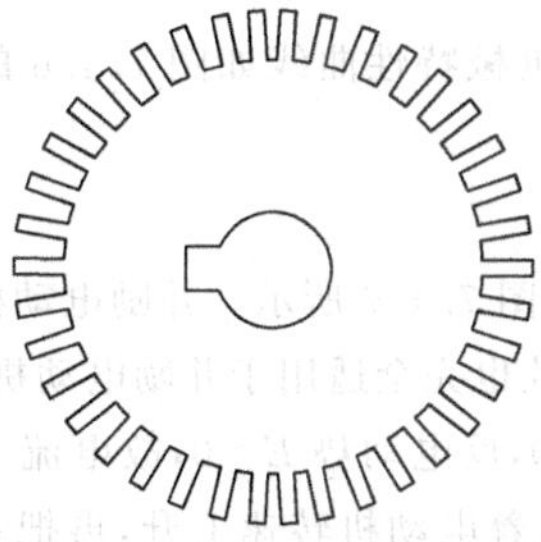

图 7.4.2　直流电机的电枢铁心片

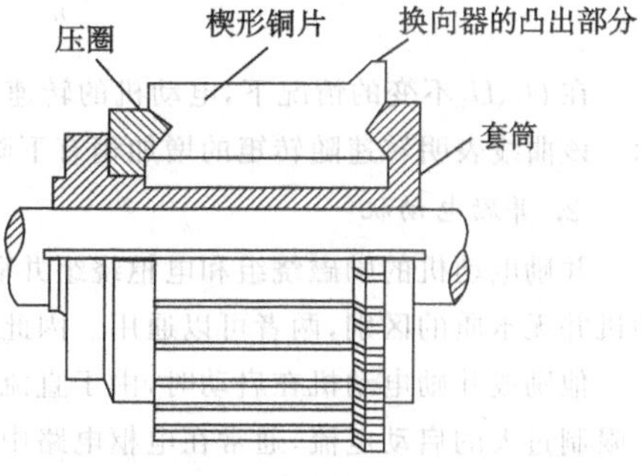

图 7.4.3　换向器

a'，而 S 磁极下的导体 bb' 的电流从 b' 流向 b。根据左手定则，在磁场作用下，载流导体 aa' 和 bb' 都受到电磁力的作用，从而产生逆时针方向的转矩使电枢转动起来。当导体 bb' 转到 N 极下，而导体 aa' 转到 S 极下时，因与之相连的两换向片也随着电枢转动，所以各导体的电流方向也发生改变，这就是换向片的换向作用。借助换向器的换向作用，在同一磁极下的电枢绕组各导体都具有相同的电流方向，使电动机产生固定方向的电磁转矩，驱动负载运转。电磁转矩 T 的大小与磁极磁通 Φ、电枢电流 I_a 成正比，即

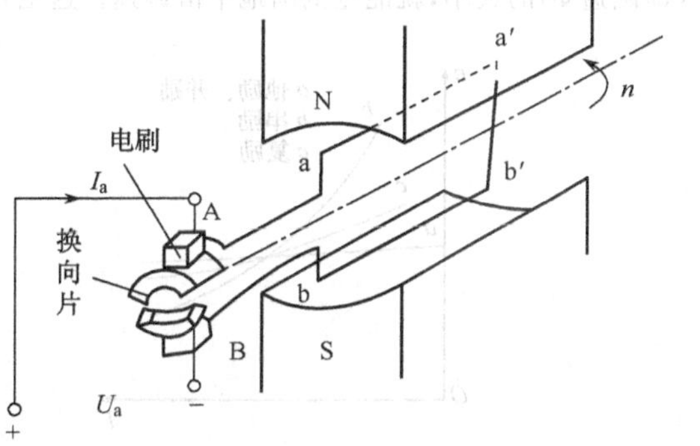

图 7.4.4　直流电动机工作原理

$$T = k_T \Phi I_a \tag{7.4.1}$$

式中，Φ 为每极磁通，单位为韦[伯]（Wb）；I_a 为电枢电流，单位为安（A）；K_T 为电机常数，由电动机的结构决定。T 的单位为牛[顿]·米（N·m）。

电动机转动起来后，电枢绕组的每根导体切割磁感应线而产生感应电动势 E，E 的方向可用右手定则决定。由于感应电动势 E 的方向与电枢电流方向相反，所以称为反电动势。它的大小可表示为

$$E = K_E \Phi n \tag{7.4.2}$$

式中，K_E 为决定于电机结构的另一个电机常数；Φ 为每极磁通，单位为 Wb；n 为电枢转速，单位为 r/min。

电枢电流 I_a 在电枢电路电阻 R_a 上会产生电压降 $R_a I_a$，故电枢电路的电压平衡方程式为

$$U_a = E + R_a I_a \tag{7.4.3}$$

7.4.2　直流电动机的特性

直流电动机按励磁方式可分为他励电动机、并励电动机、串励电动机和复励电动机，下面分别介绍。

1. *他励电动机*

他励电动机的励磁绕组和电枢绕组分别由两个直流电源供电，如图 7.4.5 所示。由励磁电源 U_f 产生励磁电流 I_f 建立磁通 Φ。电枢电路接通电源 U_a 后，电枢中产生工作电流 I_a，电枢在磁场作用下，产生电磁转矩 T，以 n 的转速旋转，并在电枢中产生反电动势 E。根据式（7.4.2）和式（7.4.3），电动机的转速 n 可表示为

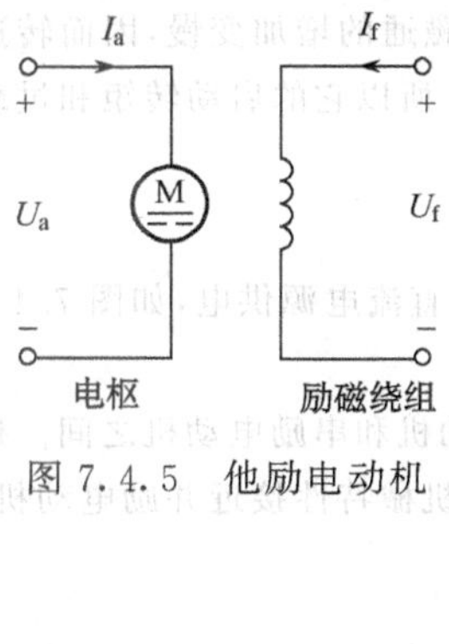

图 7.4.5　他励电动机

$$n = \frac{E}{K_E \Phi} = \frac{U_a - R_a I_a}{K_E \Phi} \tag{7.4.4}$$

式（7.4.4）表明电动机的转速和电枢电压 U_a、磁极磁通 Φ、电枢电路的电阻 R_a 有关。式（7.4.4）中的 I_a 用式（7.4.1）的关系表达，则可得到转速与转矩之间的关系为

$$n = \frac{E}{K_E \Phi} = \frac{U_a}{K_E \Phi} - \frac{R_a}{K_E K_T \Phi^2} T \tag{7.4.5}$$

在 U_a、U_f 不变的情况下，电动机的转速与转矩的关系，即电动机的机械特性曲线如图 7.4.6 的曲线 a 所示。该曲线表明转速随转矩的增加稍有下降，机械特性为硬特性。

2. 并励电动机

并励电动机的励磁绕组和电枢绕组并联后由一个直流电源供电，如图 7.4.7 所示。并励电动机和他励电动机并无本质的区别，两者可以通用。因此有关他励电动机的结论、特性也完全适用于并励电动机。

他励或并励电动机在启动时，由于直流电源接入瞬间电机转速 $n=0$，反电动势 $E=0$，故电流 I_a 很大。为了限制过大的启动电流，通常在电枢电路中串接启动电阻，待启动后，随着电动机转速上升，再把它切除。直流电动机在启动或工作时，励磁电路一定要接通，不能让它断开（启动时要满励磁）。否则，由于磁路中只有很小的剩磁，就可能发生电枢电流剧增或转速猛增。这都会使电动机遭受严重损坏。

他励电动机和并励电动机均具有良好的调速性能。由式(7.4.5)可知，改变电枢电压 U_a 或励磁电流 I_f（即磁通 Φ）的大小，就能宽范围地平滑调速。这也是在某些场合选用这类电动机的主要原因。

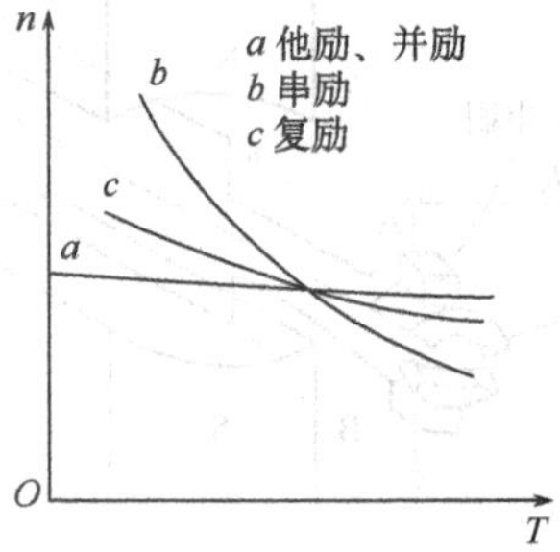

图 7.4.6　直流电动机的机械特性

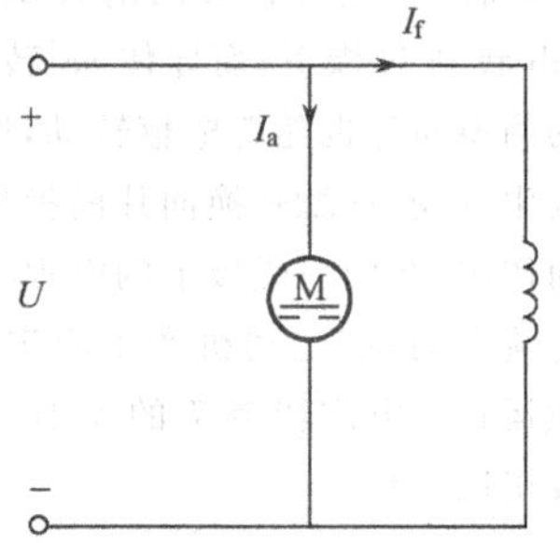

图 7.4.7　并励电动机

3. 串励电动机

串励电动机的电路如图 7.4.8 所示。这种电机的励磁绕组和电枢绕组串联，所以 $I = I_a = I_f$ 是同一个电流。当磁路未饱和时，可以认为磁通 Φ 与电枢电流 I_a 成正比，即

$$\Phi = kI_a \tag{7.4.6}$$

式中，k 为比例常数。

把式(7.4.6)代入式(7.4.1)，可得到串励电动机的电磁转矩为

$$T = K_T \Phi I_a = K_T k I_a^2 \tag{7.4.7}$$

式(7.4.7)表明，串励电动机在磁路未饱和时，电磁转矩与电枢电流 I_a 的平方成正比。将式(7.4.5)中的 R_a 改为 $R_a + R_f$，即可得到串励电动机的转速表达式为

$$n = \frac{U_a}{K_E \Phi} - \frac{R_a + R_f}{K_E K_T \Phi^2} T \tag{7.4.8}$$

式中，R_f 为励磁绕组电阻。上式表明串励电动机在转矩较小时，有比较大的转速。随着转矩的增加，电枢电流增大，使磁通 Φ 增加，转速迅速下降。当转矩增大到一定值时，由于磁路的饱和，磁通的增加变慢，因而转速随转矩的增加而下降的速度减小。其机械特性为软特性，如图 7.4.6 中的曲线 b。所以它的启动转矩和过载能力都比较大，通常用于起重、运输等场合。

4. 复励电动机

复励电动机有两个励磁绕组，一个与电枢绕组串联，另一个并联，共同由一个直流电源供电，如图 7.4.9 所示。

复励电动机由于有并励和串励两个励磁绕组。因此其机械特性介于并励电动机和串励电动机之间。机械特性曲线如图 7.4.6 中曲线 c 所示。并励绕组的作用大于串励绕组的作用时，机械特性接近并励电动机；

反之机械特性接近于串励电动机。

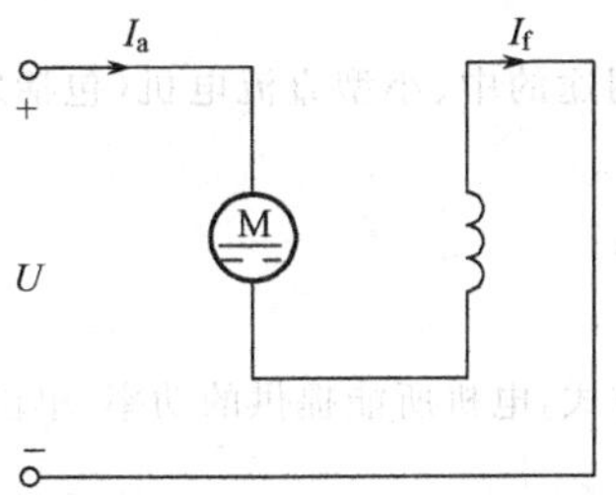

图 7.4.8　串励电动机

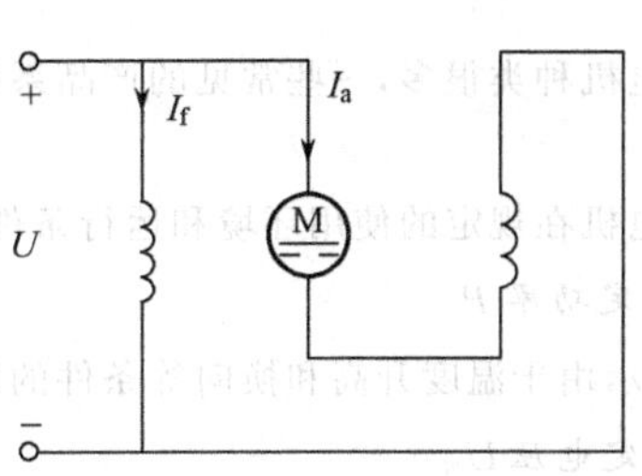

图 7.4.9　复励电动机

复励电动机既可以具有串励电动机的某些优点，适用于负载转矩变化较大，需要机械特性比较软的设备中，又可以像并励电动机那样在空载和轻载下运行。它在船舶、起重、机床和采矿等设备中都有应用。

例 7.4.1　有一并励直流电动机，已知额定输入电压 $U_N=220$ V，额定输入电流 $I_N=7.73$ A，额定转速 $n_N=1480$ r/min；电枢绕组电阻 $R_a=2.8\ \Omega$，励磁绕组电阻 $R_f=153\ \Omega$；当电动机工作时输入电压为 220 V，求当负载转矩变为 $T_L=0.8T_N$ 时电动机的转速 n 及此时电动机的电枢电流 I_a。

解　并励直流电动机

$$U_{aN}=U_{fN}=U_N=220\ \text{V}$$

$$I_{fN}=\frac{U_{fN}}{R_f}=\frac{220}{153}\text{A}\approx 1.43\text{A}$$

$$I_{aN}=I_N-I_{fN}=(7.73-1.43)\text{A}=6.3\text{A}$$

$$E_a=U_{aN}-I_{aN}R_a=(220-6.3\times 2.8)\ \text{V}=202.36\text{V}$$

由　$E_a=K_E\Phi_N n_N$，得

$$K_E\Phi_N=\frac{E_a}{n_N}=\frac{202.36}{1480}\approx 0.137$$

由

$$n_N=\frac{U_{aN}}{K_E\Phi_N}-\frac{R_a}{(K_E\Phi_N)(K_T\Phi_N)}T_N$$

即

$$1480=\frac{220}{0.137}-\frac{2.8}{0.137K_T\Phi_N}T_N$$

得

$$\frac{T_N}{K_T\Phi_N}\approx 6.157$$

所以，当 $T_L=0.8T_N$ 时电动机的转速为

$$\begin{aligned}n_N&=\frac{U_{aN}}{K_E\Phi_N}-\frac{R_a}{(K_E\Phi_N)(K_T\Phi_N)}(0.8T_N)\\&=\frac{220}{0.137}-\frac{2.8}{0.137K_T\Phi_N}(0.8T_N)\\&=\left(\frac{220}{0.137}-\frac{2.8\times 0.8\times 6.157}{0.137}\right)\text{r/min}\approx 1505\ \text{r/min}\end{aligned}$$

此时反电动势为

$$E_a=K_E\Phi_N n=0.137\times 1505\ \text{V}\approx 206.19\ \text{V}$$

所以，此时电动机的电枢电流为

$$I_a=\frac{U_{aN}-E_a}{R_a}=\frac{220-206.19}{2.8}\text{A}\approx 4.93\ \text{A}$$

7.4.3 直流电机的技术参数

直流电机种类很多，一些常见的产品系列，如 Z_2 系列，为一般用途的中、小型直流电机（包括发电机和电动机）。

直流电机在规定的使用环境和运行条件下，主要的技术参数有：

1. 额定功率 P_N

P_N 表示由于温度升高和换向等条件的限制，按所规定的工作方式，电机所能提供的功率，单位为 kW。

2. 额定电压 U_N

额定电压是指电机在额定工作情况下，电机两个出线端的平均电压值。

直流电机的额定电压一般不高，除供特殊应用（如汽车电机）的低压电机外，一般中、小型直流电动机的额定电压为 110 V、220 V、440 V。发电机的额定电压为 115 V、230 V、460 V。大型直流电机的额定电压为 800～1000 V。

3. 额定电流 I_N

直流电动机的额定电流

$$I_N = \frac{P_N}{U_N \eta}\ (\mathrm{A})$$

式中，η 是电动机在额定状态下运行时的效率。

4. 额定转速 n_N

额定转速是指在额定电压、额定电流、额定功率下运行时的转速。一般直流电动机的额定转速等级在 500r/min 及以上时，按同步转速等级划分，即分为 500 r/min、600 r/min、750 r/min、1000 r/min、1500 r/min、3000 r/min 几个等级。特殊的直流电动机转速可以做到很低（每分钟几转）或很高（3000 r/min 以上）。

7.4.4 直流电动机的调速

与异步电动机相比，直流电动机结构复杂、价格高、维护不方便，但它的最大优点就是调速性能好。直流电动机调速均匀平滑，可以无级调速，调速范围大。

下面以他励直流电动机的调速为例说明直流电动机的调速方法。

根据 $n = \frac{U_a}{K_E \Phi} - \frac{R_a}{K_E K_T \Phi^2} T$ 可知，改变电枢电压 U_a、磁通 Φ 或电枢电阻都可以改变电动机的转速 n。

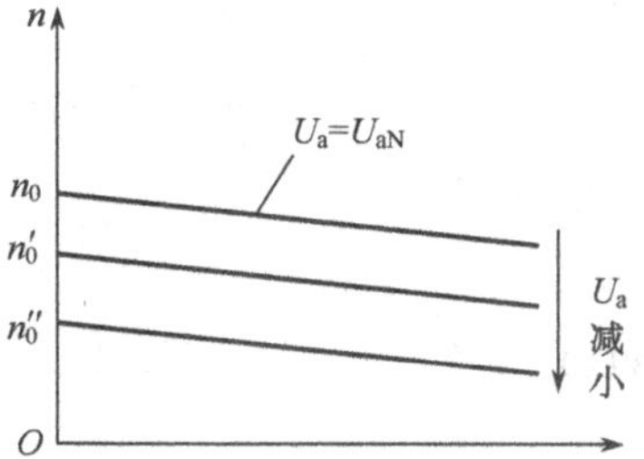

图 7.4.10 电枢回路中串联电阻调速特性曲线

1. 改变电枢电压 U_a 调速

改变电枢电压调速时，要保持励磁电流为额定值 I_{fN}，亦即保持磁通 Φ 为常数。因为改变 U_a 时，只是 $n_0 = \frac{U_a}{K_E \Phi}$ 改变，电动机的机械特性曲线的斜率 $\frac{R_a}{K_E K_T \Phi^2}$ 不变，所以电动机的调速特性曲线是一组平行线，如图 7.4.10 所示。

改变电枢电压调速可得到平滑的无级调速，而且调速幅度大，调速比可达 6～10（调速比＝最大转速/最小转速）。调节 U_a 时只能从 U_{aN} 往下调（即 $U_a < U_{aN}$）。对于他励直流电动机，改变电枢电压调速方法是最常用的方法。

例 7.4.2 一台他励直流电动机，已知：$P_N = 22$ kW，$U_{aN} = U_{fN} = 110$ V，$I_{aN} = 234$ A，$R_a = 0.05\ \Omega$，$n_N = 1000$ r/min。电动机工作时励磁电压 $U_{fN} = 110$ V 不变，负载转矩为额定转矩。若采用调节电枢电压来调速，转速调节范围为 500～1000 r/min，求电枢电压的调节范围。

解 电动机的额定转矩为

$$T_N = 9550\frac{P_N}{n_N} = 9550\times\frac{22}{1000}\text{N}\cdot\text{m} = 210.1\ \text{N}\cdot\text{m}$$

由 $E_a = K_E\Phi_N n_N$ 和 $U_{aN} = E_a + I_{aN}R_a$，得

$$K_E\Phi_N = \frac{E_a}{n_N} = \frac{U_{aN}-I_{aN}R_a}{n_N} = \frac{110-234\times0.05}{1000}\approx 0.0983$$

由 $T_N = K_T\Phi_N I_{aN}$，得

$$K_T\Phi_N = \frac{T_N}{I_{aN}} = \frac{210.1}{234}\approx 0.898$$

由 $n = \dfrac{U_a}{K_E\Phi_N} - \dfrac{R_a}{(K_E\Phi_N)(K_T\Phi_N)}T_N$，得

$$U_a = (K_E\Phi_N)n + \frac{R_a}{(K_T\Phi_N)}T_N = 0.0983n + \frac{0.05}{0.898}\times210.1 = 0.0983n + 11.7$$

当 $n=500$ r/min 时，$U_a = 60.85$ V；当 $n = 1000$ r/min 时，$U_a = 110$ V。所以，电枢电压的调节范围为 60.85～110 V。

2. 改变磁通 Φ 调速

改变磁通 Φ 调速时，要保持电枢电压为额定值 U_{aN}。因为 $\Phi = K_\Phi I_f$，所以改变励磁电流 I_f，就可以改变磁通 Φ。在励磁回路中串接电阻 R_f，如图 7.4.11 所示，调节 R_f 就可以改变 I_f，从而改变 Φ。

Φ 的调节有两种情况：

(1) Φ 增大(即 $\Phi > \Phi_N$)，$R_f\downarrow\rightarrow I_f\uparrow\rightarrow\Phi\uparrow\rightarrow n\downarrow$。在额定条件下，磁通 Φ 已接近饱和，I_f 再增加，对 Φ 影响不大。因此，这种增加磁通的调速方法一般不用。

(2) Φ 减弱(即 $\Phi < \Phi_N$)，$R_f\uparrow\rightarrow I_f\downarrow\rightarrow\Phi\downarrow\rightarrow n\uparrow$。因此，改变磁通 Φ 调速只能采用减弱磁通的调速方法。减弱磁通调速的特性曲线如图 7.4.12 所示。减弱磁通调速方法调速平滑，可做到无级调速，但调速范围有限，只能将转速从额定转速往上调(即 $n > n_N$)。由于受电动机机械强度的限制，转速也不能太高，调速比只能到 1.5～2，因此这种调速方法的应用场合很局限。

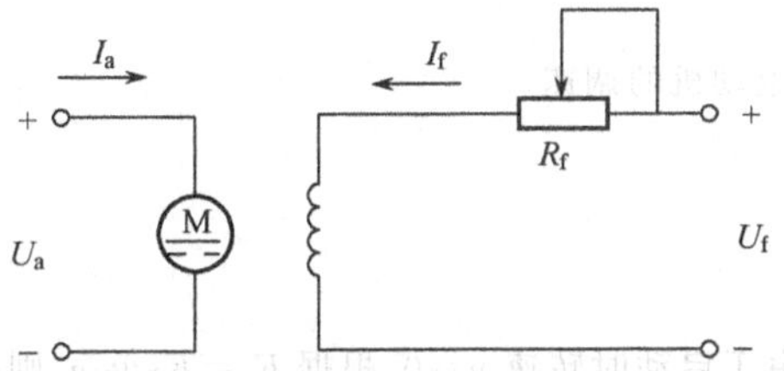

图 7.4.11　励磁回路中串联电阻改变 I_f

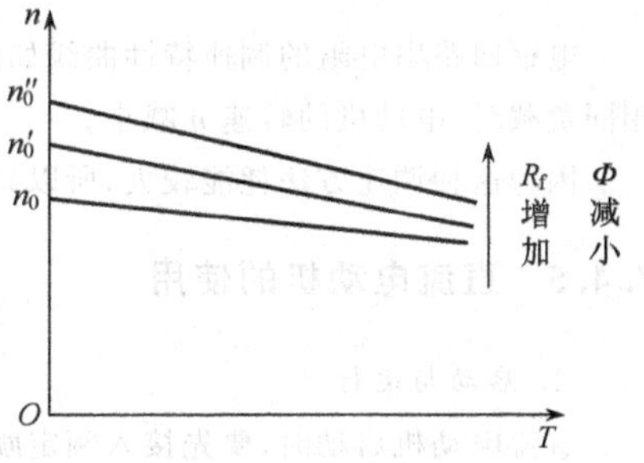

图 7.4.12　减弱磁通调速特性曲线

例 7.4.3　一台他励直流电动机，已知：$P_N = 2.2$ kW，$U_{aN} = 220$ V，$I_{aN} = 12.5$ A，$R_a = 0.25\ \Omega$，$n_N = 750$ r/min。电动机工作时负载转矩为额定转矩。采用调节励磁电流 I_f 的方法来调速，当励磁电流下降到额定值的 90%时，转速为多少？

解　电动机的额定转矩为

$$T_N = 9550\frac{P_N}{n_N} = 9550\times\frac{2.2}{750}\ \text{N}\cdot\text{m}\approx 28.01\ \text{N}\cdot\text{m}$$

由 $E_a = K_E\Phi_N n_N$ 和 $U_{aN} = E_a + I_{aN}R_a$，得

$$K_E\Phi_N = \frac{E_a}{n_N} = \frac{U_{aN}-I_{aN}R_a}{n_N} = \frac{220-12.5\times0.25}{750}\approx 0.289$$

由 $T_N = K_T\Phi_N I_{aN}$，得

$$K_T\Phi_N = \frac{T_N}{I_{aN}} = \frac{28.01}{12.5} \approx 2.24$$

励磁电流下降到额定值的 90%时，磁通也下降到额定值的 90%，即 $\Phi = 0.9\Phi_N$。所以

$$\begin{aligned} n &= \frac{U_a}{(K_E\Phi)} - \frac{R_a}{(K_E\Phi)(K_T\Phi)}T_N \\ &= \frac{U_{aN}}{(0.9K_E\Phi_N)} - \frac{R_a}{(0.9K_E\Phi_N)(0.9K_T\Phi_N)}T_N \\ &= \left(\frac{220}{0.9\times0.289} - \frac{0.5}{0.9^2\times0.289\times2.24}\times28.01\right)\mathrm{r/min} \\ &\approx 19.1\ \mathrm{r/min} \end{aligned}$$

3. 改变电枢电阻调速

在电枢回路中串入可变电阻也可以调速，电路图如图 7.4.13 所示。

电枢回路中串入电阻 R 后，电动机的 $n=f(T)$ 关系变为

$$n = \frac{U_a}{K_E\Phi} - \frac{R_a + R}{K_E K_T \Phi^2}T$$

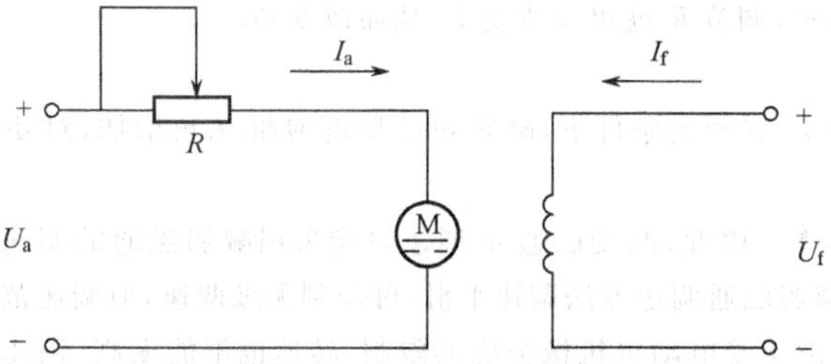

图 7.4.13　电枢回路中串联电阻调速

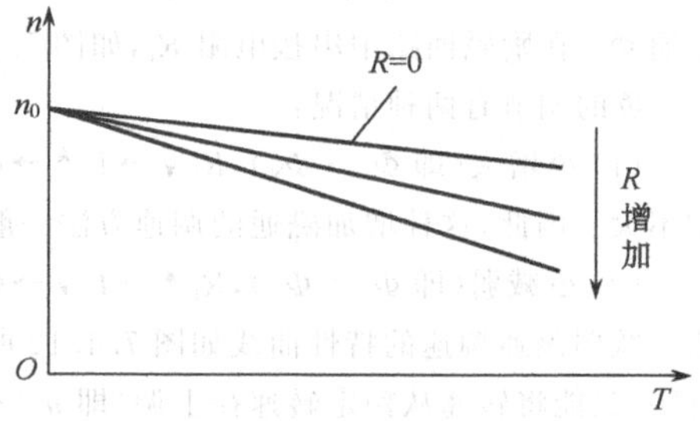

图 7.4.14　减弱磁通调速特性曲线

电枢回路串电阻的调速特性曲线如图 7.4.14 所示。若增大 R，n_0 不变，只有 Δn 变大，特性曲线变陡，在相同负载时，电动机的转速 n 减小。

因为这种调速方法耗能较大，所以只用于小型直流电动机的调速。

7.4.5　直流电动机的使用

1. 启动与运行

直流电动机启动时，要先接入额定励磁电压 U_{fN}。由于启动时转速 $n=0$，根据 $E_a = K_E\Phi_N n$，则感应电动势 $E_a = 0$。启动时若电枢接入额定电压 U_{aN}，根据 $I_a = (U_{aN} - E_a)/R_a = U_{aN}/R_a$，则启动电流 I_{ast} 会很大，会高出额定电流 I_{aN} 数倍。太大的启动电流会使换向器因产生严重的火花而烧坏。因此，一般要限制启动电流 $I_{ast} < (2\sim2.5)I_{aN}$。限制启动电流 I_{ast} 的措施是启动时在电枢回路中串接启动电阻，或者启动时降低电枢电压。

直流电动机在启动时，励磁电路一定要接通。而且在启动时一定要满励磁，即励磁绕组电压为额定电压 U_{fN}，励磁回路中不串电阻，使励磁电流为额定值 I_{aN}。否则，若无励磁，磁路中只有很少剩磁（Φ 很小），根据 $T = K_T\Phi I_a$，则启动转矩 T 很小，电动机将不能启动。此时，反电动势 E_a 为 0，电枢电流 I_a 会很大，电枢绕组有被烧坏的危险。

直流电动机在带载运行时，若励磁回路因事故而断开（称为失磁），则导致 $\Phi\downarrow\downarrow$，$E_a\downarrow\downarrow$，$T\downarrow\downarrow$，因此导致电动机减速或停机，也使 $I_a\uparrow\uparrow$，因此也有烧坏电枢绕组的危险。直流电动机在空载运行时，若励磁回路因事故而断开，会因为 $T \gg T_0$ 而使电动机转速无限上升，可能造成“飞车”事故。所以，失磁对于直流电动机是非常危险的，一定要有失磁保护。对于他励直流电动机在励磁绕组加电压继电器或电流继电器，当励磁失压或欠流时，自动切断电枢电源。

2. 反转

改变直流电动机的转动方向有两种方法：

(1) 改变励磁电流的方向，即改变励磁电压的极性；

(2) 改变电枢电流的方向，即改变电枢电压的极性，这种方法常用。

3. 制动

直流电动机的制动方法与异步电动机的制动方法类似，有能耗制动、反接制动和发电反馈制动几种。我们将在第8章讨论。

应注意，直流电动机在启动或运转过程中，励磁电路一定要接通，不能让它断开(启动时要满励磁)。否则，由于磁路中只有很小的剩磁，就可能发生电枢电流剧增或转速猛升。这都使电机遭受严重损坏。

小型的直流电动机采用永久磁铁制成磁极，这种电动机称为永磁式直流电动机。其工作原理及性能与他励电动机基本相同。由于结构简单，使用方便，应用比较广泛。为了减少由于换向器磨损而产生的故障，减少噪声和电磁干扰，延长电动机的使用寿命。目前无换向器的永磁直流电动机将有替代永磁式直流电动机的趋势。

永磁电动机的调速通常用改变电枢电压的方法来实现。

思 考 题

7-4-1 为什么电动机的电动势是反电动势？

7-4-2 试说明换向器在直流电动机中的作用。

7-4-3 直流电动机为什么能做直流发电机运行？

7-4-4 在使用并励电动机时，发现转向不对，如将接到电源的两根线对调一下，能否改变转动方向？

7-4-5 分析直流电动机和三相异步电动机启动电流大的原因，两者是否相同？

7-4-6 采用降低电源电压的方法来降低并励电动机的启动电流，是否也可以？

7-4-7 他励电动机在下列条件下其转速、电枢电流及电动势是否改变？

(1) 励磁电流和负载转矩不变，电枢电压降低；

(2) 电枢电压和负载转矩不变，励磁电流减小；

(3) 电枢电压、励磁电流和负载转矩不变，与电枢串联一个适当阻值的电阻。

7-4-8 对并励电动机能否改变电源电压来进行调速？

7-4-9 比较并励电动机和三相异步电动机的调速性能。

练 习 题

7-4-1 一台他励直流电动机的技术参数：电枢电阻 $R_a=0.25\ \Omega$、励磁绕组电阻 $R_f=153\ \Omega$、电枢电压和励磁电压 $U_a=U_f=220$ V、电枢电流 $I_a=60$ A、效率 $\eta=0.85$、转速 $n=1000$ r/min。求：(1)励磁电流和励磁功率；(2)电动势；(3)输出功率；(4)电磁转矩(忽略空载转矩不计)。

7-4-2 一台他励电动机(Z2-32型)的技术参数：$P_2=2.2$ kW，$U=U_f=110$ V，$n=1500$ r/min，$\eta=0.8$；并已知 $R_a=0.4\ \Omega$，$R_f=82.7\ \Omega$。试求：(1)启动初始瞬间的启动电流；(2)如果使启动电流不超过额定电流的2倍，求启动电阻，并问启动转矩为多少？

7-4-3 对习题7-4-2的电动机，如果保持额定转矩不变，试求用下列两种方法调速时的转速：(1)磁通不变，电枢电压降低20%；(2)磁通和电枢电压不变，与电枢串联一个1.6 Ω的电阻。

7-4-4 对习题7-4-2的电动机，允许削弱磁场调到最高转速3000 r/min。试求当保持电枢电流为额定值的条件下，电动机调到最高转速后的电磁转矩。

7-4-5 一台并励直流电动机的技术参数：工作电压 $U_N=220$ V，输入电流 $I_N=122$ A，电枢电路电阻 $R_S=0.25\ \Omega$，励磁电路电阻 $R_f=110\ \Omega$，转速 $n=960$ r/min。试求：(1)当负载减小而转速上升到1000 r/min时的输入电流；(2)当负载转矩降低到 $75\%T_N$ 时的转速。假定磁通 Φ 不变。

7-4-6　一台并励直流电动机的技术参数：$P_N=10$ kW，$U_N=220$ V，$I_N=5.38$ A，$n_N=1500$ r/min、励磁绕组电阻 $R_f=110\ \Omega$、电枢电路电阻 $R_a=0.3\ \Omega$，试求：(1)额定状态下的反电动势 E；(2)额定转矩 T_N；(3)若该电动机效率为 $\eta=85\%$，电动机的铁心损耗 P_{Fe} 为多少？

7.4.7 一台并励直流电动机的技术参数：$P_2=10$ kW，$U=220$ V，$I=53.8$ A，$n=1500$ r/min；并已知 $R_a=0.4\ \Omega$，$R_f=193\ \Omega$。若在励磁电路串进励磁调节电阻 $R'_f=50\ \Omega$，采用调磁调速。(1)如保持额定转矩不变，试求转速 n，电枢电流 I_a 及输出功率 P_2；(2)如保持额定电枢电流不变，试求转速 n、转矩 T 及输出功率 P_2；(3)由于负载减小，转速升高到 1600 r/min，试求这时的输入电流 I(设磁通保持不变)。

△7.5　伺服电动机

伺服电动机的控制任务是将电压信号转换为转矩和转速以驱动控制对象。当信号电压的大小和极性(或相位)发生变化时，电动机的转速和转动方向将很灵敏和准确地随着变化。伺服电动机分为交流伺服电动机和直流伺服电动机。

7.5.1　交流伺服电动机

交流伺服电动机就是两相异步电动机。它的定子上装有励磁绕组和控制绕组两个绕组。它们在空间相隔 90°。交流伺服电动机的转子分笼型转子和杯形转子两种。笼型转子和三相笼型电动机的转子结构相似，只是为了减小转动惯量($J=\frac{1}{2}mr^2$，m 和 r 分别为转子的质量和半径)而做得细长一些。杯形转子伺服电动机的结构，如图 7.5.1 所示。

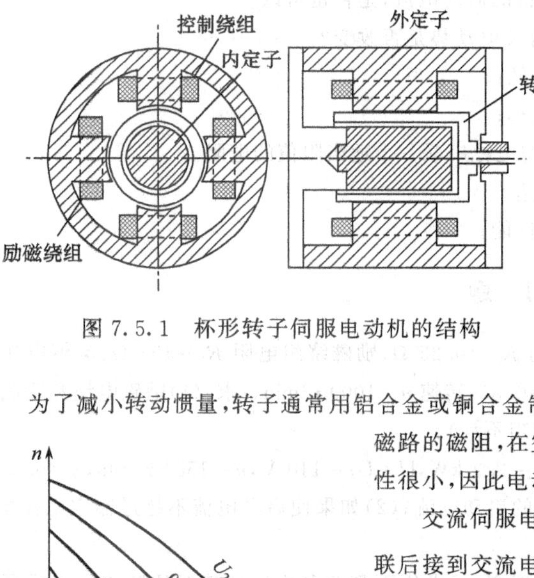

图 7.5.1　杯形转子伺服电动机的结构

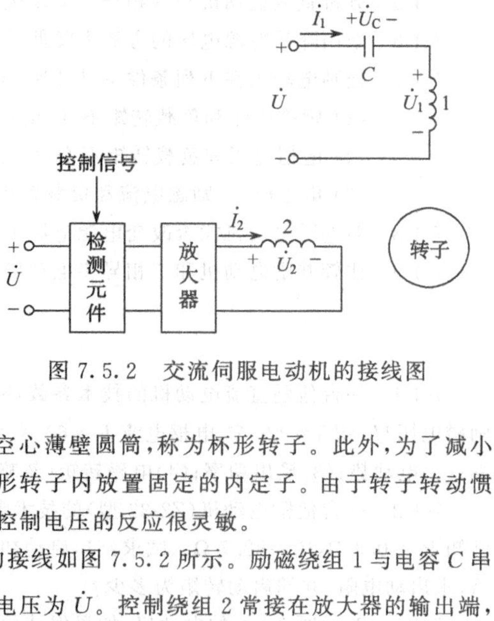

图 7.5.2　交流伺服电动机的接线图

为了减小转动惯量，转子通常用铝合金或铜合金制成的空心薄壁圆筒，称为杯形转子。此外，为了减小磁路的磁阻，在空心杯形转子内放置固定的内定子。由于转子转动惯性很小，因此电动机对控制电压的反应很灵敏。

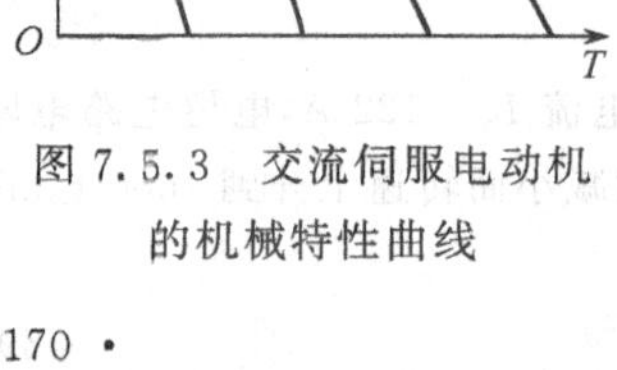

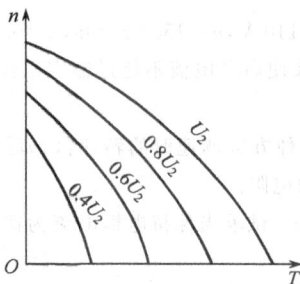

图 7.5.3　交流伺服电动机的机械特性曲线

交流伺服电动机的接线如图 7.5.2 所示。励磁绕组 1 与电容 C 串联后接到交流电源上，电压为 $\dot{U}$。控制绕组 2 常接在放大器的输出端，控制电压 $\dot{U}_2$ 即为放大器的输出电压。

选择适当的电容值，可使两个绕组中的电流 $\dot{I}_1$ 和 $\dot{I}_2$ 的相位差近于 90°。这样，就产生两相旋转磁场，和电容分相式单相异步电动机一样，转子便转动起来。

当电源电压 $\dot{U}$ 不变，而信号控制电压 $\dot{U}_2$ 的大小和相位改变时，就可控制电动机的转速和转向。当控制电压变为零时，电动机立即停转。

交流伺服电动机在不同控制电压下的机械特性曲线如图 7.5.3 所示，U_2 为额定控制电压。由图可见：在一定负载转矩下，控制电压越高，则转速也越高；在一定控制电压下，负载增加，转速下降。此外，由于转子的电阻较大，机械特性曲线陡降较快，特性很软，不利于系统的稳定。

交流伺服电动机的输出功率一般是 0.1～100 W，其电源频率有 50 Hz 和 400 Hz 等多种。

7.5.2 直流伺服电动机

直流伺服电动机的结构和一般他励直流电动机一样，只是为了减小转动惯量而做得细长一些。它的励磁绕组和电枢分别由两个独立电源供电。通常采用电枢控制，就是励磁电压 U_1 一定，建立的磁通 Φ 也是定值，而将控制电压 U_2 加在电枢上，其接线图如图 7.5.4 所示。

直流伺服电动机的机械特性与他励电动机一样，也用下式表示：

$$n=\frac{U_2}{K_E\Phi}-\frac{R_a}{K_EK_T\Phi^2}T$$

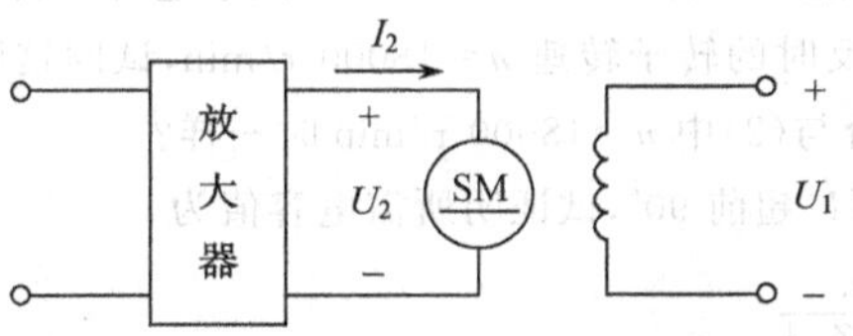

图 7.5.4 直流伺服电动机的接线图

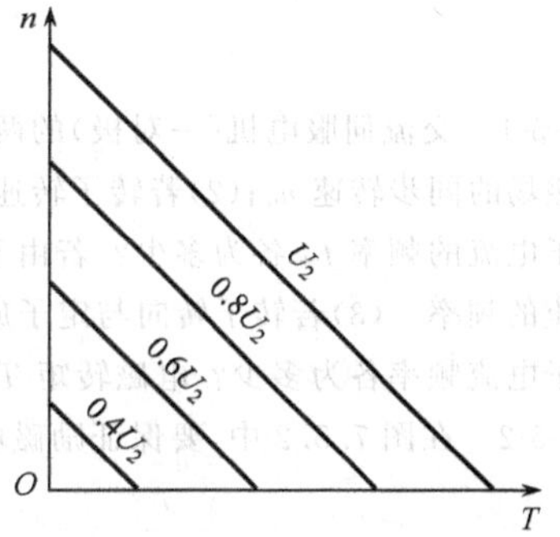

图 7.5.5 直流伺服电动机的机械特性曲线

直流伺服电动机在不同控制电压下（U_2 为额定控制电压）的机械特性曲线 $n=f(T)$ 如图 7.5.5 所示。由图可见：在一定负载转矩下，当磁通不变时，如果升高电枢电压，电动机的转速就升高；反之，降低电枢电压，转速就下降；当 $U_2=0$ 时，电动机立即停转。要电动机反转，可改变电枢电压的极性。与交流伺服电动机比较，直流伺服电动机的机械特性较硬。

直流伺服电动机通常应用于输出功率为 1～600W 的系统中。

例 7.5.1 图 7.5.6 是采用直流伺服电机来实现交流稳压的原理示意图，试说明其工作原理。

解 设开始时调压器 Tr 的滑动触点和输出端处于同一位置（即 $u_i=u_o$）。此时若输入电压为 220 V，取

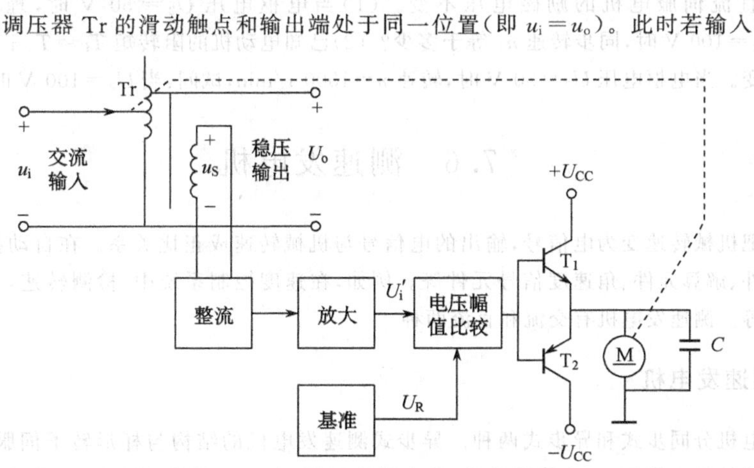

图 7.5.6 220 V 交流稳压电源原理示意图

样电压 u_S 经整流和放大后，得到一个与输入的交流电压成正比的直流信号电压 U'_i，它正好与设定的基准电压 U_R 相等，电压幅值比较电路输出为零，功率晶体管 T_1 和 T_2 均截止，伺服电机 M 不转，调压变压器 Tr 的输出电压维持在 220 V。当交流输入电压由于某种原因下降，取样信号 u_S 随之减小，使信号电压 U'_i 小于基准电压 U_R，电压幅值比较器输出一为正的驱动电压，晶体管 T_1 导通而 T_2 截止。于是电动机正方向旋转，并带动调压变压器的滑动触点向下移动，输出电压逐渐提高，送整流电路的取样电压也逐渐提高。当输出电压到达 220 V 时，经取样放大后的信号电压重新和基准电压相等，T_1 返回截止状态，电动机停转。反之，若交流输入电压升高将会使电动机反转，调压器滑动触点向上移动，输出电压降低，直至 220 V 时电动机停转为止。

思 考 题

7-5-1 电动机的单相绕组通入直流电流，单相绕组通入交流电流及两相绕组通入两相交流电流各产生什么磁场？

7-5-2 改变交流伺服电机的转动方向的方法有哪些？

练 习 题

7-5-1 交流伺服电机(一对极)的两相绕组通入 400 Hz 的两相对称交流电流时产生旋转磁场，(1)试求旋转磁场的同步转速 n_0；(2)若转子转速 $n=18000$ r/min，试问转子导体条切割磁场的速度是多少？转差率 s 和转子电流的频率 f_2 各为多少？若由于负载加大，转子转速下降为 $n=12000$ r/min，试求这时的转差率和转子电流的频率。(3)若转子转向与定子旋转磁场的方向相反时的转子转速 $n=18000$ r/min，试问这时转差率和转子电流频率各为多少？电磁转矩 T 的大小和方向是否与(2)中 $n=18000$ r/min 时一样？

7-5-2 在图 7.5.2 中，要保证励磁电压 $\dot{U}_1$ 较电源电压 $\dot{U}$ 超前 90°，试证明所需电容值为

$$C=\frac{\sin\varphi_1}{2\pi f\mid Z_1\mid}$$

式中，$|Z_1|$ 为励磁绕组的阻抗模，φ_1 为励磁电流 $\dot{I}_1$ 与励磁电压 $\dot{U}_1$ 间的相位差。$|Z_1|$ 和 φ_1 通常是在 $n=0$ 时通过实验测得的。

7-5-3 一台 400 Hz 的交流伺服电机，当励磁电压 $U_1=110$ V，控制电压 $U_2=0$ 时，测得励磁绕组的电流 $I_1=0.2$ A。若与励磁绕组并联一适当电容值的电容器后，测得总电流 I 的最小值为 0.1 A。(1)试求励磁绕组的阻抗模 $|Z_1|$ 和 $\dot{I}_1$ 与 $\dot{U}_1$ 间相位差 φ_1；(2)保证 $\dot{U}_1$ 较 $\dot{U}$ 超前 90°，试计算图 7.5.2 中所串联的电容值。

7-5-4 当直流伺服电机的励磁电压 U_1 和控制电压(电枢电压) U_2 不变时，如将负载转矩减小，试问这时电枢电流 I_2，电磁转矩 T 和转速 n 将怎样变化？

7-5-5 一台直流伺服电机的励磁电压不变。(1)当电枢电压 $U_2=50$ V 时，理想空载转速 $n_0=3000$ r/min；当 $U_2=100$ V 时，同步转速 n_0 等于多少？(2)已知电动机的阻转矩 $T_C=T_0+T_2=150$ g·cm，且不随转速大小而变。当电枢电压 $U_2=50$ V 时，转速 $n=1500$ r/min，试问：当 $U_2=100$ V 时，n 等于多少？

*7.6 测速发电机

测速发电机把机械转速变为电信号，输出的电信号与机械转速成正比关系。在自动控制系统或计算装置中作为检测元件、解算元件、角速度信号元件等。例如，在速度控制系统中，检测转速，并产生反馈信号以提高系统的精度等。测速发电机有交流和直流两种。

7.6.1 交流测速发电机

交流测速发电机分同步式和异步式两种。异步式测速发电机的结构与杯形转子伺服电动机一样，它的定子上有互相垂直的两个绕组，一个绕组励磁，称为励磁绕组；另一个绕组输出电压，称为输出绕组。其原理图如图 7.6.1 所示。在分析时，杯形转子可视作由无数并联的导体条组成，和笼型转子一样。

在测速发电机静止时，将励磁绕组接到交流电源上，励磁电压$\dot{U}_1$值一定。这时在励磁绕组的轴线方向产生一个交变脉动磁通，其幅值设为Φ_1。由于这脉动磁通与输出绕组的轴线垂直，故输出绕组中并无感应电动势，输出电压几乎为零。

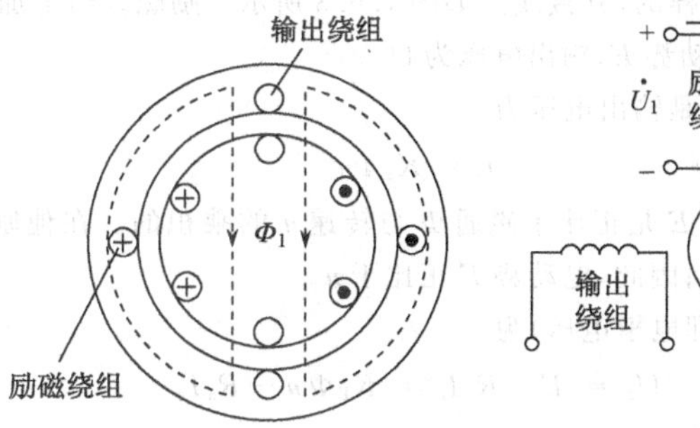

图 7.6.1　交流测速发电机的原理图(静止时)

当测速发电机由被测转动轴驱动而旋转时，就有电压$\dot{U}_2$输出。输出电压$\dot{U}_2$和励磁电压$\dot{U}_1$的频率相同，$\dot{U}_2$的大小和发电机的转速n成正比。通常测速发电机和伺服电机同轴相连，通过发电机的输出电压就可测量或调节电机的转速。

当发电机旋转时，在励磁绕组轴线方向的脉动磁通Φ_1和图 7.6.1 一样，由

$$U_1 \approx 4.44 f_1 N_1 \Phi_1$$

可知，Φ_1正比于U_1。

除此以外，杯形转子在旋转时切割Φ_1而在转子中感应出电动势E_r和相应的转子电流I_r，如图 7.6.2 所示。E_r和I_r与磁通Φ_1及转速n成正比，即

$$I_r \propto E_r \propto \Phi_1 n$$

转子电流I_r也要产生磁通Φ_r，两者也成正比

$$\Phi_r \propto I_r$$

磁通Φ_r与输出绕组的轴线一致，因而在其中感应出电动势，两端就有一个输出电压$\dot{U}_2$。U_2正比于Φ_r，即

$$U_2 \propto \Phi_r$$

根据上述关系就可得出

$$U_2 \propto \Phi_1 n \propto U_1 n$$

上式表明，当励磁绕组加上电源电压$\dot{U}_1$，测速发电机以转速n转动时，它的输出绕组中就产生输出电压$\dot{U}_2$，$\dot{U}_2$的大小与转速n成正比。当转动方向改变，$\dot{U}_2$的相位也改变 180°。这样，就把转速信号转换为电压信号。输出电压$\dot{U}_2$的频率等于电源频率f_1，与转速无关。

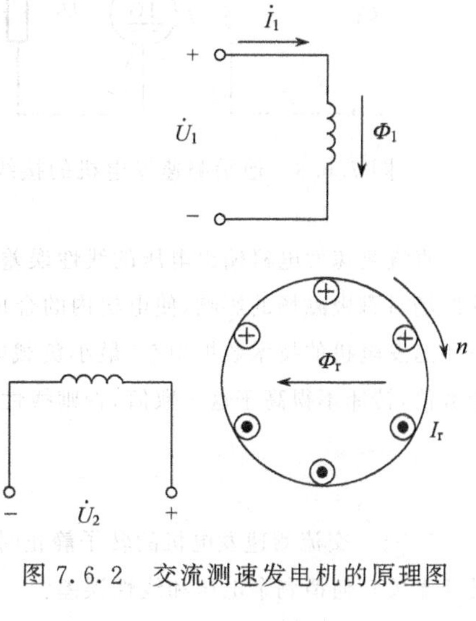

图 7.6.2　交流测速发电机的原理图

交流测速发电机输出电压$\dot{U}_2$的线性误差，主要是由Φ_1产生的。因为励磁绕组与转子间的关系相当于变压器的一次、二次绕组间的关系，所以Φ_1是由励磁电流和转子电流共同产生的。而转子电动势和转子电流与转子转速有关，因此当转速变化时，励磁电流$\dot{I}_1$(还有励磁绕组的阻抗压降)和磁通Φ_1都将发生变化，Φ_1并非常数。这样，输出电压U_2随着转速n增大，线性

误差就会增加。

7.6.2 直流测速发电机

直流测速发电机分永磁式和他励式两种。永磁式测速发电机的磁极用矫顽磁力较高的永磁材料制成。他励式的结构和直流伺服电机是一样的，其接线图如图 7.6.3 所示。励磁绕组上加电压 U_1，电枢接负载电阻 R_L。当电枢被带动时，其中产生电动势 E，输出电压为 U_2。

直流测速发电机的主要特性也是输出电压为

$$E = K_E \Phi n$$

上式表明直流测速发电机的电动势 E 是正比于磁通 Φ 与转速 n 的乘积的。在他励测速发电机中，如果励磁电压 U_1 为定值，则磁通 Φ 也是常数；因此，电动势 E 正比于 n。

直流测速发电机的输出电压(即电枢电压)为

$$U_2 = E - R_a I_2 = K_E \Phi n - R_a I_2$$

而

$$I_2 = \frac{U_2}{R_L}$$

于是

$$U_2 = \frac{K_E \Phi}{1 + R_a / R_L} n$$

上式表示直流测速发电机带负载时输出电压 U_2 与转速 n 的关系。通常 Φ、R_a 为常数，直流测速发电机空载时，$R_L = \infty$，$I_2 = 0$，因此

$$U_2 = E = K_E \Phi n$$

输出电压即为电动势。R_L 越小，电流 I_2 越大，在一定转速 n 下，输出电压 U_2 下降得也就越多。不仅如此，当 R_L 减小时，线性误差就增加，特别在高速时。图 7.6.4 所示的是直流测速发电机的输出特性曲线 $U_2 = f(n)$。

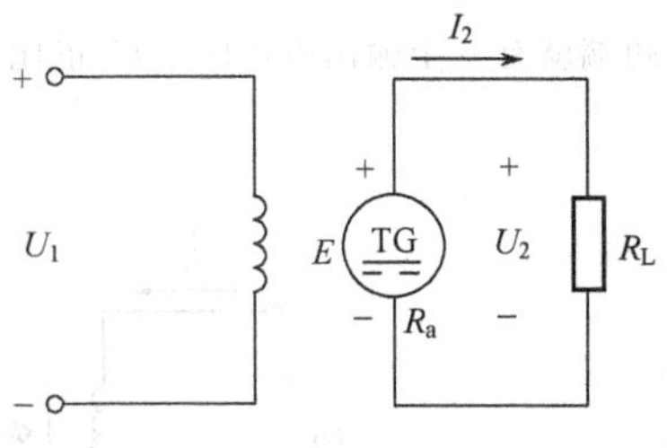

图 7.6.3 他励测速发电机的接线图

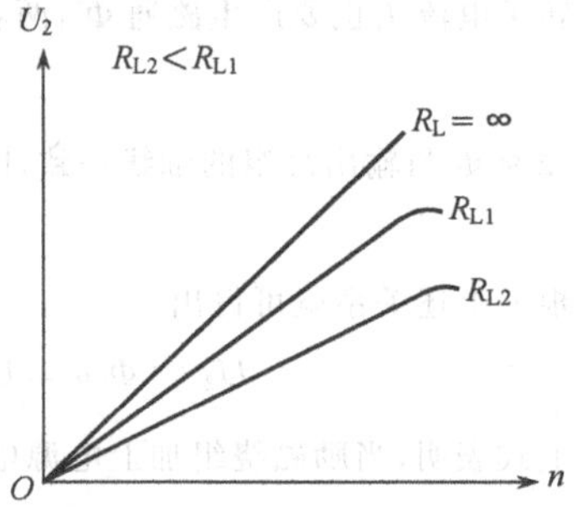

图 7.6.4 直流测速发电机的输出特性

直流测速发电机输出电压的线性误差主要是由电枢反应而产生的。所谓电枢反应就是电枢电流 I_2 产生的磁场对磁极磁场的影响，使电机内的合成磁通小于磁极磁通。电流 I_2 越大，磁通减小得越多。因此，在直流测速发电机的技术数据中有“最小负载电阻和最高转速”参数，就是在使用时所接的负载电阻不得小于这个数值，转速不得高于这个数值，否则线性误差会增加。

练 习 题

7-6-1 交流测速发电机的转子静止时有无电压输出？转动时为何输出电压与转速成正比，但频率却与转速无关？何谓剩余电压和线性误差？

7-6-2　为什么直流测速发电机的转速不得超过规定的最高转速？负载电阻不能小于给定值？

△7.7　步进电机

步进电机是一种能将电脉冲信号变换为机械转角或转速的电动机。其转动的角度与输入电脉冲的个数成正比，而转速则与输入电脉冲的频率成正比。这种电动机能快速启动、反转及制动，有宽广的调速范围，在数控技术、自动绘图及自动记录设备中得到广泛的应用。

根据步进电机的结构特点，通常分成反应式和永磁式两种。反应式电动机的转子是由高磁导率的软磁材料制成，而永磁式电动机的转子则是一个永久磁铁。反应式步进电机转子惯性小、反应快和转速高，性能优良。本节以反应式步进电机为例，说明其工作原理。

7.7.1　步进电机的结构

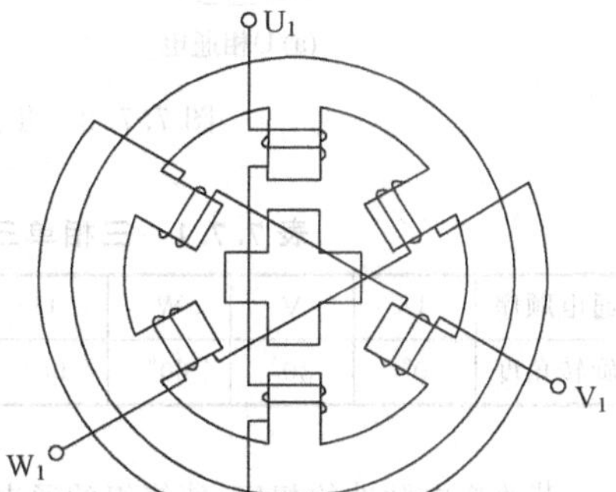

图 7.7.1　三相反应式步进电机结构

一种反应式步进电机的结构分为定子和转子两部分，如图 7.7.1 所示。在定子上具有均匀分布的 6 个磁极，磁极上绕有绕组。两个相对的绕组组成一相，共有三相绕组（绕组 U_1 与 U_2 组成一相，V_1 与 V_2 组成一相，W_1 与 W_2 组成一相）。转子是由无绕组的硅钢片叠成，转子上有 4 个齿（实际的步进电机有几十个齿）。转子齿与齿之间的夹角称为齿距角，转子为 4 个齿的齿距角为 360°/4＝90°。

7.7.2　步进电机的工作原理

步进电机的转动受电脉冲信号的控制。电脉冲信号由步进电机控制器的数字集成电路产生。

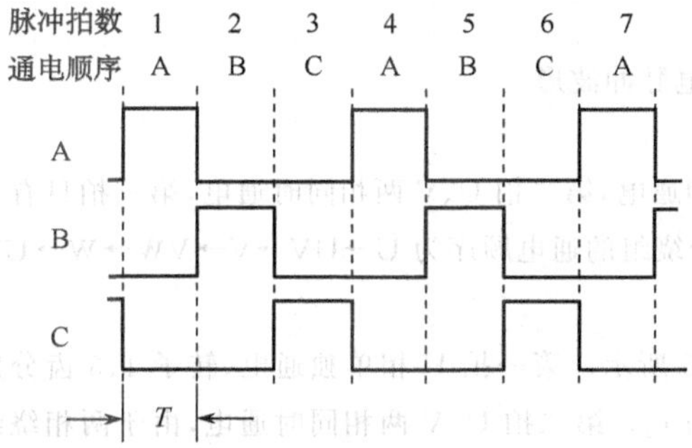

图 7.7.2　三相单三拍电脉冲波形

一种电脉冲信号的波形如图 7.7.2 所示。U、V、W 三相，绕组通电的顺序是 U→V→W→U→V→W→…，每变换一次称为一拍或一步，每一拍只有一相绕组通电。这种通电方式称为三相单三拍通电方式。T 为脉冲宽度（即每步的持续时间），每秒的步数 f 称为步进速率。f 与 T 互为倒数。

在三相单三拍通电方式下，第一拍只有 U 相绕组通电，产生 U_2-U_1 轴线方向的磁通（U_2 为 N 极，U_1 为 S 极），并通过转子形成闭合回路，如图 7.7.3(a)所示。因为转子总是要转到磁阻最小的位置，也就是磁路上总的空气隙最小的位置，所以在该磁场的作用下，使转子的 1、3 齿分别与定子的 U_1、U_2 磁极对齐，使转子位于起始位置。第二拍只有 V 相绕组通电，产生 V_2-V_1 轴线方向的磁通（V_2 为 N 极，V_1 为 S 极），同理使转子的 2、4 齿分别与定子的 V_1、V_2 磁极对齐，如图 7.7.3(b)所示，这样转子按顺时针方向旋转了 30°。第三拍只有 W 相绕组通电，产生 W_2-W_1 轴线方向的磁通（W_2 为 N 极，W_1 为 S 极），使转子的 1、3 齿分别与定子的 W_2、W_1 磁极对齐，如图 7.7.3(c)所示，这样转子又按顺时针方向旋转了 30°。接下来第四拍仍是 U 相通电，使转子的 4、2 齿分别与定子的 U_1、U_2 磁极对齐，又使转子前进了 30°。因此，这种三相单三拍通电方式，每拍脉冲可使转子旋转 30°或称为前进一步，一步的转角称为步距角。每 3 拍使定子磁场旋转一周，而转子只转过一个齿距角。每 12 拍使定子磁场旋转四周，而转子才旋转一周。三相单三拍通电方式时通电顺序与转子旋转角度的关系如表 7.7.1 所示。

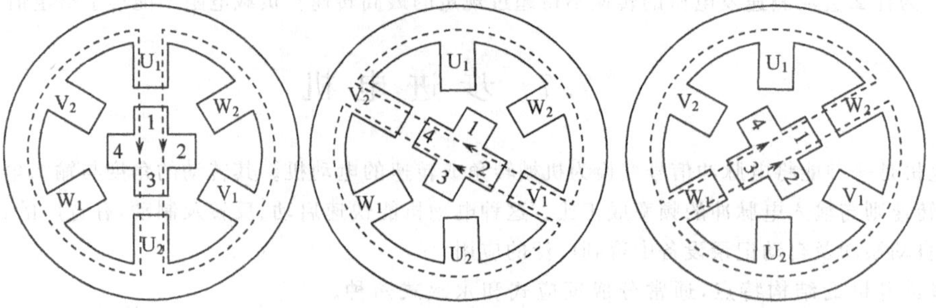

(a) U相通电　　(b) V相通电　　(c) W相通电

图 7.7.3　步进电机的转动原理(三相单三拍通电方式)

表 7.7.1　三相单三拍通电方式时通电顺序与转子旋转角度的关系

通电顺序	U	V	W	U	V	W	U	V	W	U	V	W	U
旋转角度	0°	30°	60°	90°	120°	150°	180°	210°	240°	270°	300°	330°	360°

若改变电脉冲的相序,使绕组的通电顺序为 U→W→V→W→U→V→…,则电机转子将按逆时针方向旋转,步距角仍为 30°。

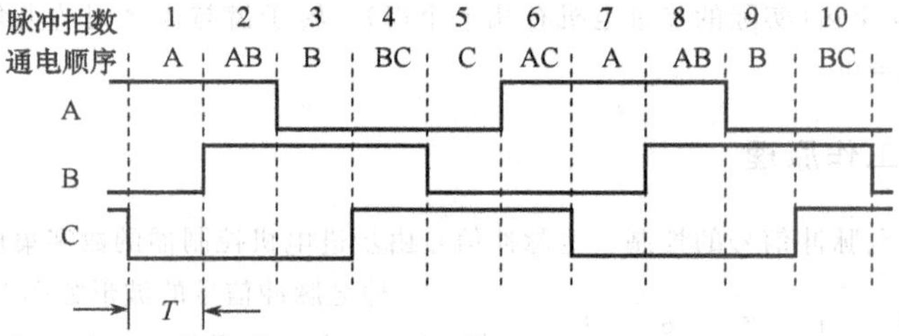

图 7.7.4　三相六拍电脉冲波形

若电脉冲信号的波形如图 7.7.4 所示,第一拍只有 U 相通电,第二拍 U、V 两相同时通电,第三拍只有 V 相通电,第四拍 V、W 两相同时通电。以此类推。这样,定子绕组的通电顺序为 U→UV→V→VW→W→UW→U→…,这种通电方式称为三相六拍通电方式。

在三相六拍通电方式下步进电机的转动原理如图 7.7.5 所示。第一拍 U 相单独通电,转子 1、3 齿分别与定子的 U_1、U_2 磁极对齐,使转子位于起始位置[图 7.7.5(a)]。第二拍 U、V 两相同时通电,由于两相绕组合成磁场的磁通如图 7.7.5(b)中虚线所示,U_1、U_2,V_1、V_2 四个磁极都对转子产生磁作用力,使转子齿位于 U、V 两相的中间位置,达到受力平衡,这样转子按顺时针方向转过 15°(六分之一齿距角)。第三拍 V 相单独

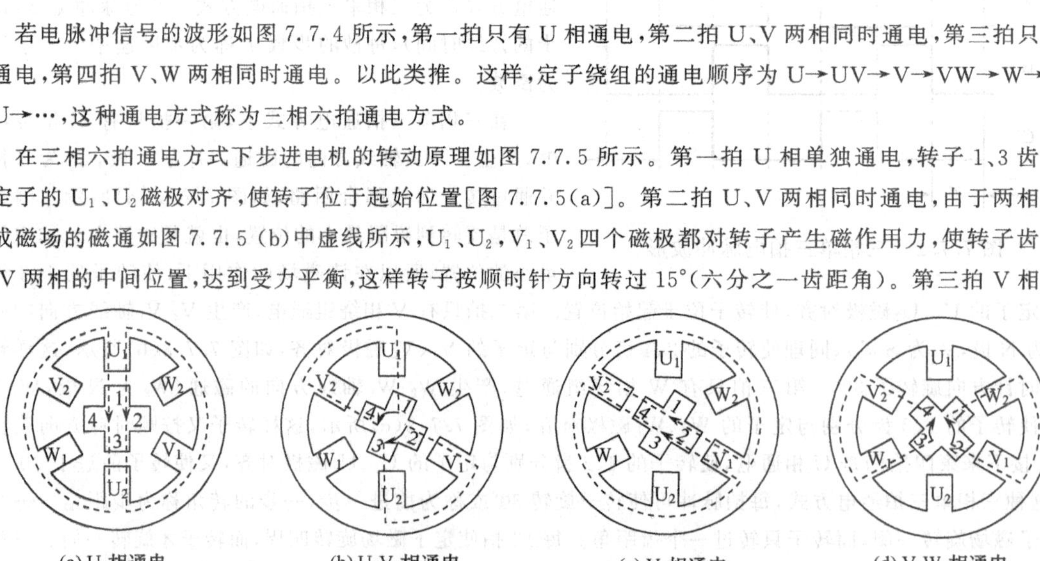

(a) U_1相通电　　(b) U_1V_1相通电　　(c) V_1相通电　　(d) V_1W_1相通电

图 7.7.5　三相六拍工作方式

通电，转子 2、4 齿与定子 V_1、V_2 磁极对齐，使转子按顺时针方向又转过 15°[图 7.7.5 (c)]。第四拍 V、W 两相同时通电，转子前进 15°[图 7.7.5 (d)]。因此，这种三相六拍通电方式，步距角为 15°，每 6 拍转过一个齿距角，每 24 拍旋转一周。三相六拍通电方式的通电顺序与旋转角度的关系如表 7.7.2 所示。

表 7.7.2　三相六拍通电方式时通电顺序与旋转角度的关系

通电顺序	U	UV	V	VW	W	UW	U	UV	V	VW	W	UV	U
旋转角度	0°	15°	30°	45°	60°	75°	90°	105°	120°	135°	150°	165°	180°

若改变电脉冲的相序，使绕组的通电顺序为 U→UW→W→VW→V→UV→U→…，则电机转子将按逆时针方向旋转，步距角仍为 15°。

如果通电顺序为 UV→VW→UW→UV→…，称为三相双三拍通电方式。这种双三拍通电方式电机转子将按顺时针方向旋转，步距角也为 30°。

一般来说，若步进电机的转子齿数为 Z_R，则一个齿距角为 $360°/Z_R$。步进电机按三拍方式工作时，每三拍转 1 个齿距角。按六拍方式工作时，每六拍转 1 个齿距角。若步进电机每 m 拍转过一个齿距角，则转子转过一圈需要的拍数为 $Z_R m$。因此，步距角为

$$\theta = \frac{360°}{Z_R m} \tag{7.7.1}$$

若每步的时间为 T，步进速率为 $f=1/T$，转子转过一周所需时间为 $Z_R mT$，则步进电机的转速为

$$n = \frac{1}{Z_R mT}\ \text{r/s} = \frac{60}{Z_R mT}\ \text{r/min} = \frac{60f}{Z_R m}\ \text{r/min} \tag{7.7.2}$$

将式(7.7.1)代入式(7.7.2)，则步进电机的转速也可以写为

$$n = \frac{60\theta f}{360°}\ \text{r/min} \tag{7.7.3}$$

图 7.7.1 所示的步进电机的步距角为 30°或 15°。这种步距角比较大，而实际工作要求较小的步距角。图 7.7.6 所示的三相反应式步进电机的转子有 40 个齿，齿距为 360°/40＝9°，齿宽是 4.5°，齿槽也是 4.5°。它的定子仍然有六个磁极，但是现在每个磁极上有五个小齿、四个齿槽，齿宽、齿距与转子相同。

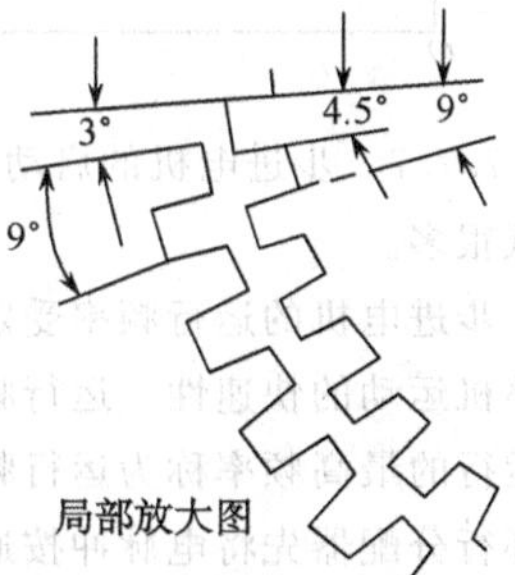

图 7.7.6　小角度步进电机原理结构

当图 7.7.6 所示步进电机的 U_1 相绕组通电后（V_1、W_1 相没通电），U_1 相磁极上的小齿与转子上的齿对齐。由于 V_1 相磁极的轴线与 U_1 相轴线相差 120°，W_1 相与 U_1 相相差 240°，所以 U_1、V_1 相之间的间距为 120°/9°＝$13\frac{1}{3}$齿距，在 U_1 相与转子齿对齐的情况下，V_1 相磁极上的小齿与转子上的齿错开了 1/3 的齿距，即相差 3°，而 W_1 相磁极上的小齿与转子上的齿错开了 2/3 齿距，即相差 6°。

图 7.7.6 所示的步进电机在 U_1 相断电，V_1 相绕组通电后，转子只需转过 3°，转子的齿就与 V_1 相定子磁极上的小齿对齐。V_1 相断电，W_1 相通电后，转子也只需转动 3°，转子的齿就能与 W_1 相磁极上的小齿对齐。因此，上述步进电机每一拍转动 3°，三拍运行时，每三拍转过一个齿距。若用三相六拍方式工作，每拍将转动 1.5°，实现了小步距角运行。

7.7.3　步进电机的技术参数

1. 步距角和静态步距角误差

1) 步距角

步距角是指步进电机输入一个电脉冲信号后，转子转过的角度。步距角的大小与转子的齿数 Z_R 有关，与

运行时脉冲分配方式有关。

图 7.7.5 所示步进电机按三拍方式工作时，每一拍转子转过 1/3 齿距。按六拍方式工作时，每一拍转子转过 1/6 齿距。在定子、转子齿距相等并配合适当时，步进电机的步距角为式(7.7.1)。其中，Z_R 是转子的齿数，m 是转子转过一个齿距的运行拍数。

步进电机每分钟的转速为式(7.7.3)，其中，f 是电脉冲的频率。

例如，步进电机转子有 40 个齿，以三相六拍方式工作，则步距角

$$\theta = \frac{360°}{6 \times 40} = 1.5°$$

如果电脉冲频率 f=1000 Hz，步进电机的转速

$$n = \frac{60 \times 1000 \times 1.5°}{360°} \text{r/min} = 250 \text{ r/min}$$

2) 静态步距角误差

步进电机每输入一个电脉冲，转子实际转过的角度由于各种原因，如转子齿距制造不均匀等，使每走一步的步距角和理论值之间出现偏差，这个偏差称为静态步距角误差 $\Delta\theta$。步进电机的精度就由这个误差的大小决定。

2. 矩频特性

步进电机转动时产生的转矩的大小还与电脉冲的频率有关系。若频率升高，步进电机的反应转矩要下降。其原因是定子绕组有电感，在定子绕组不断地通、断电工作时，频率越高，绕组中产生的感应电动势越大，使得绕组在电脉冲作用的时间内电流的平均值减小，造成磁通减弱，转矩下降。

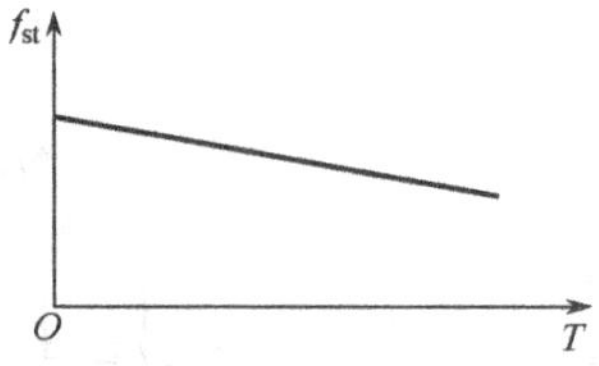

图 7.7.7 步进电机的启动矩频特性

为了使步进电机能够不丢失脉冲(即每来一个脉冲都能走一步，又称不丢步)地跟着电脉冲转动，对控制电脉冲的频率要有所限制。能够不失步地启动的最高频率称为步进电机的启动频率 f_{st}。启动频率的高低还与步进电机启动时的负载转矩的大小和转子的转动惯量等有关。在一定的负载转动惯量下，启动频率随负载转矩变化的特性称为启动矩频特性。图 7.7.7 是一台步进电机启动频率 f_{st} 与负载转矩 T 的矩频特性曲线。可以看出，随着负载转矩的增加，启动频率降低很多。

步进电机的运行频率受定子绕组电感作用的限制。运行频率是步进电机的一个重要指标，因为它决定了整机运动的快速性。运行频率又称工作频率。步进电机启动后，电脉冲频率连续上升时，步进电机能不失步运行的最高频率称为运行频率 f_c，运行频率也受负载转矩影响。电脉冲不能直接用来控制步进电机，应采用环行分配器先将电脉冲按通电工作方式进行分配，而后经功率放大器放大到具有足够的功率，才能驱动步进电机工作，即

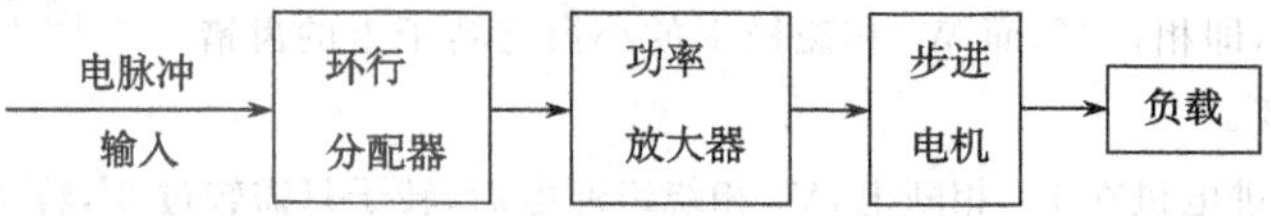

其中，环行分配器和功率放大器称为步进电机的驱动电源；电机带动的负载，例如机床工作台(由丝杆传动)。关于步进电机的驱动电源将在下册讨论。

例 7.7.1 一台五相步进电动机，采用五相十拍通电方式时，步距角为 0.36°。试求输入脉冲频率为 2000 Hz 时，电动机的转速。

解 该步进电动机转子齿数为

$$Z = \frac{360°}{\theta m} = \frac{360°}{0.36° \times 10} = 100$$

其转速为

$$n=\frac{60f}{Zm}=\frac{60\times2000}{100\times10}\text{r/min}=120\ \text{r/min}$$

思考题

7-7-1　什么是步进电机的步距角？一台步进电机可以有两个步距角，例如3°/1.5°，这是什么意思？什么是单三拍、六拍和双三拍？

练习题

7-7-1　一台四相的步进电动机，转子齿数为50，试求各种通电方式下的步距角。

7-7-2　一台五相步进电动机，采用五相十拍通电方式时，步距角为0.36°。试求输入脉冲频率为2000 Hz时，电动机的转速。

7-7-3　有一台四相步进电动机，转子齿数为50，电脉冲的速率为1000步/秒，通电方式有四相四拍和四相八拍两种，两种方式下电机转速各为多少？

△7.8　电动机的选择

选择电动机，既要使电动机的性能满足生产机械的要求，又要考虑周围环境的影响，同时还要尽可能节约投资，降低运行费用。

1. 电动机种类的选择

选择哪一种电动机，主要应根据生产机械对电动机的机械特性（硬特性还是软特性）、调速性能和启动性能等方面的要求来选择。一般情况下，优先选用笼型三相异步电动机，无法满足要求时才考虑选用其他电动机。

2. 电动机外形结构（防护方式）的选择

根据使用环境的要求选择电动机的外形结构。电动机的外形结构有开启式、防护式、封闭式和防爆式等几种。

开启式：电动机定子两侧和端盖上有很大的通风孔，因而散热良好但易进灰尘和杂物，因此，这种电动机只能在清洁、干燥的环境中使用。

防护式：电动机的机座和端盖下方有通风孔，散热好，能防止水滴和铁屑等杂物从上方落入电动机内，但不能防止水汽侵入电动机内部，这种电动机适用于干燥而又没有腐蚀性和爆炸性气体的环境中使用。

封闭式：电动机的机座和端盖上均无通风孔，完全是封闭的。外部的潮气和灰尘不易进入电动机，多用于灰尘多、潮湿、有腐蚀性气体、易引起火灾等恶劣环境中。

密封式：电动机的密封程度高，外部的气体和液体都不能进入电动机内部，可以浸在液体中使用，如潜水泵电动机。

防爆式：电动机密闭良好，机壳具有足够强度，一旦少量爆炸性气体侵入电动机内部发生爆炸时，电动机的外壳能承受爆炸时的压力，火花不会窜到外面以致引起外界气体再爆炸。适用于易燃、易爆环境中使用，如矿井、加油站和煤气站等处。

3. 电动机额定电压的选择

电动机电压等级的选择，要根据电动机类型、功率以及使用地点的电源电压来决定。我国生产的电动机，它的额定电压与额定功率情况如表7.8.1所示。

4. 电动机转速的选择

由于功率相同的电动机，转速越高、电动机体积越小，价格相对较低且使用时启、制动时间短。因此，选电动机转速应考虑到这个情况。选择时应根据工作机械的要求选择电动机的额定转速：如工作时不需要调速的风机、水泵可根据其额定转速选择与之相应转速的电动机直接拖动；调速要求不高的机床可选择转速较高，如4极的笼型电动机配以适当减速机构或选用多速电动机拖动；低速生产机械如球磨机、破碎机等应选用低速电动机拖动，以免减速机构过于复杂增大传动损耗。通常转速不低于 500r/min。因为当功率一定时，电动机的转速越低，则其尺寸越大，价格越贵，而且效率也较低。

表 7.8.1 电动机的额定电压

电压/V	容量范围		
	交流电动机		
	同步电动机	笼型异步机	绕线式异步机
380	3～320	0.37～320	0.6～320
6000	250～10000	200～5000	200～500
10000	1000～10900		
	直流电动机		
110	0.25～110		
220	0.25～320		
440	1.0～500		
600～870	500～4600		

异步电动机通常采用 4 个极的，即同步转速 $n_0=1500$ r/min。

5. 电动机功率的选择

根据生产机械所需要的功率和电动机的工作方式选择电动机的额定功率，使其温度不超过而又接近或等于额定值。

1）连续运行电动机功率的选择

对连续运行的电动机，先算出生产机械的功率，所选电动机的额定功率等于或稍大于生产机械的功率即可。

（1）离心式风机。

电动机功率计算

$$P_N = \frac{K q_W p}{10^3 \times \eta_W \eta_d} \tag{7.8.1}$$

式中，P_N 为电动机功率，单位为 kW；K 为余量系数，见表 7.8.2；q_W 为风量，单位为 m^3/s；p 为空气压强，单位为 Pa；η_W 为风机效率，因叶轮参数而异：叶片前倾式为 0.6～0.88；叶片径向式为 0.7～0.88；叶片后倾式为 0.75～0.92；η_d 为传动效率。

表 7.8.2 余量系数 K

机械类型	功率/kW					
	<1	1～2	2～5	5～50	50～100	>100
离心式风机	2	1.5	1.25	1.15～1.1	1.08～1.05	1.05
离心式水泵	1.7	1.7	1.5～1.3	1.15～1.1	1.08～1.05	1.05
齿轮泵、螺杆泵	1.5～1.2					
旋片式真空泵	1.5～1.2					
滑阀式真空泵	2.5～1.5					
压缩机	1.15～1.05					

轴流式风机，除风机效率视情况而定外，其余均同离心式风机。

例 7.8.1 某离心式风机，风机风量 q_W 为 4200 m^3/min，风机静压 p 为 6370Pa，风机效率 η_W 为 0.6，传动效率 η_d 为 0.98，采用 4 极笼型三相异步电动机驱动，求电动机的功率。

解 由式(7.8.1)，电动机功率为

$$P_N \geqslant \frac{Kq_W p}{10^3 \times \eta_W \eta_d}$$

取 $K=1.05$，则有

$$P_N \geqslant \frac{1.05 \times 4200 \times 6370}{10^3 \times 60 \times 0.6 \times 0.98}\ \text{kW} = 796.25\ \text{kW}$$

可选 Y450-4 笼型三相异步电动机，$P_N=800$ kW。

(2) 离心式泵、轴流泵、旋涡泵。

电动机功率计算

$$P_N \geqslant \frac{K\rho q_p (h+\Delta h)}{102 \times \eta_p \eta_d} \tag{7.8.2}$$

式中，P_N 为电动机功率，单位为 kW；K 为余量系数，见表 7.8.2；ρ 为液体的密度，单位为 kg/m^3；q_p 为泵的流量(排水量)，单位为 m^3/s；h 为水头、扬程，单位为 m；Δh 为总管损失水头，单位为 m；η_p 为泵的效率，因泵的形式及结构参数而不同，一般为 0.6～0.84；η_d 为传动效率，与电动机直连时为 1.0。

例 7.8.2 求离心式水泵的配套电动机功率，水泵流量 $q_W=100$ m^3/h，总扬程 $h=50$ m，转速 $n=2900$ r/min，水泵效率 $\eta_p=0.8$，由电动机直接传动。

解 由式(7.8.2)，电动机功率为

$$P_N \geqslant \frac{K\rho q_p h}{102 \times \eta_p \eta_d}$$

因水的 $\rho=1000$ kg/m^3，取 $K=1.15$，则有

$$P_N \geqslant \frac{1.15 \times 1000 \times 100 \times 50}{102 \times 3600 \times 0.8}\ \text{kW} = 19.57\ \text{kW}$$

可选 Y180M-2 三相笼型异步电动机，$P_N=22$ kW，$n_N=2940$ r/min。

在很多场合下，电动机所带的负载是经常随时间而变化的，要计算它的等效功率是比较复杂和困难的，此时可采用统计分析法。统计法是对大量的拖动系统用电动机容量的统计为基础，进行分析，找出电动机功率与生产机械主要参数之间的关系而得出的实用公式。例如车床

$$P = 36.5D^{1.54} \tag{7.8.3}$$

式中，P 为电动机功率，单位为 kW；D 为工件最大直径，单位为 m。

例 7.8.3 重型车床(C660 型)的工件最大直径为 1250 mm，按统计法计算主拖动电动机功率。

解
$$P=36.5D^{1.54}=36.5\times 1.25^{1.54}\ \text{kW}=51.5\ \text{kW}$$

实际选用 60 kW 直流电动机，与计算结果相近。

例 7.8.4 立式车床(C534 型)的工件最大直径为 3400 mm，按统计法计算主拖动电动机功率。

解
$$P=20D^{0.88}=20\times 3.4^{0.88}\ \text{kW}=58.7\ \text{kW}$$

实际选用 55 kW 绕线转子异步电动机，与计算结果相近。

2) 短时运行电动机功率的选择

闸门电动机、机床中的夹紧电动机、尾座和横梁移动电动机以及刀架快速移动电动机等都是短时运行电动机的例子。如果没有合适的专为短时运行设计的电动机，可选用连续运行的电动机。由于发热惯性，在短时运行时可以容许过载。工作时间越短，则过载可以越大。但电动机的过载是受到限制的。例如机床上往复运动的元件在移动时，为了克服摩擦阻力所需要的功率为

$$P_r = \frac{G\mu v}{10^3 \times 60} \tag{7.8.4}$$

式中，P_r 为克服摩擦阻力所需功率，单位为 kW；G 为元件的重力，单位为 N；μ 为摩擦因数，一般为 0.1～0.2；v 为移动的速度，单位为m/min。

考虑电动机的过负载能力 λ_M 和传动效率 η，电动机的功率为

$$P = \frac{G\mu v}{10^3 \times 60\lambda_M \eta} \tag{7.8.5}$$

式中，P 为电动机功率，单位为 kW；λ_M 为电动机的转矩过载倍数；η 为传动效率，机床进给系统的传动效率，一般为 0.1～0.2。其他符号含义同式(7.8.4)。

在这样的功率下，电动机轴上的最大容许阻转矩为

$$M_{rm} = 9555\frac{\lambda_M P_N}{n} = 0.16\frac{G\mu v}{\eta n} \tag{7.8.6}$$

式中，M_{rm} 为电动机轴上的最大容许阻转矩，单位为 N·m；P_N 为电动机的额定功率，单位为 kW；n 为在上述过负载条件下，电动机的转速，可近似的按下式求出：

$$n = n_0(1 - \lambda_M s_N) \tag{7.8.7}$$

例 7.8.5 *求大型车床快速移动刀架电动机的功率，已知刀架重 6000 N，移动的速度为 15 m/min，在导轨上的静摩擦因数为 0.2，动摩擦因数为 0.1，传动效率为 0.1，电动机的转速为 1350～1450 r/min。*

解 (1) 电动机的过载能力取 1.8，当刀架移动时电动机的功率为

$$P = \frac{G\mu v}{10^3 \times 60 \times \lambda_M \eta} = \frac{6000 \times 0.1 \times 15}{10^3 \times 60 \times 1.8 \times 0.1}\ \mathrm{kW} = 0.83\ \mathrm{kW}$$

按产品样本，选出最近的大一号功率 $P_N = 1.1$ kW 的 Y 系列异步电动机，$n_0 = 1500$ r/min，$n_N = 1400$ r/min，$\lambda_M = 2.2$。

(2) 决定所选电动机的启动转矩

$$M_{st} = 9555\frac{\lambda_M P_N}{n} = 9555 \times \frac{2.2 \times 1.1}{1400}\mathrm{N \cdot m} = 16.5\ \mathrm{N \cdot m}$$

(3) 求电动机的额定转差率

$$s_N = \frac{n_0 - n_N}{n_0} = \frac{1500 - 1400}{1500} = 0.067$$

(4) 求刀架刚移动时的阻转矩

$$M_{r0} = 0.16\frac{Gv\mu_s}{\eta n_0(1 - \lambda_M s_N)} = \frac{0.16 \times 6000 \times 15 \times 0.2}{0.1 \times 1500 \times (1 - 1.8 \times 0.067)}\mathrm{N \cdot m} = 21.8\ \mathrm{N \cdot m}$$

与启动转矩相比较，可知 $M_{r0} > M_{st}$，故上述电动机的功率太小，应按产品样本中再选大一号的电动机。

(5) Y 系列电动机中比 1.1 kW 大一号的电动机为 1.5 kW，其 $n_N = 1400$ r/min，$\lambda_M = 2.2$。这台电动机的启动转矩为

$$M_{st} = 9555 \times \frac{\lambda_M P_N}{n} = 9555 \times \frac{2.2 \times 1.5}{1400}\mathrm{N \cdot m} = 22.5\ \mathrm{N \cdot m}$$

因

$$22.5 > 21.8$$

故这次选择的电动机符合要求。

按海拔高度不超过 1000m 设计的电动机，在海拔高度超过 1000m 的地区使用时，允许输出的功率应适当降低：因为海拔越高，空气越稀薄，散热越困难，绝缘强度减弱。对于海拔高于 1000m 但不超过海拔 4000m，每超过 100m，额定温升降低 1%。粗略估计，P_2 约降低 0.5%。海拔超过 4000m 以上时，额定温升和 P_2 值由用户与制造厂协商确定。

关于功率 P 及校核的计算步骤可参阅参考文献(周希章　2007)。

6. 安装型式的选择

按电动机的安装方式选择电动机的安装型式。各种生产机械因整体设计和传动方式的不同，而在安装结构上对电动机也会有不同的要求。国产电动机的几种主要安装结构型式见图 7.8.1，(a)机座带底脚，端盖

无凸缘(B3)；(b)机座不带底脚，端盖有凸缘(B5)；(c)机座带底脚，端盖有凸缘(B35)。

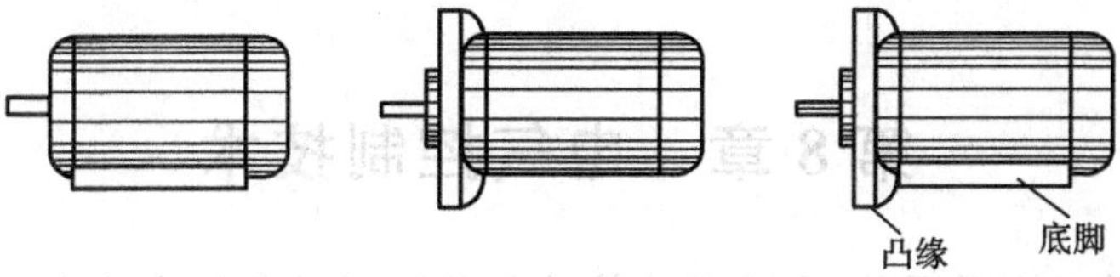

图 7.8.1 电动机的三种基本安装结构型式

思考题

7-8-1 电动机的外形结构有几种？试写出每种应用环境。

练习题

7-8-1 一台矿井用的离心水泵，总扬程高度为 165 m，总管损失水头 3 m，排水量为 270 m^3/h，水泵的效率为 0.82。求配用电动机的功率。

7-8-2 一台车床加工工件的最大直径为 600 mm，用统计分析法计算主轴电动机的功率。

7-8-3 一台三相异步电动机短时运行，折算到轴上的转矩为 130 N·m，转速为 730 r/min，试求电动机的功率。取过载系数 $\lambda=2$。

7-8-4 一台三相异步电动机在轻载下运行，输入功率 $P_1=30$ kW，$\cos\varphi=0.6$。若接入三角形连接的补偿电容(图 7.8.2)，使其功率因数达到 0.8。试求：(1)补偿电容器的无功功率；(2)每相电容 C。

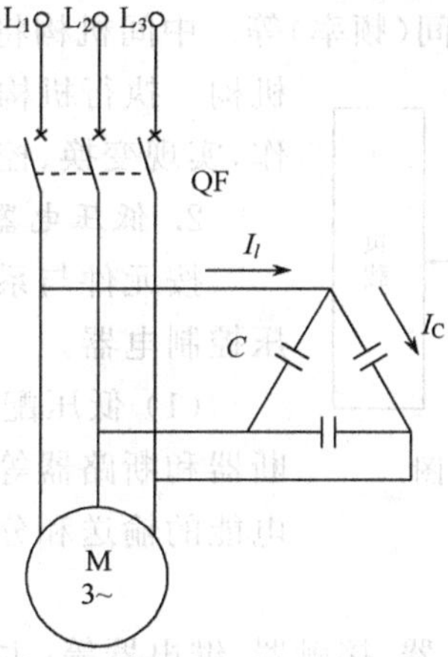

图 7.8.2 习题 7-8-4 的电路

第8章 电气控制技术

电气控制技术采用电器器件、电子器件等对各种控制对象按生产和工艺的要求进行有效的控制。本章介绍常用的低压电器、保护电器以及以三相异步电动机为控制对象的电气控制电路。

本章学习要求:(1)了解常用控制电器(断路器、组合开关、按钮、行程开关、交流接触器、热继电器、中间继电器、时间继电器);(2)了解继电接触器控制系统的基本控制电路(直接启动、正反转、顺序控制)和三相异步电动机调速的意义。

8.1 低压电器

低压电器通常工作在频率不超过1000 Hz、额定交流电压为1000 V(或1140 V)或额定直流电压不超过1500 V的电气控制系统中。下面简要介绍一些常用的低压电器。

8.1.1 低压电器概述

1. 低压电器的基本结构

低压电器主要由感应机构、中间机构和执行机构三个环节组成,如图8.1.1所示。感应机构接收输入信号,如电压、电流、时间(频率)等。中间机构将输入信号变换、放大及传递给执行机构。执行机构接收中间机构传递来的信号而动作,实现变换、控制、保护、检测等功能。

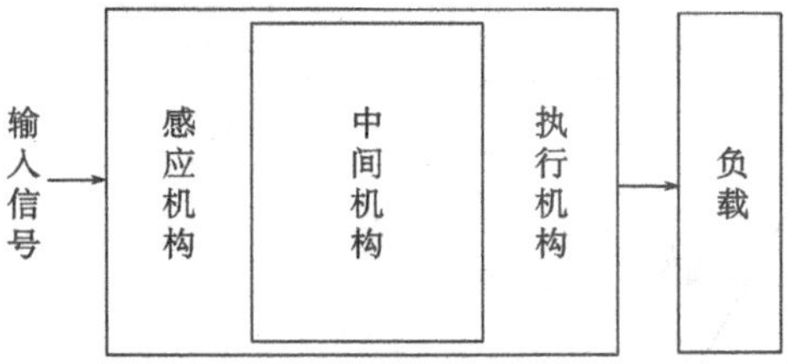

图8.1.1 低压电器基本结构框图

2. 低压电器的分类

按元件与系统的关系分为低压配电电器和低压控制电器。

(1) 低压配电电器包括刀开关、转换开关、熔断器和断路器等,主要用于低压配电系统中,实现电能的输送和分配,以及系统保护。要求这类电器动作准确、工作可靠、性能稳定。

(2) 低压控制电器包括主令电器、接触器、继电器等,主要用于电气控制系统中,要求这类电器工作准确可靠、操作频率高、寿命长,而且体积小、重量轻。

3. 低压电器发展趋势

1) 低压电器智能化

随着计算机(computer)、通信(communication)和控制(control)技术与电气设备有机地结合,使低压电气数字化、可通信,能直接与计算机组成监控系统。低压电器智能化结构如图8.1.2所示。

2) 低压电器模块化

按功能制造不同的模块,在本体上采用积木拼装式或插入式结构,简化生产工艺,方便安装与维修。

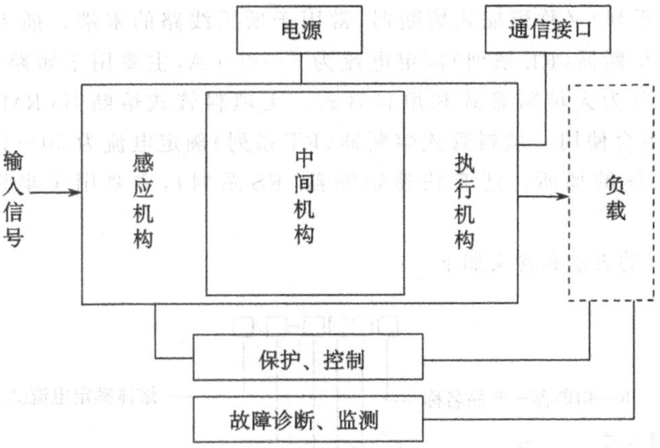

图 8.1.2　低压电器智能化结构

3）低压电器"绿色"化

材料采用无毒材料，如触头材料不采用含镉的，绝缘材料、包装材料等均采用环保材料，例如塑壳断路器的外壳采用可回收的热塑性材料等；而且满足电磁兼容性（electromagnetic compatibility，EMC）要求。

△8.1.2　熔　断　器

熔断器（fuse）是最简便而且是最有效的短路保护电器，串接在被保护的电路中。

熔断器的熔片或熔丝用电阻率较高的易熔合金制成，例如铅锡合金等；或者用截面积甚小的良导体制成，例如铜、银等。电路在正常工作情况下，熔断器的熔丝或熔片不应熔断。在发生严重过载或短路时，熔断器中的熔丝或熔片应立即熔断，及时切断电源，以达到保护线路和电气设备的目的。低压熔断器的类型很多，有插入式（RC 系列）、螺旋式（RL 系列）、管式（RM 系列及 RT 系列），填料式等，如图 8.1.3 所示。

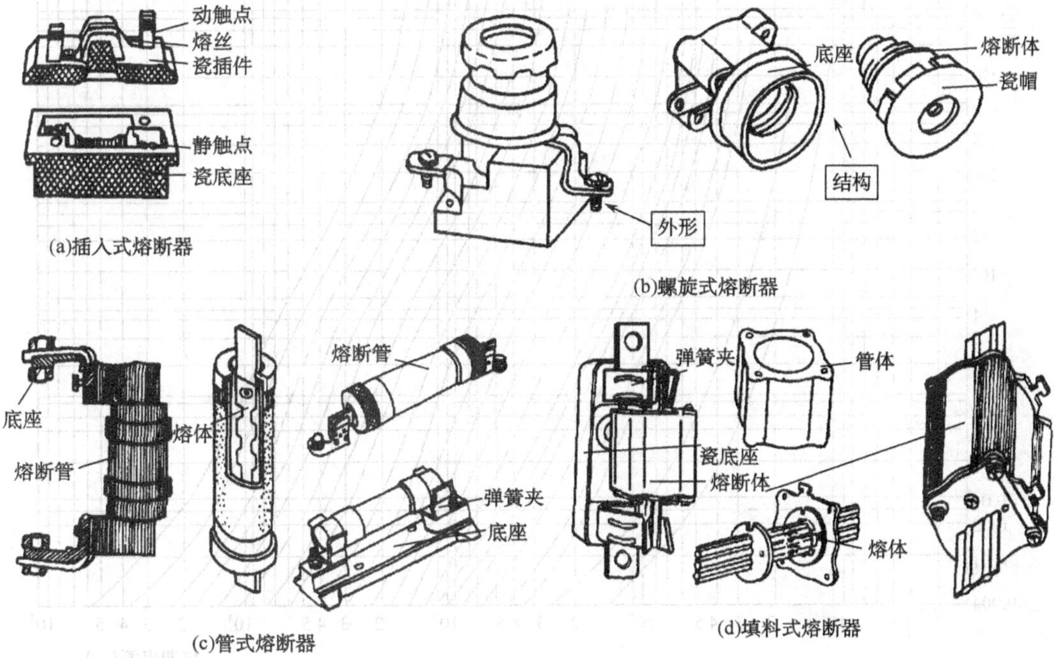

图 8.1.3　熔断器

插入式熔断器(RC 系列)又称瓷插式熔断器,常用于低压线路的末端。插入式熔断器分断能力差,已逐步被淘汰。螺旋式熔断器(RL 系列)额定电流为 5～200 A,主要用于短路电流大的分支电路或有易燃气体的场所。管式分为无填料管式和填料管式。无填料管式熔断器(RM 系列)额定电流为15～1000 A,一般与刀开关组合使用。填料管式熔断器(RT 系列)额定电流为 50～1000 A,主要用于短路电流大的电路或有易燃气体的场所。还有快速熔断器(RS 系列),主要用于半导体器件过电流和短路保护。

国产低压熔断器型号的表示和含义如下:

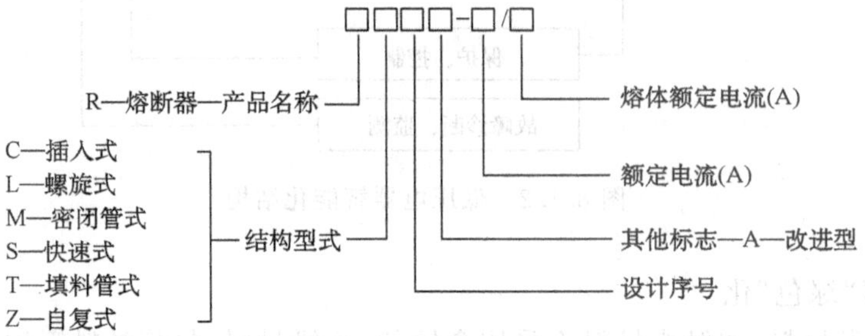

供配电系统常用密闭(无填料)管式(RM 系列)和有填料封闭管式(RT 系列)两种熔断器。

按照低压熔断器的标准《低压熔断器 第 1 部分:基本要求》GB13539.1—2002/IEC60269-1:1998 和《低压熔断器 第 2 部分:专职人员使用的熔断器的补充要求》GB13539.6—2002/IEC60269-2-1:2000 的规定,熔断器的特性主要有熔断体的额定电流、额定分断能力和时间-电流特性曲线等。

熔断器的额定电流 I_n 是指在规定的熔断条件下,熔断体能够长期通过而不使性能降低的电流。

额定分断能力是指在规定的分断条件下能良好分断的电流值。

时间—电流特性曲线,又称安秒特性曲线,是指熔断器熔体的熔断时间与熔体电流之间的关系曲线,通常绘在对数坐标平面上。典型的熔断器(RT16、RT17 型)时间与熔体电流之间的关系曲线如图 8.1.4 所示。

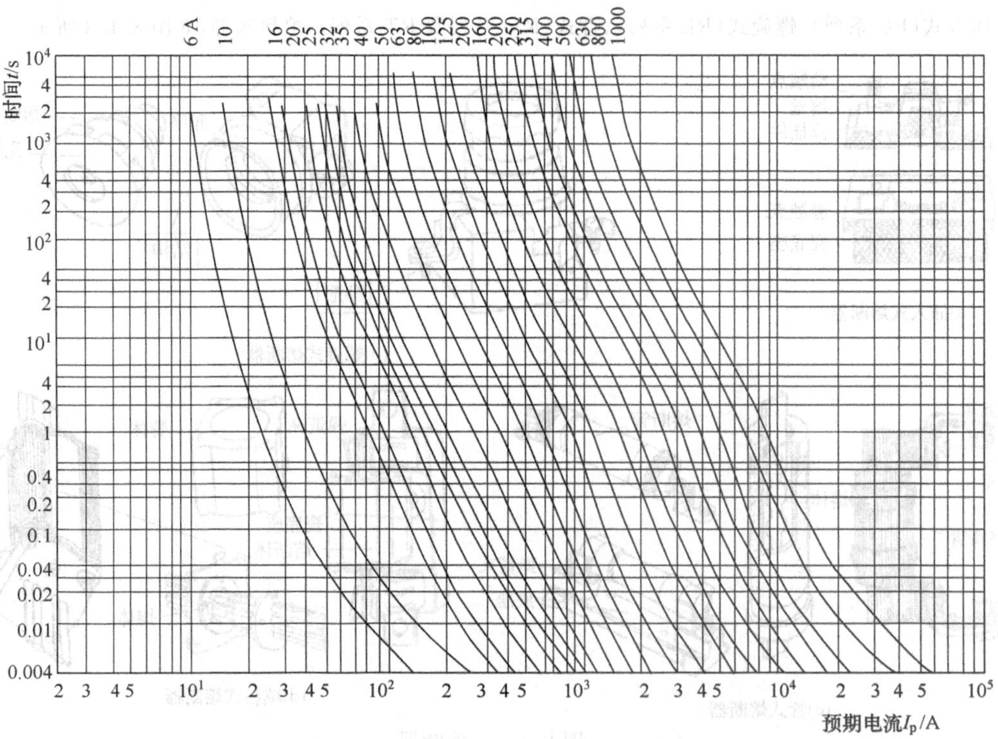

图 8.1.4 熔断器(RT16、RT17 型)时间与熔体电流之间的关系曲线

熔断体的选择，正常工作电流 I_B 应大于熔断体的额定电流 I_n。

半导体设备是由载流子在半导体中流动引起的一种设备，过电流能力极低，其保护应采用银质冲制的快速熔断器。按照低压熔断器的标准《低压熔断器 第1部分：基本要求》GB13539.1—2002/IEC60269-1:1998和《低压熔断器 第4部分：半导体设备保护用熔断器的补充要求》GB13539.4—2005/IEC60269-4:1986的规定，半导体熔断器的特性主要有熔断体的额定值、分断能力和时间-电流特性曲线等。快速熔断器用于小容量变流装置时，可按熔断体的额定电流≥1.57×半导体器件的额定电流选择。常用的快速熔断器有DS11-63/07(6000A)，DS12-10/8、30/8、60/8(1000A、3000A、6000A)等。

8.1.3 断路器

断路器(circuit breaker)是能在正常电路条件下接通、承载、分断电流，也能在规定的非正常电路条件(例如短路)下接通、承载一定时间和分断电流的一种机械开关电器。

典型的低压断路器结构如图8.1.5所示，主要由触头系统、灭弧装置、保护系统和操作机构组成。

低压断路器的主触头一般由耐弧合金(如银钨合金)制成，采用灭弧栅片灭弧，能快速及时地切断高达数十倍额定电流的短路电流。主触头的通断是受自由脱扣器控制的，而自由脱扣器又受操作手柄或其他脱扣器的控制。

自由脱扣机构(由图中2、3、4、5构成)是一套连杆机构。当操作手柄手动合闸(有些断路器可以电动合闸)，即主触头1被合闸操作机构闭合后，锁键2被锁钩3挂住，即自由脱扣机构将主触头锁在合闸位置上。当操作手柄手动跳闸或其他脱扣器动作时，使锁钩脱开(脱扣)，弹簧6迫使主触头1快速断开，称为断路器跳闸。

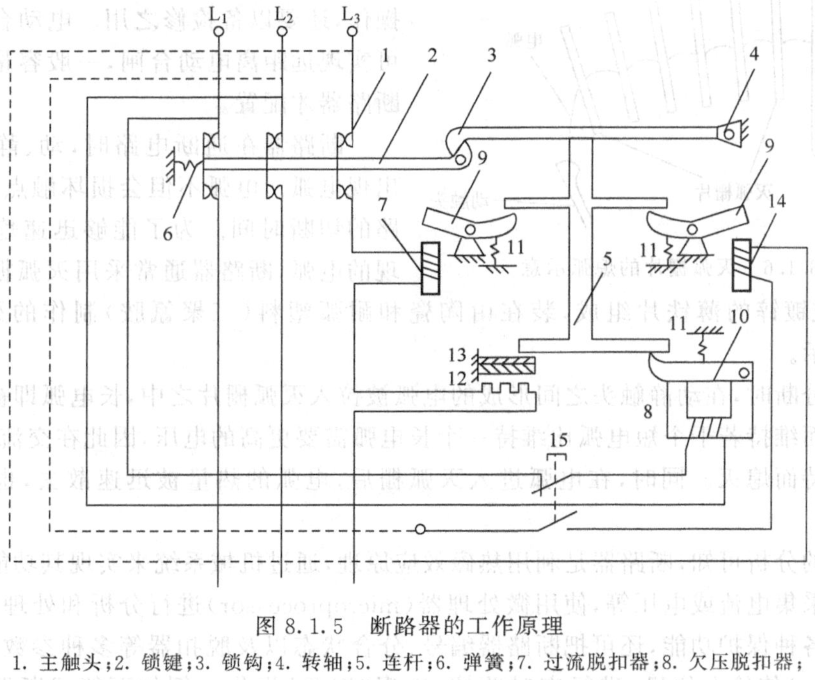

图8.1.5 断路器的工作原理

1. 主触头；2. 锁键；3. 锁钩；4. 转轴；5. 连杆；6. 弹簧；7. 过流脱扣器；8. 欠压脱扣器；9. 衔铁；10. 衔铁；11. 弹簧；12. 热元件；13. 双金属片；14. 分励脱扣器；15. 按钮

为扩展功能，除手动跳闸和合闸操作机构外，低压断路器可配置电磁脱扣器(即过电流脱扣器、欠电压脱扣器、分励脱扣器)、热脱扣器、辅助触点、电动合闸操作机构等附件。

过电流脱扣器（由图中7、9、11构成，三相都有配置，图中只画了其中一相）的线圈7与主电路串联。当电路发生短路时，短路电流流过线圈7产生的电磁力迅速吸合衔铁9左端，衔铁9右端上翘，经杠杆作用，顶开锁钩3，从而带动主触头断开主电路（断路器自动跳闸）。所以，在断路器中配置过电流脱扣器，短路时可实现过电流保护功能。

欠电压脱扣器（由图中8、10、11构成）的线圈与电源电路并联。当电源电压正常时，衔铁10被吸合；当电路欠电压（包括其所接电源缺相、电压偏低和停电）时，弹簧力矩大于电磁力矩，衔铁释放，使自由脱扣机构迅速动作，断路器自动跳闸。在断路器中配置欠电压脱扣器，实现欠电压保护功能，主要用于电动机的控制。

热脱扣器（由图中12、13构成）的热元件（加热电阻丝）12与主电路串联。对三相四线制电路，三相都有配置，对三相三线制电路，也可配置两相。当电路过负荷时，热脱扣器的热元件发热使双金属片13向上弯曲，经延时推动自由脱扣机构动作，断路器自动跳闸。所以，在断路器中配置热脱扣器，是为了实现过负荷保护功能。

分励脱扣器（由图中14、9、11构成）的线圈14一般与电源电路并联（也可另接控制电源）。断路器在正常工作时，其线圈14无电压。若按下按钮15，线圈14通电产生的电磁力迅速吸合衔铁9右端向下，衔铁9左端上翘带动自由脱扣机构动作，使主触头断开（称为断路器跳闸）。断路器与按钮安装在同一块低压屏（台）上，按钮可以在现场就地操作。断路器安装在现场，按钮安装在控制室的控制屏上，可以远距离控制。

辅助触点（图中未画出）是断路器的辅助件，用于断路器主触头通断状态的监视、联动其他自动控制设备等。

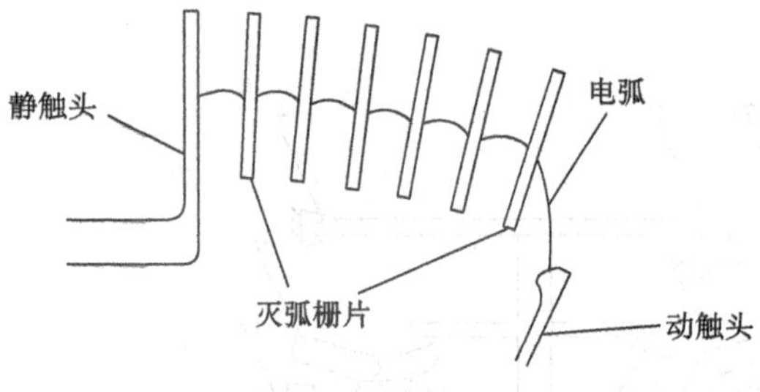

图 8.1.6　灭弧栅片的熄弧示意

操作手柄主要用于手动跳闸和手动合闸操作，还要以备检修之用。电动合闸操作机构可实现远距离电动合闸，一般容量较大的低压断路器才配置。

断路器在通断电路时，动、静触头之间会出现电弧。电弧不但会损坏触点，而且延长电路的切断时间。为了能够迅速熄灭触点间出现的电弧，断路器通常采用灭弧栅灭弧。灭弧栅①由镀铜或镀锌的薄铁片组成，装在由陶瓷和耐弧塑料（三聚氰胺）制作的灭弧罩上，如图8.1.6所示。

断路器分断时，在动静触头之间形成的电弧被拉入灭弧栅片之中，长电弧即被分割成一连串短电弧。而维持若干个短电弧比维持一个长电弧需要更高的电压，因此在交流电流过零时，电弧不能维持而熄灭。同时，在电弧进入灭弧栅后，电弧的热量被迅速散去，也使电弧易于灭弧。

由上面的分析可知，断路器是利用热磁效应原理，通过机械系统来实现其功能。断路器采用传感器来采集电流或电压等，使用微处理器（microprocessor）进行分析和处理，不仅可以实现断路器的各种保护功能，还可把断路器编号、分合状态以及脱扣器等多种参数，通过现场总线（如modbus）传给上位机，进行实时监控，实现“四遥”操作。例如万能式断路器（DW450-1600H型），内置RS-485通信接口，采用Modbus-RTU规约来实现通信；也可通过内置（或外

① 通常灭弧栅片间距为1～1.5 mm，灭弧栅片数为7～13片。灭弧栅片多，电弧电压分段就多，有利灭电弧。

加)协议转换模块实现 DeviceNet 规约的通信。

在电气控制系统中,断路器主触头的额定电流应等于或大于电气设备的最大工作电流,过流脱扣器的额定电流应等于电气设备的额定电流。对于含有电感的直流电路,应使用直流断路器。直流断路器的灭弧装置结构比较复杂,但灭弧能力强。

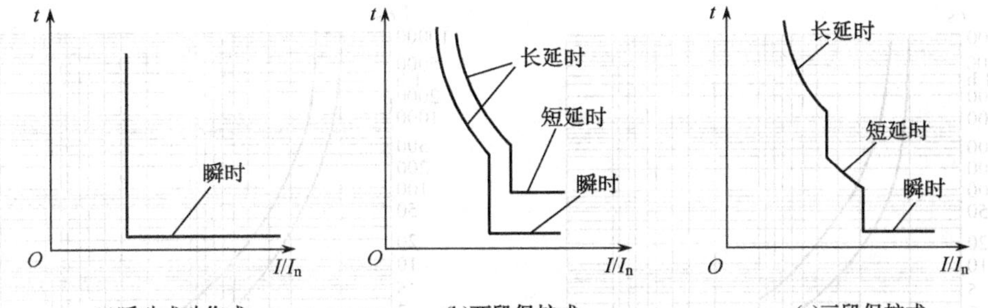

(a)瞬动式动作式　(b)两段保护式　(c)三段保护式

图 8.1.7　低压断路器的保护特性曲线

依据低压断路器的标准《低压开关设备和控制设备低压断路器》GB14048.2—2001/IEC60947-2:1995 的规定,低压断路器按保护特性分为非选择型(A 类)和选择型(B 类)两类。非选择型断路器一般为瞬时动作,只作短路保护用,有的为长延时动作,只作过载保护。选择型断路器有两段保护、三段保护等。两段保护为瞬时和短延时与长延时特性两段。三段保护为瞬时、短延时与长延时特性三段。其中瞬时和短延时特性适于短路保护,而长延时特性适于过负荷保护。图 8.1.7 为低压断路器的三种保护特性曲线。用微处理器控制脱扣器,保护功能更多,选择性更好,这种断路器通常称为智能断路器。

依据低压断路器的标准《低压开关设备和控制设备低压断路器》GB14048.2—2001/IEC60947-2:1995 的规定,低压断路器按设计形式分为开启式(原万能式或框架式)和塑料外壳式或模压外壳式。

塑料外壳式低压断路器的全部机构和导电部分都装设在一个塑料外壳内,仅在壳盖中央露出操作手柄,供手动操作之用。它通常装设在低压配电装置中。

开启式低压断路器是敞开地装在金属框架上,其保护方案和操作方式较多,故名"万能式"或"框架式"。

国产低压断路器全型号的表示和含义如下:

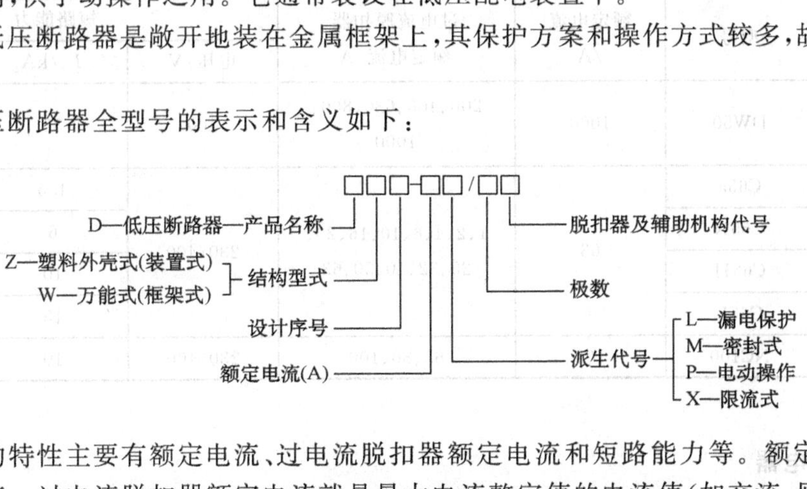

断路器的特性主要有额定电流、过电流脱扣器额定电流和短路能力等。额定电流就是额定不间断电流。过电流脱扣器额定电流就是最大电流整定值的电流值(如交流,则为有效值)。断路器的额定极限短路分断能力(I_{cu})是制造厂按相应的额定工作电压规定的极限短路分断能力值。它用预期分断电流(kA)表示(如交流,则为有效值)。断路器的额定运行短路分断能

力(I_{cs})是制造厂按相应的额定工作电压规定的运行短路分断能力值。它用预期分断电流(kA)表示,相当于额定极限短路分断能力规定的百分数中的一档并化整到最接近的整数,如$I_{cs}=25\%I_{cu}$。常用低压断路器的技术参数如表 8.1.1 所示,低压断路器(C65 系列)的保护特性曲线如图 8.1.8 所示。

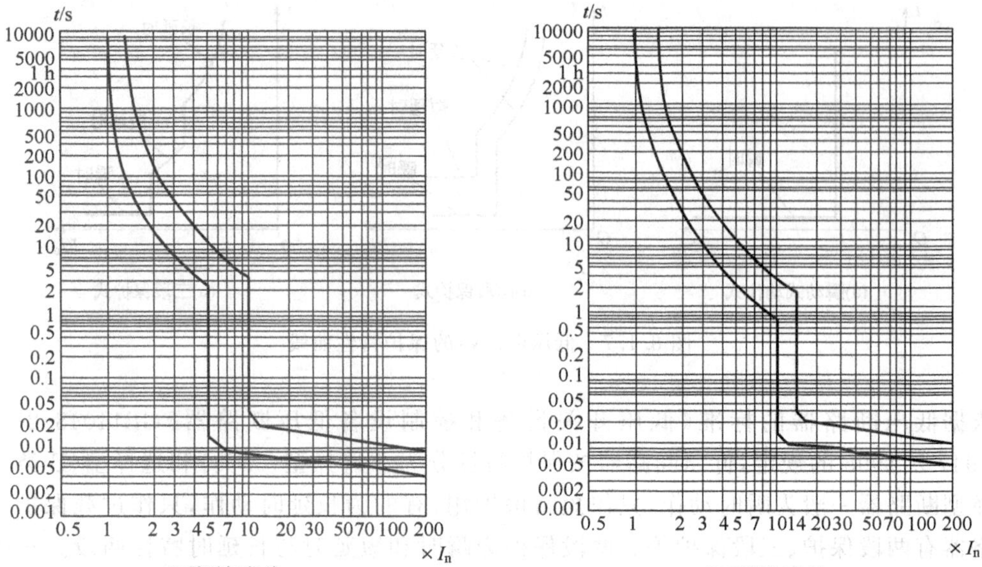

C 型脱扣曲线　　D 型脱扣曲线

图 8.1.8　低压断路器的保护特性曲线

从图 8.1.8 可以看出,C 型脱扣曲线和 D 型脱扣曲线保护特性不同。C 型脱扣曲线瞬时脱扣范围为(5～10)I_n,用于保护普通负载和配电线缆;而 D 型脱扣曲线瞬时脱扣范围为(10～14)I_n,用于保护启动电流大的冲击性负载,如电动机、变压器等。

表 8.1.1　常用低压断路器的技术参数

类别	型号	额定电流/A	过电流脱扣器额定电流/A	短路能力		
				电压/V	I_{cs}/kA	I_{cu}/ kA
开启式	DW50	1000	200、400、630、800、1000	400	30	42
塑料外壳式	C65a	63	1、2、4、6、10、16、20、25、32、40、50、63	230/400	4.5	4.5
	C65N				6	6
	C65H				10	10
	C65L				15	15
	NC100	100	63、80、100	230/400	10	10

8.1.4　主令电器

主令电器是电气控制系统中用于发送和转换控制命令的电器。主令电器用于控制电路,不能直接分合主电路。

1. 按钮

按钮(push button)通常用于发出操作信号，接通或断开电流较小的控制电路，以控制电流较大的电动机或其他电气设备的运行。

按钮的结构如图 8.1.9 所示，是由按钮帽、动触点、静触点和复位弹簧等构成。在按钮未按下时，动触点是与上面的静触点接通的，这对触点称为动断(常闭)触点(break contact)；这时动触点与下面的静触点是断开的，这对触点称为动合(常开)触点(make contact)。当按下按钮帽时，上面的动断触点断开，而下面的动合触点接通；当松开按钮帽时，动触点在复位弹簧的作用下复位，使动断触点和动合触点都恢复原来的状态。按钮的图形及文字符号如图 8.1.10 所示。

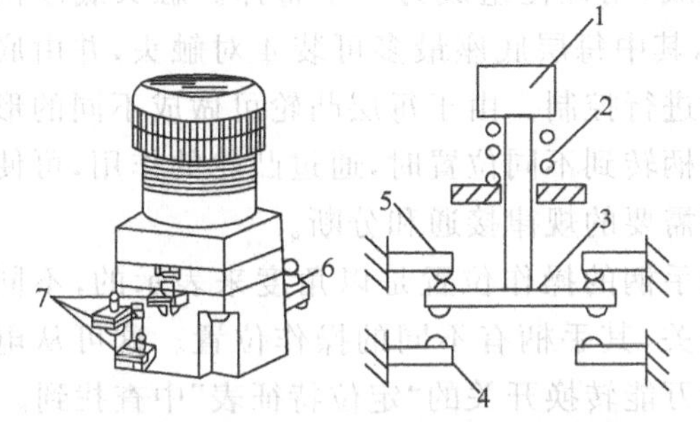

(a) 外形　(b) 结构示意图

图 8.1.9　控制按钮外形结构图

1. 按钮帽；2. 复位弹簧；3. 动触点；4. 动合触头的静触点；5. 动断触头的静触点；6、7. 触头接线柱

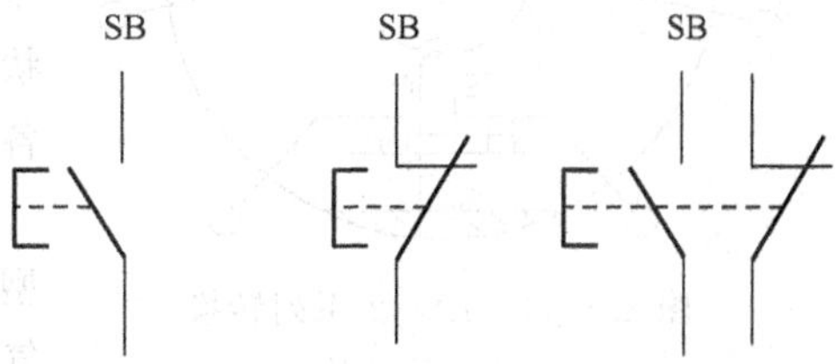

(a) 动合　(b) 动断　(c) 复合

图 8.1.10　控制按钮的图形及文字符号

常见的一种双联(复合)按钮由两个按钮组成，一个用于电动机启动，一个用于电动机停止。按钮触点的接触面积都很小，额定电流一般不超过 25 A。如按钮 LA25，额定电流有5 A，10 A 两个等级。

有的按钮装有信号灯，以显示电路的工作状态。按钮帽用透明塑料制成，兼作指示灯罩。为了标明各个按钮的作用，避免误操作，通常将按钮帽制作成不同的颜色，以示区别，其颜色有红、绿、黑、黄、白等。按钮颜色极其含义如表 8.1.2 所示。

表 8.1.2　按钮颜色及其含义

颜色	含　义	典 型 应 用
红色	危险情况下的操作	紧急停止
	停止或分离	停止一台或多台电动机，停止一台机器的一部分，使电气元件失电
黄色	应急或干预	抑制不正常情况或中断不理想的工作周期
绿色	启动或接通	启动一台或多台电动机，启动一台机器的一部分，使电气元件得电

2. 转换开关

转换开关是一种多档式、控制多回路的主令电器。广泛应用于各种配电装置的电源隔离、电路转换、电动机远距离控制等，也常作为电压表、电流表的换相开关，还可用于控制小容量的电动机。

目前常用的转换开关主要有两大类，即万能转换开关和组合开关。两者的结构和工作原理基本相似，在某些应用场合可以相互替代。转换开关按结构可分为普通型、开启型和防护组合型等。按用途又分为主令控制和控制电动机两种。

转换开关一般采用组合式结构设计，由操作结构、定位系统、限位系统、接触系统、面板及手柄等组成。接触系统采用双断点桥式结构，并由各自的凸轮控制其通断；定位系统采用棘轮棘爪式结构，不同的棘轮和凸轮可组成不同的定位模式，从而得到不同的开关状态，即手柄在不同的转换角度时，触头的状态是不同的。

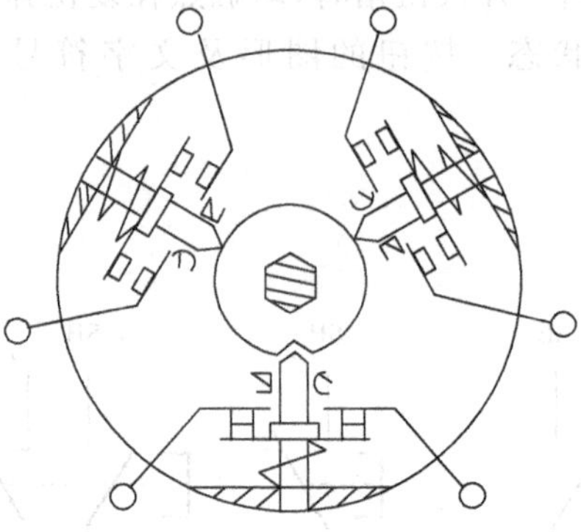

图 8.1.11　LW12 系列转换开关一层结构

转换开关是由多组相同结构的触点组件叠装而成，图 8.1.11 为 LW12 系列转换开关某一层的结构原理。LW12 系列转换开关由操作结构、面板、手柄和数个触头等主要部件组成，用螺栓组成为一个整体。触头底座由1—12 层组成，其中每层底座最多可装 4 对触头，并由底座中间的凸轮进行控制。由于每层凸轮可做成不同的形状，因此，当手柄转到不同位置时，通过凸轮的作用，可使各对触头按所需要的规律接通和分断。

转换开关手柄的操作位置是以角度来表示的，不同型号的转换开关，其手柄有不同的操作位置。这可从电气设备手册中万能转换开关的“定位特征表”中查找到。

转换开关的触点在电路图中的图形符号如图 8.1.12 所示。由于其触点的分合状态是与操作手柄的位置有关，因此，在电路图中除画出触点圆形符号之外，还应有操作手柄位置与触点分合状态的表示方法。其表示方法有两种，一种是在电路图中画虚线和画“·”的方法，如图 8.1.12(a)所示，即用虚线表示操作手柄的位置，用有无“·”表示触点的闭合和断开状态。比如，在触点图形符号下方的虚线位置上画“·”，则表示当操作手柄处于该位置时，该触点是处于闭合状态；若在虚线位置上未画“·”，则表示该触点是处于断开状态。另一种方法是，在电路图中既不画虚线也不画“·”，而是在触点图形符号上标出触点编号，再用接通表表示操作手柄于不同位置时的触点分合状态，如图 8.1.12(b)所示。在接通表中用有无“×”来表示操作手柄不同位置时触点的闭合和断开状态。

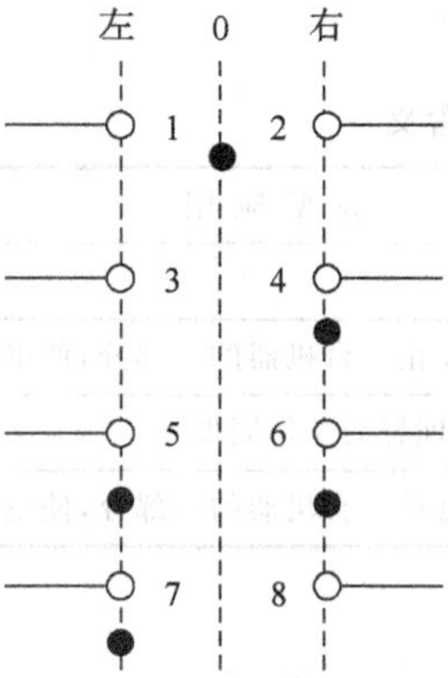

(a)画“·”标记

触点	位置		
—	左	0	右
1—2		×	
3—4			×
5—6	×		×
7—8	×		

(b)接通表

图 8.1.12　转换开关的图形符号

8.1.5　接触器

接触器是利用电磁吸力及弹簧反力的配合作用，使触头闭合与断开的一种电磁式自动切换电器。常用来接通或断开电动机以及其他设备的主电路。

1. 交流接触器

交流接触器的结构如图 8.1.13 所示。电磁铁的铁心分上、下两部分，下铁心是固定不动的静铁心，上铁心是可以上下移动的动铁心。电磁铁的线圈（吸引线圈）装在静铁心上。每个触点组包括静触点和动触点两部分，动触点与动铁心直接连在一起。线圈通电时，在电磁吸力的作用下，动铁心带动动触点一起下移，使同一触点组中的动触点和静触点有的闭合，有的断开。当线圈断电后，电磁吸力消失，动铁心在弹簧的作用下复位，触点组也恢复到原先的状态。

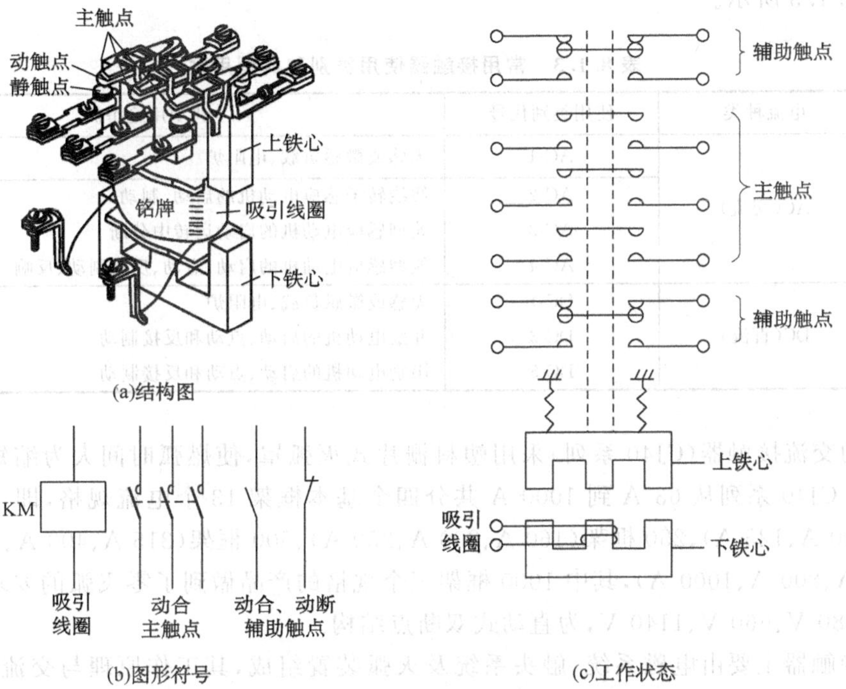

图 8.1.13　交流接触器

按动作状态的不同，接触器的触点分为动合触点和动断触点两种。接触器在线圈未通电时的状态称为释放状态（dropout state）；线圈通电、铁心吸合时的状态称为吸合状态（pick up state）。接触器处于释放状态时断开而处于吸合状态时闭合的触点称为动合触点；反之称为动断触点。

按触点用途的不同，接触器的触点又分为主触点和辅助触点两种。主触点接触面积大，能通过较大的电流；辅助触点接触面积小，只能通过较小的电流。

主触点一般为三副动合触点，串接在电源和电动机之间，用来切换供电给电动机的电路，以起到直接控制电动机启停的作用，这部分电路称为主电路（main circuit）。

辅助触点既有动合触点，也有动断触点，通常接在由按钮和接触器线圈组成的控制电路中，以实现某些功能，这部分电路又称辅助电路（auxiliary circuit）。

一般交流接触器的辅助触点的数量为动断触点和动合触点各两副。若辅助触点不够用时，可以把一组或几组触点组件插入接触器上的固定槽内，组件的触点受交流接触器电磁机构的驱动，使辅助触点数量增加。也可采用中间继电器。

由接触器的工作过程可知，其电磁系统动作质量依赖于控制电源电压、阻尼机构和反力弹簧等，并不可避免地存在不同程度的动、静铁心的“撞击”和“弹跳”等现象，甚至造成“触头熔焊”和“线圈烧损”等。接触器采用传感器来采集电流或电压等，使用微处理器(Microprocessor)进行分析和处理，不仅可以控制电磁铁线圈电流，调节接触器闭合过程，实现动铁心的软着陆，减弱动静铁心的冲击，减小触头的弹跳，消除焊接现象，还可实现接触器的各种保护功能。通过现场总线(如 Modbus)把接触器的运行参数传给上位机，进行实时监控，实现“四遥”操作。也可通过内置(或外加)协议转换模块实现 DeviceNet 规约的通信。

接触器有交流接触器(CJ 系列)及直流接触器(CZ 系列)等。常用接触器使用类别和典型用途如表 8.1.3 所示。

表 8.1.3 常用接触器使用类别和典型用途

触点	电流种类	使用类别代号	典型用途举例
主触点	AC(交流)	AC-1	无感或微感负载、电阻炉
		AC-2	绕线转子感应电动机的启动、制动
		AC-3	笼型感应电动机的启动运转中分断
		AC-4	笼型感应电动机的启动、点动、反接制动、反响
	DC(直流)	DC-1	无感或微感负载、电阻炉
		DC-3	并励电动机的启动、点动和反接制动
		DC-5	串励电动机的启动、点动和反接制动

常用的交流接触器(CJ40 系列)采用塑料栅片式灭弧罩，使燃弧时间大为缩短，分断能力显著提高。CJ40 系列从 63 A 到 1000 A 共分四个基本框架 13 个电流规格，即 125 框架(63 A、50 A、100 A、125 A)、250 框架(160 A、200 A、250 A)、500 框架(315 A、400 A、500 A)、1000 框架(630 A、800 A、1000 A)，其中 1000 框架三个规格的产品做到了零飞弧的要求，其额定工作电压为 380 V、660 V、1140 V，为直动式双断点结构。

直流接触器主要由电磁系统、触头系统及灭弧装置组成，其工作原理与交流接触器基本相同。

2. 接触器的选用

接触器使用广泛，但随使用场合及控制对象不同，接触器的操作条件与工作繁重程度也不同。因此，必须了解控制对象的工作情况以及接触器的性能，才能作出正确的选择，保证接触器可靠运行并充分发挥其技术经济效果。为此，应根据以下原则选用接触器。

(1) 根据主触头接通或分断电路的电流性质来选择接触器。

(2) 根据接触器所控制负载的工作任务来选择相应类别的接触器。如笼型感应电动机的启动运转中分断选用 AC-3 使用类别；如笼型感应电动机的启动、点动、反接制动、反响时选用 AC-4 使用类别。

(3) 根据负载的功率和操作情况来确定接触器主触头的电流等级。当接触器的使用类别与所控制负载的工作任务相对应时，一般应使接触器主触头的电流额定值与所控制负载的电流值相当，或稍大一些。若不对应，如用 AC-3 类的接触器控制 AC-3 与 AC-4 混合类负载时，则应降低电流等级使用。

(4) 根据被控电路电压等级来选择接触器的额定电压。

(5) 根据控制电路的电压等级来选择接触器线圈的额定电压等级。

△8.1.6 中间继电器

中间继电器(intermediate relay)与交流接触器的工作原理基本相同,也是利用线圈通电,吸合动铁心,而使触点动作,只是电磁系统小些。接触器主要用来接通和断开主电路,中间继电器则主要用在辅助电路中传递信号,同时控制多个电路,弥补辅助触点的不足;也可以直接用来接通和断开小功率电动机或其他电气执行元件。图 8.1.14 是中间继电器的图形符号。

在选用中间继电器时,主要是考虑电压等级和触点(动合和动断)数量。

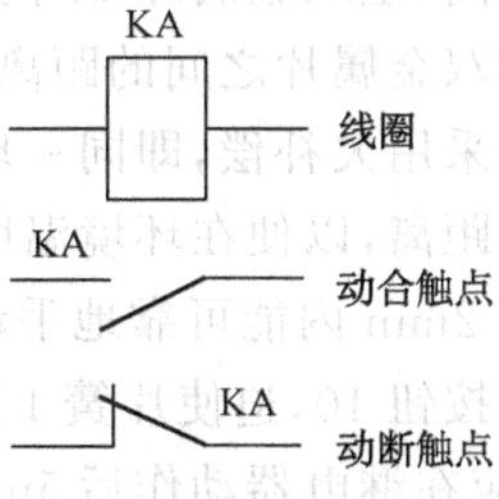

图 8.1.14 中间继电器的图形符号

8.1.7 热继电器

热继电器(thermal relay)主要适用于电动机的过载保护、断相保护、电流不平衡的保护及其他电气设备发热状态的控制。

带温度补偿热继电器(如 JR20 系列)的结构原理如图 8.1.15 所示。热继电器采用复合加热主双金属片 11 与加热元件 12 串联后接于三相电动机定子电路,当流过过载电流时,主双金属片受热向左弯曲,推动导板 13 向左推动补偿双金属片 15,补偿双金属片与推杆 5 固定为一体,它可绕轴 16 顺时针方向转动,推杆推动片簧 1 向右,当向右推动到一定位置时,弓簧 3 的作用力方向改变,使片簧 2 向左运动,动断触头 4 断开。由片簧 1、2 与弓簧 3 构成一组跳跃机构,实现快速动作。凸轮 9 是用来调节整定电流的。所谓整定电流,就是热元件中通过的电流超过此值的 20%时,热继电器应当在 20min 内动作。热元件有多种额定整定电流等级,如常用的 JR20-63 型,整定电流有 55A、63A 和 71A 三个等级。

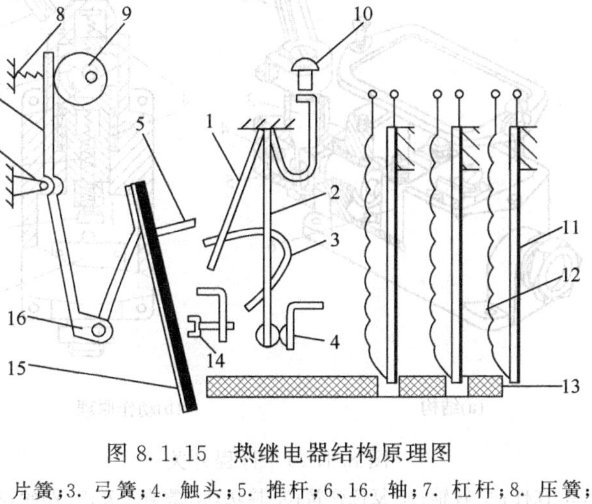

图 8.1.15 热继电器结构原理图

1、2. 片簧;3. 弓簧;4. 触头;5. 推杆;6、16. 轴;7. 杠杆;8. 压簧;9. 调节凸轮;10. 手动恢复按钮;11. 主双金属片;12. 热元件;13. 导板;14. 调节螺钉;15. 补偿双金属片

为了减少发热元件的规格,要求热继电器的整定电流能在发热元件额定电流的 66%~100%范围内调节。旋转凸轮 9,改变杠杆 7 的位置,就改变了补偿双金属片 15 与导板 13 之

间的距离，也就是改变了热继电器动作时双金属片 11 弯曲的距离，即改变了热继电器的整定电流值。补偿双金属片 15 可在规定范围内补偿环境温度对热继电器的影响，如果周围环境温度升高，主双金属片 11 向左弯曲程度加大，此时，补偿双金属片 15 也向左弯曲，使导板 13 与补偿双金属片之间的距离不变。这样，热继电器的动作特性将不受环境温度变化的影响。有时可采用欠补偿，即同一环境温度下使补偿双金属片向左弯曲的距离小于主双金属片向左弯曲的距离，以便在环境温度较高时，热继电器动作较快，更好地保护电动机。热继电器动作后，应在 2min 内能可靠地手动复位，若要手动复位时，将复位调节螺钉 14 向左拧出，再按下手动复位按钮 10，迫使片簧 1 退回原位，片簧 2 随之往右跳动，使动断触头 4 闭合。若要自动复位，应在继电器动作后 5min 内能可靠地自动复位。此时，将复位调节螺钉 14 向右旋转一定长度即可实现。

选用热继电器时，应使其整定电流与电动机的额定电流基本一致。

由于热继电器的主双金属片接入主电路，功耗很大，不符合环保与节能的要求。电子式综合保护器，具有对电气设备（如电动机）的过载保护、过电流保护、缺相与断相保护、负载超温保护、三相电流不平衡保护等多种功能；保护特性有反时限、定时限；动作后自保持、手动复位。常用的综合保护器如 JRD22 型，用于额定绝缘电压 660V，额定工作电压 660V，交流频率 50Hz，额定工作电流 0.1～630A 的三相异步电动机的电路中。

8.1.8 行程开关

行程开关（travel switch）又称限位开关。它是用来反映工作机械的行程，发布命令以控制其运动方向或行程大小的主令电器，当被安装在工作机械行程终点，以限制其行程时，就称为限位开关或终点开关。其结构及动作原理如图 8.1.16 所示。

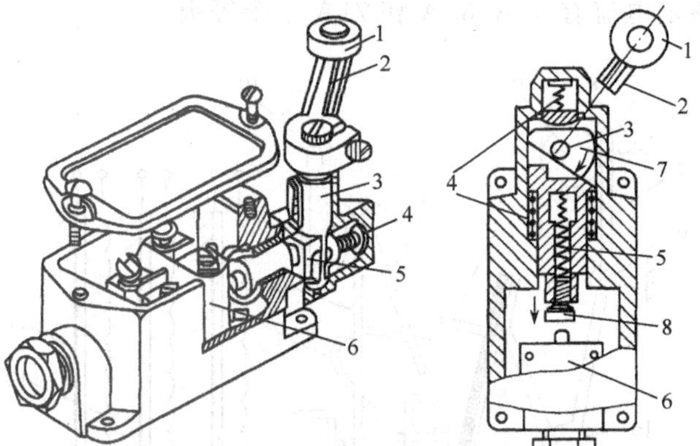

(a)结构　　(b)动作原理

图 8.1.16　行程开关

1. 滚轮；2. 杠杆；3. 转轴；4. 复位弹簧；5. 撞块；6. 微动开关；7. 凸轮；8. 调节螺钉

当运动机械的挡铁撞到行程开关的滚轮上时，传动杠杆连同转轴一起转动，使凸轮推动撞块，当撞块被压到一定位置时，推动微动开关快速动作，使其动断触头分断，动合触头闭合；滚轮上的挡铁移开后，复位弹簧就使行程开关各部分恢复原始位置，这种自动恢复的行程开关是依靠本身的恢复弹簧来复原的，在生产机械中应用较为广泛。

常用的行程开关如LX33,额定电流为10A。近年来,为了提高行程开关的使用寿命和操作频率,已开始采用晶体管无触点行程开关(又称接近开关)。

8.1.9 时间继电器

时间继电器(time relay)是一种利用电磁原理、机械原理或电子技术来实现触点延时接通或断开的控制电器。它的种类很多,常用的交流时间继电器有空气阻尼型、电动型和电子型等。空气阻尼型时间继电器又分为通电延时型和断电延时型两种。

通电延时的空气阻尼型时间继电器是利用空气阻尼的原理来实现延时的。它主要由电磁铁、触点、气室和传动机构等组成,结构如图 8.1.17 所示。当线圈通电后,将动铁心和固定在动铁心上的托板吸下,使微动开关 1 中的各触点瞬时动作。与此同时,活塞杆及固定在活塞杆上的撞块失去托板的支持,在释放弹簧的作用下,也要向下移动,但由于与活塞杆相连的橡皮膜跟着向下移动时,受到空气的阻尼作用,所以活塞杆和撞块只能缓慢地下移。经过一定时间后,撞块才触及杠杆,使微动开关 2 中的动合触点闭合,动断触点断开。从线圈通电开始到微动开关 2 中触点完成动作为止的这段时间就是继电器的延时时间。延时时间的长短可通过延时调节螺钉调节气室进气孔的大小来改变。线圈断电后,依靠恢复弹簧的作用复原,气室中的空气经排气孔(单向阀门)迅速排出,微动开关 2 和 1 中的各对触点都瞬时复位。

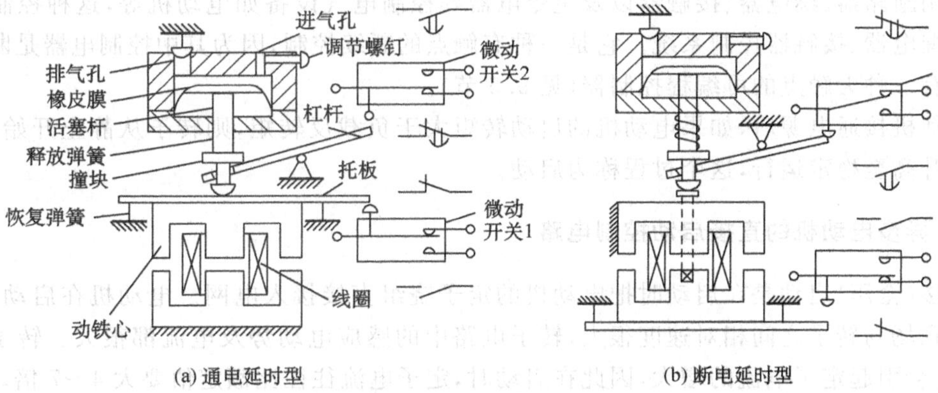

图 8.1.17 时间继电器

图 8.1.15(a)所示的时间继电器,有两副延时触点:一副是延时断开的动断触点;一副是延时闭合的动合触点。此外,还有两副瞬时动作的触点:一副动合触点和一副动断触点。

时间继电器也可以做成断电延时的,如图 8.1.15(b)所示,只要把铁心倒装即可。此类继电器也有两副延时触点:一副是延时闭合的动断触点,一副是延时断开的动合触点。此外还有两副瞬时动作的触点:一副动合触点和一副动断触点。

空气型时间继电器延时范围大(有 0.4～60 s 和 0.4～180 s 两种),如 JS23 延时范围为 0.2～180 s,结构简单,但准确度较低。

电子型时间继电器是利用半导体器件来控制电容的充放电时间以实现延时功能的。电子型时间继电器分模拟型和数字型两种。常用的模拟型时间继电器有 JS20 等系列,延时范围有(0.1～180)s、(0.1～300)s 和(0.1～3600)s 三种,适用于交流50Hz/380V及以下或直流 110V 及以下的控制电路中。数字型时间继电器分为电源分频型、RC 振荡型和石英分频型三种,如 JSS14A(DH11S)、JSS26A(DH14S)、JSS48A(DH48S)系列时间继电器,采用大规模集成电路、LED显示、数字拨码开关预置，设定方便，工作稳定可靠，设有不同的时间段供选择，可按所预置的时间(0.01s～99h 99min)接通或断开电路。时间继电器图形符号如表 8.2.1 所示。

思考题

8-1-1 何谓动合触点和动断触点？如何区分按钮和接触器的动合触点和动断触点？

8-1-2 一个按钮的动合触点和动断触点有可能同时闭合和同时断开吗？

8-1-3 热继电器的发热元件为什么要3个？用2个或1个是否可以？试从电动机的单相运行进行分析。

8-1-4 为什么热继电器不能作短路保护？为什么在三相主电路中只用两个(当然用三个也可以)热元件就可以保护电动机？

8-1-5 通电延时与断电延时有什么区别？时间继电器的四种延时触点是如何动作的？

练习题

8-1-1 一台水泵由 380 V、20 A 的异步电动机拖动，电动机的启动电流为额定电流的 6.5 倍，熔断器熔丝的额定电流应选多大？

8.2 电气控制电路

常用断路器、继电器、接触器以及主令电器等控制电气设备如电动机等，这种控制方式一般称为继电器、接触器控制系统。它是一种有触点的断续控制，因为其中控制电器是断续动作的。还有一种无触点的可编程控制器(见 9.5 节)。

电动机接通电源后，如果电动机的启动转矩大于负载反转矩，则转子从静止开始转动，转速逐渐升高至稳定运行，这个过程称为启动。

8.2.1 异步电动机的直接启动控制电路

直接(全压)启动是在启动时把电动机的定子绕组直接接入电网。电动机在启动瞬间，由于旋转磁场与转子之间相对速度很大，转子电路中的感应电动势及电流都很大。转子电流的增大，将会引起定子电流的增大，因此在启动时，定子电流往往比额定值要大 4～7 倍。这样大的启动电流会使供电线路上产生过大的电压降，不仅可能使电动机本身启动时转矩减小，还会影响接在同一电网上其他负载的正常工作。

直接启动的主要优点是简单、方便、经济、启动过程快，是一种适用于中小型鼠笼式异步电动机的常用方法。当电源容量相对于电动机的功率足够大时，应尽量采用这种方法。异步电动机常用的启动方法有下列几种。

1. 直接启动控制

1) 直接启动控制电路

鼠笼式三相异步电动机直接启动控制电路接线如图 8.2.1 所示，它主要由隔离开关 QS、熔断器 FU、交流接触器 KM、热继电器 FR、启动按钮 SB_2 和停止按钮 SB_1 及电动机等组成。下面介绍该控制电路的动作过程。

闭合隔离开关 QS，按下启动按钮 SB_2，此时交流接触器 KM 的线圈得电，动铁心被吸合，带动它的三对 KM 主触点闭合，电动机接通电源转动；同时交流接触器 KM 动合辅助触点也闭合，当松开按钮 SB_2 时，交流接触器 KM 的线圈通过 KM 的辅助触点继续保持带电状态，电动机继续运行。这种当启动按钮 SB_2 松开后控制电路仍能自动保持通电的电路称为具有自锁（self-locking）的控制电路，与启动按钮 SB_2 并联的 KM 动合辅助触点称为自锁触点。

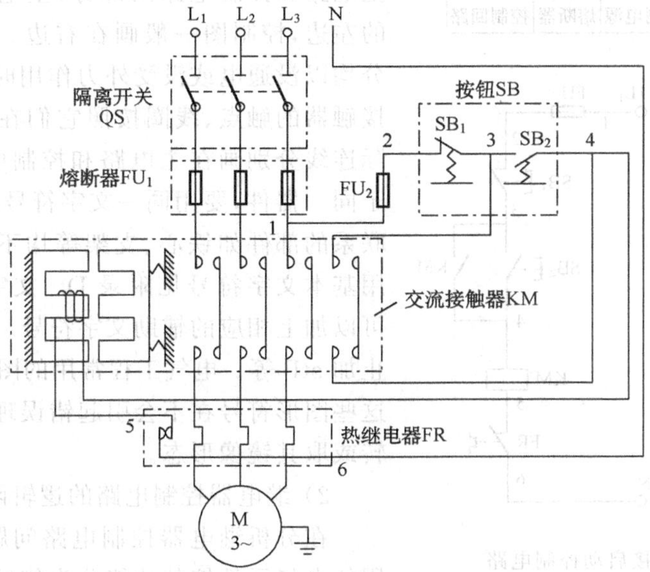

图 8.2.1　直接启动控制电路

按下停止按钮 SB_1，交流接触器 KM 的线圈断电，则 KM 的主触点断开，电动机停转，同时 KM 的动合辅助触点断开，失去自锁作用。熔断器 FU_1 为主回路的短路保护，熔断器 FU_2 为控制回路的短路保护。热继电器 FR 为过载及断相保护。另外交流接触器的主触点还能实现失压保护（或称零压保护），即电源意外断电时，交流接触器线圈断电，主触点断开，使电动机脱离电源；当电源恢复时，必须按启动按钮，否则电动机不能自行启动。这种在断电时能自动切断电动机电源的保护作用称为失压（或零压）保护。

所谓失压（或零压）保护就是当电源断电或电压严重下降时，接触器的动铁心释放而使主触点断开，电动机自动从电源切除。当电源电压恢复正常时如不重按启动按钮，则电动机不能自行启动，因为自锁触点亦已断开。如果不是采用继电接触器控制而是直接用刀开关或组合开关进行手动控制时，由于在停电时未及时断开开关，当电源电压恢复时，电动机即自行启动，可能造成事故。

隔离开关 QS 只能在不带载（用电设备不工作）的情况下切断和接通电源，以便在检修电机、电器或电路长期不工作时用来断开电源。在鼠笼式三相异步电动机的主电路中，所选熔体的额定电流应大于电动机的额定电流。熔断器通常只能作短路保护，不能用作过载保护。由于断路器的过流保护特性与电动机所需要的过载保护特性不一定匹配，所以一般也不能作电动机的过载保护。过载保护电器常用热继电器。

图 8.2.2 所示的控制电路可分为主电路和控制电路。主电路通常由电动机、熔断器、交流接触器的主触点和热继电器的发热元件组成，是通过强电流的部分。控制电路通常由熔断器、按钮、交流接触器的线圈及其辅助触点、热继电器的辅助触点构成，其中通过的电流较小。控制电路的控制电压为交流 220V。因此可以通过小功率的控制电路来控制功率较大的电动机。

图 8.2.1 所示为控制接线图，较为直观，但电路复杂时绘制和分析接线图很不方便，为此

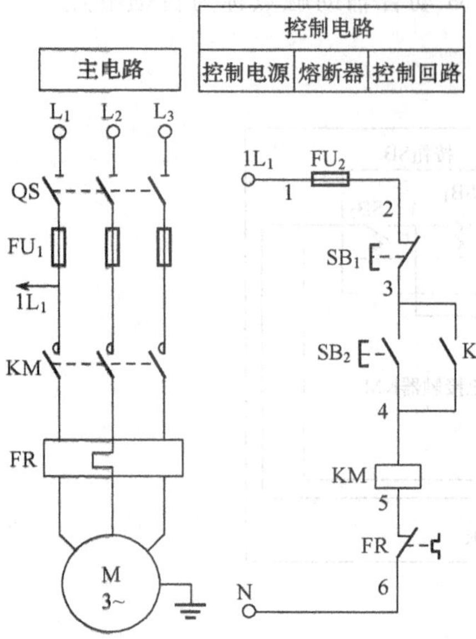

图 8.2.2　直接启动控制电路

常用原理图[①]来代替，如图 8.2.2 所示。原理图分为主电路和控制电路两部分，主电路一般画在原理图的左边，控制图一般画在右边。图中电气的可动部分均以没通电或没受外力作用时的状态画出。同一接触器的触点、线圈按照它们在电路中的作用和实际连线分别画在主电路和控制电路中，但为说明属于同一器件，要用同一文字符号标明，与电路无直接联系的部件如铁心、支架等均不画出。电气控制常用基本文字符号见附录 D。文字符号不够用时，还可以加上相应的辅助文字符号。例如，启动加 st，停止加 stP 等。电气工程常用的图形符号见表 8.2.1。这些图形符号在不会引起错误理解的情况下可以旋转或取其镜像形态。

2）继电器控制电路的逻辑函数表达式

在分析继电器控制电路问题时，常将电路中使用的电气元件按其功能分为信号元件、控制元件、执

表 8.2.1　电气控制常用图形符号

名称		符号
三相笼型异步电动机		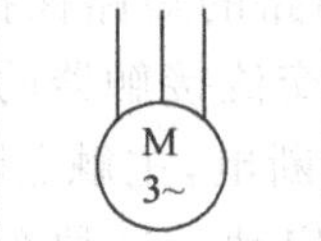
隔离开关		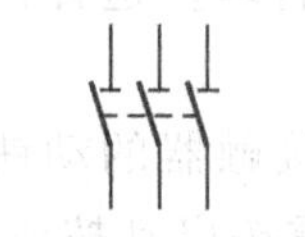
断路器		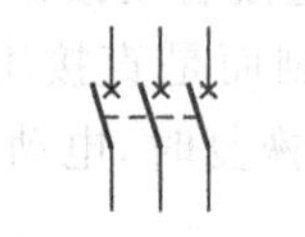
按钮	动合	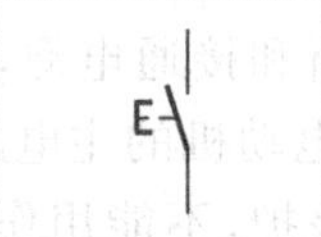
	动断	
	复合	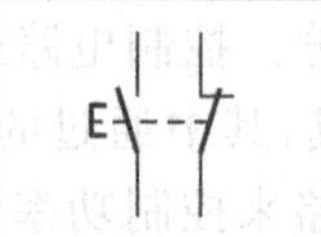

名称		符号
熔断器		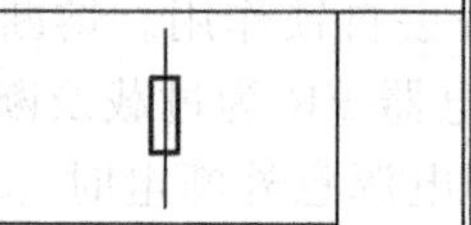
热断电器	发热元件	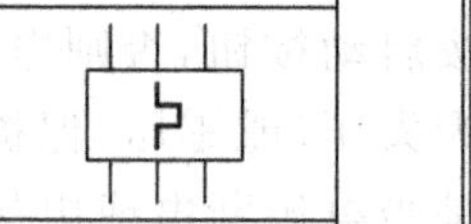
	动断触点	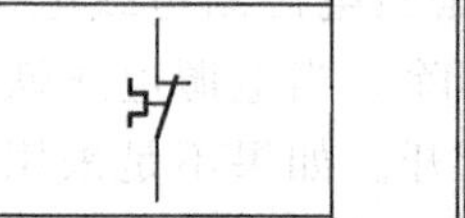
交流接触器	线圈	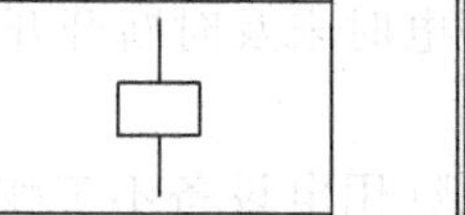
	动合主触点	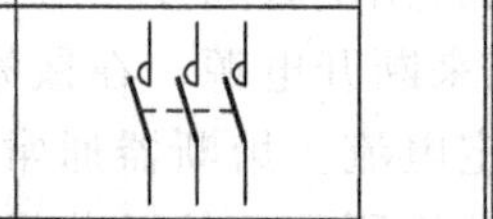
	动合辅助触点	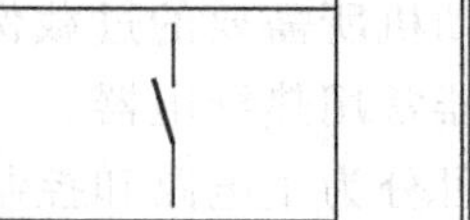
	动断辅助触点	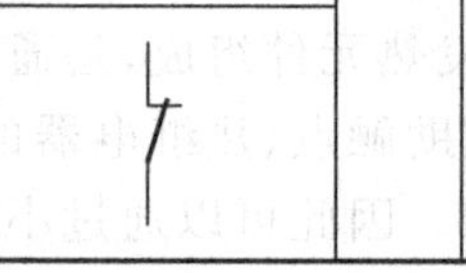

名称		符号
行程开关	动合触点	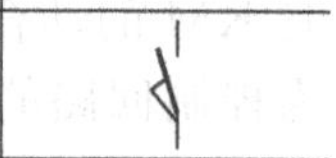
	动断触点	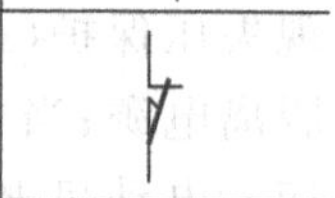
时间断电器	线圈	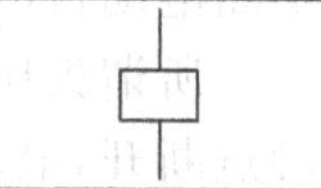
	瞬时动作动合触点	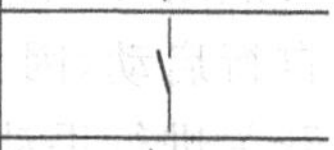
	瞬时动作动断触点	
	延时闭合动合触点	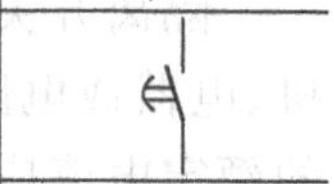
	延时闭合动断触点	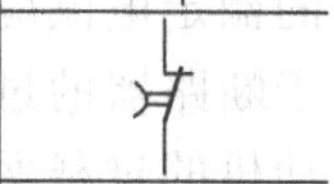
	延时断开动合触点	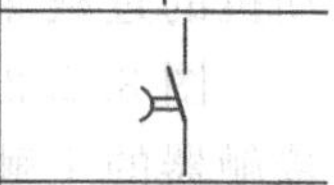
	延时断开动断触点	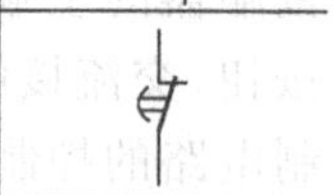

① 本书按电气工程施工图常规画法，读者可以在学习基本理论的同时能熟悉一些电气控制电路施工图。

行元件三种类型。

信号元件将控制电路以外的物理量，如压力、温度、位移等转化为电路的控制命令。常用的信号元件有按钮、行程开关和热继电器等。

控制元件如接触器、继电器等，控制电路通过这些元件线圈的通电、断电去改变设备的工作状态(程序)。

执行元件是用于操作生产设备工作的执行机构，如电动机、电磁阀等。

继电器控制电路的工作过程就是接受信号元件传来的命令后，使某些控制元件的线圈通电或断电，使控制元件的触点闭合或断开，使执行元件通电或断电，令执行元件按规定的程序运行。

因此，在分析继电器控制电路的工作时，可以通过了解继电器、接触器线圈的通电、断电规律进行判断。

控制元件线圈通电、断电的条件是由与线圈串联的信号元件和控制元件的动合触点、动断触点的状态决定的。

以图 8.2.2 所示接触器 KM 的线圈通电为例，这个线圈通电的条件是：只有当信号元件(按钮)SB_1、SB_2 及 FR 的触点同时闭合，或者信号元件 SB_1 与接触器 KM 的辅助动合触点及 FR 触点同时闭合时，接触器 KM 的线圈才会通电，电动机才能运行。继电器控制电路、控制元件线圈通、断电与触点闭合、断开的这种因果关系是一种逻辑关系，继电器控制电路属于逻辑控制电路。继电器控制电路中触点的状态只有闭合或断开两种情况(与开关的工作情况相同)，因此，继电器控制电路又被称为开关量控制电路。

图 8.2.2 所示控制电路的接触器线圈 KM 与串联在这个电路中的各触点之间的逻辑函数关系表达式为

$$\mathrm{KM} = \overline{\mathrm{SB_1}} \cdot (\mathrm{SB_2} + \mathrm{KM}) \cdot \overline{\mathrm{FR}} \tag{8.2.1}$$

式(8.2.1)表述了接触器 KM 的线圈通电条件，即停机按钮 SB_1 和热继器触点 FR 不动作时(该动断触点是闭合的)，只要启动按钮 SB_2 动作(该动合触点将闭合)或接触器 KM 的辅助动合触点闭合，接触器 KM 的线圈就通电。若停机按钮 SB_1 动作(该动断触点断开)，或热继器触点 FR 断开，线圈断电，电路就停止运行。

式(8.2.1)表达出图 8.2.2 的启动—保持—停止的运行条件，式(8.2.1)称为继电器的启—保—停关系式。

控制电路的逻辑函数表达式可以根据给出的控制电路原理图写出。相反，若已知控制电路的逻辑函数表达式，也应能据此式画出继电器控制电路原理图。

(1) 基本逻辑关系式①。

基本逻辑关系式有与逻辑、或逻辑、非逻辑三种。电路的逻辑关系均可以由这三种基本逻辑关系式表述。

① 与逻辑关系是指决定事件成立的各个条件全部具备之后，事件才会发生。这样的因果关系称为“与逻辑”关系。

图 8.2.3(a)所示控制电路，要求接触器线圈 KM 通电这个事件发生，只有按钮 SB_1 与 SB_2 的动合触点同时闭合时才能成立。对于图 8.2.3 (a)所示电路，线圈通电的逻辑关系可以表示为

---

① 有关逻辑函数的问题，将在本书的下册中进行讨论。

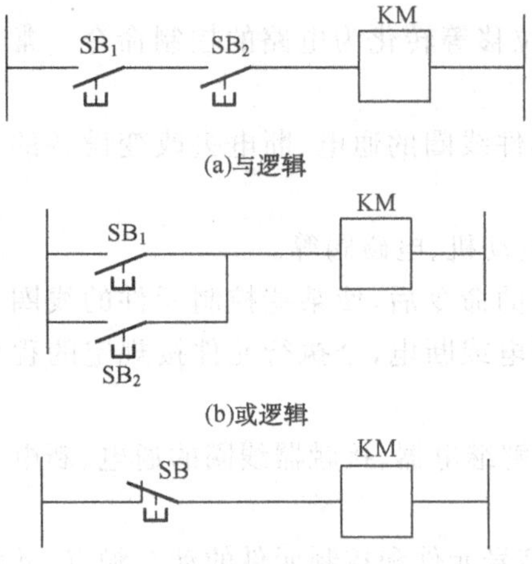

(a)与逻辑

(b)或逻辑

(c)非逻辑

图 8.2.3 基本逻辑关系

$$KM = SB_1 \cdot SB_2 \tag{8.2.2}$$

式(8.2.2)中的符号“·”表示与逻辑关系，又称为“逻辑乘”。

② 或逻辑关系是指，当决定事件成立的各个条件中有一个或一个以上具备之后，事件就会发生。这样的因果关系称为“或逻辑”关系。

图 8.2.3 (b)所示控制电路，当要求这个电路中的线圈 KM 通电时，只要按钮 SB_1 或 SB_2 有一个闭合，线圈 KM 即可通电，这个电路实现或逻辑关系。或逻辑关系的表达式为

$$KM = SB_1 + SB_2 \tag{8.2.3}$$

式(8.2.3)中的符号“+”意为或逻辑关系，又称“逻辑加”。

③ 非逻辑关系是指决定事件的条件出现时，事件不发生，条件不出现时，事件发生。

图 8.2.3 (c)所示控制电路，以按钮 SB 动作为条件，以线圈通电表示事件发生。这个电路，当条件出现时(按下 SB 按钮)，事件不会发生(线圈不会通电)。反之，若不按动此按钮(条件不出现)，则线圈通电(事件发生)。这个电路按上述因果关系就是“非逻辑”。非逻辑又称“反”逻辑。

为了区分逻辑式中触点的自然状态，凡动断触点用文字符号上加“—”表示，动合触点文字符号上没有这个标志。这样按钮 SB 的动作与接触器线圈 KM 通电的“非逻辑”关系，用公式表示为

$$KM = \overline{SB} \tag{8.2.4}$$

式(8.2.4)中，动断(常闭)按钮 SB 字符上的“—”就有了两个含意，一个是表示非(反)的意思，即 SB 不动作，KM 通电；SB 动作，KM 断电。另一个含意是该触点是个动断(常闭)触点。图 8.2.3 (c)用动断(常闭)触点控制继电器线圈通、断电时，实现“非逻辑”的关系。

(2) 继电器控制电路的逻辑函数表示式。

由上述三种基本逻辑关系表达式可以写出图 8.2.2 所示控制电路接触器 KM 的线圈与串联在这个电路中的各触点之间的逻辑函数关系表达式为

$$KM = \overline{SB_1} \cdot (SB_2 + KM) \cdot \overline{FR} \tag{8.2.5}$$

式(8.2.5)表述了接触器 KM 的线圈通电条件，即停机按钮 SB_1 和热继器触点$\overline{FR}$不动作时(该动断触点是闭合的)，只要启动按钮 SB_2 动作(该动合触点将闭合)或接触器 KM 的辅助动合触点闭合，接触器 KM 的线圈就通电。若停机按钮 SB_1 动作(该动断触点断开)，或热继器触点 FR 断开，线圈断电，电路就停止运行。

式(8.2.5)表达出图 8.2.2 的启动—保持—停止的运行条件，式(8.2.5)称为继电器的启—保—停关系式。

控制电路的逻辑函数表达式可以根据给出的控制电路原理图写出。相反，若已知控制电路的逻辑函数表达式，也应能据此式画出继电器控制电路原理图。

3）点动控制电路

生产机械有时要求进行短暂的运行，而运行时间长短又要视需要而定，这时常采用点动控制。用继电器构成的点动控制电路，就是用不带自锁的按钮去控制接触器线圈通电，如图 8.2.4 所示。图 8.2.4 所示控制电路，按下按钮 SB，接触器 KM 线圈通电，松开按钮 SB，接触器断电，这样的控制称为点动控制。

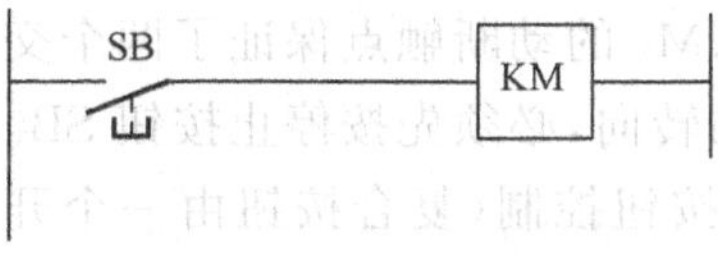

图 8.2.4　点动控制电路

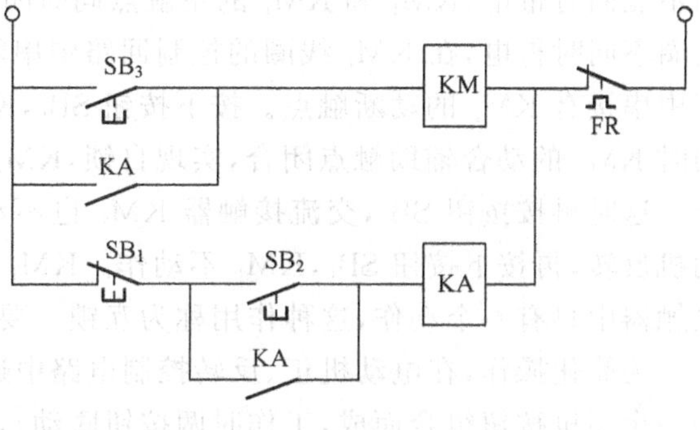

图 8.2.5　点动与长动控制电路

一般的电气控制电路，要求既有点动控制功能又有长动控制功能。为了使点动控制与长动控制所发出的信号能够区分开，在这样两种操作共存的控制电路中加入一个中间继电器，使两种操作之间有联锁关系，以保证按下点动按钮时执行点动控制的操作，按下长动运行的按钮时执行正常控制。具有点动与长动控制的电路如图 8.2.5 所示。

图 8.2.5 中，按钮 SB_3 用于点动控制，按下 SB_3 后接触器 KM 线圈通电，松开 SB_3，KM 断电。按钮 SB_2 为长动操作按钮，按下 SB_2，中间继电器 KA 线圈通电，KA 的动合触点一个接通 KM 的线圈，另一个用于自锁，松开 SB_2 后继电器 KA 可继续通电。只有按下停机按钮 SB_1 后电路才断电。

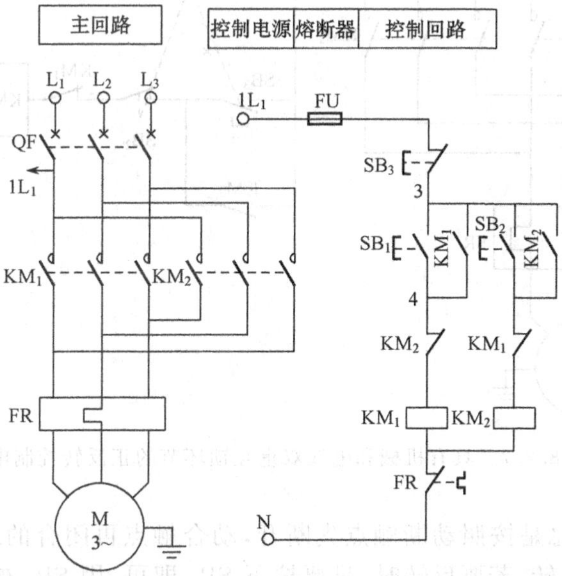

图 8.2.6　三相异步电动机正反转控制电路

2. 正反转控制电路

有些生产机械常要求电动机可以正反两个方向旋转，由电机学原理可知，只要把通入电动机的电源线中任意两根对调，即相序改变，电动机便反转。图 8.2.6 为电动机正反转控制的原理图。在主电路中，交流接触器 KM_1 的主触点闭合时电动机正转，交流接触器 KM_2 的主触点闭合时，由于调换了两根电源线，电动机反转。控制电路中交流接触器 KM_1 和 KM_2 的线圈不能同时带电，KM_1 和 KM_2 的主触点同时闭合，会导致电源短路。为保证 KM_1 和 KM_2 的线圈不同时得电，在 KM_1 线圈的控制回路中串联了 KM_2 的动断触点，在 KM_2 线圈的控制回路中串接有 KM_1 的动断触点。按下按钮 SB_1，KM_1 线圈得电，KM_1 主触点闭合，电动机正转。同时 KM_1 的动合辅助触点闭合，实现自锁，KM_1 的动断触点打开，将线圈 KM_2 的控制回路断开。这时再按按钮 SB_2，交流接触器 KM_2 也不动作。同理先按下按钮 SB_2 时，KM_2 动作，电动机反转，再按下按钮 SB_1，KM_1 不动作。KM_1 动断触点和 KM_2 的动断触点保证了两个交流接触器中只有一个动作，这种作用称为互锁。要改变电动机的转向，必须先按停止按钮 SB_3。

为简化操作，在电动机正、反转控制电路中通常采用复合按钮控制（复合按钮由一个开机和一个停机按钮组合而成，工作时两按钮联动），每一个复合按钮的停机（动断）触点与开机（动合）触点分别接在不同控制电路中，如图 8.2.7 所示，SB_2 这个复合按钮的动合触点作为接触器 KM_1 开机用；它的动断触点则与接触器 KM_2 串联，作为 KM_2 停机用。同样，复合按钮 SB_3 的动能与 SB_2 相同。

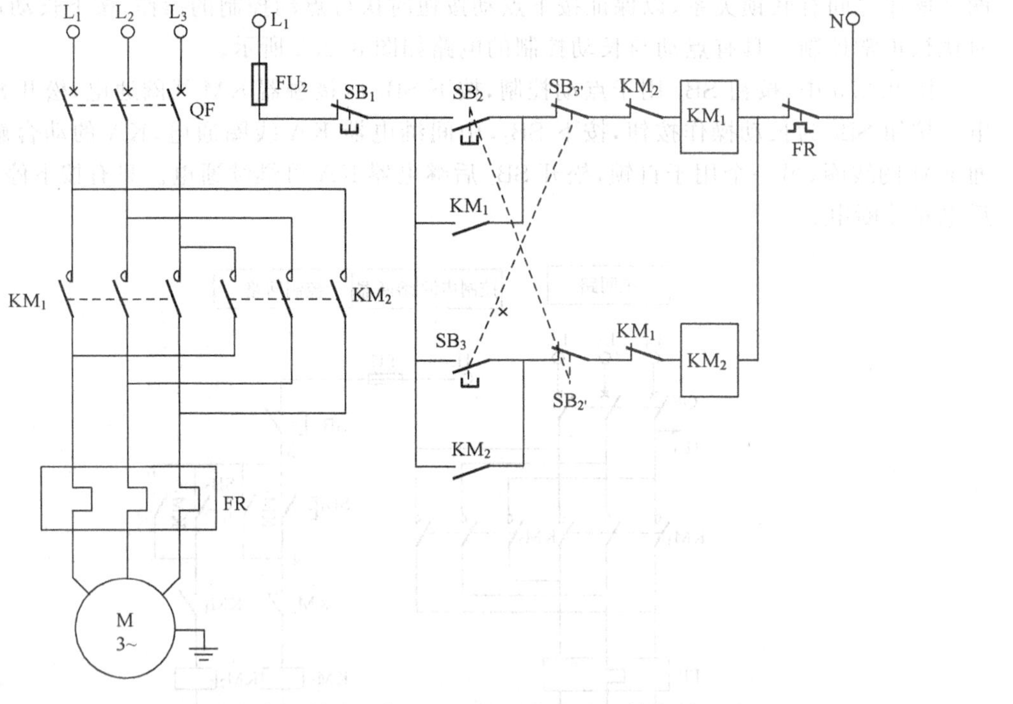

图 8.2.7　具有机械和电气双重互锁环节的正反转控制电路

复合按钮动作时，总是按照动断触点先断开，动合触点再闭合的顺序来断开、接通电路。如 KM_1 通电，电动机正转，若要反转时，只要按下 SB_3 即可，因 SB_3 被按下时，首先它的动断触点将 KM_1 线圈断电，接着它的动合触点将 KM_2 线圈电路接通、KM_2 通电、电动机反转。电动机正反转控制电路使用复合按钮后，依靠机械机构保证两台接触器不会同时通电，称为机械互锁。图 8.2.7 电路由于既有机械互锁又有电气互锁，使用更安全、操作也更方便。

图 8.2.7 所示控制电路，接触器 KM_1 和 KM_2 通电的逻辑表达式分别为

$$KM_1 = \overline{SB_1} \cdot (SB_2 + KM_1) \cdot \overline{SB_3} \cdot \overline{KM_2} \cdot \overline{FR} \tag{8.2.6}$$

$$KM_2 = \overline{SB_1} \cdot (SB_3 + KM_2) \cdot \overline{SB_2} \cdot \overline{KM_1} \cdot \overline{FR} \tag{8.2.7}$$

△3. 顺序控制电路

在实际生产中，常需要几台电机按一定的顺序运行，以便相互配合。例如，要求电机 M_1 启动后 M_2 才能启动，且 M_1 和 M_2 可同时停车，其控制电路如图 8.2.8 所示。

为满足控制要求，在图 8.2.8 所示的控制电路中，控制电机 M_2 的接触器 KM_2 和控制 M_1 的交流接触器 KM_1 的动合触点串联。从图中可以看出，当按下 SB_1 时，交流接触器 KM_1 线圈带电，M_1 转动，这时再按下按钮 SB_2，KM_2 线圈才能带电，M_2 转动，从而保证 M_1 启动后 M_2 才能启动。按下 SB_3，M_1 和 M_2 同时停车。

△4. 行程控制电路

根据生产机械的运动部件的位置或行程进行控制称为行程控制。行程控制可以分为限位控制及往复运动控制，这两种控制使用的电气元件是行程开关。例如在一些机床上，常要求它的工作台应能在一定范围内自动往返；行车到达终点位置时，要求自动停车等。行程控制主要是利用行程开关来实现的。图 8.2.9 所示是利用行程开关自动控制电动机正反转的电路，用以实现电动机带动工作机械自动往返运动的原理图。

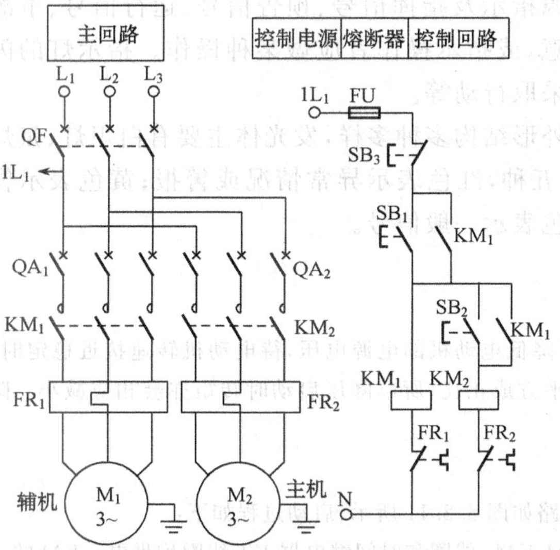

图 8.2.8　三相异步电动机顺序控制电路

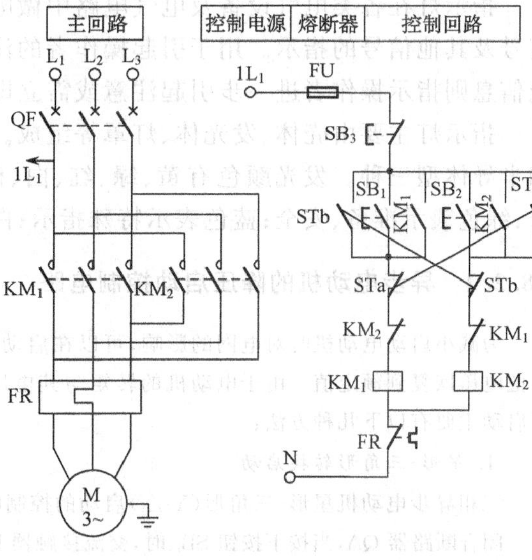

图 8.2.9　行程控制电路

主电路是由接触器 KM_1 和 KM_2 控制的电动机正、反转电路。行程开关 STa 是前行限位开关，STb 是回程限位开关，分别串联在控制电路中。其工作过程如下。

按正转按钮 SB_1，使接触器线圈 KM_1 通电，电动机正转，机械前行，同时自锁触点 KM_1 闭合，互锁触点 KM_1 断开。当机械运行到 STa 位置时，机械撞块压下行程开关 STa 的压头，使 STa 的动断触点断开，动合触点闭合，致使接触器线圈 KM_1 断电，电动机停止正转，机械停止前行。同时和线圈 KM_2 串联的 KM_1 动断互锁触点闭合，因此接触器线圈 KM_2 带电，自锁触点 KM_2 闭合，电动机开始反转，机械开始返回。当撞块离开行程开关 STa 后，STa 的触点自动复位。当机械上的撞块压下行程开关 STb 的压头时，STb 的触点动作，从而切断 KM_2 线圈，电机停止反转。KM_1 线圈带电，电动机又开始正转。实现了机械自动往返运动。

图 8.2.9 所示自动往复行程控制电路，接触器 KM_1，KM_2 线圈通电的逻辑表达式为

$$KM_1 = \overline{SB_1} \cdot (SB_2 + KM_1 + ST_2) \cdot \overline{KM_2} \cdot \overline{ST_1} \cdot \overline{FR} \tag{8.2.8}$$

$$KM_2 = \overline{SB_1} \cdot (SB_3 + KM_2 + ST_1) \cdot \overline{KM_1} \cdot \overline{ST_2} \cdot \overline{FR} \quad (8.2.9)$$

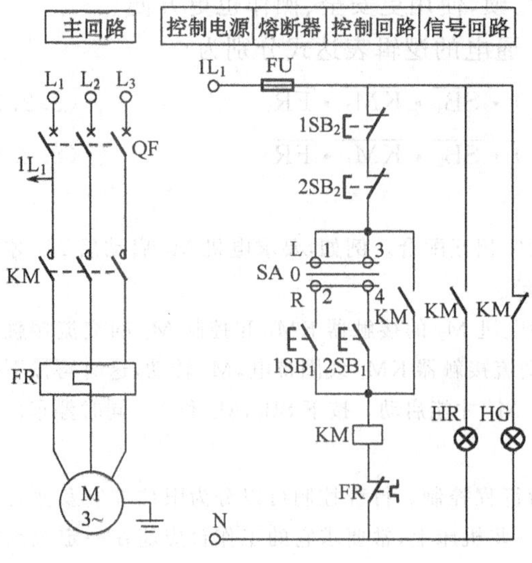

图 8.2.10　两地控制电路

5. 两地控制电路

有些生产设备如需要从两个或两个以上地点进行控制时，要应用多地点控制。

对于一台电动机或其他电气装置，要能从两个地点进行控制，每一个控制点必须有一个启动按钮和一个停止按钮。为了能够做到各控制点均能对同一电动机进行控制，这些按钮的连线原则应当是：启动按钮并联，停机按钮串联。

图 8.2.10 所示为现场试车的电路图，其中按钮（$2SB_1$、$2SB_2$）、指示灯（HR、HG）安装在控制室，选择开关（SA）、按钮（$1SB_1$、$1SB_2$）均安装在现场电机旁，便于防止电动机突然启动危及周围人身安全。

指示灯在各类电气设备及电气电路中做电源指示及指挥信号、预告信号、运行信号、事故信号及其他信号的指示。用于引起操作者的注意，或指示操作者应做某种操作。指示灯的闪光信息则指示操作者进一步引起注意或需立即采取行动等。

指示灯主要由壳体、发光体、灯罩等组成。外形结构多种多样，发光体主要有白炽灯、氖灯和半导体型三种。发光颜色有黄、绿、红、白、橙五种，红色表示异常情况或警报；黄色表示警告；绿色表示准备、安全；蓝色表示特殊指示；白色表示一般信号。

△8.2.2　异步电动机的降压启动控制电路

为减小启动电动机时对电网的影响，可以在启动时降低电动机的电源电压，待电动机转速接近稳定时，再把电压恢复到额定值。由于电动机的转矩与其电压平方成正比，所以降压启动时转矩亦会相应减小。降压启动主要有以下几种方法：

1. 星形-三角形转换启动

三相异步电动机星形-三角形（Y-△）启动的控制电路如图 8.2.11 所示，启动过程如下：

闭合断路器 QA，当按下按钮 SB_1 时，交流接触器 KM、KM_Y 线圈和时间继电器 KT 线圈均带电。KM 的主触点闭合，KM_Y 主触点闭合，电动机 Y 连接降压启动。KM_Y 动断辅助触点断开，交流接触器 $KM_\triangle$ 不动作，实现互锁。这时每相绕组的电压只有其额定电压的 $1/\sqrt{3}$。经过一段延时，时间继电器 KT 各触点动作，延时动断触点断开，KM_Y 线圈断电；KM_Y 动断触点闭合，同时 KT 的延时闭合触点闭合，$KM_\triangle$ 线圈带电，$KM_\triangle$ 的主触点动作，电动机三角形连接全压运行；$KM_\triangle$ 的动断触点断开，KT 线圈和 KM_Y 线圈断电，实现互锁。这种启动方式可以按照所需的时间间隔来接通、断开或换接被控制的电路，以协调和控制生产机械的各种动作。

这种方法，电动机的启动电流和启动转矩都降低到直接启动时的三分之一，用于正常运行时定子绕组为三角形连接的轻载启动的鼠笼型三相异步电动机。

2. 自耦减压启动

图 8.2.12 所示为三相接触调压启动的电路图。启动时，电动机连接在三相接触调压器（如 TSGC2 系列）的低压侧，若三相接触调压器的变压比[①]为 k_A（$k_A<1$），电动机的启动电压为 $U'=k_AU$。当电动机达到一定

① 自耦变压器有两组分接头，变压比为 0.8 和 0.6 或 0.65。

转速时，将开关 Q_2 由“启动”侧切换至“运行”侧，使电动机获得额定电压而运转，同时将自耦变压器与电源断开。采用此启动法时电动机的启动电流和启动转矩都是直接启动的 k_A^2 倍。自耦降压启动适用于容量较大的或正常运行时定子绕组为星形连接，不能采用星三角启动器的笼型异步电动机。

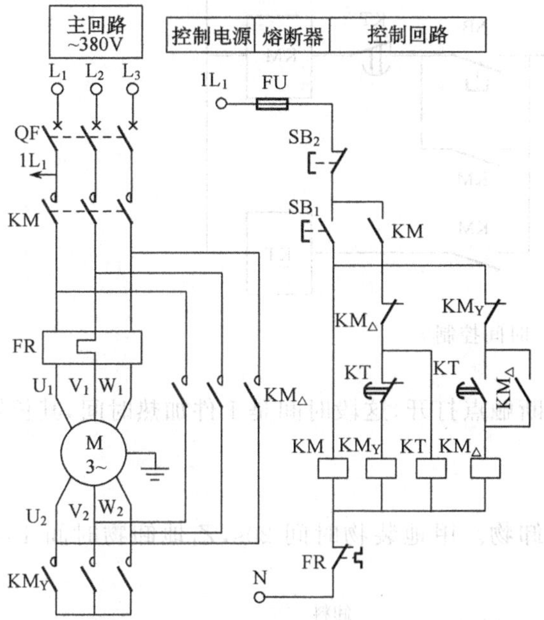

图 8.2.11　星形-三角形启动的控制电路

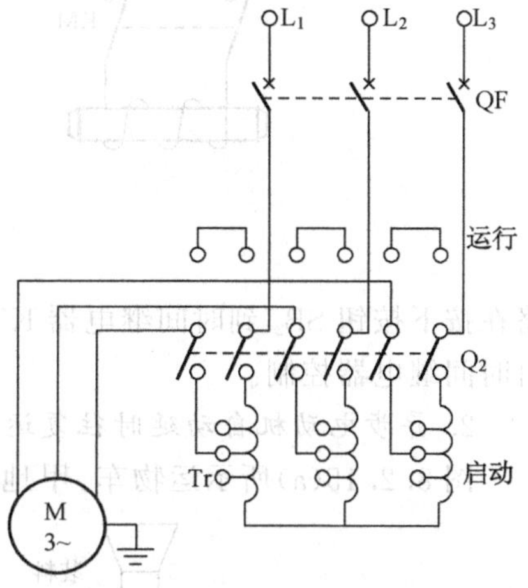

图 8.2.12　三相接触调压启动的电路

3. 绕线式启动

在转子电路中接入大小适当的启动电阻(图 8.2.13)，就可达到减小启动电流的目的；同时，由 7.3.2 节分析可知，启动转矩也提高了。所以它常用于要求启动转矩较大的生产机械上，例如卷扬机、锻压机、起重机及转炉等。

启动后，随着转速的上升将启动电阻逐段切除。

由以上分析可见，在启动过程中，转子等效阻抗及转子回路感应电动势都是由大到小变化，从而实现了近似恒转矩的启动特性。

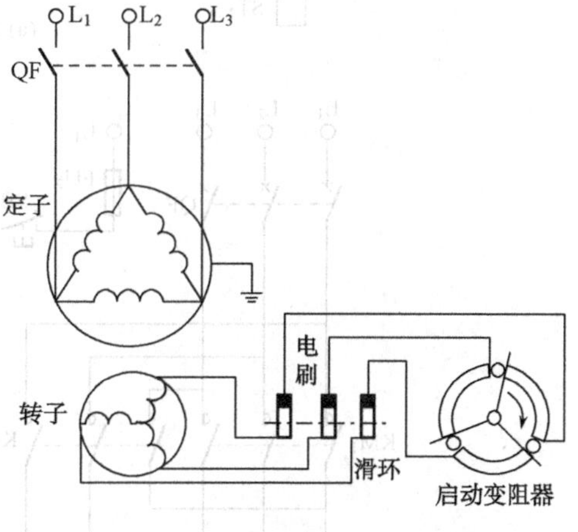

图 8.2.13　绕线式转子异步电动机的启动电路

8.2.3　异步电动机的时间继电器控制电路

依靠时间继电器实现自动控制的电路很多，下面介绍两个电路。

1. 高频加热时间控制

应用高频电流给工件表面加热对工件进行淬火处理，因加热时间很短(如只有 10s)，用人工控制时间很不准确，不易保证淬火质量。使用时间继电器对高频加热处理进行时间控制，如图 8.2.14 所示。

控制电路工作原理如下：放好工件，按下按钮 SB_2，接触器 KM 线圈通电，主触点接通高频电流电路，工件加热，辅助触点 KM 自锁并接通时间继电器 KT 线圈，时间继电器 KT 的延时动断触点在线圈通电之后延时一段时间后断开，使接触器 KM 线圈断开，停止加热。这个电

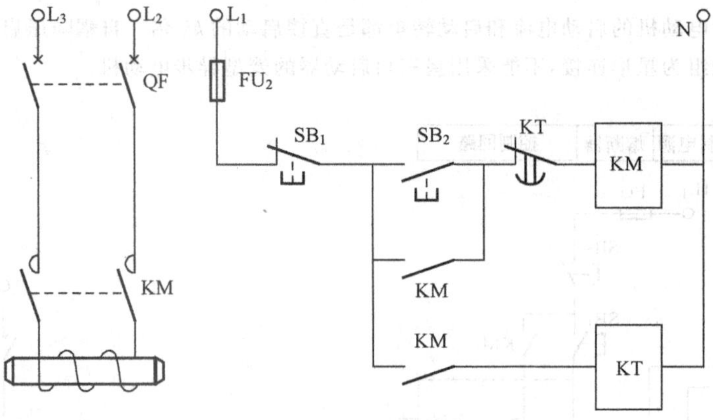

图 8.2.14　时间控制

路在按下按钮 SB_2 到时间继电器 KT 的延时动断触点打开，这段时间是工件加热时间，其长短由时间继电器控制。

2. 异步电动机自动延时往复运动

图 8.2.15(a)所示运物车，甲地装物、乙地卸物。甲地装物时间 20s，乙地卸物时间 15s。

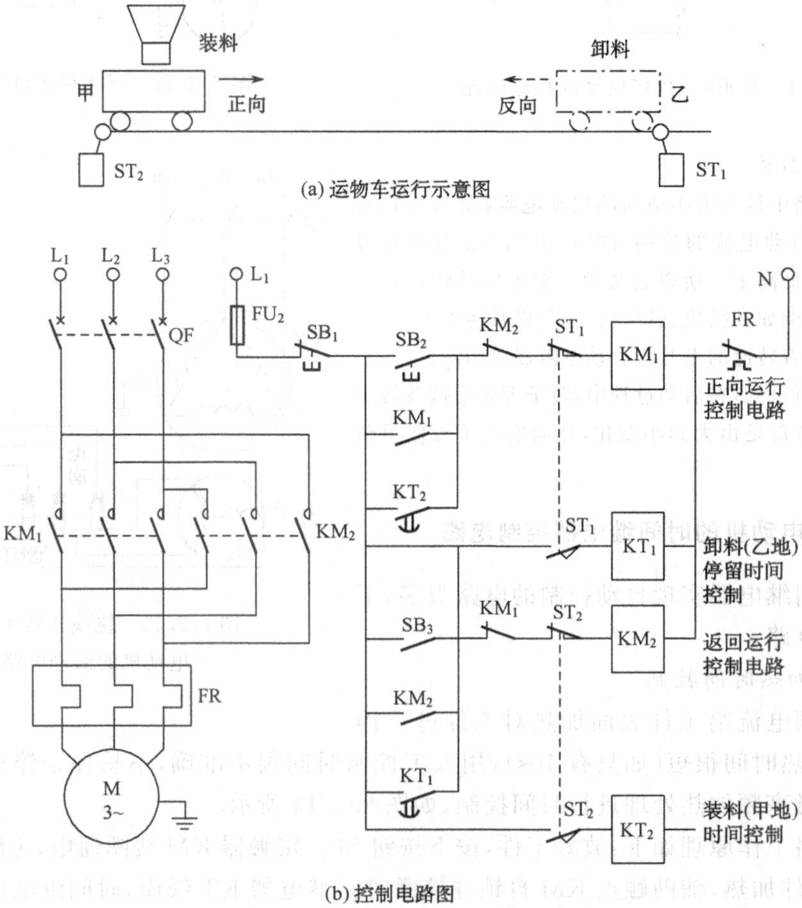

图 8.2.15　延时自动往复行程控制

运物车可在甲、乙两地之间任意处启动或停车。运物车一经启动可自动地在甲、乙两地之间往返运行。

图 8.2.15 (b)所示控制电路是在自动往复运动控制电路的基础上,加入时间控制环节构成的。电路工作原理如下:起始时,如按下开机按钮 SB_2 后,电动机拖动运物车由甲地向乙地行进,到达乙地后将行程开关 ST_1 的动断触点推开,动合触点闭合。ST_1 动断触点断开后接触器 KM_1 断电,电动机停止运转。ST_1 动合触点闭合将时间继电器 KT_1 接入电源,运物车在乙地停留(卸物),15s 后,时间继电器 KT_1 的延时动合触点闭合,接触器 KM_2 通电,电动机反转,运物车从乙地向甲地返回。运行至甲地后将行程开关 ST_2 的动断触点推开,动合触点闭合,ST_2 的动断触点断开使接触器 KM_2 断电,电动机停机,ST_2 的动合触点闭合将时间继电器 KT_2 接入电源,运物车在甲地停留 20s 后,KT_2 的延时动合触点闭合,使接触器 KM_1 再次通电,电动机又拖动运物车再次由甲地向乙地运行。如此自动地反复在甲、乙地间运行,直至按下停机按钮 SB_1 后电路停止工作。

图 8.2.15(b)所示控制电路,各电器通电的逻辑表达式为

$$KM_1 = \overline{SB_1} \cdot (SB_2 + KM_1 + KT_2) \cdot \overline{KM_2} \cdot \overline{ST_1} \cdot \overline{FR} \tag{8.2.10}$$

$$KT_1 = \overline{SB_1} \cdot ST_1 \cdot \overline{FR} \tag{8.2.11}$$

$$KM_2 = \overline{SB_1} \cdot (SB_3 + KM_2 + KT_1) \cdot \overline{KM_1} \cdot \overline{ST_2} \cdot \overline{FB} \tag{8.2.12}$$

$$KT_2 = \overline{SB_1} \cdot ST_2 \cdot \overline{FR} \tag{8.2.13}$$

实现上述要求的继电器控制电路如图 8.2.15(b)所示。

思 考 题

8-2-1 在 220 V 的控制电路中,能否将两个 110 V 的继电器线圈串联使用?

8-2-2 试归纳一下自锁和互锁的作用和区别。

8-2-3 试画出用断路器代替图 8.2.1 中组合开关和熔断器的主电路。

8-2-4 试画出能在两处用按钮启动和停止电动机的控制电路。

8-2-5 试画出具有双重互锁的辅助电路。

8-2-6 什么是零压保护?用闸刀开关启动和停止电动机时有无零压保护?

8-2-7 大型异步电动机为什么要采用减压启动?通常采用哪几种方法?绕线式异步电动机采用什么启动方法?

8-2-8 一台三角形连接的三相异步电动机 $T_{st}/T_N = 1.4$,问在下述情况下能否采用 Y-△换接启动?(1)负载转矩为电动机额定转矩的 50%;(2)负载转矩为电动机额定转矩的 25%。

8-2-9 星形/三角形(Y/△)降压启动是降低了定子线电压还是定子相电压?自耦降压启动呢?

8-2-10 380 V、星形连接的电动机,能否采用星形-三角形降压启动?

8-2-11 鼠笼型和绕线型两种电动机,哪一种启动性能好?

练 习 题

8-2-1 试在图 8-2-1 的笼型异步电动机直接启/停继电接触控制电路中增加红、绿指示灯。电动机运转时绿灯亮,电动机停转时红灯亮。设指示灯的额定电压和接触器吸引线圈的额定电压相等。

8-2-2 试分析图 8.2.16 所示的各电路能否控制异步电动机的启停?为什么?

8-2-3 试分析图 8.2.17 所示控制电路的工作原理(主电路没有画出)。

8-2-4 画出既能点动又能连续工作的三相笼型异步电动机的继电器-接触器控制电路。

8-2-5 根据图 8-2-2 接线做实验时,将开关 QS 合上后按下启动按钮 SB_2,发现有下列现象,试分析和处

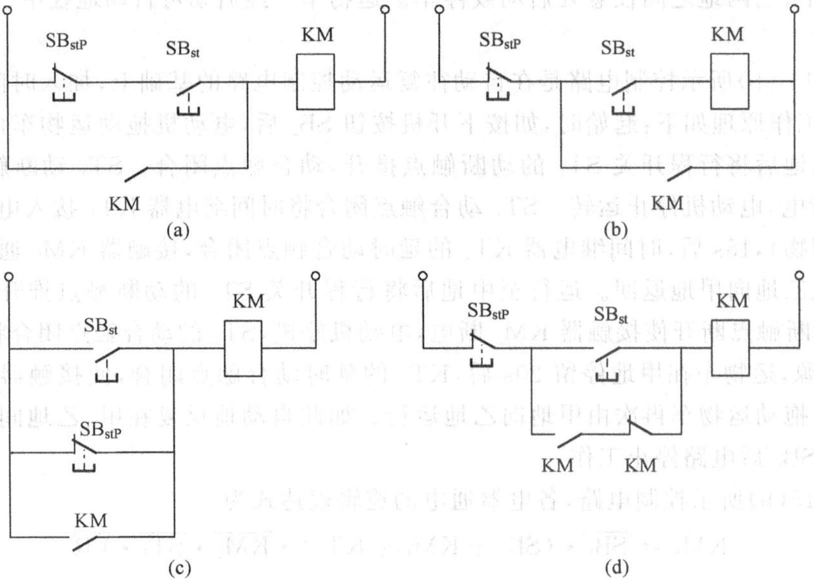

图 8.2.16　习题 8-2-2 的电路

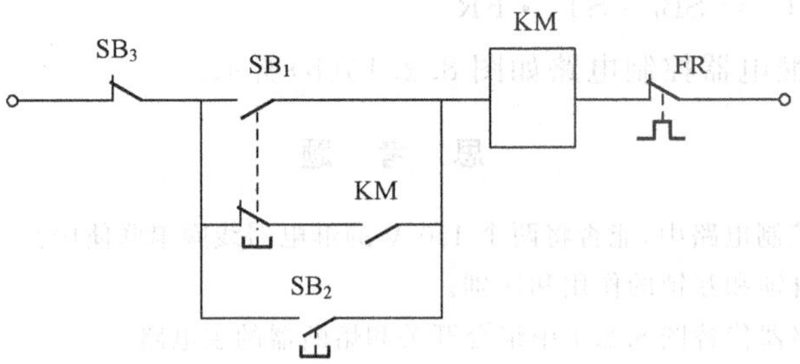

图 8.2.17　习题 8-2-3 的电路

理故障:(1)接触器 KM 不动作;(2)接触器 KM 动作,但电动机不转动;(3)电动机转动,但一松手电动机就不转;(4)接触器动作,但吸合不上;(5)接触器触点有明显颤动,噪音较大;(6)接触器线圈冒烟甚至烧坏;(7)电动机不转动或者转得极慢,并有"嗡嗡"声。

8-2-6　一机床的主电动机(鼠笼式三相)为 7.5 kW,380 V,15.4 A,1440 r/min,不需正反转。工作照明灯是 36 V/40W。要求有短路、零压及过载保护。试画出控制电路并选用电气元件。

8-2-7　某机床主轴由一台笼型电动机带动,润滑油泵由另一台笼型电动机带动。今要求:(1)主轴必须在油泵开动后,才能开动;(2)主轴要求能用电器实现正反转,并能单独停车;(3)有短路、零压及过载保护。试画出控制电路。

8-2-8　在图 8.3.2(b)所示的控制电路中,如果动断触点 KM,闭合不上,其后果如何?如何用下列工具来查出这一故障?(1)验电笔;(2)万用表电阻挡;(3)万用表交流电压挡。

8-2-9　试分析图 8.2.18 所示正反转控制电路中有哪些错误?并说明应如何改正。

8-2-10　试分析图 8.2.19 所示正反转控制电路中有哪些错误?并说明这些错误所造成的后果。

8-2-11　两条皮带运输机分别由两台笼型异步电动机拖动,由一套起停按钮控制它们的启停。为了避免物体堆积在运输机上,要求电动机按下述顺序启动和停车:启动时,M_1 启动后 M_2 才随之启动;停止时,M_2 停止后 M_1 才随之停止,试画出控制电路。

8-2-12　图 8.2.20 是工作台能自动往返的行程控制电路,若要求工作台退回到原位停止,怎么办?

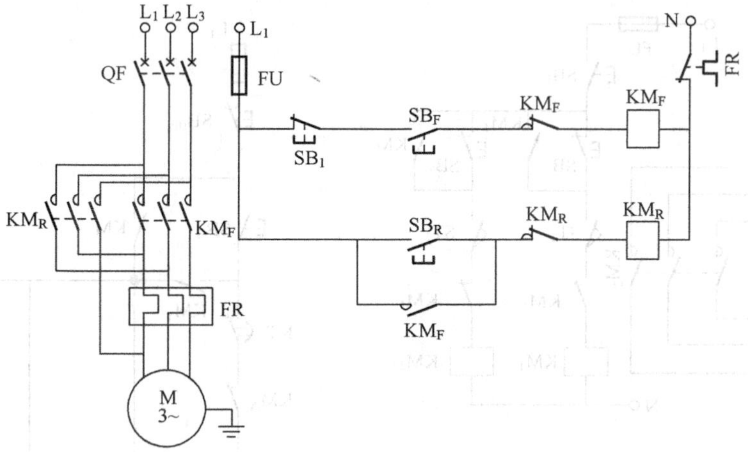

图 8.2.18　习题 8-2-9 的电路

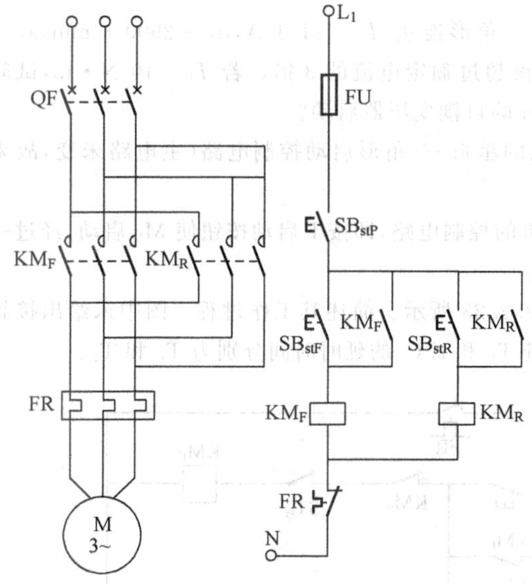

图 8.2.19　习题 8-2-10 的电路

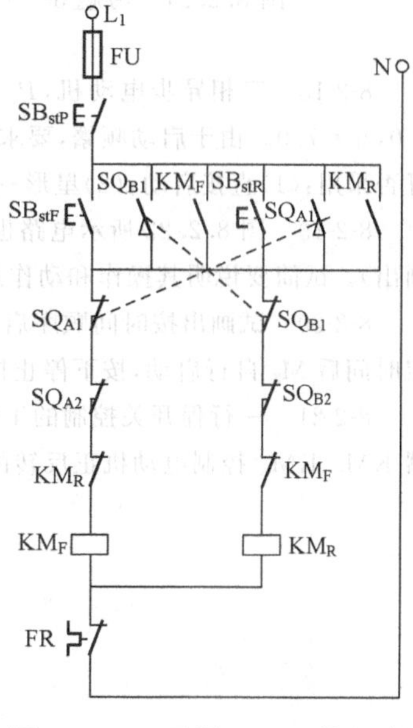

图 8.2.20　习题 8-2-12 的电路

8-2-13　图 8.2.21 是三相异步电动机正反转启停控制电路。控制要求是：在正转和反转的预定位置能自动停车，并具有短路、过载和失压保护。请找出图中错误，画出正确的控制电路。

8-2-14　画出能在两地分别控制同一台笼型电动机启停的继电器-接触器控制电路。

8-2-15　某四极三相异步电动机的额定功率为 30 kW，额定电压为 380V，三角形连接，频率为 50 Hz。在额定负载下运行时，其转差率为 0.02，效率为 90%，线电流为 57.5A，试求：(1)转子旋转磁场对转子的转速；(2)额定转矩；(3)电动机的功率因数。

8-2-16　在习题 8-2-15 中，如果采用自耦变压器降压启动，而使电动机的启动转矩为额定转矩的 85%，试求：(1)自耦变压器的变比；(2)电动机的启动电流和线路上的启动电流各为多少？

8-2-17　三相异步电动机，$P_N=30$ kW，$U_N=380$ V，三角形连接，$I_N=63$ A，$n_N=740$ r/min，$\lambda_S=1.8$，$\lambda_C=6$，$T_L=0.9T_N$ 的三相变压器供电。电动机启动时，要求从变压器取用的电流不得超过变压器的额定电流。试问：(1)能否直接启动？(2)能否采用星形/三角形启动？(3)能否选用 $K_A=0.8$ 的自耦变压器启动？

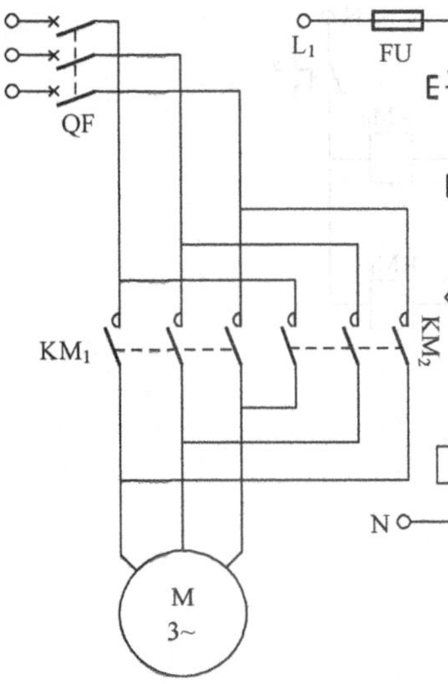

图 8.2.21　习题 8-2-13 的电路

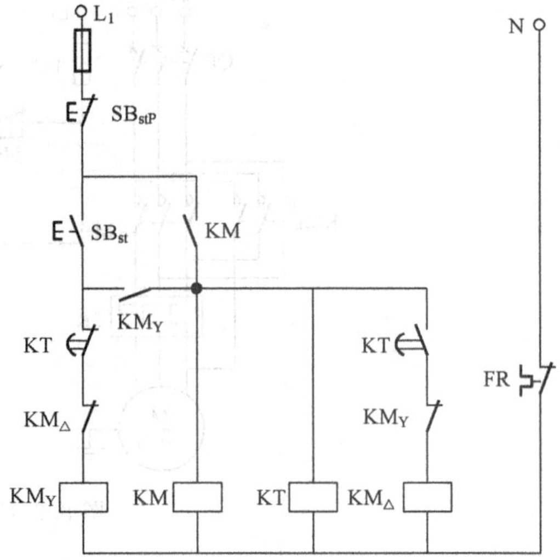

图 8.2.22　习题 8-2-19 的电路

8-2-18　三相异步电动机，$P_N = 5.5$ kW，$U_N = 380$ V，三角形连接，$I_N = 11.1$ A，$n_N = 2900$ r/min，$\lambda_S = 2.0$，$\lambda_C = 7.0$。由于启动频繁，要求启动时电动机的电流不得超过额定电流的 3 倍。若 $T_L = 10$ N·m，试问可否采用：(1)直接启动；(2)星形-三角形启动；(3) $K_A = 0.6$ 的自耦变压器启动？

8-2-19　图 8.2.22 所示电路也是三相笼型异步电动机的星形-三角形启动控制电路（主电路未变，故未画出）。试简要说明其操作和动作过程。

8-2-20　试画出按时间顺序启动的两台三相异步电动机的控制电路，即按下启动按钮使 M_1 启动，经过一定时间后 M_2 自行启动，按下停止按钮使 M_1、M_2 同时停止。

8-2-21　一行程开关控制的工作台往复控制电路如图 8.2.23 所示。简述其工作过程。图中未给出接触器 KM_F、KM_R 控制电动机正反转的主电路，设时间继电器 KT_1 和 KT_2 的延时时间分别为 T_1 和 T_2。

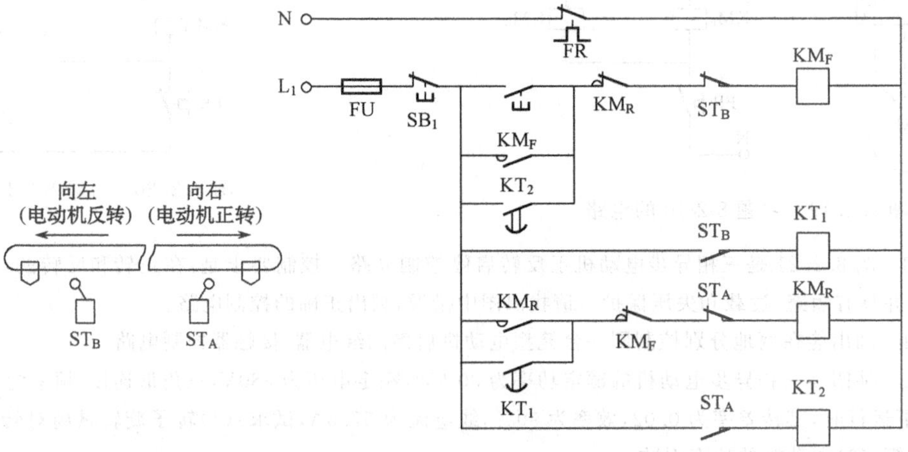

图 8.2.23　习题 8-2-21 的电路

8.3　异步电动机调速

电动机的调速是指在负载不变的情况下，用人为的方法改变电动机的转速。根据转差率

的定义，异步机的转速为

$$n=(1-s)60f_1/p \tag{8.3.1}$$

上式表明，改变电动机的磁极对数 p、转差率 s 和电源的频率 f_1 均可以调整电动机的转速。下面分别介绍。

*8.3.1 改变磁极对数调速

根据异步电动机的结构和工作原理，它的磁极对数 p 由定子绕组的布置和连接方法决定。因此可以采用改变每相绕组的连接方法来改变磁极对数。图 8.3.1 所示为三相异步电动机定子绕组两种不同的连接方法而得到不同磁极对数的原理示意图。为表达清楚，只画出了三相绕组中的一相。图 8.3.1(a)中该相绕组的两组线圈串联连接，通电后产生两对磁极的旋转磁场。当这两组线圈并联连接时，如图 8.3.1(b)所示，产生的旋转磁场为一对磁极。一般异步电动机制造出来后，其磁极对数是不能随意改变的。可以改变磁极对数的鼠笼型三相异步电动机是专门制造的，有双速或多速电动机的单独产品系列。这种调速方法简单，但只能进行速度档数不多的有级调速。

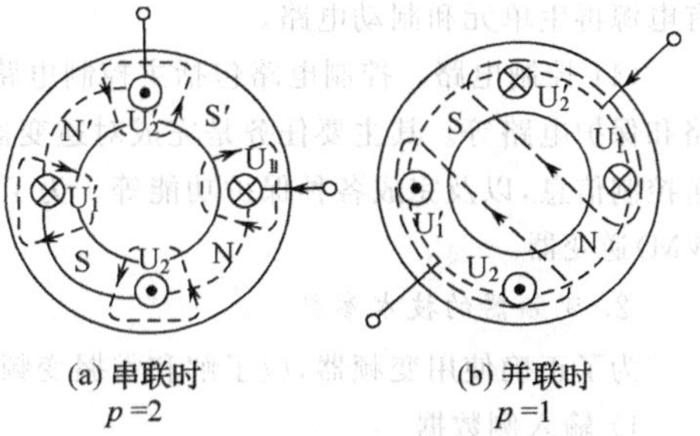

图 8.3.1 改变磁极对数原理示意图

*8.3.2 改变转差率调速

从图 14.1.12 的电动机转矩特性曲线可以看到，改变转子电路电阻(图 8.2.3)，即可改变电动机转矩特性曲线的位置，因此在同一负载转矩下有不同的转速。此时旋转磁场的同步转速 n_1 没有改变，故属于改变转差率 s 的调速方法。

这种调速方法电路简单，但能量损耗较大。

△8.3.3 改变电源频率调速

1. 变频调速的基本原理

由式(8.3.1)可知，改变 p 的调速是有限的，即选用多极电动机，电动机绕组较复杂；改变 s 的调速(如转子串电阻调速)是不经济的，且只适用于绕线型电动机；通过调节电源频率 f_1，使同步转速 n_1 与 f_1 成正比变化，从而实现对电动机进行平滑、宽范围的调速。

变频器的基本结构由主电路、内部控制电路、外部接口及显示操作面板等组成。变频器主电路分为交-交和交-直-交两种形式。交-交变频器可将工频交流直接变换成频率、电压均可控制的交流，又称直接式变频器。而交-直-交变频器则是先把工频交流通过整流器变成直流，然后再把直流变换成频率、电压均可控制的交流，又称间接式变频器。

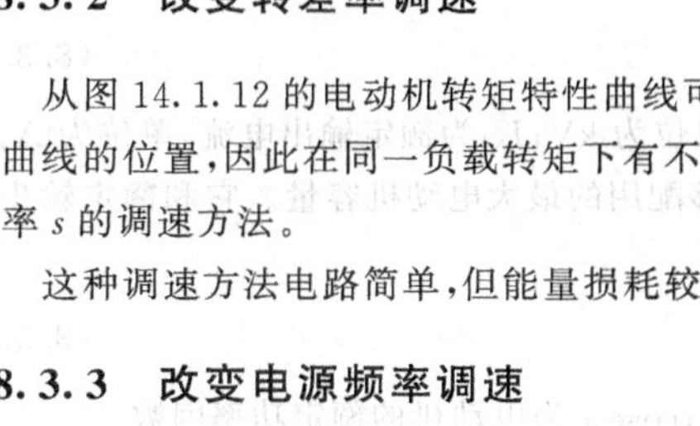

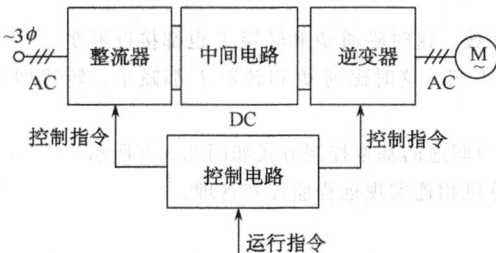

图 8.3.2 变频器的基本结构

常用的变频器为交-直-交变频器(以下简称变频器)，其基本结构原理如图 8.3.2 所示。

(1) 整流器。电网侧的整流器是把三相交流电整流成直流电。

(2) 逆变器。负载侧的逆变器常用开关器件(如六个 IGBT)组成三相桥式逆变电路，有规律地控制开关器件的通与断，可以得到频率 f_1 可调、电压有效值 U_1 可调的三相交流电。

(3) 中间电路。由于逆变器的负载常为电动机，无论它处于电动或发电制动状态,其功率因数总不会为1。因此,在逆变器和电动机之间总会有无功功率的交换,这种无功能量要靠中间电路的储能元件(电容器或电感器①)来缓冲,所以又常称中间电路为中间储能环节。

为了节约能源,对于大中型变频器,一般采用电源再生单元将上述能源回馈给供电电源;对于小型变频器,则通常采用制动电路,将异步电动机反馈回来的电能在制动电路上消耗掉。因此,变频器的中间电路还有电源再生单元和制动电路。

(4) 控制电路。控制电路包括主控制电路、运算电路、信号检测电路、控制信号的输入输出电路、驱动电路和保护电路等。其主要任务是完成对逆变器的开关控制、对整流器的电压控制,通过外部接口电路接收发送控制信息,以及完成各种保护功能等。为了能同时实现电动机的调压和调频,常采用正弦波脉宽调制(SPWM)逆变器。

2. 变频器的技术参数

为了正确使用变频器,应了解和掌握变频器的一些主要参数。

1) 输入侧数据

额定电压,中小容量变频器的额定电压多为三相380V,额定频率为50 Hz。

2) 输出侧数据

(1)额定输出电压。因为变频器的输出电压是随频率而变的,所以,其额定输出电压只能规定为输出电压的最大值。一般情况下,它总是和输入侧的额定电压相等。

(2)额定输出电流。允许长时间运行的最大电流,是用户在选择变频器容量时的主要依据。

(3)额定输出容量。由额定输出电压和额定输出电流的乘积决定。

$$S_N = \sqrt{3}U_N I_N \tag{8.3.2}$$

式中,S_N 为额定输出容量,单位为 kV·A;U_N 为额定输出电压,单位为 kV;I_N 为额定输出电流,单位为 A。

(4) 配用电动机容量。指在带动连续不变负载的情况下,能够配用的最大电动机容量。它和额定输出容量的关系如下:

$$P_N = S_N \eta_M \cos\varphi_M \tag{8.3.3}$$

式中,S_N 为配用电动机容量,单位为 kW;η_M 为电动机的额定效率;$\cos\varphi_M$ 为电动机的额定功率因数。

(5) 输出频率范围。输出频率的最大调节范围,通常以最大输出频率和最小输出频率来表示。常见的变频器的频率范围为0.2~400 Hz,输出最高频率可达400~650 Hz,容量最大已达7460 kW。

变频器中的配用电动机容量不能作为选择电动机容量的依据,应认真对照变频器和电动机的额定数据,以及对负载的轻重进行估计后再行选择。对于一些负荷经常变化的负载,在选择变频器的容量时,变频器的额定电流必须大于电动机的最大运行电流。

3. 变频调速方式

异步电动机变频调速,一般需要同时改变其定子电压和频率,以保护电动机磁通基本恒定。因此变频调速又称调压调频(variable voltage variable frequency,VVVF)装置。根据 U_1 与 f_1 的比例关系,将有不同的变频调速方式:

(1) 恒转矩调速。在 $f_1<50$ Hz 时,应保持 U_1/f_1 为常数。这时磁通 Φ 和转矩 T 也都接近不变。

(2) 恒功率调速。在 $f_1>50$ Hz 时,应保持 U_1 额定值不变。这时磁通 Φ 和转矩 T 都减小。转速增大,转矩减小,将使功率不变。

通常将这两种调速方式结合起来使用。异步电动机变频调速的基本控制方式如图8.3.3所示。

变频器一般都有通信接口(RS-485)和通信协议,与计算机相连实现远程监控和管理。

---

① 电容滤波直流回路的电压波形比较平直,输出阻抗很小,电压不易突变,相当于直流恒压源,采用这种电容滤波的变频器称为电压型变频器;电感滤波直流回路的电流波形比较平直,输出阻抗很大,电流不易突变,采用这种电感滤波的变频器称为电流型变频器。

下面以两台给水泵变频调速为例来说明变频调速器的控制原理。

给水泵变频调速控制系统是利用一套变频调速器，去控制一台、两台或多台给水泵的转速，达到改变供水量的目的。

1）主电路图

两台给水泵变频调速主电路图，如图 8.3.4 所示。首先闭合断路器 QF，当使交流接触器动合主触点 1KM 闭合后，电源经交流接触器主触点 1KM 和热继电器 FR 送到 1 号水泵电机 M_1 进行手动控制。当断开 1KM，闭合动合主触点 2KM 和 3KM 后，电源经变频调速器送给 1 号、2 号水泵电机 M_1 和 M_2 进行自动变频供水控制。

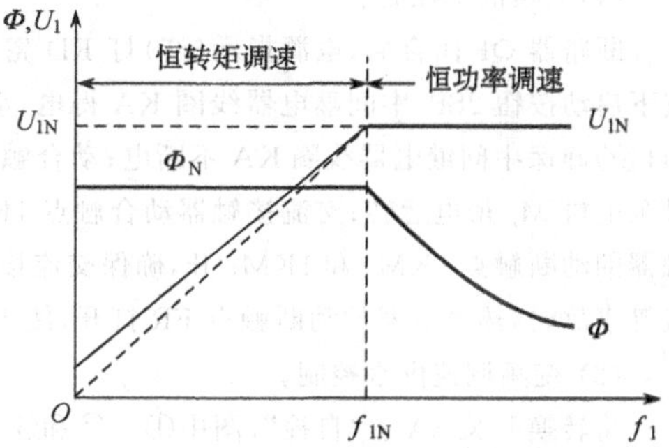

图 8.3.3　异步电机变频调速时的控制特性

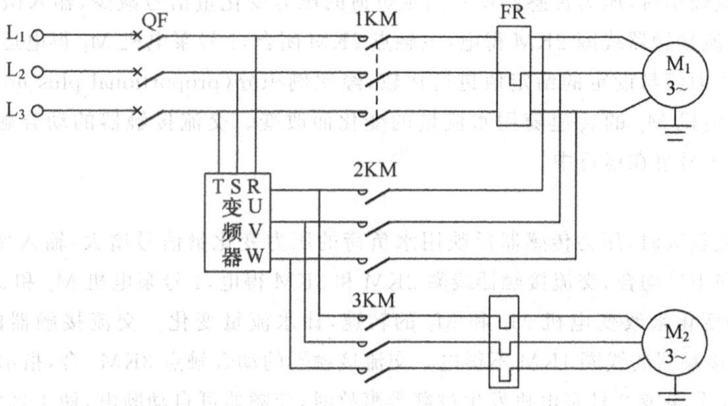

图 8.3.4　给水泵变频调速主电路图

2）控制回路电路图

两台给水泵变频调速控制电路如图 8.3.5 所示。

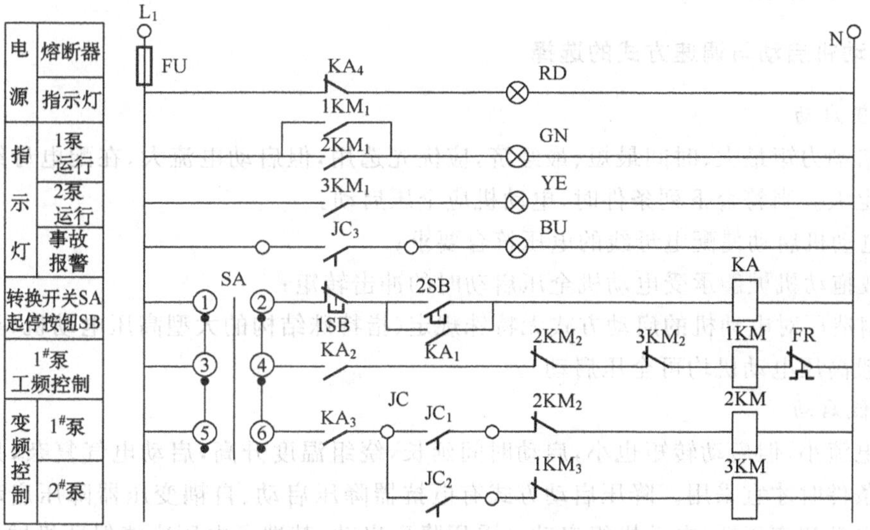

图 8.3.5　两台给水泵变频调速控制回路电路图

(1)工频供水控制。

断路器 QF 闭合后，电源指示(红)灯 RD 亮，将转换开关 SA 置“手控”，图 8.3.5 中①—②和③—④合。按下启动按钮 2SB，中间继电器线圈 KA 得电，动断触点 KA_4 打开，使电源指示灯 RD 灭；动合触点 KA_1 合(自锁)确保中间继电器线圈 KA 不断电；动合触点 KA_2 合使交流接触器线圈 1KM 得电，主触点 1KM 闭合，1 号泵电机 M_1 得电运转；交流接触器动合触点 $1KM_1$ 合，使指示(绿)灯 GN 亮，表示 1 号泵在运行中。交流接触器的动断触点 $1KM_2$ 和 $1KM_3$ 开，确保交流接触器的线圈 2KM 和 3KM 不得电。若 1 号泵电机 M_1 发生过载等事故时，热继电器的动断触点 FR 打开，使 1 号泵电机停。

(2) 变频调速供水控制。

将转换开关 SA 置“自控”，图中①—②和⑤—⑥合。按下启动按钮 2SB，中间继电器线圈 KA 得电，使动合触点 KA_3 合。变频调速器按压力传感器返回的水流量的变化，经过分析调节，改变频率使两台水泵速度连续可调。

① 用水量减少。

输出管网的水流较小时，压力传感器反映用水负荷的压力变化量信号减少，输入微机调整使其输出的动合触点 JC1 闭合，交流接触器线圈 2KM 得电，主触点 2KM 闭合，1 号泵电机 M_1 得电运转。变频调速器不断地根据管网的实际压力值与设定的给定值进行比较，经比例积分(proportional plus integral，PI)运算来改变输出频率，使 1 号泵电机 M_1 的转速随用水流量的变化而改变。交流接触器的动合触点 $2KM_1$ 合，使指示(绿)灯 GN 亮，表示 1 号泵在运行中。

② 用水量增大。

输出管网的水流较大时，压力传感器反映用水负荷的压力变化量信号增大，输入变频器调整，可使其输出的动合触点 JC_1 和 JC_2 均合，交流接触器线圈 2KM 和 3KM 得电，1 号泵电机 M_1 和 2 号泵电机 M_2 得电运转，并能根据频率的变化来改变电机 M_1 和 M_2 的转速，让水流量变化。交流接触器的动断触点 $2KM_2$ 和 $3KM_2$ 开，确保交流接触器的线圈 1KM 不得电。交流接触器的动合触点 $3KM_1$ 合，指示(黄)灯 YE 亮，表示 2 号泵在运行中。若 1 号泵或 2 号泵电机发生过载等事故时，变频器可自动断电，使 1 号泵或 2 号泵电机停，同时将动合触点 JC_3 闭合，使报警指示(蓝)灯 BU 亮。

1 号泵和 2 号泵电机可长期运行，若想使两台电机停止工作，只需按下停止按钮 1SB，中间继电器线圈 KA 失电，动断触点 KA_4 恢复闭合，使电源指示灯 RD 亮；动合触点 KA_1、KA_2、KA_3 均开，主触点 1KM、2KM、3KM 断开，电机停。

8.3.4 电动机启动与调速方式的选择

1. 全压启动

全压启动力矩最大、时间最短、最经济，应优先选用，但启动电流大，在配电母线上引起的电压下降也大。当符合下列条件时，电动机应全压启动：

(1) 电动机启动使配电母线的电压符合要求；

(2) 被拖动机械能承受电动机全压启动时的冲击转矩；

(3) 制造厂对电动机的启动方式无特殊规定(指特殊结构的大型高压电动机，至于低压电动机和一般高压电动机均可全压启动)。

2. 降低启动

启动电流小，但启动转矩也小，启动时间延长，绕组温度升高，启动电气复杂，只在不符合全压启动条件时才宜采用。降压启动方式有电抗器降压启动、自耦变压器降压启动、星形-三角形降压启动和变压器-电动机组启动。采用降压启动，其端子电压应能保证机械负载要求的启动转矩。

电动机启动方式和特点如表 8.3.1 所示。

表 8.3.1 电动机启动方式和特点

启动方式	全压启动	自耦降压启动	Y-△降压启动
启动电压	u_e	ku_e	$\frac{1}{\sqrt{3}}u_e=0.33u_e$
启动电流	$I_{st}=(6\sim7)I_e$	k^2I_{st}	$\left(\frac{1}{\sqrt{3}}\right)^2I_{st}=0.33I_{st}$

注：u_e 为电动机额定电压；I_e 为电动机额定电流；I_{st}为电动机启动电流；k 为启动电压与额定电压 u_e 的比值，对自耦变压器为变比。

3. 变频调速

变频器输出不但改变电压而且同时改变频率，能实现异步电动机的无级调速，在负载变化较大的情况下，采用变频调速，节能效果明显。软启动器(soft starter)实际上是个调压器，启动电机时，输出只改变电压并没有改变频率。

从以上讨论异步电动机的启动和调速方法来看，每种启动和调速方法都有各自的特点，选用时应扬长避短，经济合理。

思 考 题

8-3-1 异步电动机可以通过哪些方法来实现调速？

8-3-2 变频调速控制和变极对数、变转差率调速等有何区别？其优点是什么？

8-3-3 某多速三相异步电动机，$f_N=50$ Hz，若磁极对数由 $p=2$ 变到 $p=4$，同步转速各是多少？

8-3-4 一对磁极的三相鼠笼型异步电动机，当定子电压的频率由 40 Hz 调节到 60 Hz 时，其同步转速的变化范围是多少？

8-3-5 试画出空调机的变频调速控制的工作原理框图。

练 习 题

8-3-1 有一台三相异步电动机拖动生产机械运行。当 $f_1=50$ Hz 时，$n_N=2930$ r/min；当 $f_1=40$ Hz 和 $f_1=60$ Hz 时，转差率都为 $s=0.035$。求这两种频率时的转子转速。

8-3-2 所谓能耗制动就是在电动机停车时将它的电枢从电源断开而接到一个大小适当的电阻 R 上，励磁不变。试分析图 8.3.6 所示并励直流电动机能耗制动的工作原理。

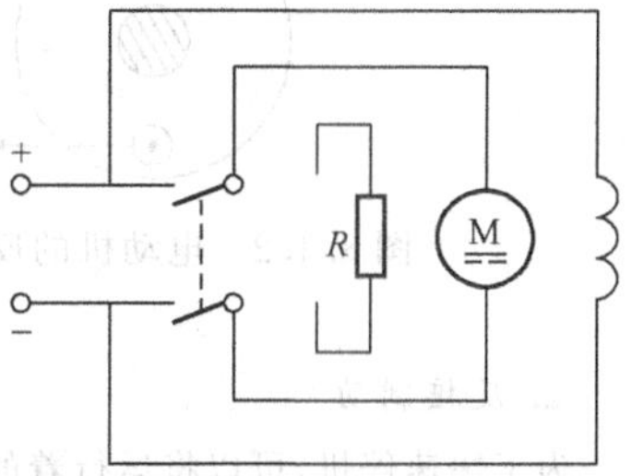

图 8.3.6 习题 8-3-2 的电路

△8.4 电动机的制动

由于电动机的转动部分惯性较大，电源切断后，电动机还会继续转动一定时间而后停止。为了缩短辅助工时，提高生产机械的生产率，并为了安全起见，往往要求电动机能够迅速停车和反转。这就需要对电动机制动。当电动机所产生的电磁转矩不再是驱动转子运转的驱动转矩而成为阻止转子转动的转矩时，称电动机处于制动状态。电动机制动的方法有电气制动和机械制动两种方法。

8.4.1 电气制动方法

异步电动机常用的电气制动方法有能耗制动(动力制动)、反接制动和发电制动三种。

1. 能耗制动(动力制动)

当三相交流异步电动机与交流电源断开后,立即在定子绕组内通入直流电流,如图 8.4.1(a)所示。这时电动机的磁场不再随时间变化,是一个静止的磁通,电动机的转子由于惯性而在原方向继续转动,转子绕组切割静止磁通后,产生感应电动势及电流,转子电流与磁通的相互作用产生电磁转矩阻止转子转动,如图 8.4.1(b)所示,起到了制动作用。制动转矩的大小与直流电流的大小有关。直流电流的大小一般为电动机额定电流的 0.5～1 倍。

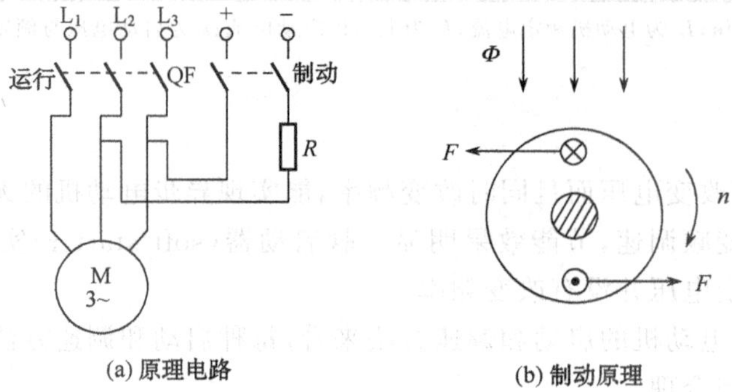

图 8.4.1　电动机的能耗制动

这种制动方法是将转子的动能转换成为电能(消耗在转子绕组电阻上),故称为能耗制动。能耗制动的特点是制动准确、平稳,但需要直流电源。

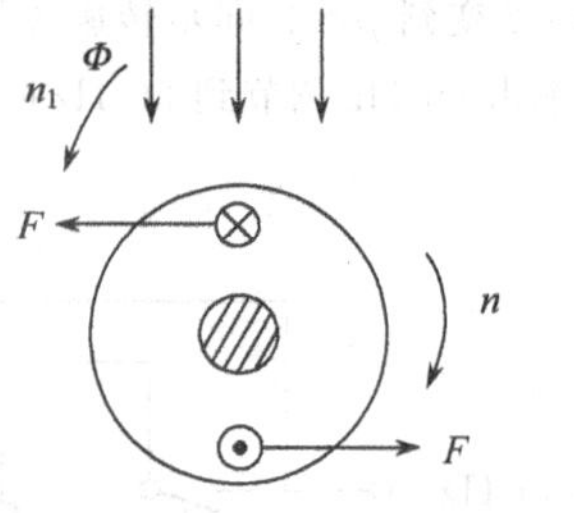

图 8.4.2　电动机的反接制动

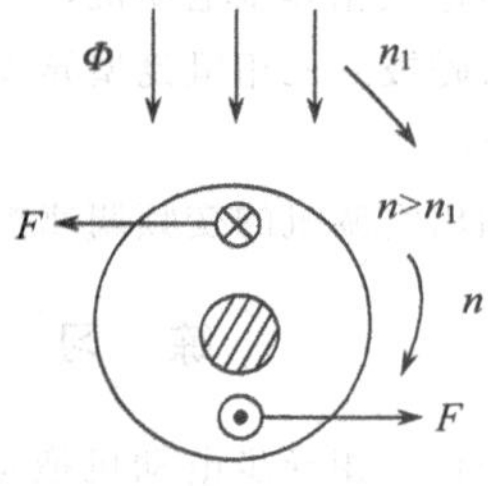

图 8.4.3　电动机的发电反馈制动

2. 反接制动

为了快速停机,可以将运行着的电动机与电源相连的三根电源线中的任意两根对调,这时电动机产生的旋转磁场改变方向,电动机的转矩方向随之改变,而转子由于惯性仍在原方向上旋转,因此,作用在转子上的转矩与电动机转子转动方向相反(见图 8.4.2),对制动转矩,起了制动作用——反接制动的制动效果较好,但是在这个控制电路中,在转速接近零时应将电动机与电源自动切断,否则电动机将会反转。由于在反接制动时旋转磁场与转子的相对转速 $n+n_1$ 很大,因而电流较大。为了限制电流,对功率较大的电动机进行制动时必须在定子电路(笼型)或转子电路(绕线型)中接入电阻。

这种制动比较简单,效果较好,但能量消耗较大。对有些中型车床和铣床主轴的制动采用这种方法。

3. 发电制动

当电动机转子作用的外转矩使转子转速超过磁场转速 n_1 时(如起重机吊物下降时),这时电磁转矩的作用就不再是驱动转矩而是与转子转动方向相反(见图 8.4.3),能够促使电动机的转速迅速地降下来。当转子转速 $n>n_1$ 后,有电能从电动机的定子返回给电源,因此,这种制动称为发电制动,也称为再生制动状态。

另外,当将多速电动机从高速调到低速的过程中,也自然发生这种制动。因为刚将极对数 p 加倍时,磁场转速立即减半,但由于惯性,转子转速只能逐渐下降,因此就出现 $n>n_1$ 的情况。

对于采用变频器调速的电动机，首先用再生制动方式将电动机的转速降至较低转速，然后再转换成直流制动，使电动机迅速停住。直流制动的起始频率 f_{DB}，如图 8.4.4 所示。要求制动时间越短，则起始频率 f_{DB} 应越高。

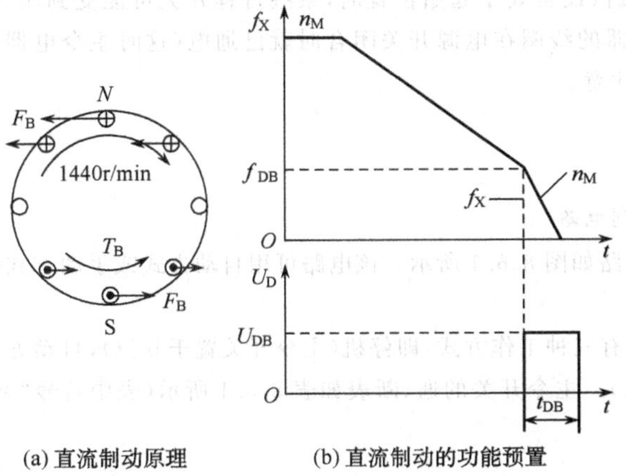

(a) 直流制动原理　　(b) 直流制动的功能预置

图 8.4.4　直流制动工作原理

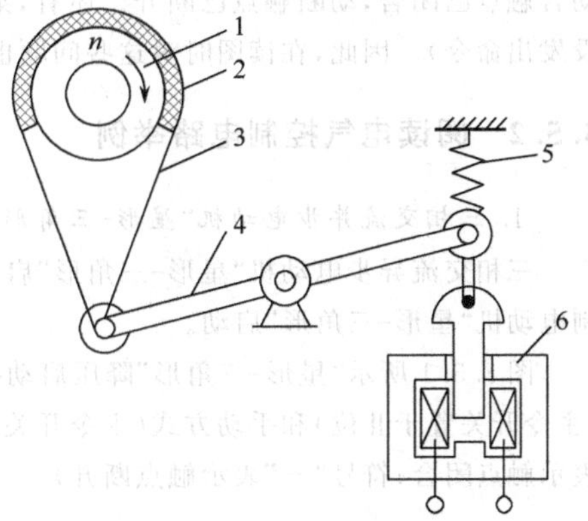

图 8.4.5　抱闸(示意图)

1. 机械转动体；2. 耐磨橡皮；3. 钢带；4. 杠杆；5. 拉簧；6. 电磁铁

8.4.2　机械制动方法

电动机制动时，除使用电气制动外有时还需要机械抱闸相配合。机械抱闸(或刹车片)的原理如图 8.4.5 所示。当电动机工作时，电磁铁也通电，抱闸松开，不妨碍电动机转动；当制动时，电动机定子绕组断电，电磁铁也同时断电，在弹簧作用下抱闸抱紧转轴而刹车，使电动机很快停车，并使电动机在无电状态下转子不能随便转动。

思　考　题

8-4-1　试比较电动机电气制动和机械制动的优缺点。

△8.5　电气控制电路原理图的阅读

8.5.1　阅读电气原理图的注意事项

(1) 应了解生产机械设备的工艺过程，控制电路服务的对象及生产过程对控制电路提出的要求。要有一个生产机械动作顺序表。

(2) 了解控制系统中各电机、电器的作用。一般控制系统图都附有电机、电器一览表，可以查出各电器元件的作用。在这同时还应搞清每个电机(或电磁阀)是由哪些接触器控制的。

(3) 读图时，要掌握控制电路编排上的特点。一般控制电路，其电路的排列常依据生产设备动作的先后次序由上到下排列，读图时也要一行行地进行分析。

一般控制电路图上还在每一并联支路旁注明该部分的控制作用，读图时掌握这些特点去分析控制电路的作用就会比较容易。

(4) 在控制电路原理图中，同一个电器的线圈和触点用同一文字符号表示，但同一电器的线圈和触点会分布在不同的支路中，起着不同的作用。

接触器，电压、电流、时间继电器等，它们的触点的动作是依靠其吸引线圈通、断电来实现的。但是还有一些电器，如按钮、行程开关、压力继电气、温度继电器等没有吸引线圈，只有触点，这些触点的动作是依靠外力或其他因素实现的。所以在读图时应当特别注意，在控制电路中是找不到这些电器的吸引线圈的。

(5) 电气控制电路原理图中的所有电器的触点均按其自然状态下的情况画出，但在读图时要注意有些触点的自然状态与实际工作情况不一定相符。例如，机械设备处于起始位置时，某些行程开关可能受到压力，动合触点已闭合，动断触点已断开。还有，某些继电器的线圈在电源开关闭合时就已通电（这时主令电器并没发出命令）。因此，在读图时对这些问题也要加以注意。

8.5.2 阅读电气控制电路举例

1. 三相交流异步电动机“星形-三角形”启动控制电路

三相交流异步电动机“星形-三角形”启动控制电路如图 8.5.1 所示。该电路可用自动方式或手动方式控制电动机“星形-三角形”启动。

图 8.5.1 所示“星形-三角形”降压启动控制电路有三种工作方式，即停机（主令开关置于 0 位），自动方式（主令开关置于Ⅱ位）和手动方式（主令开关置于Ⅰ位）。主令开关的通、断表如表 8.5.1 所示（表中符号“×”表示触点闭合；符号“－”表示触点断开）。

表 8.5.1

触点 \ 位置	Ⅰ（手动）	0（停止）	Ⅱ（自动）
1－2	×	－	×
3－4	－	－	×
5－6	×	－	－

主令开关置于位置“0”时，主令开关的三对触头全部断开，启动器停止工作。指示灯 L_1 若有电，则表示电源已接入。

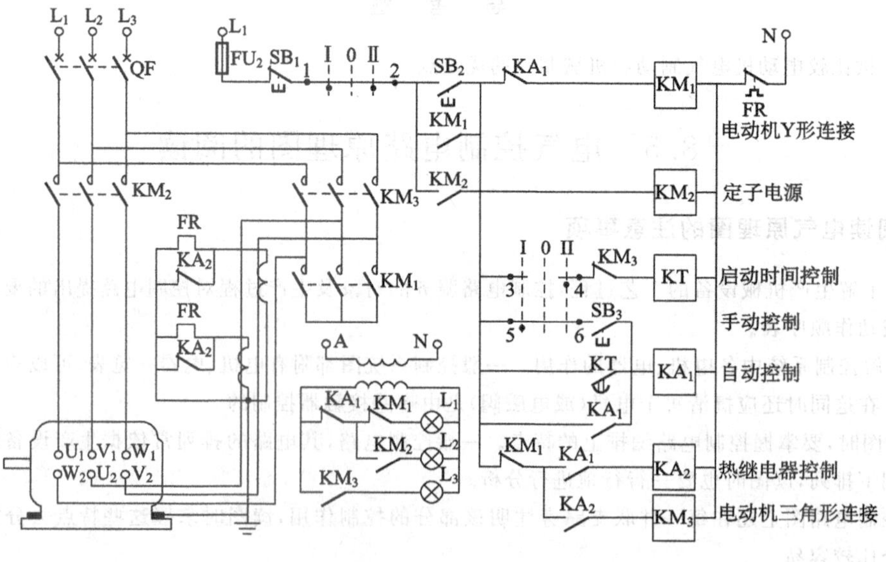

图 8.5.1 “星形-三角形”降压启动控制电路

主令开关置于位置“Ⅱ”时，主令开关的1—2，3—4两对触点闭合，可进行自动Y-△启动控制。在这个位置下，按下启动按钮SB_2，接触器KM_1和KM_2通电并自锁，电动机Y形连接启动。电动机启动的同时通过触点3—4使时间继电器KT通电，KT的延时动合触点闭合后，将中间继电器KA_1接通，KA_1通电后，它的动断触点断开KM_1接触器，它的动合触点接通KA_2线圈，使KA_2闭合接通KM_3接触器，电动机由Y形连接改为△形连接，自动完成Y-△启动。

主令开关置于位置“Ⅰ”时，开关的1—2，5—6两对触点闭合，时间继电器不起作用。按下启动按钮SB_2电动机Y形连接启动。需要将电动机由Y形连接改为△形连接时，按SB_3按钮，中间继电器KA_1通电，断开KM_1接触器，接通KA_2，接入KM_3接触器，手动完成Y-△转换。

在图8.5.1中，热继电器的发热元件FR接在电流互感器的二次回路中，这样做可以用整定电流较小的发热元件保护电流较大的负载。为防止电动机启动过程中热继电器产生误动作，在电动机启动过程中将发热元件用中间继电器KA_2的动断触点短路，电动机△形连接正常运转时KA_2的动断触点打开，热继电器这时才起过载保护作用。

为了安全，电流互感器的铁心及电动机的外壳应接保护地线。

通过上例，可以使我们了解到，对一个继电器控制电路进行分析时，应当抓住以下三点。

(1) 了解生产工艺过程。

(2) 了解控制电路中每一个电器的作用及控制电器与执行电器的关系。

(3) 了解每个控制电器的启—保—停信号来自何处。

了解这三点之后，一般的电路分析起来就不会太困难了。

2. *皮带传输控制电路*

三台皮带运输机联动控制电路，如图8.5.2所示。该电路设置FR_1－FR_3的动断触点，与KA线圈串联，用于过载停车保护。与按钮并联的KA自锁触点兼有失压保护的作用。为实现过载时按顺序停车的要求，用KA的动断触点控制时间继电器KT_3和KT_4。

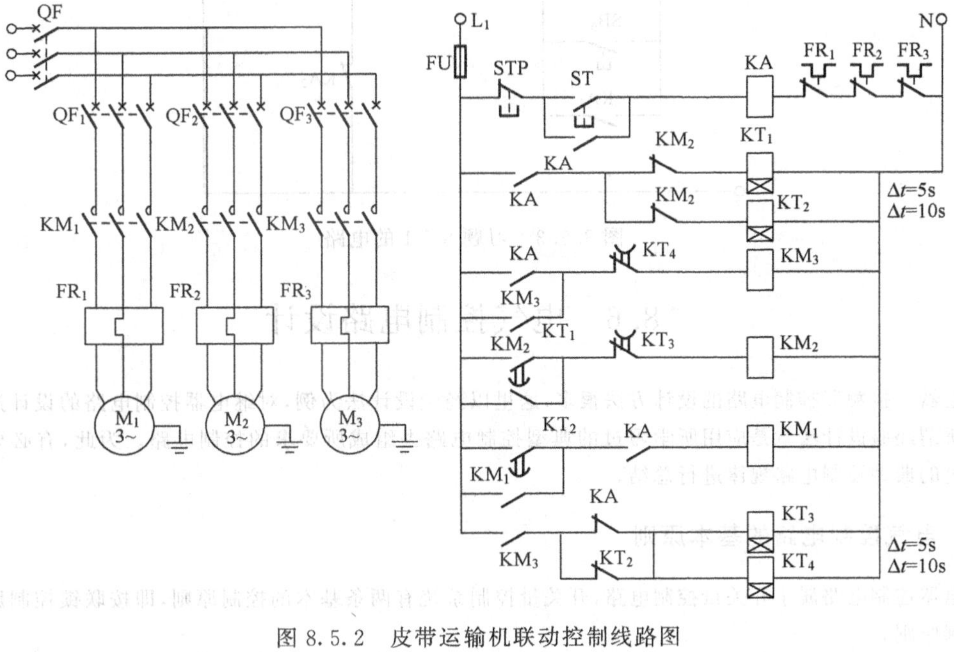

图8.5.2　皮带运输机联动控制线路图

联动控制工作原理分析如下。

1) 正常工作

(1) 启动。合上Q、Q_1～Q_3，按下启动按钮ST，KA得电吸合并自锁，互锁KT_3、KT_4，KT_1、KT_2、KM_3通

电，开始延时，电动机 M 启动运行。5s KT_1 的动合延闭触点闭合，KM_2 通电，M_2 启动且断开 KT_1 线圈电路。10s 时，KT_2 的动合延闭触点闭合，KM_1 通电，M_1 启动且断开 KT_2 线圈电路；KM_1、KM_2 均以自锁触点维持吸合。

(2) 停车。按下停车按钮 STP，KA 失电，其动断触点复位接通 KT_3、KT_4 线圈电路，开始延时，动合触点复位断开 KM_1 线圈电路、停车。延时 5s，KT_3 常闭延开触点动作，切断 KM_2 线圈电路，M_2 停车；延时 10s 时，KT_4 动断延开触点动作，切断 KM_3 线圈电路，M_3 停车，同时，KM_3 动合触点打开，断开 KT_3、KT_4 线圈电路。

2) 过载保护

过载时，无论 FR_1～FR_3 中哪对触点打开，其停车顺序均为 M_1、M_2、M_3。原理分析同正常停车。失压保护由 KA 的自锁触点实现，短路保护由各熔断器实现。

练 习 题

8-5-1 密码门锁电路如图 8.5.3 所示。当电磁铁线圈 YA 通电后，门闩或锁闩拉出把门打开。图中，HA 为报警器；KA_1 和 KA_2 为继电器。试分析密码门锁开锁、报警和解禁的工作原理。

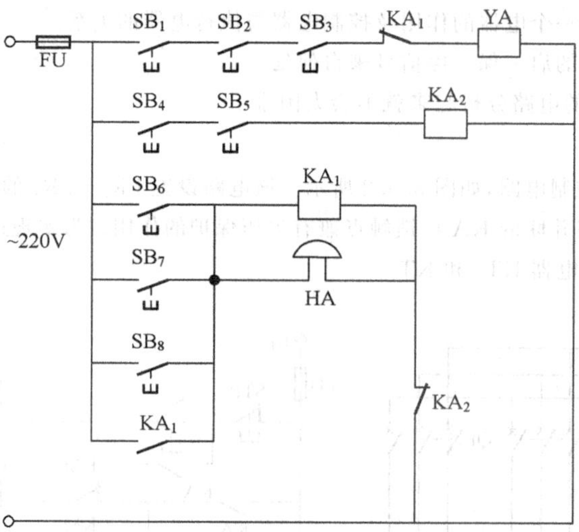

图 8.5.3 习题 8-5-1 的电路

*8.6 电气控制电路设计

继电器—接触器控制电路的设计方法很多，这里以经验设计法为例，对继电器控制电路的设计进行简要介绍。所谓经验设计法就是应用所学习过的典型控制电路去组成所要求的控制电路。为此，有必要首先对所学习过的典型控制电路规律进行总结。

8.6.1 电气控制电路的基本原则

继电器控制电路属于开关量控制电路，开关量控制系统有两条基本的控制原则，即按联锁控制原则和按状态控制原则。

1. 联锁控制

生产机械的各运动之间大量存在着某种相互制约的关系，例如，运动部件的前进与后退、上升与下降、一种运动的发生以另一种运动的发生为条件等等有着相互制约的情况，这些情况在控制电路中统称为联锁关系，用电路实现时称为联锁控制。常见的联锁控制有以下几种：

(1) 不能同时发生的运动的联锁控制。如电动机正、反转,可以通过使用互锁触点方法解决,见图 8.2.7。

(2) 有条件运动的联锁控制。如机床加工时,进给运动必须在主轴运动之后才能发生,即乙动作是以甲动作的实现为条件,实现这种联锁控制的方法如图 8.2.8 所示的顺序控制电路。

(3) 每一时刻只有一种动作的顺序步进控制。生产过程中会有这样一种要求,即动作依次发生,前一个动作发生了才允许后一个动作发生,而一旦后一个动作发生了之后应停止前一个动作再发生。例如图 8.6.2 所示两地点送物控制电路。

(4) 不同工作方式集于一个控制电路之中的联锁控制。如冲床工作时可以手操作,也可以脚踏操作,但绝不允许两种操作同时进行,再如图 8.5.1 所示电动机星形-三角形启动控制电路,可以自动控制启动、也可以手动控制启动,这两种控制方式也不能同时进行,因此,也属于联锁控制的范围,解决的方法是在电路中加入选择开关,以选择开关的触点作为不同工作方式的联锁。

2. 利用运动状态物理量的变化进行控制

利用运动状态物理量(如温度、压力、行程、时间等)的变化进行控制,如图 8.1.15 为热继电器保护、图 8.2.9 为行程控制、图 8.2.15 为时间控制等。

3. 设定一些特殊电路

如在控制电路中有时需要判断某一事件是否出现过,并根据该事件是否出现来决定下一步的工作,为此,在电路中应用继电器设置一个选择电路,根据已进行的工作来选择下一步执行的任务。

运用典型控制电路,并将上述关系恰当处理后,就可以获得所需的继电器、接触器控制电路。

8.6.2 设计举例

有一工地运物车,如图 8.6.1 所示,从甲地出发向乙地和丙地送物,开始运行后首先向乙地送物、到位自动停车 m 秒,然后自动返回甲地,到甲地后自动停车 n 秒后,自动启动向丙地送物,经乙地不停车。到丙地后自动停车 m 秒后自动返回甲地,停车 n 秒后再自动启动向乙地送物,如此循环。设计送物车控制电路。

这个装置的控制核心电路是自动往复运动加时间控制,因此,可以用图 8.4.7 作基础,加入一个选择电路,根据这一次运行是送到乙地还是丙地,确定出下一次运行的目的地。这里所谓的选择电路,从控制要求的角度来说就是:若这次送物到乙地,下次再送物时经过乙地不停车,即下次送物前乙地的行程开关 ST_2 应被短路。

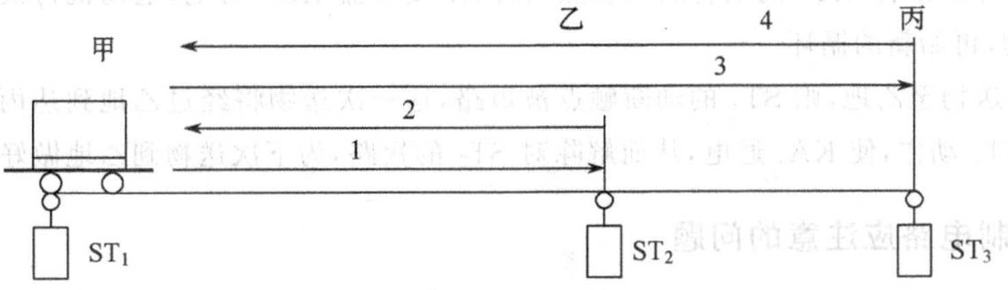

图 8.6.1 两地送物运行示意图

1. 甲向乙处送物;2. 乙向甲处返回;3. 甲向丙处送物;4. 丙向甲处返回

若这次送物到丙地,下次再送物时,到达乙地应停车,即送物前乙地行程开关 ST_2 应已解除短路。

为此,可以用行程开关 ST_2 和 ST_3 的动合触点及继电器 KA 构成这个选择单元电路,如图 8.6.2 所示。

图 8.6.2 电路工作原理如下:按下 SB_2 启动按钮,接触器 KM_1 通电,电动机拖动送物车由甲地向乙(丙)地行进。

(1) 运行到达乙地(或丙地),行程开关 ST_2(或 ST_3)动断触点打开,KM_1 断电,电动机停机。

① 如果到达乙地停机,则 ST_2 动断触点打开,ST_2 动合触点闭合。ST_2 的动合触点闭合使 KA_2 通电,记忆单元工作,即将 ST_2 的动断触点短路。KA_2 的通电使时间继电器 KT_1 通电。

② 如果到达丙地停机,则 ST_3 动断触点打开,ST_3 动合触点闭合,ST_3 的动合触点闭合使 KA_3 通电,KA_3

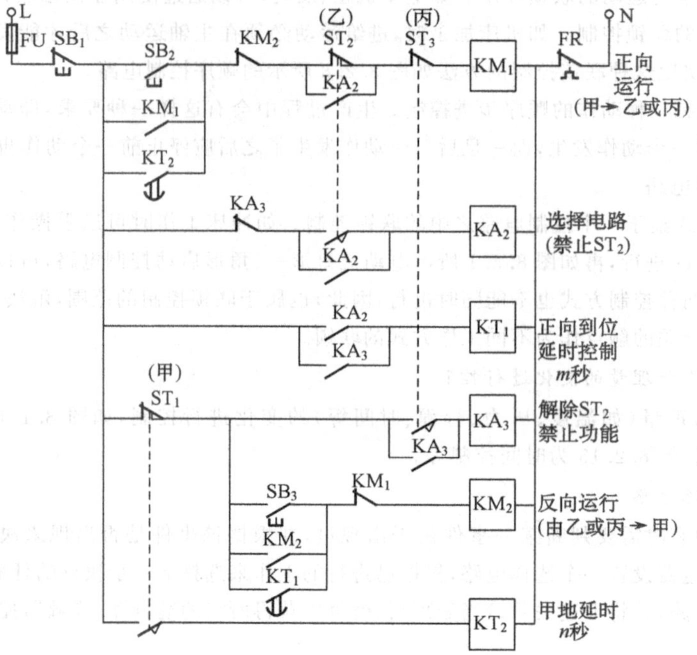

图 8.6.2　两地点送物控制电路图

通电后，其动断触点打开，使 KA_2 失电，行程开关 ST_2 的动断触点解除短路。KA_3 通电也使时间继电器 KT_1 通电。

(2) 时间继电器 KT_1 延时 m 秒后，其延时动合触点闭合，使接触器 KM_2 通电，电动机拖动送物车返回甲地。

(3) 送物车到达甲地，使行程开关 ST_1 动断触点打开，接触器 KM_2 断电，电动机停止运行。ST_1 的动断触点同时使记忆单元电路复位。ST_2 的动合触点使时间继电器 KT_2 通电。

(4) 在甲地延时 n 秒后，KT_2 的动合延时触点闭合，使接触器 KM_1 通电，电动机再次拖动送物车从甲地向乙(或丙)地送物，再始新的循环。

(5) 若上一次送物至乙地，则 ST_2 的动断触点被短路，这一次送物将经过乙地到达丙地。送物车到达丙地后使行程开关 ST_3 动作，使 KA_3 通电，从而解除对 ST_2 的短路，为下次送物到乙地做好准备。

8.6.3　电气控制电路应注意的问题

1. 线圈控制电路

1)线圈控制电路设计

在多数场合，低配电系统采用中性点直接接地方式即 TN 系统。当控制回路发生接地故障时，应避免保护和控制电器被大地短路，造成电动机意外启动或不能停车。因此，《通用用电设备配电设计规范》GB50055—1993 规定，电动机一般在控制回路中装设的隔离电器(用于安全检修)和短路保护电器，控制电压采用 220V，不宜采用 380V。例如图 8.6.3，接线Ⅰ是正确的：当 a、b、c 任何一点接地时，控制接点均不被短接，甚至 a 和 b 两点同时接地时亦将因熔断器熔断而停车。接线Ⅱ是错误的：当 e 点接地时，控制接点被短接，运行中的电动机将不能停车，不工作的电动机将意外启动，这种接法不应采用。接线Ⅲ是有问题的：当 h 点接地时，仅 L_3 上的熔断器熔断，线圈接于相电压下，通电的接触器不能可靠释放，不通电的则不排除吸合的可能，从而有可能造成电动机不能停车或意外启动，这种做法只能用于简单的控制回路(如磁力启动器中)。

此外，当图 8.6.3 中 a,b,d,g,h 或 i 点接地时，相应的熔断器熔断，电动机将被迫(a、b、d 点)或可能(g,h,

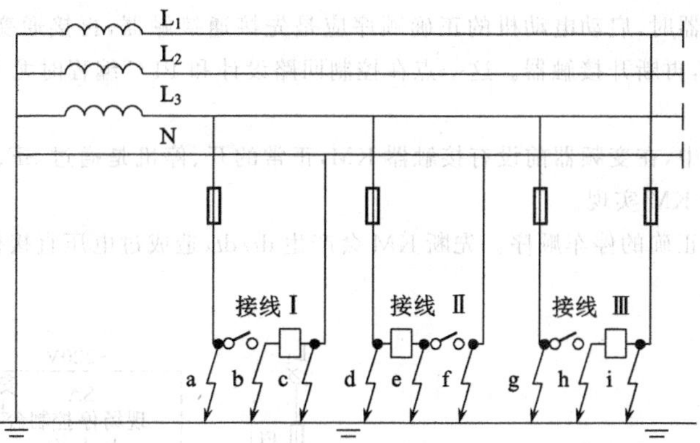

图 8.6.3　低压交流控制回路接线

i 点)停止工作。

2) 控制电路施工

(1) 按钮、主令控制器相邻触点应接在同电位端。通常启动和停止按钮一般组装在一起,在图 8.6.4(a)所示的电路中,按钮分别接在电源的两端,容易造成短路,应改为如图 8.6.4(b)所示的接法。

(2) 控制电路为交流 220V 单相时,线圈应放在 N 端。在图 8.6.5(a)所示的电路中,由于 N 线与地相连,当 P 点发生接地故障时,接触器 KM 的线圈通电,将引起电动机自启动。正确的接法如图 8.6.5(b)所示,把 KM 的线圈接在 N 端。此时,如 P 点接地,会造成二次电源短路,使控制回路的熔断器熔丝熔断,电动机不会自启动。

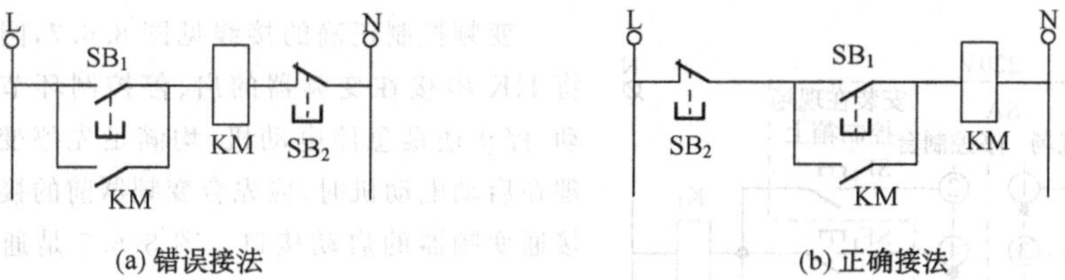

图 8.6.4　主令控制器相邻触点连接

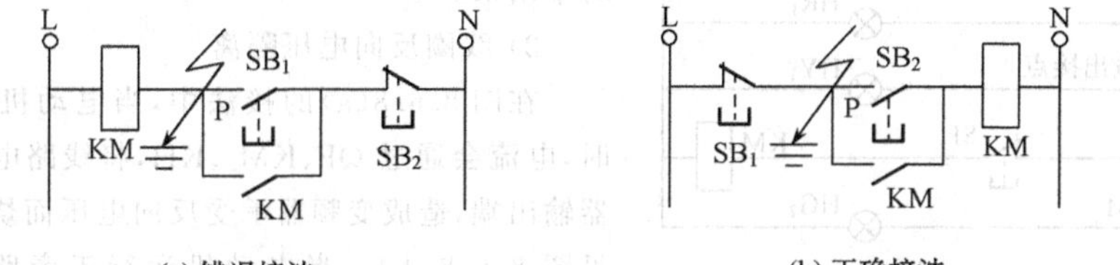

图 8.6.5　接触器的线圈通电连接

在实际电气工程中,所选用的产品应技术成熟、性能先进、市场占有率高、售后服务良好,而且通过“3C”认证①。在产品价格相同的情况下,应优先选用驰名品牌,确保工程质量。

2. 变频控制回路

采用变频控制电动机,如果变频控制回路设计不当,可能会烧毁变频器。

1) 变频器与接触器启停顺序

---

① 强制性认证制度是各国政府为保护消费者人身安全和国家安全,加强产品质量管理,依照法律法规实施的一种产品合格评定制度。中国强制性认证(china compulsory certification,CCC,简称“3C”认证)从 2003 年 8 月 1 日开始强制实施。

当变频器前串接触器时，启动电动机的正确顺序应是先接通接触器，再接通变频器；停止电动机的正确顺序应是先断开变频器，再断开接触器。这一点在控制回路设计和 PLC 编程时尤为重要，否则会造成变频器使用寿命的缩短。

图 8.6.6 所示电路中，在变频器前设有接触器 KM，正常的开、停机是通过 SF、SS 及 HK 实现，而电动机的急停是通过 HK 切断 KM 实现。

电动机的急停违反正确的停车顺序。先断 KM 会产生 di/dt，造成过电压直接作用于变频器，使变频器承受过电压而损坏。

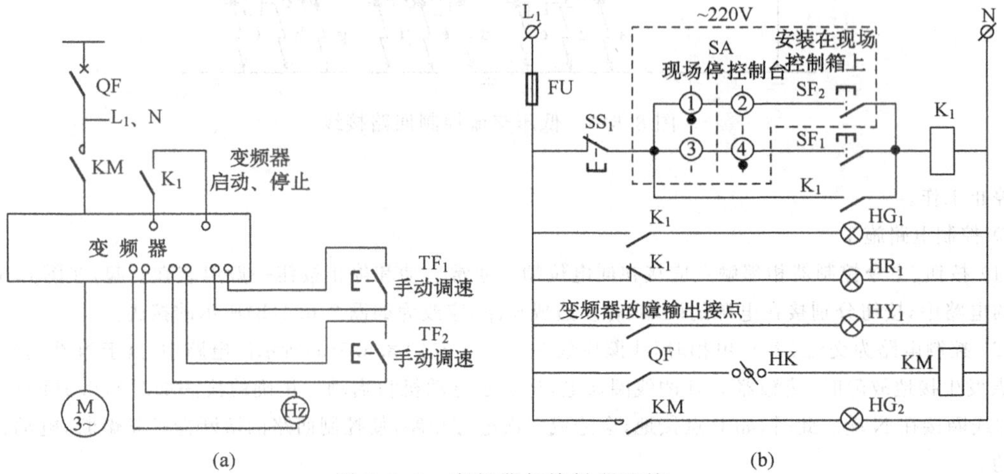

图 8.6.6　变频器与接触器连接

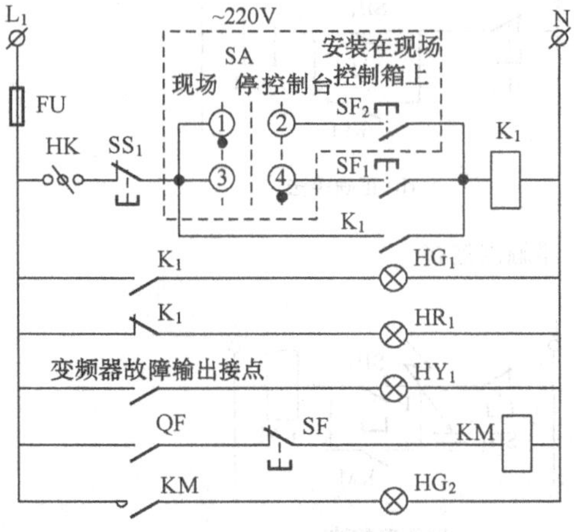

图 8.6.7　变频器与接触器启停顺序

变频控制正确的接线见图 8.6.7，图中的停机方式是将 HK 串接在变频器的启、停控制环节中。这样无论启动、停止还是急停电动机，均满足先停变频器的要求。同理在启动电动机时，应先合变频器前的接触器 KM，然后再接通变频器的启动接口。图 8.6.7 是通过一个钥匙旋钮 SF 先闭合接触器 KM，然后操作变频器。接触器 KM 仅在检修变频器时操作。故 SF 的钥匙正常时被“收缴”，检修时拿出来。

2）线圈反向电压隔离

在图 8.6.8(a) 的接法中，当电动机运行于旁路回路时，电流会通过 QF、KM_2、KH，将线路电压反向加到变频器输出端，造成变频器承受反向电压而烧毁。正确的接法见图 8.6.8(b)。当电动机运行于旁路回路时，由于有 KM_4 的隔离作用，不会将电压反向加到变频器的输出端。

3）变频器与控制对象的距离

变频器正常工作所需的环境温度和现场条件限制了变频器近距离靠近电机。在现场需要人工调速时，如果电动机距离变频器较远，因电位计控制回路电压是 24V，就会发生电位计控制回路电压降太大（一般是 18V 左右），造成现场电位计调频不准。解决办法有两个：一是由熟悉变频器的专业人员在现场调试根据实际电压调整变频器的参数；二是采用开关量进行控制（见图 8.6.9），通过 SF_3、SF_4 的闭合进行升频和降频操作。采用开关量抗干扰能力强。

4）主回路和控制回路的同步

控制回路设计还应注意主回路和控制回路的同步问题。当电动机的主回路断电时，控制回路也应该同步断电。防止主回路断电后，控制回路仍带电，当主回路电源恢复时，电机会出现自启动，可能造成对机旁人

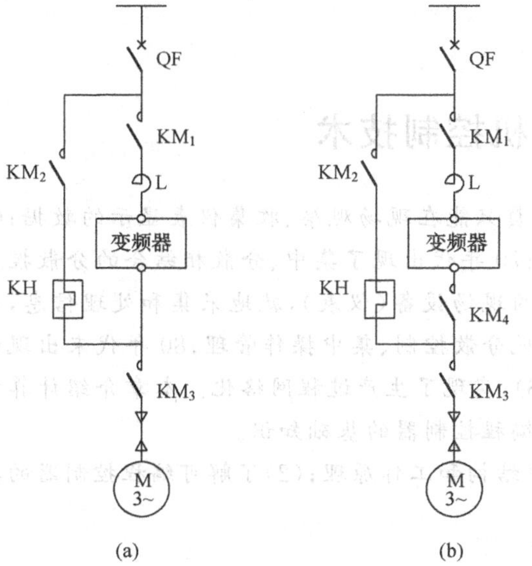

图 8.6.8　变频控制主回路

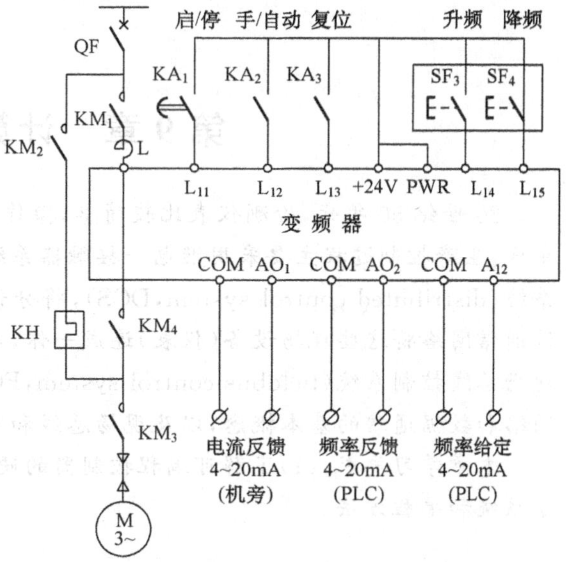

图 8.6.9　变频控制主回路和控制回路的同步

员的伤害。当控制回路直接引自主回路时，将控制回路接至 QF 的下侧，见图 8.6.7。当控制电源不是引自电机的主回路时，应将主回路 QF 的辅助常开触点串接入控制电源的熔断器 FU 后。

练　习　题

8-6-1　有两台三相异步电动机 M_1、M_2，要求：(1) M_1 启动后 M_2 才能启动(即必须在 M_1 启动后，按下 M_2 的启动按钮才能使 M_2 启动)；(2) M_2 停止后 M_1 才能停止(即必须在 M_2 停止后，按下 M_1 的停止按钮才能使 M_1 停止)。试画出继电接触器控制电路。该电路应具有短路、过载和欠压保护的功能。

8-6-2　根据下列五个要求，分别画出控制电路(M_1 和 M_2 都是三相鼠笼型电动机)：(1)电动机 M_1 先启动后，M_2 才能启动，并且 M_2 能单独停车；(2)电动机 M_1 先启动后，M_2 才能启动，并且 M_2 能点动；(3) M_1 先启动，经过一定延时后 M_2 能自行启动；(4) M_1 先启动，经过一定延时后 M_2 能自行启动，M_2 启动后，M_1 立即停车；(5)启动时，M_1 启动后 M_2 才能启动；停止时，M_2 停止后 M_1 才能停止。

8-6-3　试画出笼型电动机定子串联电阻降压启动的控制电路。

第9章 计算机控制技术

20世纪50年代，检测仪表比较简单，操作人员只能在现场观察、收集仪表显示的数据；60年代，生产控制过程主要采用继电一接触器系统；70年代出现了集中、分散相结合的分散控制系统(distributed control system，DCS)，将分散的现场设备(仪表)，就地采集和处理信息，经过通信网络将这些现场设备(仪表)连成一体，实现分散控制、集中操作管理；80年代末出现的现场总线控制系统(fieldbus control system，FCS)，实现了生产过程网络化。本章介绍计算机网络和数据通信的基本概念，以及现场总线和可编程控制器的基础知识。

本章学习要求：(1)了解可编程控制器的硬件结构和工作原理；(2)了解可编程控制器的指令系统和编程方法。

*9.1 现场总线控制系统

现场总线是用于现场设备或装置与控制室的控制设备之间的一种数字化、双向、多点的数据总线。在电气设备或装置中嵌入传感器和微处理器来采集、分析和处理信息，通过现场总线使其与计算机互连，能实现生产过程自动化。

下面简单介绍在电气控制系统中应用较广的控制器区域网络和局部操作网络两种技术。

9.1.1 CAN(控制器区域网络)

控制器区域网络(controller area network，CAN)协议，参照了OSI参考模型的物理层和数据链路层，并用专用集成电路(ASIC)固化了这2层协议。CAN总线标准为ISO 11898，有2.0A版和2.0B版。

CAN模型如图9.1.1所示。物理层又分为物理层信令(physical layer signaling，PLS)、物理媒体附件(physical medium attachment，PMA)与媒体接口(medium dependent interface，MDI)三部分，完成电气连接，实现驱动器/接收器的定时、同步、位编码解码功能。数据链路层分为逻辑链路控制LLC与媒体访问控制MAC两部分，分别完成接收滤波、超载通知、恢复管理，以及应答、帧编码、数据封装拆装、媒体访问管理、出错检测等功能。

CAN的信号传输采用短帧结构，每一帧的有效字节数为8个，因而传输时间短，受干扰的概率低。当节点严重错误时，具有自动关闭的功能，以切断该节点与总线的联系，使总线上的其他节点及其通信不受影响，具有较强的抗干扰能力。

CAN总线支持双绞线、光缆等传输介质，通信速率1Mbit/s时，传输距离最远可达40m；通信速率5kbit/s时，传输距离达10km。挂接设备可达110个。该总线在汽车、工业过程控制、建筑设备等领域得到广泛应用。

Device net是基于CAN的一种开放总线，很适合低压电器。它包括物理层、数据链路层和应用层。Device net协议写在应用层。

Device net为每种接入网络的电气设备预先编制设备描述(device profile)。设备描述是定义要在网络上交换的数据和数据的格式。电气设备的每一项参数都要定义为一个属性，并按照对象一实例一属性分级索引。例如断路器，要读出它的电流值，就要将它的A、B、C三相电流分别定义为某一个实例的一项属性，每个对象、实例、属性都有唯一的编号，可以唯一地访问到。交流电流、电压值通常规定为无符号十六位二进制整数(UINT)，单位为1A、1V或0.1A、0.1V，根据要表示的数据范围决定。开关的通/断、网络控制/本地控制等状态也定义为一个属性，用一个二进制数来表示。开关的设定参数也必须定义，只有定义的参数才有路经，才能在网络中传送。一台断路器可能要定义几十至上百项属性。

除此之外，还要定义输入/输出(input/output，I/O)数据包的格式，将要实时更新的输入和输出数据分别组合成一个数据包，周期交换。I/O 组合数据传送是以最简单的方式，传送有效的数据。

Device net 通信可以是点对点、主从通信或多主站通信。为降低从站开销，常使用一个主站管理一系列从站。主站定时询问从站，从站应答，也可用选通方式或状态变化传送方式。Device net 传送速率为 500kbit/s、250kbit/s、125kbit/s，传输距离分别为 100m、250m、500m，可通过延伸器扩展网络范围。

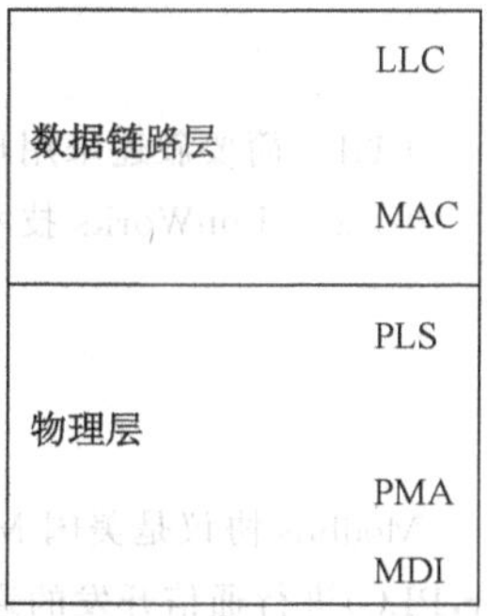

图 9.1.1　CAN 模型

Device net 接口是在 CAN 接口基础上在应用层编写协议，因此可用带 CAN 接口的微处理器实现 Device net 接口。采用 Modbus 协议的电气设备可通过 Modbus/Device net 转换器接入 Device net 网。

9.1.2　LON(局部操作网络)

局部操作网络(local operation networks，LON)采用 LonTalk 通信协议，该协议参照了 OSI 参考模型的全部 7 层，其各层作用和所提供的服务如表 9.1.1 所示。并用神经元芯片(neuron chip)固化了协议的全部内容，用户只需用 Neuron C 语言编写第 7 层(应用层)的应用程序。LON 总线所采用的一系列技术的总称为 LonWorks 技术。

LonWorks 技术的核心是集通信和控制功能为一体的神经元芯片(neuron chip)。该芯片包含三个 8 位 CPU，第一个用于完成开放互连模型中第 1 和第 2 层的功能，称为媒体访问控制处理器，实现介质访问的控制与处理；第二个用于完成第三至第六层的功能，称为网络处理器，进行网络变量的寻址、处理、背景诊断，函数路径选择，软件计时，网络管理，并负责网络通信控制、收发数据包等。第三个是应用处理器，执行操作系统服务与用户代码。芯片中还具有存储信息缓冲区，以实现 CPU 之间的信息传递，并作为网络缓冲区和应用缓冲区。运用 LonWorks 技术和神经元芯片，按照 LonWorks 网络变量来定义数据结构，可以解决与不同厂家产品的相互兼容问题，开发不同的产品。

表 9.1.1　LonWorks 模型分层

模型分层	作　用	服　务
应用层	应用程序	标准类型；组态性能；文件传送；网络服务
表达层	数据解释	网络变量；外部帧
会话层	控制	请求/响应；认证
传输层	端-端传输可靠性	单路/多路应答服务；重复信息服务；复制检查
网络层	报文传递	单路/多路寻址，路径
数据链路层	媒体访问与成帧	成帧；数据编码；CRC 校验；冲突回避/仲裁；优先级
物理层	电气连接	媒体特殊细节(如调制)；收发种类；物理连接

LON 通过网络变量把网络通信设计简化为参数设置，通信速率 300bit/s～1.5Mbit/s，支持双绞线、光纤、电源线等物理传输介质，组网方式灵活。采用双绞线，通信距离可达 2.7 km，速率 78kbit/s。

思　考　题

9-1-1　CAN(控制器区域网络)与 LON(局部操作网络)有什么共同点和不同点？

练 习 题

9-1-1　简要叙述采用现场总线的意义。

9-1-2　LonWorks 技术和 CAN 总线支持几种传输介质？其通信速率和通信距离是多少？

*9.2　Modbus 协议

Modbus 协议是美国 Modicon 公司于 1979 年为该公司的可编程序控制器(programmable logic controller，PLC)进行通信开发的通用语言，经过多年逐步完善现已成为实际的一种工业标准①。采用该协议，各控制器之间、控制器经由网络和其他设备之间可以通信，而且不同类型的控制器都可以通过该协议连成网络，实现实时集中监控。

Modbus 协议主要采用主从通信方式，网络中只有一个主设备，并且只有主设备才能初始化通信。通信采用查询、回答的方式进行，主设备向从设备发出消息，从设备只能响应主设备的查询，或根据查询作出响应的动作。数据传输以帧为单位，报文是由起始位、设备地址、功能代码、数据、错误检验、结束符等按一定格式组成的一个数据单元。

Modbus 协议的物理层采用 RS-485 接口，传输速率为 9.6kbit/s。

1. 传输方式

Modbus 控制器能设置为 ASCII(美国标准信息交换代码)或远程终端单元(remote terminal unit，RTU)两种传输模式中的任何一种。在 Modbus 协议中，可选择想要的模式，包括串口通信参数(波特率、校验方式等)。在配置每个控制器的时候，所有设备的传输模式应都保持一致。

在 Modbus 网络采用 RTU 模式进行通信时，错误检验采用循环冗余位校验(CRC)码。在相同波特率的情况下，数据流量比 ASCII 码更大。每一帧报文都必须在一个连续的数据流中进行传输。

2. RTU 帧结构

首先，RTU 模式的帧结构以至少 3.5 个字符的时间停顿间隔开始，紧接着的第一地址域是设备地址，网络设备不断监听总线，当第一地址域到达时，每个设备都对其进行解码以判断是否是发给自己的。功能域将告知从设备需要执行哪些操作。数据域则是功能域所附加的信息，大小由功能域所决定。CRC 码，低字节在先，高字节在后。最后以至少 3.5 个字符时间间隔的停顿作为消息的结束。典型的 RTU 消息帧如表 9.2.1 所示。

表 9.2.1　RTU 消息帧

起始位	设备地址	功能代码	数据	CRC	结束符
T1－T2－T3－T4	8bit	8bit	n 个 8bit	16bit	T1－T2－T3－T4

3. 循环冗余位校验

RTU 模式采用循环冗余位校验整个消息内容，不包括字节的起始位、停止位、奇/偶检验位，也不检验消息帧的起始和结束间隔符。CRC 域是两个字节，由传输设备计算加入到消息中，接收设备重新计算，并与接收到的 CRC 域中的值比较，如果两值一样，表示数据传输正确，否则数据有误。

随着应用范围的不断扩大，Modbus 协议又派生出 Modbus plus 和 Modbus TCP/IP 两种协议。

Modbus 串行链路、Modbus plus 和 Modbus TCP/IP 采用统一的应用协议，因而使得信息从一个网络传

① 我国已把 Modbus 协议作为我国工业自动化行业标准之一，制定了《基于 Modbus 协议的工业自动化网络规范》GB/Z19582.1—2004 等。该规范分三部分，第 1 部分为 Modbus 应用协议；第 2 部分为 Modbus 协议在串行链路上的实现指南；第 3 部分为 Modbus 协议在 TCP/IP 上的实现指南。

输到另一个网络时不需改变通信协议成为可能。

当 Modbus 在 TCP/IP 上应用时，采用网关，Modbus TCP/IP 网络与 Modbus plus 或 Modbus 串行链路网络能互连，使得任何地方的设备之间都可以进行通信。

4. Modbus 协议应用

Modbus 协议在电气控制系统中得到了广泛的应用，下面以智能断路器为例，说明 Modbus 组网方式。

1）系统构成

智能断路器一般具有 Modbus 协议和 RS-485 接口，通过 RS-485 接口组成的主从网络结构如图 9.2.1 所示。主站为 1 台计算机，从站为若干智能断路器或其他可通信元件。

(1) 网络的硬件结构。

智能断路器提供 RS-485 通信接口，采用屏蔽双绞线相互连接。主站是通信的发起者和控制者，从站只能与主站通信，而不能直接与其他从站通信。通信波特率为 9.6kbit/s，通信距离为 1.2 km。

(2) 监控软件。

组态软件可实现运行监控操作及管理等功能。例如电力监控组态软件（YSS2000）可用来监控和管理基于 Modbus 等现场总线上的电气设备。主要功能：采集现场数据，分析系统运行负荷，调整现场设备参数，控制现场设备状态，显示现场设备动态曲线，诊断现场设备故障等。

2）系统功能

(1) 遥控，是指通过主站控制网络中每一从站（断路器）进行储能、闭合、断开的操作。在主站界面上选取相应的对象，观看所选对象的当前运行状态，发出遥控"合"或"分"的指令。网络将指令传递给相应从站（断路器），从站在收到指令后，即按既定的指令时序进行分断、闭合、储能等操作，并向主站报告遥控的结果。

(2) 遥调，是指通过主站对从站（断路器）的保护定值进行设置。在主站中存有所有从站的保护定值表，在主站界面上选定相应的对象，从参数表中选择需要的参数，然后主站便把参数下载给相应的从站。从站在收到指令后，即修改自己的保护定值。并向主站报告遥调的结果。

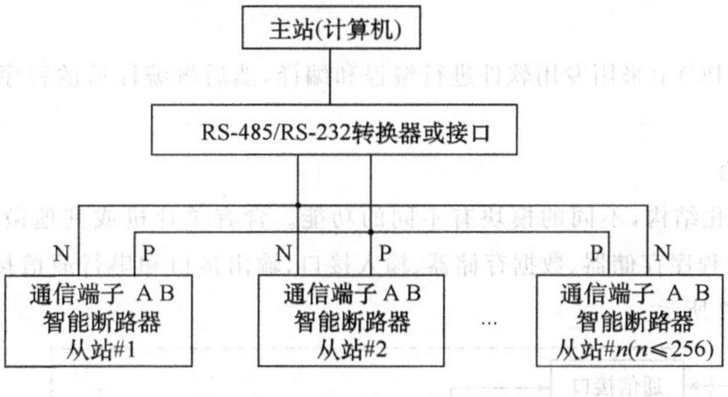

图 9.2.1 Modbus 组网结构

(3) 遥测，是指通过主站对各从站（断路器）运行参数实时监测。从站向主站（上位机）报送各从站（断路器）的实时电流值（A、B、C、N 相）以及电压值（U_{AB}、U_{BC}、U_{CA}）等。主站（上位机）以棒图、绝对值表等方式实时显示从站的电流、电压曲线。

故障时，把电流值（A、B、C、N 相）和电压值（U_{AB}、U_{BC}、U_{CA}）以及故障类型、故障时间记录在数据库中。

(4) 遥信，是指通过主站查看从站（断路器）的型号，闭合、断开状态，各项保护定值，以及从站（断路器）的运行和故障信息状况等信息。从站（断路器）向主站（上位机）报送参数主要有开关型号、开关状态（合、分）、故障信息、报警信息、各种保护设定定值等。

除了"四遥"功能外，系统还可以分析负荷趋势、打印报表等。

思 考 题

9-2-1 Modbus 协议有几种传输方式？

练习题

9-2-1 Modbus 协议的物理层采用什么通信接口？传输速率是多少？

△9.3 可编程控制器

继电接触器控制系统的机械触点多、接线复杂、可靠性低、功耗高，并且当生产工艺流程改变时须重新设计和改装控制线路，因此满足不了现代化生产过程复杂多变的控制要求。而可编程控制器(PLC)①是以中央处理器(central processing unit,CPU)为核心，将继电接触器控制与计算机技术相结合，用“软件编程”代替继电接触器控制的“硬件接线”。当 PLC 系统控制功能需要改变时，只需变更少量的外部接线，修改相应的控制程序即可。

PLC 具有编程简单、可靠性和灵活性高以及功耗低等许多独特优点，已在国民经济的各个控制领域得到广泛的应用。

9.3.1 可编程控制器的系统组成

PLC 的类型繁多，功能和指令系统也不尽相同，但其结构和工作方式则大同小异。一个 PLC 系统一般包括 PC 机、CPU 模块和编程软件、外部设备，还可能包括一个(或多个)输入/输出(input/output,I/O)扩展模块等，如图 9.3.1 所示。PLC 的输入变量如开关信号或模拟信号，经输入接口寄存到 PLC 内部的数据存储器中，而后按用户程序要求进行逻辑运算或数据处理，最后以输出变量形式送到输出接口，从而控制输出设备。

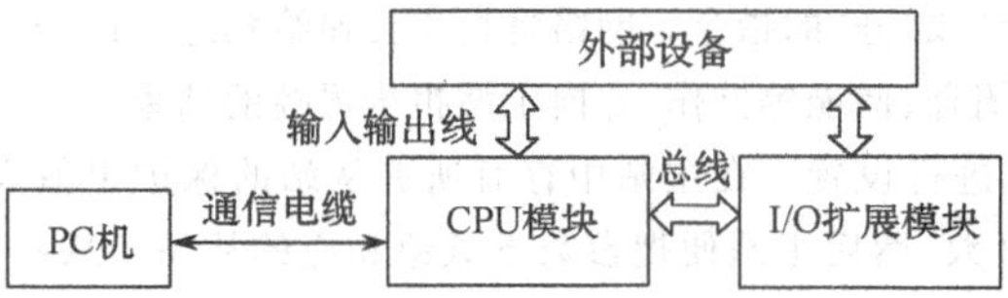

图 9.3.1 PLC 系统

用户在个人计算机(PC)上采用专用软件进行编程和编译，然后将编译后的程序代码通过串行接口和通信电缆传到 PLC 中。

1. PLC 的基本结构

一般 PLC 采取模块化结构，不同的模块有不同的功能。含有单片机或其他微处理器芯片的模块称为 CPU 模块。CPU 模块与程序存储器、数据存储器、输入接口、输出接口和串行通信接口构成一个 PLC 系统。它的基本结构如图 9.3.2 所示。

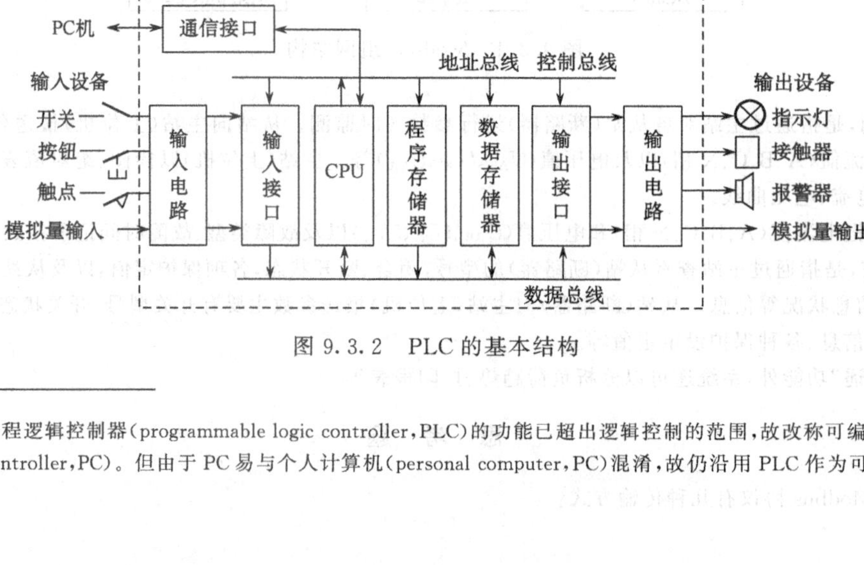

图 9.3.2 PLC 的基本结构

① 可编程逻辑控制器(programmable logic controller,PLC)的功能已超出逻辑控制的范围，故改称可编程控制器(programmable controller,PC)。但由于 PC 易与个人计算机(personal computer,PC)混淆，故仍沿用 PLC 作为可编程控制器的缩写。

1) CPU 模块

CPU 模块的任务是运行程序、执行各种操作。当 PLC 通电后，CPU 执行管理程序和监控程序，进而执行用户程序，从输入接口读取来自输入设备的输入信号，响应外部设备的中断请求，进行程序规定的逻辑运算和数据处理，然后将结果从输出接口输出，从而控制外部的输出设备。

2) 程序存储器

程序存储器由只读内存器（read only memory，ROM）和可编程只读存储器（programmable read-only memory，PROM）组成，用于存放 PLC 系统的管理程序和监控程序。

3) 数据存储器

数据存储器采用随机存取（random access memory，RAM），用于存放用户编制的程序，以及暂存数据和中间结果。另外还用电可擦可编程只读存储器（electronically erasable programmable read-only memory，EEPROM）永久地保存数据和程序，当掉电时 EEPROM 中存储的内容不会丢失。

4) 输入接口、输出接口

输入接口用于接收输入设备的输入信号，输出接口用于向输出设备输出控制信号。输入接口和输出接口又分为数字量接口和模拟量接口。

一般 PLC 采取模块化结构，不同的模块有不同的功能。含有单片机的模块称为 CPU 模块，CPU 模块只含有一定数量的数字量输入、输出接口，其他模块称为 I/O 扩展模块，用于扩展 CPU 模块的输入、输出接口的数量和功能。I/O 扩展模块中有数字量模块和模拟量模块，数字量模块含有多个数字量输入、输出接口，模拟量模块则含有多个模拟量输入、输出接口。模拟量模块内部由放大器、模拟量/数字量（analog to digital，A/D）转换器和数字量/模拟量（digital to analog，D/A）转换器组成，可进行多通道模拟量的输入/输出控制。

5) 通信接口

PLC 系统的 CPU 模块通信接口为串行 RS-485，通常用一根一端 RS-485、另一端为 RS-232 的通信电缆（PPI/PC）与 PC 连接。

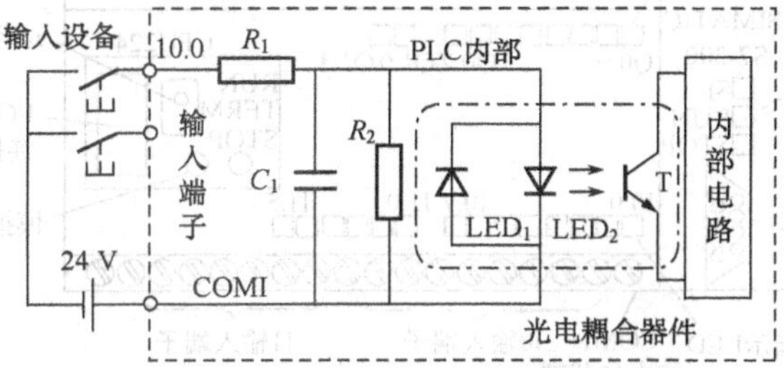

图 9.3.3　PLC 输入接口电路

2. PLC 的输入/输出电路

PLC 的输入设备包括能产生开关量的开关（包括行程开关）、按钮、继电器触点以及传感器等。在数字量输入的 PLC 模块中，在输入设备和输入接口之间有一个输入电路，输入电路能将输入开关量转换为数字量，其结构如图 9.3.3 所示。这种输入电路采用光电耦合方式，使内部电路与外部的强电隔离，以防止外部的电磁干扰。其中光电耦合器件中的两个发光二极管（LED_1、LED_2）采取一正一反的接法，目的是与输入按键串接的直流电源（24V）的极性能够任意接线，不论其极性如何接法，当输入按键按下时，两个发光二极管中总有一个导通发光，信号通过光电耦合方式传送到光电三极管（T），再通过光电三极管传送到 PLC 的内部电路。按键按下时，输入信号的逻辑状态为 1；按键不按时，输入信号的逻辑状态为 0。直流电源（DC24V）一般采用 PLC 内部的直流电源（DC24V）输出，也可以采用外部电源。

PLC 的输出设备包括继电器、接触器、电磁阀、报警器、指示灯等。在数字量输出的 PLC 模块中，输出接口和输出设备之间有一个输出电路，输出电路又分为继电器输出、晶体管输出、晶闸管输出等多种类型。继电器输出类型能将输出的数字量转换为开关量，其结构如图 9.3.4 所示。这种输出电路也采用光电耦合方

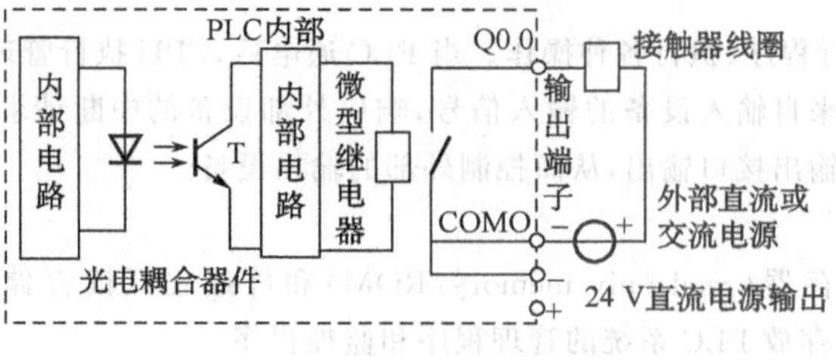

图 9.3.4　PLC 输出电路

式，当输出信号的逻辑状态为 1 时，光电耦合器件中的发光二极管发光，信号耦合到光电三极管并使继电器线圈通电，继电器的动合（常开）触点吸合，接通外部电路，使输出设备的接触器线圈通电。当输出信号的逻辑状态为 0 时，继电器释放，其动合（常开）触点断开而使接触器线圈断电。接触器线圈使用外部电源供电。

3. CPU 模块的 I/O 接口

PLC 的 128 个输入寄存器和 128 个输出寄存器（称为 I/O 映像寄存器），并不是每一个都接输入电路或输出电路。例如，CPU224 型的 CPU 模块中的输入寄存器只有 I0.0～I0.7，I1.0～I1.5 共 14 个接输入电路；输出寄存器只有 Q0.0～Q0.7，Q1.0～Q1.1 共 10 个接输出电路。接输入电路、输出电路的寄存器称为 PLC 的本机 I/O 接口。

PLC 模块的面板如图 9.3.5 所示。从图中可以看出，每一个输入电路和输出电路接口对应一个指示灯（LED）。当输入、输出寄存器的逻辑状态为 1 时，相应的 LED 亮，为 0 时则不亮。

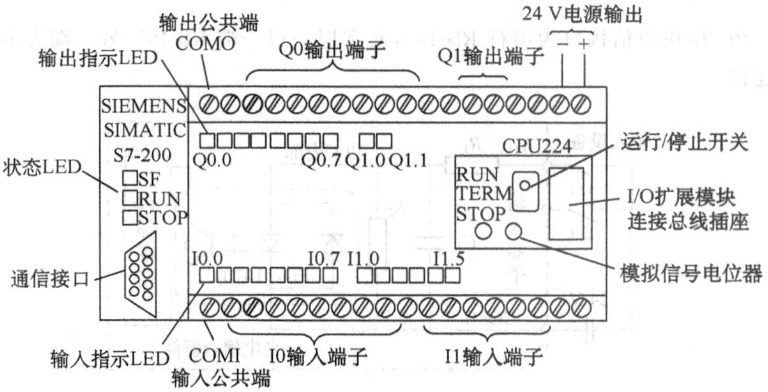

图 9.3.5　PLC 的 CPU 模块面板图

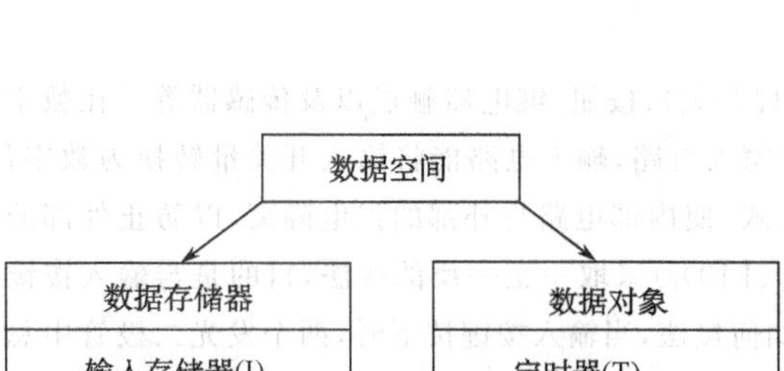

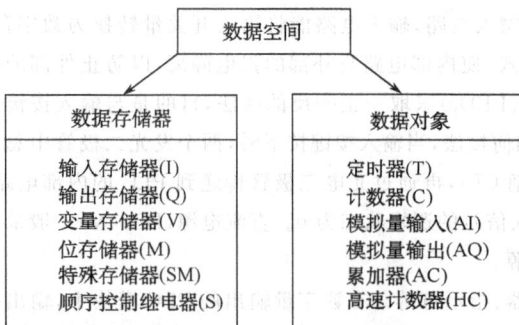

图 9.3.6　PLC（S7 系列）的数据空间

9.3.2　PLC 存储器的寻址方式

1. PLC 的操作数

PLC（S7 系列）的操作数存于存储器中，存储器空间分为参数空间、数据空间和程序空间三个区域。

参数空间存放 PLC 配置参数。例如站地址、密码、掉电保护信息等。

数据空间存放操作数，也是 PLC 执行程序所需的工作区域。数据空间分为数据存储器和数据对象两部分，如图 9.3.6 所示。

程序空间存放 PLC 所执行的程序，并存放在不易丢失的读写存储器中，即使 PLC 掉电，也不会丢失程序。

2. PLC的存储器

PLC(S7系列)的CPU模块有CPU221、CPU222、CPU224、CPU226四种类型。每种类型的内部存储器(包括寄存器)配置各不相同。其中,CPU224的存储器的配置如表9.3.1所示。

表9.3.1 CPU224模块的存储器(寄存器)

名称	数量	符号	位寻址编号	字节寻址编号	用途
输入映像寄存器	16B,128b	I	I0.0～I15.7	IB0～IB15	从输入接口输入信号
输出映像寄存器	16B,128b	Q	Q0.0～Q15.7	QB0～QB15	向输出接口输出信号
变量存储器	2KB,16384b	V	V0.0～V5119.7	VB0～VB5119	存放中间操作数据
位存储器	32B,256b	M	M0.0～M31.7	MBO～MB31	存放中间操作状态
特殊存储器	180B,1440b	SM	SM0.0～SM179.7	SM0～SM179	与用户交换信息
定时器	256个(与C共用)	T	TO～T255		定时(1ms～3276.7s)
计数器	256个(与T共用)	C	CO～C255		计数(上跳沿计数)

由于PLC内部存储器(寄存器)①的每一位的作用与继电器—接触器控制系统中的继电器类似,所以仍习惯称之为继电器,即表9.3.1中的输入映像寄存器I、输出映像寄存器Q、变量存储器V等也分别可以叫做输入继电器、输出继电器、变量继电器。若该位的逻辑值为1,则称该继电器的线圈通电吸合,其动合(常开)触点闭合,动断(常闭)触点断开;若该位的逻辑值为0,则称该继电器的线圈断电释放,其触点复位。在实际的PLC内部,没有继电器,只是便于理解,将这种继电器称为"软"继电器。

3. PLC存储器的寻址方式

PLC的存储器的寻址分为位(b)寻址、字节(B)寻址、字(W)寻址和双字(D)寻址四种方式,每一种存储器和寄存器都具有这4种寻址方式。

位寻址:CPU每次只对存储器和寄存器某字节中的某一位进行读写操作。例如,输入寄存器有16个字节共128位,位地址编号为I0.0～I0.7,I1.0～I1.7,…,I15.0～I15.7。

字节寻址:CPU每次只对存储器和寄存器的一个字节进行读写操作,也就是一次读写一个8位数。例如,输出寄存器有16个字节,字节地址编号为QBO～QB15,其中B表示字节。

地址格式包括区域符(I,Q,V,M,SM,S)、数据类型(B,W,D)、起始字节地址,如图9.3.7所示②。其中位寻址方式中位号(0～7)和字节地址之间用点号"·"作分隔符;字(W)和双字(D)寻址方式只需首字节地址,CPU会自动存取字和双字数据。

数据对象的地址格式包括区域符(T,C,AI,AQ,AC,HC)、对象号,例如,定时器T23、计数器C45等。

9.3.3 PLC的编程语言

不同厂家的PLC编程语言各不相同,但大同小异。例如西门子S7系列③PLC的编程语言有梯形图(LAD)语言、语句表(STL)语言、功能块图(FBD)语言三种,下面只介绍梯形图和语句表。

1. 梯形图

梯形图是从继电器控制系统的电路图演变而来,用图形符号进行编程的一种形象化编程语言。图9.3.8(a)列出了梯形图的三种基本图形符号,有动合(常开)触点、动断(常闭)触点和继电器线圈。存储器(寄存器)

---

① 实际上,PLC内部存储器(寄存器)中既没有继电器,也没有触点,只是一种形象化的理解而已,所以将这种继电器称为"软"继电器。

② 图中MSB是most significant bit(最高有效位)的缩写,LSB是last significant bit(最低有效位)的缩写。

③ 西门子S7系列PLC为世界银行贷款中标的产品。

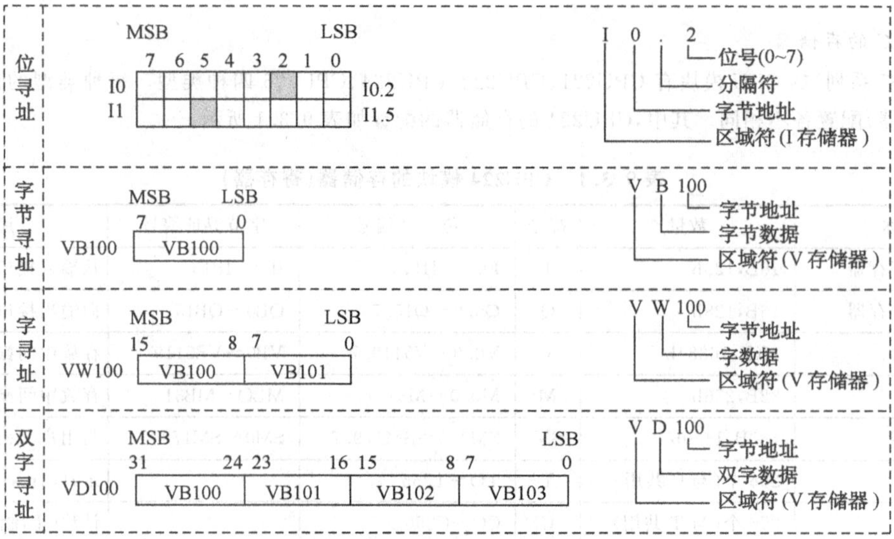

图 9.3.7 数据存储器的寻址方式

位的赋值与触点通断的关系如图 9.3.8(b)所示(以输出寄存器 Q0.0 位为例)。

若定义触点通为逻辑 1,触点断为逻辑 0,则由图 9.3.8(b)可以看出,动合(常开)触点的逻辑值等于寄存器位的逻辑值,而动断(常闭)触点的逻辑值与寄存器位的逻辑值相反。因此可以写为:动合(常开)触点的逻辑值=Q0.0,动断(常闭)触点的逻辑值=$\overline{\text{Q0.0}}$。

(a)

寄存器位赋值	Q0.0	Q0.0	Q0.0
Q0.0=1	线圈通电吸合	常开触点接通	常闭触点断开
Q0.0=0	线圈断电释放	常开触点断开	常闭触点接通

(b)

图 9.3.8 梯形图语言基本图形符号及含义

下面以三相异步电动机直接启动电路为例,说明梯形图的含义。图 9.3.9(a)、(b)、(c)、(d)分别是三相异步电动机直接启动控制的主电路图、继电器-接触器控制电路图(对照用)、PLC 的外部接线图(停止按钮采用动合(常开)按钮而不是动断(常闭)按钮,PLC 允许)和梯形图。从图(b)和图(d)可以看出,两者的结构形式相似,逻辑功能相同,但有许多不同点。梯形图的特点有:

(1) 梯形图左侧的竖线称为母线。梯形图从母线出发,根据触点的串、并联的形式,按从左到右、自上而下的顺序画出,最后以继电器的线圈结束。

(2) 梯形图只表示一种逻辑功能。例如图 9.3.9(d),当 I0.1 动合(常开)触点闭合(I0.1=1)或者 Q0.0 动合(常开)触点闭合(Q0.0=1),而 I0.0 动断(常闭)触点接通(I0.0=0)时,Q0.0 线圈通电吸合(Q0.0=1),将这一逻辑关系可以写成逻辑表达式为 $Q0.0=(I0.1+Q0.0)\cdot\overline{I0.0}$。

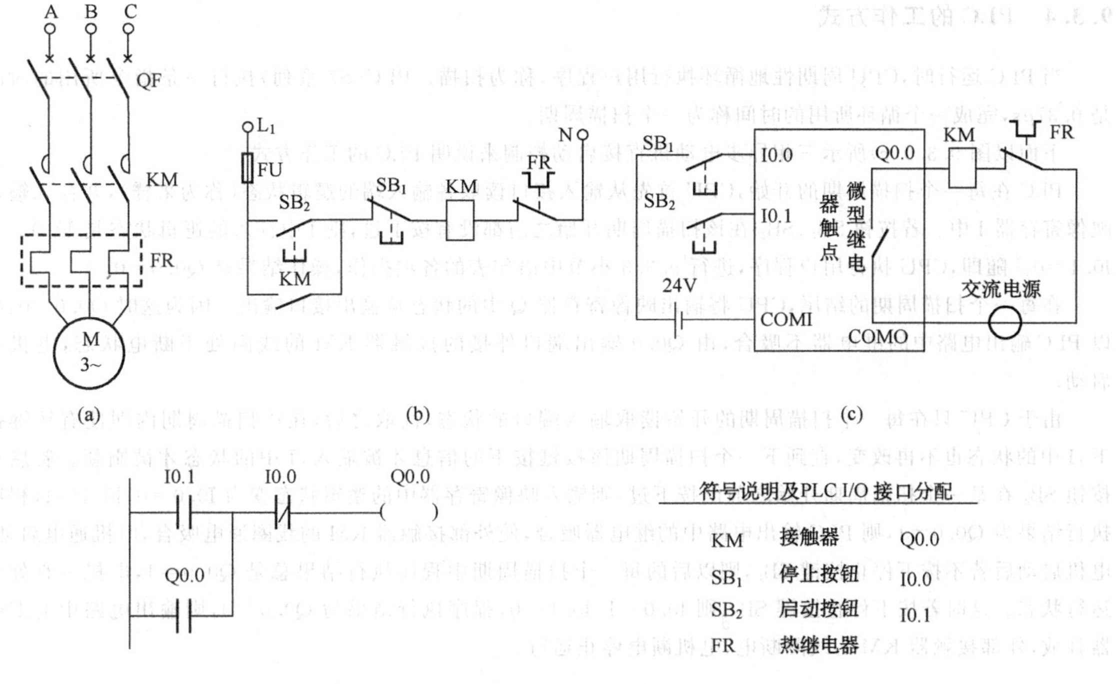

图 9.3.9　三相异步电动机的直接启动 PLC 控制

(3) 由于梯形图的触点只代表逻辑关系，所以同一个触点可以重复任意次使用。

(4) PLC 中只有输入寄存器没有线圈，它只用于从输入接口输入信号。在梯形图中，多个触点只以串联形式连接的称为逻辑行；多个触点以并联形式连接的称为逻辑块，并联支路中又有多个触点串联的也称为逻辑块；彼此有逻辑运算关系的逻辑行和逻辑块构成逻辑网络。例如图 9.3.10 的梯形图中含有 3 个逻辑网络，网络 1 中只含有一个逻辑行，网络 2 和网络 3 中各含有 2 个逻辑块（虚线框内）。

2. *语句表*

语句表是一种用指令助记符来编制的 PLC 编程语言，类似于计算机的汇编语言。例如，图 9.3.9(d) 所示的三相异步电动机直接启动 PLC 控制梯形图可写成下列语句表（分号右边的文字是对该条指令功能的注释）：

LD I0.1；LD 装载指令(load)，从输入寄存器读取 I0.1 的值。

O Q0.0；O 或逻辑运算指令(or)，从输出寄存器读取 Q0.0 的值，并与 I0.1 的值进行或逻辑运算。

AN I0.0；AN 非与指令(and not)，从输入寄存器读取 I0.0 的值并求非，再与以上或逻辑运算的结果进行与逻辑运算。

＝Q0.0；＝输出指令，以上与逻辑运算的结果存储到输出寄存器 Q0.0 中。

上述程序执行的结果即实现表达式 $Q0.0=(I0.1+Q0.0)\cdot\overline{I0.0}$ 的逻辑运算。

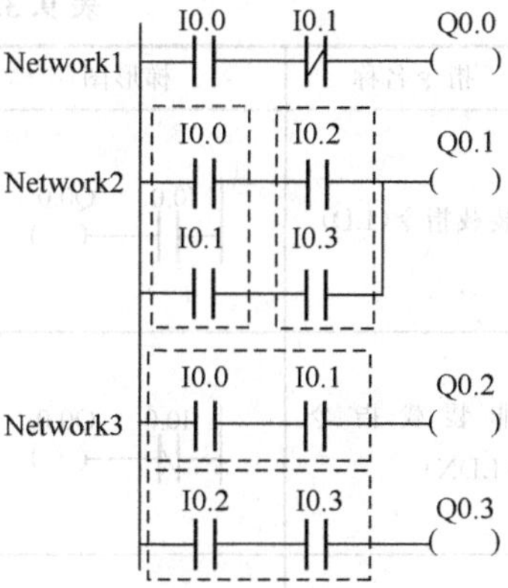

图 9.3.10　PLC 梯形图的逻辑网络、逻辑行和逻辑块

一般用梯形图语言编程比较方便直观，梯形图编制好后，可以用该软件提供的功能将梯形图转换成语句表。

9.3.4 PLC 的工作方式

当 PLC 运行时，CPU 周期性地循环执行用户程序，称为扫描。PLC(S7 系列)执行一条指令所用的时间是 0.37μs，完成一个循环所用的时间称为一个扫描周期。

下面以图 9.3.9(c)所示三相异步电动机直接启动控制来说明 PLC 的工作方式。

PLC 在每一个扫描周期的开始，CPU 首先从输入接口读取各输入端的逻辑状态(称为采样)，并存入输入映像寄存器 I 中。若按钮 SB_1、SB_2 在该扫描周期开始之前都没有按下过，则 I 中存入的逻辑状态是 I0.0=0，I0.1=0。随即，CPU 执行用户程序，进行 9.3.3 小节中语句表的各项操作，操作结果是 Q0.0=0。

在每一个扫描周期的结尾，CPU 将输出映像寄存器 Q 中的状态从输出接口输出。因为这时 Q0.0=0，所以 PLC 输出电路中的继电器不吸合，由 Q0.0 输出端口外接的接触器 KM 的线圈处于断电状态，电机未启动。

由于 CPU 只在每一个扫描周期的开始读取输入端口的状态，读取之后，在该扫描周期内即使有按键按下，I 中的状态也不再改变，直到下一个扫描周期该按键按下的信息才被输入，I 中的状态才被刷新。若启动按钮 SB_2 在某一个扫描周期开始之前已按下过，则输入映像寄存器中的逻辑状态变为 I0.0=0，I0.1=1，程序执行结果为 Q0.0=1，则 PLC 输出电路中的继电器吸合，使外部接触器 KM 的线圈通电吸合，电机通电启动。电机启动后若不按下停止按键 SB_1，则以后的每一个扫描周期中程序执行结果总是 Q0.0=1，电机一直处于运行状态。这时若按下停止按键 SB_1，则 I0.0=1，I0.1=0，程序执行结果为 Q0.0=0，则输出电路中的继电器释放，外部接触器 KM 的线圈断电，电机断电停止运行。

9.3.5 PLC 的基本指令

PLC(S7 系列)指令有 16 种类型，下面只介绍常用的几种指令。

1. 位逻辑运算类指令

位逻辑运算类指令是最基本的指令，应首先掌握它。逻辑堆栈(stack)用来实现位逻辑运算，它有 9 个单元(层)，每个单元 1 位，9 个单元的编号为 0～8，其中第 0 单元为栈顶，第 8 单元为栈底。

1) 位逻辑指令

位逻辑指令的梯形图、语句表及功能说明如表 9.3.2 所示。

表 9.3.2 位逻辑指令的梯形图、语句表及功能说明

指令名称	梯形图	语句表	功能说明
装载指令(LD)	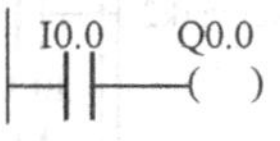	LD I0.0 =Q0.0	LD 指令用于从母线开始的一个新逻辑行或一个逻辑块，以动合(常开)触点开始，读取 I0.0 的值，存储到 Q0.0。若触点动作(合)，I0.0=1，则 Q0.0=1；若触点不动作(开)，I0.0=0，则 Q0.0=0
非装载指令(LDN)	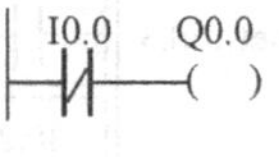	LDN I0.0 =Q0.0	LDN 指令用于从母线开始的一个新逻辑行或一个逻辑块，以动断(常闭)触点开始，读取 I0.0 的值并求反后，存储到 Q0.0。若 I0.0=1，触点动作(开)，Q0.0=0；若 I0.0=0，触点不动作(合)，则 Q0.0=1
输出指令(=)	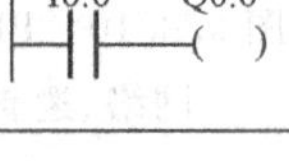	LD I0.0 =Q0.0	读取 I0.0 的值，存储到 Q0.0。输出指令不能直接连于母线，不能用于输入继电器。多个输出指令可以连续使用，即线圈可以并联
与指令(A)	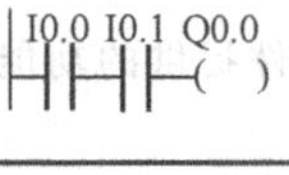	LD I0.0 A I0.1 =Q0.0	先读取 I0.0 的值，再读取 I0.1 的值，并将 I0.0 的值和 I0.1 的值相与，与的结果存储到 Q0.0

续表

指令名称	梯形图	语句表	功能说明
非与指令(AN)	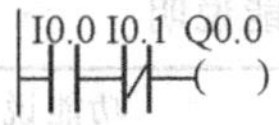	LD I0.0 AN 0.1 =Q0.0	先读取 I0.0 的值,再读取 I0.1 的值并求反,将 I0.0 的值和 I0.1 的求反值相与,与的结果存储到 Q0.0
或指令(O)	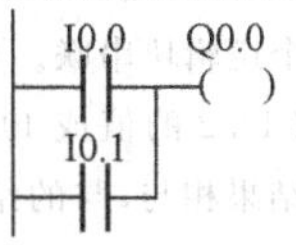	LD I0.0 O I0.1 =Q0.0	先读取 I0.0 的值,再读取 I0.1 的值,并将 I0.0 的值和 I0.1 的值相或,或的结果存储到 Q0.0
非或指令(ON)	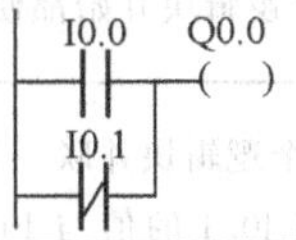	LD I0.0 ON I0.1 =Q0.0	先读取 I0.0 的值,再读取 I0.1 的值并求反,再将 I0.0 的值和 I0.1 的求反值相或,或的结果存储到 Q0.0
非指令(NOT)		LD I0.0 NOT =Q0.0	将此条指令左侧的逻辑运算结果求反,再将求反的结果输存储到 Q0.0
空操作指令(NOP)	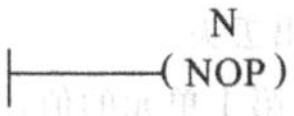	NOP N	无任何操作,不影响程序的执行,一般用来延时。N 的取值范围:0～255

2) 逻辑堆栈指令

逻辑堆栈(stack)结构如图 9.3.11 所示。设所存的逻辑值分别为 S_0～S_8。堆栈操作是按照先进后出的原则,即当执行推入(PUSH)堆栈操作时,新数据装入第 0 单元,原第 0～7 单元中的数据依次下移一个单元到第 1～8 单元中,原第 8 单元中的数据丢失。当执行弹出(POP)堆栈操作时,第 0 单元中的数据被取走,原第 1～8 单元中的数据依次上移一个单元到第 0～7 中,第 8 单元中的新数据是一个不确定的无效数。

单元号	逻辑值
0	S_0
1	S_1
2	S_2
3	S_3
4	S_4
5	S_5
6	S_6
7	S_7
8	S_8

图 9.3.11 PLC 的堆栈结构

实际上,CPU 在执行装载指令、输出指令和位逻辑运算指令时,自动进行堆栈操作,如图 9.3.12 所示。这里堆栈操作是 LD I0.0 进栈一次,A I0.1 弹出堆栈一次、进栈一次。

逻辑堆栈操作的指令常有块与指令(ALD)、块或指令(OLD)以及逻辑推入堆栈指令(LPS)、逻辑读取堆栈指令(LRD)、逻辑弹出堆栈指令(LPP)和装入堆栈指令(LDS n),其梯形图、语句表及功能说明如表 9.3.3 所示。

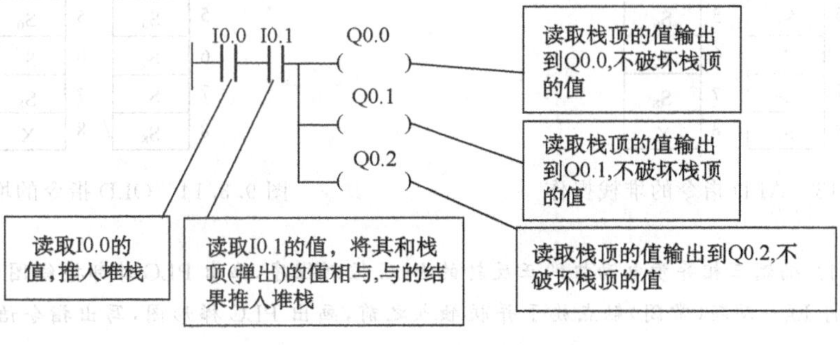

图 9.3.12 CPU 的自动堆栈操作

当执行块与指令 ALD 时,执行的操作是将第 0 单元(弹出)和第 1 单元(弹出)的两个值相与,即 $S_A = S_0 \cdot S_1$,与的结果 S_A 推入堆栈,第 2～8 单元中的数据依次上移一层,到第 1～7 单元中,第 8 单元中的数据 X

无效，如图 9.3.13 所示。同理，当执行块或指令 OLD 时，执行的操作是将第 0 单元（弹出）和第 1 单元（弹出）的两个数相或，即 $S_B=S_0+S_1$，或的结果 S_B 推入堆栈，如图 9.3.14 所示。

表 9.3.3　逻辑堆栈操作的梯形图、语句表及功能说明

指令名称	梯形图	语句表	功能说明
块与指令（ALD）	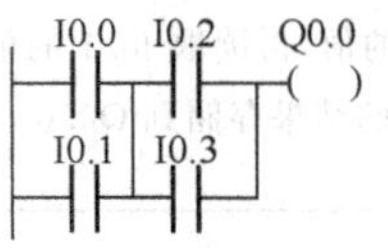	LD I0.0 O I0.1 LD I0.2 O I0.3 ALD=Q0.0	适用于 2 个逻辑块串联。先将 I0.0 的值或 I0.1 的值，再将 I0.2 的值或 I0.3 的值，再将两块的逻辑运算结果相与，与的结果存储到 Q0.0。注意，每一个逻辑块开始都使用 LD 指令
块或指令（OLD）	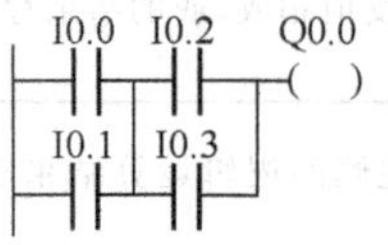	LD I0.0 A I0.2 LD I0.1 A I0.3 OLD=Q0.0	适用于 2 个逻辑块并联。先将 I0.0 的值与 I0.2 的值，再将 I0.1 的值与 I0.3 的值，再将两块的逻辑运算结果相或，或的结果存储到 Q0.0。注意，每一个逻辑块开始都使用 LD 指令
逻辑入栈（LPS）逻辑读栈（LRD）逻辑出栈（LPP）装入堆栈（LDS n）	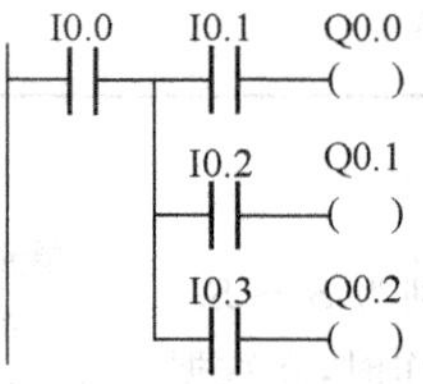	LD I0.0 LPSA I0.1 =Q0.0 LRDA I0.2 =Q0.1 LPPA I0.3 =Q0.2	LPS：复制栈顶第 0 单元的值，再压入堆栈，栈底的值被推出丢失 LRD：复制第 1 单元的值，装到第 0 单元，将第 0 单元原来值冲掉 LPP：将第 0 单元的值弹出，其他单元（1～8 单元）的值依次上推一层 LDS n：复制第 n 单元的值到栈顶第 0 单元，原来各单元（包括原来第 0 单元）的值依次下推一层，栈底的值被推出丢失。n=1～8

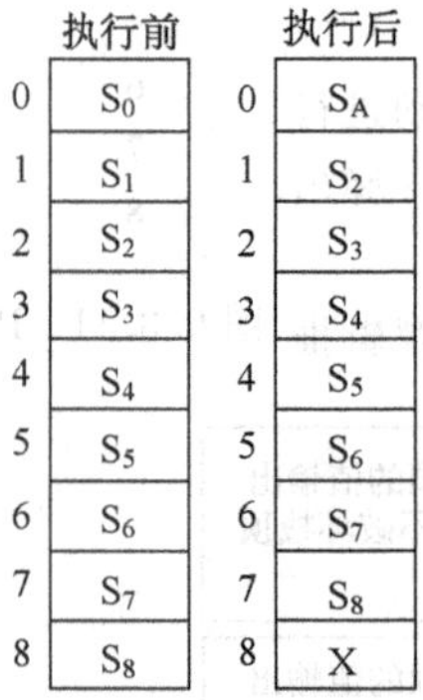

图 9.3.13　ALD 指令的堆栈操作

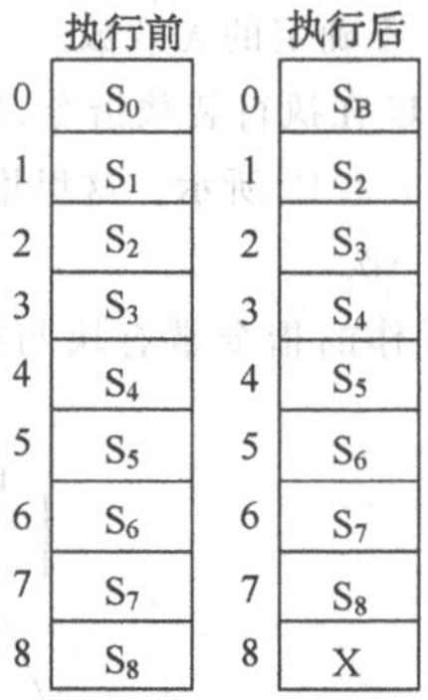

图 9.3.14　OLD 指令的堆栈操作

例 9.3.1　(1) 编制三相异步电动机的正反转的 PLC 控制程序，画出 PLC 外部接线图和梯形图，写出指令语句表；(2) 若将 I0.0 动断（常闭）触点放于并联触点之前，画出 PLC 梯形图，写出指令语句表。需要使用逻辑堆栈指令。

解　(1) 三相异步电动机的正反转控制的主电路见第 8 章图 8.2.6。为了比较，重新画出继电器-接触器控制电路，如图 9.3.15(a) 所示。PLC 控制的外部接线图、梯形图和语句表分别如图 9.3.15(b)、(c)、(d) 所示。注意，外部接线图中停止按钮 SB_1 用动合（常开）按钮，对应着梯形图中的输入继电器 I0.0 用动断（常闭）触点，这样图 9.3.15(c) 和 (a) 才有相似关系。梯形图中将 I0.0 动断（常闭）触点重复使用，放于并联的触点之后，可以简化语句表。

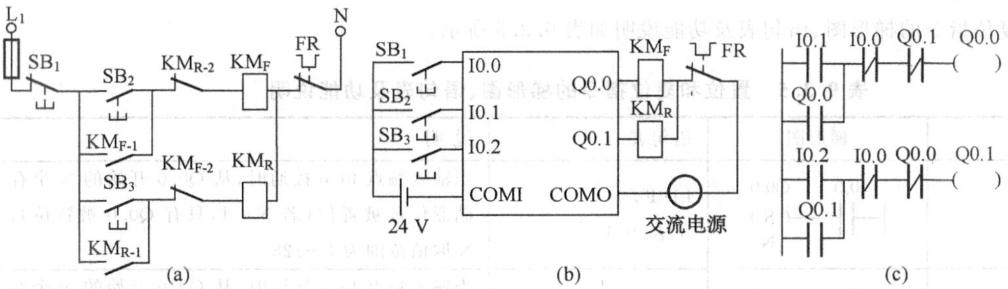

(a) (b) (c)

```
LD   I0.1
O    Q0.0
AN   I0.0
AN   Q0.1
=    Q0.0
LD   I0.2
O    Q0.1
AN   I0.0
AN   Q0.0
=    Q0.1
```

(d)

符号说明及PLCI/O接口分配

KM_F	正转接触器	Q0.0
KM_R	反转接触器	Q0.1
SB_1	停止按钮	I0.0
SB_2	正转启动按钮	I0.1
SB_3	反转启动按钮	I0.2
FR	热继电器	

(e)

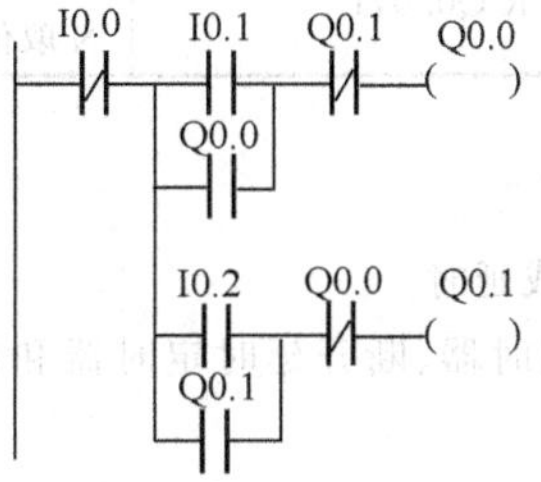

(f)

```
LDN  I0.0      LPP
LPS            LD   I0.2
LD   I0.1      O    Q0.1
O    Q0.0      ALD
ALD            AN   Q0.0
AN   Q0.1      =    Q0.1
=    Q0.0
```

(g)

图 9.3.15 例 9.3.1 的图

(2) 若将 I0.0 动断(常闭)触点放于并联触点之前,需要使用逻辑堆栈指令。

三相异步电动机的正、反转 PLC 控制程序梯形图如图 9.3.15(f)所示,语句表如图 9.3.15(g)所示,其中用到了逻辑堆栈指令 LPS、LPP 和块与指令。

一般来说,画梯形图时,并联支路较多的逻辑块靠近母线,串联触点较多的逻辑块画在上部,这就是所谓画梯形图的"左重右轻"、"上重下轻"原则。按照这个原则写出的语句表比较简单。

(3) 跳变检测指令。

跳变检测指令的梯形图、语句表及功能说明如表 9.3.4 所示,其上跳沿检测与下跳沿检测指令的时序图分别如图 9.3.16(a)、(b)所示。

表 9.3.4 跳变检测指令的梯形图、语句表及功能说明

指令名称	梯形图	语句表	功能说明
上跳沿检测指令(EU)	I0.0 —| |—|P|—( ) M0.0	LD I0.0 EU=M0.0	检测 I0.0 的上跳沿(由 0 变 1),使 M0.0 接通一个扫描周期 T(即 M0.0=1 维持一个扫描周期后,自动变成 0)
下跳沿检测指令(ED)	I0.1 —| |—|N|—( ) M0.1	LD I0.1 ED=M0.1	检测 I0.1 的下跳沿(由 1 变 0),使 M0.1 接通一个扫描周期 T

(a) (b)

图 9.3.16 跳变检测指令的时序图

(4) 置位和复位指令。

置位和复位指令的梯形图、语句表及功能说明如表 9.3.5 所示。

表 9.3.5 置位和复位指令的梯形图、语句表及功能说明

指令名称	梯形图	语句表	说明
置位指令(S)	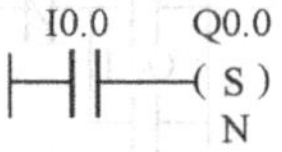	LD I0.0 S Q0.0,1	当输入触点 I0.0 接通时,从 Q0.0 开始的 N 个存储器位都被置位(若 N=1,只有 Q0.0 被置位)。N 取值范围为 1～128
复位指令(R)	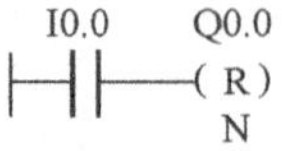	LD I0.0 R Q0.0,1	当输入触点 I0.0 接通时,从 Q0.0 开始的 N 个存储器位都被复位(若 N=1,只有 Q0.0 被复位)。N 取值范围为 1～128

2. 定时器指令

定时器用于累计时间,产生时间脉冲或延时。

PLC(S7 系列)的定时器有接通延时定时器、断开延时定时器和记忆接通延时定时器三类。本节只介绍前两类。

1) 接通延时定时器指令(TON)

接通延时定时器指令的梯形图和语句表分别如图 9.3.17(a)和(b)所示。图中,IN 是输入使能端,PT 是预设时间常数输入端,预设时间常数 PT 的最大值是 32767。定时器使用内部时钟,时钟周期有 3 种:1 ms,10 ms,100 ms。定时时间=时钟周期×时间常数。若预设时间常数是 50,时钟周期是 100 ms,则定时时间为 100 ms×50=5000 ms=5 s。

接通延时定时器的功能是:当输入使能端 IN 的触点 I0.0 接通,输入使能端 IN 的逻辑值为 1,定时器开始定时。定时器内部有一个 16 位的计数器,每一个时钟周期计数器的当前值加 1,当当前值≥预设时间常数 PT 时,定时器位被置位[其动合(常开)触点接通,动断(常闭)触点断开]。若输入触点 I0.0 仍继续接通,则定时器继续计时,直到最大值 32767 为止。若输入触点 I0.0 断开,定时器位被复位,当前值清 0。

能用于接通延时的定时器有:

T32,T96	时钟周期 1 ms
T33～T36,T97～T100	时钟周期 10 ms
T37～T63,TT101～T255	时钟周期 100 ms

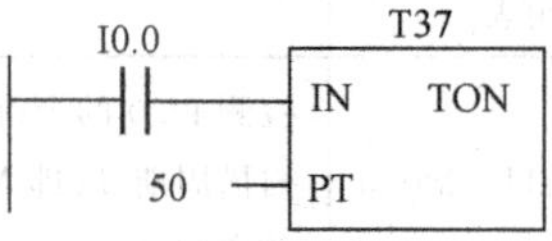

(a)

LD I0.0

TON T37,50

(b)

图 9.3.17 接通延时定时器指令的梯形图及语句表

2) 断开延时定时器指令(TOF)

断开延时定时器指令的梯形图和语句表分别如图 9.3.18(a)和(b)所示。当输入使能端 IN 的触点 I0.1 接通时,定时器位立即置位,当前值清 0。当 I0.1 断开时,定时器开始定时。当当前值=预设时间常数 PT 时,定时器位被复位,并且停止计时。若 I0.1 断开时间小于定时时间,则定时器位仍保持置位状态。

例 9.3.2 一台电炉主电路如图 9.3.19(a)所示。用 PLC 控制要求为:按加热按钮后,电炉加热,加热 20s 后自动停止加热,停止 15s 后又自动转为加热,如此反复进行。按停止按钮可随时停止加热。画出 PLC 的输入输出端口接线图及程序梯形图,写出指令语句表。

解 停止按钮 SB_0 用 I0.0 端口,加热按钮 SB_1 用 I0.1 端口,接触器 KM 用 Q0.0 端口。PLC 的输入输出

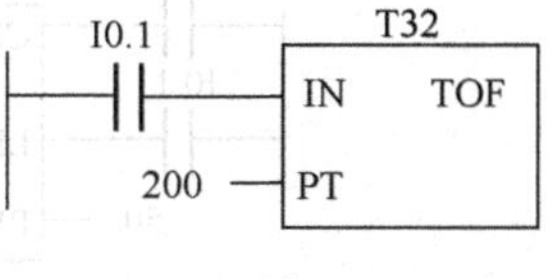

(a)

LD I0.0

TOF T32,200

(b)

图 9.3.18 断开延时定时器指令的梯形图及语句表

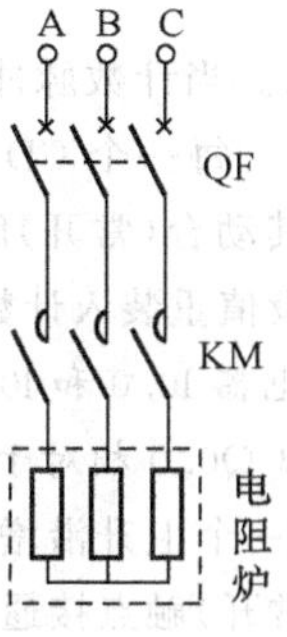

(a)

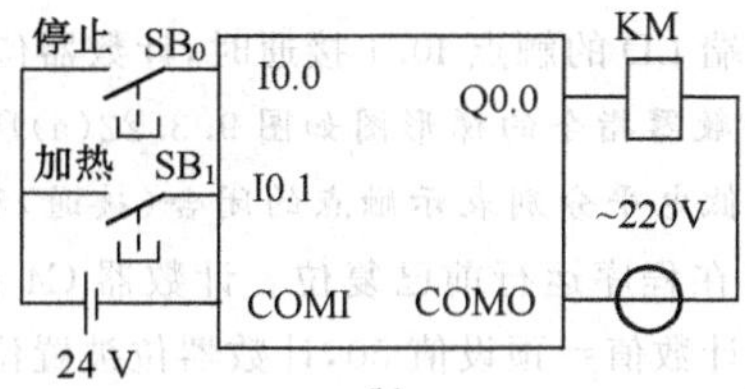

(b)

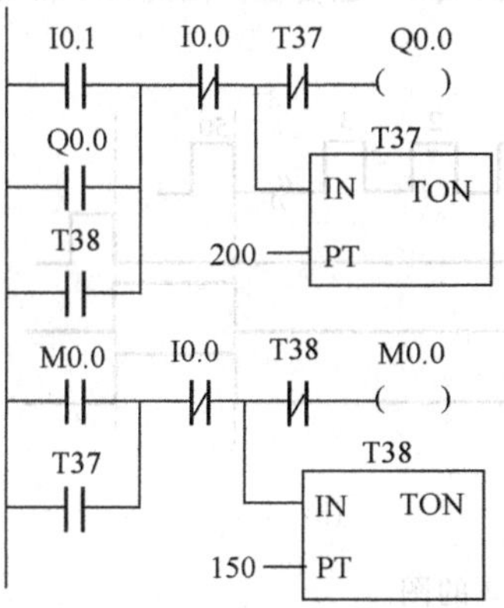

(c)

LD I0.1	= Q0.0	LPS
O Q0.0	LPP	AN T38
O T38	TON T37,200	= M0.0
AN I0.0	LD M0.0	LPP
LPS	O T37	TON T38,150
AN T37	AN I0.0	

(d)

图 9.3.19 例 9.3.2 的图

端口接线图、程序梯形图、指令语句表分别如图 9.3.19(b)、(c)、(d)所示。其中 T37 的时间常数是 200，延时为 0.1 s×200＝20 s；T38 的时间常数是 150，延时为 0.1 s×150＝15 s。M0.0 作为中间继电器使用。

3. 计数器指令

计数器用于累计输入脉冲的个数，分成递增计数器(count up，CTU)、递减计数器(count down，CTD)和递增/递减计数器(count up/down，CTUD)，计数器编号为 C0～C255。下面只介绍递增计数器、递减计数器两类。

1) 递增计数器指令(CTU)

递增计数器指令的梯形图和语句表分别如图 9.3.20(a)和(b)所示。递增计数器指令的功能是：当计数脉冲输入端 CU 的触点 I0.0 接通时，在 CU 输入端产生一个上升沿，计数器 C5 的当前值加 1。每一个 CU 输入的上升沿计数器都递增计数。当计数器的当前值≥预设计数值 PV 时，计数器位被置位[其动合(常开)触点接通，动断(常闭)触点断开]。计数器继续计数达到最大值 32767 时停止计数。当复位输入端 R 的触点 I0.1 接通时，计数器位被复位，当前值清 0。预设计数值 PV 最大为 32767。

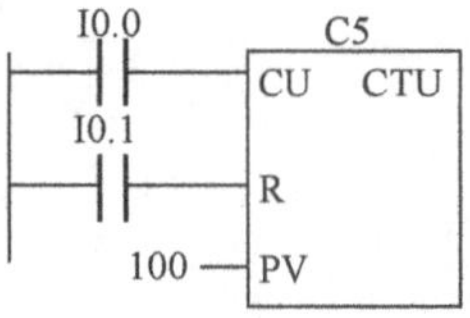

(a)

```
LD  I0.0
LD  I0.1
CTU C5,100
```

(b)

图 9.3.20　递增计数器指令的梯形图及语句表

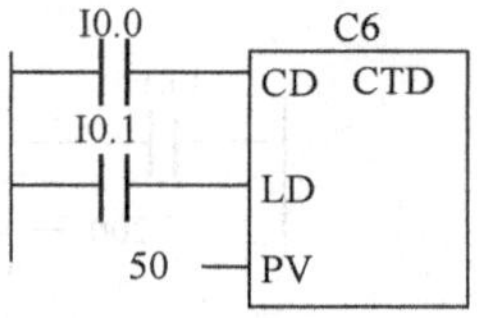

(a)

```
LD  I0.0
LD  I0.1
CTD C6,50
```

(b)

图 9.3.21　递减计数器指令的梯形图及语句表

2）递减计数器指令(CTD)

递减计数器指令的梯形图和语句表分别如图 9.3.21(a)和(b)所示。当计数脉冲输入端 CD 的触点 I0.0 接通时，在 CD 输入端产生一个上升沿，从预设值 PV 开始，计数器减 1。每一个 CD 输入的上升沿计数器都递减计数。当计数器的当前值减至 0 时，停止计数，计数器位被置位[其动合(常开)触点接通，动断(常闭)触点断开]。当装载输入端 LD 的触点 I0.1 接通时，计数器位被复位，预设值重装入计数器。

例 9.3.3　已知计数器指令的梯形图如图 9.3.22(a)所示，输入继电器 I0.0 和 I0.1 的时序图如图 9.3.22(b)所示，波形图的高、低电平分别表示触点的闭合(接通)和断开。画出 Q0.0 相对于 I0.0 和 I0.1 的时序图。

解　设 C4、Q0.0 在程序运行前已复位。计数器 C4 在 I0.0 的每一个上升沿增 1 计数，当 I0.0 的第 50 个上升沿时，计数器的计数值＝预设值 50，计数器位被置位，C4 动合(常开)触点接通，使 Q0.0 置位。当 I0.1 变为高电平后，计数器位被复位，C4 动合(常开)触点断开，因而 Q0.0 也复位。因此，C4 和 Q0.0 的时序图一样，如图 9.3.22(b)所示。

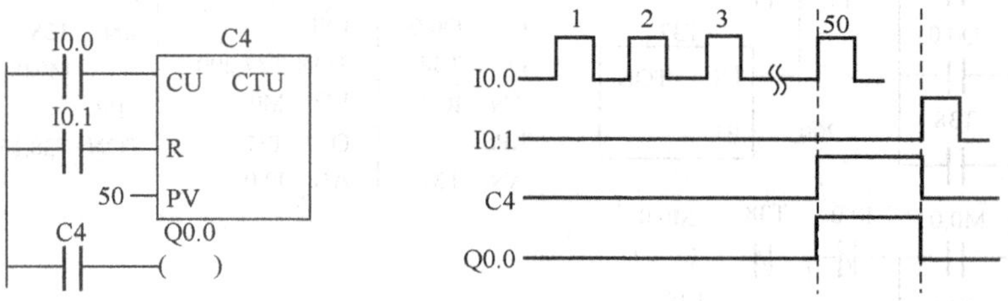

(a)　　(b)

图 9.3.22　例 9.3.3 的图

4. 数据传送指令

数据传送指令有字节传送指令(MOVB)、字传送指令(MOVW)、双字传送指令、实数传送指令及块传送指令。下面只介绍字节传送指令(MOVB)、字传送指令(MOVW)。

1）字节传送指令(MOVB)

字节传送指令的梯形图和语句表分别如图 9.3.23(a)和(b)所示。其功能是：当使能端 EN 的触点 I0.0 接通时，VB0 单元中的一个 8 位数被传送到 QB3 单元中。传送后，VB0 单元中的数不变。IN 可以是 VB、IB、QB、MB、SB、SMB 等存储器，也可以是一个 8 位立即数(用十进制表示，取值范围 0～255)。OUT 可以是 QB、VB、MB、SB、SMB 等存储器。

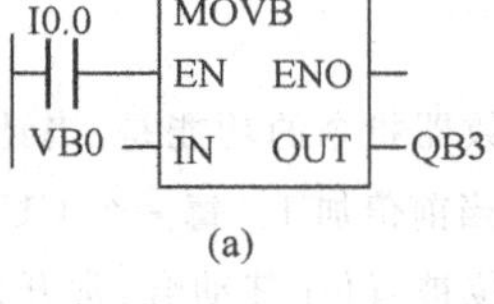

(a)

```
LD    I0.0
MOVB  VB0,QB3
```

(b)

图 9.3.23　字节传送指令的梯形图和语句表

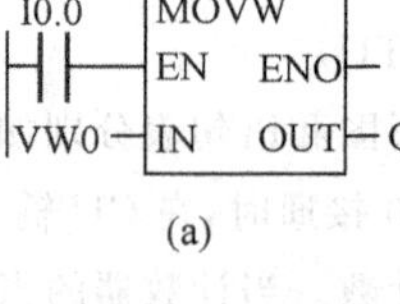

(a)

```
LD    I0.0
MOVW  VW0,QW4
```

(b)

图 9.3.24　字传送指令的梯形图和语句表

2) 字传送指令(MOVW)

字传送指令的梯形图和语句表分别如图 9.3.24(a)和(b)所示。其功能是:当使能端 EN 的触点 I0.0 接通时,存储器字 VW0(包括 VB0、VB1 两个连续字节)中的一个 16 位数被传送到 QW4(包括 QB4、QB5 两个连续字节)中。传送后,VW0 中的数不变。IN 可以是 VW、IW、QW、MW、SW、SMW 等存储器,也可以是一个 16 位立即数(用十进制表示,取值范围 0～65535)。OUT 可以是 VW、QW、MW、SW、SMW 等存储器。注意字传送指令中所用寄存器的序号一定能被 2 整除。

5. *数据移位指令*

数据移位指令用于数据的右移或左移、循环右移或循环左移以及位移位寄存器。

1) 字节右移指令(SRB)

字节右移指令的梯形图和语句表分别如图 9.3.25(a)和(b)所示。其功能是:当使能端 EN 的触点 I0.0 接通时,将输入字节 VB0 先传送到 QB3,再将 QB3 右移 1 位,高位补 0,最低位同时移入溢出标志位 SM1.1(如图 9.3.26 所示)。执行后,VB0 单元中的数不变。IN 可以是 VB、IB、QB、MB、SB、SMB 等存储器,也可以是一个 8 位立即数(用十进制表示,取值范围 0～255)。OUT 可以是 VB、QB、MB 等存储器、SB、SMB。N 是移位数(0～7),例如 N=2,则执行一次 SRB 指令,右移 2 位。

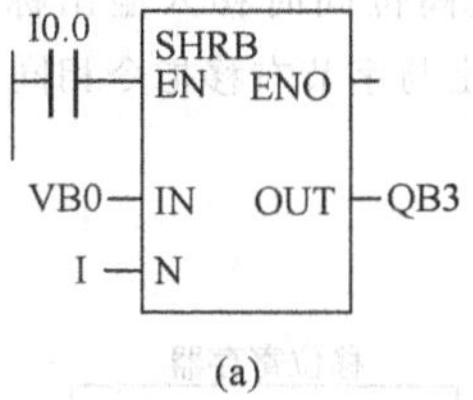


```
LD    I0.0
MOVB  VB0,QB3
SRB   QB3,1
```

(b)

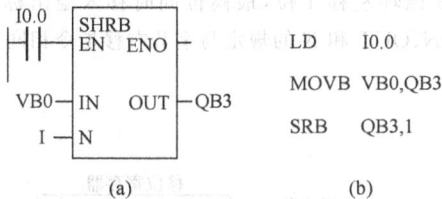

图 9.3.25 字节右移指令的梯形图和语句表

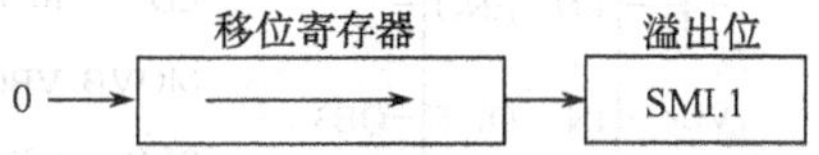

图 9.3.26 字节右移指令的标志位

IN 和 OUT 可以是同一个寄存器,例如都是 QB3 时,语句表为

LD I0.0

SRB QB3,1

2) 字节左移指令(SLB)

字节左移指令的梯形图和语句表分别如图 9.3.27(a)和(b)所示。其功能是:当使能端 EN 的触点 I0.0 接通时,将输入字节 VB0 先传送到 QB3,再将 QB3 左移 1 位,低位补 0,最高位同时移入溢出标志位 SM1.1(如图 9.3.28 所示)。执行后,VB0 单元中的数不变。IN、OUT 和 N 的规定与字节右移指令相同。

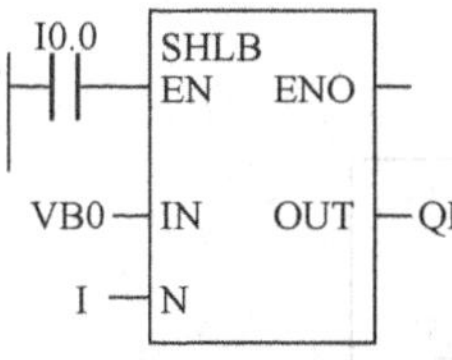


```
LD    I0.0
MOVB  VB0,QB3
SLB   QB3,1
```

(b)

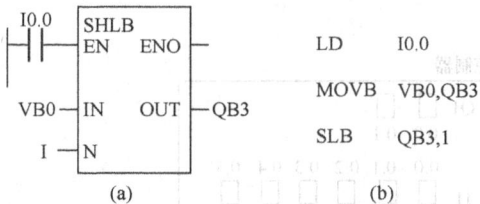

图 9.3.27 字节左移指令的梯形图和语句表

图 9.3.28 字节左移指令的标志位

IN 和 OUT 可以是同一个寄存器,例如都是 QB3 时,语句表为

LD I0.0

SLB QB3,1

3) 字节循环右移指令(RRB)

字节循环右移指令的梯形图和语句表分别如图 9.3.29(a)和(b)所示。其功能是:当使能端 EN 的触点 I0.0 接通时,将输入字节 VB0 先传送到 QB3,然后再将 QB3 循环右移 1 位,最低位同时移入溢出标志位

SM1.1(如图 9.3.30 所示)。执行后,VB0 单元中的数不变。IN、OUT 和 N 的规定与字节右移指令相同。

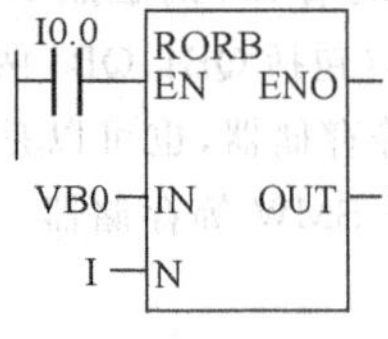

(a)

```
LD    I0.0
MOVB  VB0,QB3
RRB   QB3,1
```

(b)

图 9.3.29 字节循环右移指令的梯形图和语句表

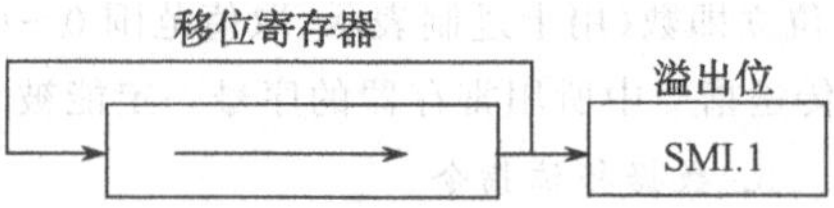

图 9.3.30 字节循环右移指令的标位

IN 和 OUT 可以是同一个寄存器,例如都是 QB3 时,语句表为

LD I0.0

RRB QB3,1

4) 字节循环左移指令(RLB)

字节循环左移指令的梯形图和语句表分别如图 9.3.31(a)和(b)所示。其功能是:当使能端 EN 的触点 I0.0 接通时,将输入字节 VB0 先传送到 QB3,然后再将 QB3 循环左移 1 位,最高位同时移入溢出标志位 SM1.1(如图 9.3.32 所示)。执行后,VB0 单元中的数不变。IN、OUT 和 N 的规定与字节右移指令相同。

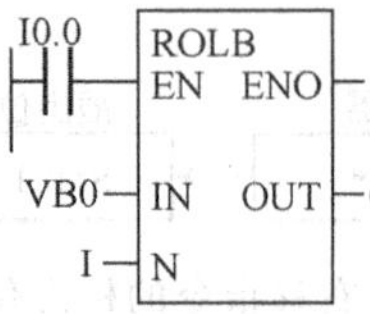

(a)

```
LD    I0.0
MOVB  VB0,QB3
RLB   QB3,1
```

(b)

图 9.3.31 字节循环左移指令的梯形图和语句表

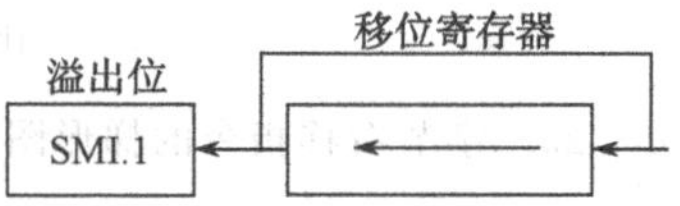

图 9.3.32 字节循环左移指令的标志位

当 IN 和 OUT 是同一个存储器时,例如都是 QB3,语句表为

LD I0.0

RLB QB3,1

例 9.3.4 利用 S7 系列 PLC 上的输出 LED 指示灯 Q0.7~Q0.0(见图 9.3.33),编一个循环左移显示程序。要求:按启动按键 S_1,从 Q0.0 位至 Q0.7 位的 LED 指示灯依次循环点亮,每次只亮一个灯,亮持续时间 1s。按停止按钮 S_2,循环停止。

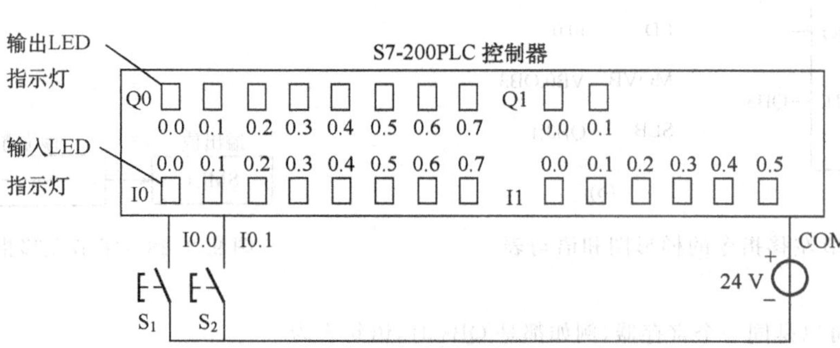

图 9.3.33 例 9.3.4 PLC 接线图

解 控制 S7 系列 PLC 上的输出 LED 指示灯循环左移显示的梯形图和语句表分别如图 9.3.34(a)和(b)所示。在梯形图中,网络 1,用位存储器 M0.0 记忆启动按钮和停止按钮的动作信息。网络 2,检测 M0.0 的上跳沿,使 M0.1 接通一个扫描周期。网络 3,当按启动按钮后,M0.0 和 M0.1 都接通,向输出寄存器 QB0 送

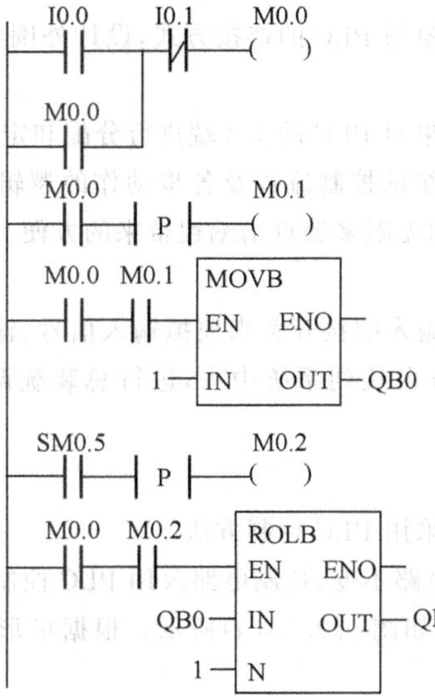

(a)

```
LD      I0.0
O       M0.0
AN      I0.1
=       M0.0
LD      M0.0
EU
=       M0.1
LD      M0.0
A       M0.1
MOVB    1,QB0
LD      SM0.5
EU
=       M0.2
LD      M0.0
A       M0.2
RLB     QB0,1
```

(b)

图 9.3.34　例 9.3.4 的梯形图及语句表

初始值 1，使输出 LED 先从 Q0.0 位开始亮。网络 4，检测秒脉冲发生器 SM0.5 的上跳沿，使 M0.2 接通一个扫描周期。网络 5，当 M0.0 和 M0.2 都接通时，使寄存器 QB0 左移一位，从而使输出 LED 从 Q0.0 至 Q0.7 不停地循环点亮显示，每个 LED 的点亮持续时间是 1s。

9.3.6　可编程控制器的应用

可编程控制器的应用，就是以其为控制器，配置一些开关、按钮、传感器和执行器，共同构成控制系统，实现对生产过程和设备的控制。

1．可编程控制器的应用基本要求

1）确定控制对象及控制内容

（1）了解、分析被控对象（生产设备或生产过程）的工作原理及工艺流程，画出工作流程图。

（2）列出该控制系统应具备的全部功能和控制范围。

（3）拟定控制方案。

2）选择 PLC 机型

机型选择的基本原则是在满足控制功能要求的前提下，保证系统可靠、安全、经济及使用维护方便。一般须考虑以下几方面问题。

（1）确定 I/O 点数。列出被控对象所有输入量和输出量，选择 I/O 点数适当的 PLC，确保输入、输出点的数量能够满足需要，并为生产发展和工艺改进适当留下裕量（一般可考虑留 10%～15%的备用量）。

（2）确定用户程序存储器的存储容量。用户程序所需内存容量与控制内容和输入/输出点数有关，也与用户的编程水平有关。一般粗略的估计方法是：（输入＋输出）×（10～12）＝指令步数。对于控制要求复杂、功能多、数据处理量较大的系统，为避免存储容量不够的问题，可适当多留些裕量。

（3）响应速度。PLC 的扫描工作方式使其输出信号与相应的输入信号间存在一定的响应延迟时间，它最终将影响控制系统的运行速度，所选 PLC 的指令执行速度应满足被控对象对响应速度的要求。

（4）输入输出方式及负载能力。根据控制系统中输入输出信号的种类、参数等级和负载要求，选择能够满足输入输出接口需要的机型。

3）设计

(1）硬件设计。确定各种输入设备及被控对象与 PLC 的连接方式，设计外围辅助电路及操作控制盘，画出输入输出端子接线图，并实施具体安装和连接。

(2）软件编写。根据输入输出变量的统计结果对 PLC 的 I/0 端进行分配和定义。

根据 PLC 扫描工作方式的特点，按照被控系统的控制流程及各步动作的逻辑关系，合理划分程序模块，画出梯形图。要充分利用 PLC 内部各种继电器的无限多触点给编程带来的方便。

4）系统统调

编制完成的用户程序要进行模拟调试(可在输入端接开关来模拟输入信号、输出端接指示灯来模拟被控对象的动作)，经不断修改达到动作准确无误后方可接到系统中去，进行总装统调，直到完全达到设计指标要求。

2. 可编程控制器设计实例

1）三相笼型异步电动机的星形-三角形启动采用 PLC 控制方法

三相笼型异步电动机的星形-三角形启动主电路不变，控制电路改用 PLC 控制，由图 8.6.2 可知，需要三个输入点，三个输出点，其分配方案和外部接线图如图 9.3.35(a)所示。根据星形-三角形启动的控制要求，画出梯形图如图 9.3.35(b)所示。

由梯形图写出语句表为

LD	I0.0	=	Q0.0	LDN	Q0.0		
O	Q0.0	LD	Q0.0	A	T33		
AN	I0.1	O	Q0.1	=	Q0.2		
A	I0.2	AN	I0.1	LD	Q0.1		
AN	Q0.2	A	I0.2	TON	T33	K300	
AN	T33	=	Q0.1	END			

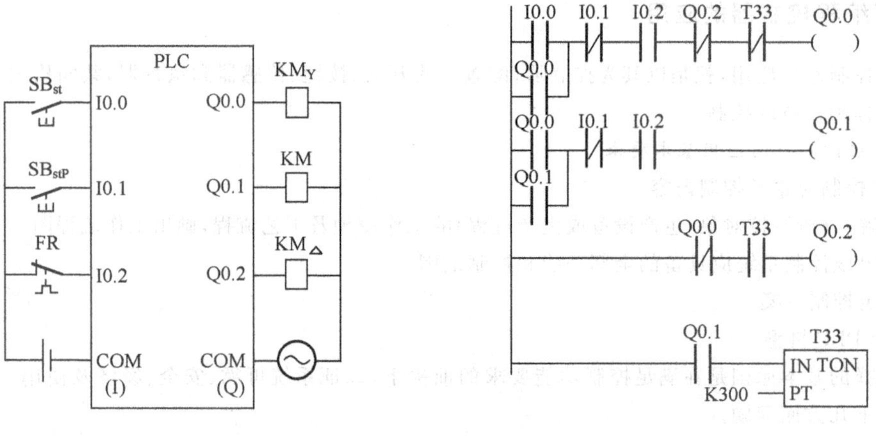

(a) 外部接线图　　　　(b) 梯形图

图 9.3.35　电动机星形-三角形启动控制

2）交通信号灯 PLC 控制

十字路口的交通信号灯是一类有代表性的时序控制系统，每个方向有红(R)、绿(G)、黄(Y)灯。当启动开关接通时，信号灯控制系统开始工作，且先南北红灯亮和东西绿灯亮，再东西红灯亮和南北绿灯亮，周而复始，控制时序如图 9.3.36 所示。

该交通信号灯控制回路如图 9.3.37 所示，可以选用 S7 系列中的 CPU214 可编程控制器实现，相应的 I/O 信号和定时器如表 9.3.6 所示。

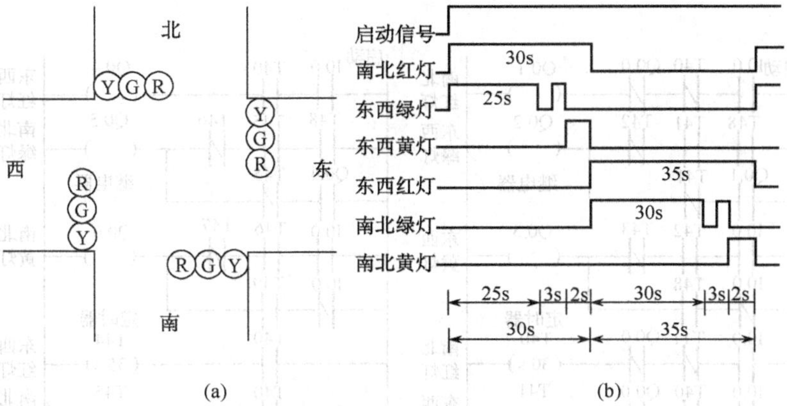

图 9.3.36　交通信号灯及其控制时序

(1) 控制要求。

当启动开关接通时，首先南北红灯亮和东西绿灯亮，然后东西红灯亮和南北绿灯亮，周而复始。具体要求：

① 南北红灯亮 30s，与此同时，东西绿灯亮 25s 再闪烁 3s 后熄灭，接着东西黄灯亮 2s 后熄灭。

② 东西红灯亮 35s，与此同时，南北绿灯亮 30s 再闪烁 3s 后熄灭，接着南北黄灯亮 2s 后熄灭。

表 9.3.6　交通信号灯控制的 I/O 信号和定时器

输出继电器	输出点名	定时器名	定时器时间/s	定时器名	定时器时间/s
报警	Q0.0	南北红灯 T40	30	东西红灯 T44	35
南北红灯	Q0.1	东西绿灯 T41	25	南北绿灯 T45	30
东西绿灯	Q0.2	东西绿灯闪 T42	3	南北绿灯闪 T46	3
东西黄灯	Q0.3	东西黄灯 T43	2	南北黄灯 T47	2
东西红灯	Q0.4	闪烁 T48	0.5	闪烁 T49	0.5
南北绿灯	Q0.5				
南北黄灯	Q0.6			启动开关信号 I0.0	

③ 上述时序，周而复始。

④ 夜间无交警值班，启动开关断开时，东西黄灯和南北黄灯皆闪烁。

⑤ 东西绿灯和南北绿灯不能同时亮，否则产生报警。

(2) 控制过程。

当启动开关接通时，相应的输入点 I0.0 接通，使继电器 Q0.1 接通，南北红灯亮；Q0.1 的动合(常开)触点接通，使继电器 Q0.2 接通，东西绿灯亮。I0.0 接通时，使南北红灯定时器 T40 和东西绿灯定时器 T41 开始计时。T41 计到 25s，T41 的动合(常开)触点接通，使定时器 T42 开始计时，东西绿灯闪烁；T42 计到 3s，T42 的动断(常闭)触点断开，使继电器 Q0.2 断开，导致东西绿灯熄灭；T42 的动合(常开)触点接通，使定时器 T43 开始计时，使继电器 Q0.3 接通，东西黄灯亮；T43 计到 2s，T43 的动断(常闭)触点断开，使继电器 Q0.3 断开，导致东西黄灯熄灭。此时，T40 计到 30s，T40 的动断(常闭)触点断开，使继电器 Q0.1 断开，导致南北红灯熄灭。

与此同时，T40 的动合(常开)触点接通，使继电器 Q0.4 接通，东西红灯亮；Q0.4 的动合(常开)触点接通，使继电器 Q0.5 接通，南北绿灯亮。T40 的动合(常开)触点接通时，使东西红灯定时器 T44 和南北绿灯定时器 T45 开始计时。T45 计到 30s，T45 的动合(常开)触点接通，使定时器 T46 开始计时，南北绿灯闪烁；T46

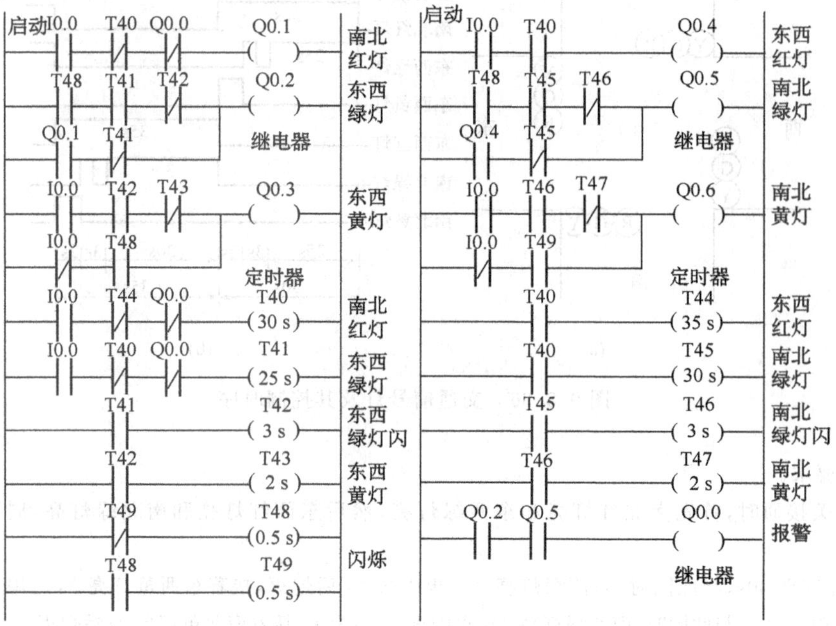

图 9.3.37　交通信号灯控制程序梯形图

计到 3s，T46 的动断（常闭）触点断开，使继电器 Q0.5 断开，导致南北绿灯熄灭；T46 的动合（常开）触点接通，使定时器 T47 开始计时，使继电器 Q0.6 接通，南北黄灯亮；T47 计到 2s，T47 的动断（常闭）触点断开，使继电器 Q0.6 断开，导致南北黄灯熄灭。此时，T44 计到 35s，使南北红灯定时器 T40 开始新的计时，一方面导致继电器 Q0.4 断开，东西红灯熄灭；另一方面导致继电器 Q0.1 接通，南北红灯亮；重复上述过程。

夜间无交警值班，启动开关断开时，I0.0 的动断（常闭）触点接通，由定时器 T48 和 T49 组成的振荡回路，触发东西黄灯和南北黄灯闪烁。

如果东西绿灯和南北绿灯同时亮，即 Q0.2 和 Q0.5 同时接通，则使继电器 Q0.0 接通，产生报警信号。

思　考　题

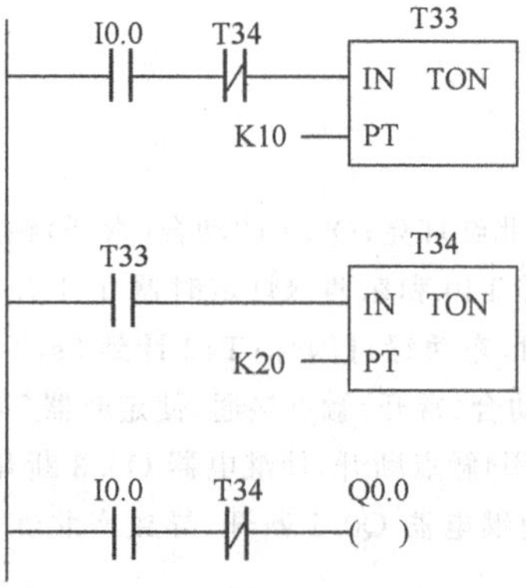

图 9.3.38　习题 9-3-1 的梯形图

9-3-1　PLC 的用途是什么？它有什么特点？

9-3-2　PLC 的基本组成主要包括哪些部分？

9-3-3　PLC 的存储器中存放哪些内容？

9-3-4　PLC 的工作方式是什么？该工作方式有哪些特点？

9-3-5　PLC 的扫描周期主要由哪些因素决定？

9-3-6　什么是 PLC 的扫描周期？其长短主要受什么影响？

9-3-7　PLC 与断电接触器的控制比较有何特点？

9-3-8　什么是定时器的定时设定组、定时单位和定时时间，三者有何关系？

9-3-9　同一个程序中，接通延时定时器、断开延时定时器和计数器的编号能否都一样？

练　习　题

9-3-1　试写出图 9.3.38 所示梯形图的语句表。

9-3-2　试画出下述语句表所对应的梯形图。

LD	I0.0	LDI	I0.4	ALD	
A	I0.1	A	I0.5	O	I1.0
LDI	I0.2	LD	I0.6	=	Q0.0
A	I0.3	AN	I0.7	END	
OLD		OLD			

9-3-3　将图 8.2.8 所示顺序联锁控制电路改用 PLC 控制，试画出梯形图，写出语句表。

9-3-4　设如图 9.3.39 所示 A、B 两点处的行程开关 ST_1、ST_2 都只有一个动合(常开)触点。开机后，机床的工作台在 A、B 两点之间自动往复运动。试编写工作台的 PLC 控制程序，画出三相异步电机主电路图、PLC 外部接线图、PLC 梯形图，并写出语句表程序。

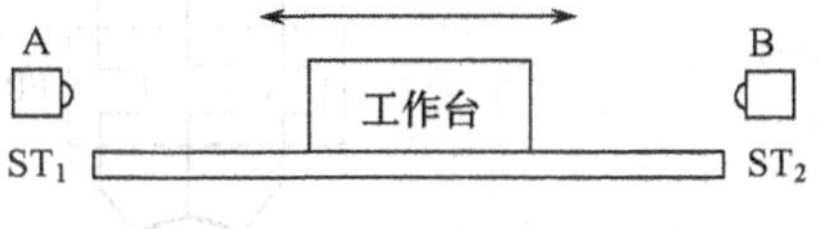

图 9.3.39　习题 9-3-4 的图

9-3-5　图 9.3.40(a)所示梯形图中，已知 I0.0 的动合(常开)触点时序图如图 9.3.40(b)所示。画出 T37、T38、Q2.4 动合(常开)触点的时序图(动合(常开)触点闭合逻辑值为 1，断开逻辑值为 0)。

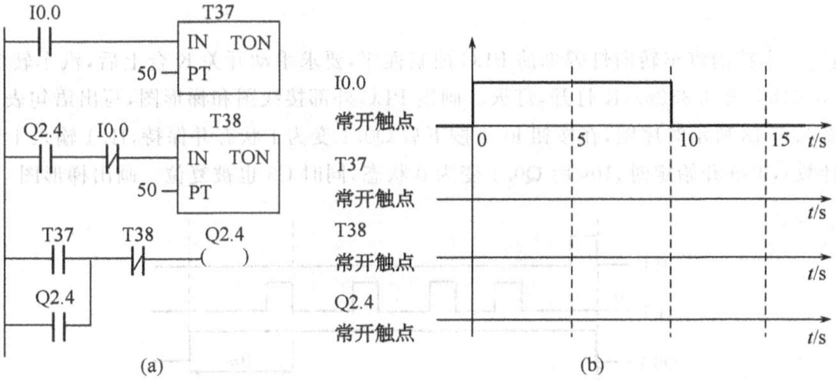

图 9.3.40　习题 9-3-5 的图

9-3-6　有一皮带传送系统如图 9.3.41 所示。控制要求为：按启动按钮，传送带 2 先启动，15s 后传送带 1 自动启动。停止的顺序正好相反，按停止按钮，传送带 1 先停止，20s 后传送带 2 自动停止。试编写该系统的程序，画出 PLC 的外部接线图及梯形图，并写出语句表程序。

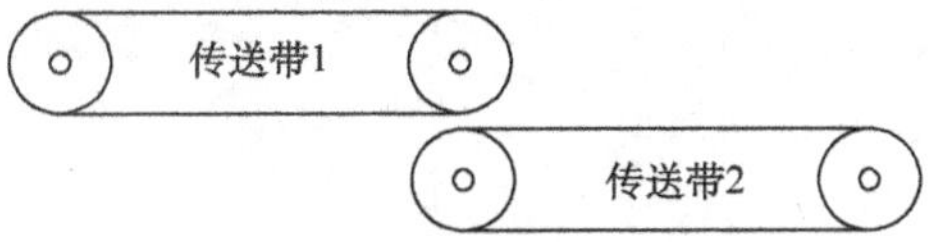

图 9.3.41　习题 9-3-6 的图

9-3-7　三相异步电动机的周期性自动启动、停止控制要求是：一台三相异步电动机，按启动按钮电动机启动，转动 5s 后自动停止，停止 3s 后又自动启动，如此反复进行，直到手动停止为止。用一个 220V、15W 灯泡指示电机的运行。电机主电路如图 9.3.42(a)所示，I/O 端口及定时器分配如图 9.3.42(b)所示。画出 PLC 的外部接线图、程序梯形图及语句表。接触器的线圈额定电压是 220V。若需要中间继电器自行设定。

9-3-8　编写由三相异步电动机驱动的搅拌机的 PLC 控制程序。要求是：按启动按钮电动机启动，正转

5s 后自动停止，停止 3s 后自动反转，反转 5s 后又自动停止，停止 3s 后又自动正转，如此反复进行。按下停止按钮可随时停止。用 2 个 220V、15W 灯泡指示电机的运行。画出电机主电路图，写出 PLC 的 I/O 端口及定时器分配，画出 PLC 的外部接线图、程序梯形图并写出语句表（接触器的线圈额定电压是交流 220V）。

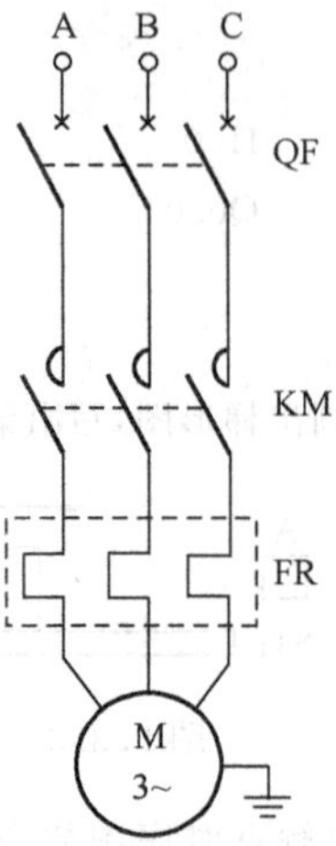

(a)

I/O端口及定时器分配

输入	PLC I/O/T	输出
停止按钮SB_1	I0.1	
启动按钮SB_2	I0.2	
	Q0.0	KM线圈
	Q0.1	灯泡L
	T35	转动延时5s
	T36	停止延时3s

(b)

图 9.3.42　习题 9-3-7 的图

9-3-9　编写一个控制汽车转向灯闪烁的 PLC 控制程序，要求手动开关 K 合上后，汽车转向灯（12V 直流供电）闪烁，亮 0.618s，灭 0.382s。K 打开，灯灭。画出 PLC 外部接线图和梯形图，写出语句表。

9-3-10　图 9.3.43 所示时序图，在按钮 I0.1 按下后 Q0.1 变为 1 状态并保持，I1.1 输入 4 个脉冲后（用计数器 C5 加法计数），T39 开始定时，10s 后 Q0.1 变为 0 状态，同时 C5 也被复位。画出梯形图。

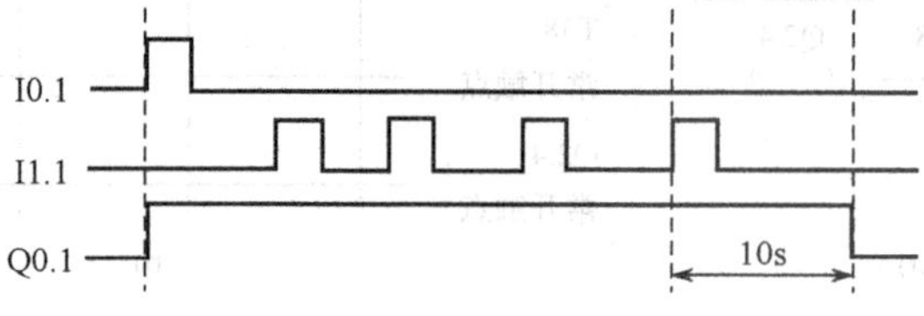

图 9.3.43　习题 9-3-10 的图

9-3-11　试总结可编程控制器应用设计步骤。

9-3-12　试讨论 FCS、DCS、PLC 三者之间的关系。

第 10 章　低压配电系统

本章介绍低压配电系统和用电安全常识。在此基础上，讲解识读电气工程图的基本方法。

本章学习要求：(1)了解安全用电的常识和重要性；(2)了解中性(N)线、工作接地和保护(PE)接地的作用和使用条件；(3)了解静电保护和电器防火、防爆的常识。

*10.1　电力系统概述

发电厂发出的三相交流电一般经升压、输电、降压等环节，供给用户。图 10.1.1 表示从发电厂到用户的输电过程。

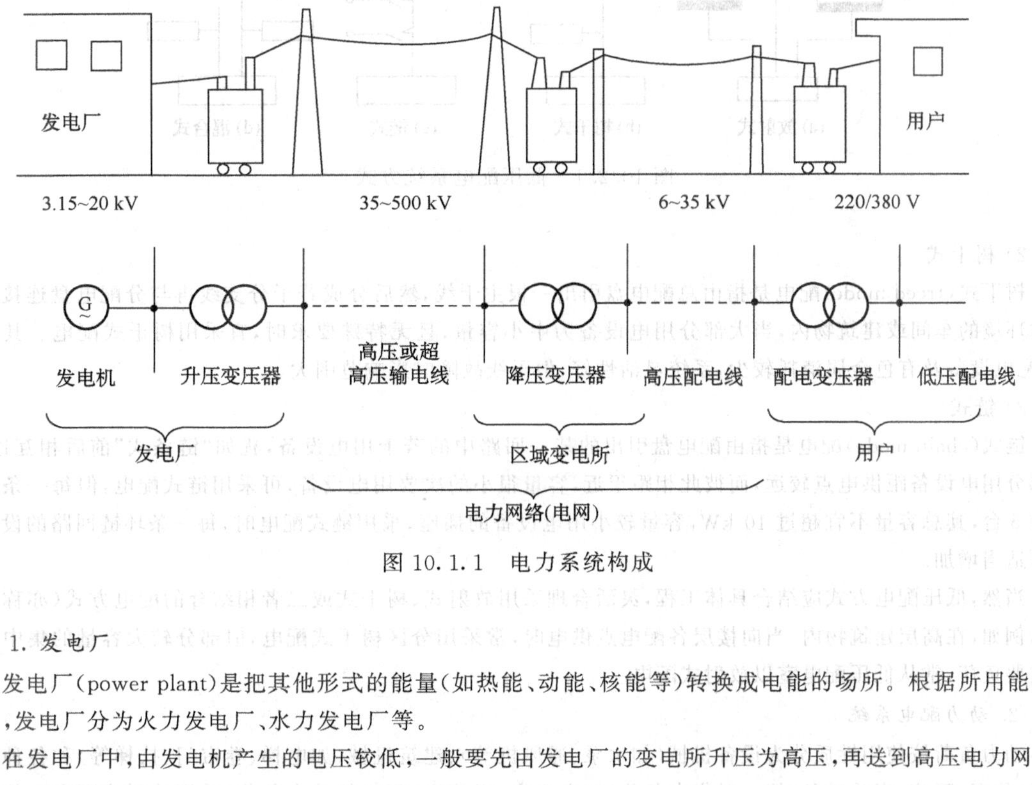

图 10.1.1　电力系统构成

1. 发电厂

发电厂(power plant)是把其他形式的能量(如热能、动能、核能等)转换成电能的场所。根据所用能源的不同，发电厂分为火力发电厂、水力发电厂等。

在发电厂中，由发电机产生的电压较低，一般要先由发电厂的变电所升压为高压，再送到高压电力网。

2. 变电所

变电所(transformer substation)是汇集电能、变换电压的中间环节，它由各种电力变压器和配电设备组成。变电所不含电力变压器称为配电所。

3. 电力网

电力网(power network)包括变配电所及不同电压等级的电力线路等。它的作用是将电能输送、变换和分配给各用电单位。

10.2 低压配电系统

低压配电系统的电压 380/220 V,采用三相四线制/单相两线制。

△10.2.1 低压配电方式

1. 低压配电方式

低压配电系统有放射式、树干式及链式等三种配电方式,如图 10.2.1 所示。

1) 放射式

放射式(radial mode)是指由配电盘直接供给分配电盘或用电设备,当用电设备为大容量,或负荷性质重要,或在有特殊要求的车间、建筑物内,宜采用放射式配电。其特点是:配电线路故障互不影响,供电可靠性较高,配电设备集中,检修比较方便,但系统灵活性较差,有色金属消耗较多。

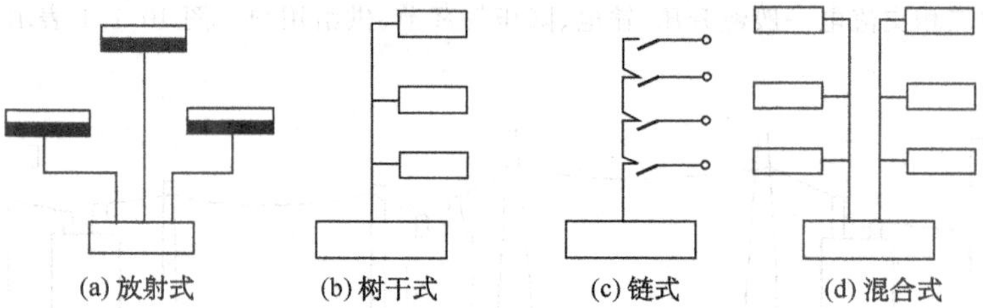

图 10.2.1 低压配电系统方式

2) 树干式

树干式(treed mode)配电是指由总配电盘引出一根主干线,然后分成若干分支线再与分配电盘连接。在正常环境的车间或建筑物内,当大部分用电设备为中小容量,且无特殊要求时,宜采用树干式配电。其特点是:配电设备及有色金属消耗较少,系统灵活性好,但干线故障时影响范围大。

3) 链式

链式(chain mode)配电是指由配电盘引出的某一回路中的若干用电设备,犹如"链条式"前后相互连接。当部分用电设备距供电点较远,而彼此相距很近,容量很小的次要用电设备,可采用链式配电,但每一条环链设备 5 台,其总容量不宜超过 10 kW,容量较小用电设备的插座,采用链式配电时,每一条环链回路的设备数量可适当增加。

当然,低压配电方式应结合具体工程,灵活合理采用放射式、树干式或二者相结合的配电方式(亦称混合式),例如,在高层建筑物内,当向楼层各配电点供电时,常采用分区树干式配电,但部分较大容量的集中负荷或重要负荷,常从低压配电室以放射式配电。

2. 动力配电系统

动力负荷按使用性质分为设备机械(如水泵、通风机等)、建筑机械(如电梯、卷帘门、扶梯等)和各种专用机械(炊事、医疗、实验设备)等。对集中负荷(如水泵房、锅炉房、厨房的动力负荷)采用放射式配电干线。对分散的负荷(医疗设备、空调机等)应采用树干式配电,依次连接各个动力分配电盘。例如某车间的动力配电系统,如图 10.2.2 所示。

外部电缆穿预留孔(洞)引入室内配电箱,这段线路称为进户线。从总配电盘到分配电盘的线路称为三相支线。从分配电盘到照明负载的线路,称为单相支线。

低压配电屏(10w-voltage panel)是按一定的线路方案将有关一、二次设备组装而成的一种低压成套配电装置,在低压配电系统中作动力和照明配电之用。

低压配电屏的结构型式,有固定式和抽屉式两大类。不过抽屉式配电屏价昂,一般中小工厂多采用固定

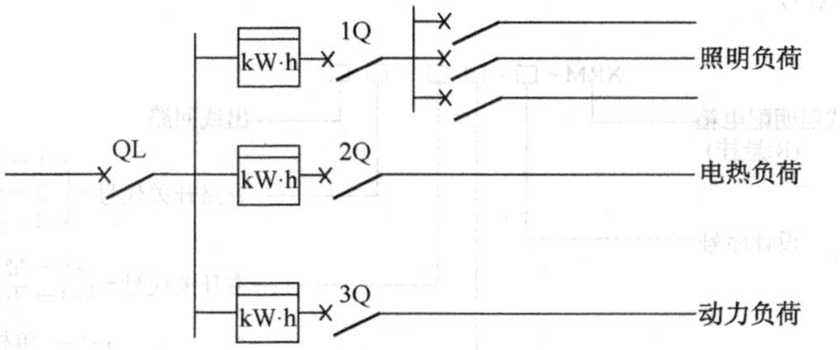

图 10.2.2　车间的动力配电系统图

式。我国现在广泛应用的固定式低压配电屏，主要为 PGL1、2 型和 GGD、GGL 等型。

新系列低压配电屏全型号的表示和含义如下：

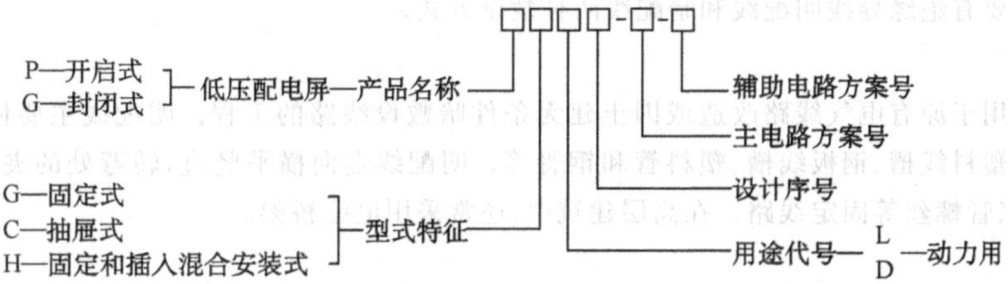

△10.2.2　配电箱(柜)

变配电所引出低压线(380V/220V)到低压配电箱，动力线路和照明线路是由配电箱(配电盘)引出。配电箱一般都是由箱体、断路器(或开关和熔断器)等组成的。箱体一般用薄钢板冲压而成，喷涂烤漆。盘面的制作则要求设备布置紧凑、便于维修。配电箱按其结构可分为柜式、台式和箱式等。按其功能分为动力配电箱、照明配电箱、插座箱等。按产品生产方式分为定型产品、非定型产品和现场组装配电箱。在电气工程中，尽可能用定型产品，如高低压配电柜以及控制柜、控制台、控制箱。如果设计为非标准的配电箱，则要用设计的配电系统图和二次接线图到工厂加工订制。动力配电箱一般分为明装、暗装和半暗装。为了操作方便，配电箱中心距地的高度为 1.5 m。动力负荷容量大或台数多时，可采用落地式配电柜或控制台，应在柜底下留沟槽或用槽钢支起以便管路的敷设连接。配电柜有柜前操作和维护，靠墙设立；也有柜前操作柜后维护，要求柜前有大于 1.5 m 的操作通道，柜后应有 0.8 m 的维修通道。照明配电盘(箱)有明装、暗装和半暗装，材质有金属和塑料壳体之分，底口距地 1.5 m。配电板明装，底口距地不低于 1.8 m。配电盘内包括照明总断路器、电度表、各分支线的断路器(或开关和熔断器)等；分配电盘上有分断路器(或开关和支线熔断器)等。若为插座配电箱，箱内有分断路器、单相或三相插座等。

配电箱型号通常是用汉语拼音字头组成的。例如，用 X 代表配电箱，L 代表动力，M 代表照明，D 代表电能表等。XL 合在一起就表示动力配电箱，XM 表示照明配电箱，XD 表示配电电表箱等。

1）动力配电箱的型号

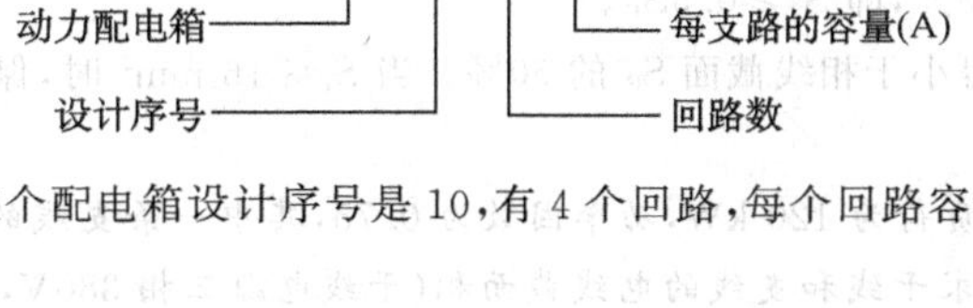

例如，XL-10-4/15 表示这个配电箱设计序号是 10，有 4 个回路，每个回路容量为 15 A。

2）照明配电箱的型号

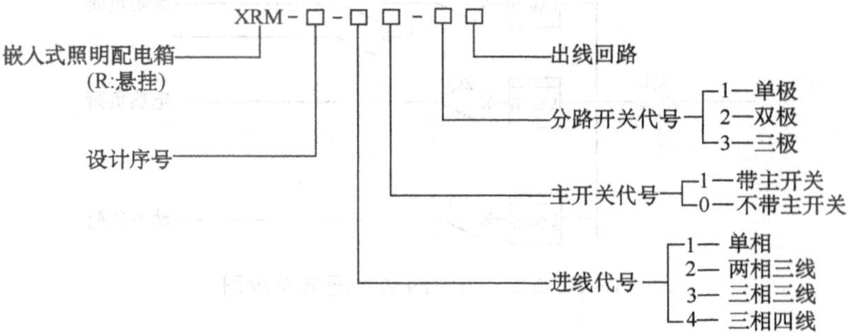

△10.2.3 低压线路敷设方式

电气线路主要有绝缘导线明配线和暗配线两种敷设方式。

1. 明配线

明配线主要用于原有电气线路改造或因土建无条件暗敷设线路的工程。明配线主要使用铝片卡、塑料线夹、塑料槽板、塑料线槽、钢板线槽、塑料管和钢管等。明配线走向横平竖直，转弯处的夹角为90°，采用粘接、射钉螺栓及胀管螺丝等固定线路。在高层建筑中，还常采用电缆桥架。

2. 暗配线

暗配线主要用于新建及装修要求较高的场所。暗配线常用钢管、阻燃硬塑料管、半硬塑料管和镀锌线槽等。

（1）钢管暗配线。钢管暗配线一般敷设于现浇混凝土板内、地面垫层内、砖墙内及吊顶内。钢管走向可以沿最短的路径敷设，要求所有钢管焊接成一体，统一接地。由于钢管施工困难、造价高，一般用于一类建筑的电气配线及特殊场合（如锅炉房等动力）的配线。

（2）塑料管暗配线。塑料管暗配线的敷设方法同钢管，特别适用于预制混凝土结构的建筑，多采用穿空心楼板暗敷设。由于半硬塑料管具有可挠性，硬度好，并具有阻燃性，施工方便，现已被广泛采用。

*10.2.4 电缆的选择

为了选择电线、电缆的截面或配电设备，首先要计算用电量。为此引入“计算负荷”的概念。“计算负荷”就是用来按发热条件选择各种配电设备和导线截面的一个假定负荷值，它所产生的热效应与实际变动负荷产生的最大热效应相当，所以计算负荷是实际变动负荷的最大负荷。负荷计算有需要系数法、二项式系数法、利用系数法三种方法。工程设计，常用需要系数法计算负荷。对一些常用的用电设备，也可按经验进行估算。

1. 载流量法（按发热条件选择）

载流量是指导线或电缆在长期连续负荷时，允许通过的电流值。电线与电缆的载流量，不仅仅取决于截面积，还要受到环境温度及敷设方式的影响。温升和穿管也都会减少其工作电流，穿管中的根数越多，载流量越少。

在TN系统中，中性（N）线的允许载流量，应不小于三相线路中的最大不平衡电流，中性（N）线截面 S_0 一般应不小于相线截面 S_P 的50%，即 $S_0 \geqslant 0.5S_P$。

保护（PE）线截面 S_{PE} 不得小于相线截面 S_P 的50%。当 $S_P \leqslant 16\ mm^2$ 时，保护（PE）线截面应与相线截面相等，即 $S_{PE}=S_P$。

例10.2.1 某车间计算负荷为120 kW，功率因数为0.75，其中一条支线的有功功率为3 kW，功率因数为0.66，环境温度为25 ℃。求干线和支线的电线截面积（干线电源三相380V，支线电源单相220V）。

解 干线计算电流为

$$I_{\sum C}=\frac{P_{\sum C}}{\sqrt{3}U_N\cos\varphi}=\frac{120\times10^3}{\sqrt{3}\times380\times0.75}\text{A}=243.1\text{A} \tag{10.2.1}$$

根据电线的载流量查《电工手册》，选择铜芯塑料线穿钢管保护，其相线截面积为 150 mm^2，载流量为 265 A。其中相线三根 150 mm^2，中性线截面积为 75 mm^2，穿钢管 ϕ120 mm，即 BV-(3×150+1×75)-SC120。

支线计算电流为

$$I_C=\frac{P_C}{U_N\cos\varphi}=\frac{3\times10^3}{220\times0.66}\text{A}=20.66\text{A} \tag{10.2.2}$$

查《电工手册》，选铜芯塑料线二根穿钢管，环境温度为 25 ℃时，截面积为 2.5 mm^2，载流量为 24 A，穿钢管ϕ15 mm，即 BV-2×2.5-SC15。

2. 按电压损失条件选择

由于线路存在阻抗，电缆在传输中会产生电压损失。线路越长($L\geqslant$200m)，线路始末端电压降越大，末端的用电设备将因电压过低而不能正常工作。为保证供电质量，在按发热条件(载流量法)选择电线截面积之后，需用电压损失条件进行验证，其计算公式为

$$\Delta U(\%)=\frac{P_C L}{CS}=\frac{M}{CS} \tag{10.2.3}$$

式中，$\Delta U(\%)$为电压损失，见表 10.2.1；P_C 为计算负荷，单位为 kW；L 为线路距离，单位为 m；M 为负荷距，单位为 kW·m；C 为电压损失常数，见表 10.2.2；S 为电线的截面积，单位为 mm^2。

一般在照明线路中，为了保证供电质量，常采用电压损失条件来选择电线。

若用电压损失条件验证，结果大于表 10.2.1 中规定值，需增大一级电线的截面积，然后再进行验证。

表 10.2.1 电压损失 ΔU

设备名称及情况	ΔU/%	说明
	1. 照明	
一般照明	5	例如，线路较长或与动力共用的线路自 12V 或 36V 降压变压器开始计算
应急照明	6	
12～36V 局部或移动	10	
厂区外部照明	4	
	2. 动力	
正常工作	5	
正常工作(特殊情况)	8	例如，事故情况，数量少及容量小的电机，且使用不长
启动	10	
启动(特殊情况)	15	例如，大型异步电动机，且启动次数少，尖峰电流小的情况下
吊车(交流)	9	
电热及其他设备	5	

表 10.2.2 电压损失的计算常数 C

线路系统及电流种类	C 表达式	额定电压/V	C 值	
			铜芯线	铝芯线
三相四线制	$\frac{U_N^2}{\rho\times100}$	380/220	77	46.3
单相交流或直流	$\frac{U_N^2}{2\rho\times100}$	220	12.8	7.75
		110	3.2	1.9

续表

线路系统及电流种类	C表达式	额定电压/V	C值	
			铜芯线	铝芯线
单相交流或直流	$\frac{U_N^2}{2\rho\times 100}$	36	0.34	0.21
		24	0.153	0.092
		12	0.038	0.023

注：表中 ρ 为导线材料的电阻率。

例 10.2.2 某建筑工地的计算负荷为 30 kW，$\cos\varphi=0.78$，距变电所 180 m，采用架空配线，环境温度为 30 ℃，试选择输电线路的电线截面。

解 (1)按发热条件选择电线截面，然后按电压损失条件验证。

按发热条件选择，先计算工作电流，即

$$I_C=\frac{P_C}{\sqrt{3}U_N\cos\varphi}=\frac{30\times 10^3}{\sqrt{3}\times 380\times 0.78}\text{A}=58.43\text{A}$$

查《电工手册》，按铜芯明设，环境温度为 30 ℃时，大于 58.43A 的橡皮绝缘电线截面为 10 mm²，其安全载流量为 80A，若选用 BX-4×10 电线能否满足对工地的配电要求呢？需用电压损失条件进行验证。

(2) 按电压损失条件验证。查表 10.2.2，得 $C=77$，则

$$\Delta U(\%)=\frac{M}{CS}=\frac{P_CL}{CS}=\frac{30\times 180}{77\times 10}\%=7.0\%$$

根据动力线路允许电压损失不超过 5%，故不满足要求，需加大一级电线截面，选择 16 mm² 再进行验证。

$$\Delta U(\%)=\frac{M}{CS}=\frac{P_CL}{CS}=\frac{30\times 180}{77\times 16}\%=4.4\%$$

可以满足要求，故选择 BX-4×16 橡皮绝缘电线架空明设。

(3) 按电压损失条件选择电线。由于 $L=180\text{m}$，故可以先按电压损失条件选择电线，再按电线发热条件进行验证。取 $\Delta U(\%)=5(\%)$，$C=77$，则

$$S=\frac{M}{C\Delta U}=\frac{P_CL}{C\Delta U}=\frac{30\times 180}{77\times 5}\text{mm}^2=14.03\text{ mm}^2$$

显然，选择 BX-4×16 橡皮绝缘电线，可以满足条件。

3. 按机械强度条件选择

电线、电缆在户外架空时，应承受足够的拉力和张力；在室内敷设，特别是穿管时，也应考虑拉力的作用。所以选择电线、电缆时，应有足够的机械强度。按机械强度要求电线允许的最小截面，见表 10.2.3。

表 10.2.3 按机械强度要求电线和电缆允许的最小截面

电线用途	电线和电缆允许的最小截面/mm²	
	铜芯线	铝芯线
照明：户内	0.5	2.5
户外	1.0	2.5
用于移动用电设备的软电线或软电缆	1.0	—
户内绝缘支架上固定绝缘电线的间距：		
2m 以下	1.0	2.5
6m 以下	2.5	4.0
25m 以下	4.0	10.0
裸导线：户内	2.5	4.0
户外	6.0	16.0

电线用途	电线和电缆允许的最小截面/mm^2	
	铜芯线	铝芯线
绝缘电线:木槽板敷设	1.0	2.5
穿管敷设	1.0	2.5
绝缘电线:户外沿墙敷设	2.5	4.0
户外其他方式	4.0	10.0

例 10.2.3 有一条电压为 380/220 V 的车间配电线路,采用铜芯橡皮绝缘电线室内架空敷设(环境温度为 30 ℃),其负荷计算功率为 28 kV·A,供电距离为 60 m,试选择电线的截面积。

解 (1)按发热条件选择,先计算工作电流

$$I_C = \frac{S_C}{\sqrt{3}U_N} = \frac{28\times 10^3}{\sqrt{3}\times 380}\text{A} = 42.5\ \text{A}$$

查《电工手册》铜芯绝缘电线长期连续负荷允许载流量表,橡皮绝缘电线架空敷设(环境温度为 30 ℃)时大于 42.5A 的电线为 BBX-4×6(54 A)。

(2)按电压损失条件检验。设 $\cos\varphi = 0.75$,查表 10.2.2 得 $C=77$

$$\Delta U(\%) = \frac{P_C L}{CS} = \frac{S_C\times\cos\varphi\times L}{CS} = \frac{28\times 0.75\times 60}{77\times 6}\% = 2.73\% < 5\%$$

满足条件。

(3) 按机械强度条件检验。根据表 10.2.3,按机械强度要求电线和电缆允许的最小截面,室内架空敷设时应为 4 mm^2,同样满足条件。

思 考 题

10-2-1 低压配电的方式共分几种?各有什么特点?

10-2-2 室内配电线路有几种敷设方式?

10-2-3 选择导线截面积的原则是什么?

10-2-4 在低压配电线路中,为什么先用发热条件选择导线截面积,再用电压损失条件和机械强度检验?在低压照明线路中,为什么先用电压损失条件选择导线截面积,再用发热条件和机械强度检验?

练 习 题

10-2-1 试说明放射式、树干式和链式三种供电方式应用场合。

10-2-2 某实验室采用三相 50 Hz、380/220 V 配电,室内装有 5 台单相电阻炉,每台 2 kW;有 4 台单相干燥器,每台 3 kW;照明用电有 4.5 kW。试将各类单相的用电负荷合理地分配在三相四线制线路上,并确定大楼实验室的计算负荷。

10-2-3 某工厂动力车间变电所,电压为 10/0.4 kV,无其他备用电源。现计算出总有功功率为 260 kW、功率因数为 0.75,其中含有二级负荷有功功率为 140 kW,试选择变压器的容量和台数。

10-2-4 有一条电压为 380/220 V 的车间配电线路,采用铝芯橡皮绝缘导线室内架空敷设(环境温度为 30 ℃),其负荷计算视在功率为 28 kV·A,供电距离为 60 m,试选择导线的截面积。若改用铜芯橡皮绝缘导线,其截面积又为多少?

10-2-5 距离供电点 280 m 的宾馆,其计算负荷 $P_c = 50$ kW,$\cos\varphi = 0.65$。设铜芯橡皮绝缘导线架空干线的电压损失为 5%,环境温度为 30 ℃,试选择其截面积。若改用铜芯塑料绝缘电力电缆地下直埋,其截面积又为多少?

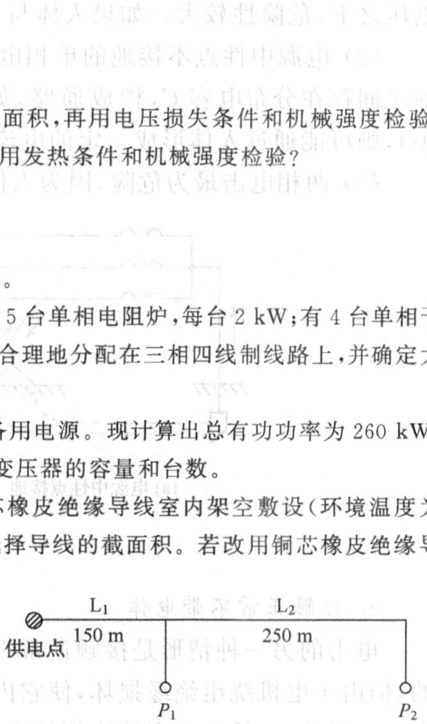

图 10.2.3 习题 10-2-6 的图

10-2-6 某低压配电线路,如图 10.2.3 所示。$P_1 = 30$ kW,

$\cos\varphi_1=0.65$；$P_2=20$ kW，$\cos\varphi_2=0.65$；当地环境温度为 25 ℃，电压损失为 5%，试选择其截面积。

10.3 低压配电安全

用电安全包括人身安全和设备安全。人身若发生事故，轻则灼伤，重则死亡。设备若发生故障，则会损坏，甚至引起火灾或者爆炸。

10.3.1 电流对人体的危害

人体接触电压可能对人体有益，也可能对人体有害。例如，在医院进行电疗或诊断，人体与电接触，这时对人体有益。当人体接触电压超过一定数值且接触时间过长时，人体会受到伤害甚至死亡，这种情况被称为电击(electric shock)。电击对人体的伤害程度与通过人体的电流大小、电流频率以及电流通过人体的路径、电击持续时间等因素有关。当通过人体的电流很微小时，仅使电击部分的肌肉发生轻微痉挛或刺痛。一般认为当通过人体的电流超过 30 mA 时，肌肉的痉挛加剧，使电击者不能自行脱离带电体，持续一定时间便导致中枢神经系统麻痹，严重时可能引起死亡。为此 IEC 通过实验规定了不同环境特定接触条件下相应于30 mA接触电流的接触电压限值。对交流电而言，此接触电压限值在干燥环境内为 50 V，在潮湿环境内为25 V。在水下电气设备的额定电压不得大于 12 V。

10.3.2 电击方式

1. 接触正常带电体

(1) 电源中性点(neutral point)接地的单相电击，如图 10.3.1(a)所示。这时人体处于相电压之下，危险性较大。如果人体与地面的绝缘较好，危险性可以大大减小。

(2) 电源中性点不接地的单相电击，如图 10.3.1(b)所示。在交流的情况下，输电线与大地之间存在分布电容 C，构成通路，如果三相电源某一相对地的绝缘性能较差(绝缘电阻较小)，则可能通过人体形成一定的电流，也会发生电击。

(3) 两相电击最为危险，因为人体处于线电压之下，但这种情况并不多见。

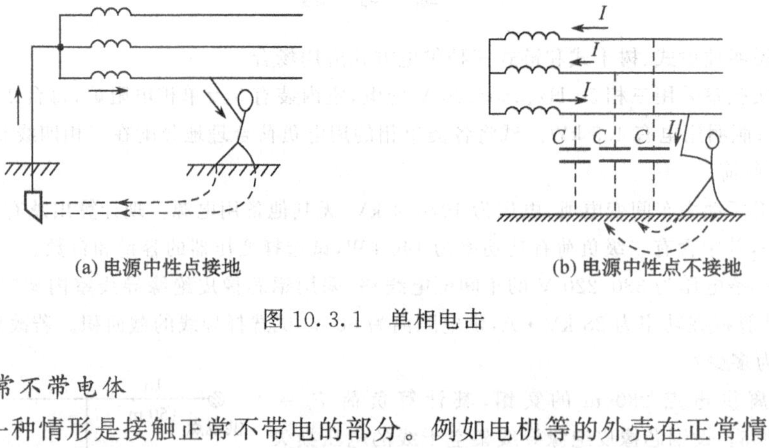

(a) 电源中性点接地　　(b) 电源中性点不接地

图 10.3.1　单相电击

2. 接触正常不带电体

电击的另一种情形是接触正常不带电的部分。例如电机等的外壳在正常情况下是不带电的，但由于电机绕组绝缘损坏，使它内部带电部分与外壳相碰，人体触及带电的外壳会造成电击。一般地，这种电击事故比例较高。

为了防止这种电击事故，电气设备的外壳应保护接地。

10.3.3 供配电系统接地

在低压配电系统中，按其接地的目的不同，分为工作接地和保护接地。为了保证供电系统和电气设备的正常工作而进行的接地，称为保护接地，如变压器的中性点接地。为了保证人身安全、防止触电事故而进行的接地，称为保护接地，如电气设备的金属外壳(或金属构架)接地。此外，还有防静电接地、防雷接地等。

接地装置一般是由接地极、接地母排和接地线等构成的。接地母排(earthing bar)是将保护((protective，PE)线、连接线(bonding conductor)、接地线汇集连通。接地线(earthing conductor)是将接地极与接地母排连通。接地极埋入地下，用来与大地做电气连接。电流自接地极向大地流散过程中的全部电阻叫做流散电阻。接地电阻是流散电阻与接地体连接导线电阻的总和，但主要是流散电阻。一般要求接地电阻为 4～10 Ω。

1. 系统接地

系统电源侧某一点(通常是中性线)的接地，称为系统接地(system earthing)。如变压器低压侧中性点或低压发电机中性点的接地，如图 10.3.2 中的 R_N。系统接地有降低电击电压、迅速切断故障设备、降低电气设备对地的绝缘程度的作用。

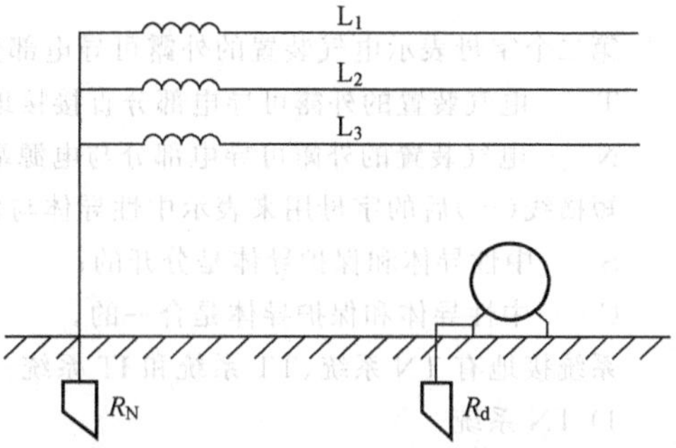

图 10.3.2 系统接地和保护接地

2. 保护接地

为安全目的在设备、装置或系统上设置的一点或多点接地，称为保护接地(protective earthing)。如将一类电气设备的金属外壳通过与 PE 线的连接而接地，如图 10.3.2 中的 R_d。

3. 重复接地

在三相四线制系统中，中性(neutral，N)线在进户时的接地，称为二次接地(重复接地)。例如图 10.3.3 中，单相电进户后先接地，然后分中性(N)线和保护(PE)线两条，此后中性(N)线和保护(PE)线不再有任何电气连接，这种配电方式称为 TN-C-S 系统。

用电设备与电源连接一定要接中性(N)线和保护(PE)线。例如图 10.3.3(a)连接是正确的。当电气设备绝缘层损坏，外壳带电，电流经过保护线，消除电击事故。因此 TN-C-S 系统提高了人及设备的安全性。图 10.3.3(b)连接是不正确的，因为如果在×处断开，绝缘损坏后外壳便带电，将会发生电击事故。图 10.3.3(c) 连接是错误的，电气设备(如手电钻、电冰箱、洗衣机、电扇等)插上单相电源，忽视外壳接地保护，一旦电气设备绝缘层损坏，外壳也就带电，这是十分不安全的。

电源插座接线时，单相三孔插座面对插座的右孔与相线连接，左孔与中性(N)线连接，单相三孔、三相四孔、三相五孔的上孔与保护(PE)线连接。同一场所的三相插座，接线的相序应一致，中性(N)线与保护(PE)线不能混同。

△4. 低压配电系统接地型式

系统接地型式以拉丁字母作代号，其意义如下。

第一个字母表示电源端与地的关系：

T——电源端有一点直接接地；

I——电源端所有带电部分不接地或有一点通过阻抗接地。

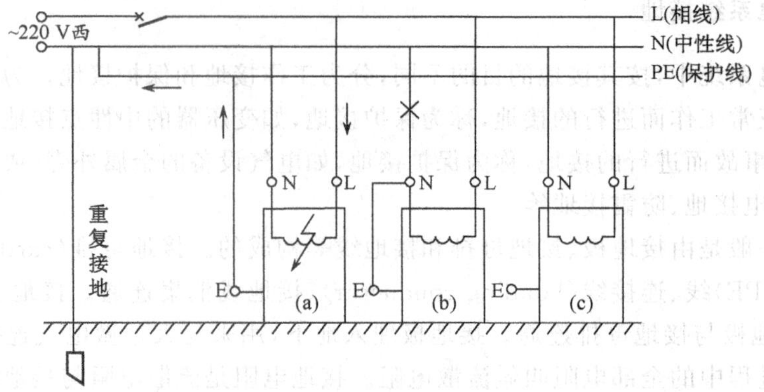

图 10.3.3　中性线与保护线

第二个字母表示电气装置的外露可导电部分与地的关系：

T——电气装置的外露可导电部分直接接地，此接地点在电气装置上独立于电源端的接地点；

N——电气装置的外露可导电部分与电源端接地点有直接电气装置连接。

短横线(一)后的字母用来表示中性导体与保护导体的组合情况：

S——中性导体和保护导体是分开的；

C——中性导体和保护导体是合一的。

系统接地有 TN 系统、TT 系统和 IT 系统三类接地型式。

1）TN 系统

在三相四线制供电系统中，TN 系统根据中性(N)线与保护(PE)线的组合形式，共分为 TN-S、TN-C 和 TN-C-S 三种。

(1) TN-S 系统。

TN-S 系统的中性(N)导体和保护(PE)导体是分开的，如图 10.3.4(a)所示。在三相负荷不平衡时，中性线有电流流过。正常工作时保护线没有电流，因此电气设备的金属外壳不带电。

(2) TN-C 系统。

TN-C 系统的中性导体和保护导体是合一的，又称为保护中性线，如图 10.3.4(b)所示。由于三相负荷不平衡(或有单相负荷)时，PEN 线中流有中性线电流，就存在有线压降，而且距离供电点越远压降越大。该线路的压降呈现在接零线的电气设备的金属外壳(或金属构架)上。这对敏感的电子设备的配电系统是不利的。现仅在三相负荷平衡的工业企业中采用。

(3) TN-C-S 系统。

TN-C-S 系统中一部分线路的中性导体和保护导体是合一的，如图 10.3.4(c)所示。现常在供电系统中采用，进户处作重复接地，室内同 TN-S 系统。

2）TT 系统

电源端有一点直接接地，电气装置的外露可导电部分直接接地，此接地点在电气装置上独立于电源端的接地点，如图 10.3.5 所示。系统中应加设漏电保护装置，否则电气设备发生绝缘损坏电源线碰壳时，金属外壳的对地电压高于安全电压，仍会发生触电事故。

3）IT 系统

电源端的带电部分不接地或有一点通过阻抗接地，电气装置的外露可导电部分直接接地，如图 10.3.6 所示。现常在供电距离短、要求可靠性高、安全性好的电气设备中采用。如在矿井、冶炼的三相三线制供电系统中采用，系统中应加设漏电保护装置。

5. 接地极

接地极“接地”是指一个低压配电系统与它所依附的导体相连接。以导体电位作为该系统

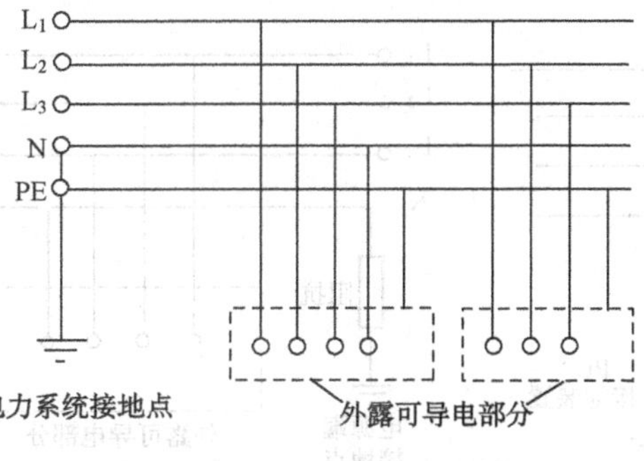

(a) TN-S系统

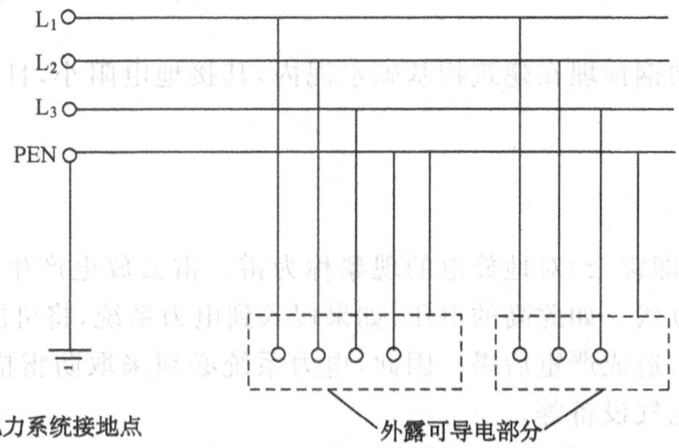

(b)TN-C系统

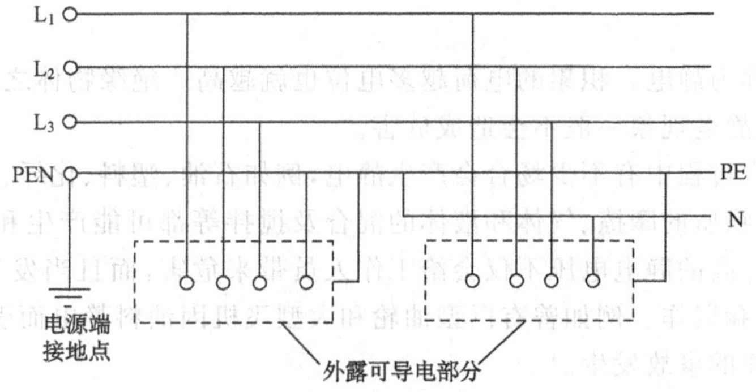

(c)TN-C-S系统

图 10.3.4　低压配电系统的接地型式

的参考电位，该导体即是该系统的“地”。例如，飞机、汽车、轮船的金属机身、车身、船身即是其内各电气系统共用的“地”。建筑物内的变电所(配电室)的“地”并非一定是地球的大地，而是它所依附的建筑物内总等电位连接形成的近似金属等电位的法拉第笼，建筑物内变电所(配电室)与它连接就实现了接地，例如，位于20层楼的干式变压器变电所(配电室)的接地并非接楼外的大地，而是接该楼层内等电位连接系统内金属结构、管道等装置外导电部分，这时变电所(配电室)通过总等电位连接的地下部分与大地连通仍然实现了自然接大地。它用以泄放低压系统内可能出现的雷电流、静电荷等。以避免可能发生的电气事故。

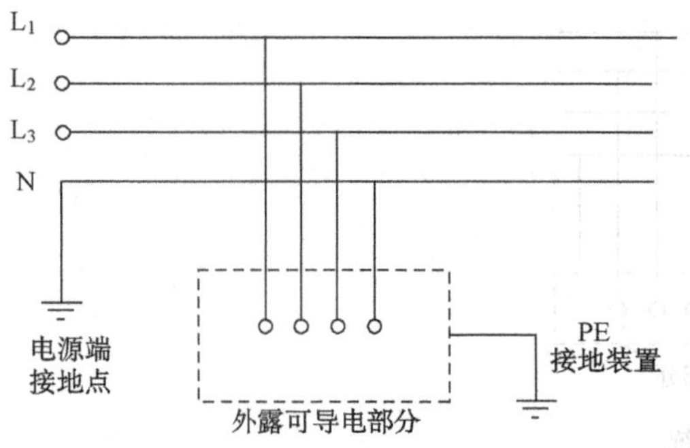

图 10.3.5　TT 系统

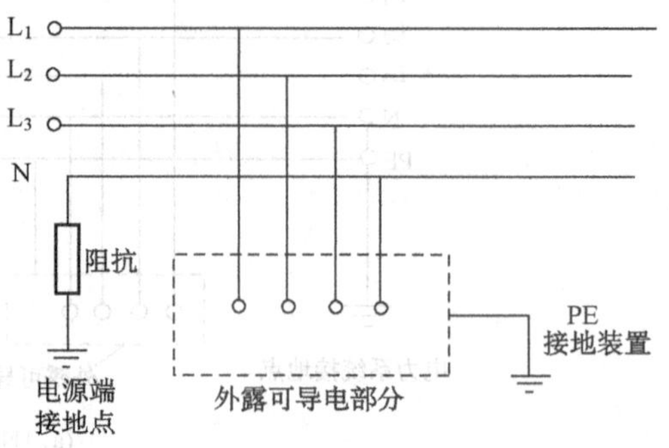

图 10.3.6　IT 系统

接地极采用扁钢或网钢预埋在建筑物基础水泥内，其接地电阻小，且受水泥保护，不易被腐蚀，可靠性高。

10.3.4　防雷

大气层中带电的云（即雷云）对地放电的现象称为雷。雷云放电产生的冲击电压，其幅值可高达数十万伏至数百万伏。如此高的电压，如果侵入到电力系统，将可能损坏电气设备的绝缘，甚至会窜入低压电路，造成严重后果。因此，电力系统必须采取防雷措施。低压配电系统常用浪涌保护器来保护电气设备等。

建筑物防雷与接地可按《建筑物防雷设计规范》GB 50057—1994（2000 年版）执行，电子信息系统防雷与接地可按《建筑物电子信息系统防雷技术规范》GB 50343—2004 执行。

10.3.5　防静电

静止的电荷称为静电。积累的电荷越多电位也就越高。绝缘物体之间相互摩擦会产生静电，日常生活中的静电现象一般不会造成危害。

在工农业生产过程中有不少场合会产生静电，例如石油、塑料、化纤、纸张等在生产过程或运输中，由于固体物质的摩擦、气体和液体的混合及搅拌等都可能产生和积累静电，静电电压有时可达几万伏。高的静电电压不仅会给工作人员带来危害，而且当发生静电放电形成火花时，可能引起火灾和爆炸。例如曾有巨型油轮和大型飞机因油料静电而引起火灾和爆炸、矿井静电引起瓦斯爆炸的事故发生。

为了防止因静电而发生火灾，常用的措施有：

（1）采用防静电接地，给静电提供转移和泄漏路径。

（2）利用异极性电荷中和静电，限制静电的产生。

△10.3.6　电磁环境

电磁环境是存在于给定场所的所有电磁现象的总和。电磁现象包括所有频率的电磁现象。电磁骚扰是"任何可能引起装置、设备或系统性能降级或对有生命或无生命物质产生损害作用的电磁现象"。电磁骚扰可能是电磁噪声、无用信号或传播媒介自身的变化。电磁干扰是"电磁骚扰引起的设备、传输通道或系统性能下降"。电磁骚扰仅仅是电磁现象，即客观存在的一种物理现象。它可能引起设备性能的降级或损害，但不一定已经形成后果。而电磁干扰是由电磁骚扰引起的后果。电磁辐射是能量以电磁波的形式通过空间传播的现象。

1. 电磁辐射限值

生物体每单位质量所吸收的电磁辐射功率超过一定的量，会影响健康。《电磁辐射防护规定》GB8702—1988 中规定，公众照射，在一天 24 h 内，任意连续 6 min 按全身平均的比吸收率（specific absorption rate，SAR）应小于 0.02 W/kg；职业照射，在一天 8 h 内，任意连续 6 min 按全身平均的比吸收率①（specific absorption rate，SAR）应小于 0.1 W/kg。在频率小于 100 MHz 的工业、科学和医学等辐射设备附近，职业工作者可以在小于 1.6 A/m 的磁场下连续 8 h 工作。

民用建筑物内电磁环境参数应符合下列规定。

（1）电磁场强度限值应符合表 10.3.1 的规定。

表 10.3.1　电磁场强度限值

频率	单位	容许场强最大值	
		一级	二级
0.1～30 MHz	V/m	10	25
30～300 MHz	V/m	5	12
300 MHz～300 GHz	$\mu W/cm^2$	10	40
混合波长	V/m	按主要波段场强；若各波段分散，则按复合场强加权确定	

注：（1）一级电磁环境：在该电磁环境下长期居住或工作，人员的健康不会受到损害。
（2）二级电磁环境：在该电磁环境下长期居住或工作，人员的健康可能受到损害。

（2）幼儿园、学校、居住建筑和公共建筑中的人员密集所宜按一级电磁环境设计。当不符合规定时，应采取有效措施（如迁建等）。

（3）公共建筑中的非人员密集场所，宜按二级电磁环境设计。当不符合规定时，应采取有效措施，但无人值守的各类机房、车库除外。

建筑物内部场强的测试值应符合《环境电磁波卫生标准》GB 9175—1988 的规定。

幼儿、青少年正处于身体发育期，更容易因大剂量的电磁辐射导致严重的健康问题；居住建筑是人们停留时间最长的建筑，容易造成辐射剂量的累积；人员密集的公共建筑（如体育场馆、影剧院、展览馆）中，如果存在强烈的电磁辐射将危及较多人员，故这些场所均应从严控制，按一级电磁环境来设计。

2. 电磁污染的预防与治理

架空输电线路应合理规划。输电走廊宽度见表 10.3.2。

表 10.3.2　架空线路与建筑物间的距离

线路电压等级/kV	输电走廊宽度/m	边导线与建筑物的最小水平距离/m
330	35～45	6
220	30～40	5
66/110	15～25	4
35	12～20	3
10	10～16	2.5

民用建筑物及居住小区与高压、超高压架空输电线路等辐射源之间应保持足够的距离。居住小区靠近高压、超高压架空输电线路一侧的住宅外墙处工频电场和工频磁场强度应符合表 10.3.3 的规定。

① 比吸收率（specific absorption rate SAR）是指生物体每单位质量所吸收的电磁辐射功率，即吸收剂量率。功率密度（power density）是在空间某点上电磁波的量值用单位面积上的功率表示，单位为 W/m^2。

表 10.3.3　工频电场和磁场强度

场强类型	频率/Hz	单位	容许场强最大值
电场强度	50	kV/m	4.0
磁场强度	50	A/m	$\frac{1000}{4\pi}(=Q_e)$

变电所是民用建筑内的主要电磁发生源，为保障居民的电磁环境卫生，变电所（尤其是室外箱式变压器）应远离住宅。通常变电所与住宅建筑间距，10 kV 及以下应不小于 8 m，35 kV 应不小于 11 m。

变电所距离电子设备间或者人员经常活动场所较近，电磁干扰影响到设备的正常运行，危害人员的健康。应对变电所采取屏蔽措施，保障居住变电所影响附近人员的健康或电子设备正常工作。

另外变电所的噪声应符合《声环境质量标准》GB 3096—2008 和《社会生活环境噪声排放标准》GB 22337—2008 的规定。

10.3.7　电器防火和防爆

在使用电器过程中，电器火灾和爆炸的主要原因：①电气设备使用不当，例如不适当的过载、通风冷却条件欠佳，引起电器过热；导体之间接触不良、接触电阻过大，造成局部高温；电烙铁、电熨斗之类高温设备使用不注意，烤燃了周围易燃物质等。②电气设备发生故障，例如绝缘损坏，引起短路而造成高温，因断路而引起火花或电弧等。

电器防火和防爆的主要措施如下：

(1) 合理选用电气设备。不仅要合理选择电气设备的容量和电压，还要根据工作环境的不同，选用合适的结构型式，尤其是在易燃易爆场所，必须选用合理的防爆型电气设备。

(2) 保持必要的安全间距。

(3) 保持良好的通风。

(4) 装设可靠的接地装置。

(5) 采取完善的组织措施。

思　考　题

10-3-1　单线电击和两线电击哪个更危险？为什么？

10-3-2　试说明工作接地和保护接地的作用。

10-3-3　有人为了安全，将家用电器的外壳接到自来水管或暖气管上，试问能保证安全吗？

10-3-4　简要叙述安全用电的意义及安全用电的措施。

10-3-5　为什么静电容易引起易燃易爆环境发生火灾或爆炸？

10-3-6　防止静电危害的基本方法有哪些？

练　习　题

10-3-1　中性(N)线、保护(PE)线和保护接地(PEN)线有何区别？

10-3-2　图 10.3.7 是刀开关的三种接线图，哪种接法正确？

10-3-3　民用建筑供电方式采用 TN-S 系统，试画出家用单相交流电器电源插座的接线图。

10-3-4　实验室电子仪器仪表一般采用交流电压 220 V，试画出电源插座的接线图。如果实验室电子仪器仪表外壳不接保护地，会出现哪些问题？

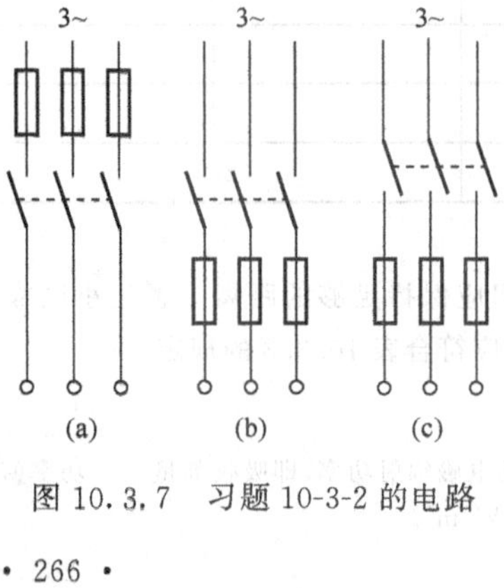

图 10.3.7　习题 10-3-2 的电路

10.4 电气工程图识读

△10.4.1 阅读电气工程图的基本知识

1. 阅读电气工程图的一般程序

阅读电气工程图应熟悉电气工程图基本知识(图形符号、文字符号、用电设备及线路的标注方法)和电气工程图的特点,掌握一定的阅读方法。电气工程图,一般可按以下顺序浏览,而后再重点阅读。

(1) 看标题栏及图纸目录,了解工程名称、项目内容及图纸数量等。

(2) 看总说明,了解工程总体概况及设计依据,了解图纸中未能表达清楚的各有关事项。

(3) 看系统图,了解系统的基本组成,主要用电设备和元件等的连接关系等。

(4) 平面布置图是用来表示设备安装位置、线路敷设部位、敷设方法,及所用导线型号、规格、数量、管径大小的。阅读平面图时,一般可按此顺序进行:进线→总配电箱→干线→分配电箱→支干线→用电设备。

(5) 阅读设备材料表,了解设备和材料的型号、规格及数量等。

2. 电气工程施工图的符号及标注

电气工程施工图是用各种图形符号、文字符号以及各种文字标注来表达的。

1) 图形符号

电气工程图形符号很多,一般都画在电气系统图、平面图、原理图和接线图上,用以标明用电设备、装置、元器件及电气线路在电气系统中的位置、功能和作用。

2) 文字符号

电气工程文字符号分基本文字符号和辅助文字符号两种。一般标注在用电设备、装置和元器件图形符号上或其近旁,以标明用电设备、装置和元器件的名称、功能、状态和特征。常用的电气工程文字符号见附录A。

3) 用电设备及线路的标注方法

电气工程图中常用一些文字(包括英文、汉语拼音字母)和数字按照一定的格式书写,来表示用电设备及线路的规格型号、编号、容量、安装方式、标高及位置等。用电设备及线路的标注方法如下:

(1) 用电设备标注:$\frac{a}{b}$。

a 为设备编号或设备位号,b 为额定功率(kW 或 kV·A)。

例如,$\frac{\text{P01B}}{37\ \text{kW}}$表示热媒泵的位号为 P01B,容量为 37 kW。

(2) 电气箱(柜、屏)标注:$-a+b/c$。

a 为设备种类代号,b 为设备安装位置的位置代号,c 为设备型号。

例如,AP1+1·B6/XL21-15 表示动力配电箱种类代号 AP1,位置代号+1·B6 即安装位置在一层 B、6 轴线,型号 XL21-15。

(3) 平面图电气箱(柜、屏)标注:$-a$。

a 为设备种类代号。例如,AP1 表示动力配电箱 AP1。

(4) 照明灯具标注:$a\text{-}b\,\frac{c\times d\times L}{e}f$。

a 为灯数,b 为型号或编号(无则省略),c 为每盏照明灯具的灯泡数,d 为灯泡安装容量(W),e 为灯具安装高度(m),"-"表示吸顶安装,f 为安装方式,L 为光源[①]种类。

例如,5-BYS80 $\frac{2\times4\times\text{FL}}{3.5}$CS 表示 5 盏 BYS 80 型灯具,二根 4 W 荧光灯管,灯具链吊安装,安装高度距地 3.5 m。

---

① 光源种类:Na(钠气)、IN(白炽)、FL(荧光)、IR(红外线)、UV(紫外线)等。

(5) 线路的标注：$a\ b\text{-}c(d\times e+f\times g)i\text{-}j\ h$。

a 为线缆编号，b 为型号(不需要可省略)，c 为线缆根数，d 为电缆线芯数，e 为线芯截面(mm^2)，f 为 PE、N 线芯数，g 为线芯截面(mm^2)，i 为线缆敷设方式，j 为线缆敷设部位，h 为线缆敷设安装高度(m)，上述字母无内容则省略该部分。

例如，WP201 YJV-0.6/1kV-2(3×150+2×70)SC80-WS 3.5 表示电缆号为 WP201，电缆型号(交联聚氯乙烯绝缘聚氯乙烯护套铜芯电力电缆)，规格为 YJV-0.6/1 kV-(3×150+2×70)，二根电缆并联连接，穿 DN80 焊接钢管沿墙明敷，线缆敷设高度距地 3.5 m。

(6) 电缆桥架标注：$\frac{a\times b}{c}$。

a 为电缆桥架宽度(mm)，b 为电缆桥架高度(mm)，c 为电缆桥架安装高度(m)。

例如，$\frac{600\times 150}{3.5}$表示电缆桥架宽度 600 mm，电缆桥架高度 150 mm，安装高度距地 3.5 m。

(7) 断路器整定值的标注：$\frac{a}{b}c$。

a 为脱扣器额定电流，b 为脱扣器整定电流值，c 为短延时整定时间。

例如，$\frac{500\ \text{A}}{500\ \text{A}\times 3}0.2\ \text{s}$，表示断路器脱扣器额定电流为 500 A，动作整定电流值为 500 A×3，短延时整定时间为 0.2 s。

安装方法的标注见附录 B。

*10.4.2 建筑电气工程图

1. 系统图

建筑物配电系统是指从总配电箱(或配电室)至各层分配电箱或各层用户单元开关之间的供电线路系统。配电室及配电箱应设置在负荷中心，以最大限度地减小电线截面，降低电能损耗。单相支线的供电范围一般不超过 20～30 m，三相支线不超过 60～80 m，其每相电流以不超过 20 A 为宜。支线截面一般应在1.0～4.0 mm^2 范围之内，最大不能超过 6.0 mm^2。在三相供电线路中，单相用电设备应均匀地分配到三相线路，应尽可能做到三相平衡，不要两个单相支路共用一根中性线。在确定室内灯具、插座、开关、配电箱等的数量与位置后，根据建筑物内部的情况，设计出从配电箱到各用电设备供电敷设线路图。

图 10.4.1 所示为三层综合楼的照明系统图。系统图上的进线为 VV22-5×16-SC50-FC，说明该楼一根 5 芯截面积为 16 mm^2 聚氯乙烯绝缘聚氯乙烯护套钢带铠装铜芯电力电缆，穿直径 50 mm 焊接钢管，地面暗敷设进入建筑物的第一(首)层配电箱。三个楼层的配电箱均为 PXT 型通用配电箱，一层 AL-1 箱尺寸为 700 mm×650 mm×200 mm，配电箱内装一只总断路器(开关)①，使用 C65N-2P 型单极组合断路器，容量 32 A。总开关后接本层开关，也使用 C65N-2P 型单极组合断路器，容量 16 A。另外的一条线路穿管引二楼。本层开关后共有 6 个输出回路，分别为 WL_1～WL_6。其中 WL_1、WL_2 为插座支路，使用带漏电保护断路器；WL_3、WL_4、WL_5 为照明支路，WL_6 为备用支路，使用 C65N-2P 型单极组合断路器。

一层到二层的线路使用五根截面积为 10 mm^2 的 BV 型塑料绝缘铜导线连接，穿直径32 mm焊接钢管，沿墙内暗敷设。二层配电箱 AL-2 与三层配电箱 AL-3 相同，均为 PXT 型通用配电箱，尺寸为 500 mm×280 mm×160 mm。箱内主开关为 C65N-2P 型 16A 单极组合断路器，在开关前分出一条线路接往三楼。主开关后为 7 条输出回路，其中：WL_1、WL_2 为插座支路，使用带漏电保护断路器；WL_3、WL_4、WL_5 为照明支路；WL_6、WL_7 为两条备用支路。从二层到三层使用五根截面积为 6 mm^2 的塑料绝缘铜线连接，穿直径 25 mm 焊接钢管，沿墙内暗敷设。

---

① 民用建筑中多为单相负荷，其三相电源难以做到完全平衡，N 线带电。三相四线制电源进入户内配线箱。在配线箱内，先将 N 线接在 PE 端子(该端子与地网或等电位端子连接)，完成重复接地后，PE 线与 N 线分开，N 线再接入 4 极(3P+1N)漏电断路器的 N 极。单相插座回路装设的漏电断路器，应采用两极(1P+1N)。

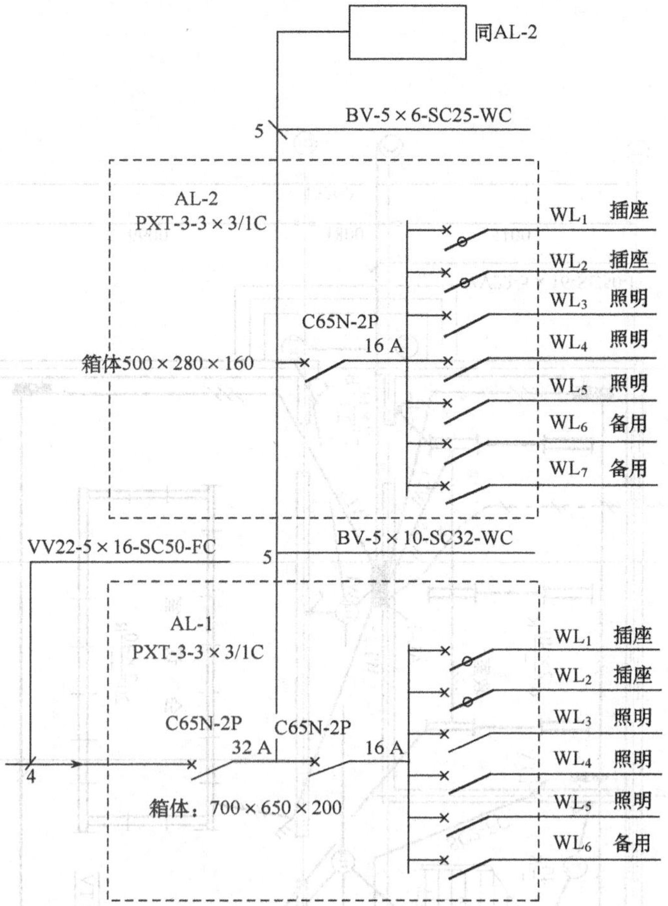

图 10.4.1　照明系统图

2. 电气平面图

读电气平面图时从电源进线开始,沿着线路读图,读完一条线路,再读另一条线路。

首层电气平面图如图 10.4.2 所示,图中图例见表 10.4.1。在首层电气平面图中,进线电缆位于 C 轴线下方,连接到 6 轴线左侧的配电箱 AL-1。为取得地电位,降低漏电设备的接触电压,从配电箱 AL-1 向下引出一条保护(PE)线接地。并从配电箱 AL-1 向上引出五个支路。

第一条为插座支路 WL_1。从配电箱向右到 7 轴线,向上到 D 轴线处装一只双联五孔插座,从 7 轴线到 4 轴线右侧装另一只双联五孔插座,继续到 3 轴线左侧装第三只双联五孔插座,插座均为暗装。图中未注明的插座支路和照明支路,导线均为截面积 2.5 mm^2 的塑料绝缘铜线,穿直径 15 mm 焊接钢管。

第二条为插座支路 WL_2。从配电箱向右下方到 A 轴,在 7 轴线左侧装一只双联五孔插座,向左到 3、2、1 轴线右侧各装一只双联五孔插座。

第三条为楼道照明支路 WL_3。从配电箱向左下到 314 灯,314 灯为吸顶安装,内装 40 W 灯泡。从灯头盒处分出三条线:向下引至本灯的单极开关;向右引至楼门口,接一只单极开关,再接控制门外墙上的双火壁灯 101,壁灯内装 2 只 60 W 灯泡,安装高度 2.1 m;从灯头盒向左边引至两盏 314 灯及开关。从楼梯口灯头盒向左上 3 轴线右侧装一只双控开关,开关旁为一根立管,导线向上穿。从双控开关向左进休息室,先接一只单极开关,再接 306 灯。306 灯是四火吸顶灯,内装 4 只 40 W 灯泡。从 306 灯向左引入卫生间,卫生间装两盏 314 吸顶灯,各装 40 W 灯泡。从 306 灯向右接 2 号楼梯灯。楼梯灯为一只吸顶灯,内装 40 W 灯泡,右侧有一只单极开关。

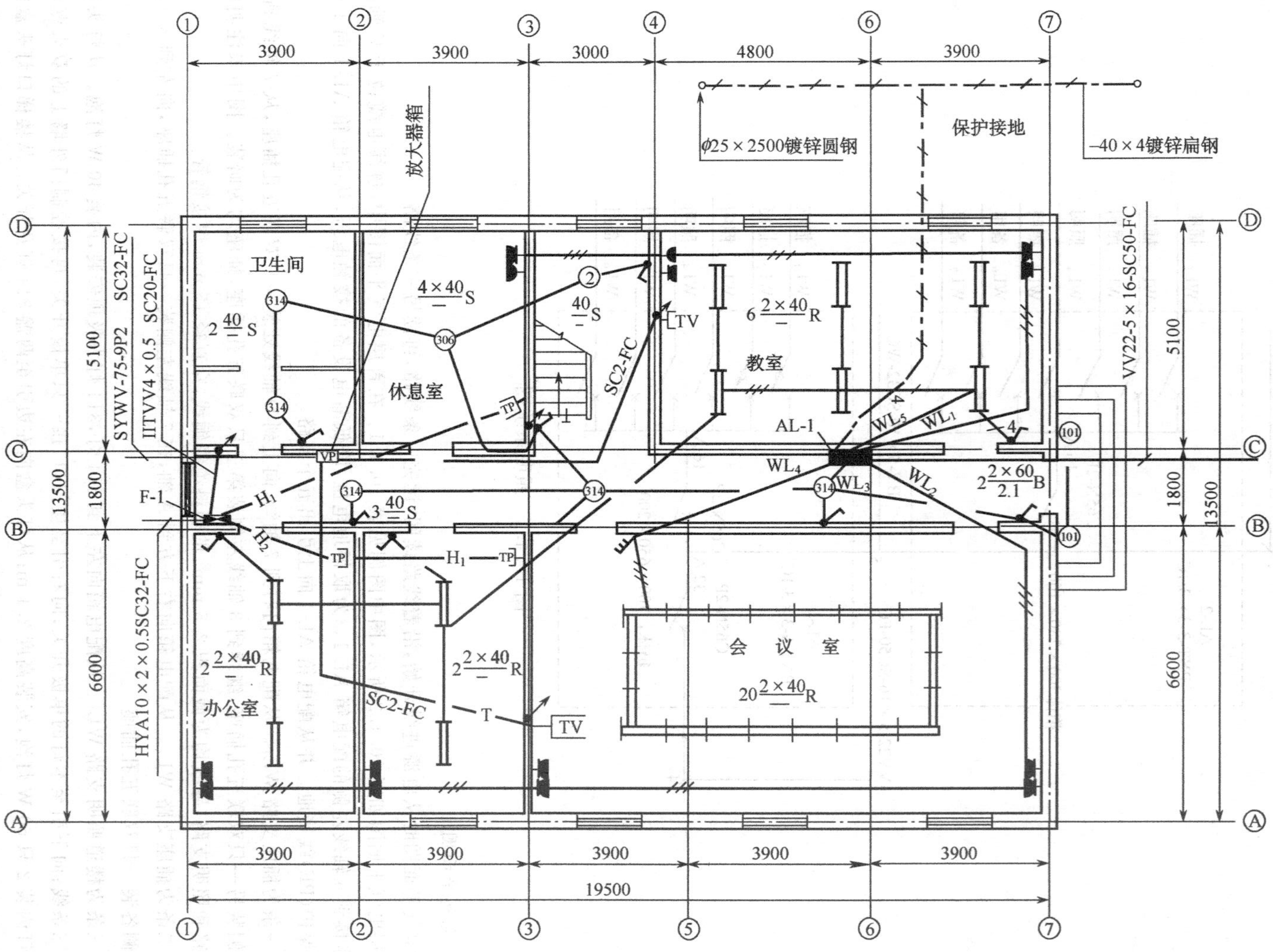

图 10.4.2　首层电气平面图

表 10.4.1 图例说明

图例	说明	图例	说明
②	螺口平盘吸顶灯	TP	插座型电话出线口距地 0.3 m
101	玉兰罩壁灯		跷板暗开关单联单控距地 1.4 m
306	圆口方罩吸顶灯(四罩)		跷板暗开关二联单控距地 1.4 m
314	直口扁圆吸顶灯(单罩)		跷板暗开关三联单控距地 1.4 m
	二管荧光灯	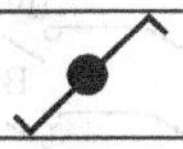	跷板暗开关单联双控距地 1.4 m
	普通型暗插座 10 A 距地 0.3 m		照明配电箱暗装距地 1.4 m
TV	有线电视信号插座距地 0.3 m		电话分线盒暗装距地 0.5 m
	由上引来向下配线	TV	电视放大器暗装距地 0.5 m
	向上配线		向下配线

第四条支路为大会议室照明支路 WL_4,接一只双极开关。从开关向下引出三根导线,一根为中性线,两根为开关线,接到荧光灯灯头盒。会议室内为一圈嵌入式荧光灯带,共有二十套双管荧光灯,分为两组,每根灯管 40 W。

第五条为教室和办公室照明支路 WL_5。教室内有六套双管荧光灯,嵌入式安装,每根灯管 40W,开关在 C 轴线和 7 轴线相交处,为一只三极开关,从灯到开关用四根导线连接。三组灯的横向连线右侧为四根线,左侧为三根线。其中的一根相线和一根中性线从 C 轴线和 4 轴线相交处的灯头盒向左下,引至两间办公室,每间办公室内有两套嵌入式双管 40W 荧光灯,开关在门旁,均为暗装单极跷板开关。

电话和有线电视线路一般由从室外穿管引入室内,在一层设电话分线盒和电视放大器箱。平面图中电话、有线电视进线标注为 HYA 10×2×0.5 SC32-FC、SYWV-75-9P2 SC32-FC,说明电话电缆选用综合护套、芯径为 0.5 mm 的 10 对市话电缆,有线电视选用二层屏蔽的物理发泡-9 同轴电缆,都穿直径 32 mm 焊接钢管,沿地面下暗敷设,分别进入一层的电话分线盒、电视放大器箱。室内电话线选用 HTVV 4×0.5(用一对备一对),穿直径 20 mm 焊接钢管,二层的电话从一层电话分线盒穿管在墙内暗敷引上。有线电视系统只在会议室、教室内设系统输出口,室内选用 SYWV-75-5P2 同轴电缆,穿直径 20 mm 焊接钢管暗敷。

*10.4.3 动力工程图

在动力配电系统图中要标注配电方式、断路器(或开关熔断器)、交流接触器、热继电器等电气元件的型号及电流整定值等,还应标有电缆的型号、截面积、配管及敷设方式等等,在系统中也可附材料表和说明。在动力配电平面布置图上,画出动力干线和负载支线的敷设方式、导线根数、配电箱(柜)及设备(电动机)出线口的位置等。

1. 动力系统图

动力系统图与照明系统图格式相同,图 10.4.3 所示为某锅炉房的动力系统图。图中所示共有五台配电箱。其中三台配电箱 AP1、AP2、AP3 内装有断路器、接触器和热继电器,也称控制配电箱;另有两台配电箱 XK1 和 XK2,内装操作按钮,称按钮箱。主配电箱 AP1 箱体尺寸为 800 mm(宽)×1600 mm(高)×400 mm(深),配电箱 AP2、AP3 的箱体尺寸为 800 mm×1600 mm×400 mm,按钮箱 XK1 的箱体尺寸为 800 mm×250 mm×100 mm,XK2 的箱体尺寸为 200 mm×250 mm×100 mm。电源从 AP1 箱下端引入,使用三根截面

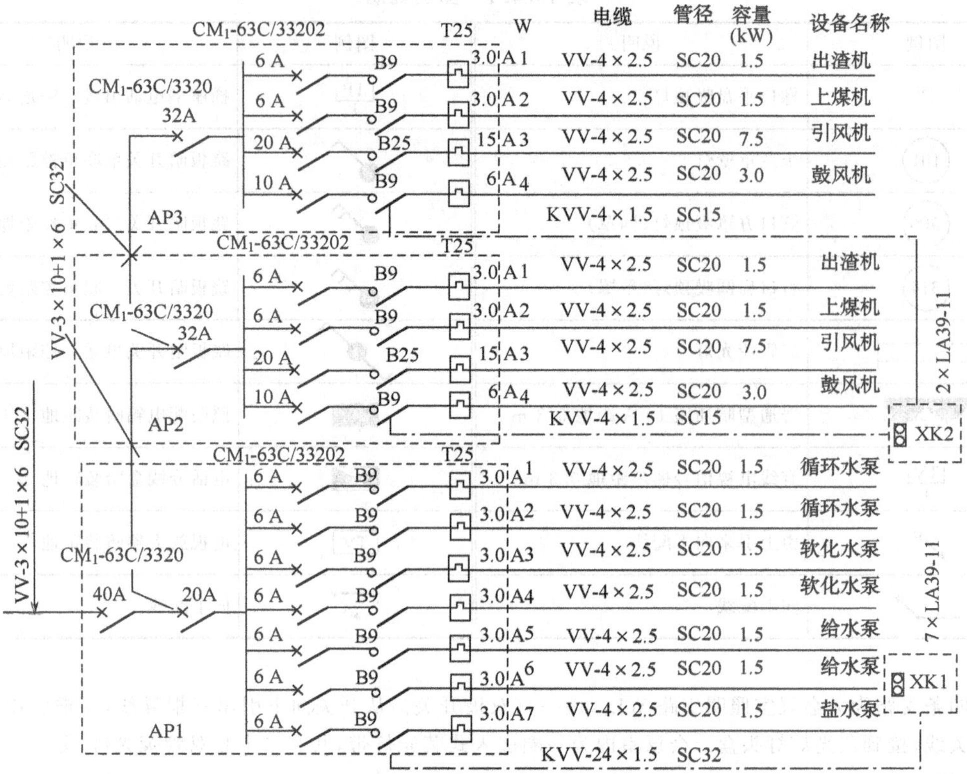

图 10.4.3 某锅炉房动力系统图

积为 10 mm^2 和中性线截面积为 6 mm^2 的聚氯乙烯绝缘聚氯乙烯护套铜芯电力电缆，穿直径 32 mm 焊接钢管。电源进入配电箱后接主断路器，断路器为 CM_1-63C/3320 型断路器，额定电流 40 A，主断路器后是本箱主断路器，选用 CM_1-63C/3320 型断路器①，额定电流 20 A。AP1 箱共有 7 条输出支路，分别控制 7 台水泵。每条支路均选用 CM_1-63C/33202 型断路器，额定电流 6 A，后接交流接触器为 B9 型，作电动机控制。热继电器为 T25 型，动作电流 3.0 A，作电动机过载保护（热继电器动作电流接电动机的额定电流整定）。操作按钮集中装在按钮箱 XK1 中，共 14 个 LA39-11 型按钮，其中 7 个用于电动机启动，7 个用于电动机停止。控制线为一根 24 芯截面积为 1.5 mm^2 聚氯乙烯绝缘聚氯乙烯护套铜芯控制电缆，穿直径 32 mm 焊接钢管。本图动力设备均放置在地面，因此所有管线均为沿地面暗敷设。从配电箱到各台水泵的线路，均为一根 4 芯截面积为 2.5 mm^2 聚氯乙烯绝缘聚氯乙烯护套的铜芯电力电缆，穿直径 20 mm 焊接钢管。四根芯线中三根为电源线（相线），一根为保护接地（PE）线。各台水泵功率均为 1.5 kW。

AP2 与 AP3 为两台相同的配电箱，分别控制两台锅炉的风机（鼓风机、引风机）和煤机（上煤机、出渣机）。AP2 箱的电源从 AP1 箱 40A 开关下端引出，接在 AP2 箱 32A 断路器上端，使用三根相线截面积为 10 mm^2 和中性线截面积为 6 mm^2 聚氯乙烯绝缘聚氯乙烯护套的铜芯电力电缆，穿直径 32 mm 焊接钢管。从 AP2 箱主开关下端引至 AP3 箱的电源线，与接入 AP2 箱的电力电缆相同。每台配电箱内有 4 条输出回路，其中 2 条回路断路器的额定电流 6A，1 条回路断路器的额定电流为 20 A，20 A 回路的接触器为 B25 型，其余回路的为 B9 型。热继电器为 T25 型，整定电流分别为 3.0 A、3.0 A、15 A 和 6 A。均采用一根 4 芯截面积为 2.5 mm^2 聚氯乙烯绝缘聚氯乙烯护套的铜芯电力电缆，穿直径 20 mm 焊接钢管。出渣机和上煤机的功率均为

① 断路器（CM_1-63C/33202）代号定义：CM_1 为制造厂代号；63 为塑壳等级代号（63 A）；C 为分断能力代号（25～35 kA）；3 为 3 极；320 为脱扣器代号（仅有电磁瞬时脱扣器）；2 为不同用途代号（电动机保护用）。

1.5 kW，引风机功率为 7.5 kW，鼓风机功率为 3.0 kW。

两台鼓风机的控制按钮装在按钮箱 XK2 内，其他设备的操作按钮装在配电箱门上。按钮接线采用一根 4 芯截面为 1.5 mm^2 聚氯乙烯绝缘聚氯乙烯护套的铜芯控制电缆（其中 1 芯为备用），穿直径 15 mm 焊接钢管。

2. 动力平面图

图 10.4.4 为锅炉房动力平面图，表 10.4.2 为主要设备表。图中电源进线在图右侧，沿厕所、值班室墙引至主配电箱 AP1。从 AP1 向左下引至 AP2 箱和 AP3 箱。AP1 箱的 7 条引出线分别接到水处理间的 7 台水泵上，按钮箱装在水处理间侧面墙上。配电箱 AP2、AP3 装在锅炉房墙壁上，上煤机、出渣机在锅炉右侧，鼓风机在锅炉左侧。引风机装在锅炉房外间，按钮箱装在外间墙上，控制线接入按钮箱处有一段沿墙敷设。图中的标号与设备表中编号相对应。

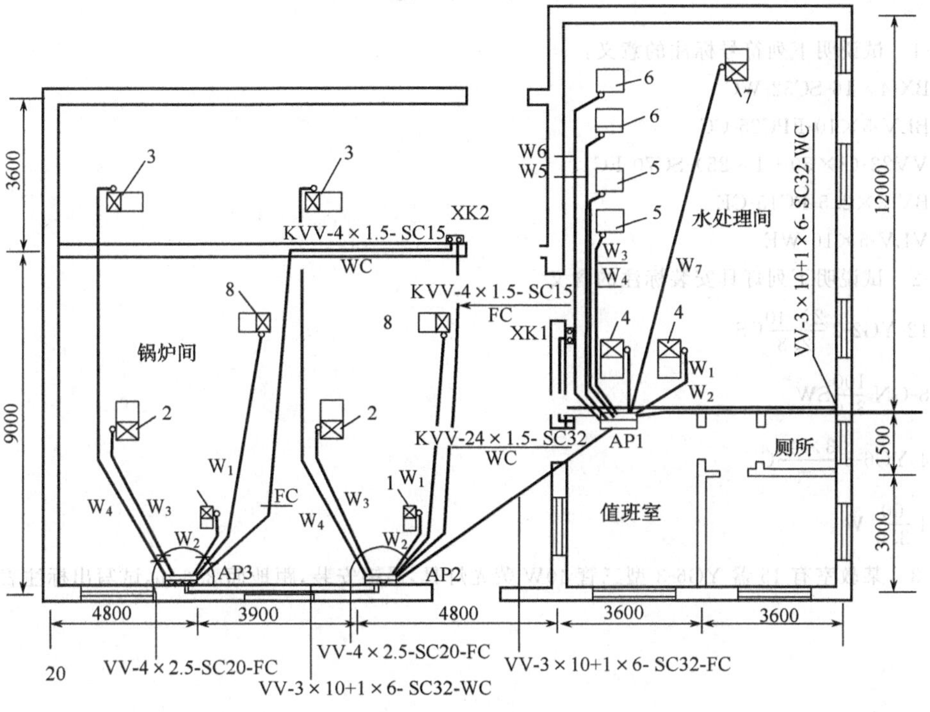

图 10.4.4 锅炉房动力平面图

表 10.4.2 主要设备表

序号	名称	容量/kW
1	上煤机	1.5
2	引风机	7.5
3	鼓风机	3.0
4	循环水泵	1.5
5	软化水泵	1.5
6	给水泵	1.5
7	盐水泵	1.5
8	出渣泵	1.5

思 考 题

10-4-1　解释导线明敷设、导线暗敷设、导线敷设标注。

10-4-2　在电气工程中，线路和导线敷设以及灯具安装用文字符号标注，试说明下列文字符号所代表的意义。

(1) MT、SC、CP、PC、CT、MR、PR

(2) BC、WS、WC、BC、CE、SCE、FC

(3) SW、CS、DS、W、C、R、CR、WR、HM

10-4-3　试画出熔断器、隔离开关、负荷开关、断路器、暗装三孔插座的图形符号。

练 习 题

10-4-1　试说明下列符号标注的意义：

(1) BX-4×16-SC32-WC

(2) BLV-5×10-FPC25-CC

(3) VV22-(3×50+1×25)-SC70-FC

(4) BV-2×2.5-PC15-CE

(5) VLV-5×16-WE

10-4-2　试说明下列灯具安装标注的含义

(1) 12-YG2-2 $\frac{2\times 40}{2.8}$CS

(2) 8-GN $\frac{100}{3.0}$SW

(3) 4-YG6-3 $\frac{3\times 40}{—}$C

(4) 4 $\frac{60}{3.0}$ W

10-4-3　某教室有 15 盏 YG6-3 型三管 40W 荧光灯具，吊链安装，距地面 3.6 m，试写出标注表达式。

第 11 章 电工测量

没有测量就没有鉴别，科学技术就不能前进。本章先介绍测量误差、测量结果的处理，常用电工测量仪表以及基本电量测量。

本章学习要求：(1)了解常用电工仪表的功能，学会正确使用方法；(2)了解电流、电压、功率的测量方法；(3)了解测量误差和仪表准确度等级的意义和常用电工仪表类型和量程范围的选择。

11.1 测量基础

本节介绍测量误差和仪表准确度等级的意义，测量结果的处理以及常用电工仪表的类型、功能和量程范围。

11.1.1 测量误差

在用仪表测量物理量时，仪表的读数和被测量的实际值之间总会存在一定的误差。其中一种是基本误差，是由仪表构造和制作上的不完善所引起的。例如磁场分布不理想、轴和轴承间的摩擦、弹簧变形、零件安装移位以及标尺刻度不准确等。另一种是附加误差，它是因外界因素不符合仪表的规定工作条件而引起的，例如环境周围的温度与湿度、仪表安放位置、周围外磁场等。下面简单介绍测量误差的有关概念。这些概念既适合于测量仪器和测量系统，也适合于传感器。

1. 测量误差的基本概念

误差的表示方法主要有绝对误差和相对误差。

绝对误差是指仪表的指示值 A_x 与被测量的真值 A_0 之间的差值，即

$$\Delta A = A_x - A_0 \tag{11.1.1}$$

ΔA 可为正值或负值。

A_0 是被测物理量的理论精确值，实际上是无法测出的，因而一般是用更精确的测量值代表真值。

相对误差是指绝对误差 ΔA 与被测量的真值 A_0 的比值，通常用百分数表示，即

$$\gamma = \frac{\Delta A}{A_0} \times 100\% \tag{11.1.2}$$

一个仪表制作好后，基本误差近于不变。仪表标尺上不同部位的测量值，其相对误差是不相同的。因此，相对误差可以用来评价测量结果的准确程度，但无法反映仪表的准确度。

2. 测量仪表准确度

仪表的准确度是按仪表的最大相对额定误差①来分级的。仪表的相对额定误差是指在规

① 最大相对额定误差又称最大引用误差。

定工作条件下进行测量时可能产生的最大绝对误差 ΔA_m 与仪表的量程(满标值)A_m 之比的百分数,即

$$\gamma_m = \frac{\Delta A_m}{A_m} \times 100\% \tag{11.1.3}$$

我国直读式电工测量仪表的准确度分为七个等级:0.1、0.2、0.5、1.0、1.5、2.5、5.0。前三级常用于精密测量或校正其他仪表,后四级作一般工程测量。

根据国家标准,各级仪表在规定条件下使用时的基本误差不应大于表 11.1.1 所示的最大基本误差值。例如,一个 1.0 级量程 250 V 的电压表,可能产生的最大基本误差为仪表满标值的±1%,即 250×(±0.01)=±2.5(V)。

表 11.1.1　各级仪表的最大基本误差

仪表的准确度等级	0.1	0.2	0.5	1.0	1.5	2.5	5.0
基本误差%	±0.1	±0.2	±0.5	±1.0	±1.5	±2.5	±5.0

例 11.1.1　若选用 1.0 级量程为 10 A 的电流表,分别测量 2 A 和 8 A 的电流,求两次测量的最大相对误差。

解　1.0 级、10 A 量程的电流表测量 2 A 电流时的最大相对误差

$$\gamma_2 = \pm \frac{1.0\% \times 10}{2} \times 100\% = \pm 5\%$$

测量 8 A 电流时的最大相对误差

$$\gamma_8 = \pm \frac{1.0\% \times 10}{8} \times 100\% = \pm 1.25\%$$

可见,在选用仪表时,应选择被测值接近仪表量程的仪表。一般应使被测值超过仪表满标值的一半。

△11.1.2　测量结果的处理

测量结果通常用数字或图形表示,下面分别讨论。

1. 测量结果的数据处理

1) 有效数字

由于存在误差,所以测量的数据总是近似值,它通常由可靠数字和欠准数字两部分组成。例如,由电压表测得电压 35.7 V,是近似数,35 是可靠数字,而末尾 7 为欠准数字,即 35.7 为三位有效数字。

对于有效数字的正确表示,应注意如下几点:

(1) 有效数字是指从左边第一个非零的数字开始,直到右边最后一个数字为止的所有数字。例如,测得的频率为 0.0236 MHz,是由 2,3,6 三个有效数字组成的频率值,而左边两个零不是有效数字,它可以写成 2.36×10^{-2} MHz,也可以写成 23.6 kHz,而不能写成 23600 Hz。

(2) 若已知误差,则有效值的位数应与误差相一致。例如,设仪表误差为±0.01 V,测得电压为 14.352 V。其结果就写为 14.35 V。

(3) 当给出的误差有单位时,测量数据的写法应与其一致。

2) 数据舍入规则

为使正、负舍入误差的机会大致相等,通常采用四舍五入的办法。

3) 有效数字的运算规则

当测量结果需要进行中间运算时，有效数字的取舍，原则上取决于参与运算的各数中精度最差的那一项。一般应遵循以下规则：

(1) 当几个近似值进行加、减运算时，在各数中(采用同一个计量单位)，以小数点后的位数最少的那一个数(如无小数点，则以有效值最小者)为准，其余各数均舍入至比该数多一位，而计算的结果所保留的小数点位数，应与各数中小数点后位数最少者的位数相同。

(2) 进行乘法运算时，以有效数值位数最少的那一个数为准，其余各数及积(或商)均舍入至比该因子多一位，而与小数点位置无关。

(3) 将数平方或开方后，结果可比原数多保留一位。

(4) 若计算式中出现如 e，π 等常数时，可根据具体情况来决定它们应取的位数。

2. 图形的处理

在分析两个或多个物理量之间的关系时，用图形比用数字、公式等表示更形象、更直观。因此，测量结果常要用图形来表示。

在实际测量过程中，由于各种误差的影响，测量数据可能会出现离散现象，如将测量点直接连接起来，将不是一条光滑的曲线，而是呈波动的折线状，如图 11.1.1 所示。但利用有关的误差理论，可以把各种随机因素引起的曲线波动抹平，使其成为一条光滑、均匀的曲线，这个过程称为曲线的修正。

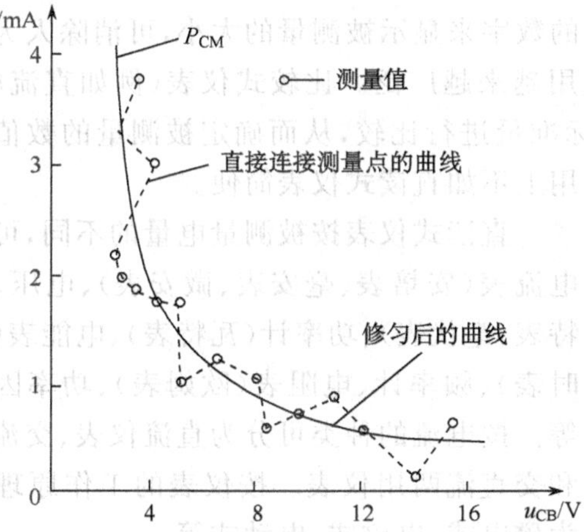

图 11.1.1　直接连接测量点时曲线的波动情况

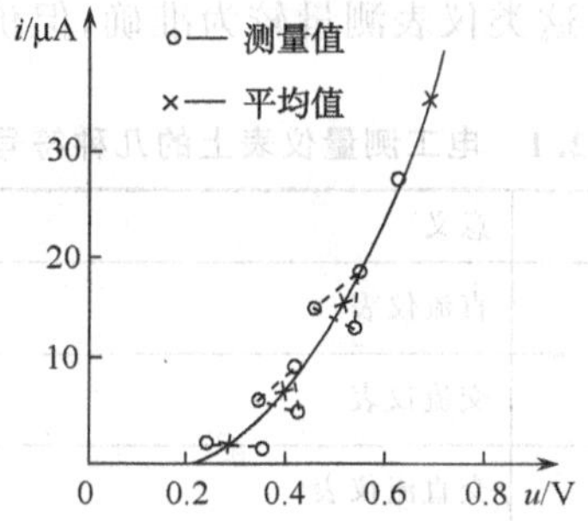

图 11.1.2　分组平均法修正的曲线

在要求不太高的测量中，常采用一种简便、可行的工程方法——分组平均法来修正曲线，此种方法是将各数据点分成若干组，每组含 2～4 个数据点，然后分别取各组的几何重心，再将这些重心连接起来。图 11.1.2就是每组取 2～4 个数据点进行平均后的修正曲线。这条曲线由于进行了数据平均，在一定程度上减少了偶然误差的影响，使之较为符合实际情况。

对电工电子电路实训的误差分析与数据处理应注意几点：

(1) 实训前应尽量做到心中有数，以便及时分析测量结果的可行性。

(2) 在时间允许时，每个参数应多测几次，以便弄清实训过程中引入系统误差的因素，尽可能提高测量的准确度。

(3) 应注意测量仪器、元件的误差范围对测量的影响，通常所读得的示值与测量值之间应该有

$$测量值 = 示值 + 误差$$

的关系，因此测量前对测量仪器的误差及检定、校准及维护情况应有所了解，在记录测量值时要注明有关误差或者决定测量的有效位数。

(4) 正确估计方法误差的影响。电工电子电路中采用的理论公式常常是近似公式，这将带来方法误差，其次计算公式中元件的参数一般都用标称值(而不是真值)，这将带来随机性的系统误差，因此应考虑理论计

算值的误差范围。

(5) 应注意剔除操作者本身原因所引起的疏失误差。

思 考 题

11-1-1　为什么被测量的真值是无法测出的？

11-1-2　9.3 V 和 9.30 V 这两个测量值有什么不同吗？

11.2　基本电量测量

本节仅介绍测量电流、电压、电功率等几种电量的基本测量方法。

11.2.1　常用电工测量仪表的分类

电工测量仪表按测量方法可分为直读式仪表和比较式仪表。直读式仪表能直接指示被测量的大小，可分为模拟式仪表（目前普遍使用的是机电式仪表）和数字式仪表。模拟式仪表用指针在刻度盘上指示出被测量的数值，其指示值可随被测量数据的改变而连续地变化。数字式仪表是将被测模拟量先转换为数字量，用离散的数字来显示被测量的大小，可消除人为的读数误差。随着电子技术的发展，数字式仪表的应用越来越广泛。比较式仪表（例如直流电桥、直流电位差计、交流电桥）是将被测量和已知的标准量进行比较，从而确定被测量的数值。一般说来，这类仪表测量较为准确，但价格较贵，使用上不如直读式仪表简便。

直读式仪表按被测量电量的不同，可分为电流表（安培表、毫安表、微安表）、电压表（伏特表、毫伏表）、功率计（瓦特表）、电能表（千瓦时表）、频率计、电阻表（欧姆表）、功率因数表等。按电流的种类可分为直流仪表、交流仪表和交直流两用仪表。按仪表的工作原理可分为磁电式、电磁式、电动式等。

在仪表的面板上，通常都标有仪表的型式、准确度等级、电流种类、绝缘耐压强度和放置方式等符号，见表 11.2.1。使用电工仪表时，应注意识别仪表面板上的标志符号。

表 11.2.1　电工测量仪表上的几种符号及其意义

符号	意义
—	直流仪表
～	交流仪表
≂	交直流仪表
(1.5)或 1.5	准确度等级 1.5 级
☆(2)或 2kV	绝缘强度试验电压为 2 kV
⊥或↑	仪表直立放置
┌─┐或→	仪表水平放置
△B　△C	工作环境等级①： B 表示温度 −20～+50 ℃，相对湿度 85% 以下； C 表示温度 −40～+50 ℃，相对湿度 95% 以下

机电式仪表的基本原理是利用仪表中通入电流后产生电磁力，使可动部分受到转矩而发生偏转。根据结构和工作原理，机电式电工测量仪表主要分为磁电式、电磁式和电动式等几种。下面着重介绍这几种仪表的测量方法。

① 国家标准《电气测量指示仪表通用技术条件》GB/T776—1976 规定，工作环境等级分 A、B、C 三组，其中 A 组（温度 0～40 ℃，相对湿度 85%以下）不在面板上标出。

11.2.2　基本电量测量

1. 电流和电压的测量

测量直流电流常用磁电式电流表，测量直流电压常用磁电式电压表。

磁电式仪表测量机构的工作原理可用图 11.2.1 来说明。在永久磁铁产生的磁场中放入一个可动线圈框，当线圈通有电流时，线圈的两边受到大小相等、方向相反的电磁力 F，使线圈偏转，其偏转角与该电流成正比。线圈的偏转带动固定在线圈框轴上的仪表指针偏转，从而指示被测值。

磁电式仪表具有灵敏度和准确度高，标尺刻度均匀等优点，但过载能力较弱。

测量交流电流常用电磁式电流表，测量交流电压常用电磁式电压表。

电磁式仪表常采用推斥式结构，其工作原理可用图 11.2.2 来说明。其主要部分是固定线圈、固定铁片以及固定在转轴上的可动铁片。当线圈中通入电流时，产生的磁场使两铁片磁化，由于两铁片磁化后的极性相同，从而相互推斥，使可动铁片受到斥力而带动仪表指针偏转。若流入线圈的电流为交流，则两铁片的极性同时改变，因此仍然产生斥力。

电磁式仪表的优点是结构简单，且具有较大的过载能力。其缺点是由于指针偏转角与流过线圈的电流的平方成比例，因此刻度不均匀；且易受到外界磁场的影响，准确度不够高。

测量电流时，电流表应串联在电路中。为了使电路的工作不因接入电流表而受影响，要求电流表的内阻必须很小。测量电压时，电压表应和电路中所测部位相并联。为了使电路工作不因接入电压表而受影响，要求电压表的电阻必须很大。

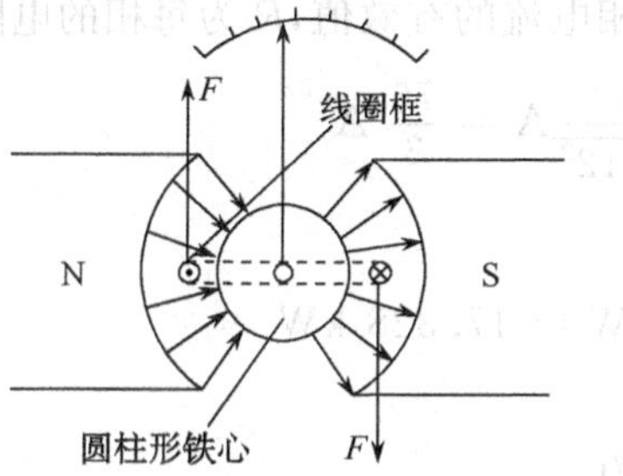

图 11.2.1　磁电式仪表结构示意

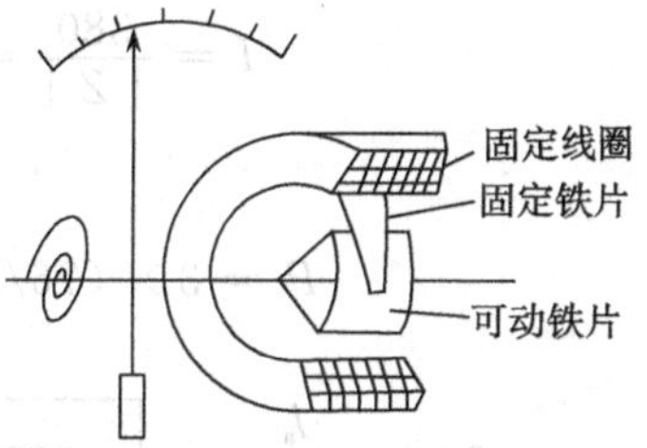

图 11.2.2　电磁式仪表结构示意

当直流电流较大(几十安以上)时，可采用外加分流器来扩大电流表的量程，或采用专用的大电流测量仪(例如采用霍尔效应的大电流测量仪可测 $10^3 \sim 10^4$ A 的直流大电流)。对交流大电流常使用电流互感器来扩大测量范围。当电压较高(千伏以上)时，可采用外加电阻分压器来扩大电压表的量程。对交流高电压常使用电压互感器或电容分压器来扩大测量范围。当电流、电压为微安、微伏级时常采用精密放大器将其放大后再测量。

2. 功率的测量

功率可利用电压表和电流表间接测量，但更多的是采用功率计直接测量。间接测量是分别测量负载的电压和电流，其乘积为直流电功率或交流视在功率(对纯电阻负载而言也就是有功功率)。功率计可直接测量交流有功功率和直流电功率，目前常用来测量功率的是电动式功率计，是电动式仪表中的一种。

电动式仪表有固定和可动两组线圈。其中可动线圈与仪表指针等固定在转轴上，如图 11.2.3所示。当固定线圈通有电流时，便产生磁场，若可动线圈也通有电流，则可动线圈在磁场中受到两个大小相等、方向相反的力 F，从而使可动线圈带动转轴上的指针偏转，其偏转角与两个线圈中两个电流的乘积成正比，当测量交流时，偏转角还与两个电流的相位差有关。利用这个特性，除了制造电压表和电流表外，还常用来制作测量功率的功率计。电动式仪表的准确度较高，但受外界磁场的影响较大。

电动式功率计的固定线圈用较粗的导线绕成，匝数较少，与负载相串联，反映负载电流的情况，称为电流线圈；可动线圈用较细的导线绕成，匝数较多，串联附加电阻后与负载相并联，反映负载电压的情况，称为电压线圈。图 11.2.4 是功率计的接线图，图中电压线圈和电流线圈标有“＊”的一端称为同名端，应接在电源的同一侧。

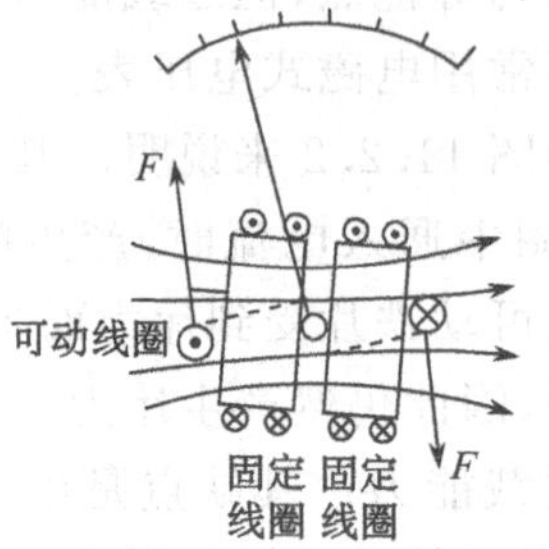

图 11.2.3　电动式仪表结构示意

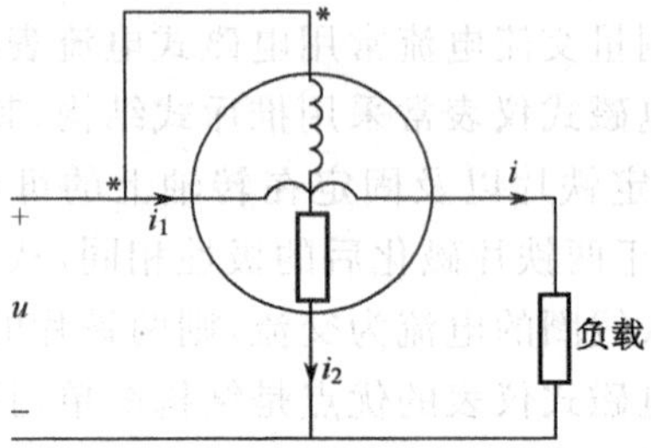

图 11.2.4　功率计接线图

例 11.2.1　求图 11.2.5 所示电路吸收的平均功率，已知 $Z=(9-\mathrm{j}12)\,\Omega$，线电压为 45 V，正相序。求每一功率表的读数，并验证：两功率表读数的代数和等于负载吸收的平均功率。

解　负载吸收的平均功率应为 $3\times I^2R$，I 为每相电流的有效值，R 为每相的电阻，$R=9\ \Omega$。

$$I=\frac{380}{|Z|}=\frac{380}{\sqrt{9^2+12^2}}\mathrm{A}=\frac{76}{3}\ \mathrm{A}$$

故得

$$P=3\times(76/3)^2\times 9\ \mathrm{W}=17.328\ \mathrm{kW}$$

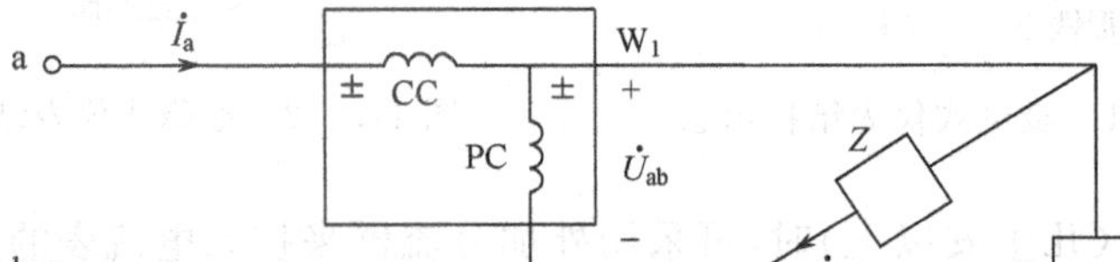

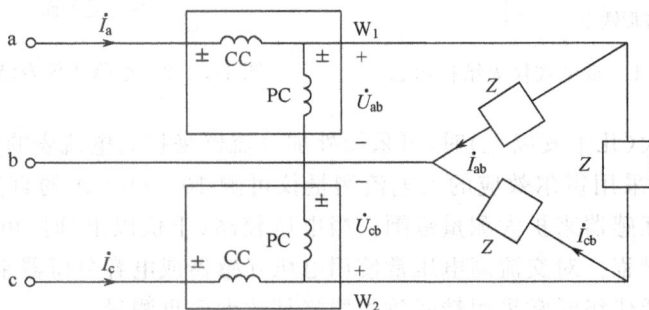

图 11.2.5　例 11.2.3 的电路

功率表的读数为以下三个数量的乘积：电压线圈两端电压的有效值，流过电流线圈电流的有效值和这电压和电流相位差角的余弦。应注意这一角度并非负载的阻抗角。因此，W_1 的读数为 $U_{ab}I_a\cos\varphi_1$，φ_1 为 $\dot{U}_{ab}$ 与 $\dot{I}_a$ 之间的角度；W_2 的读数为 $U_{cb}I_c\cos\varphi_2$，φ_2 为 $\dot{U}_{cb}$ 与 $\dot{I}_c$ 之间的角度。这两读数并不具有任何物理意义！已知 $U_{ab}=U_{bc}=380$ V，$I_a=I_c=\sqrt{3}I=76\sqrt{3}/3$ A，尚

需确定 φ_1 和 φ_2。

负载的阻抗角为 $\arctan\left(\frac{-12}{9}\right)=-53.13°$，表明 $\dot{I}_{ab}$ 超前 $\dot{U}_{ab}$ 角 53.13°，由图 11.2.5 可知，对 a-b-c 相序，$\dot{I}_{ab}$ 超前 $\dot{I}_a$ 角 30°，故知 $\dot{I}_a$ 超前 $\dot{U}_{ab}$ 的角度为 $53.13°-30°=23.13°$，即 $\varphi_1=23.13°$。W_1 读数为 $380(76/3\sqrt{3})\cos 23.13°$W。又 $\dot{I}_{cb}$ 超前 $\dot{U}_{cb}$ 角 53.13°，$\dot{I}_c$ 超前 $\dot{I}_{cb}$ 角 30°，故知 $\dot{I}_c$ 超前 $\dot{U}_{cb}$ 的角度为 $53.13°+30°=83.13°$，即 $\varphi_2=83.13°$。W_2 读数为 $380(76/3\sqrt{3})\cos 83.13°$W。两功率表读数的代数和为 $(380\times76/\sqrt{3})\cos 23.13°+(380\times76/\sqrt{3})\cos 83.13°\approx 17\ 328$ W，与以上计算结果基本一致。

两功率表法也可用于测量非对称三相电路的总功率。电动式三相功率表内部包含两个功率表单元，用一个指针指示总功率。

注意：三相四线制电路不能用瓦特计法测量三相功率。这是因为一般情况下，三相电流之和不等于零。

3. 电阻的测量

电气设备的绝缘性能是否良好，关系到设备能否正常运行以及操作人员的人身安全。为了防止绝缘材料因发热、受潮、污染、老化等原因造成绝缘被破坏，也为了检查经过修复后的设备其绝缘性能是否符合规定的要求，检查测量设备的绝缘电阻是十分必要的。因为万用表测电阻所用的电源电压比较低，在低电压下呈现的绝缘电阻不能反映在高电压作用下的绝缘电阻的真正数值，所以测量绝缘电阻需要用带高电压电源的兆欧表。

兆欧表（俗称摇表）是一种利用磁电式流比计的线路来测量高电阻的仪表，其构造如图 11.2.6 所示。在永久磁铁的磁极间放置着固定在同一轴上而相互垂直的两个线圈。一个线圈与电阻 R 串联，另一个线圈与被测电阻 R_x 串联，然后将两者并联于直流电源。电源安置在仪表内，是一手摇直流发电机，其端电压为 U。

在测量时，两个通电线圈因受磁场的作用，产生两个方向相反的转矩。仪表的可动部分在转矩的作用下发生偏转，偏转角 α 与被测电阻 R_x 的关系为

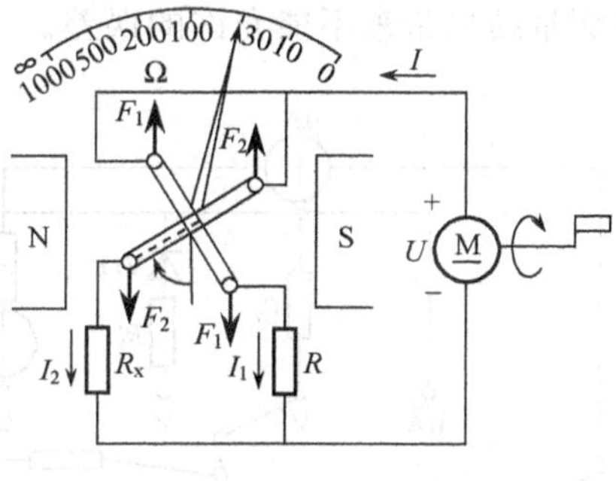

图 11.2.6　兆欧表的构造

$$\alpha=f\left(\frac{R_2+R_x}{R_1+R}\right)=f'(R_x) \tag{11.2.1}$$

式中，R_1 和 R_2 分别为两个线圈的电阻。

因此，仪表的刻度尺就可以直接按电阻来分度。这种仪表的读数与电源电压 U 无关，所以手摇发电机转动的快慢不影响读数。

线圈中的电流是经由不会产生阻转矩的柔韧的金属带引入的，所以当线圈中无电流时，指针将处于平衡状态。

为了减轻测量过程的劳动强度，有的兆欧表采用电池作电源，由晶体管变换器把电池电压转换为高压直流电源，例如 ZC26 型和 ZC30 型的兆欧表。

选择兆欧表，应根据电气设备的额定电压值。对于额定电压在 500 V 以下的电气设备，应选用电压等级为 500 V 或 1000 V 的兆欧表；对于额定电压在 500 V 以上的电气设备，应选用 1000～2500 V 的兆欧表。

例 11.2.2 如果电流表的内阻 R_A 为 0.03 Ω,电压表的内阻 R_V 为 2.0 kΩ,要测量的电阻 R 大约为 1.5 kΩ,采用图 11.2.7 中哪种连接方法误差较小?如果要测量的电阻 R 大约为 2.0 Ω,采用哪种连接方法误差较小?

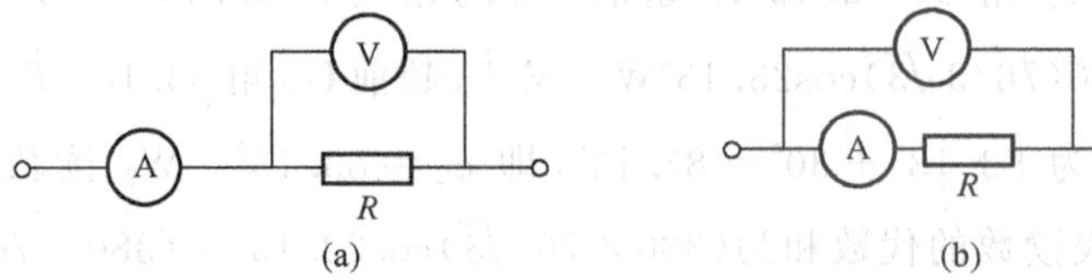

图 11.2.7 电流电压表连接方法

解 测量 1.5 kΩ 的电阻时,应采用图 11.2.7(b)的连接方法,因为电流表的电阻比电阻 R 小,与 R 串联时,所分得的电压小,因此测量结果的误差较小。

测量 2.0 Ω 的电阻时,应采用图 11.2.7(a)的连接方法,因为电压表的电阻比电阻 R 大,与 R 并联时,所分得的电流小,因此测量结果的误差较小。

内阻的大小反映了仪表本身功率的消耗。为使仪表接入回路后,不改变原来的工作状态和减少表耗功率,对不同的仪表有不同的要求。

对电压表或者功率表的并联线圈内阻要求尽量大些,且量限越大,内阻越大。对电流表或者功率表的串联线圈的内阻则应尽量小,且量限越大,其内阻越小。为了使得电压表在接入时,不致影响电路的工作状态,规定电压表内阻 R_V 与负载电阻 R 的关系为 $R_V \geqslant 100\text{R}$,否则会对测量结果带来不能允许的误差。

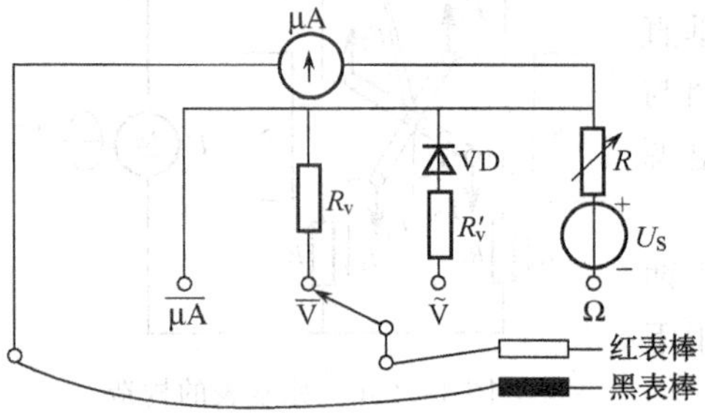

图 11.2.8 万用表简化原理图

电压表的内阻大小由表头灵敏度决定,灵敏度越高的仪表,其内阻就越大。

磁电系和整流系电压表的表头,内阻都很大,而电磁系、电动系仪表的灵敏度很低,表头内阻都较小。只有数字式仪表的输入阻抗才可能达到几兆欧,所以用数字式仪表来测量小容量信号源的电压是最理想的。

对于电流表,则要求内阻尽量小,否则将带来很大的测量误差。

万用表一般用磁电式表头配上晶体二极管、分流器、倍压器、干电池、转换开关等组成。其简化电路如图 11.2.8 所示。可用来测量交、直流电压,直流电流和电阻等电量,它是一种常用的多功能仪表。

思考题

11-2-1 用准确度为 1.5 级、满标值为 250 V 和准确度为 1.0 级、满标值为 500 V 的两个电压表去测量实际值为 220 V 的电源电压,试问哪个读数比较准确?

11-2-2 用准确度为 2.5 级、满标值为 250 V 的电压表去测量 110 V 的电压,试问相对测量误差为多少?如果允许的相对测量误差不应超过 5%,试确定这只电压表适宜于测量的最小电压值为多少?

11-2-3 上网下载兆欧表 ZC26 型、ZC30 型或其他型号的技术参数。

练　习　题

11-2-1　图 11.2.9 是一电阻分压电路，用一台内阻 R_V 为(1)25 kΩ，(2)50 kΩ，(3)500 kΩ 的电压表测量时，其读数各为多少？由此得出什么结论？

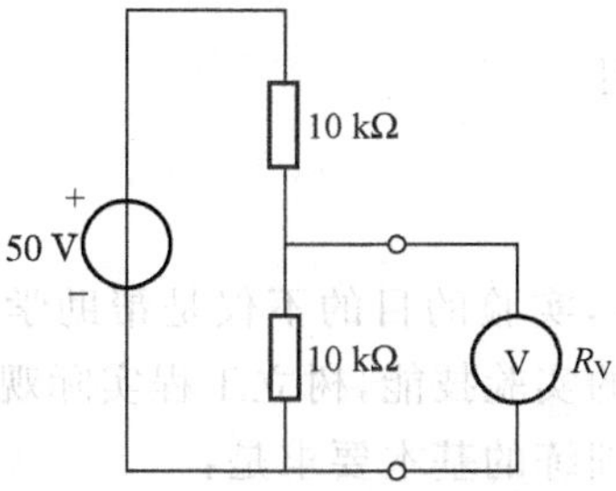

图 11.2.9　习题 11-2-1 的图

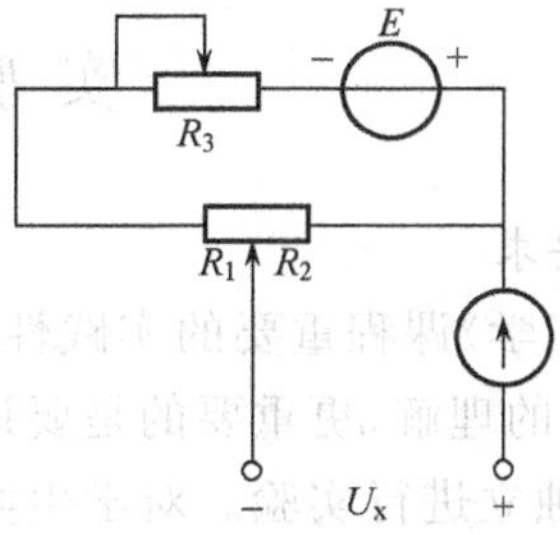

图 11.2.10　习题 11-2-2 的图

11-2-2　图 11.2.10 所示的是测量电压的电位计电路，其中 $R_1+R_2=50\ \Omega$，$R_3=44\ \Omega$，$E=3$ V。当调节滑动触点使 $R_2=30\ \Omega$ 时，电流表中无电流通过。试求被测电压 U_x 之值。

11-2-3　图 11.2.11 是万用电表中直流毫安挡的电路。表头内阻 $R_0=280\ \Omega$，满标值电流 $I_0=0.6$ mA。欲使其量程扩大为 1 mA，10 mA 及 100 mA，试求分流器电阻 R_1，R_2 及 R_3。

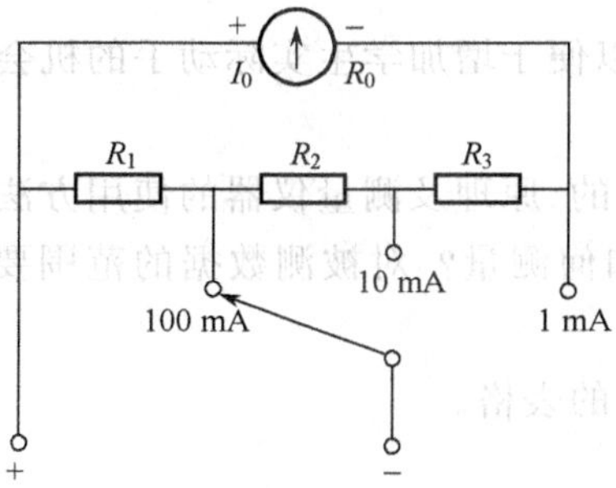

图 11.2.11　习题 11-2-3 的图

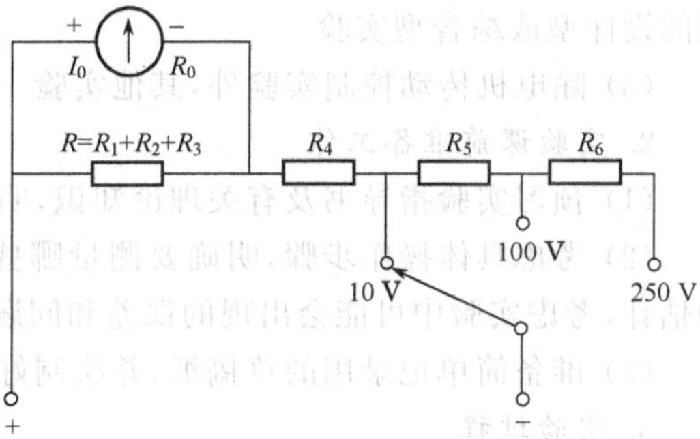

图 11.2.12　习题 11-2-4 的图

11-2-4　如用题 11-2-3 中所述万用电表测量直流电压，共有三挡量程，即 10 V，100 V 和 250 V，试计算倍压器电阻 R_4，R_5 及 R_6（见图 11.2.12）。

11-2-5　一台三相异步电动机，电压为 380 V，电流为 6.8 A，功率为 3 kW，星形连接。试选择测量电动机的线电压、线电流及三相功率(用两功率表法)用的仪表(包括型式、量程、个数、准确度等)，并画出测量接线图。

11-2-6　电源电压为 380 V，用两功率表法测量星形连接的对称三相负载的功率。在下列几种负载情况下，试求每个功率表的读数和三相功率。

(1)$Z=10\ \Omega$；　(2)$Z=8+\mathrm{j}6\Omega$；　(3)$Z=5+\mathrm{j}5\sqrt{3}\Omega$；　(4)$Z=5+\mathrm{j}10\Omega$；　(5)$Z=-\mathrm{j}10\Omega$

第12章 实　　验

实验须知

1. 实验课基本要求

(1) 实验是《电工学》课程重要的实践性教学环节，实验的目的不仅是帮助学生巩固和加深对所学的理论知识的理解，更重要的是要训练他们的实验技能，树立工程实际观点和严谨的科学作风，使学生能独立进行实验。对学生实验技能训练的基本要求是：

① 学会使用常用的电工、电子仪表、仪器及电工、电子设备。

② 学会查阅元器件参数，对常用电子元器件的基本知识有所了解。

③ 能按电路图对其进行接线、查线和排除简单的线路故障。

④ 能进行实验操作、观察实验现象、测取数据和测绘波形曲线。

⑤ 能整理分析实验数据，绘制曲线并写出规范的、条理清楚、内容完整的实验报告。

(2) 实验内容应包含上述基本要求并根据不同的教学要求和实验教学条件，安排一定比例的设计型或综合型实验。

(3) 除电机传动控制实验外，其他实验一人一组，以便于增加学生实际动手的机会。

2. 实验课前准备工作

(1) 预习实验指导书及有关理论知识，明确实验目的、原理及测量仪器的使用方法。

(2) 考虑具体操作步骤，明确要测量哪些数据？如何测量？对被测数据的范围要有初步的估计，考虑实验中可能会出现的误差和问题。

(3) 准备简单记录用的草稿纸，并绘制好记录数据的表格。

3. 实验过程

在做实验的过程中，必须严格遵守实验室的各项规章制度和安全操作规程，认真进行实验操作，严格遵守“先接线后通电，先断电后拆线”的操作程序，重视人身和设备的安全，服从教师的指导。

实验结束时，实验数据经指导教师检查后，方可拆除电路；在做好仪器设备的整理和环境清洁工作后，方可离开。

4. 实验报告的内容

(1) 实验目的、实验线路。

(2) 原始记录数据、理论计算数据。

(3) 实验记录整理，如表格、曲线等。

(4) 理论分析、回答问题、讨论、体会等。

以上是一份较完整的实验报告的内容范围。不要拘泥于一定的格式，提倡有一定的创新，但实验报告必须包括以下三个方面。

(1) 为什么做此实验。

(2) 怎样进行实验，指明关键问题所在。

(3) 实验得到什么样的结果。

实验一　基尔霍夫定律

1. 实验目的

(1) 初步熟悉电工综合实验台的布局和使用；

(2) 学习电路的接线方法；

(3) 学会验证基尔霍夫定律，加深对电流和电压参考方向概念的理解；

(4) 正确使用常用电工仪表。

2. 实验设备与仪器

(1) 电工技术综合实验台	1 台
(2) 直流电压表	1 块
(3) 直流电流表	3 块
(4) 电源插头、插座	4 个

3. 实验内容

实验电路如图 1-1 所示。首先应选择好参考方向，然后规定正负。当电源电动势或电阻上假定的电流方向与绕行一致时取正号，反之取负号。

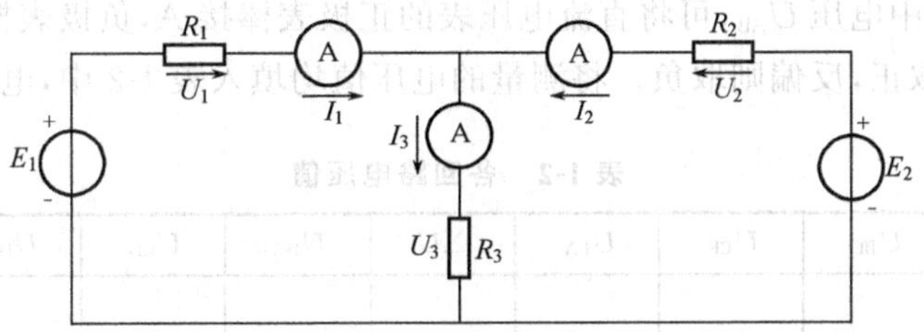

图 1-1　基尔霍夫实验电路

1) 基尔霍夫电流定律(KCL)

本实验在电工技术综合实验台上进行。按图 1-2 连接线路，根据图中电阻值和电压值选择电压表及电流表的量程。

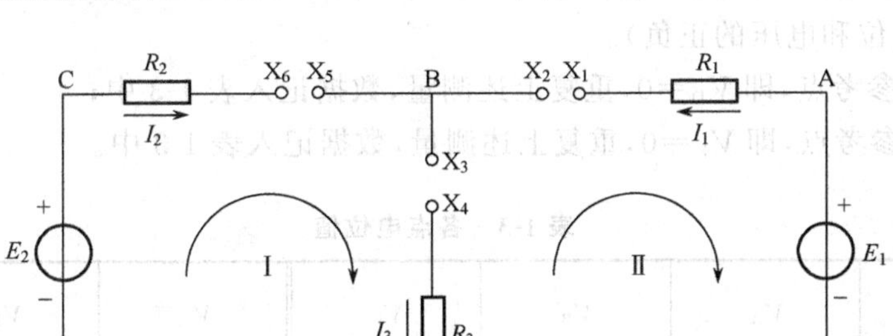

图 1-2　基尔霍夫实验电路

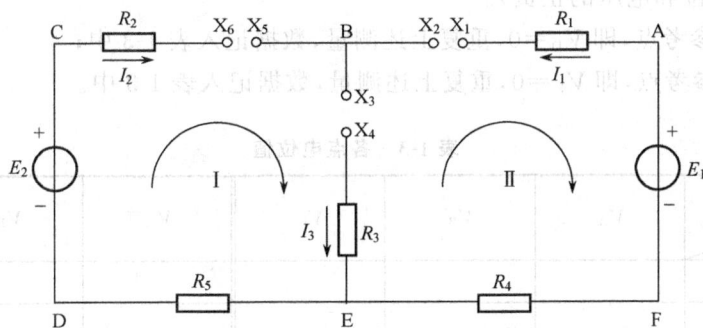

X_1-X_2、X_3-X_4、X_5-X_6 之间用导线连接，由于不知道 AB 支路电流大小与方向，可用点接触法测试。具体办法：取下 X_1-X_2 之间的导线，开启稳压电源，将直流表的负极表棒接在节点 B

的接线柱 X_2 上，正极表棒碰接一下接线柱 X_1，如发现指针正向偏转，说明电流流入节点 B，其值取为负值；如发现指针反向偏转，应立即断开，对调电流表的正负极，重新读数，其值取正。其他两个支路的电流也可以参照上述办法测量。将测量的电流值填入表 1-1 中，电流关系：$\sum I=I_1+I_2+I_3=0$。

表 1-1　各支路电流值

	计算值	测量值	误差
I_1/mA			
I_2/mA			
I_3/mA			
$\sum I=I_1+I_2+I_3$			

2）基尔霍夫电压定律（KVL）

按图 1-2 连接线路，X_1-X_2、X_3-X_4、X_5-X_6 之间用导线连接。图中回路 ABEFA 和回路 BCDEB 的电压参考方向均以顺时针为正，反之为负。开启稳压电源，用直流电压表依次测量回路 ABEFA 中各支路电压 U_{AB}、U_{BE}、U_{EF} 和 U_{FA} 和回路 BCDEB 中各支路电压 U_{BC}、U_{CD}、U_{DE} 和 U_{EB}。例如，测图 1-2 中电压 U_{AB}，可将直流电压表的正极表棒接 A，负极表棒接 B，若电压表指针正偏，则 U_{AB} 的电压取正，反偏则取负。将测量的电压值均填入表 1-2 中，电压关系：$\sum U=0$。

表 1-2　各回路电压值

U/V	U_{AD}	U_{BE}	U_{EF}	U_{FA}	$\sum U$	U_{BC}	U_{CD}	U_{DE}	U_{EB}	$\sum U$
计算值										
测量值										
误差值										

3）电位测量

选择 E 点为参考点，即电位 $V_E=0$，测量表 1-3 中所列各点电位和各段电压，并记入表 1-3 中（测量时注意电位和电压的正负）。

选择 D 点为参考点，即 $V_D=0$，重复上述测量，数据记入表 1-3 中；

选择 F 点为参考点，即 $V_F=0$，重复上述测量，数据记入表 1-3 中。

表 1-3　各点电位值

电位 / 参考点	V_A	V_B	V_C	V_A	V_B	V_C
E 点						
D 点						
F 点						

4. 注意事项

（1）电源正负极连接正确，元器件连线牢靠。

(2) 用点接触法判别电流的实际方向时,表棒碰接一下只要观察到指针摆动方向即可。

(3) 使用万用表测量电压和电流时需转换量程,转换时要断开回路,同时把表棒在表头的位置调换,防止烧坏万用表。

(4) 直流稳压电源内阻很小,$R_0 \approx 0$,可以视作理想电源。

(5) 实验室电源设施的使用。

电工电子实验室三相四眼(孔)插座如图 1-3 所示,单相三眼插座如图 1-4 所示。电工电子实验室禁止使用两眼插座。

为确保人身和设备安全,电源应安装熔断器以及漏电保护装置,在地面垫绝缘橡胶。

5. 实验报告

(1) 整理测量数据,填入表 1-1 和表 1-2 中,根据测量数据验证基尔霍夫两个定律。

(2) 利用电路中所给参数,通过电路定律列方程计算各支路电流和电压,比较测量数据是否一致。

(3) 根据各点电位值,分析电位与所选参考点、电位与电压差的关系。

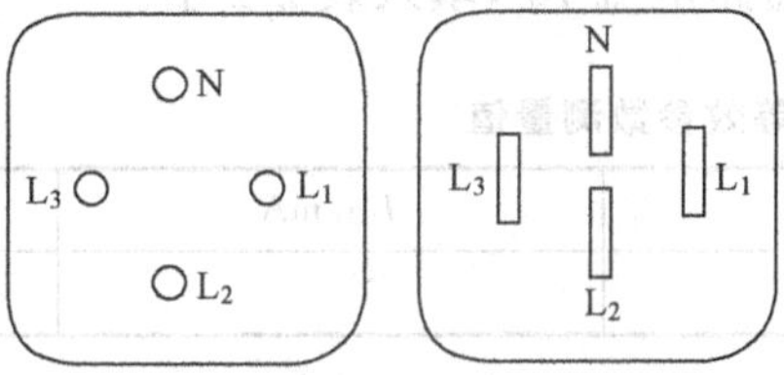

图 1-3 三相四眼插座

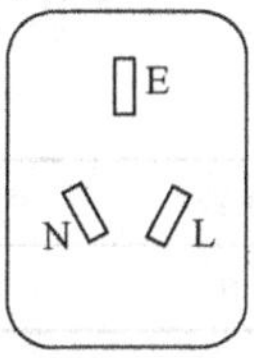

图 1-4 单相三眼插座

6. 问题讨论

(1) 分析讨论测量产生的误差及产生误差的原因。

(2) 改变电流或电压的参考方向对基尔霍夫定律有无影响?为什么?

实验二 戴维南定理

1. 实验目的

(1) 加深理解戴维南定理。

(2) 学会测定电压源和电流源的外特性。

(3) 学习测量有源二端网络的开路电压和等效电阻。

(4) 正确使用直流稳压电源。

2. 实验仪器和设备

(1) 电工技术综合实验台 1台

(2) 直流电流表 1块

(3) 直流电压表 1块

(4) 滑线变阻器 1个

3. 实验内容

按图 2-1 所示在综合实验台上连接线路,其中电压源 $E=12$ V。本实验选择 A、B 两端左侧为有源二端网络,右侧为外电路。

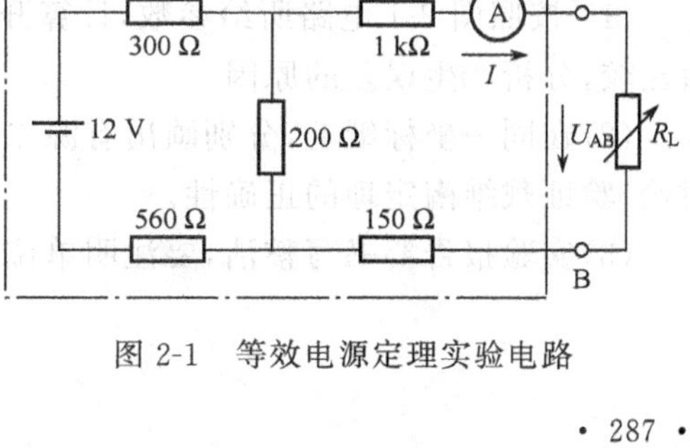

图 2-1 等效电源定理实验电路

1）测量有源二端网络的外部伏安特性

在如图 2-1 所示的电路中调节有源二端网络外部负载电阻 R_L 的阻值：当 R_L 从 $0\sim\infty$ 变化时，测量通过 R_L 的电流 I 和两端的电压 U，并填入表 2-1 中，其中 $R_L=0$ 时的电流为短路电流，$R_L=\infty$ 时的电压为开路电压。

表 2-1　外部伏安特性

R_L/Ω		0	600	800	1000	1200	1400	∞
二端网络	I/A							
	U/V							
戴维南等效电路	I/A							
	U/V							

2）等效条件

测量 A、B 二端网络的开路电压 U_{OC} 和短路电流 I_{SC}，填入表 2-2 中。

表 2-2　等效参数测量值

测量参数	U_{OC}/V	I_{SC}/mA	R_0/Ω
测量值			

根据表 2-2 中的数据，计算 A、B 入端电阻。

$$R_{AB}=R_0=U_{OC}/I_{SC}$$

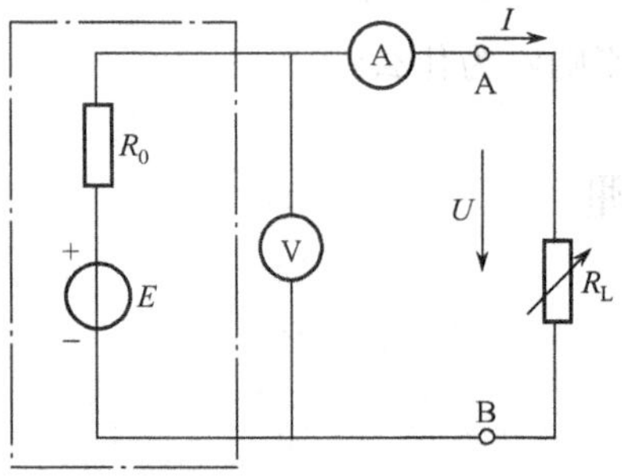

图 2-2　戴维南等效实验电路

3）验证等效电源定理

（1）按图 2-2 构成戴维南等效电路，其中电压源 E 为直流稳压电源，等效电阻 R_0 用电阻箱代替。外电路由一个负载电阻 R_L 和直流电流表构成。

（2）测量戴维南等效电源的外部伏安特性，重复步骤（1），并将测量结果填入表 2-1 中。

（3）比较表 2-1 中的数据，验证戴维南定理。

4. 注意事项

（1）除源法测量二端网络的入端电阻时，要把直流稳压电源断开再短接，而不能直接把电源两端短路。

（2）在测量过程中，随时将所测数据与理论计算值比较，以便及时发现问题。

5. 实验报告

（1）按照图 2-1 电路所给参数，计算开路电压 U_{OC}、短路电流 I_{SC} 和输入端电阻 R_0，与实测值比较，分析产生误差的原因。

（2）在同一坐标纸上，分别画出有源二端网络等效电源的外部伏安特性曲线。并进行比较讨论，验证戴维南定理的正确性。

（3）实验报告要书写整洁，要注明单位，图形要标绘清楚。

实验三　日光灯电路及功率因数的改进

1. 实验目的

(1) 了解日光灯的工作原理及电路中各元件的作用。

(2) 掌握日光灯的安装接线。

(3) 掌握单相功率表及单相功率因数表的使用方法。

(4) 学习提高功率因数的方法。

2. 实验设备与仪器

(1) 综合实验装置　　1 台

(2) 交直流电压表　　1 块

(3) 交直流电流表　　2 块

(4) 单相功率因数表　　1 块

(5) 低功率因数瓦特表　　1 块

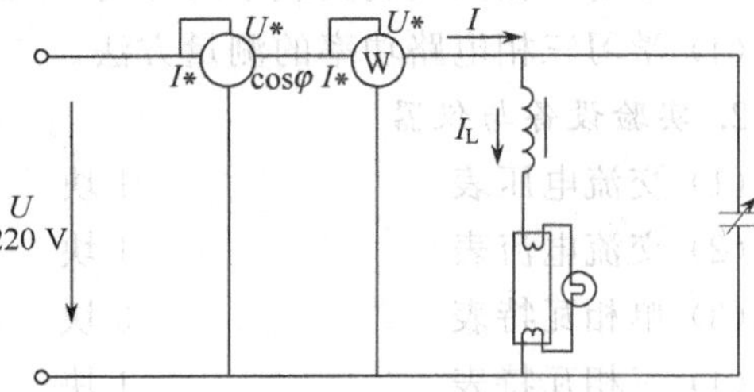

图 3-1　功率因数提高电路

3. 实验内容

(1) 按图 3-1 所示接线，合上电源，观察日光灯是否正常启动。

(2) 日光灯电路未并入电容时，测出表 3-1 内第一组数据。

(3) 并入 C_1 使 $\cos\varphi\approx0.75$(滞后)，测出表 3-1 内第二组数据。

(4) 并入 C_2 使 $\cos\varphi\approx0.85$(滞后)，测出表 3-1 内第三组数据。

(5) 并入 C_3 使 $\cos\varphi\approx0.8$(超前)，测出表 3-1 内第四组数据。

表 3-1 的说明：$\cos\varphi$ 为实测数据；P 为灯管的有功功率；U 为电源电压；U_L 为镇流器两端的电压；U_R 为灯管两端的电压。

表 3-1　测量功率因数值

测试项目 / 测试条件	$\cos\varphi$	P/W	U/V	U_L/V	U_R/V	I/A	I_L/A	I_C/A
未并入电容								
$\cos\varphi\approx0.75$（滞后）								
$\cos\varphi\approx0.85$（滞后）								
$\cos\varphi\approx0.8$（超前）								

4. 实验报告

(1) 根据实测的各组数据计算出视在功率 S 及无功功率 Q。

(2) 根据实测的各组数据做出电流相量图。

(3) 根据表中第二组数据验证 I 等于 I_L 与 I_C 的相量和。

(4) 试分析为什么要用并联电容的方法来提高功率因数？串联可以吗？

(5) 若没有起辉器，如何点燃日光灯？

5. 问题讨论

(1) 交流电压表和交流电流表的使用及注意事项和量程选择。

(2) 功率表的使用及注意事项和量程选择。

实验四　三相电路的负载连接及功率测量

1. 实验目的

(1) 学习三相负载的星形(Y)连接与三角形(△)连接方法。

(2) 验证三相对称负载星形与三角形连接时,线电流与相电流、线电压与相电压之间的关系。

(3) 了解三相四线制负载不对称时,中性线的作用。

(4) 学习三相电路功率的测量方法。

2. 实验设备与仪器

(1) 交流电压表　　1块

(2) 交流电流表　　1块

(3) 单相瓦特表　　3块

(4) 三相瓦特表　　1块

(5) 三相负载(灯箱)　　1个

3. 实验内容

(1) 负载作星形连接。按图4-1接线,把三相负载(灯泡组)接成星形,调节三相负载对称(每相开3个灯),分别在有中性线和无中性线的情况下测量各数据,填入表4-1中。调节负载不对称,即A相开1个灯、B相开2个灯、C相开3个灯,分别在有中性线和无中性线的情况下测量各数据,填入表4-1中。

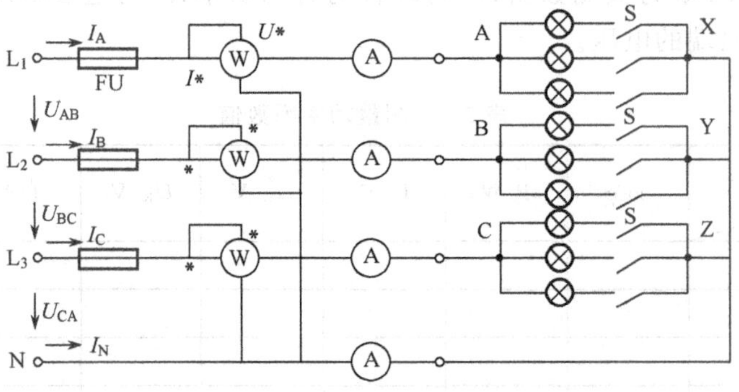

图4-1　三相负载的星形连接

表4-1　三相负载的星形连接测量数据

三相负载星形连接		I_A/A	I_B/A	I_C/A	I_N/A	U_{AN}/V	U_{BN}/V	U_{CN}/V	U_{AB}/V	U_{BC}/V	U_{CA}/V	$P_总$/W
对称	有中性线											
	无中性线											
不对称	有中性线											
	无中性线											

(2) 负载作三角形连接。按图 4-2 接线，将三相负载接成三角形。

① 调节三相负载对称（每相开 2 个灯泡），测量各数据填入表 4-2 中。

注：断开任意一根电源线，观察各灯亮度变化情况。

② 调节三相负载不对称，即 A 相开 1 个灯、B 相开 2 个灯、C 相开 3 个灯，测量各组数据填入表 4-2 中。

注：观察各相灯亮度是否一致。

4. 实验报告

(1) 根据对称负载作星形连接时所测量的数据，验证线电压与相电压之间的关系。由实验结果说明三相四线制电路中性线的作用。

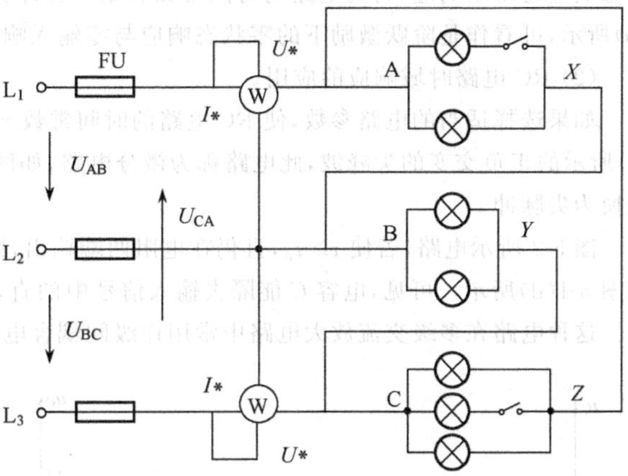

图 4-2 三相负载的三角形连接

(2) 根据对称负载作三角形连接时所测的数据，验证线电流与相电流之间的关系。

(3) 解释三角形连接时所观察到的现象。

表 4-2 三相负载的三角形连接测量数据

三相负载三角形连接	I_A/A	I_B/A	I_C/A	I_{AB}/A	I_{BC}/A	I_{CA}/A	U_{AB}/V	U_{BC}/V	U_{AC}/V	$P_{总}$/W
对称										
不对称										

5. 问题讨论

(1) 总结用二表法和三表法测量三相功率的特点。

(2) 二表法和三表法是否可用来测量负载不对称时的三相功率。

△实验五 电路时域响应分析

1. 实验目的

(1) 观察 RC 电路的暂态过程，矩形脉冲响应及其应用。

(2) 学会用示波器测定时间常数和观察各物理量的波形图。

(3) 研究电路参数对暂态过程的影响。

(4) 进一步练习使用双踪示波器。

2. 实验仪器与设备

(1) 电工技术综合实验台	1 台
(2) 数字万用表	1 块
(3) 数字函数发生器	1 台
(4) 双踪示波器	1 台

3. 实验内容

(1) RC 电路的矩形脉冲响应。

周期性的矩形脉冲信号（或称脉冲序列信号）在电子技术上应用很广，其波形如图 5-1(a)所示。若将此信号加在电压初始值为零的 RC 串联电路上，实质就是电容连续充、放电的动态过程，其响应是零输入响应、零状态响应还是全响应，将与电路的时间常数和矩形脉冲宽度 τ 的相对大小有关。如果 $t_p \gg 5\tau$，则波形如图 5-1(b)所示，可看作是阶跃激励下的零状态响应与零输入响应的交替过程；反之则为全响应。

(2) RC 电路时域响应的应用。

如果选择适当的电路参数，使 RC 电路的时间常数 $\tau \ll t_p$（矩形脉冲宽度），电阻两端的输出电压为图 5-1(c)所示的正负交变的尖峰波，此电路称为微分电路，如图 5-2 所示。电子线路中常应用这种电路把矩形脉冲变换为尖脉冲。

图 5-2 所示电路，若使 $\tau \gg t_p$，且仍在电阻两端输出，则成为 RC 耦合电路，此时 u_R 波形中没有直流分量，如图 5-1(d)所示。可见，电容 C 能隔去输入信号中的直流分量，仅使交流分量通过，因而这个电容叫隔直电容。这种电路在多级交流放大电路中常用作级间耦合电路。

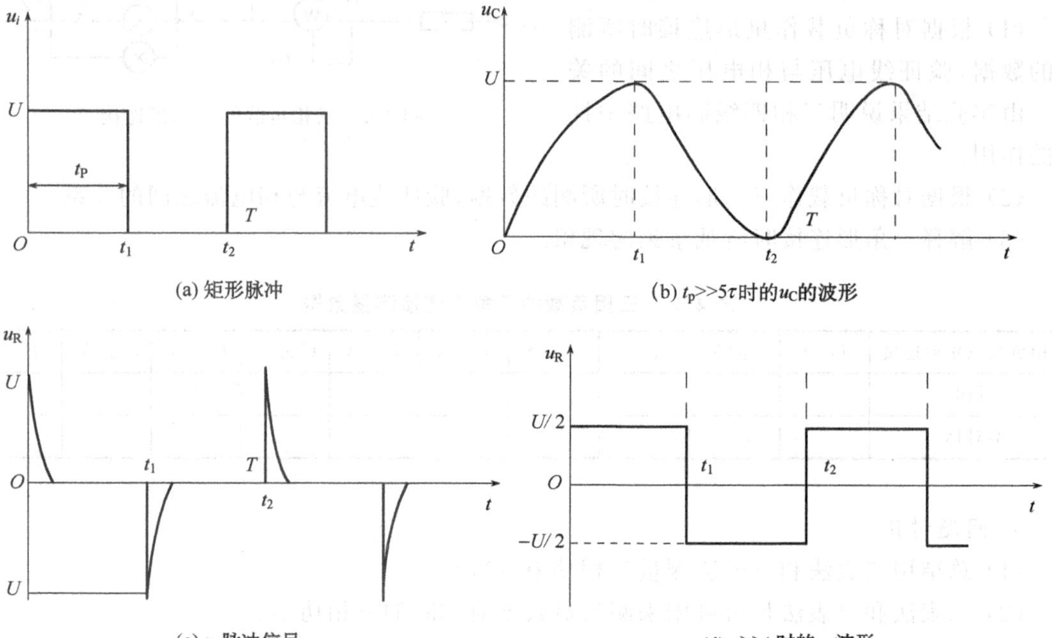

(a) 矩形脉冲　　(b) $t_p >> 5\tau$ 时的 u_C 的波形

(c) u_g 脉冲信号　　(d) $\tau >> t_p$ 时的 u_R 波形

图 5-1　矩形脉冲信号 u_i 及不同时间常数时 u_C，u_R 的波形

如果将 RC 电路的电容两端作为输出端，如图 5-3 所示，在电路参数满足 $\tau \gg t_p$ 的条件下，即构成积分电路。

当时间常数很小时(毫秒以下)，RC 电路的过渡过程只能用示波器来观察它的波形。为了使用普通双踪示波器观察 RC 串联电路在过渡过程中电压电流变化的波形，可采用方波电压作为电源。

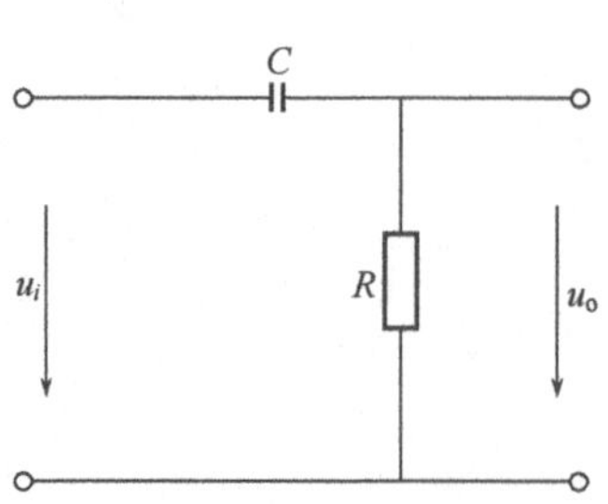

图 5-2　微分电路

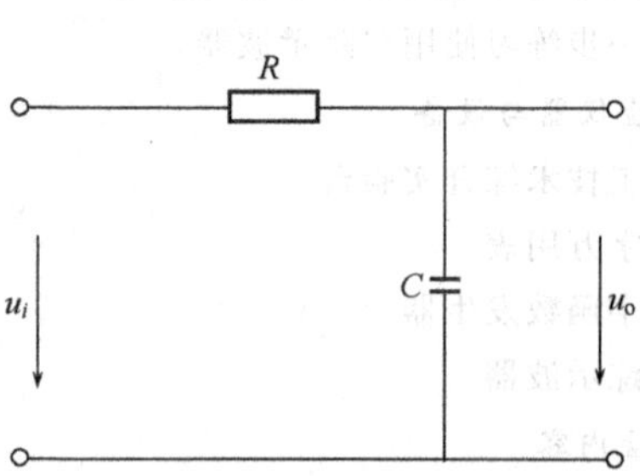

图 5-3　积分电路

(3) 用示波器测定时间常数的方法。

用示波器测定时间常数的方法如图 5-3 所示电路，适当选择电路参数，用双踪示波器的 Y_1 和 Y_2 通道，同时观察输入信号 u_i 和输出信号 u_o（即 u_C），调节示波器，使 u_i 与 u_o 的基线一致，幅度相同，并叠合成图 5-4 所示波形，在 u_o 上找到 0.632 U 处的 Q 点，则 Q 点在水平方向对应的距离 OP 乘以示波器的时基标尺(s/cm)，即为时间常数 τ。

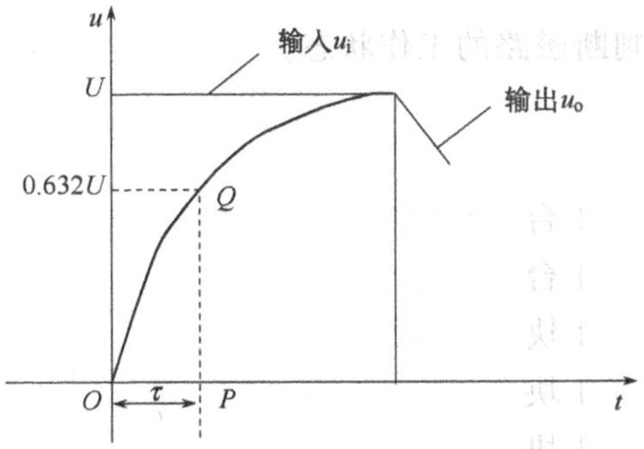

图 5-4　测定时间常数时 u_i 和 u_o 的波形

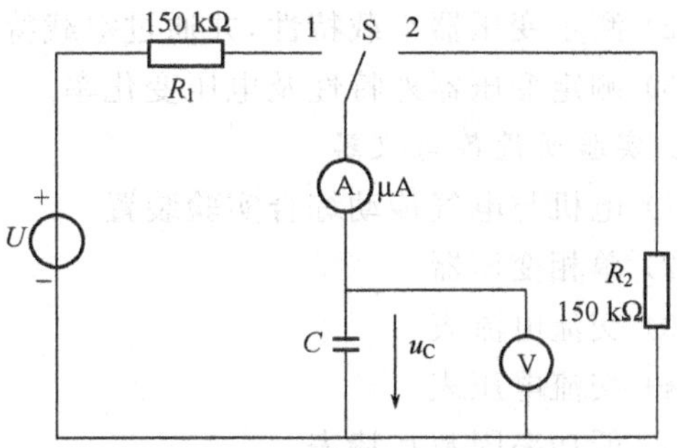

图 5-5　一阶 RC 时域响应实验电路

4. 实验步骤

(1) 按图 5-5 接线，电源调为 12 V，$R_1=R_2=150$ kΩ，$C=100$ μF，并把开关 S 打到 1 位置，使电容器充电，并从开关接通的瞬间起，按表 5-1 所列秒表时间用电流表（或电压表）测出各相应时间的电流（或电压）值记入表 5-1，以此了解 RC 串联电路的充电过程。

(2) 将开关迅速合向 2 位置，使电容器放电，并从开关接通的瞬间按表 5-2 各时间，测出对应的电流值（或电压值）计入表 5-2，以了解 RC 串联电路的放电过程。

表 5-1

T/s	0	5	10	20	30	40	60	70	80	90	100
I/μA											
U/V											

表 5-2

T/s	0	5	10	20	30	40	60	80	90	100
I/μA										
U/V										

(3) RC 串联后接方波发生器的输出端，用双踪示波器观察电阻 $R=1$ kΩ、电容 $C=0.05$μF；$R=3$ kΩ、电容 $C=0.05$ μF 时 RC 充放电过程中电路电流 i 和电容上的电压 u_C 的波形（图 5-6），并测出时间常数 τ 的大小。

5. 实验报告

(1) 在坐标纸上做出 RC 串联电路充放电 $i=f(t)$ 的特性曲线。

(2) 分析电路参数对 u_C（即电容器上锯齿波电压）的周期和波形的影响。

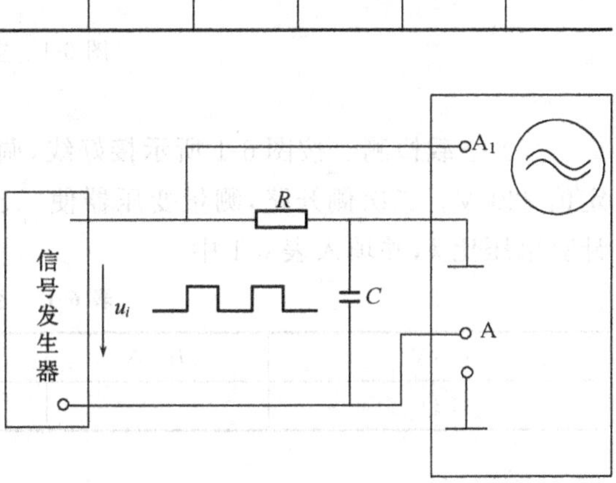

图 5-6　用示波器观察 u_C 的波形

实验六　单相变压器特性检测

1. 实验目的

(1) 掌握变压器绕阻同名端的测试方法。

(2) 测定变压器空载特性，并通过空载特性曲线判断磁路的工作状态。

(3) 测定变压器外特性及电压变化率。

2. 实验所设备与仪器

(1) 电机与电气传动综合实验装置　　1 台

(2) 单相变压器　　1 台

(3) 交流电流表　　1 块

(4) 交流电压表　　1 块

(5) 低功率因数瓦特表　　1 块

(6) 负载灯泡　　若干

(7) 数字万用表　　1 块

3. 实验内容

(1) 观察单相变压器的构造，并记下变压器的铭牌数据。用万用表的电阻档测出哪两端属于一次绕阻，哪两端属于二次绕阻。

(2) 用交流电压表法判别变压器一、二次绕阻同名端，参照图 6-1 所示电路。

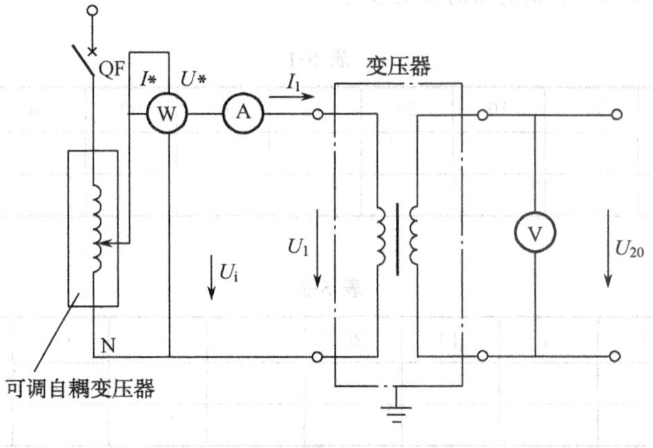

图 6-1　空载检测电路图

(3) 空载检测。按图 6-1 所示接好线，调节交流电源使变压器一次电压从 0 开始上升到额定值 220 V。二次侧开路，测量变压器使二次侧电压 U_{20}、一次侧空载电流 I_{10}、空载损耗 P_0，计算电压比 k，并填入表 6-1 中。

表 6-1　变压器空载参数

U_1/V	I_{10}/A	U_{20}/V	P_0/W	$k=U_1/U_{20}$
220				

测量变压器一次电压在 0～220 V 之间变化时空载电流的值，记入表 6-2 中。

表 6-2 变压器空载参数输入电压变化引起的电流变化

U_1/V									
I_0/mA									

（4）有负载外特性检测（电阻性负载）。按图 6-2 所示接好线路，用灯泡作为变压器的电阻性负载，保持变压器一次侧电压为额定值 220 V 不变，逐步增加负载，使二次电流从空载到满载变化，读取几点数据（包括空载电流和满载电流），并记录在表 6-3 中。

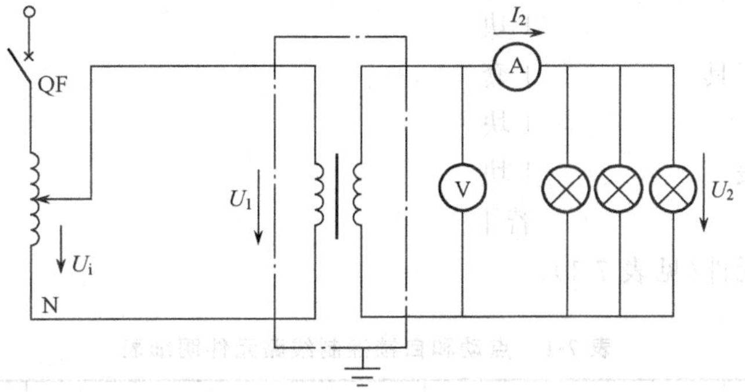

图 6-2 外特性检测电路

表 6-3 变压器输入端电压引起输出端电压和电流的变化

U_2/V									
I_2/A									

4. 注意事项

（1）实验时应缓慢调节单相交流电源的旋转手柄，以免出现大电流。注意各仪表和负载的工作情况是否正常，仪表的指示不可超过量程。每次实验结束，都应将电源手柄旋转到 0 位，然后切断电源。

（2）变压器空载时的功率因数很低，所以测量功率时应选用低功率因数瓦特表。

5. 实验报告

（1）根据实测数据绘出变压器的外特性曲线。

（2）计算变压器的电压比和电压变化率。

（3）从实验中发现，变压器的负载越接近额定负载，其变流比 I_1/I_2 的倒数越接近空载变压比 U_1/U_{20}，为什么会出现这种现象？

6. 问题讨论

（1）为什么在做绕组极性判断和变压器负载实验时，都要强调将调压器恢复到起始位置后才可合上断路器 QF？

（2）变压器的外特性与功率因数有没有关系？

（3）负载为电感性时，功率因数越小，电压调整率越小还是越大？

（4）怎样用直流测变压器绕组极性？

实验七　三相异步电动机启动控制

1. 实验目的

(1) 能够将三相异步电动机的点动和自锁两种控制线路,由电气原理图变换成实际操作线路。

(2) 知道点动控制和自锁控制的区别及各自的特点。

2. 实验仪器、设备和器材

(1) 万用表　　1 块

(2) 常用电工工具　　1 套

(3) 兆欧表　　1 块

(4) 钳形电流表　　1 块

(5) 连接电缆　　若干

(6) 控制线路元件(见表 7-1)。

表 7-1　点动和自锁控制线路元件明细表

代号	名称	型号与规格	件数
QF	断路器(电源开关)	C65N	1
FU	熔断器	RL1-15 2A	2
FR	热继电器	JR20-10/13D	1(整定电流 6.8 A)
SB	按钮	LA10-3K	1
KM	交流接触器	CJ20-10 吸引线圈交流电压 220 V	1
M	三相异步电动机	Y100L2	1
	控制线路板	700 mm×600 mm×30 mm(木质)	1

3. 实验内容

按图 7-1 所示接好线路。

(1) 按元件明细表配齐并检验元件,熔断器 FU 接在控制电路中,用于短路保护。

(2) 根据电动机额定电流选配电缆。

(3) 分别在图 7-1 中编号,并按编号在各电器元件和连接电缆端上编号。

(4) 按图 7-1 所示接线,接至电动机的电缆应穿管,电动机外壳应接地线。

(5) 测试电路绝缘电阻,经检查无误后,方可通电。通电时,应先合上电源开关,再按启动按钮。

4. 注意事项

(1) 控制板上的所有编号都应在醒目处。

(2) 布线应避免交叉,转向处要弯成直角,要拧紧接线柱上的压紧螺钉。

(3) 热继电器的热元件要串联在主电路中。

(4) 交流接触器的辅助触头，即自锁触头应与 SB_2 并联。

(5) 操作时应注意安全。

(6) 图 7-1(a)的点动控制操作次数不宜过多，否则容易损坏电器和电动机。

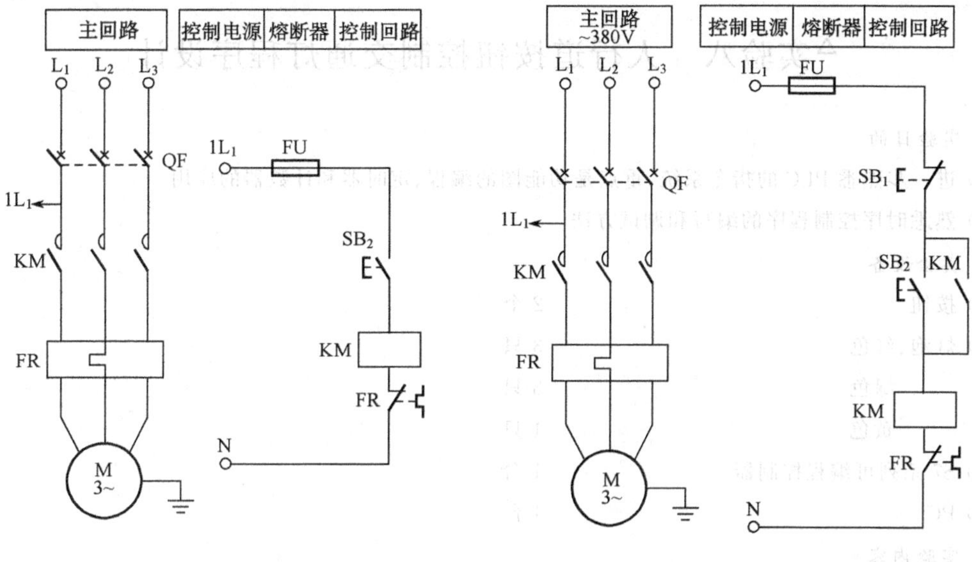

(a) 点动控制电路　　(b) 自锁控制电路

图 7-1　三相异步电动机控制线路

5. 实验报告

(1) 按下图 7-1(a)中的启动按钮 SB_2，体会什么是点动按钮。

(2) 按下图 7-1(b)中的启动按钮 SB_2，体会自锁控制与点动控制有什么不同，填写表 7-2 中各项内容。

表 7-2　点动和自锁控制线路的区别与功能

电路名称 / 内容	点动控制线路	自锁控制线路
绘出电路图，比较两电路的区别（要求用文字记录下来）		
两电路在功能上的区别		

(3) 切断自锁控制电路的电源后，在 SB_2 并联的辅助触头上（即自锁触头上）插入小纸片，再重新按动启动按钮 SB_2，会出现什么现象？

(4) 自锁控制线路在长期工作后可能会失去自锁作用，试分析产生的原因是什么？

6. 问题讨论

(1) 三相异步电动机直接启动的条件是什么？

(2) 三相异步电动机为什么在单相状态下不能启动？在运行中断了一根电源线为什么能继续运行？

(3) 三相笼型异步电动机有哪些调速方法？

(4) 本实验控制电路中，有哪些保护功能？

(5) 在正反转控制电路中，若无自锁和互锁环节，会出现什么后果？

△实验八　人行道按钮控制交通灯程序设计

1. 实验目的

(1) 进一步熟悉 PLC 的指令系统，重点是功能图的编程、定时器和计数器的应用。

(2) 熟悉时序控制程序的编写和调试方法。

2. 实验设备

(1) 按钮	2 个
(2) 灯泡：红色	3 只
绿色	3 只
黄色	1 只
(3) S7 系列可编程控制器	1 台
(4) PC	1 台

3. 实验内容

(1) 只考虑横道线交通灯的控制程序。

某人行横道设有红、绿两盏信号灯，一般是红灯亮，路边设有按钮 SB_1，行人横穿街道时需按一下按钮。4 s后红灯灭，绿灯亮，过 5 s 后，绿灯闪烁 4 次(0.5 s 亮、0.5 s 灭)，然后红灯又亮，时序如图 8-1 所示。

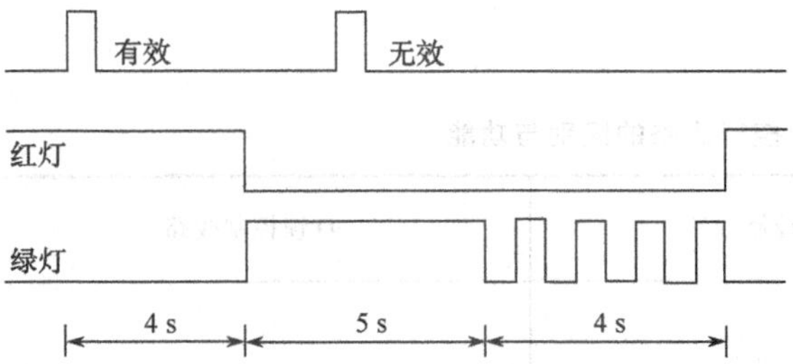

图 8-1　人行横道简单交通灯时序图

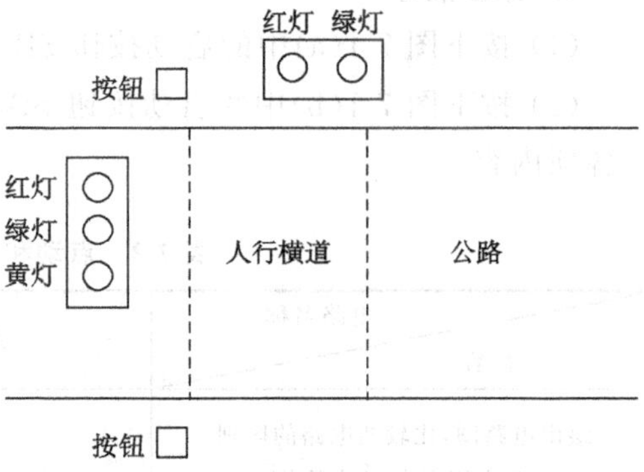

图 8-2　人行横道交通灯示意图

从按下按钮后到下一次红灯亮之前这一段时间内按钮不起作用。根据时序要求设计出红灯、绿灯的控制电路。将编写的程序写入 PLC，检查无误后运行程序。用 I0.0 对应的开关模拟按钮的操作，用 Q0.0 和 Q0.1 分别代替红灯和绿灯的变化情况，观察 Q0.0 和 Q0.1 的变化，发现问题后及时修改程序。

(2) 实际的交通信号灯控制程序。

交通信号灯示意图如图 8-2 所示。按下按钮 SB_1 或 SB_2，交通灯将按图 8-3 所示的顺序变化，在按下启动按钮至公路交通灯由红变绿这段时间内，再按按钮将不起作用。

4. 实验报告要求

(1) 编写符合图 8-1 和图 8-3 要求的梯形图和语句表程序。在梯形图上加上简单的注释。

(2) 整理出调试好的控制交通信号灯的梯形图程序和语句表程序，并写出调试结果。

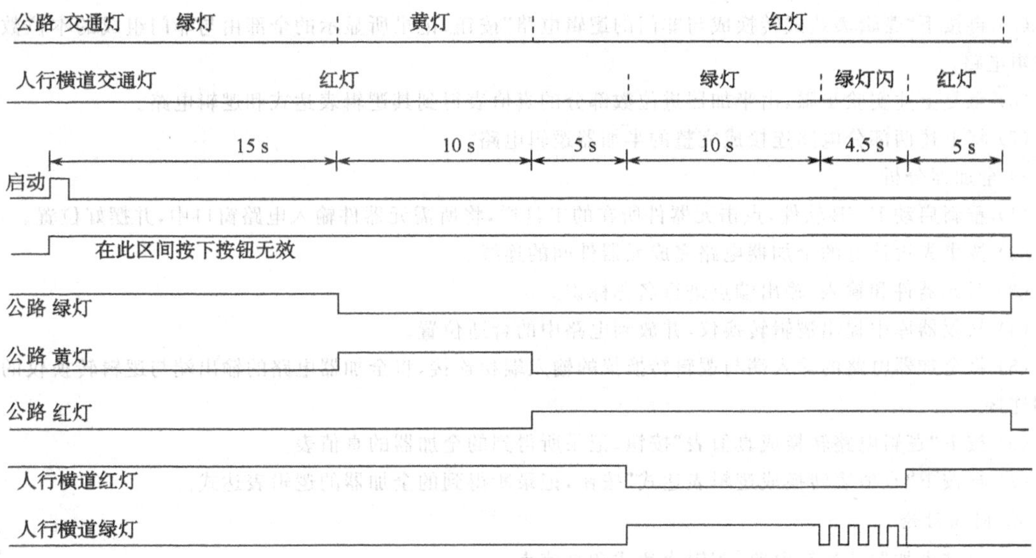

图 8-3　交通灯信号时序图

*实验九　EDA 基本原理和仿真知识

1. 实验目的

(1) 了解 EDA 进行电子电路设计和仿真的基本知识。

(2) 学会 EWB 基本操作方法和基本分析方法。

(3) 学习半加器和全加器的逻辑功能。

2. 电路仿真软件 EWB 简介

电子设计自动化(electronic design automation,EDA)是在计算机辅助设计(computer aided design,CAD)技术的基础上发展起来的电路计算机设计软件系统。EWB 提供虚拟实验和电路分析两种仿真分析手段,可用于模拟电路、数字电路、数模混合电路和部分强电电路的仿真实验、分析和设计。与其他仿真分析软件相比,具有如下一些特点:

(1) EWB 采用界面直观、交互性好的图形方式创建电路,操作和调整容易。

(2) EWB 在计算机屏幕上模仿真实实验室的工作台,绘制电路图所需要的各种元器件、电路仿真所需要的各种测试测量仪器均可直接从屏幕上相应的元器件库和仪器仪表库中选取。

(3) EWB 中各种仪器的控制面板外形和操作方式都与实物相似,可以实时显示测量结果。

(4) EWB 不仅带有丰富的电路元器件库,而且具有完整的混合模拟与数字模拟的功能,可提供多种电路分析仿真方法。

(5) EWB 作为以 SPICE 为内核的设计工具,它可以同其他流行的电路分析、设计和制板软件(如 Protel、PSpice、Orcad 等软件)交换数据。EWB 绘制的电路文件甚至可以直接输出至常见的印制板设计软件中自动排出印制电路板图。

3. 实验内容

1) 半加器设计

(1) 启动 EWB 软件,打开仪器库,提出逻辑转换仪。

(2) 在逻辑转换仪中选定输入变量,根据半加器本位数的真值表修改逻辑转换仪中真值表的输出值。

(3) 按下“真值表转换成逻辑表达式”按钮,记录从逻辑表达式显示窗口得到的逻辑表达式。

(4) 再按下“逻辑表达式转换成逻辑电路”按钮,记录所显示的半加器中本位数部分的逻辑电路。

(5) 再按下“逻辑表达式转换成与非门的逻辑电路”按钮，记录所显示的全部由与非门组成的本位数部分的逻辑电路。

(6) 重复上述实验步骤，由半加器进位数部分的真值表得到其逻辑表达式和逻辑电路。

(7) 将上述两部分电路连接成完整的半加器逻辑电路。

2) 全加器分析

(1) 重新启动 EWB 软件，点击元器件所在的工具栏，将所需元器件输入电路窗口中，并摆好位置。

(2) 按事先设计好的全加器电路完成元器件间的连线。

(3) 对元器件和输入、输出端点进行名称标识。

(4) 从仪器库中提出逻辑转换仪，并放到电路中的合适位置。

(5) 将全加器电路的输入端与逻辑转换仪的输入端相连接，将全加器电路的输出端与逻辑转换仪的输出端相连接。

(6) 按下“逻辑电路转换成真值表”按钮，记录所得到的全加器的真值表。

(7) 再按下“真值表转换成逻辑表达式”按钮，记录所得到的全加器的逻辑表达式。

4. 问题讨论

(1) 总结半加器的逻辑电路、逻辑表达式和真值表。

(2) 总结全加器的逻辑电路、逻辑表达式和真值表。

(3) 总结组合逻辑电路的分析步骤。

(4) 总结组合逻辑电路的设计步骤。

部分习题答案

第 1 章　直流电路

1-1-1　S 闭合时，$V_a=+6\ V$，$V_b=-3\ V$，$V_c=0\ V$

S 断开时，$V_a=+6\ V$，$V_b=+6\ V$，$V_c=+9\ V$

1-1-2　(1)$U_1=3.5\ V$，$U_2=-1.5\ V$；　(2) $V_a=6\ V$，$V_b=18\ V$，$V_c=14.5\ V$，$V_d=7.5\ V$

1-2-1　(1) $I=10\ A$，$U_L=115\ V$，$U_S=117\ V$，$P_L=1150\ W$，$P_E=1200\ W$，$P_S=1170\ W$

(2)$U_S=120\ V$，$U_L=0\ V$；　(3) $I=240\ A$，$U_S=48\ V$；$I=400\ A$，$U_S=0\ V$

1-3-1　(1) $U_R=1\ V$，$I_R=2\ A$，$U_A=1\ V$；　(2) $I_R=1\ A$，$U_R=0.5\ V$，$I_V=1\ A$

1-3-2　$V_a=3\ V$，$V_b=6\ V$，$V_c=0\ V$

1-3-3　(1) $U_S=10\ V$，$R_{eq}=0.5\ \Omega$；　(2) $I_S=20\ A$，$G_{eq}=2\ S$

1-3-4　$I=4\ A$，$U=5\ V$

1-3-5　$I_3=0.2\ A$

1-3-6　$I_3=0.48\ A$

1-4-1　S 断开时，$U=4\ V$；　S 闭合时，$I=1\ A$

1-4-2　S 断开时，$U=14\ V$；　S 闭合时，$I=3.5\ A$(答案为绝对值，正负视参考方向而定)

1-4-3　$I_1=6\ A$，$I_2=1\ A$，$P_1=240\ W$(电源)，$P_2=10\ W$(负载)

1-4-4　$U_1=8\ V$，$U_2=3\ V$，$P_1=40\ W$(电源)，$P_2=3\ W$(负载)

1-4-5　(1)理想电压源，当 $R=1\ \Omega$ 时，即不输出也不取用电功率；当 $R<1\ \Omega$ 时，输出电功率；当 $R>1\ \Omega$ 时，取用电功率。理想电流源处于电源状态

(2)理想电流源，当 $R=1\ \Omega$ 时，即不输出也不取用电功率；当 $R<1\ \Omega$ 时，取用电功率；当 $R>1\ \Omega$ 时，输出电功率。理想电压源处于电源状态

1-5-1　$I_1=-0.2\ A$，$I_2=1.6\ A$，$I_3=1.4\ A$，U_{S1} 为负载，U_{S2} 为电源

1-5-2　$I=0.2\ A$，$U=6.4\ V$

1-6-1　$V_a=\frac{12}{7}\ V$，$V_b=\frac{20}{7}\ V$

1-6-2　$i_1=11\ A$，$i_2=4\ A$

1-6-4　$I_1=-0.5\ A$，$I_2=1\ A$，$I_3=-0.5\ A$

1-7-1　$U_{ab}=7\ V$

1-7-2　电流源：10 A，36 V，360 W(发出)；　2 Ω 电阻：10 A，20 V，200 W

4 Ω 电阻：4 A，16 V，64 W；　5 Ω 电阻：2 A，10 V，20 W

电压源：4 A，10 V，40 W(取用)；　1 Ω 电阻：6 A，60 V，36 W

1-7-3　$I=\frac{U}{3R\times 2^4}(2^3+2^2+2^1+2^0)$

1-7-4　$U_x=45\ V$

1-8-1　$I_3=1.4\ A$

1-8-2　$I_L=0.5\ A$

1-8-3　$I_1=0.8\ A$

1-8-4　(1)$U_{OC}=3\ V$，$R_{eq}=3.6\ k\Omega$；　(2) 1.74 V，2.80 V，2.98 V

1-8-5　$I=0.2\ A$

1-9-1　$I=0.75\ A$，$U=1.5\ V$

1-9-2 $I=2.5$ A

1-9-3 $I=0.5$ A

1-9-4 (1) $U_{OC}=10$ V, $R_{eq}=1.5$ kΩ； (2) $I_{OC}=\frac{1}{150}$ A

1-9-5 (1) $U_{OC}=-0.6861$ V, $R_{eq}=0.7241$ Ω； (2) $U_{OC}=-3$ V, $R_{eq}=3$ kΩ

1-9-6 (1) $U_{OC}=-9.98$ V, $R_{eq}=100$ Ω； (2) $U_L=-9.5$ V

1-10-1 $I=2$ A, $R=1.5$ Ω, $r=1$ Ω

1-10-2 $I=1.5$ A, $U=6$ V

第 2 章 暂态电路

2-1-1 (1) $R_1=480$ Ω, $U_1=25.3$ V, $P_{A1}=1$ W, $P_{B1}=0.33$ W

(2) $R_2=90$ Ω, $U_2=7.75$ V, $P_{A2}=0.167$ W, $P_{B2}=0.5$ W

2-1-2 电阻值 10 kΩ，额定功率 2 W

2-1-3 10^{-3} J, 4×10^{-3} J, 10^{-3} J, 0

2-1-4 5×10^{-6} J, 20×10^{-6} J, 20×10^{-6} J, 0

2-1-5 5 V, 10 V, 1.25×10^{-3} J, 5×10^{-3} J

2-1-6 (1) 0.15 μF； (2) 235 V

2-1-7 $V_a=9$ V, $V_b=0$ V, $I_R=1$ A, $I_C=0$ A, $I_L=10$ A

2-2-1 $u_C(0)=6$ V, $i_1(0)=1.5$ A, $i_2(0)=3$ A, $i_C(0)=-3$ A

$u_C(\infty)=2$ V, $i_1(\infty)=0.5$ A, $i_2(\infty)=1$ A, $i_C(\infty)=0$ A

2-2-2 $u_L(0)=4.8$ V, $i_L(0)=3$ A, $i_1(0)=1.8$ A, $i_2(0)=1.2$ A

$u_L(\infty)=0$ V, $i_L(\infty)=5$ A, $i_1(\infty)=3$ A, $i_2(\infty)=2$ A

2-2-3 $u_C(0)=0$ V, $u_L(0)=-12$ V, $i_1(0)=5$ A, $i_C(0)=6$ A, $i_L(0)=4$ A

$u_C(\infty)=12$ V, $u_L(\infty)=0$ V, $i_1(\infty)=-1$ A, $i_C(\infty)=0$ A, $i_L(\infty)=4$ A

2-3-1 $u_C=(12-6e^{-\frac{t}{3}})$ V, $i_C=2e^{-\frac{t}{3}}$ A

2-3-2 $u_C=-6(1-e^{-25t})$ V

2-3-3 $u_C(t)=(21-9e^{-\frac{t}{3}})$ V（t 的单位为 μs）

2-4-1 $i_L=4(1-e^{-0.5\times10^{6}t})$ mA, $u_L=12e^{-0.5\times10^{6}t}$ V

2-4-2 (a) $u_C=10(1-e^{-5t})$ V； (b) $u_C=2+8(1-e^{-5t})$ V

(c) $i_L=10e^{-5t}$ A； (d) $i_L=2+8e^{-5t}$ A

2-4-3 $i(t)=(16-5e^{-2t})$ A

2-4-4 $\left.\begin{array}{l} i_L(t)=(1-e^{-t})\text{ A} \\ u_L(t)=2e^{-t}\text{ V} \end{array}\right\}(0\leqslant t<1\text{s})$ $\left.\begin{array}{l} i_L(t-1)=0.632e^{-(t-1)}\text{ A} \\ u_L(t-1)=1.264e^{-(t-1)}\text{ V} \end{array}\right\}(t\geqslant 1\text{s})$

第 3 章 正弦交流电路

3-1-1 (1) 314 rad/s, 50 Hz, 0.02 s, 220 V, 60°； (2) 269.3 V

3-1-2 (1) $i=2\sqrt{2}\sin(314t-30°)$ A, $u=36\sqrt{2}\sin(314t+45°)$ V

(3) $I_m=2\sqrt{2}$ A, $U_m=36\sqrt{2}$ V, $\omega=314$ rad/s, $\varphi=75°$

3-2-1 $\dot{I}=12\underline{/-36°}$ A $=12e^{-j36°}$ A $=12[\cos(-36°)+j\sin(-36°)]$ A $=(9.71-j7.05)$ A

3-2-2 $U=5\sqrt{2}$ V, $u=-10\sin628t$ V, $\dot{U}=-5\sqrt{2}$ V

3-2-3 (1) $A+B=13.66\angle1.43°$； (2) $A-B=11.89\angle78.65°$； (3) $A\cdot B=80\angle-8.13°$

(4) $A/B=1.25\angle81.87°$； (5) $jA+B=2.36\angle98.27°$； (6) $A+B/j=2.36\angle8.28°$

3-2-4 (3) $u_{12}=440\sin(314t+45°)$ V

3-2-5 $i=10\sqrt{2}\sin(314t-15°)$ A

3-2-6　$i_R=2.2\sqrt{2}\sin314t$ A, $i_L=1.4\sqrt{2}\sin(314t-90°)$ A, $i_C=0.69\sqrt{2}\sin(314t+90°)$ A

3-3-1　当 $f=50$ Hz 时，$I_R=1$ A，$I_L=10$ A，$I_C=10$ A，$P_R=100$ W，$Q_L=1000$ var，$Q_C=1000$ var

当 $f=1000$ Hz 时，$I_R=1$ A，$I_L=0.5$ A，$I_C=200$ A，$P_R=100$ W，$Q_L=50$ var，$Q_C=20000$ var

3-3-2　$I=5.91$ A，$U_R=118.2$ A，$U_L=185.6$ V

3-3-3　$R=6\ \Omega$，$L=15.9$ mL

3-4-1　(1)$R=6\ \Omega$，$X=8\ \Omega$，电感性，$\varphi=53.1°$；　(2)$R=25\ \Omega$，$X=0$，纯电阻性，$\varphi=0°$

(3)$R=8.55\ \Omega$，$X=23.49\ \Omega$，电容性，$\varphi=-70°$

3-4-2　50 Hz 时，$\dot{I}=44\angle 36.87°$ A，电容性；　100 Hz 时，$\dot{I}=25.88\angle -61.93°$ A，电感性

3-4-3　(1) $\dot{I}=2.37\angle 18.4°$ A，$\dot{U}_1=23.7\angle 71.5°$ V，$\dot{U}_2=23.7\angle -71.6°$ V

(2) $Z_2=-\mathrm{j}8\ \Omega$，$I=2.5$ A

3-4-4　$U_1=127$ V，$U_2=254$ V

3-4-5　(a)

3-4-6　$\dot{I}_1=3\angle 0°$ A，$\dot{I}_2=2\angle 0°$ A，$\dot{U}=8.49\angle 45°$ V

3-4-7　$C=100\ \mu$F

3-4-8　$\dot{I}_1=5.59\angle 40.3°$ A，$\dot{I}_2=1.12\angle -86.57°$ A，$\dot{U}=58.5\angle -40°$ V

3-4-9　$U_L=220$ V，$U_C=220\sqrt{2}$ V

3-5-1　600 kvar，1000 kV・A

3-5-2　$R=20\ \Omega$，$X_L=51.2\ \Omega$，$X_C=6.6\ \Omega$

3-5-3　$P=806.67$ W，$Q=605$ var，$S=1008.34$ V・A

3-5-4　(1)0.4435；　(2)0.183 A，0.99

3-5-5　(1) $R_L=250\ \Omega$，$R=43.75\ \Omega$，$L=1.48$ H；　(2) $P_L=40$ W，$P=47$ W，$\lambda=0.53$；　(3) 3.46 μF

3-5-6　$R=33.9\ \Omega$，$L=97$ mH，$C=42.8\ \mu$F

3-5-7　5.13 A，263.6 Ω

3-5-8　$(2-\mathrm{j})\Omega$，6.25 W

3-6-1　(1) $C=1062\ \mu$F；　(2) $C=531\ \mu$F，$I=25$ A

3-6-2　(1) $\dot{I}=2.2\angle -36.9°$ A；　(2) $f=61.3$ Hz，$\dot{I}=0$

3-6-3　$L_1=1$ H，$C_1=1\ \mu$F

3-6-5　$C=290$ pF

3-6-6　$L_1=0.1$ H，$L_2=0.33$ H

3-6-7　高速滤波器

第 4 章　三相交流电路

4-1-1　A 相绕组接反，相电压不再对称造成的

4-1-2　$22\angle -53°$ A，$22\angle 67°$ A，$22\angle -173°$ A

4-2-1　22 A

4-2-2　22 A，38 A；　38 A，22 A

4-2-3　$\dot{I}_U=33.15\angle 15.14°$ A，$\dot{I}_V=13.2\angle -79.11°$ A，$\dot{I}_W=13.2\angle -199.11°$ A，$I_N=\dot{I}_R=22$ A

4-2-4　(1) $i_U=\sqrt{2}\times16.45\sin(314t-66.87°)$ A；　(2) $i_U=14.25\sqrt{2}\sin(314t-36.87°)$ A

4-3-1　三角形，$R=61.7\ \Omega$，$X_L=46.3\ \Omega$

4-3-2　星形，$P=23.2$ kW，$Q=17.42$ kvar，$S=29$ kV・A

4-3-3　(2)$I_N=0$，$I_L=4.56$ A

4-3-4　(2)$I_N=0$，$I_L=10$ A；　(3)$I_U=5$ A，$I_V=7.5$ A，$I_W=I_C=10$ A，$\dot{I}_N=4.33\angle -30°$ A

4-3-5　三角形连接：$C=92\ \mu$F；星形连接：$C=274\ \mu$F。采用三角形接法较好，但电容器的耐压比星形接法稍高些

第 5 章　非正弦周期电路

5-1-1　$U_0=U_m/\pi, U=U_m/2$

5-1-2　$U_{1AV}=\frac{U_m}{\pi}(1+\cos\alpha), U_1=U_m\sqrt{\frac{\pi-\alpha}{2\pi}+\frac{\sin 2\alpha}{4\pi}}$

5-3-1　$R=1\ \Omega, L=1\ H, C=1\ F$

5-3-2　$i=0.5+1\sin 1000t+0.79\sin(2000t-71.57°)$ mA, $I=1.03$ mA

5-4-1　(1)$C_1=200\ \mu F$;(2)$L_2=167$ mL

5-4-2　$i_R=2+2.4\sqrt{2}\sin(314\,t+36.9°)$ A, $I_R=3.12$ A, $P=39$ W

5-4-3　$C=1\ \mu F, U_{o2}=1.99$ V

5-4-4　$u_o=10+4.5\sin(1000\,t-116.6°)+1.3\sin(2000\,t-150.2°)$ V, $U_o=10.5$ V

5-4-5　$u_o=100+3.74\sqrt{2}\sin(2\omega t-175.4°)+0.374\sqrt{2}\sin(4\omega t-177.7°)$ V

第 6 章　变压器

6-1-1　$R_{mc}=0.5\times10^6$ 1/H, $R_{mo}=7.96\times10^6$ 1/H, $F_m=10152$ A

6-1-2　0.35 A, 3.2×10^{-3} Wb

6-1-3　1.95 A

6-1-4　1.35 mWb

6-2-1　$I\approx1$ A, $P\approx24$ W, $R\approx24\ \Omega$

6-2-2　$\Phi_m=1.62$ mWb, $P_{Cu}=4$ W, $P_{Fe}=84$ W

6-2-3　63 W, 0.29

6-2-4　100 V

6-2-5　$\Delta P_{Cu}=12.5$ W, $\Delta P_{Fe}=337.5$ W

6-2-6　1592 匝, 0.12 mm

6-3-1　(1) $k=6.11$;　(2) $I_{1N}=2.27$ A, $I_{2N}=13.89$ A;　(3)$N_2=262$

6-3-2　(1) 230 V;　(2) 215 V;　(3)2.27%

6-3-3　56

6-3-4　$\frac{N_2}{N_3}=\frac{1}{2}$

6-3-5　(1) 200 Ω;　(2)50 W

6-3-6　162 W

6-3-7　$P_2=40.6$ kW, $Q_2=25.2$ kvar, $S_2=47.7$ kV·A, $\eta=92.3\%$, $\lambda_1=0.88$

6-3-8　(1) $\eta=97.76\%$;　(2)$\eta=98.07\%$

6-3-9　250, 300

6-3-10　Yyn0: 6.3 kV, 400V;　Dyn11: $6.3\sqrt{3}$ kV, 400 V

6-3-11　不能负担

6-3-12　(1)$N_1=1126, N_2=45$;　(2)$k=25$;　(3)$I_{1N}=10.4$ A, $I_{2N}=260$ A;　(4)1.45 T

6-3-13　152.8 kW

6-3-15　(1)$N_{21}=75, N_{22}=50, N_{23}=25$;　(2)44.4 V·A, 0.20 A

6-3-16　输出电压 13 种

6-3-17　6048 V

6-3-18　70 A

6-3-19　(1)110 V;　(2)7.78 A;　(3) 605 W

第 7 章　电机

7-1-1　$n_0=3000$ r/min, $n=2955$ min, $f_2=0.75$ Hz

7-1-2　(1)3000 r/min;　(2)2940 r/min;　(3)97.49 N·m;　(4)98 N·m

7-1-3　(1)1500r/min；(2) 0.04；(3) 0.8；(4) 80%
7-1-4　(1) 4 kW；(2) 5 kW；(3) 9.5 A,5.48 A
7-1-5　(1) 0.04；(2) 4 kW
7-1-6　(1) 643.5 N·m,585 N·m；(2) 411.8 N·m,374.4 N·m
7-1-7　(1) $I_N=87.15$ A；(2) $s_N=0.013$；
(3) $T_N=290.4$ N·m,$T_{max}=638.9$ N·m,$T_S=551.8$ N·m
7-1-8　(1) $\eta=87.5\%$,$\cos\varphi_1=0.82$；(2) $\eta=75.0\%$,$\cos\varphi_1=0.51$
7-1-9　(1) 过载；(2)不过载
7-1-10　(1)不可以；(2)可以；(3)不可以
7-1-11　$n_N=1470$ r/min,$T_{2N}=195$ N·m,$\lambda_N=0.87$,$\eta=92.31\%$
7-2-1　不需要加大变压器容量,0.832
7-2-2　(1)3000 r/min；(2)284.88 A；(3)405.85 N·m
7-4-1　(1)2.0 A, 440 W；(2) 205 V；(3)11.594 kW；(4) 110.7 N·m
7-4-2　(1) 275 A；(2) 1.8 Ω,28 N·m
7-4-3　(1) 1170 r/min；(2) 900 r/min
7-4-4　7 N·m
7-4-5　(1)90.33 A；(2) 998 r/min
7-4-6　(1)$E=204.46$ V；(2) $T_N=63.7$ N·m；(3) $P_{Fe}=240.028$ W
7-4-7　(1)1837 r/min,66.3 A,12.3 kW；(2)1900 r/min,50.26 N·m,10 kW；(3)20.64 A
7-5-1　(1)2400 r/min；(2) 6000 r/min,0.25,100 Hz,0.5,200 Hz；(3) 1.75,700 Hz
7-5-3　(1) 500 Ω,60°；(2) 0.627 μF
7-5-5　(1) 6000 r/min；(2) 4500 r/min
7-7-1　1.8°,0.9°
7-7-2　120 r/min
7-7-3　300 r/min,150 r/min
7-8-1　158.18 kW,可选用 160 kW YB 系列防爆型异步电动机
7-8-2　16.62 kW,可选用 Y180M-4(18.5 kW,1470/min) 的电动机
7-8-3　4.97 kW,可选用 Y160M2-8(5.5 kW,720/min) 的电动机
7-8-4　(1) $Q=17.49$ kvar；(2) $C=128.5$ μF,取 150 μF

第 8 章　电气控制技术

8-2-1

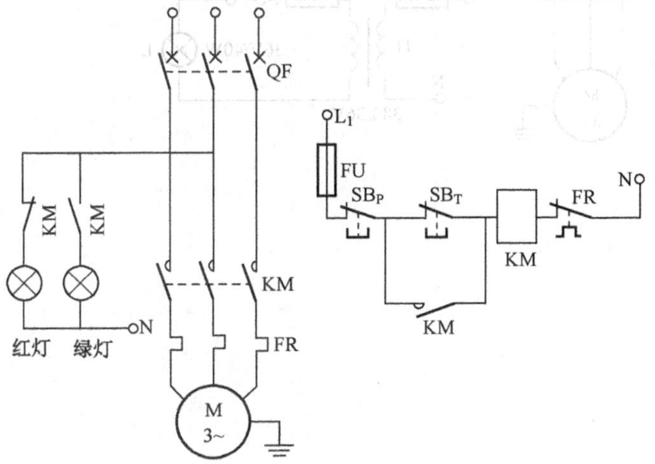

8-2-2 (a)能启动,不能停止; (b)不能启动且造成电源短路

(c)非正常启动且不能停止; (d)只能点动

8-2-4 如图所示。图中 SB_{st1} 为长动启动按钮,SB_{st2} 为点动启动按钮

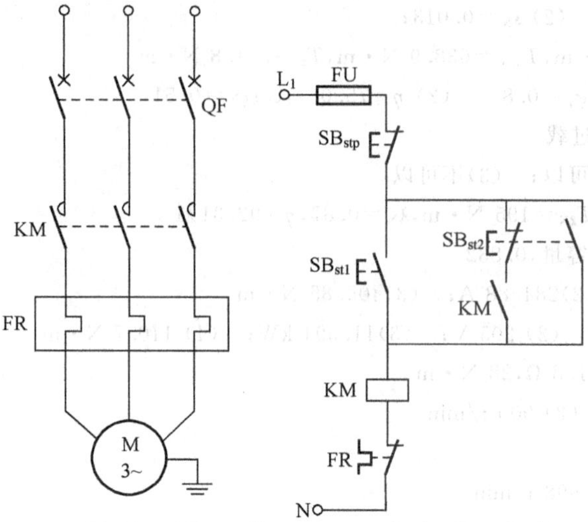

8-2-6

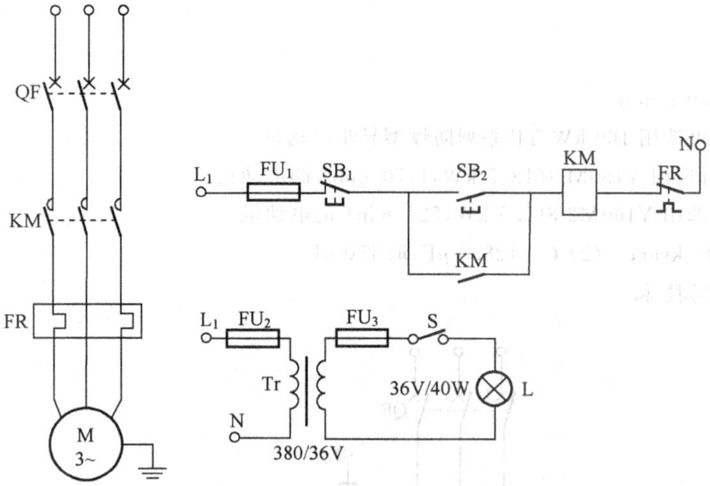

8-2-7

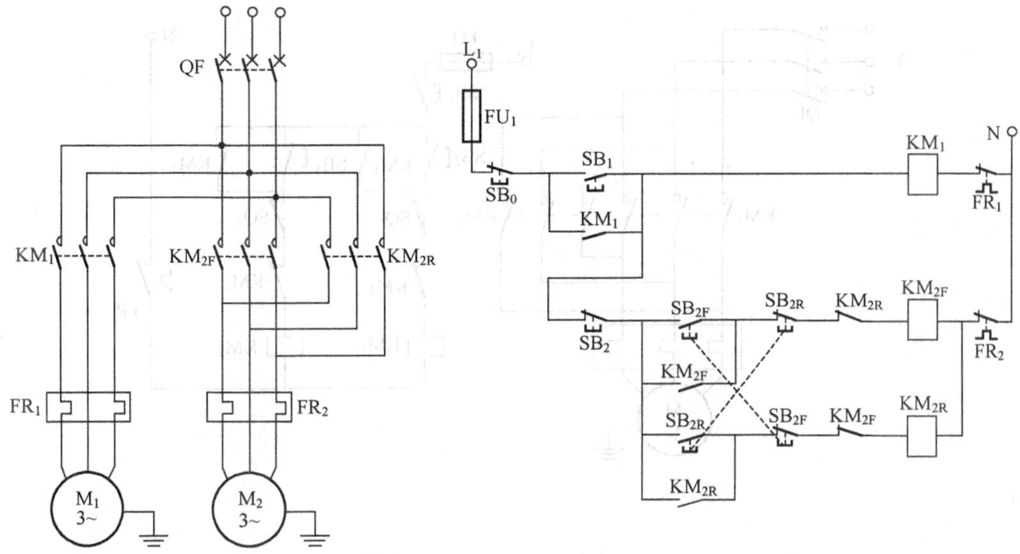
QF
KM_1
KM_{2F}
KM_{2R}
FR_1
FR_2
M_1 3~
M_2 3~
L_1
FU_1
SB_0
SB_1
KM_1
SB_2
SB_{2F}
SB_{2R}
KM_{2R}
KM_{2F}
FR_1
FR_2
N

8-2-8

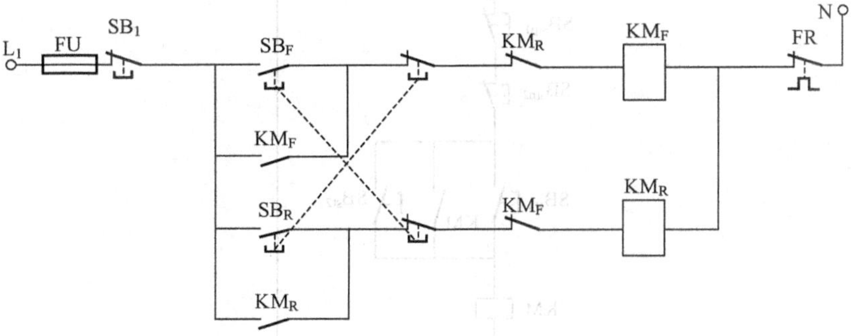
L_1
FU
SB_1
SB_F
KM_F
SB_R
KM_R
KM_F
KM_R
FR
N

8-2-11

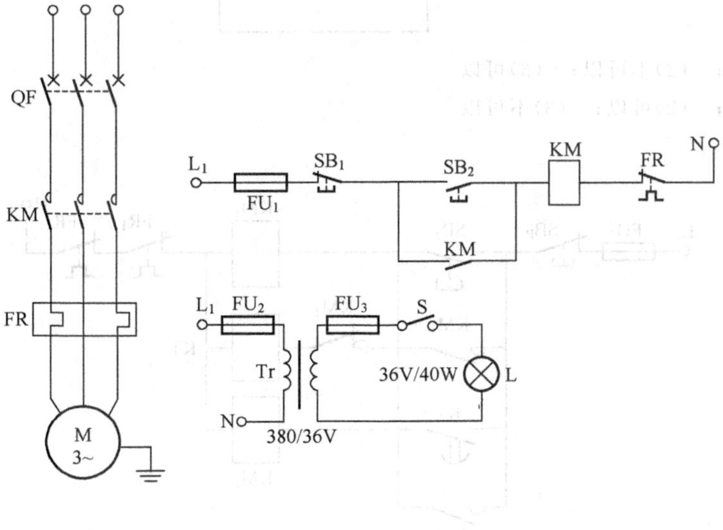
QF
KM
FR
M 3~
L_1
FU_1
SB_1
SB_2
KM
FR
N
L_1
FU_2
FU_3
S
Tr
36V/40W
L
N
380/36V

8-2-13

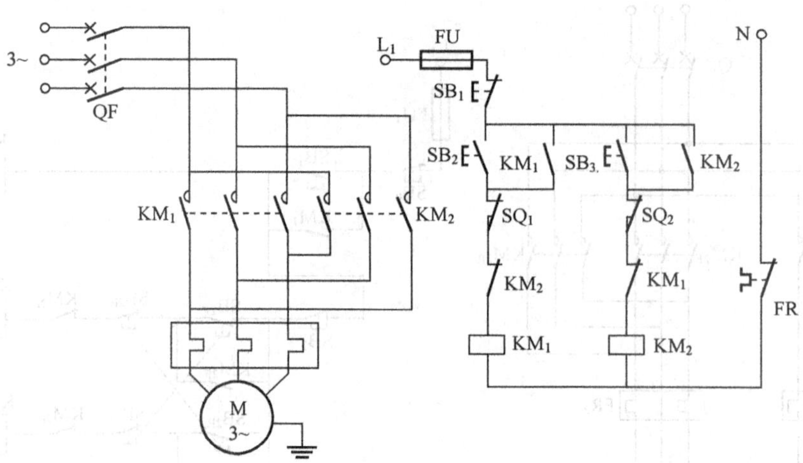

8-2-14

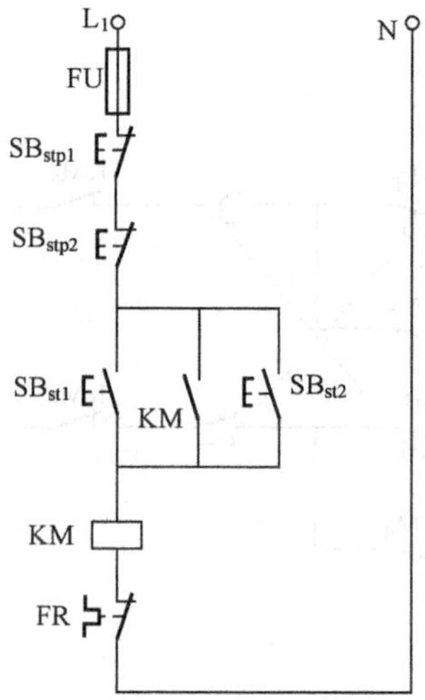

8-2-17 (1)不可以；(2)不可以；(3)可以

8-6-18 (1)不可以；(2)可以；(3)不可以

8-2-20

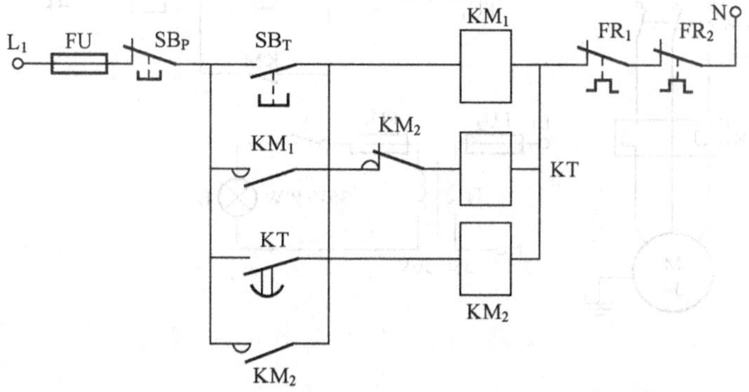

8-3-1 (1)$n=2316$ r/min；(2) $n=3474$ r/min

8-6-1

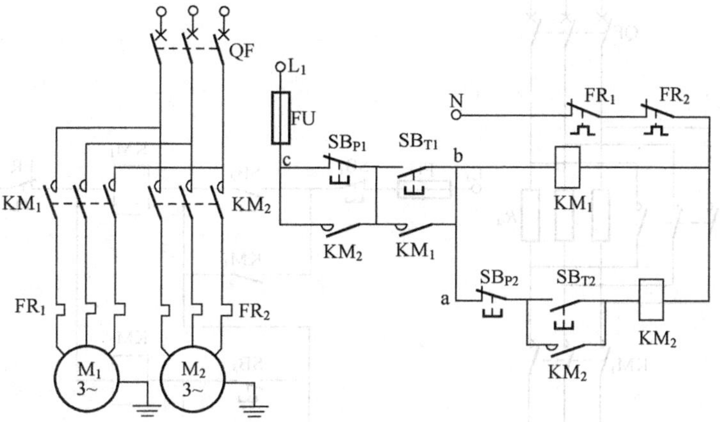
QF
KM1
KM2
FR1
FR2
M1 3~
M2 3~
L1
FU
c
SBP1
SBT1
b
N
FR1
FR2
KM1
KM2
KM1
a
SBP2
SBT2
KM2
KM2

8-6-2

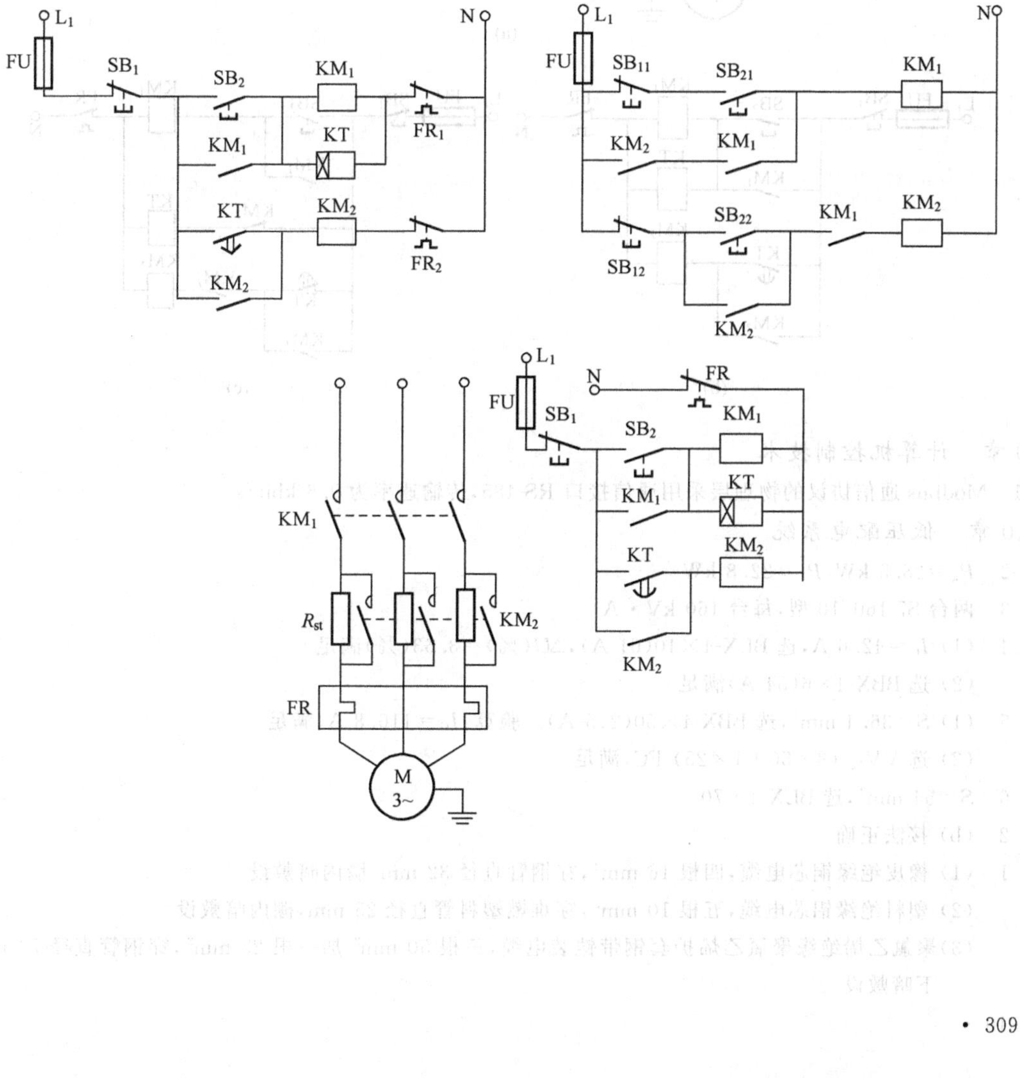
L1
FU
SB1
SB2
KM1
N
KM1
KT
FR1
KT
KM2
FR2
KM2
L1
FU
SB11
SB21
KM1
N
KM2
KM1
SB22
KM1
KM2
SB12
KM2
KM1
Rst
KM2
FR
M 3~
L1
FU
SB1
N
FR
SB2
KM1
KT
KM1
KM2
KT
KM2

8-6-3 题解主电路如图(a)所示，通电延迟控制电路如图(b)所示，断电延迟控制电路如图(c)所示

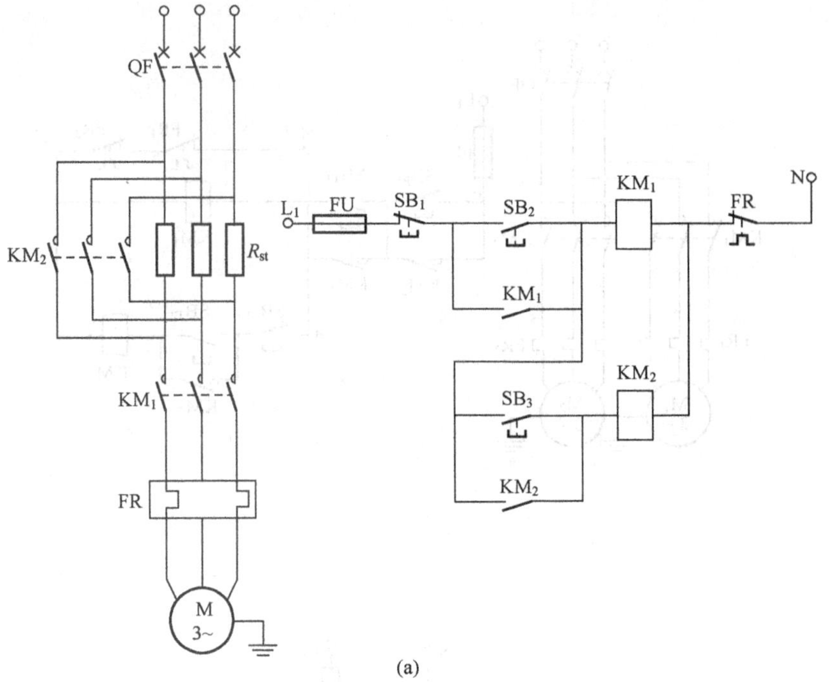

(a)

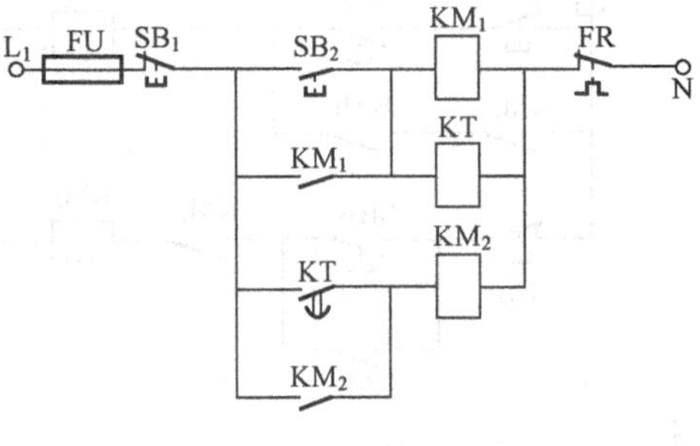

(b)

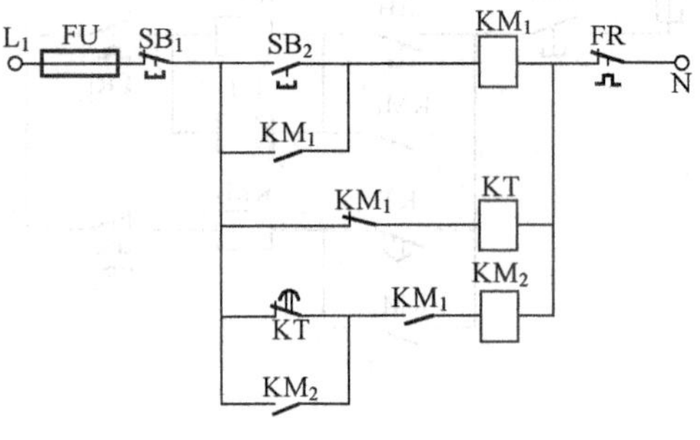

(c)

第 9 章　计算机控制技术

9-2-1　Modbus 通信协议的物理层采用通信接口 RS-485，传输速率为 9.6 kbit/s

第 10 章　低压配电系统

10-2-2　$P_a=28.5$ kW，$P_c=22.8$ kW

10-2-3　两台 S7-160/10 型，每台 160 kV・A

10-2-4　(1) $I_C=42.6$ A，选 BLX-4×10(61 A)，$\Delta U(\%)=3.63(\%)$满足

(2) 选 BBX-4×6(54 A)满足

10-2-5　(1) $S=36.4\ mm^2$，选 BBX-4×50(215 A)。验算：$I_C=116.8$ A，满足

(2) 选 VV_{22}-(3×50+1×25)-FC，满足

10-2-6　$S=54\ mm^2$，选 BLX-4×70

10-3-2　(b) 接法正确

10-4-1　(1) 橡皮绝缘铜芯电缆，四根 16 mm^2，穿钢管直径 32 mm，墙内暗敷设

(2) 塑料绝缘铝芯电缆，五根 10 mm^2，穿难燃塑料管直径 25 mm，棚内暗敷设

(3)聚氯乙烯绝缘聚氯乙烯护套钢带铠装电缆，三根 50 mm^2 加一根 25 mm^2，穿钢管直径 70 mm，地下暗敷设

(4)塑料绝缘铜芯电缆，二根 2.5 mm^2，穿塑料管直径 15 mm，棚上明敷设

(5)聚氯乙烯绝缘聚氯乙烯护套钢带铠装铝芯电力电缆，五根 16 mm^2，墙上明敷设

10-4-2 (1)12 套 YG2-2 型双管筒式荧光灯具 2×40 W 链吊，距地 2.8 m

(2)8 套 GN 型工厂灯具 100 W，钢管吊装，距地 3.0 m

(3)4 套 YG6-3 型三管吸顶式荧光灯具 3×40 W，吸顶安装

(4)4 盏灯具 60 W 墙壁安装，距地面 3.0 m

10-4-3 $15\text{-YG6-3}\,\frac{3\times 40}{3.6}\text{Ch}$

第 11 章 电工测量

11-2-1 (1)20.8 V； (2)22.73 V； (3)24.75 V

11-2-2 0.96 V

11-2-3 4.2 Ω，37.8 Ω，378 Ω

11-2-4 9.8 kΩ，90 kΩ，150 kΩ

11-2-6 (1)$P_1=7.24$ kW，$P_2=7.24$ kW，$P_3=14.48$ kW

(2)$P_1=8.3$ kW，$P_2=3.277$ kW，$P_3=11.58$ kW

(3)$P_1=7.24$ kW，$P_2=0$，$P_3=7.24$ kW

(4)$P_1=6.243$ kW，$P_2=-0.444$ kW，$P_3=5.8$ kW

(5)$P_1=-4.18$ kW，$P_2=4.18$ kW，$P_3=0$

参考文献

毕淑娥．2004．电工与电子技术基础．2版．哈尔滨：哈尔滨工业大学出版社
陈新华．2002．电工技术与可编程控制器实践．北京：机械工业出版社
李柏龄．2003．电工学(土建类)．北京：机械工业出版社
李发海．2005．电机与拖动基础．3版．北京：清华大学出版社
里佐尼．2004．电气工程原理与应用．4版．北京：电子工业出版社
刘国林．1997．综合布线．北京：电子工业出版社
刘国林．2002．建筑物自动化系统．北京：机械工业出版社
刘国林．2003．电子测量．北京：机械工业出版社
刘国林．2007．计算机机房．北京：清华大学出版社
刘国林．2010．安全防范系统．北京：中国建筑工业出版社
马文蔚．2006．物理学(上册)．5版．北京：高等教育出版社
秦曾煌．2004．电工学．6版．北京：高等教育出版社
邱关源．2006．电路．5版．北京：高等教育出版社
唐介．2009．电工学．3版．北京：高等教育出版社
唐庆玉．2007．电工技术与电子技术．北京：清华大学出版社
唐鹰．2010．低压电动机控制回路设计应注意的几个问题．建筑电气，(4)：16～18
王鸿明．2005．电工与电子技术．2版．北京：高等教育出版社
王锦标．2004．计算机控制系统．北京：清华大学出版社
王仁祥．2001．常用低压电器原理及其控制技术．北京：机械工业出版社
王永华等．2003．现代电气控制及PLC应用技术．北京：北京航空航天大学出版社
席时达．2000．电工技术．2版．北京：高等教育出版社
叶淬．2004．电工电子技术．2版．北京：化学工业出版社
叶挺秀等．2008．电工电子学．3版．北京：高等教育出版社
张燕宾．2004．常用变频器功能手册．北京：机械工业出版社
郑长风．2005．电子技术实验．西安：西北工业大学出版社
中国建筑标准设计研究院．2005．民用建筑工程设计常见问题分析及图示-电气专业
中国建筑标准设计研究所．2009．全国民用建筑工程设计措施(电气)．北京：中国计划出版社
中国建筑学会建筑电气分会．2008．《民用建筑电气设计规范》实施指南．北京：中国电力出版社
周希章．2007．常用电动机的选择和应用．北京：机械工业出版社
周元兴．2002．电工与电子技术基础．北京：机械工业出版社

附录A 常用的电气工程文字符号

设备、装置和元器件种类		基本文字符号	
		单字母	多字母
变压器	电流互感器	T	TA
	控制电路电源用变压器		TC
	电力变压器		TM
	电压互感器		TV
	整流变压器		TR
	隔离变压器		TI
	照明变压器		TL
	配电变压器		TD
电动机	直流电动机	M	MD
	异步电动机		MA
	绕线转子感应电动机		MW
	直流伺服电动机		ML
	步进电动机		MST
保护器件	避雷器	F	
	熔断器		FU
组件及部件	电力配电箱	A	AP
	照明配电箱		AL
	控制箱(屏、柜、台)		AC
	操作箱		
继电器	热(过载)继电器	K	KH
	时间继电器		KT

设备、装置和元器件种类		基本文字符号	
		单字母	多字母
电力电路的开关器件	断路器	Q	QF
	隔离开关		QS
	漏电保护断路器		QR
	负荷开关		QL
	接触器		QC
	星-三角启动器		QSD
	自耦减压启动器		QTS
	转子变阻启动器		QR
控制、记忆、信号电路的开关器件选择器	控制开关	S	SA
	选择开关		SA
	按钮开关		SB
	位置开关(接近开关、限制开关)		SQ
	导线(电缆)	W	
	电力线路		WP
	照明线路		WL
	控制线路		WC
	信号线路		WS
端子、插头、插座	接线柱	X	
	连线法		XB
	插座		XS
	端子板		XT

附录B 电气工程安装的标注方法

序号	名称	字母代号	序号	名称	字母代号
线路敷设方法的标注			5	沿顶板面敷设	CE
1	穿焊接钢管敷设	SC	6	暗敷设在屋面或顶板内	CC
2	穿电线管敷设	MT	7	吊顶内敷设	SCE
3	穿硬塑料管敷设	PC	8	地板或地面下敷设	FC
4	电缆桥架敷设	CT	灯具安装方法的标注		
5	金属线槽敷设	MR	1	线吊式,自在器线吊式	SW
6	塑料线槽敷设	PR	2	链吊式	CS
7	穿金属软管敷设	CP	3	管吊式	DS
8	直埋敷设	DB	4	壁装式	W
9	电缆沟敷设	TC	5	吸顶式	C
10	混凝土排管敷设	CE	6	嵌入式	R
导线敷设部位的标注			7	吊顶内安装	CR
1	暗敷在梁内	BC	8	墙壁内安装	WR
2	沿或跨柱敷设	AC	9	支架上安装	S
3	沿墙面敷设	WS	10	柱上安装	CL
4	暗敷设在墙内	WC	11	座装	HM